◆ ◆ ◆

2012년 영국왕립학회 과학도서상 수상작
2012년 PEN/에드워드 윌슨 과학저술상 수상작
2012년 앤드루 카네기 메달 파이널리스트
2012년 헤셀-틸먼상(Hessell-Tiltman Prize) 수상작
2011년 전미도서비평가협회상 파이널리스트
2011년 살롱 북 어워드(Salon Book Award) 수상작
2011년 《뉴욕 타임스》 베스트셀러
2011년 《타임》 선정 올해의 책
2011년 《뉴욕 타임스》 올해의 책
2011년 《LA 타임스》 올해의 책
2011년 《보스턴 글로브》 올해의 책
2011년 《퍼블리셔스 위클리》 올해의 책

◆ ◆ ◆

빌 브라이슨의 『거의 모든 것의 역사』에 비견될 만큼 방대한 주제를 다루면서
도 흥미진진한 이야기로 가득하다. 과학계의 최근 견해에 따르면 정보란 단순
히 편지에 담긴 메시지나 컴퓨터가 처리하는 데이터가 아니라 우주가 존재하
는 궁극적인 모습이다. 『인포메이션』은 이 정보의 역사와 이론 그리고 정보 혁
명의 함의까지 소개하는 야심 찬 목표를 훌륭하게 성취했다. 즐겁게 읽고 정
보와 우리의 미래에 대해 생각해보길 권한다.

_이상욱(한양대학교 철학과 교수)

"정말 어마어마하고, 명쾌하며, 이론적으로 섹시하다." _《뉴욕 타임스》

"다채롭고도 대단히 흥미로운 책." _《워싱턴 포스트》

"이토록 장대한 이야기를 제임스 글릭만큼 잘 쓰는 사람은 없다. 역사적 이야
기를 아주 잘 주무르고, 난해한 이론을 명쾌하게 설명하며, 대중적인 과학 글
쓰기를 아주 잘하는 모든 것에 능한 달인이다." _《월스트리트 저널》

인포메이션

인간과 우주에 담긴 정보의
빅히스토리

INFORMATION

인포메이션

인간과 우주에 담긴 정보의
빅히스토리

제임스 글릭
James Gleick 지음

박래선·김태훈 옮김
김상욱 감수

동아시아

비트에서 존재로

　우리 모두는 지금 세상에 무엇인가 거대한 변화가 일어나고 있다는 것을 안다. 그 정체에 대해 이미 수많은 논의가 있었다. 우리 시대를 규정짓는 '정보화시대'라는 용어가 말해주듯 그 중심에 '정보'가 있는 것만은 분명하다. 정보란 무엇일까. 정보가 무엇인지 누구나 알지만, 그것을 언어로 표현해내기는 쉽지 않다. 정보는 자료이며 데이터이고 상태이자 지식이다. 그렇다면 정보의 어떤 측면이 세상에 변화를 일으키는가.

　『인포메이션』의 저자 제임스 글릭은 '정보'를 세 가지 관점에서 바라보며 이에 대한 답을 구해간다. 역사, 이론, 홍수가 그것이다. 글릭은 아프리카의 북소리로부터 이야기를 시작한다. 그러고는 정보의 역사를 찾아 상형문자시대로까지 거슬러 올라간다. 문자의 발명은 단순히 구어가 활자로 기록되었다는 것만을 의미하지 않는다. 문자로 쓰인 텍스트는 범주화, 일반화, 논리 같은 사고체계 자체를 만들어냈다. 문자화된 언어는 그 자체로 진화하고 갈래 쳤다. 이를 정리하기 위해 사전이 탄생했다. 사전의 발명 역시 단어가 가진 의미를 단순히 정리하는 것에서 끝나지 않았다. 추상적 개념들이 분화되어 구체화되고, 이를 통해 지식이 체계화되었다. 인쇄술의 발명은 단순히 책을 만드는 속도의 향상만을 의미하지 않았다. 인쇄술이 야기한 정보의 광범위한 유통은 르네상스, 종교개혁, 과학혁명을 견인하여 서구사회를 근본부터 변화시킨다.

전신의 발명은 정보의 전달속도를 극적으로 바꾸어놓았다. 전신의 역사에서 전기의 역할은 아무리 강조해도 지나치지 않지만, 글릭은 오히려 정보의 전달 매체보다 정보를 기호화하는 방법에 주목한다. 결국 모든 정보를 0과 1의 1차원 배열로 나타낼 수 있다는 사실이 정보의 역사에서 분기점이 된다. 모든 정보는 수數로 표현 가능하다. 수는 문자의 가장 오래된 원형이자 정보의 중요한 형태이다. 수를 다루는 학문을 수학이라 한다. 수학은 논리의 언어로서 철학의 가장 단단한 기반이기도 하다. 이제 수는 수학의 도구만이 아니라 정보를 표현하는 궁극의 기호가 되어, 수학 그 자체의 모순을 드러낸다. 바로 수학적 공리체계 자체의 불완전함을 보여준 괴델의 '불완정성 정리'이다.

괴델, 튜링, 섀넌과 같은 정보과학의 대가들의 생각은 하나로 수렴한다. 세상의 모든 사고와 논리는 정보처리에 불과하며, 정보는 수로 나타낼 수 있다. 결국 사고와 논리는 계산이고, 계산은 알고리즘이다. 그렇다면 기계가 그것을 할 수 있지 않을까. 기어를 이용한 기계식 계산기를 처음 만든 것은 찰스 배비지였지만, 이런 생각이 제대로 구현된 것이 바로 전자시대의 컴퓨터이다.

이쯤해서 글릭은 정보의 이론으로 독자를 안내한다. 모든 과학이론은 정량화, 수량화로부터 시작한다. 역학은 시공간의 정의와 단위로부터, 열역학은 에너지와 열의 정의로부터, 전자기학은 전기장과 자기장의 정량적 측정으로부터 시작되었다. 정보는 어떻게 정량화하는가? 아니, 정보는 어떻게 측정하는가? 이는 정보의 정의 없이는 시작조차 할 수 없는 일이다. 따라서 정보를 정량화하는 것은 정보의 시작이자 끝이다. 섀넌은 정보를 '엔트로피'로 정량화한다.

섀넌의 정보에는 의미가 들어 있지 않았다. 아니, 오히려 의미를 버림으로써 정보를 정량화할 수 있었다. 모르는 것이 많을수록 섀넌의 엔트로피는 크다. 엔트로피는 앎의 척도가 아니라 무지의 척도이다. 또한 무질서한 것, 복잡한 것은 엔트로피가 크다. 이런 역설은 우리에게 무질서가 무엇인지, 아니 질서가 무엇인지, 복잡함과 단순함이 무엇인지, 안다는 것과 모른다는 것이 무엇인지 다시 생각해보게 한다. 수학자 콜모고로프는 복잡성의 정의를 내놓았으나, 아직까지 복잡계 전문가조차 복잡성이 무엇인지 정확히 알지 못한다.

놀랍게도 섀넌의 엔트로피는 열역학을 다루는 통계물리학의 엔트로피와 동일한 형태를 가지고 있었다. 열역학의 엔트로피는 엔진이 작동하거나 화학반응의 가능 여부를 결정하는 '실제적인' 물리량이다. 하지만 섀넌의 엔트로피는 정보를 정량화한 것이다. 이것은 우연일까? 여기에는 '맥스웰의 도깨비'라는 150년 가까운 역설이 숨어 있다. 물리학에서 지식의 역할은 무엇일까. 이로써 정보이론은 물리학이 된다.

정보물리학이 양자역학을 만나면 사태는 걷잡을 수 없게 된다. 이름하여 '양자정보'이다. 이제 세상은 0과 1의 두 수가 아니라 큐비트라 불리는 0과 1의 중첩 상태로 기술된다. 중첩이란 0과 1이 동시에 될 수도 있는 상태이다. 논리의 관점으로 이야기하면 하나의 문장이 동시에 참이며 거짓일 수 있다는 것이다. 기이한 이야기를 따라가다 보면 롤프 란다우어의 "정보는 물리적이다"를 만나고, 결국 존 아치볼드 휠러의 "비트에서 존재로"에 이른다. 이렇게 우주는 정보가 된다.

정보는 물리적일 뿐 아니라 생물학적이다. 현대생물학은 DNA에서 시작되었다고 보아도 무방하다. DNA로 가는 길목에서 가장 결정적인 국면은 생명의 핵심이 정보라는 사실을 깨닫는 것이었다. 이것을 깨닫는 것은 쉽지 않았다. DNA는 네 개의 기호로 이루어진 정보테이프에 불과하다. 결국 생명은 정보를 전달하는 기계였던 것이다. 그렇다면 유기물이 아니어도 정보를 전달하는 다른 '것'도 생명처럼 행동할 수 있지 않을까? 행운의 편지, 유행이나 종교 등도 일종의 생명이 아닐까. 리처드 도킨스의 '밈'이다. 정보는 이렇게 생명을 넘어선 생명까지 포괄하게 된다.

이런 거대한 규모의 이야기를 제대로 할 수 있는 저자는 흔치 않다. 하지만 걱정 마시라. 글릭은 이미 그의 출세작 『카오스』를 통해 이런 일의 적임자임을 제대로 보여준 바 있다. 글릭은 과학자가 아니라 기자이다. 그래서 그의 책은 엄청난 자료와 수많은 과학자들의 인터뷰로 이루어진다. 정보를 주제로 물리학자들이 쓴 책들도 제법 있지만 이만큼의 넓이를 갖지 못한다.

사실 나는 이 책이 번역되어 나오기를 누구보다 기다린 사람이다. 이 책은 두 번 번역되었다. 자세한 이야기는 생략하겠지만 덕분에 나도 두 번의 감수를 하게 되었다. 원서가 출판된 직후에도 일부 읽었으니 대략 세 번을 읽은 셈이다. 나와 글릭은 인연이 깊다. 양자역학을 평생의 업으로 삼고 물리학을 공부하던 나의 진로에 영향을 준 것은 바로 글릭의 『카오스』였다. 덕분에 나의 박사학위 논문은 카오스를 양자역학으로 다루는 '양자 카오스'가 되었다.

나의 관심사는 언제나 양자역학과 고전역학의 경계에 있었다. 카오스는 그 경계 문제가 첨예하게 드러나는 분야이기도 하다. 경계 문제에 천착하던 내가 결국 깨달은 것은 경계 문제의 핵심에 정보가 있다는 사실이었다. 2003년부터 나를 괴롭혔던 문제의 정체가 '맥스웰의 도깨비'였다는 것을 깨닫는 데 5년이 걸렸다. 그 이후 지금까지 '정보의 열역학'을 내 핵심 연구주제로 삼고 있다. 아직 확실치는 않지만 우주에서 가장 중요한 것이 정보가 아닐까 하는 막연한 느낌이 든다. 『인포메이션』은 바로 그런 나의 생각을 (나보다) 훨씬 멋지게 정리한 것 같은 책이다.

21세기의 일반인에게 정보는 홍수이다. 인류 역사상 이렇게 많은 정보를 개인이 열람할 수 있었던 적은 없었다. 인류 역사상 이렇게 빠른 속도로 정보가 전달된 적도 없었다. 인류역사상 이렇게 세상이 긴밀하게 얽힌 적도 없었다. 문자, 인쇄술, 전신, 컴퓨터의 발명이 그랬듯이 우리는 정보의 입장에서 완전히 새로운 단계로 접어들고 있다. 저자는 미래에 대해 섣부른 예측은 삼간다. 미래 예측의 성패는 과거를 어떤 방식으로 해석하느냐에 달려 있을 것이다. 이 책에서 당신은 오롯이 정보의 관점으로 과거, 현재, 미래를 보게 된다. 내 생각에 이것이 미래를 예측하는 가장 정확한 방법일 것이다.

김상욱(부산대학교 물리교육과 교수)

아무튼 옛날 표에는 출발지는 말할 것도 없고
목적지도 나와 있지 않았다.
그는 표에서 날짜를 본 기억이 없었으며,
분명히 시간도 적혀 있지 않았다.
물론 지금은 완전히 달라졌다.
이 모든 정보들이 표에 나와 있다.
아치는 그 이유가 궁금했다.

—

제이디 스미스Zadie Smith

우리가 과거라고 부르는 것은 비트로 구성된다.

—

존 아치볼드 휠러John Archibald Wheeler

프롤로그

통신의 근본 문제는
한 지점에서 선택된 메시지를
다른 지점에서 정확하게 혹은 비슷하게
재현하는 데 있다.
흔히 그 메시지는 의미를 갖는다.
—

클로드 섀넌(1948)

중요한 해였던 1948년 이후, 사람들은 클로드 섀넌Claude Shannon이 진행했던 연구의 분명한 의도를 안다고 생각했다. 하지만 뒤늦은 깨달음이었다. 섀넌의 생각은 달랐다. "제 마음은 정처 없이 떠돌아다니면서, 밤낮으로 다른 일들을 상상합니다. 마치 SF 작가처럼 '만약 이랬다면 어떻게 될까?' 하고 생각합니다."[1]

공교롭게도 1948년은 벨연구소가 진공관 기능을 더 효율적으로 구현한 '놀라울 정도로 단순한 장치'인 반도체를 내놓은 해이기도 했다. 결정질 조각인 반도체는 아주 작아서 손바닥만 한 공간에 100개는 족히 들어갔다. 1948년 5월, 과학자들은 이 반도체의 작명作名위원회를 만들고 뉴저지 주의 머리 힐Murray Hill 본부에서 일하는 선임 엔지니어들에게 몇 개의 선택지를 담은 설문지를 돌렸다. 선택지에는 '반도체 삼극진공관Semiconductor Triode', '아이오테트론Iotatron', ('상호전도도 transconductance'와 '저항소자varistor'라는 단어를 결합해서 만든) '트랜지스터 Transistor' 등이 있었다. 결론은 '트랜지스터'였다. 벨연구소는 보도자료에서 트랜지스터가 "전자공학과 전기 통신에 광범위한 영향을 끼칠 것"이라고 밝혔는데, 이번만큼은 허언이 아니었다. 트랜지스터는 기술을 소형화하고 언제 어디서나 쓸 수 있게 만듦으로써 전자공학에 혁명을 일으켰고, 세 명의 주요 발명가들에게 노벨상을 안겼다. 트랜지스터는 벨연구소가 내놓은 최고의 걸작이었다. 하지만 트랜지스터는 그해에 이뤄진 가장 중요한 진전 중 두 번째에 불과했다. 트랜지스터는 하드웨어일 뿐이었다.

트랜지스터보다 훨씬 더 중요하고 근본적인 발명은 《벨시스템 기술저널Bell System Technical Journal》 7월호와 10월호에 실린 79페이지짜리 논문이었다. 논문에 대해 보도자료를 낼 생각을 하는 사람은 아무도 없었다. 「통신의 수학적 이론A Mathematical Theory of Communication」이라는 단순하면서도 거창한 제목을 가진 이 논문의 골자를 정리하는 것도 쉽지 않았다. 그러나 이 논문을 중심으로 세상이 움직이기 시작했다. 트랜지스터와 마찬가지로 여기에서도 신조어가 생겨났다. 바로 '비트bit'였다.[2] 물론 이 단어는 작명위원회가 아니라 논문의 저자인 32세의 클로드 섀넌 혼자 만든 것이었다. 비트는 지금은 인치, 파운드, 쿼트quart, 분minute처럼 확실한 양, 즉 측정의 기본 단위로 자리 잡았다.

그렇다면 비트는 무엇을 측정하는 것일까? 섀넌은 마치 측정할 수 있고 수량화할 수 있는 정보가 있기라도 하듯 "비트는 정보를 측정하는 단위"라고 썼다.

섀넌은 벨연구소 수학연구 부서 소속이었지만, 거의 대부분을 혼자 지내며 연구했다.[3] 소속 부서가 뉴욕 본사를 떠나 뉴저지 교외에 있는 반짝이는 새 사무실로 옮겼을 때에도 혼자 남아, 뒤로는 허드슨 강, 앞으로는 그리니치빌리지Greenwich Village 모서리에 접한 옛 건물의 아늑한 사무실을 드나들었다. 회사에 통근하는 것을 싫어했으며, 심야 클럽에서 클라리넷 연주자들의 재즈 연주를 들을 수 있는 다운타운 거주지를 좋아했다. 섀넌은 길 건너편의 2층짜리 구나비스코Nabisco 공장 건물에 있는 극초단파 연구 부서에서 일하는 젊은 여성과 수줍게 연애했다. 사람들은 섀넌을 아주 명석한 젊은이라고 입을 모았다. MIT를 졸업하자마자 입사한 섀넌은 군수 관련 연구에 뛰어들어 대공포 자동제어장치를 개발한 데 이어, 기밀 통신의 이론적 토대(암호 기술)를 마련하는 일에 매달려 이른바 엑스 시스템X System의 보안성을 수학적으로 증명했다. 엑스 시스템은 루스벨트 대통령과 처칠 수상의 핫라인에 활용됐다. 이런 탓에 상사들은 섀넌이 정확히 무슨 일을 하는지도 몰랐지만 그냥 내버려두었다.

당시 모회사인 AT&T는 연구 부서에 즉각적인 실적을 요구하지 않았다. 덕분에 벨연구소는 직접적인 상업성이 없는 수학이나 천체물리학을 연구할 수 있었다. 어쨌든 광범위하고, 독점적이며, 거의 모든 분야를 포괄하는 AT&T의 사업과 현대 과학은 직간접적으로 관련될 수밖에 없었다. 모회사의 사업 분야가 폭넓었다고는 하나 여전히 벨연구소의 핵심 사업은 초점에서 어긋나 있었다.

통계국이 "미국의 통신"이라는 제목으로 발표한 자료에 따르면, 1948년 기준으로 3,100만 대의 전화기와 2억 2,200만 킬로미터에 이르는 전화선을 통해 매일 1억 2,500만 건의 통화가 이루어졌다.[4] 하지만 이는 통신을 대략적으로 측정한 것에 불과했다. 이 조사는 수천 개의 라디오 방송, 수십 개의 텔레비전 방송과 함께 신문, 서적, 팸플릿, 우편물도 집계했다. 우체국이야 편지와 소포들을 세면 된다지만, 벨시스템이 이동시키는 것은 정확하게 무슨 단위로 센단 말인가? 당연히 '대화'는 아니었다. '단어'나 '글자'도 아니었다. 어쩌면 그냥 전기일 수도 있었다. AT&T에서 일하는 엔지니어들은 전기 엔지니어들이었다. 그러니까 전기가 소리, 즉 음파의 형태로 수화기로 들어가 전파의 형태로 변환되는 음성을 대리한다는 사실쯤은 모두 알고 있었다. 이런 변환이 (이미 너무 구닥다리처럼 보이는 이전 시대의 기술인) 전신telegraph에서 전화로 진화하는 데 핵심이었다. 전신에서 이뤄지는 변환은 종류가 달랐다. 말하자면 전신은 소리와는 전혀 관련이 없고 문자언어에 기반을 둔 점과 선의 코드였다. 실제로 자세히 살펴보면 일련의 추상화와 변환을 볼 수 있다. 점과 선은 글자를 나타내고, 글자는 소리를 나타내며, 글자를 조합하면 단어가 만들어진다. 단어는 궁극적으로 의미를 만드는 기본 뼈대를 나타낸다(이에 대해서는 철학자들에게 맡기는 편이 최선일 것이다).

벨시스템에는 수학자가 없었지만, 1897년 회사의 첫 수학자를 뽑기는 했었다. 미네소타 출신으로 괴팅겐과 빈에서 공부한 조지 캠벨 George Campbell이었다. 캠벨은 곧 초창기 전화 전송의 심각한 문제점에 부딪히게 된다. 신호가 회선을 지나면서 왜곡되었던 것이다. 거리가 멀수록 왜곡의 정도는 더 심해졌다. 캠벨이 내놓은 해결책은 어느 정도는 수학적이었고, 또 어느 정도는 전기공학적이었다.[5] 회사 입장에서는 수학이든 전기공학이든 구분하는 게 큰 의미가 없었다. 학생이었던 섀넌 자신도 공학자가 될지 수학자가 될지 확실히 결정한 적이 없었다. 벨연구소가 보기에는 양쪽 다였다. 섀넌은 어쨌든 회로와 릴레이relay에 능하기도 했지만, 기호를 다루는 추상적 학문 영역에서도 큰 행복을 느꼈다. 대부분의 통신 엔지니어들은 증폭과 변조, 위상 왜곡, 신호 대 잡음비 저하 같은 물리적인 문제에 집중했다. 하지만 섀넌은 게임과 퍼즐을 좋아했으며, 에드거 앨런 포Edgar Allan Poe를 읽던 소년 시절부터 암호에 빠져 있었다. 마치 까치가 둥지를 지을 때처럼 섀넌은 실마리들을 모았다. MIT에서 1년차 연구조교로 일할 때는 버니바 부시Vannevar Bush 밑에서 커다란 회전 기어와 축 그리고 바퀴를 사용해 방정식을 푸는 (컴퓨터의 원형에 해당하는) 100톤짜리 미분해석기Differential Analyzer를 돌렸다. 스물두 살 때는 19세기 개념인 조지 불George Boole의 논리대수를 활용하여 전기회로를 설계하는 방법을 다룬 논문을 썼다 (논리학과 전기, 이 둘의 조합은 특이했다). 이후에는 수학자이자 논리학자로 이론이 무엇인지를 가르쳐준 헤르만 바일Hermann Weyl과 함께 연구했다. "이론은 의식이 '자신의 그림자를 뛰어넘게 하고', 주어진 것에서 벗어나게 하며, 오직 기호만을 써서 초월적인 것을 자명한 것으로 표현하도록 한다."[6]

1943년에는 영국의 수학자이자 암호해독가인 앨런 튜링Alan Turing이 암호 업무와 관련해 벨연구소를 방문했고, 가끔 섀넌과 점심을 먹으면서 인공적 사유 기계의 미래에 대해 이야기를 나눴다. (튜링은 이렇게 말했다. "섀넌은 인공두뇌에 '데이터'뿐만 아니라 문화적 산물까지 입력하고 싶어 해요! 음악을 들려주고 싶어 한다고요!"[7]) MIT 시절 스승으로 1948년 '인공두뇌학cybernetics'이라는 통신과 제어에 관한 새로운 학문 분야를 제안한 노버트 위너Norbert Wiener와도 교류했다. 그러는 사이 섀넌은 텔레비전 신호에 특별한 관심을 기울이기 시작했다. 관점이 독특했다. 콘텐츠를 더 빠르게 전송할 수 있도록 어떤 방식으로든 응축하거나 압축할 수 있는지 궁리했던 것이다. 논리학과 회로의 교배는 새로운 잡종을 만들어냈다. 코드와 유전자도 마찬가지였다. 섀넌은 많은 실마리들을 연결할 이론의 틀을 찾는 과정에서 혼자만의 방식으로 정보이론을 조합하기 시작했다.

20세기 초반 풍경을 보면, 편지와 메시지, 소리와 이미지, 뉴스와 안내문, 숫자와 사실, 신호와 기호 같은 것들이 뒤섞여 그야말로 사방 천지에서 반짝거리고 윙윙 거리며 놓여 있었다. 우편이나 전신 혹은 전자기파를 통해 움직이는 것들이었다. 그러나 이 모든 것을 가리키는 단어는 없었다. 1939년 섀넌은 MIT의 버니바 부시에게 보낸 편지에 이렇게 썼다. "저는 시간 날 때면 소식intelligence을 전달하는 일반적인 체계의 근본적인 속성들을 분석하고 있습니다."[8] 이 '소식'이라는 말은 뜻이 탄력적인 데다 아주 오랫동안 사용된 단어였다. 토머스 엘리엇 경Sir Thomas Elyot이 16세기 무렵 썼던 글을 보자. "요즘은 편지나 전갈을 통해 상호 간에 교섭이나 약속이 이뤄지는 데 소식이라는 고상한 말을 씁니다."[9] 하지만 이후 다른 의미들이 덧붙여졌다. 몇몇 엔지니어들, 특히 전화연구소의 엔지니어들은 '정보information'라는 단어를 쓰기 시작했다. 이들은 정보의 양 혹은 정보의 측정과 같이 기술적인 용도로 이 말을 썼다. 이런 점에서는 섀넌도 마찬가지였다.

정보가 과학적 개념이 되려면 특별한 어떤 것을 뜻해야만 했다. 3세기 전 물리학이라는 새로운 학문이 진전을 이룰 수 있었던 것은 뉴턴이 '힘', '질량', '운동', '시간' 같은 낡고 모호한 단어들에 새로운 의미를 부여했기 때문이다. 뉴턴은 이 용어들을 수량화했고, 수학공식에 쓸 수 있도록 만들었다. 이를테면, 그때까지 운동motion이라는 단어는 '정보'처럼 유연하고 포괄적인 의미를 지니고 있었다. 아리스토텔레스학파에게 운동은 복숭아의 숙성, 돌의 낙하, 아이의 성장, 몸의 노화처럼 폭넓은 현상들을 가리키는 단어였다. 이처럼 운동의 의미는 너무 많았다. 뉴턴의 법칙을 적용하고 과학혁명을 성공하려면 운동이 지녔던 대부분의 의미를 제거해야 했다. 19세기에는 '에너지'가 비슷한 변환을 겪기 시작했다. 자연철학자들은 활력이나 강도를 뜻하는 말로 에너지라는 단어를 썼다. 이들은 에너지를 수학적으로 연구했으며, 기본적으로 자연을 파악하는 물리학적 시각에서 에너지를 보았다.

정보도 마찬가지였다. 개념을 정제하는 과정이 필요했다.

정보 개념을 단순화하고, 정제하고, 비트라는 단위로 세면서 정보는 모든 곳에서 모습을 드러냈다. 섀넌의 이론은 정보와 불확실성, 정보와 엔트로피, 정보와 카오스를 잇는 다리를 놓았다. 또한 섀넌의 이론은 CD와 팩스, 컴퓨터와 사이버공간, 무어의 법칙과 세상의 모든 실리콘밸리로 이어졌다. 그 과정에서 정보 처리, 정보 저장, 정보 검색이 등장했다. 사람들은 철기시대와 증기시대를 잇는 후대를 명명하기 시작했다. 1967년 마셜 매클루언Marshall McLuhan은 이렇게 썼다. "음식 채집자이던 인류가 어울리지 않게 정보 채집자로 재등장했다."[*10] 컴퓨터와 사이버공간이 이제 막 생겨나던 때 쓰인 이 글은 때 이른 감이 없지 않았다.

이제 우리는 정보가 세상을 움직이는 혈액이자 연료이자 필요불가결한 본질이라는 사실을 안다. 정보는 학문들의 꼭대기부터 바닥까지 스며들어 지식의 모든 분야를 바꿔놓고 있다. 정보이론은 수학과 전기공학을, 또 거기에서 컴퓨터 분야를 잇는 다리로 시작했다. 영어의 '컴퓨터공학computer science'을 유럽인들은 '정보공학informatique, informatica, informatik'으로 이해한다. 하지만 이제는 생물학도 메시지, 지시문, 코드를 다루는 일종의 정보공학이 되었다. 유전자는 정보를 요약하고 있으며, 그 안에서 정보를 해독하고, 외부로 정보를 기록하는 과정을 가능하게 한다. 생명은 네트워크 망을 형성하면서 확산된다. 육체 자체가 정보처리기계이다. 기억은 두뇌뿐만 아니라 모든 세포에 저장된다. 따라서 유전공학이 정보이론과 함께 꽃을 피운 것은 우연이 아니다. DNA는 본질적으로 정보 분자이자 세포 단위에서 가장 발달된 메시지 처리기(알파벳이자 코드)로서 60억 비트가 모여서 인간을 형성한다. 진화이론가인 리처드 도킨스Richard Dawkins의 말을 들어보자. "모든 생물의 핵심에는 불이나 따스한 숨, '생명의 불꽃' 같은 것이 아니라 정보, 단어, 지시문이 놓여 있다. … 생명을 이해하려면 활기차고 약동하는 점액질이나 분비물이 아니라 정보기술을 생각해야 한다."[11] 유기체의 세포는 복잡하게 얽힌 통신 네트워크에서 송신과 수신, 코딩과 디코딩을 하는 노드node이다. 진화 자체가 유기체와 환경 사이에 지속적으로 이루어지는 정보 교환을 포함한다.

"정보의 순환이 생명의 단위가 된다."[12] 30년 동안 세포들 사이의 교

---

* 그러고는 건조하게 이렇게 덧붙였다. "여기서 전기electronic시대의 인간은 구석기 시대의 조상들 못지않게 유목민적이다."

류를 연구한 끝에 베르너 뢰벤슈타인Werner Loewenstein이 내린 결론이다. 아울러 뢰벤슈타인은 '정보'가 이제 뭔가 심오한 것을 의미함을 일깨워주었다. "정보는 조직과 질서의 보편적 원칙을 내포하며, 그 정확한 척도를 제공한다." 또한 유전자는 자신의 문화적 유사물도 가지고 있다. 바로 밈meme이다. 문화적 진화에서 밈은 (아이디어, 패션, 행운의 편지, 음모이론 같은) 복제자이자 증식자이다. 나쁜 경우 밈은 바이러스가 된다.

지금은 돈 자체가 물질에서 컴퓨터 메모리와 자기 스트립에 저장되는 비트로 발전하는 과정이 무르익고, 세계 금융이 글로벌 신경계를 통해 진행되면서 경제학도 하나의 정보공학임을 자각하고 있다. 과거 호주머니와 선창船倉 그리고 은행 금고에 넣어두던 시절에도 돈은 정보였다. 동전과 지폐, 은화와 조가비 구슬은 모두 소유관계에 대한 정보를 나타내다가 짧은 생을 마감한 정보기술이었다.

그렇다면 원자는 어떨까? 물질은 자신만의 고유한 통화제도를 갖고 있으며, 경성과학hard science 중의 경성과학인 물리학은 완숙기에 이른 것처럼 보였다. 하지만 이 새로운 지식 모델(정보이론_옮긴이)은 물리학에도 충격을 가했다. 물리학자들의 전성기였던 제2차 세계대전 이후 핵분열과 핵에너지의 통제가 과학의 중대 뉴스로 떠올랐다. 이론물리학자들은 기본 입자와 이들 사이의 상호작용을 지배하는 법칙을 밝히고, 거대 입자가속기를 건설해 쿼크quark와 글루온gluon을 발견하는 데 자신들의 명예와 자원을 쏟아부었다. 통신 연구가 이 거창한 기획과 마냥 동떨어진 것만은 아니었다. 하지만 벨연구소에서 일하던 클로드 섀넌은 물리학을 생각하지 않았다. 입자물리학자들도 비트가 필요하지 않았다.

그러다 갑자기 사정이 달라졌다. 물리학자와 정보이론가가 점점 더 하나가 된 것이다. 비트는 다른 종류의 기본 입자로, 말하자면 이진수, 플립-플롭flip-flop, '예' 혹은 '아니요'로 이루어진 작고 추상적인 기본 입자이다. 마침내 정보를 이해하게 된 과학자들은 비트가 실체는 불분명하지만 물질 자체보다 더 근본적이고 기본적인 것일지 모른다고 생각했다. 이들은 비트가 더 이상 쪼갤 수 없는 알맹이며, 정보 형식이 바로 존재의 핵심을 이룬다고 보았다. 아인슈타인, 보어와 함께 연구했던 마지막 생존자로서 20세기 물리학과 21세기 물리학의 가교 역할을 한 존 아치볼드 휠러John Archibald Wheeler는 계시와 같은 짧은 말로 이렇게 선언했다. "비트에서 존재로It from Bit." 정보는 "모든 존재를 낳는다. 모든 입자, 모든 힘의 장, 심지어 시공연속체 자체를 낳는다."[13] 이 말은 관측 여부에 따라 실험 결과가 영향을 받거나 심지어 좌우된다는 관측자의 역설paradox of the observer을 이해하는 다른 방식이었다. 관측자는 관측만 하는 것이 아니라 궁극적으로 개별 비트로 표현되는 질문이나 진술을 한다. 휠러는 점잖게 이렇게 썼다. "우리가 현실이라고 부르는 것은 '예-아니요'의 질문을 제기하는 최종 분석에서 생겨난다. 모든 물리적 대상은 근본적으로 정보이론적이며, 이것이 바로 참여 우주participatory universe이다." 따라서 전체 우주는 하나의 컴퓨터, 즉 우주적인 정보처리 기계로 여겨진다.

수수께끼를 푸는 열쇠는 고전물리학에서 다뤄지지 않은 '얽힘entanglement'이라는 현상에 있다. 입자나 양자계quantum system가 얽힐 때, 이들의 속성은 광활한 거리와 시간에 걸쳐 서로 연결되어 있다. 몇 광년이 떨어져 있어도 이들은 물리적 속성뿐만 아니라 비물리적 속성까지 공유한다. 여기서 도깨비 같은 역설이 발생한다. 비트 혹은 (좀 우스운 표현이긴 하지만 비트에 대응하는 양자의) 큐비트qubit로 측정되는 정보를 얽힘이 어떻게 인코딩하는지를 이해하기 전까지는 해결할 수 없는 역설 말이다. 광자와 전자 그리고 다른 입자들은 실제로 어떻게 상호작용을 할까? 이들은 비트를 교환하고, 양자 상태quantum state를 송신하고, 정보를 처리한다. 물리법칙은 알고리즘이다. 불타는 모든 항성, 고요한 모든 성운, 검출기에 희미한 흔적을 남기는 모든 입자는 정보처리기계이다. 우주는 자신의 운명을 계산한다.

우주는 얼마나 많은 정보를 계산하는 것일까? 얼마나 빨리 계산할까? 우주의 전체 정보 용량과 메모리 용량은 얼마나 될까? 에너지와 정보 사이의 연결고리는 무엇일까? 비트를 바꾸는 데 얼마나 많은 에너지가 소모될까? 이런 질문들은 쉽게 대답하기 어렵지만, 보기보다 신비롭거나 은유적인 것은 아니다. 물리학자와 새로운 학자들인 양자 정보이론가들은 함께 이 문제에 매달렸다. 이들은 계산을 통해 잠정적인 해답을 제시했다. (휠러는 "아무리 계산해봐도 우주의 정보는 10의 아주 많은 거듭제곱 비트"에 달한다고 보았고,[14] 세스 로이드Seth Lloyd는 우주 전체의 정보가 "10^{90}비트이며, 지금까지 10^{120}번의 연산이 이루어졌다"[15]라고 추정했다.) 또한 이들은 열역학적 엔트로피의 수수께끼와 정보를 집어삼키는 블랙홀을 새롭게 바라보았다. 휠러는 이렇게 밝혔다. "앞으로 우리는 정보 언어로 물리학의 '모든' 면을 이해하고 표현할 수 있을 것이다."[16]

◎　　◉　　◎

사람들이 상상할 수 없을 정도로 정보의 역할이 커지면서 정보가 과도한 수준에 이르렀다. 이제 사람들은 "정보가 너무 많다"라고 말한다. 우리는 정보 피로, 불안, 과잉에 시달린다. 정보 과잉이라는 마왕과 그 성가신 부하들인 컴퓨터 바이러스, 통화중 신호, 깨진 링크, 파워포인트 프레젠테이션들도 있다. 이 모든 것들은 또한 간접적으로 섀넌과 연결된다. 모든 것이 너무 빨리 변했다. 벨연구소의 엔지니어로 트랜지스터라는 단어를 만든 존 피어스는 나중에 이렇게 말했다. "섀넌 이전에 살았던 사람들이 세상을 어떻게 보았는지를 상상하기란 쉽지 않다. 이들의 순진함, 정보에 대한 무지와 몰이해를 다시 복원하기는 어렵다."[17]

그럼에도 과거는 다시 주목받고 있다. "태초에 말씀이 있었다." 요한복음에 나오는 말이다. 우리는 스스로를 '생각하는 존재'라는 뜻의 '호모 사피엔스'로 불렀다가, 이후 숙고를 거쳐 '호모 사피엔스 사피엔스'로 바꾼 종이다. 프로메테우스가 인간에게 준 가장 큰 선물은 결국 불이 아니었다. 다시 말해 "나(프로메테우스)는 인간을 위해 학문의 근간인 숫자와 예술의 창조적 어머니로서 모든 것을 기억할 수 있게 해주는 글자의 조합을 발명했다."[18] 문자는 정보의 기초 기술이었다. 전화기, 팩스, 계산기 그리고 궁극적으로 컴퓨터는 지식을 저장하고 가공하고 전달하기 위해 최근 발명한 것일 뿐이다. 이런 유용한 발명품에 사람들은 실생활에서 쓰는 용어를 끌어와 사용한다. 이를테면 데이터를 압축한다고 말하면서 이것이 가스를 압축하는 것과는 상당히 다른 의미라는 것을 의식한다. 우리는 정보를 배열·분석·분류·조합·여과하는 법을 안다. 아이팟과 플라즈마 텔레비전을 쓰고, 문자 전송과 구글링을 한다. 우리는 이런 능력을 가졌고, 또 전문가이다. 그리하여 우리는 우리 앞에 있는 정보를 보는 것이다.

하지만 정보는 항상 거기에 있었다. 정보는 화강암 묘비부터 전령의 귓속말까지 유무형의 형태로 선조들의 세계에도 스며들어 있었다. 천공카드, 금전등록기, 19세기 차분기관Difference Engine, 전화선은 모두 우리가 매달리는 정보의 거미줄을 엮는 데 나름의 역할을 했다. 당대의 모든 새로운 정보기술은 저장 용량과 전송 용량을 크게 늘렸다. 인쇄술은 단어를 모은 사전, 사실을 분류한 백과사전, 지식의 계통을 담은 연감 같은 새로운 정보 조직 체계들을 탄생시켰다. 어떤 정보기술도 그냥 폐기되어 사라지거나 하는 법이 거의 없다. 또 모든 새로운 정보기술은 과거의 정보기술을 돋보이게 한다. 그리하여 17세기 철학자인 토머스 홉스Thomas Hobbs는 새로운 매체에 대한 당대의 호들갑에 이렇게 반발했던 것이다. "인쇄술의 발명은 창의적이기는 하지만, 문자의 발명에 비하면 사소한 것에 불과하다."[19] 어떤 면에서는 홉스의 말이 옳았다. 모든 새로운 매체는 사고의 속성을 변화시킨다. 길게 보면 역사라는 것은 정보가 자신에 대해 깨달아가는 이야기이다.

몇몇 정보기술은 당대에 인정받았으나 그렇지 않은 경우도 있었다. 그중에서도 심하게 오해받은 것이 아프리카의 말하는 북이었다.

제1장　말하는 북

—

코드가 아닌 코드

어둠의 대륙을 가로질러 결코 침묵하지 않는 북이 울린다.
모든 음악의 토대, 모든 춤의 진원지.
말하는 북, 지도 없는 정글의 무선 연락기.[1]
—

어마 와살Irma Wassall(1943)

북으로 단순하게 말하는 사람은 아무도 없었다. 북꾼들은 "집으로 돌아오라"라고 말하는 대신 이렇게 말했다.

> 너의 발이 갔던 길을 돌아오게 하라.
> 너의 다리가 갔던 길을 돌아오게 하라.
> 너의 발과 다리가
> 우리 마을에 서게 하라.[2]

이들은 그냥 "시체"라고 말하지 않고 "땅의 흙덩어리 위에 등을 대고 누워 있는 것"이라고 복잡하게 표현했다. 또한 "무서워하지 말라"라고 말하는 대신 "입까지 올라온 심장을 제자리에 돌려놓으라"라고 말했다. 말하는 북은 이처럼 장황스러운 수사학을 구사했다. 이런 방식은 비효율적으로 보였다. 터무니없는 과장이나 미사여구였을까, 아니면 다른 무엇이었을까?

사하라 남부 아프리카에 사는 유럽인들이 이유를 알기까지는 오랜 시간이 걸렸다. 사실 북이 정보를 전달한다는 사실조차 몰랐다. 물론 유럽에서도 특별한 경우 나팔이나 종과 함께 북을 써서 "공격", "후퇴", "교회로 오라" 같은 간단한 메시지를 전달하기도 했다. 하지만 말하는 북이라니 이들로서는 상상도 못 할 일이었다. 1730년 프랜시스 무어Francis Moore는 감비아 강 동쪽으로 1,000킬로미터 가까이 거슬러 올라가면서 줄곧 "나무에서 자라는 굴(맹그로브)" 같은 기이한 것들과 이국의 아름다움에 흠뻑 빠져 있었다.[3] 무어는 뛰어난 박물학자는 아니었다. 영국 노예 상인들의 대리인이었던 무어는 "문딩고족Mundingoes, 졸로이프족Jolloiffs, 폴레이족Pholeys, 플룹족Floops, 포르투갈인"처럼 자신이 생각하기에 검거나 황갈색 피부를 가진 다른 인종들이 사는 왕국을 정찰하고 있었다. 나무로 만든 북(1미터 정도의 길이에, 위는 넓고 아래로 갈수록 좁아지는 모양이었다)을 들고 다니는 원주민 남녀들을 만난 무어는 여성들이 북 연주에 맞춰 활기차게 춤을 췄고, 때로 그 북이 "적의 접근을 알리는" 데 사용되었으며, 마지막으로 "아주 특별한 경우" 이웃 마을에 지원을 요청할 때 사용된다는 사실을 알아냈다. 하지만 그게 전부였다.

1세기 후 니제르 강을 탐사하던 윌리엄 앨런William Allen 선장은 글래스고Glasgow라는 카메룬 출신의 항해사를 유심히 관찰한 덕분에 더 많은 사실을 알게 되었다.* 앨런 선장은 외륜선의 선실에서 있었던 일을 이렇게 회고했다.

> 갑자기 글래스고가 완전히 정신이 나간 상태로 뭘 듣는 건지 한참 동안 귀를 기울였다. 정신 차리라고 야단을 쳤더니 글래스고가 이렇게 말했다. "제 아들이 말하는 게 안 들리나요?" 아무 말소리도 들리지 않았기 때문에 우리는 무슨 소리를 하느냐고 물었다. 그러자 이렇게 대답했다. "북이 내게 갑판에 올라오라고 말했어요." 대단히 기이한 일이었다.[4]

글래스고가 이렇듯 "음악으로 소식을 주고받는 능력"을 모든 마을 사람들이 갖고 있다고 이야기하자 앨런 선장의 회의감은 경이로움으로 바뀌었다. 믿기 어려웠지만 앨런은 원주민들이 많은 문장으로 구성된 세세한 메시지를 몇 킬로미터 떨어진 곳까지 전달할 수 있다는 사실을 결국 수긍했다. 앨런은 이렇게 썼다. "우리는 종종 군사훈련을 하

---

* 이 탐사는 노예무역 폐지와 아프리카의 문명을 위한 협회Society for the Extinction of the Slave Trade and for the Civilization of Africa가 노예무역을 막기 위해 후원한 것이었다.

면서 트럼펫 소리를 너무 잘 알아들어 놀라긴 하지만, 이 배우지 않은 미개인들에 비하면 한참 뒤떨어져 있다." 그야말로 유럽이 오랫동안 찾던 기술, 다시 말해 걷거나 말을 타는 어떤 여행자보다 빠른 원거리 통신기술이었다. 강가의 고요한 밤공기를 타고 북소리는 9~11킬로미터를 흘러갔다. 마을에서 마을로 전달된 메시지는 순식간에 160킬로미터 아니 그 이상 떨어진 곳까지 울려 퍼질 수 있었다.

벨기에령 콩고의 볼렝게Bolenge 부락에서는 아이가 태어나면 이런 식으로 알렸다.

> *Batoko fala fala, tokema bolo bolo, boseka woliana imaki tonkilingonda, ale nda bobila wa fole fole, asokoka l'isika koke koke.*
>
> 거적들이 둘둘 말리고, 우리는 힘이 솟네. 한 여인이 숲에서 나와 탁 트인 마을에 있네. 이번에는 이걸로 족하다네.

또한 선교사인 로저 T. 클라크Roger T. Clarke는 어부의 장례식을 알리는 소리를 기록했다.[5]

> *La nkesa laa mpombolo, tofolange benteke biesala, tolanga bonteke bolokolo bole nda elinga l'enjale baenga, basaki l'okala bopele pele. Bojende bosalaki lifeta Bolenge wa kala kala, tekendake tonkilingonda, tekendake beningo la nkaka elinga l'enjale. Tolanga bonteke bolokolo bole nda elinga l'enjale, la nkesa la mpombolo.*
>
> 동이 터오는 아침 우리는 일하러 가기 위해 모이는 걸 원치 않는다

네. 우리는 강가에서 행사하러 모이길 원한다네. 볼렝게 남자들은 숲에 가지도, 고기를 잡으러 가지도 않는다네. 동이 터오는 아침 우리는 강가에서 행사하러 모이길 원한다네.

클라크는 몇 가지 사실을 알게 된다. 북으로 말하는 법을 배운 사람은 몇몇에 불과했지만, 북소리에 담긴 뜻은 거의 모두가 이해한다는 점이었다. 어떤 사람들은 빠르게 북을 쳤고, 또 어떤 사람들은 느리게 북을 쳤다. 일정한 문구는 거의 변하지 않은 채 계속 반복됐지만 북꾼들은 같은 메시지를 다른 식으로 표현해 전달했다. 클라크는 북 언어가 정형화된 동시에 유동적이라고 판단했다. "신호는 전통적이고 매우 시적인 특질을 보이는 관용구의 음절 톤을 나타낸다"라는 클라크의 결론은 옳았다. 하지만 이유가 무엇인지는 끝내 알지 못했다.

이들 유럽인들은 "원주민들의 정신"에 대해 이야기하면서, 아프리카인들을 "원시적"이고 "애니미즘적"이라고 묘사했다. 그럼에도 유럽인들은 아프리카인들이 모든 인류 문화의 오랜 꿈을 실현했음을 알게 된다. 아프리카에는 훌륭한 도로와 역참驛站 그리고 최고의 파발마와 최고의 전령을 앞지르는 전달체계가 있었던 것이다. 땅에 묶이고, 발에 묶인 전달체계는 언제나 실망스러웠다. 그래서 군대가 전령을 앞질렀다. 이를테면 1세기에 수에토니우스Suetonius가 적은 것처럼 카이사르는 "전령이 알리기 전에 먼저 도착하는 경우가 아주 많았다".⁶ 그렇다고 고대인들에게 대책이 없었던 것은 아니었다. 그리스인들이 기원전 12세기에 벌어진 트로이 전쟁에서 봉화를 사용했음을 호메로스나 베르길리우스Virgil, 아이스킬로스Aeschylos의 희곡을 보면 확인할 수 있다. 산 정상에서 봉화를 피우면 32킬로미터 정도 떨어진, 혹은 특별한 경우에 더 멀리 떨어진 봉화대에서도 볼 수 있었다. 아이스킬로스의 희곡을 보면, 클리템네스트라Clytemnestra는 640여 킬로미터 떨어진 미케네에 있었지만 당일 저녁에 트로이가 함락됐다는 소식을 접했다고 한다. 합창단은 의심의 눈초리로 이렇게 묻는다. "그럼 누가 그렇게 빨리 소식을 전해준 거죠?"[7]

불의 신인 헤파이스토스가 "신호를 봉화대에서 봉화대로 계속 전달한" 덕분이라고 클리템네스트라는 대답한다. 물론 결코 쉬운 일이 아니니 이 정도로 청중들이 믿고 넘어갈 리 만무하다. 그리하여 아이스킬로스가 클리템네스트라에게 몇 분 동안 경로를 자세히 설명하게 한다. "이다 산에서 피어오른 선명한 신호는 북北에게 해를 가로질러 림노스 섬에 닿은 다음, 거기서 마케도니아의 아토스 산을 거쳐 남쪽으로 평원과 호수를 지나 마키스토스에 도달했어요. 메사피우스Messapius의 파수꾼은 에우리푸스의 파도 위로 멀리 반짝이는 불빛을 보고 높이 쌓아올린 마른 가시금작화에 불을 질러 새로운 신호를 밝혔어요. 키타이론Cithaeron, 애기플라네투스Aegiplanetus를 거쳐 미케네의 파수대가 있는 아라크네Arachne까지 소식이 온 거지요. 그렇게 한 봉화대에서 다른 봉화대까지, 봉화와 봉화를 거쳐 차례로 진행되면서 정해진 경로를 따라 전달됐어요." 클리템네스트라가 한껏 고무되어 말한다.

독일의 역사학자인 리하르트 헤니히Richard Hennig는 1908년 이 경로를 추적하고 측정해 이런 봉화 체계가 일리 있음을 확인했다.[8] 물론 메시지의 의미는 미리 조율을 거쳐 1비트로 효과적으로 축약되어야 했다. 이진법에서 선택은 '어떤 것' 혹은 '아무것도 아님'으로 나타난다. 이 경우 봉화가 의미한 것은 '어떤 것', 즉 '트로이가 함락됐다'라는 것이다. 이 1비트를 전달하기 위해서 엄청난 준비와 인력과 감시 대기와 장작이 필요했다. 오랜 세월이 흘러 미국 독립혁명 시절 올드 노스 교회Old North Church에 걸린 랜턴 역시 폴 리비어Paul Revere에게 1비트의 귀중한 정보를(영국군이 바다로 오는지 아니면 육지로 오는지) 전달하여 널리 퍼트리게 했다.

상황이 좀 더 평범할 때는 더 많은 노력이 필요했다. 사람들은 깃발과 나팔 그리고 연기를 끊어 피우거나 반짝거리는 거울로 시험했다. 소통을 위해 정령과 천사를 불러내기도 했다(천사는 당연히 신의 전령이 된다). 자력의 발견은 무궁무진한 가능성을 보여주었다. 이미 마법으로 가득한 세상에서 자석은 주술적 힘을 담고 있었던 것이다. 자철석은 철을 끌어당겼다. 이 인력引力은 공기 속에서 보이지 않게 작용했으며, 액체나 고체의 간섭도 받지 않았다. 벽 한쪽에 있는 자철석은 다른 쪽에 있는 철을 움직일 수 있었다. 더욱 흥미로운 점은 자력이 지구 전체에 걸쳐 아주 먼 거리까지 작용해 사물, 다시 말해 나침반의 바늘을 정렬시킨다는 점이었다. 한 바늘이 다른 바늘을 제어할 수 있다면 어떨까? 이런 생각이 퍼져나가자, 1640년대 토머스 브라운Thomas Browne은 이 '기발한 생각'에 대해 이렇게 썼다.

> 항간에 이목을 끌면서 회자되는 이야기가 있으니, 순박하고 평범한 이들은 쉽게 믿어버리고, 신중하고 뛰어나다는 이들도 모두 힘을 합쳐 반박하지 못한다. 이 기발한 생각은 훌륭하다. 아울러 만약 실제로 이런 효과가 있다면 이는 어느 정도 신의 섭리가 아닐까 한다. 이에 따라 우리는 영혼들처럼 의사소통을 하고 지구에서 달에 있는 메니푸스Menippus와 대화할 수 있을지도 모른다.'

"동조하는" 바늘이라는 발상은 박물학자와 사기꾼이 있는 곳이라면 늘 따라다녔다. 이탈리아에서는 어떤 사람이 갈릴레오에게 "자침磁針이 지닌 모종의 동조현상을 이용해 3,000~4,000킬로미터 떨어진 사람과

연락하는 비법"을 팔려고 했다.[10]

나는 그에게 기꺼이 사겠지만 먼저 시험을 해보고 싶으며, 각자 다른 방에서 연락할 수 있다면 충분할 것이라고 말했다. 그러자 그렇게 가까운 거리에서는 작동을 감지할 수 없다는 답변이 돌아왔다. 실험 하나 하려고 카이로나 모스크바까지 갈 기분은 아니지만 만약 당신이 갈 의향이 있다면, 내가 베니스에서 다른 쪽을 맡겠다고 말하고는 그를 내보내버렸다.

여기에는 한 쌍의 바늘이 함께 자기를 띠면(혹은 브라운의 표현대로 "같은 자석에 접촉하면") 멀리 떨어져도 계속 동조한다는 생각이 깔려 있다. 말하자면 일종의 '얽힘' 현상이었다. 발신자와 수신자는 각자 바늘을 갖고 연락할 시간을 정한다. 그러고는 테두리에 알파벳 글자가 새겨진 글자판에 바늘을 놓는다. 발신자는 바늘을 돌려서 메시지를 전달한다. 브라운의 설명은 이렇다. "듣자 하니 아무리 멀리 떨어져 있어도 한 바늘이 어떤 글자를 가리키면 놀랍게도 다른 바늘도 동조하면서 같이 움직인다고 한다." 자침의 동조현상에 대해 생각만 하던 대부분의 사람들과 달리 브라운은 직접 실험에 나섰다. 물론 실험은 실패로 끝났다. 한쪽 바늘을 움직여도 다른 바늘이 움직이지 않았던 것이다.

브라운은 이 신비한 힘이 언젠가 통신에 활용될 가능성을 완전히 배제하지 않았지만 한 가지 경고를 덧붙였다. 원거리 자기통신이 가능하다고 해도 발신자와 수신자가 동시에 행동하려 할 때 문제가 생길 수 있다고 지적했다. 어떻게 (동시에 행동할) 시간을 알 수 있을까?

다른 장소에서 서로 시간이 얼마나 차이 나는지를 아는 것은 평범한 문제나 달력과 관련된 사안이 아니며, 수학적인 문제이다. 제아무리 똑똑한 사람이라도 모든 것을 정확하게 알지는 못한다. 왜냐하면 여러 장소의 시간은 경도에 따라 서로 다르며 모든 곳의 정확한 경도가 밝혀지지 않았기 때문이다.

17세기 천문학과 지리학의 새로운 지식에서 나온 이 지적은 완전히 이론적이기는 하지만 선견지명을 담은 것이었다. 이는 그때까지 확고했던 동시성이라는 전제에 최초로 균열을 냈다. 어쨌든 브라운이 언급한 대로 전문가들도 의견이 달랐다. 2세기가 지나서야 시간대의 차이를 실감할 수 있을 만큼 빠르게 이동하거나 소통하는 일이 가능해졌다. 그때까지 세상 그 누구도 북을 쓰는 아프리카의 문맹들만큼 멀리 그리고 빠르게 소통하지 못했다.

◎　　◎　　◎

윌리엄 앨런이 말하는 북을 발견한 1841년 무렵, 새뮤얼 모스Samuel F. B. Morse는 자신만의 타악기적 코드, 다시 말해 전신선을 따라 고동치는 전자기적 북소리를 연구하고 있었다. 코드를 발명하는 일은 복잡하고 까다로웠다. 모스는 처음에는 코드가 아니라 "일련의 빠른 키 입력 혹은 직류 충격을 통해 나타나고 표기되는 문자 기호체계"를 구상했다.[11] 발명의 역사에는 참고할 만한 전례가 거의 없었다. 정보를 하나의 형태에서, 말하자면 일상어에서 전송에 적합한 다른 형태로 바꾸는 일은 전신과 관련된 어떤 기계적인 문제보다 더 높은 창의성이 필요했다. 그런 점에서 역사가 전송장치가 아니라 코드에 모스의 이름을 붙인 것은 당연했다.

모스가 쓸 수 있는 기술은 전기회로의 개폐 혹은 전류의 단속斷續을 통해 단순한 펄스를 발생시키는 것뿐이었다. 모스는 어떻게 전자기를 조작해 언어를 전달할 수 있었을까? 처음에 모스가 떠올린 아이디어는 점과 공백을 이용해 한 번에 한 자리씩 숫자를 보내는 것이었다. • • • •• • • • • •라는 배열은 325를 뜻한다. 모든 단어에 번호를 지정하고, 회선의 양쪽 끝에 앉은 전신수들은 특수 사전을 찾아볼 수 있다. 모스는 직접 이 사전을 만들기 시작했고, 큰 2절판에 내용을 쓰느라 많은 시간을 허비했다.* 1840년에 낸 자신의 첫 전신 특허에서 모스는 이렇게 주장했다.

> 이 사전 혹은 단어집은 알파벳순으로 정렬되고, 단어에 규칙적으로 번호가 매겨지며, 알파벳 첫 글자에서 시작한다. 그리하여 각 단어는 전신 번호를 가지며 숫자 부호를 통해 임의로 지정된다.[12]

효율성을 높이기 위해 모스는 다방면에 걸쳐 비용과 가능성을 따져보았다. 먼저 전송 비용. 전신선은 비용이 많이 들었고, 전송할 수 있는 분당 펄스도 한정되어 있었다. 숫자는 비교적 전송하기가 쉬웠다. 그러나 시간적 측면에서, 그리고 전신수에게 힘들다는 점에서 추가 비용이 들었다. 하지만 코드북(검색표)이라는 아이디어는 여전히 가능성이 있었고, 이후 다른 기술들에서 다시 등장하게 된다. 마침내 중국의 전신에서 채택되었던 것이다. 하지만 모스는 모든 단어를 일일이 사전에서 찾는 일이 대단히 번거롭다고 생각했다.

---

* 나중에 그는 이렇게 썼다. "그러나 아주 짧은 경험만으로도 알파벳순 방식의 우수성을 알 수 있었습니다. 그래서 고생해서 만든 두꺼운 번호순 사전을 버리고 대신 알파벳순을 채택했습니다."[13]

한편, 모스의 조수였던 알프레드 베일Alfred Vail은 전신 기사가 전기 회로를 빠르게 개폐할 수 있는 단순한 레버 키lever key을 개발하고 있었다. 두 사람은 부호를 글자의 대용물로 삼아 모든 단어를 표시하는 코드화된 알파벳으로 관심을 돌렸다. 어떤 방식으로든 간단한 부호들이 구어나 문어의 모든 단어를 대신해야 했다. 1차원의 펄스로 전체 언어를 나타내야 했던 것이다. 처음에는 점과 점 사이의 공백이라는 두 가지 요소로 구성된 체계를 생각했다. 이후 시험 제작한 키패드를 만지작거리던 이들은 세 번째 부호로 "점을 만들 때보다 회로를 길게 닫을 때"[14] 나오는 선을 사용했다. (이 부호는 점선 알파벳으로 알려졌지만 언급되지 않은 공백도 마찬가지로 중요했다. 모스 코드는 이진 언어가 아니었다.*) 처음에는 전신수들이 이 새로운 언어를 배울 수 있다는 사실이 놀라웠다. 전신수들은 부호화 체계를 숙달한 다음 언어를 부호로, 머리에서 손가락으로 옮기는 이중 번역을 지속적으로 해야 했다. 전신수들이 이 기술에 얼마나 통달했는지를 본 한 목격자는 이렇게 감탄했다.

> 기록 장치에 앉은 서기들은 이 기이한 상형문자를 너무나 능숙하게 다루었다. 이들은 찍혀 있는 내용을 보지 않고도 수신되는 메시지를 이해했다. 마치 기록 장치가 이들에게 또박또박 말을 하는 것 같았다. '기록 장치가 하는 말'을 알아들었던 것이다. 서기들은 인쇄가 진행되는 동안 눈을 감은 채 귀 옆에서 들리는 이상한 딸깍거림만 듣고도 무슨 뜻인지 바로 알아차렸다.[15]

모스와 베일은 속도를 높이기 위해 많이 쓰이는 글자에 짧은 점과

---

* 곧 전신 기사들은 다른 길이의 공백(글자 간 공백과 단어 간 공백)도 구분했다. 그래서 실제로는 네 가지 부호가 사용됐다.

선의 배열을 지정하면 키 입력 횟수를 줄일 수 있다는 사실을 깨달았다. 그렇다면 가장 자주 쓰이는 글자는 뭘까? 당시는 알파벳 사용 빈도 통계가 거의 없었다. 베일은 글자의 상대적인 빈도 데이터를 구하기 위해 뉴저지 주 모리스타운에 있는 지역 신문사를 찾아가 활자판을 살폈다.[16] 활자 개수를 세어보니 E는 1만 2,000개, T는 9,000개, Z는 200개였다. 베일과 모스는 이를 기준으로 알파벳을 정렬했다. 원래 두 번째로 사용빈도가 높은 T에 지정된 코드는 선선점이었다. 두 사람은 T에 해당하는 코드를 선 하나로 바꿔 앞으로 올 세상에서 전신 기사들이 해야 할 수십 억 번의 키 입력을 줄였다. 오랜 세월이 지난 후 정보이론가들이 계산한 바에 따르면, 베일과 모스가 정한 배열은 영어 텍스트를 타전하기 위한 최적 배열의 15퍼센트 범위 안에 있는 것으로 나타났다.[17]

말하는 북의 언어에는 모스의 전신에서와 같은 과학이나 실용성은 없었다. 그럼에도 전신수를 위한 코드 설계와 마찬가지로 풀어야 할 숙제가 있었다. 어떻게 하면 전체 언어를 가장 기본적인 소리라는 1차원적 흐름으로 나타낼 수 있을까. 이 설계 문제는 수 세기 동안 사회적 진화를 거치면서 수 세대의 북꾼들에 의해 집단적으로 해결됐다. 20세기 초 유럽의 아프리카 연구자들은 말하는 북과 전보 사이의 유사성을 명확하게 파악할 수 있었다. 로버트 서덜랜드 래트레이Robert Sutherland Rattray는 런던에 있는 왕립아프리카학회에 보낸 보고서에 이렇게 썼다. "며칠 전《더 타임스The Times》를 보니 아프리카의 한 지역에 사는 원주민이 꽤 먼 곳에 살던 유럽인 아기가 죽었다는 소식을 들었다고 합니다. 어떻게 이 소식을 북으로 전했을까요? 듣자 하니 '모스 원리'가 사용되었다고 합니다. 항상 '모스 원리'를 쓴다고 합니다."[18]

하지만 북과 모스 원리가 아주 비슷하다는 사실은 사람들을 혼란에 빠뜨렸다. 유럽인들은 북소리의 코드를 해독하지 못했다. 왜냐하면 사실 북의 언어에는 코드가 없기 때문이다. 모스는 말과 최종 코드를 이어주는 중간 부호층인 문자언어를 가지고 혼자 힘으로 모스 체계를 만들었다. 점과 선은 소리와 직접적인 관련이 없었다. 다시 말해 점과 선은 글자들을 나타냈다. 이 글자는 문어文語를 형성했고, 결과적으로는 구어口語를 나타냈다. 북꾼들은 중간 단계의 코드를 활용할 수 없었다 (부호층을 통해 축약할 수 없었던 것이다). 왜냐하면 아프리카 언어는 현대에 사용되는 6,000개의 언어 중 수십 개의 언어를 제외한 모든 언어들처럼 알파벳이 없었기 때문이다. 북 언어는 말을 바로 변형시켰던 것이다.

이에 대한 설명은 존 캐링턴John F. Carrington 몫이었다. 영국인 선교사 캐링턴은 1914년 노샘프턴셔Northamptonshire에서 태어나 스물네 살에 아프리카로 가 평생을 보냈다. 북은 일찌감치 캐링턴의 이목을 끌었다. 침례교 선교협회가 있던 북콩고 강 인근의 야쿠수Yakusu를 출발해 밤볼레Bambole 삼림지역 마을을 여행할 무렵이었다. 어느 날 사전 통보도 없이 야온가마Yaongama라는 작은 마을에 들른 캐링턴은 이미 교사, 간호사, 교인들이 모여 자신이 도착하기를 기다리고 있는 것을 보고 깜짝 놀랐다. 모인 사람들은 북소리로 소식을 들었다고 했다. 캐링턴은 결국 북소리가 소식을 공지하거나 위험을 알리는 것뿐만 아니라 기도와 시, 심지어는 농담까지 전달한다는 사실을 알게 된다. 북꾼들은 신호를 보내는 것이 아니라 말을 했던 것이다. 그러니까 이들은 특별하게 개조된 언어로 말을 했다.

마침내 캐링턴은 직접 북을 배웠는데, 주로 (지금으로 치면 자이르 동부지역에 사는) 반투족Bantu의 켈레어Kele로 북을 쳤다. 로켈레Lokele 마을 사람은 캐링턴을 두고 이렇게 말했다. "피부가 하얗기는 하지만 사실 유럽 사람이 아니에요. 원래 우리 마을에 살던 사람입니다. 정령들이 실수로 죽은 그 사람을 먼 백인들 마을로 데려가 우리 여인이 아닌 백인 여인에게서 태어난 아기의 몸으로 들어가게 한 거예요. 하지만 본디 우리 사람이라 고향을 잊지 못하고 돌아온 겁니다."[19] 또 관대하게도 이렇게 덧붙였다. "북 솜씨가 조금 서툰 것은 백인들한테 부실한 교육을 받아서 그래요."

캐링턴은 아프리카에서 40년을 살면서 식물학, 인류학, 언어학에 식견을 쌓았다. 특히 수백 종의 개별 언어와 수천 종의 방언이 있는 아프리카 언어군의 구조 연구로 명성을 얻었다. 캐링턴은 훌륭한 북꾼이 얼마나 말을 많이 해야 하는지 알게 된다. 결국 캐링턴은 1949년 자신이 북에 대해 발견한 내용들을 모아 『아프리카의 말하는 북Talking Drums of Africa』이라는 얇은 책으로 펴냈다.

말하는 북의 수수께끼를 풀 실마리는 관련 아프리카 언어들에서 발견되는 핵심적 사실에 있었다. 이들 언어는 자음이나 모음의 차이뿐만 아니라 성조의 등락에 따라 의미가 달라지는 성조 언어였다. 영어를 포함한 대부분의 인도-유럽어족은 이런 성질이 없었다. 영어에서 성조는 제한된 구문적 방식으로만 활용된다. 가령 문장의 끝부분을 올려서 의문문을 만들거나("넌 행복해╱") 내려서 평서문을 만드는("넌 행복해╲") 식이다. 하지만 익히 알려져 있듯 중국어와 광둥어를 비롯한 다른 언어에서 성조는 단어를 구분하는 데 가장 중요한 요인이었다. 대부분의 아프리카 언어도 마찬가지이다. 유럽인들은 이 언어들을 배울 때 아무 경험이 없기 때문에 대개 성조의 중요성을 이해하지 못했다.

또한 자신들이 들은 말을 라틴 알파벳으로 음역할 때 성조를 전혀 반영하지 않았다. 사실상 색맹이었던 것이다.

'리사카lisaka'로 음역되는 켈레어 단어는 세 개다. 이 단어들은 성조로만 구분된다. 세 음절을 모두 낮추면 '웅덩이', 반드시 강세를 두지 않더라도 마지막 음절인 '카ka'를 높이면 '약속', 뒤의 두 음절인 '사카saka'를 높이면 '독'을 의미한다. '리알라liala'도 중간 음절인 '아a'를 높이면 '약혼자', 세 음절을 모두 낮게 하면 '쓰레기 구덩이'를 뜻한다. 이처럼 음역으로는 동음이의어로 보이는 단어들도 실제로는 그렇지 않다. 이 사실을 깨달은 캐링턴은 이렇게 회고했다. "원주민 아이에게 '책을 저어라'라거나 '친구가 온다고 낚시해라'라고 말하는 식의 실수를 숱하게 저질렀을 것이다."[20] 유럽인들은 성조를 구분하는 능력 자체가 뒤떨어졌다. 캐링턴은 성조를 혼동하면 얼마나 우스워지는지 예를 들었다.

alambaka boili [‾ _ ‾ ‾ _ _ _] = 그는 강둑을 바라봤다
alambaka boili [‾ ‾ ‾ ‾ _ ‾ _] = 그는 장모를 삶았다

19세기 말 이후 언어학자들은 음소를 의미의 차이를 만드는 최소 소리 단위로 파악했다. 영어 단어 'chuck'은 세 개의 음소로 구성된다. ch를 d로 혹은 u를 e로 아니면 ck를 m으로 바꾸면 다른 의미를 만들 수 있다. 음소라는 개념은 유용하지만 완벽하지 않다. 언어학자들은 영어나 다른 모든 언어들의 정확한 음소 목록에 좀처럼 동의하지 않았다(영어의 경우 대체로 45개 내외로 추정된다). 문제는 말의 흐름이 연속체라는 것이다. 언어학자는 관념적으로 또 자의적으로 말의 흐름을 별개의 단위로 나눌 수 있지만, 이들 단위의 의미는 화자와 문맥에 따라 달라진다. 또한 음소에 대한 화자들의 본능도 대부분 화자들이 갖고 있

는 문자 언어에 대한 지식에 의해 왜곡된다. (문자 언어에 대한 지식은 때로 언어를 나름의 자의적인 방식으로 코드화한다.) 어쨌든 추가 변수가 있는 성조 언어는 경험이 부족한 언어학자들이 처음 생각한 것보다 훨씬 많은 음소를 지닌다.

아프리카의 구어가 성조에 중대한 역할을 부여했기 때문에, 북 언어가 힘겨운 한 걸음을 내디딜 수 있었다. 북 언어는 성조를, 오직 성조만을 채택했다. 북 언어는 한 쌍의 음소를 가지며, 완전히 음높이 유형만으로 구성된다. 북은 다양한 소재와 기법으로 제작된다. 이를테면 모과나무의 속을 파내어 길고 좁은 틈을 통해 고음과 저음을 내는 틈북slit gong도 있고, 위에 가죽을 덧대어 쌍으로 쓰는 북도 있다. 중요한 것은 약 장3도major third의 간격으로 두 개의 다른 음을 내는 것이다.

구어를 북 언어로 표현하면 정보가 소실되었다. 북으로 하는 말에는 결함이 있었다. 모든 부족과 부락이 쓰는 북 언어는 구어에서 시작되어 자음과 모음을 벗겨낸 것이었다. 따라서 많은 것들을 잃을 수밖에 없었다. 남은 정보의 흐름도 모호하기 짝이 없었다. 두 번의 높은 음[−−]은 켈레어로 아버지를 뜻하는 '상고sango'뿐만 아니라 달을 뜻하는 '송게songe', 닭을 뜻하는 '코코koko', 물고기의 한 종을 뜻하는 '펠레fele' 등 두 개의 높은 음으로 발음되는 모든 단어의 성조 패턴과 일치했다. 야쿠수의 선교사들이 만든 간단한 사전만 봐도 같은 성조를 가진 단어가 130개나 됐다.[21] 그렇다면 풍부한 성조를 가진 구어를 최소한의 코드로 축약한 것들을 북은 어떻게 구분할 수 있을까? 강세와 타이밍을 달리해 어느 정도 구분이 가능했지만, 이것들만으로 부족한 자음과 모음을 보완할 수는 없었다. 캐링턴은 북꾼들이 예외 없이 각 단어마다 "약간의 수식구"를 덧붙인다는 사실을 발견했다. 가령 달songe은 땅을 내려다보는 것songe li tange la mange, 닭koko은 꼬끼오 하고 우는 작은 것koko olongo la bokiokio이라고 표현하는 식이었다. 덧붙여진 북소리는 관련 없는 것이 아니라 전후 사정을 알려주는 것이었다. 모든 단어들은 다르게 해석될 수 있는 가능성 때문에 모호해진다. 하지만 (북소리를 장황하게 덧붙임으로써) 구름이 걷히듯 원하지 않는 해석들이 증발되어 사라진다. 이 과정은 무의식적으로 일어난다. 청자들은 띄엄띄엄 이어지는 높고 낮은 북소리만을 듣지만 사실상 빠진 자음과 모음도 '듣는다'. 개별 단어가 아니라 전체 구문을 듣는 것이다. 래트레이 선장은 이렇게 썼다. "글이나 문법을 전혀 모르는 사람들은 관용어구를 벗어난 단어 '자체'는 거의 이해하지 못하는 것으로 보인다."[22]

정형화된 수식구가 길게 따라붙으면서, 말하자면 이런 잉여성으로 인해서 모호함은 사라진다. 북의 언어는 창조적이어서 북부 지방에서 온 새로운 문물을 가리키는 신조어도 자유롭게 만들어낸다. 캐링턴은 그중에서 증기선, 담배, 기독교 신을 특별히 언급했다. 하지만 북꾼들은 전통적인 관용어구를 배우는 것부터 시작한다. 사실, 아프리카 북꾼들의 관용어구는 때로 일상어에서 사라진 고대어를 보존한다. 야운데Yaunde족에게 코끼리는 언제나 '거대하고 위험한 것'이다.[23] 제우스를 그냥 제우스가 아니라 '구름을 모으는 제우스'로, 바다를 그냥 바다가 아니라 '포도줏빛 바다'로 묘사한 호메로스식 관용어구와의 유사성은 우연이 아니다. 구술문화에서 영감은 명료성과 기억을 먼저 섬겨야 한다. 음악의 여신인 뮤즈는 기억의 여신인 므네모시네의 딸들이다.

켈레어와 영어에는 아직 '명료화와 오류 수정을 위해 추가 비트를 할당하라'라는 표현이 없었다. 하지만 북 언어는 이런 작업을 수행한다.

분명 비효율적인 잉여성은 혼란을 해소하는 수단으로 기능한다. 잉여성은 한 번 더 기회를 주는 것이다. 모든 자연어는 잉여성을 내포한다. 사람들이 오자투성이의 글이나 시끄러운 방에서 나누는 대화를 이해할 수 있는 이유가 바로 여기에 있다. 영어의 자연적 잉여성은 1970년대의 유명한 뉴욕시 지하철 포스터(그리고 제임스 메릴James Merrill의 시)에 영감을 줬다.

> if u cn rd ths (if you can read this)
>
> u cn gt a gd jb w hi pa! (you can get a good job with high pay!)

(메릴은 "이 역주문counterspell은 당신의 영혼을 구할지도 모른다"[24]라고 덧붙였다.) 대개 언어의 잉여성은 배경의 일부일 뿐이다. 전신수에게 잉여성은 값비싼 낭비에 불과하다. 하지만 아프리카의 북꾼에게는 필요불가결한 요소이다. 완전히 비슷한 사례로는 다른 특수 언어인 항공통신 언어를 들 수 있다. 조종사와 관제사 사이에 오가는 정보는 대부분 고도, 벡터, 항공기 식별번호, 활주로와 유도로 번호, 주파수 등 숫자와 알파벳으로 구성된다. 항공통신은 대단히 시끄러운 채널을 통해 중요한 내용을 전달해야 하기 때문에 모호성을 최소화하기 위해 특수한 알파벳을 쓴다. 가령 B와 V는 발음상 혼동하기 쉽기 때문에 브라보bravo와 빅터victor로 대체하는 것이 더 안전하다. M과 N은 마이크mike와 노벰버november로 대체된다. 숫자의 경우 특히 혼동하기 쉬운 파이브five와 나인nine은 피페fife와 나이너niner로 말한다. 이처럼 추가된 음절은 말하는 북의 장황한 표현과 같은 기능을 한다.

책을 낸 후 존 캐링턴은 우연히 이런 사실을 수학적으로 이해하는 방법을 발견하게 된다. 벨연구소의 전화 엔지니어인 랠프 하틀리Ralph

Hartley가 쓴 논문은 $H=n \log s$라는 상당히 연관성이 높은 공식을 담고 있었다.[25] 여기서 H는 정보량, n은 메시지를 구성하는 기호의 수, s는 해당 언어가 가진 전체 기호의 수를 가리켰다. 하틀리의 젊은 동료였던 클로드 섀넌은 이후 이 선례를 따라 영어의 잉여성을 정확하게 측정하는 작업을 주요 과제로 삼는다. 기호는 단어나 음소 혹은 점이나 선이 될 수 있다. 기호 집합 내의 선택폭은 1,000개의 단어 혹은 45개의 음소 혹은 26개의 알파벳이나 전기회로 안에서 이뤄지는 세 가지 유형의 차단 등 다양했다. 하틀리의 공식은 (일단 파악하고 나면) 대단히 단순한 현상을 정량화했다. 일정한 양의 정보를 전달할 때 기호의 종류가 적을수록 더 많이 전송해야 한다는 것이다. 북으로 전달하는 메시지가 말로 전달하는 메시지보다 약 8배나 더 길어야 했던 이유가 거기 있었다.

하틀리는 자신이 쓰는 '정보'라는 단어를 설명하기 위해 애썼다. 하틀리는 이렇게 말한다. "일반적으로 쓰이는 정보는 대단히 탄력적인 용어이다. 따라서 먼저 의미를 명확하게 하는 것이 필요하다." 하틀리는 정보를 정신적인 것이 아니라 '물리적인' 것으로 생각해야 한다고 제안했다. 하지만 상황이 더 복잡해지고 말았다. 다소 역설적이게도 부호의 중간층에서 복잡성이 발생했다. 별개로 분리되어 있어 쉽게 셀 수 있는 알파벳 혹은 점과 선에서 복잡성이 발생한 것이다. 측정하기 더 어려웠던 것은 밑바닥에 있는 인간의 음성과 이를 대리하는 부호들이 연결되는 지점이었다. 비록 소리가 결과적으로 밑바닥에 있는 지식이나 의미를 표현하는 코드로 기여한다고 해도, 아프리카의 북꾼뿐만 아니라 전화 엔지니어에게 의사소통의 알맹이는 여전히 의미를 가진 소리의 흐름으로 여겨졌다. 여하튼 하틀리는 (글이 됐든 전신 코드가 됐든 아니면 전화선이나 대기를 지나는 전자기파를 활용해 소리를 물리적으로 전송하는 것이 됐든 간에) 엔지니어가 모든 통신을 일반화할 수 있어야 한다고 생각했다.

물론 하틀리는 북에 대해서 아는 게 하나도 없었다. 그리고 존 캐링턴이 북 언어를 이해하고 얼마 지나지 않아 북 언어는 아프리카에서 자취를 감추기 시작했다. 로켈레 족 젊은이들이 북 언어 연습시간을 갈수록 줄이고, 아이들이 자신의 북 이름조차 배우지 않는 것을 지켜본 캐링턴은 안타까웠다.²⁶ 그리하여 말하는 북과 함께 살려고 했던 것이다. 1954년 한 미국인이 콩고 변경에 있는 야렘바Yalemba에서 미션 스쿨을 운영하는 캐링턴을 찾았다.²⁷ 캐링턴은 여전히 매일 정글을 산책했다. 점심시간이 되자 아내가 빠른 북소리로 남편을 불렀다. 내용은 이랬다. "숲에 있는 백인이여, 높은 곳에 있는 널집으로 오라. 여인이 얌과 함께 기다린다. 어서 오라."

얼마 후 중간 단계는 건너뛰어 버리고 말하는 북에서 곧바로 휴대전화로 통신 기술을 바꾼 사람들이 나타났다.

제2장 말의 지속성

—

마음에는 사전이 없다

오디세우스는 음유시인이 자신의 위대한 업적을
널리 노래하는 것을 듣고 눈물을 흘렸다.
노래가 된 이야기는 더 이상 그만의 것이 아니라
그 노래를 들은 모든 사람의 것이 되기 때문이었다.[1]
—

워드 저스트Ward Just(2004)

예수회 사제이자 철학자이며 문화역사학자인 월터 J. 옹Walter J. Ong은 이런 제안을 했다. "이제껏 뭔가를 (기록물 같은 것에서_옮긴이) '찾아본' 적이 있는 사람이 아무도 없는 그런 문화를 상상해보자."[2] 2,000년이 넘는 시간 동안 우리에게 내면화된 정보기술들을 제거하려면 기억 속에서 사라진 과거로 상상력의 나래를 펴야 한다. 그중 머릿속에서 가장 지우기 어려운 것이 바로 최초의 기술인 기록이다. 기록은 역사의 첫새벽에 등장했다. 그도 그럴 것이 역사는 기록과 함께 시작했기 때문이다. 과거는 기록을 통해 비로소 과거로 남는다.[3]

이처럼 언어와 기호체계를 연관시키는 행위가 제2의 본능이 되려면 수천 년의 시간이 걸리며, 그런 다음에는 기록이 없었던 순진무구한 과거로 돌아갈 수 없다. 단어를 '봄'으로써 단어를 인식하게 되었을 때 그 과거는 잊혔다. 옹의 설명을 들어보자.

> 원시 구술문화에서 '어떤 것을 찾아본다'라는 표현은 공허한 문구에 지나지 않는다. 상상할 수 있는 의미를 마음속에 갖고 있지 않다는 말이다. 기록이 없으면, 말이 설령 시각적 대상을 표상한다고 해도 시각적으로 존재하지 못한다. 말은 소리이다. 그래서 말을 다시 '불러서call' '상기recall'할 수는 있다. 하지만 말을 '바라볼' 수는 없다. 말에는 초점도, 흔적도 없다.

1960~1970년대에 옹은 전자시대가 새로운 구술성의 시대를 열 것이라고 공언했다. 하지만 여기서 말하는 구술성은 '2차 구술성'으로, 구어가 이전보다 훨씬 증폭되고 확장되기는 하지만 이는 문자를 읽고 쓰는 능력인 문해력文解力 안에서만 존재하는 구술성이었다. 말하자면 언제 어디서나 존재하는 활자를 배경으로 음성이 들리는 것이다. 1차

구술성 시대는 거의 인류사 전체에 걸쳐 훨씬 더 오래 지속되었다. 기록은 뒤늦게 개발되었고, 문해력이 보편화된 것은 한참 나중의 일이었다.

자주 비교되던 마셜 매클루언처럼(프랭크 커모드는 마셜 매클루언을 "또 하나의 가톨릭−전자電子 예언가"[4]라고 비꼬았다) 옹은 자신이 예견한 새로운 시대가 실제로 오기 바로 전에 예언을 내놓았다는 점에서 안타까웠다. 옹은 라디오, 전화, 텔레비전이 새로운 미디어가 될 것으로 보았다. 하지만 이 미디어들은 아직 수평선 너머에 있는 빛을 알리는 밤하늘의 희미한 노을에 불과했다. 사이버공간을 근본적으로 어떻게 봤든 간에(구술적이든 문자적이든 간에) 옹은 분명 사이버공간을 혁신적인 것으로 인식했을 것이다. 그저 과거 형태가 다시 살아나거나 확장된 것이 아니라 완전히 새로운 형태로 인식했을 것이라는 이야기이다. 어쩌면 옹은 문해력의 부상에 맞먹는 단절이 임박한 것을 감지했을지도 모른다. 그 단절이 얼마나 심대했는지 그만큼 깊이 이해한 사람은 드물었다.

옹이 연구를 시작할 무렵에는 '구술문학'이라는 개념이 흔하게 사용되었다. 구술문학이라는 말은 시대착오가 뒤섞인 모순어법이다. 말하자면 정말 무의식적으로 현재를 통해 과거에 접근하는 방법인 것이다. 구술문학은 대개 기록문학의 한 변형으로 취급된다. 옹은 이렇게 말한다. 이는 "말馬을 바퀴 없는 차로 생각하는 것과 같다."[5]

물론 가능하다. 말을 본 적이 없는 사람들을 대상으로 말에 대한 논문을 쓴다고 상상해보라. 이 논문은 독자들의 자동차에 대한 직접적인 경험에 기대어 '말'이 아니라 '자동차'의 개념에서 시작해야 한다. 따라서 항상 말을 '바퀴 없는 자동차'에 빗대어 자동차에 익숙한 독자들에게 모든 차이점을 설명하면서 논리를 펼쳐야 한다.
… 가령 바퀴 없는 자동차(말)는 바퀴 대신 발굽(발톱이 커진 것)을,
전조등 대신 눈을, 페인트 보호제 대신 털을 지니며, 휘발유 대신
건초를 먹는다. 결국 말은 말이 아닌 것이 된다.

이런 점에서 문자가 없던 과거를 현대인들이 이해하기란 절망에 가
깝다. 우리가 안다는 것을 아는 것은 문어文語라는 기제가 있기 때문이
다. 문어는 우리의 생각을 정리한다. 문해력이 어떻게 생겨났는지를
역사적으로 또 논리적으로 이해하고 싶을 수도 있다. 하지만 역사와
논리 자체는 문자적 사유의 산물이다.

하나의 기술로서 글쓰기는 사전 숙고와 특별한 능력이 필요하다. 제
아무리 효율적이고 잘 개발되었다고 해도 언어는 기술이 아니다. 언어
는 지성과 분리된 것으로 받아들여지지 않는다. 언어는 지성의 작용이
다. 조너선 밀러Jonathan Miller는 이렇게 말한다. "언어와 지성의 관계는
사실상 입법 활동과 의회의 관계와 같다. 언어는 일련의 구체적인 실
행을 통해 끊임없이 자신을 체화하는 역량이다."6 기록에 대해서도 거
의 같은 설명을 할 수 있다. 기록 역시 구체적인 실행이지만 말이 종
이나 돌에 실체화되면 인공물로서 별개의 존재가 된다. 기록은 도구의
산물이며, 하나의 도구이다. 그리고 이후 나타난 많은 기술들처럼 기
록은 즉각적인 반발을 불렀다.

의외로 기록이라는 새로운 기술에 반대했던 사람은 오랫동안 기록
의 수혜를 누린 첫 인물이었던 플라톤이었다. 어떤 글도 남기지 않은
소크라테스를 통해 플라톤은 이 기술(기록)이 궁핍화를 의미한다고 경
고했다.

이것은 기억에 대한 연습을 게을리하게 함으로써 배운 사람들의 혼에 망각을 제공할 것이니, 이들은 글쓰기를 믿은 나머지 외부로부터 남의 것인 표시에 의해 기억을 떠올리지, 내부로부터 자신들에 의해 스스로 기억을 떠올리지 않기 때문입니다. 사실은 기억이 아니라 기억 환기의 약을 그대가 발견한 것입니다. 아울러 그대는 배우는 자들에게 지혜로워 보이는 의견을 주는 것이지 진정한 지혜를 주지는 않는 것입니다.[7]

'자기 것이 아닌 외부의 글자로 만들어진다.' 이것이 문제였다. 기록된 말은 진실하지 않은 것처럼 보였다. 파피루스나 점토판에 새긴 인공물은 현실에서 또 자유롭게 흘러나오는 (생각과 긴밀하게 결합된) 언어의 소리에서 너무 멀리 떨어져 나온 것이었다. 기록은 사람으로부터 지식을 빼내고, 기억을 저장하는 것처럼 보였다. 또한 기록은 시간적, 공간적으로 화자와 청자를 단절시켰다. 기록이 개인적, 문화적 차원에서 가져올 근본적인 변화는 거의 예측할 수 없었다. 그러나 플라톤조차 이 단절의 힘을 어느 정도는 알 수 있었다. 한 사람이 다수에게, 죽은 자가 산 자에게, 산 자가 아직 태어나지 않은 자에게 말한다. 매클루언이 지적한 대로 "플라톤이 이렇게 말했을 때 서구 세계 앞에는 2,000년의 기록문화가 놓여 있었다."[8] 이 최초의 인공 기억이 지닌 힘은 계량할 수 없다. 기록은 생각을 재구성하고 역사를 낳았다. 여전히 계량할 수 없기는 하지만 기록의 힘을 짐작케 하는 한 가지 통계가 있다. 일반적인 구술언어의 전체 어휘는 수천 개의 단어로 구성된다. 그러나 가장 폭넓게 쓰는 언어인 영어는 해마다 수천 개씩 단어를 늘리면서 100만 개를 훌쩍 넘는 어휘를 기록했다. 이 단어들은 현재에만 존재하지 않는다. 각 단어는 현재의 삶에 녹아든 기원과 역사를 지닌다.

우리는 단어들을 통해 빵부스러기 같은 흔적을 남긴다. 기호 안에 있는 기억을 타인들이 뒤따른다. 개미는 페로몬을 발산하여 화학적 정보의 자취를 남긴다. 테세우스는 아리아드네가 준 실로 길을 찾았다. 이제 사람들은 종이 위에 길을 남긴다. 기록은 시간과 공간을 넘어 정보를 보존한다. 기록 이전의 의사소통은 지엽적이었고 덧없이 사라졌다. 음성은 멀리 가지 못하고 망각 속으로 잦아들었다. 말의 소실은 말할 필요도 없는 것이었다. 말은 너무나 일시적인 것이어서 음성이 다시 들리는 드문 현상인 메아리가 일종의 마법처럼 보였다. 플리니우스Plinius는 이렇게 썼다. "그리스 사람들은 이 마법 같은 음성의 되울림에 메아리라는 아름다운 이름을 붙였다."[9] 새뮤얼 버틀러Samuel Butler가 지적했듯 "발화된 기호는 물질적 흔적을 남기지 않고 바로 사라지며, 오직 듣는 사람의 머릿속에 남을 뿐이다." 버틀러가 이런 진실을 말할 수 있게 된 것은 19세기 말 음성을 담는 전자기술이 등장하면서 말은 흔적을 남기지 않는다는 말이 처음으로 오류가 되었기 때문이다. 정확하게 말하면 (말이 머릿속에만 남는다는 것은) 더 이상 진실이 아니었기 때문에 (버틀러가) 명확하게 볼 수 있었던 것이다. 버틀러는 말과 글의 차이를 이렇게 정리한다. "기록된 기호는 한 사람이 다른 사람과 소통할 수 있는 범위를 시공간적으로 무한히 확장한다. 다시 말해 글은 작가의 정신에 육신의 삶에 대비되는 생명, 즉 잉크와 종이 그리고 독자들에 의해 지속되는 생명을 부여한다."[10]

그러나 새로운 채널은 이전의 채널을 확장하는 것 이상의 역할을 한다. 새로운 채널은 재사용과 '재-구성'을 가능케 하는 새로운 방식이다. 완전히 새로운 정보의 구조가 생기는 것이다. 거기에는 역사, 법률, 상업, 수학, 논리학이 포함된다. 이 범주들은 내용과는 별개로 새로운 기술을 나타낸다. 기록의 힘은 단지 보존되고 전승되는 지식에만 있는 것이 아니라(물론 이것도 중요하다) 방법론에도 있다. 코드화된 시각적인 말, 전달하는 행위, 대상을 기호로 대체하는 방법론에도 있는 것이다. 그런 다음 나중에는 기호가 기호를 대체하게 된다.

◎ ◎ ◎

구석기 인류는 적어도 3만 년 전부터 눈으로 본 말과 물고기 그리고 사냥꾼의 형상들을 새기거나 그리기 시작했다. 점토판이나 동굴 벽에 그려진 이 기호들은 예술적 혹은 주술적 목적이 있었다. 역사가들은 기록으로 치길 꺼리지만, 이는 머릿속의 상태를 외부 미디어에 저장하는 일의 시작이었다. 끈으로 매듭을 짓거나 막대기에 홈을 새기는 등 다른 방식으로 기억을 보조하기도 했다. 이런 수단들은 메시지로 전달될 수도 있었다. 도기나 석기에 새겨진 표시는 소유관계를 나타냈다. 표시, 이미지, 상형문자, 암각화巖刻畵는 점차 양식화되거나 상투화되고 그에 따라 더욱 추상적으로 변하면서 우리가 글로 이해하는 형태에 접근했다. 그러나 글이 되려면 사물을 표상하는 단계에서 구어를 표상하는 단계로 나아가는 중요한 변환을 거쳐야 했다. 즉, 두 번의 표상 단계가 빠져 있었다. 구체적으로는 '그림을 나타내는' 상형문자에서 '뜻을 나타내는' 표의문자를 거쳐 '말을 나타내는' 표어문자로 나아가야 한다.

한자는 4,500~8,000년 전에 이 변환 과정을 시작했다. 다시 말해, 그림으로 시작된 기호가 의미를 가진 소리의 단위를 표현하게 된 것이다. 기본 단위가 단어이기 때문에 수천 자의 다른 기호들이 필요하다. 한편으로는 효율적인 방식이지만, 다른 한편으로 비효율적이다. 한자는 다양한 차별적 구어들을 통합한다. 따라서 서로 말이 통하지 않는 사람들도 한자로 의사소통을 할 수 있다. 한자는 최소 5만 글자 정도 되는데, 문해력이 있는 대부분의 중국인들이 알고 흔히 사용하는 한자는 대략 6,000자 정도이다.

한자는 획을 도식적으로 그어나가면서 다차원적인 의미관계를 표현한다. 한 가지 방식은 단순한 반복이다. 가령 나무(木)와 나무(木)를 합하면 숲(林)이 된다. 보다 추상적인 예로는 해(日)와 달(月)을 합치면 밝음(明)이 된다. 조합 과정은 놀라운 사례들을 만들어낸다. 이를테면 벼(禾)와 칼(刀)을 합하면 이익(利)을, 손(手)과 눈(目)을 합하면 보다(看)라는 뜻이 된다. 또한 아이에서 출산, 사람에서 시신처럼 구성요소들을 재조정하여 의미를 변화시키기도 한다. 일부 구성요소들은 음소가 되며, 심지어 언어유희적인 성격을 띠기도 한다. 한자는 인류가 발전시킨 가장 다채롭고 복잡한 표기체계이다. 얼마나 많은 기호가 필요하며, 각 기호가 얼마나 많은 의미를 담는지를 감안할 때 한자는 극단적인 사례에 해당한다. 한자는 기호 집합이 가장 많을 뿐 아니라, 개별 기호는 가장 많은 의미를 가진다.

표기체계는 다른 방식으로 진화할 수도 있다. 기호도 더 적고, 각 기호가 갖는 정보도 더 적은 것이다. 중간 단계는 각 글자가 유의미하거나 그렇지 않은 음절을 표상하는 표음·표기체계인 음절문자이다. 이 경우 수백 개의 글자로 전체 언어를 표기할 수 있다.

다른 극단에 있는 표기체계는 등장하는 데 가장 오래 걸렸다. 바로 각 기호가 음소를 나타내는 알파벳이다. 알파벳은 모든 문자 중에서 가장 환원적이고 전복적이다.

지구상의 모든 언어를 통틀어 '알파벳'을 가리키는 단어는 하나뿐이다(alfabet, alfabeto, аЛфВИТ, αλφάβητο). 알파벳은 오직 한 번만 발명됐다. 알파벳은 현재 사용되는 것이든 서판이나 돌에 새겨져서 묻힌 채로 발견된 것이든 모두 지중해 동부 연안에서 등장한 같은 조상에게서 나왔다. 알파벳의 원형은 기원전 1500년경 팔레스타인, 페니키아, 아시리아를 잇는 정치적으로 불안한 문화의 교차로에서 형성됐다. 이 지역의 동쪽으로는 이미 1,000년 동안 설형문자를 사용해온 위대한 메소포타미아문명이, 해안을 따라 남서쪽으로는 동시에 독자적인 상형문자를 발전시켜온 이집트문명이 있었다. 키프로스와 크레타에서 온 상인들도 별개의 고유한 표기체계를 들여왔다. 여기에 미노스, 히타이트, 아나톨리아의 상형문자까지 더해져서 기호의 잡탕이 형성되었다.

지배계급이었던 사제들은 자신들만의 표기체계에 투자했다. 문자를 소유한 자들은 법과 제의를 장악했다. 하지만 기득권을 유지하려는 욕망은 신속한 의사소통에 대한 열망과 부딪힐 수밖에 없었다. 지배계급의 문자는 보수적이었고, 새로운 기술은 실용적이었다. 단 22개의 기호로만 구성된 단출한 문자는 팔레스타인 혹은 그 인근에 사는 셈족의 발명품이었다. 학자들은 당연히 '책의 도시'를 뜻하는 키리아트 세페르 Kiriath-sepher나 '파피루스의 도시'를 뜻하는 비블로스 Byblos를 주목했다. 그러나 그곳이 어디인지를 정확히 아는 사람도, 알 수 있는 사람도 없었다. 고문서학은 자신만의 고유한 문제를 안고 있다. 기록이 있어야만 역사를 구성할 수 있는 것이다. 알파벳 연구의 20세기 최고 권위자인 데이비드 디링거 David Diringer는 선대 학자의 말을 인용해 이렇게 썼다. "자리에 앉아, '이제 내가 문자를 쓴 최초의 사람이 될 거야'라고 말하는 사람은 하나도 없었다."[1]

알파벳은 전염되듯 퍼져나갔다. 신기술은 바이러스인 동시에 전염의 매개체였다. 그 누구도 알파벳을 독점하거나 통제할 수 없었다. 아이들마저도 개수가 적고, 간단하며, 의미론적으로 비어 있는 글자들을 배울 수 있었다. 따라서 알파벳은 아랍과 북아프리카로, 히브리어와 페니키아어로 퍼져나갔고, 중앙아시아를 거쳐 브라미Brahmi와 관련 인도문자로, 또 그리스로 퍼져나갔던 것이다. 그리스에서 발흥한 신문명은 알파벳을 높은 수준으로 완성했다. 다른 알파벳들 중에서 라틴 알파벳과 키릴 알파벳이 그 뒤를 이었다.

그리스에서 문학이 창조되었을 때 문자가 필요했던 것은 아니다 (1930년대에야 학자들은 이 사실을 깨달았다). 구조언어학자로서 보스니아 헤르체고비나 지역의 구전 서사시를 연구하던 밀먼 패리Milman Parry는 『일리아드』와 『오디세이』가 기록 없이 지어질 수 있었을 뿐만 아니라 기록 없이 지어졌을 것이라고 주장했다. 이 위대한 작품들의 시적 특질이자 형식적 잉여성인 운율은 무엇보다 기억을 돕는 역할을 했다. 주문과도 같은 운율의 힘은 시를, 수 세대에 걸쳐 문화의 가상 백과사전을 전달할 수 있는 타임캡슐로 만들었다. 이런 주장은 처음에 논쟁을 불러일으켰으나 갈수록 설득력을 얻었다(하지만 이는 이 서사시들이 기원전 6~7세기경에 '기록'됐기 때문이었다). 호메로스 서사시의 필사는 몇 대에 걸쳐 되풀이되었다. 패리의 뒤를 이은 영국 고전학자인 에릭 해블록Eric Havelock의 말을 들어보자. "필사는 인류 역사에서 천둥소리 같은 것이었다. 이로 인해 친숙함이라는 편견은 책상에 놓인 종이들의 바스락거리는 소리로 바뀌었다. 이것은 문화 속으로 침투해 돌이킬 수 없는 결과를 낳았다. 또한 구전적 생활방식과 사고방식을 무너뜨리는 기초를 놓았다."[12]

필사는 호메로스의 위대한 서사시를 새로운 미디어로 전환시켰고 예기치 않은 것을 만들어냈다. 음유시인에 의해 매번 새롭게 창조되고 청중의 귀에 울리는 순간 다시 사라지는 덧없는 말들이었던 서사시는 필사를 함으로써 고정되었지만 파피루스에 새겨진 시구라 들고 다닐 수 있게 되었다. 이 낯설고 건조한 표현양식이 시와 노래의 창작에 어울릴지는 더 지켜봐야 했다. 한편 기록은 신에 대한 기원, 법의 기술, 경제적 합의 같은 보다 세속적인 담론의 형태에 도움을 줬다. 또한 기록은 담론에 대한 담론을 낳았다. 기록된 텍스트가 새로운 관심의 대상으로 떠오른 것이다.

그렇다면 기록된 텍스트에 대해 어떻게 말했을까? 이 담론의 요소들을 묘사하기 위한 단어들은 호메로스의 어휘에는 존재하지 않았다. 구술문화의 언어는 새로운 형태로 비틀려야 했다. 따라서 새로운 어휘가 출현했다. 시는 '주제topics'가 있는 것처럼 보였다(주제라는 단어는 이전에 '장소'를 뜻했다). 또한 시는 건물처럼 '구조structure'를 가졌으며, '플롯plot'과 '화법diction'으로 구성되어 있다. 아리스토텔레스에 이르러 음유시인들의 작품은 아동기부터 시작되는 모방 충동에서 비롯된 "삶의 재현"이라고 보았다. 하지만 소크라테스의 대화나 의학 논문 및 과학 논문처럼 다른 목적을 가진 글들도 설명해야만 했던 그는 (아마도 자신의 작품을 포함해) 이 일반적인 형태의 작품들은 "아직까지 이름이 없는"[13] 상태라고 보았다. 구체적인 것들에서 강제적으로 떨어져 나온 추상의 왕국이 건설되었다. 해블록은 이를 새로운 의식 및 언어가 과거의 의식 및 언어와 벌이는 문화전쟁이라고 일컬었다. "이들의 투쟁은 모든 추상적 사고를 표현하는 어휘들을 만드는 데 본질적이고 영구적으로 기여했다. 육체와 공간, 물질과 운동, 영원과 변화, 양과 질, 조합과 분리 같은 대립어는 지금도 널리 사용된다."[14]

마케도니아 왕 시의侍醫의 아들이자 탐구욕 강하고 빈틈없는 사상가였던 아리스토텔레스는 지식을 체계화하기 위해 노력했다. 기록의 지속성은 우리가 아는 세계 그리고 앎에 대해 알려진 것들에 체계를 부여했다. 글을 쓰고, 검토하고, 다음 날 새롭게 바라보고, 그 의미를 살피자마자 우리는 철학자가 되었다. 그리고 철학자는 백지 상태에서 출발해 (세상을) 정의하는 방대한 프로젝트를 떠맡았다. 지식은 혼자의 힘으로 자신을 일으켜 세우기 시작했다. 아리스토텔레스는 가장 기본적인 개념들은 기록할 가치가 있으며, 반드시 기록해야만 한다고 보았다.

> '처음'이라 함은 필연적으로 다른 무엇을 뒤따르지는 않지만, 본성적으로 그 뒤에 다른 어떤 것이 있거나 생기는 것이다. 이와는 반대로 '끝'은 필연성이나 또는 개연성에 따라 본성적으로 그 전의 어떤 것 다음에 생기지만, 그 이후에는 아무것도 없는 것을 뜻한다. '중간'은 어떤 것 이후에 오고 또 그 이후에 다른 어떤 것이 생기는 것을 뜻한다.[15]

이는 경험에 대한 것이 아니라 경험을 체계화하기 위한 언어의 사용법에 대한 것이다. 같은 방식으로 그리스인들은 동물, 곤충, 어류의 종을 분류하기 위해 '범주category'(이 단어는 원래 '고발' 혹은 '예측'을 뜻했다)라는 단어를 만들었다. 결과적으로 이들은 관념을 범주화할 수 있었다. 급진적이고 낯선 사고방식이었다. 플라톤은 이런 사고방식이 대부분의 사람들을 멀어지게 할 것이라고 경고했다.

> 대중들은 아름다움이라는 관념 그 자체 대신 수많은 아름다운 사물을 받아들인다. 또한 본질로 여겨지는 어떤 것이 아니라 수많은 구체적 사물들을 받아들인다. 따라서 대중은 철학적인 사고를 할 수 없다.[16]

여기서 '대중'은 '문맹'으로 이해할 수 있다. 플라톤은 여전히 남아 있는 구술문화를 회고하며 이렇게 말했다. "문맹들은 온갖 사물들의 다양성 속에서 넋을 잃고 헤맨다. 이들의 영혼에는 선명한 문양이 없다."[17]

플라톤이 말한 선명한 문양은 무엇일까? 해블록은 추상화의 원칙에 따라 사건이 아닌 범주를 기준으로 경험을 정리하면서 "이야기의 산문"에서 "관념의 산문"으로 전환하는 정신적 과정에 초점을 맞췄다. 이 과정에 대해 해블록이 염두에 둔 단어는 '사유'였다. 이는 단순한 자아의 발견이 아니라 '사유하는' 자아, 사실상 의식의 진정한 기원에 대한 발견이었다.

대부분이 문해력이 있는 우리에게 사유와 쓰기writing는 서로 연관된 활동처럼 보이지 않는다. 쓰기가 사유에 의존하는 것은 맞지만 반대의 경우는 분명히 아니라고 생각하는 것이다. 말하자면 쓰든 쓰지 않든 간에 모두가 생각한다고 믿는다. 그러나 해블록이 옳았다. 우리가 알고 있듯 기록된 말(지속성을 얻은 말)은 의식적 사고의 전제 조건이다. 글은 인간의 영혼에 대대적이고 돌이킬 수 없는 변화를 촉발시켰다('영혼psyche'은 소크라테스와 플라톤이 이해하기 위해 노력하면서 소중히 다룬 단어이다). 해블록의 말을 들어보자.

> 플라톤은 역사상 처음으로 일반적인 정신의 특질들을 파악하고 단일 유형으로 만족스럽게 명명할 수 있는 용어를 찾기 위해 노력한 사람이다. … 그는 정신의 징후를 묘사하고 정확하게 파악한 사람이었다. 이를 통해 플라톤은 말하자면 이전 세대가 추측하던 것들, 즉 (우리가 '생각'할 수 있는) '개념idea'을 향해 가는 것으로 느껴왔던 것들을 확정하고 매듭지었던 것이다. 아울러 이러한 사유는 아주 특별한 정신적 활동이며, 매우 불편한 것이긴 하지만 또한 매우 흥미롭다고 보았다. 플라톤은 그리스어를 아주 새롭게 사용하는 게

필요하다고 생각했다.[18]

추상화로 한 걸음 더 나아간 아리스토텔레스는 추론이라는 상징, 즉 논리를 발전시키기 위해 엄격한 체계 안에 범주와 관계를 배치했다. 논리는 '말', '이유', '이야기' 혹은 근본적으론 그저 '단어'를 의미하는 등 딱히 번역하기 힘든 단어인 로고스logos에서 나온 말이다.

논리는 기록과 별개로 존재하며, 가령 삼단논법은 글뿐만 아니라 말로도 구사할 수 있다고 생각할 수 있다. 그러나 사실은 그렇지 않다. 말은 너무 순식간에 지나가기 때문에 분석이 가능하지 않다. 논리는 그리스와 인도 그리고 중국에서 독자적으로 글을 통해 전승됐다.[19] 논리는 추상화라는 행위를 참과 거짓을 가리는 도구로 바꾼다. 즉, 확고한 경험과 별개로 글만으로 진리를 발견할 수 있다. 논리는 연쇄적인 형식을 지니며, 연쇄를 통해 각 요소들이 서로 연결된다. 결론은 전제를 통해 도출된다. 여기에는 어느 정도 일관성(불변성)이 필요하다. 사람들이 분석하고 평가하지 못하면 결론은 아무 힘을 지니지 못한다.

반면 구전되는 이야기는 계속 살이 붙으면서 진행되며, 말들은 관중석을 지나는 행렬처럼 기억과 연상을 통해 서로 상호작용 하면서 잠깐 나타났다가 사라진다. 호메로스의 서사시에는 삼단논법이 없다. 경험은 범주가 아니라 사건을 기준으로 나열된다. 이야기 구조는 기록을 통해서만 일관되고 합리적 논증을 할 수 있다. 아리스토텔레스는 이런 논증에 대한 연구(논증의 용법뿐만 아니라 논증 연구)를 하나의 도구로 여김으로써 또 다른 수준에 이르렀다. 그의 논리는 말들에 대한 자기의식이 진행되고 있음을 표현한다. 아리스토텔레스가 펼치는 전제와 결론을 보자. "어떤 사람도 말馬이 될 수 없다면, 어떤 말도 사람이 될 수 없다고 인정할 수 있다. 또한 어떤 옷이 하얗지 않다면 하얀 것도 옷이 될 수 없다고 인정할 수 있다. 하얀 것이 옷이 되려면 어떤 옷은 반드시 하얀색이어야 하기 때문이다."[20] 여기서 말이나 옷 혹은 색깔에 대한 개인적 경험은 필요하지 않다. 개인적 경험의 영역에서 벗어났던 것이다. 그럼에도 아리스토텔레스는 단어들을 다룸으로써 여하튼 지식을 창조할 수 있으며, 그리하여 우월한 유형의 지식을 창조할 수 있다고 주장했다.

월터 옹은 이렇게 말했다. "형식논리학은 그리스 문화가 알파벳으로 기록하는 기술을 체득한 후에 발명됐다(인도와 중국에서도 마찬가지이다). 그리스인들은 기록술 덕분에 가능해진 사고를 영구적인 지적 자산의 일부로 삼았다."[21] 옹은 그 증거로 러시아 심리학자인 알렉산드르 로마노비치 루리야Aleksandr Romanovich Luria가 1930년대에 중앙아시아 지역의 우즈베키스탄과 키르기스스탄 벽지에 사는 문맹을 대상으로 조사한 결과를 제시했다.[22] 루리야는 문맹과 조금이라도 문해력이 있는 사람들 간에는 아는 것뿐만 아니라 생각하는 방식에도 현저한 차이가 있다는 사실을 발견했다. 논리가 기호와 직접적으로 관련이 있음을 보여준 것이다. 사물은 분류하는 범주에 속해 있으며, 범주는 추상화되고 일반화된 속성을 지닌다. 구술문화에 속한 사람들은 기록문화에 속한 문맹들조차 거의 본능적으로 습득하는 기하학적 형태와 같은 범주들을 모른다. 가령 원을 보여주면 "접시, 체, 양동이, 시계, 달"을 말하고, 사각형을 보여주면 "거울, 문, 집, 살구 건조대"를 말한다. 이들은 논리적 연역을 이해하지도, 수긍하지도 못한다. 대표적으로 이런 질문을 했다.

눈이 내리는 먼 북쪽 지방에는 모든 곰이 하얗습니다.
노바 젬블라Nova Zembla는 먼 북쪽 지방에 있는데요, 거긴 항상 눈이 내립니다.

이곳에 사는 곰들은 무슨 색일까요?

되돌아온 대답은 보통 이랬다. "몰라요. 검은 곰은 봤지만 다른 곰들은 본 적이 없어요. 지방마다 사는 동물들이 달라요."

반면 이제 막 읽고 쓰는 법을 배운 사람의 대답은 달랐다. "말한 대로라면 그 곰들은 흰색이겠네요." '말한 대로라면'이라는 구절에서 한 단계를 넘어서는 것이다. 정보는 모든 사람으로부터, 화자의 경험으로부터 분리되어버린다. 이제 정보는 조그만 생명 유지 장치인 말 속에서 살아간다. 말도 정보를 전달하지만 글처럼 자의식을 수반하지는 않는다. 문자를 해득解得할 줄 아는 사람들은 분류, 참조, 정의 같은 문자와 관련된 지적 활동들을 함으로써 글에 대한 인식을 당연하게 받아들인다. 문해력이 없는 사람들은 이런 기술들이 전혀 당연하지 않았다. 루리야가 나무가 무엇인지 설명해달라고 하자 한 농부는 이렇게 대답했다. "왜 그래야 합니까? 나무가 뭔지 모르는 사람은 없어요. 내가 굳이 말하지 않아도 돼요."

옹은 이렇게 논평했다. "기본적으로 농부의 말이 옳습니다. 1차적 구술성primary orality의 세계를 논박할 방법은 없습니다. 우리가 할 수 있는 것이라고는 1차 구술성의 세계에서 걸어 나와 문자를 해득하는 세계로 가는 것뿐입니다."[23]

사물에서 글로, 글에서 범주로, 범주에서 상징과 논리로 가는 길은 꾸불꾸불하다. '나무'를 정의하는 일이 부자연스럽게 보이는 것처럼 '말'을 정의하는 일은 더욱 까다로웠다. 처음에는 '정의'라는 유용한 보조 개념이 없었기 때문에 그럴 필요조차 느끼지 못했다. 19세기에 아리스토텔레스의 글을 번역한 벤저민 조엣Benjamin Jowett은 이렇게 말했다. "논리의 유아기에는 내용을 채우기 전에 사고의 형식을 먼저 발명해야 했다."[24] 구어에 추가적인 진화가 필요했던 것이다.

언어와 추론은 너무나 잘 맞아서 사용자들이 항상 결함과 간극을 볼 수 있는 것은 아니다. 그러나 모든 문화가 논리를 발명하자마자 역설이 등장했다. 중국에서는 아리스토텔레스와 거의 동시대 철학자인 공손룡公孫龍이 '백마비마白馬非馬'[25]로 알려진 대화 형식의 역설을 제시했다. 백마비마론은 종이가 발명되기 전에 다음과 같은 내용으로 줄에 묶인 죽편에 새겨져 있었다.

백마는 말이 아닐 수 있는가?
그렇다.
어떻게?
'말馬'은 모양을 가리키고, '희다白'라는 것은 색깔을 가리킨다. 색깔을 가리키는 것은 모양을 가리키는 것과 다르다. 따라서 백마는 말이 아니다.

얼핏 보기엔 이해하기 힘든 이 말은 언어와 논리에 대한 진술로 볼 때 초점이 잡히기 시작한다. 대표적인 명가名家 사상가인 공손룡은 오랜 세월 언어의 속성에 대한 논쟁을 불러일으켰으며, 중국 역사가들이 '언어 위기'라고 부른 이런 역설에 대해 천착했다. 이름은 그것이 지칭하는 사물이 아니다. 범주는 하위 범주와 함께 존재하지 않는다. 따라서 겉보기에는 올바른 추론도 빗나갈 수 있다. 말하자면 "백마를 싫어한다"라는 말이 "말을 싫어한다"라는 뜻은 아니다.

당신은 색 있는 말은 말이 아니라고 생각한다. 그러나 세상에 색

없는 말은 없다. 세상에 말이 없을 수 있는가?

공손룡은 흰색, 말스러움horsiness 같은 속성에 따라 범주를 나누는 추상화 과정을 조명했다. 이 범주들은 실재의 일부일까, 아니면 언어로만 존재할까?

말은 분명히 색을 지닌다. 그래서 백마가 있는 것이다. 말이 색이 없다면 단지 말 자체만 있을 뿐인데, 그렇다면 어떻게 백마를 선택할 수 있겠는가? 백마는 말이며 희다. 말과 백마는 다르다. 따라서 백마는 말이 아니다.

2,000년 후에도 철학자들은 여전히 이 텍스트들과 씨름한다. 현대적 사고로 이어지는 논리의 길은 멀리 돌고, 끊어지고, 복잡하다. 역설은 언어로 되어 있거나 언어에 대한 것이기 때문에 역설을 없애는 한 가지 방법은 매개체를 정화하는 것이다. 다시 말해서 모호한 단어와 헝클어진 구문을 없애고 엄밀하고 순수한 기호를 쓰면 된다. 즉, 수학에 기대는 것이다. 20세기 초에는 특별히 만들어진 기호체계만이 오류나 역설 없이 논리를 제대로 작동시킬 수 있는 것처럼 보였다. 이 꿈은 착각으로 판명이 났다. 역설이 다시 천천히 파고들었지만 논리학과 수학의 길이 만나기 전까지 누구도 이 사실을 이해할 수 없었다.

수학 역시 기록의 발명으로부터 나온 것이었다. 그리스는 종종, 수세기에 걸쳐 형성된 수많은 지류들과 함께 현대 수학의 원류로 여겨졌

설형문자판

다. 하지만 그리스인들은 (자신들에게도 오래된) 바빌로니아에서 기원한 칼데아 수비학數秘學이라는 다른 전통을 스스로 언급한 바 있었다. 이 전통은 잃어버린 도시들의 고분에서 점토판들이 발굴되기 전인 19세기 말까지 모래 속에 파묻혀 있었다.

대개 사람 손만 한 크기에 설형문자로 불리는 '쐐기 모양'의 독창적이고, 날카로우며, 각진 문자들이 새겨진 점토판이 처음에는 수십 개, 뒤이어 수천 개씩 나왔다. 완성도가 높은 설형문자는 상형문자와 달랐고(기호들이 적고 추상적이었다), 알파벳과도 달랐다(너무 수가 많았다). 기원전 3000년경 유프라테스 강의 충적지로 길가메시 왕이 살던, 아마도 세계 최대의 요새 도시인 우루크Uruk에서는 700여 개의 기호로 구성된 문자체계가 꽃을 피웠다. 이 지역은 20세기 내내 독일 고고학자들에 의해 발굴됐다. 이 가장 오래된 정보기술의 소재는 쉽게 구할 수 있었다. 필경사는 한 손에 축축한 점토판을 들고 다른 손에 날카로운 갈대를 쥔 채 행과 열을 나누어 작은 글자들을 새겼다.

낯선 문명으로부터 수수께끼 같은 메시지들이 쏟아진 것이다. 해독하는 데는 오랜 세월이 걸렸다. 심리학자 줄리언 제인스Julian Jaynes의 말을 들어보자. "기록 덕분에 드리워진 장막을 걷어내고 직접적으로, 하지만 불완전하게 이 눈부신 문명을 응시할 수 있게 되었다."[26] 몇몇 유럽인들은 먼저 화부터 냈다. 17세기 성직자인 토머스 스프랫Thomas Sprat은 이렇게 썼다(마치 고대인들이 보다 친절했다면 그에게 더 익숙한 알파벳을 쓰기라도 했을 것처럼 말이다). "우리는 아시리아인과 칼데아인 그리고 이집트인들에게 지식의 발명을 빚졌다."[27] 하지만 또한 이들은 이상한 문자로 지식을 감춤으로써 "부패"시키기도 했다. "이들 현자들은 자연과 인간의 풍습을 관찰한 내용들을 습관적으로 '상형문자'의 어두운 그림자로 감쌌다."

초기 설형문자의 표본들은 고고학자와 고언어학자들을 가장 오래 괴롭혔다. 최초로 기록된 언어인 수메르어는 문화나 말 속에 다른 흔적을 전혀 남기지 않았기 때문이다. 알고 보니 수메르어는 알려진 후계어가 없는 드물고 고립된 언어였다. 학자들이 판독한 우루크 점토판의 내용은 비망록, 계약과 법조문, 보리, 가축, 기름, 갈대 돗자리, 도기 거래를 위한 청구서와 영수증 등 그 나름대로 평범한 것이었다. 시나 문학작품 같은 것들은 그 후 수백 년 동안 설형문자의 형태로 나타나지 않았다. 점토판은 상업이나 행정을 위한 원시적인 기록장이었다. 그뿐만 아니라 점토판은 상업과 행정을 할 수 있게 했다.

당시에도 설형문자는 계산과 측량을 위한 기호들을 포함하고 있었다. 다양한 방식으로 쓰인 각양각색의 기호들은 수와 무게를 나타냈다. 보다 체계적으로 수를 표기하기 시작한 것은 메소포타미아가 위대한 도시, 바빌론을 중심으로 통일된 기원전 1750년 무렵의 함무라비 시대였다. 문자를 익힌 최초의 왕으로 추정되는 함무라비는 서기에게 의존하지 않고 스스로 설형문자를 썼으며, 기록과 사회 통제를 연계하

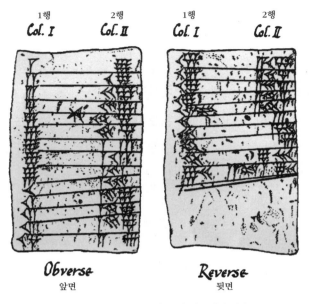

Obverse
앞면

Reverse
뒷면

애스거 애보가 분석한 설형문자 점토판의 산술표

여 제국을 건설했다. 제인스는 이렇게 주장했다. "이 정복과 영향의 과정은 이전에는 한 번도 알려지지 않았던 수많은 서신과 점토판 그리고 석비를 통해 진행됐다. 기록은 국가를 운영하는 새로운 수단이었으며, 이 모델은 공문을 통해 의사소통하는 우리의 정부까지 이어졌다."[28]

수의 표기는 정교한 체계로 발전했다. 숫자는 1을 뜻하는 수직 쐐기(丨)와 10을 뜻하는 꺾인 쐐기(〈), 단 두 개의 기본 요소로 구성되었다. 이들을 조합해 표준 기호들을 만들었던 것이다. 가령 Ⅲ는 3을, 〈ⅢⅢ는 16을 가리키는 식이었다. 하지만 바빌로니아 체계는 십진법이 아니라 육십진법을 따랐다. 따라서 1부터 60까지 각 수를 가리키는 고유한 기호가 있었다. 바빌로니아인들은 큰 수를 만들 때는 위치 기수법을 활용했다.[29] 가령 丨 〈는 70(1개의 60 더하기 10개의 1)을, 丨 〈〈ⅢⅢ는 616(10개의 60 더하기 16개의 1)을 가리키는 식이었다. 이런 표기 방식은 점토판들이 처음 발굴되기 시작하던 시기에는 전혀 명확하지 않았다. 자주 접하는 순열을 가진 기본적인 표는 곱셈표로 밝혀졌다. 육십진법에 따라 곱셈표를 만들려면 1단부터 19단까지뿐만 아니라 20단, 30단, 40단, 50단까지 나열해야 했다. 더욱 판독하기 어려운 것은 나누기와 분수를 계산하기 위한 역수표였다. 육십진법에 따른 역수는 2:30, 3:20, 4:15, 5:12, …로 이어졌으며, 여기에 자릿값을 추가하면 8:7,30, 9:6,40 등으로 이어졌다.*

이런 기호들은 거의 단어들이 아니었다. 아니, 특이하고 간략하며 융통성이 없는 그런 단어였다. 고고학자들이 접한 어떤 산문이나 운문과 달리 반복적이고 거의 예술적으로 점토에 눈에 보이는 패턴으로 정렬한 것처럼 보였다. 신비에 싸인 도시의 지도 같았다. 결국 이런 점 때문에 이 기호들을 해독할 수 있게 되었다. 질서 정연한 혼돈은 의미의 존재를 보증하는 것처럼 보였던 것이다. 어쨌든 기호의 해독은 수학자들에게 맡겨야 할 것 같았고, 결국 이들 몫으로 돌아갔다. 수학자들은 등비수열과 지수표 그리고 제곱근과 세제곱근을 구하는 공식까지 확인했다. 1,000년 후 고대 그리스에서 이뤄진 수학의 발흥에 대해 익히 알고 있던 수학자들이었지만, 그에 앞서 메소포타미아에 존재했던 수학적 지식의 폭과 깊이에 크게 놀랐다. 1963년 애스거 애보Asger Aaboe는 이렇게 썼다. "바빌로니아인들은 일종의 수 신비주의 내지 수점술數占術을 따랐던 것으로 추측된다. 그러나 이제 우리는 이 추측이 얼마나 사실과 거리가 먼 것인지 안다."[30]

---

* 일반적으로 두 자리 육십진법 설형문자를 옮길 때 "7,30"처럼 쉼표를 넣는다. 그러나 바빌로니아인들은 이런 구두점을 사용하지 않았다. 사실상 이들의 기수법은 자릿값을 확정하지 않았다. 다시 말해 이들의 수는 우리가 말하는 '부동소수점'을 쓰고 있는 셈이다. 가령 7,30으로 옮겨지는 두 자리 수는 450(7개의 60 더하기 30개의 1)이 될 수도 있고, 7½(7개의 1과 30개의 1/60)이 될 수도 있다.

바빌로니아인들은 피타고라스가 등장하기 훨씬 전부터 1차 방정식, 2차 방정식, 피타고라스 수를 계산해냈다. 그리스 수학과 비교할 때 바빌로니아 수학은 실용적인 문제 외에는 기하학을 강조하지 않았다. 그리하여 면적과 둘레를 계산하면서도 정리를 증명하지는 않았다. 그럼에도 복잡한 2차 다항식을 (사실상) 풀 수 있었다. 이처럼 바빌로니아 수학은 무엇보다 계산력을 중시한 것처럼 보였다.

이 점은 계산력이 의미를 지니기 시작할 때까지는 인정받을 수 없었다. 현대 수학자들이 바빌론에 관심을 기울일 즈음에는 수많은 주요 점토판들이 이미 부서지거나 흩어진 다음이었다. 가령 1914년 이전에 우루크에서 발굴된 점토판들은 베를린, 파리, 시카고로 흩어졌다가 50년이 지난 후에야 천문학의 초기 방법론들을 담고 있다는 사실이 밝혀졌다. 20세기의 선도적인 고대 수학사가인 오토 노이게바우어Otto Neugebauer는 이 사실을 밝히기 위해 대서양 양쪽으로 흩어진 점토판의 파편들을 재조합해야 했다. 1949년 노이게바우어는 전 세계 박물관에 흩어진 설형문자 점토판의 수가 대략 50만 개에 이를 것이라고 추정하면서 이렇게 말했다. "우리의 임무는 아마도 위대한 도서관의 파괴에서 우연히 살아남은 몇몇 파편들로 수학의 역사를 복원하는 것에 비교할 수 있다."[31]

1972년 스탠퍼드대학교의 컴퓨터공학자인 도널드 커누스Donald Knuth는 (절반은 런던의 대영박물관에, 4분의 1은 베를린의 국립미술관에 보관되어 있고, 나머지는 소실된) 작은 책 크기의 고대 바빌로니아 점토판에서 옛날 옛적의 알고리즘으로밖에 설명할 수 없는 내용을 보게 된다.

저수지.
높이는 3,20. 용적은 27,46,40.

가로가 세로보다 50 초과.

높이 3,20의 역수는 18.

여기에 용적 27,46,40을 곱하면 8,20.

50의 반을 제곱하면 10,25.

여기에 8,20을 더하면 8,30,25.

제곱근은 2,55.

이를 둘로 복사하여 하나에는 더하고 다른 하나에는 빼면

가로는 3,20, 세로는 2,30.

이것이 절차임.[32]

   "이것이 절차임"은 감사 기도처럼 일반적인 마무리였으며, 커누스에게는 의미를 암시했다. 커누스는 루브르에서도 버로우즈Burroughs B5500의 스택 프로그램stack program을 떠올리게 하는 '절차'를 발견했다. 커누스는 이렇게 말했다. "알고리즘 그 자체를 정의하는 사례를 통해 알고리즘을 설명하는 훌륭한 방식을 개발한 바빌로니아인들을 칭송해야 한다." 당시 알고리즘을 정의하고 설명하는 일에 몰두하던 커누스는 고대 점토판에서 발견한 내용들을 보고 놀라지 않을 수 없었다. 바빌로니아인들은 수를 특정한 자리에 놓아서 수의 '사본'을 만들고, 수를 '머릿속에' 저장하는 방법을 기록했다. 추상적 자리를 차지하는 추상적 양이라는 개념은 오랜 세월이 지난 후에야 다시 등장했다.

   기호symbol는 어디에 있을까? 기호는 무엇일까? 이런 의문을 던지는 것조차 저절로는 생기지 않는 자기의식이 필요했다. 이 질문들은 한

번 제기된 후에는 계속 남았다. '이 기호들을 좀 보라.' 철학자들은 호소했다. '이것들은 무엇일까?'

"기본적으로 문자는 음성을 나타내는 형태이다. 따라서 문자는 눈이라는 창을 통해 머리로 들어오는 사물을 표상한다."[33] 중세 영국의 솔즈베리의 요하네스John of Salisbury의 설명이다. 12세기에 캔터베리 대주교의 비서이자 서기였던 요하네스는 아리스토텔레스 사상의 지지자이자 대변자이기도 했다. 요하네스가 쓴 『메타로지콘Metalogicon』은 아리스토텔레스 논리학의 원칙들을 제시하는 동시에 마치 새로운 종교처럼 당대인들에게 개종을 촉구했다. (그는 에둘러 말하지 않았다. "논리를 따르지 않는 자는 끊임없고 영원한 부패에 고통받을 것이다.") 또한 문자를 해득하는 사람이 매우 드물었던 시대에 요하네스는 펜을 들어 기록하는 행위와 글의 영향을 살피려고 노력했다. "글은 종종 소리 없이 부재자의 말을 전했다." 기록이라는 관념은 여전히 말이라는 관념과 얽혀 있었다. 시각과 청각의 혼합은 계속 수수께끼들을 만들어냈으며, 부재자의 말인 과거와 미래의 혼합도 마찬가지였다. 기록은 이런 단계들을 가로질렀다.

쓰기 기술(기록)을 사용하는 사람들은 모두 초보자였다. 허가서나 증서 같은 정식 법률문서를 꾸미는 사람들은 때로 가상의 청중들에게 말하듯 이렇게 표현했다. "아! 이것을 보고 듣는 모든 사람들이여!"[34] (그들은 1980년경 난생처음 음성메시지를 남기던 초보자들처럼 시제를 유지하는 일을 어색하게 생각했다.) 많은 계약서는 "안녕히"라는 말로 끝났다. 기록이 제2의 본능으로 자연스럽게 느껴지려면 이런 음성의 잔향이 점차 사라져야 했다. 기록은 그 자체로 인간의 의식을 바꿔놓아야 했다.

기록문화를 통해 얻은 많은 능력 중에서 중요한 것이 기록 그 자체를 들여다보는 능력이었다. 저술가들은 음유시인들이 말에 대해 논의하기를 즐긴 것보다 훨씬 더 글에 대해 논의하기를 즐겼다. 이들은 매체와 메시지를 '볼' 수 있었고, 마음의 눈으로 연구하고 분석할 수 있었다. 아울러 비판도 할 수 있었다. 이 새로운 능력들은 처음부터 사라지지 않는 상실감을 껴안고 있었다. 상실감이란 일종의 향수와 같았다. 플라톤 역시 이를 느끼고 있었다.

> [소크라테스가 말했다] 파이드로스, 나는 글이 불행하게도 그림과 같다고 느끼지 않을 수 없소. 화가의 창조물들은 생명의 자태를 지니지만 질문을 던져도 고요히 침묵할 뿐이오. … 그들이 지성을 가졌다고 상상하겠지만 알고 싶은 것을 물어도 돌아오는 것은 언제나 한 가지 대답밖에 없소.[35]

안타깝게도 글은 움직이지 않는다. 안정적이며 변하지 않는다. 이후 1,000년 동안 문자문화가 역사와 법, 과학과 철학, 예술과 문학 자체에 대한 사변적 해설과 같은 수많은 선물을 안겨주면서 플라톤의 염려는 대부분 무시되었다. 이들 중 어느 것도 순수한 구술성에서 나올 수 없었다. 위대한 서사시가 지어지기는 했으나 많은 비용이 들었고, 대단히 드물었다. 호메로스의 서사시를 만들고, 들려주고, 시대와 장소를 넘어 유지하려면 상당한 문화적 에너지가 필요했다.

사람들은 사라진 1차적 구술성의 세계를 그다지 그리워하지 않았다. 20세기 들어서 의사소통을 위한 새로운 미디어가 생겨나기 전까지 염려와 향수는 다시 등장하지 않았다. 지나간 구술문화의 가장 유명한 대변인이 된 마셜 매클루언은 근대성을 지지했다. 매클루언은 새로운 '전자시대'가 새로워서가 아니라 창의성의 근원으로 되돌아갈 수 있다는 점에서 찬양했다. 매클루언은 오랜 구술성의 부활을 보았던 것이다. "우리는 '테이프를 되감는' 그런 시대를 살고 있다"[36]라고 말한 매클루언은 최신 정보기술 중 하나에서 자신이 비유한 테이프를 찾아낸다. 매클루언은 '인쇄된 말/발화된 말, 뜨거움/차가움, 동적/정적, 중성적/마술적, 빈곤한/풍부한, 조직적/창의적, 기계적/유기적, 분리적/통합적'과 같은 일련의 논쟁적 대립항을 구축하고는 이렇게 썼다. "알파벳은 시각적 파편화와 전문화의 기술이다. 따라서 분류된 데이터라는 사막으로 이어진다." 매클루언의 비판에 따르면 활자는 좁은 의사소통 채널일 따름이다. 이 채널은 단선적이며 심지어 파편화되어 있다. 반면 말은 원시적인 경우로, 몸짓과 접촉을 수반하여 생생하게 이뤄지는 대면 의사소통이다. 청각뿐만 아니라 모든 감각을 끌어들인다. 의사소통의 이상理想이 영혼의 만남이라면 글은 그 이상의 슬픈 그림자일 뿐이다.

이후 기술적으로 발명된 전신, 전화, 라디오, 이메일 같은 다른 제한된 채널들도 같은 비판을 받았다. 조너선 밀러는 매클루언의 주장을 유사 기술적 정보용어들로 바꾸어 말했다. "관여하는 감각이 많을수록 발신자의 심리 상태를 충실하게 대변하는 복제본을 전달할 가능성이 높아진다."[*37] 우리는 귀나 눈을 지나는 말의 흐름에서 개별적인 요소뿐만 아니라 그 리듬과 어조, 말하자면 음악을 감지한다. 청자 혹은 독자인 우리는 한 번에 한 단어씩 듣거나 읽는 것이 아니라 크고 작은 단위로 묶인 메시지를 받아들인다. 인간이 지닌 기억의 속성상 큰 패턴은 음성보다 글에서 더 잘 파악될 수 있다. 눈은 뒤돌아볼 수 있다. 매클루언은 이러한 훼손을, 혹은 적어도 손실을 고려했다. "모든 감각의

---

* 밀러가 동의한 것은 아니다. 오히려 그 반대이다. "모든 예술가들이 무제한적으로 꺼내 쓸 수 있는 풍부하고 가치 있는 자금줄인 아이디어와 이미지 그리고 표현 양식의 적금을 제공하는 문해력이 창의적 상상력에 미치는 미묘한 반사효과를 과대평가하기는 어렵다."

동시적 상호작용을 통해 인식하는 청각적 공간은 유기적이고 통합적입니다. 반면 '이성적' 혹은 시각적 공간은 단일하고 순차적이고 연속적이며, 부족적 공명세계echoland의 풍부한 반향이 울리지 않는 닫힌 세계를 만듭니다."³⁸ 매클루언에게 부족적 공명세계는 에덴이었다.

> 구어를 통해 정보를 얻는 사람들은 함께 모여 부족적 공동체를 형성했습니다. … 구어는 문어보다 더 감정적으로 충만합니다. … 청각과 촉각을 풍부하게 경험하는 부족민은 신성한 가치를 지닌 신화와 의식儀式을 통해 마술적으로 통합된 세계에 살면서 집단무의식을 공유했습니다.*

어떤 점에서는 이 말이 맞을 수도 있다. 하지만 300년 전 문자 해득 능력이 새롭게 대두하던 시기의 이점을 누렸던 토머스 홉스Thomas Hobbes는 조금은 비관적으로 보았다. 문자문화가 발달하기 전의 문화를 더 분명하게 볼 수 있었던 것이다. "사람들은 조야粗野한 경험을 하며 살았다. 아무 체계가 없었다. 다시 말해 잡초나 흔한 식물 같은 오류와 추측만 있었지, 스스로 지식의 씨를 뿌리고 길러내지 못했다."³⁹ 마술적이지도, 신성하지도 않은 딱한 세계라는 얘기였다.

매클루언이 옳았을까, 아니면 홉스가 옳았을까? 여기서 우리가 갖는 양가감정은 플라톤에서 시작된 것이다. 글쓰기의 부상을 목격한 플라톤은 글의 힘을 설파하면서도 글의 무생명성을 두려워했다. 저술가이자 철학자였던 플라톤은 역설을 구현하고 있었다. 정보기술들이 자

---

* 매클루언을 인터뷰한 사람은 "하지만 부족을 벗어난 인간은 통찰력과 이해력 그리고 문화적 다양성으로 상응하는 보상을 얻지 않습니까?"라고 애처롭게 물었다. 매클루언은 "그 질문은 문식자의 모든 제도화된 편견을 드러내는군요"라고 대답했다.

신만의 고유한 힘과 두려움을 가지고 나타날 때마다 동일한 역설이 각기 다른 모습으로 다시 등장할 수밖에 없었다. 플라톤이 우려했던 '망각'은 나타나지 않았다. 플라톤 자신이 스승인 소크라테스 그리고 제자인 아리스토텔레스와 함께 개념들을 만들고 이것들을 범주로 나누고, 논리의 규칙을 정하면서 기록하는 기술의 잠재력을 살렸기 때문이다. 이 모든 일들은 지식의 내구성을 유례없이 강화시켰다.

아울러 지식의 원자는 단어였다. 아니면? 단어는 순간적으로 소리로 쏟아진 것이든 고정된 기호들이건 간에 얼마간은 추적자들을 피해나간다. 옹은 이렇게 말했다. "글을 아는 대부분의 사람들에게 '단어를 떠올려보라'라고 하면 모호하기는 하지만 최소한 어떤 대상을 머릿속에 그린다. 거기에 실제 단어는 절대 있을 수 없다."[40] 그렇다면 어디서 단어를 찾아야 할까? 물론 사전 속이다. 옹은 이렇게 덧붙였다. "마음에는 사전이 없다는 것, 사전편찬은 언어가 만들어지고 한참 후에 이뤄졌다는 사실은 실망스럽기 그지없다."[41]

제3장 두 개의 난어집

—

글의 불확실성,
철자의 비일관성

이토록 소란스럽고 역동적인 시대에는
새로운 표현으로 나타내야 하고,
또 새로운 표현에 의해 달라지는
새로운 생각들이 더 많이 생겨난다.[1]

—

토머스 스프랫(1667)

시골학교 교장이자 사제였던 로버트 코드리Robert Cawdrey는 『어렵고 흔한 영어 단어들의 올바른 철자와 뜻을 담고 가르치는 알파벳순 표 A Table Alphabeticall, contayning and teaching the true writing, and understanding of hard usuall English wordes』라는 장황한 제목의 책[2]을 만들고는 자신이 이런 책을 쓴 목적을 암시하는 이색적인, 또 필요한 설명을 덧붙였다.

> 귀부인과 숙녀, 그 밖의 어리숙한 사람들의 편의를 위해 모은 단어를 평이한 영어로 해설함.
> 이 책을 통해 『성경』이나 설교 혹은 다른 곳에서 읽거나 듣는 많은 어려운 단어들을 쉽게 더 잘 이해하고 스스로 적절하게 활용할 수 있음.

표제지에는 지은이 이름을 뺀 대신 "제대로 읽지 못하면 이해할 수 없다"라는 라틴 인용구와 함께 출판사의 소재지가 최대한 자세하게 정식으로 명시되어 있었다. (구체적인 장소를 뜻하는 '주소'가 아직 없던 시대였다.)

> 런던에서 에드먼드 위버Edmund Weaver를 위해 I. R.이 인쇄했으며, 폴스 교회Paules Church의 큰 북문에 있는 그의 매장에서만 판매함.

런던과 같은 혼잡한 거리에서도 주소 숫자로 상점이나 집을 찾는 일은 거의 없었다. 하지만 (첫 번째 글자(알파)와 두 번째 글자(베타)에서 이름을 딴) 알파벳은 명확한 순서가 있었고, 이 순서는 일찍이 페니키아시대부터 내내 차용과 진화를 거치면서 유지되어왔다.

A
Table Alphabeticall,con-
tayning and teaching the true
writing and vnderstanding of hard
vsuall English words,borrowed from
the Hebrew, Greeke, Latine,
or French, &c.

With the Interpretation thereof by
plaine English words, gathered for the
benefit and help of all vnskilfull persons.

Whereby they may the more easily and
better vnderstand many hard English words,
which they shall heare or read in Scriptures,
Sermons,or else where and also be made
able to vse the same aptly themselues.

Set forth by R. C. and newly corrected,
and much inlarged with many words
now in vse.

The 3. Edition.

Legere, & non intelligere, negligere est.
As good not to read, as not to vnderstand.

LONDON:
Printed by T. S. for Edmund Weauer,and are
to be sold at his shop at the great North
dore of Paules Church. 1613.

『알파벳순 표』의 표지

코드리가 살던 때는 정보 빈곤의 시대였다. 물론 코드리는 그렇게 생각하지 않았을 것이다. 설사 정보 빈곤이라는 개념을 알았다 하더라도 말이다. 오히려 자신이 직접 불을 지피고 대비하려 애쓴 정보 폭발의 한복판에 있다고 생각했을 것이다. 하지만 코드리의 삶은 400년이 지난 후에도 잃어버린 지식의 장막에 가려져 있다. 정보의 역사에 이정표를 세운『알파벳순 표』도 전체 초판본 중 낡은 초판본 한 권만 살아남았다. 코드리가 언제 어디서 태어났는지는 여전히 모른다. 다만 1530년대 후반 영국의 미들랜드에서 태어났을 거라는 추측만 있을 뿐이다. 교적부敎籍簿가 있기는 했지만 사람들의 삶은 거의 기록되지 않았다. 심지어 코드리라는 이름의 정확한 철자(Cowdrey, Cawdry)를 아는 사람도 없다. 그도 그럴 것이 당시는 이름 대부분의 정확한 철자가 정해져 있지 않았다. 이름을 부르기만 했지 쓸 일이 드물었던 것이다.

사실 당시는 각각의 단어를 적을 때 미리 정해진 특정 글자를 취해 써야 한다는 '철자법'이라는 개념 자체가 낯설었다. 1591년에 나온 소책자[3] 안에도 토끼를 뜻하는 cony가 conny, conye, conie, connie, coni, cuny, cunny, cunnie 등으로 다양하게 표기되어 있다. 다른 책들은 또 다르게 표기했다. "제대로 쓰는 법을 가르친다"라고 말한 코드리조차도 『알파벳순 표』 표제지에서 한번은 wordes를 또 다른 문장에서는 words를 혼용하고 있다. 언어는 사용자가 미리 정해진 정확한 항목을 불러내어 쓸 수 있는 단어들의 창고가 아니었다. 오히려 단어는 일시적으로 그때그때 사용되고 다시 사라지는 것이었다. 말해진 단어는 다른 용례와 비교하거나 견줄 수 없었다. 사람들은 종이에 단어를 적기 위해 펜에 잉크를 묻힐 때마다 무엇이든 적당해 보이는 철자를 새로 골라 썼다. 하지만 이런 관행도 변화를 맞았다. 인쇄된 책을 접할 수 있게 되면서 문자 언어는 특정한(다시 말해 어떤 형식은 올바르고 어떤 형식은 틀리다는) 방식으로 '적어야 한다'라는 인식이 생겼다. 처음에 이런 인식은 무의식적이었지만, 차차 보편적인 인식으로 자리 잡기 시작했다. 인쇄업자들은 스스로 이것을 자신의 일로 삼았다.

'철자하다to spell'는(고대 독일어가 어원이다) 원래 '말하다' 혹은 '발음하다'라는 의미였다. 이후에는 한 글자씩 천천히 읽는 것을 뜻했다. 코드리가 살던 시대 무렵에는 이의 연장선상에서 한 글자씩 쓴다는 의미로 바뀌었다. 마지막에는 다소 시적인 용법으로 쓰였다. "에바Eva를 거꾸로 쓰면 아베Ave가 된다." 예수회 수사이자 시인인 로버트 사우스웰

Robert Southwell이 1595년 교수형과 능지처참형을 당하기 직전 쓴 말이다. 몇몇 교육자들은 철자법 개념을 논의할 때, "올바른 표기"(혹은 그리스어에서 빌려온 "정자법orthography")라고 이야기하곤 했다.

거의 신경 쓰는 사람이 없는 철자법을 바로잡기 위해 나선 사람은 런던의 학교장인 리처드 멀캐스터Richard Mulcaster였다. 멀캐스터는 『우리 영어 바로 쓰기 입문 1부The first part of the Elementarie which entreateth chefelie of the right writing of our English tung』(2부는 나오지 않았다)라는 제목의 입문서를 썼다. 1582년 출간된 이 책은("런던 루드게이트Lud-gate 옆 블랙 프라이어스blak-friers에 사는 토머스 보트롤리에Thomas Vautroullier가 출간") 약 8,000개의 단어의 목록과 사전을 만들 것을 청원하는 내용을 담고 있었다.

> 내가 보기에 학식이 높은 사람이 많은 노력을 기울여 우리가 쓰는 모든 영어 단어들을 모아서 사전으로 만드는 것은 매우 칭송받아 마땅할 뿐만 아니라 그만큼 수익성도 충분하다. 또한 올바른 알파벳의 표기는 단어의 본디 뜻을 제시하고 적절한 활용을 뒷받침한다.[4]

또 다른 동기부여 요인도 있었다. 바로 상업과 운송의 빠른 발달로 외국어를 접하는 일이 잦아지면서 영어가 많은 언어들 중 하나일 뿐이라는 인식이 생긴 것이다. 멀캐스터의 말을 들어보자. "외국인과 이방인들은 우리의 글쓰기가 불확실할 뿐만 아니라 글자가 비일관적이라는 것에 놀라움을 금치 못한다." 언어는 더 이상 공기처럼 보이지 않는 것이 아니었다.

◎　◎　◎

　　당시 영어 사용 인구는 500만 명이 채 되지 않았다(대략적인 추정치이다. 1801년까지 잉글랜드, 스코틀랜드, 아일랜드의 인구를 집계하려는 시도는 없었다). 개중에 글을 쓸 수 있는 사람은 겨우 100만 명 정도였다. 세계의 모든 언어들 중에서도 영어는 이미 가장 변화가 많고, 많이 섞였으며, 가장 다원 발생적인 언어였다. 영어의 역사를 보면 외부에서 흘러 들어와 끊임없이 변형되고 풍부하게 되었음을 알 수 있다. 가장 오래된 핵심 단어(가장 기초적인 것으로 여겨지는 단어)들은 5세기에 북해를 건너와서 켈트족을 밀어낸 앵글로족, 색슨족, 주트족 같은 독일계 종족들이 쓰던 말에서 나왔다. 켈트어는 앵글로색슨어에 그다지 많은 영향을 미치지 못했지만, 바이킹 침략자들은 egg, sky, anger, give, get 같은 노르웨이어와 덴마크어의 단어들을 들여왔다. 라틴어는 기독교 선교사들이 들여왔다. 이들은 기원전 제1천년기 초반 유럽 중부와 북부에 퍼졌던 룬문자를 대신해 로마 알파벳으로 글을 썼다. 뒤이어 프랑스어의 영향influence이 흘러들었다.

　　로버트 코드리에게 '영향influence'은 '흘러 들어가는a flowing in' 것을 뜻했다. 노르만 정복Norman Conquest은 언어적 측면에서 대홍수에 더 가까웠다. 신분이 낮은 영국 농민들은 계속 'cows', 'pigs', 'oxen'(게르만어)을 길렀지만, 10세기 이후 상류계층은 'beef', 'pork', 'mutton'(프랑스어)을 즐겼다. 중세에 이르러 프랑스어와 라틴어에서 파생된 단어가 일상적으로 쓰는 어휘의 절반 이상을 차지했다. 지식인들이 전에는 필요 없었던 개념들을 표현하기 위해 의식적으로 라틴어와 그리스어를 빌려오면서 낯선 단어들은 더 늘어났다. 코드리는 이런 습성이 못마땅했다. 코드리의 성토를 들어보자. "어떤 사람들은 아주 먼 곳에서 이

국적인 단어를 찾느라 어머니가 쓰던 말을 전부 잊어버렸다. 만약 이들의 어머니가 살아 있다면 아들이 하는 말을 쓰지 못하거나 알아듣지 못했을 것이다. 이들이 정통 영어를 망치고 있다는 비난을 받아 마땅하다."[5]

코드리가 단어집을 펴내고 400년이 지난 후 존 심프슨John Simpson이 같은 길을 걸었다. 더 웅대한 단어집인『옥스퍼드 영어사전』의 편집자였던 심프슨은 어떤 면에서 코드리의 후계자였다. 창백한 얼굴에 목소리가 작았던 심프슨이 본 코드리는 완고하고 융통성 없으며 심지어 호전적인 인물이었다. 청교도주의가 부상하던 불안한 시대에 성공회 부제를 거쳐 사제가 된 코드리는 관습을 거부하는 행동으로 말썽을 일으켰다. "세례에 성호를, 혼례에 반지를"[6] 같은 일부 제식을 따르지 않았고, 마을 사제임에도 주교와 대주교들에게 절을 하지 않았으며, 교단에서 꺼리는 평등을 설교했다. "설교를 할 때면 기도서에 없는 엉뚱한 말들을 한다는 소문이 공연히 나돌았고, 결국 신도들에게 정통 신앙과 다른 원칙을 세뇌해 그냥 놔두기에는 위험한 인물로 낙인찍힌" 코드리는 사제직과 성직록聖職綠을 박탈당했다. 코드리는 수년 동안 항변했지만 별 소득을 거두지 못했다.

당시 코드리는 단어들을 수집했다("**수집하다**collect, 모으다gather"). 또한 두 편의 교육용 논문을 썼는데, 하나는 교리문답("**교리문답**catechiser, 기독교의 교리들을 가르치는 것that teacheth the principles of Christian religion")에 대한 것이었고, 하나는「일반 가족의 질서를 위한 가정 관리의 신성한 형태A godlie forme of householde government for the ordering of private families」였다. 그리고 1604년 전혀 다른 성격의 책을 펴냈다. 간략한 정의를 붙인 단어들 목록에 불과한 책이었다.

왜 이런 책을 냈을까? 심프슨은 이렇게 말한다. "우리는 이미 그가 언어를 평이하게 하기 위해 헌신했으며, 완고할 정도로 의지가 강하다는 사실을 안다." 코드리는 여전히 (이제는 설교자들에게) 설교를 하고 있었던 것이다. 머리말에서 코드리는 분명하게 말한다. "무지한 사람들 앞에서 공적으로 말하는 직위와 직업을 가진 사람들(특히 설교자들)은 충고를 들어야 한다. 절대 낯선 현학적인 말ynckhorne termes('inkhorn'은 잉크병을, 'inkhorn term'은 현학적인 말을 가리킨다)을 쓰지 마라. 흔하게 쓰이고 아무리 무지하더라도 이해할 수 있는 말을 써라." 코드리가 특히 강조한 것은 외국인처럼 말하지 말라는 것이었다.

> 멀리 여행을 다녀온 어떤 신사들은 집으로 돌아와서도 외국 복식을 즐길 뿐만 아니라 외국말로 이야기하려 든다. 근래에 프랑스에 다녀온 사람은 프랑스식 영어를 쓰면서도 부끄러운 줄 모른다.

코드리는 (그것이 무엇을 의미하든 간에) '모든' 단어를 집대성한다는 생각은 없었다. 1604년 무렵은 셰익스피어가 3만 개에 달하는 어휘들을 동원하여 대부분의 희곡을 쓴 상태였지만, 코드리나 다른 사람들은 이 단어들을 접할 수 없었다. 코드리는 가장 흔한 단어나 가장 현학적인 단어 혹은 프랑스식 단어들은 신경 쓰지 않았다. 대신 약간의 설명이 필요할 만큼 어렵지만 여전히 "우리가 말하기에 적절하고 누구나 이해할 수 있는 어렵고 흔한 단어"만을 목록에 담았다. 최종적으로 모은 단어는 모두 2,500개였다. 이 중 다수가 그리스어, 프랑스어, 라틴어에서 파생했다는("**파생하다**derive, ~에서 가져오다fetch from") 사실을 알았던 코드리는 이에 맞게 해당 사실을 표시해놓았다. 코드리가 만든 책은 최초의 영어사전이었다. '사전'이라는 단어는 거기에 들어 있지 않았다.

코드리는 권위자들을 인용하지는 않았지만 일부의 도움을 받았다. 현학적 단어와 멀리 여행을 다녀온 후 외국 복식을 즐기는 신사들에 대한 부분은 토머스 윌슨Thomas Wilson의 출세작 『수사학The Arte of Rhetorique』에서 빌린 것이었다.[7] 단어들 역시 여러 출처("출처source, 물 혹은 수원 wave, or issuing foorth of water")에서 찾았다. 약 절반은 에드먼드 쿠트Edmund Coote가 1596년 펴낸 이후 판을 거듭 찍은 기초 독본 『영어 교사The English Schoolemaister』에서 가져왔다. 쿠트는 한 명의 교사가 이 책 없이 40명을 가르치는 것보다 이 책을 갖고 100명을 가르치는 것이 더 빠르다고 주장했다. 쿠트는 사람들에게 읽는 법을 가르침으로써 얻는 이로움에 대해 이렇게 설명했다. "읽는 법을 가르치면 그렇지 않을 경우보다 더 많은 지식이 이 땅으로 들어올 것이고, 더 많은 책이 팔릴 것이다."[8] 코드리는 쿠트가 덧붙인 긴 용어집을 무단으로 활용했다.

『알파벳순 표』를 만들면서 단어를 알파벳 순서로 정리해야 한다는 것은 자명하지 않았다. 글을 아는 사람도 알파벳 순서에 익숙하지 못하다는 것을 알았던 코드리는 작은 지침서를 만들려고 했다. 쉽지 않은 일이었다. 배열 방식을 논리적, 도식적 용어로 설명할지 아니면 단계별 절차, 즉 알고리즘으로 설명할지 결정하기 어려웠다. 코드리는 다시 쿠트의 말을 거침없이 빌려 이렇게 설명했다.

> 고귀한 독자여, 그대는 알파벳을 익혀서 글자들이 어디에 오는지 그 순서를 완벽하게 기억해야 한다. 가령 b는 앞부분, n은 중간 부분, t는 끝부분에서 찾아야 한다. 찾고자 하는 단어가 a로 시작한다

면 표의 처음 부분을 보고, v로 시작한다면 끝부분을 보면 된다. 또한 단어가 ca로 시작한다면 c의 앞부분, cu로 시작한다면 c의 뒷부분을 보면 된다. 나머지 모든 것이 이와 같다.

　알파벳 순서를 설명하는 일은 쉽지 않았다. 일찍이 제노바의 수사인 요하네스 발부스Johannes Balbus는 1286년 쓴 『카톨리콘Catholicon』에서 이 일을 시도한 바 있었다. 자신이 알파벳 순서를 처음 만든다고 생각했던 발부스는 이렇게 힘겹게 설명하고 있다. "가령 amo와 bibo를 설명한다고 치자. 나는 bibo에 앞서 amo를 설명할 것이다. amo의 첫 글자인 a가 bibo의 첫 글자인 b보다 앞에 자리하기 때문이다. 마찬가지로…." 발부스는 긴 목록의 사례들을 제시한 후 이렇게 끝맺었다. "저는 훌륭한 독자께서 제가 들인 커다란 노고를 업신여기지 말고 또 이 알파벳 순서표를 쓸모없는 것으로 여기지 말기를 간청합니다."⁹

　알파벳순 목록은 기원전 250년 무렵 나온 알렉산드리아의 파피루스 문서들 이전에는 거의 등장하지 않는다. 알렉산드리아 대도서관은 책을 정리하면서 적어도 일부는 알파벳순을 활용했던 것으로 보인다. 다른 방식으로는 정돈할 수 없을 정도로 자료 규모가 컸기에 알파벳순이라는 인위적 순서체계가 필요했던 것이다. 또한 알파벳순은 관습적으로 고유의 순서("**글자순**abecedarie, 글자의 순서 혹은 그것을 사용하는 자 the order of the Letters, or hee that useth them")가 있는 소수의 분절적 기호 집합인 자모를 가진 언어만 가능하다. 그럼에도 알파벳 순서 체계는 부자연스러웠다. 알파벳 순서는 사용자가 의미에서 정보를 분리하게 한다. 단어를 문자열로만 보게 하고, 추상적으로 단어의 배열에만 초점을 맞추게 하는 것이다. 나아가 알파벳순은 역관계를 이루는 한 쌍의 절차로 구성된다. 다시 말해 목록을 구성하는 분류 그리고 항목을 찾는 검색이다. 어느 쪽이든 절차는 반복적("**반복적**recourse, 다시 돌아오는 것a running backe againe")이다. 기본적인 연산은 큰지 작은지를 따지는 양자택일이다. 이 연산은 먼저 한 글자, 그리고 나서 서브루틴subroutine으로 끼워 넣은 다음 글자를 대상으로 수행되며, 코드리가 설명했듯 "나머지 모든 것이 이와 같다". 이런 방식은 놀랄 만큼 효율적이다. 이 방식에 따른 체계는 거시 구조와 미시 구조가 같기 때문에 어떤 규모로든 쉽게 구현할 수 있다. 알파벳 순서를 아는 사람은 의미를 전혀 모르더라도 수천 혹은 수백만 개의 목록에서 어떤 항목이든 정확하게 찾을 수 있다.

1613년에야 비로소 최초의 알파벳순 목록이 만들어졌다.[10] 인쇄되지 않고 수기로 쓴 책으로, 옥스퍼드 보들리안 도서관을 위해 만들어진 두 권짜리 작은 편람이었다. 20년 앞서 네덜란드의 라이덴Leiden대학 도서관에서 만든 최초의 도서목록은 약 450권의 책을 알파벳 색인 없이 주제별로 정리한 서가목록이었다. 코드리는 한 가지 사실을 확신할 수 있었다. 17세기 초 (자신의 책을 읽는) 일반적인 독자, 즉 글을 알고 책을 사는 영국인은 알파벳순으로 정리된 일련의 자료를 전혀 접하지 않은 채 평생을 살 수도 있다는 점 말이다.

단어를 정리하는 보다 합리적인 방법으로 맨 처음 등장해 오랫동안 활용된 것이 있다. 중국에서 사전에 가장 근접한 것으로 수 세기 동안 사용된 책은 기원전 3세기 무렵 제작된 것으로 추정되는 작자 미상의 『이아爾雅』였다. 이 책은 2,000개의 단어를 의미에 따라 혈연, 건물, 도구와 무기, 하늘, 땅, 식물과 동물 같은 항목으로 분류했다. 이집트인들은 철학적이거나 교육적 원칙에 따라 정리한 단어목록을 만들었다. 아라비아인들도 마찬가지였다. 이 목록들은 대개 단어 자체가 아니라 단어가 의미하는 세계를 정리한 것이었다. 코드리의 시대로부터 1세기 후, 독일의 철학자이자 수학자인 라이프니츠Leibniz는 둘의 차이를 명쾌하게 지적했다.

> 말하자면 모든 사물과 행동을 가리키는 단어 혹은 이름은 알파벳과 속성, 이 두 가지 다른 방식으로 목록을 만들 수 있다. … 전자는 단어에서 사물로 가고, 후자는 사물에서 단어로 간다.[11]

주제별 목록은 사고를 자극하고, 불완전하고, 창의적이었다. 반면 알파벳순 목록은 기계적이고, 효율적이고, 자동적이었다. 알파벳순으로 생각하면 단어들은 각각 홈에 놓인 표시에 지나지 않는다. 사실상 숫자와 다를 바 없는 것이다.

물론 사전에도 단어의 정의에 의미가 들어간다. 코드리가 결정적 모델로 삼은 것은 번역용 사전, 특히 1587년 토머스 토머스Thomas Thomas가 만든 라틴어-영어사전인 『사전Dictionarium』이었다. 2개 국어로 된 사전은 하나의 언어로 된 사전보다 명확한 목적이 있었다. 라틴어를 영어로 옮기는 것은 영어를 영어로 풀어내는 것에는 없는 어떤 의미가 있었던 것이다. 하지만 어쨌든 사람들이 어려운 단어들을 이해하고 쓰도록 돕는 것이 코드리가 밝힌 목적이었기 때문에 정의가 핵심이었다. 코드리는 여전히 손에 잡힐 듯한 두려움을 안고 단어를 정의하는 일에 임했다. 단어들을 정의하면서도 의미의 견고함은 그다지 믿지 않았다. 의미는 철자보다 훨씬 유동적이었다. 코드리가 보기에 '정의하다'("**정의하다**define, 어떤 사물이 무엇인지 분명하게 보여주는 것to shew clearly what a thing is")라는 단어는 사물에 쓰는 것이지 단어에 적용하는 것이 아니었다. 정의가 필요한 것은 온갖 다채로운 모습을 지닌 현실이었다. '해석하다 interpret'의 뜻은 "사물의 인상과 의미를 보여주기 위해 드러내고, 쉽게 만드는 것"이었다. 코드리에게 사물과 단어의 관계는 사물과 그림자의 관계와 같았다.

관련 개념들은 아직 성숙한 단계에 이르지 못했다.

> figurate: 나타내다, 대표하다, 모방하다
>
> type: 어떤 사물의 형상, 사례, 영상
>
> represent: 어떤 사물의 모습을 드러내다, 지니다

코드리와 동시대를 살았던 랠프 레버Ralph Lever는 'saywhat'("saywhat, 사물이 무엇인지 말해주는 것, 정의definition라는 말로 와전되었지만 saywhat으로 부르는 것이 더 적절함"[12])이라는 신조어를 만들어냈다. 하지만 이 단어는 호응을 얻지 못했다. 현대적 의미로 정의의 뜻이 명확해진 것은 코드리와 그 후계자들 이후로 거의 1세기가 지난 후였다. 1690년 존 로크John Locke는 마침내 이렇게 썼다. "정의는 바로 해당 용어가 나타내는 뜻을 다른 사람들에게 말로 이해시키는 것이다."[13] 로크는 여전히 조작적 관점operational view을 취했다. 정의는 다른 사람들을 이해시키고, 메시지를 보내는 통신이었다.

코드리는 참고자료들에서 정의를 빌려오고, 합치고, 개정했다. 많은 경우 그냥 하나의 단어를 다른 단어와 연결시켰다.

> orifice: 입mouth
>
> baud: 창녀whore

helmet: 투구head peece

일부 단어들이 속한 범주를 가리키는 설명에는 '~의 일종'을 뜻하는
특별한 표시인 'k'를 붙였다.

crocodile: k 맹수

alablaster: k 암석

citron: k 과일

하지만 동의어나 범주로 모든 단어를 설명하기에는 한계가 있었다.
언어를 구성하는 단어들 사이의 관계는 너무 복잡해서 단선적으로 접
근할 수 없었다("**혼돈**Chaos, 뒤죽박죽 혼란스러운 더미a confused heap of mingle-
mangle"). 그래서 코드리는 때로 하나 이상의 동의어를 추가하는 삼각측
량식 정의를 통해 이를 극복하려고 애썼다.

specke: 점, 얼룩

cynicall: 치사한, 심술궂은

vapor: 습기, 뜨거운 입김

개념과 추상적 관념을 나타내면서 구체적인 감각의 영역과는 동떨
어진 단어들의 경우 완전히 다른 방식이 필요했다. 코드리는 작업을
계속하면서 이런 방식을 만들어나갔다. 독자들에게는 산문체로, 그러
나 완전히 문장 형태는 아니게 말해야만 했다. 어떤 정의들을 보면 특
정한 단어를 이해하고, 또 이해한 내용을 설명하기 위해 애쓰는 코드
리의 모습을 확인할 수 있다.

gargarise: 입에서 물을 위아래로 굴려 입과 목구멍을 씻어내는 것

hipocrite: 본모습과 다르게 복장과 외양 그리고 행동을 꾸미는 사람 혹은 기만자

buggerie: 같은 성끼리 혹은 인간이 짐승과 성적인 접촉을 하는 것

theologie: 영원히 축복받는 생에 대한 학문

가장 설명하기 까다로운 것들은 새로운 학문 분야에서 나온 전문용어였다.

cypher: 그 자체로는 값을 갖지 않지만, 수를 구성하고 더 큰 값을 갖는 다른 수를 만드는 원

horizon: 창공을 보이는 절반과 보이지 않는 절반으로 나누는 원

zodiack: 12개의 상징이 배치되어 있고 태양이 이동하는 경로를 이루는 하늘의 원

단어들뿐만 아니라 지식도 끊임없이 변화했다. 언어는 자신을 스스로 검사했다. 쿠트나 토머스를 베낄 때조차도 코드리는 기본적으로 혼자였으며, 조언을 구할 권위자는 아무도 없었다.

코드리가 설명한 어렵고 흔한 단어 중에 'science'("지식 혹은 기술")가 있었다. 당시 science는 아직 물리적 우주와 그 법칙들을 탐구하는 학문이 아니었다. 박물학자들이 단어의 속성과 그 의미에 특별한 관심을 갖기 시작했다. 이들은 자기들이 갖고 있는 것보다 더 나은 게 필요했다. 1611년 자신의 첫 망원경을 하늘로 향해 태양 흑점을 발견한 갈릴레오는 (전통적으로 태양은 순수의 전형이었기 때문에) 즉시 논쟁이 일 것을 예상했고, 우선 언어의 문제를 해결하지 못한다면 과학이 진전될

수 없음을 깨달았다.

> 사람들이 사실상 어쩔 수 없이 태양을 "가장 순수하고 밝은 것"으로 부르는 한 태양에는 어떤 그늘이나 불순물도 존재할 수 없습니다. 그러나 이제 태양은 부분적으로 불순하고 반점이 있는 모습을 보였습니다. 태양을 "반점이 있고 순수하지 않은 것"으로 불러야 하지 않을까요? 이름과 속성은 사물의 본질을 따라야 하며, 그 반대가 아니기 때문에 사물이 먼저이고 이름은 나중입니다.[14]

자신의 원대한 지적 여정을 시작한 뉴턴은 가장 필요한 곳에 정의 definition가 근본적으로 부실하다는 점을 깨닫는다. 뉴턴은 교묘하게 의미를 비틀면서 현혹하듯 이렇게 썼다. "나는 시간, 공간, 장소, 운동을 익히 알려진 대로 정의하지 않는다."[15] 이 단어들을 정의하는 것이 바로 그의 목적이었다. 당시에는 무게와 크기에 대한 합의된 표준이 없었다. '무게'와 '크기' 자체가 모호한 용어였다. 라틴어는 일상생활에서 덜 쓰였기 때문에 영어보다 나아 보였지만, 로마인들 역시 필요한 단어들이 없기는 매한가지였다. 뉴턴이 쓴 초고 노트를 보면 완성된 결과물에서는 볼 수 없는 그의 노고가 여실히 드러난다. 뉴턴은 'quantitas materiae'(물질의 양, 질량quantity of matter) 같은 표현들을 정의하기 위해 노력했다. 코드리로서는 너무나 어려운 일이었다. 코드리는 이렇게 정의한다. "**물질적인**materiall, 어떤 물질로 이루어진, 혹은 중요한 것of some matter, or importance." 뉴턴은 (자신에게) 질량은 "밀도와 부피를 결합하여 나오는 것"이라고 제안했다. 다른 단어들을 고려하기도 했다. "'mass' 혹은 'body'라는 것도 이 양을 지칭한다." 연구를 진행하려면 정확한 단어가 필요했다. '속도', '힘', '중력', 그 어느 것도 아직 적합하지 않았다. 이들 단어들은 서로에 대해 정의될 수 없었다. 말하자면 누군가 손가락으로 가리킬 만한 뚜렷한 속성이 전혀 없었던 것이다. 참고할 책이 있는 것도 아니었다.

◎　◉　◎

코드리로 말하자면, 1604년 펴낸 『알파벳순 표』와 함께 역사에서 자취를 감춘다. 코드리가 언제 죽었는지 아는 사람은 아무도 없다. 『알파벳순 표』가 몇 부나 인쇄되었는지 아는 사람도 없다. 아무 기록이 없는 것이다("**기록**records, 기억을 위해 작성된 글writings layde up for remembrance"). 오직 한 부가 옥스퍼드 보들리언 도서관에 보존되고 있을 뿐이다. 나머지는 모두 사라졌다. 코드리의 아들인 토머스가 1609년 약간의 내용을 덧붙여(표지에는 "대거 확충한"이라는 잘못된 소개가 나온다) 2판을 낸 데 이어 1613년과 1617년 3판과 4판을 냈지만 거기서 이 책의 생명은 끝나버렸다.

『알파벳순 표』의 존재는 포괄성 면에서 곱절이었던 새로운 사전, 『영어 해설집』에 의해 가려졌다. 편찬자인 존 불로커John Bullokar 역시 코드리처럼 역사적 기록에 희미한 흔적만을 남겼다.[16] 의사였던 불로커는 한동안 치체스터Chichester에서 살았다. 생몰년도는 확실하지 않다. 1611년 런던을 방문하여 죽은 악어를 보았다는 정도만 알려져 있을 뿐 나머지는 거의 알려진 바가 없다. 1616년 출판된 『영어 해설집』은 수십 년 동안 판본을 거듭했다. 이후로는 1656년 런던의 변호사인 토머스 블런트Thomas Blount가 펴낸 『용어사전Glossographia』이 있었다. 블런트의 사전은 1만 1,000개가 넘는 단어를 수록하고 있었는데, 많은 단어들이 무역과 상업으로 시끌벅적했던 런던으로 들어온 신조어였다. 이를테면 커피가 그렇다.

> coffa 혹은 cauphe : 터키인과 페르시아인이 마시는(그리고 근래에 우리에게 소개된) 음료의 일종으로 검은색에 진하고 쓴맛이 나고, 이름과 종류가 같은 열매에서 얻으며, 유익하고 아주 몸에 좋은 것으로 여겨진다. 우울증을 치료하는 데 효과가 있다고 한다.

혹은 "**말괄량이**tom-boy, 남자아이처럼 뛰어다니는 여자아이 혹은 계집아이"처럼 본토에서 생겨난 것도 있었다. 블런트는 자신이 움직이는 목표물을 겨누고 있다는 사실을 알았던 것으로 보인다. 사전편찬자의 "노고"는 "절대 끝나지 않을 것이다. 우리의 영어는 매일매일 바뀌기 때문이다." 머리말에 쓴 말이었다. 블런트는 코드리보다 훨씬 상세한 정의를 제시했으며 어원에 대한 정보까지 담으려 노력했다.

불로커와 블런트는 코드리를 언급하지 않았다. 이미 잊힌 존재였던 것이다. 하지만 1933년 『옥스퍼드 영어사전』의 초대 편집자들은 최고의 사전을 펴내면서 코드리가 만든 "얇고 작은 책"에 경의를 표했다. 이들은 『알파벳순 표』를 『옥스퍼드 영어사전』이라는 참나무를 키워낸 "도토리"(코드리: "**도토리**akecorne, k 열매")에 비유했다.

『알파벳순 표』가 출간된 지 402년 후 국제천문연맹은 투표를 통해 명왕성의 행성 지위를 박탈했다. 존 심프슨은 빨리 결정을 내려야 했다. 심프슨과 더불어 옥스퍼드의 사전편찬자들은 P 항목을 작업하고 있었다. 'Pletzel', 'plish', 'pod person', 'point-and-shoot', 'polyamorous' 같은 신조어들이 새롭게 등재됐다. 명왕성 항목도 비교적 새로운 것이었다. 명왕성은 1930년에야 발견됐기 때문에 초판에 넣을 수 없었다. 처음에 미네르바Minerva라는 이름을 붙이자는 제안이 나왔지만 받아들여지지 않았다. 이미 같은 이름의 소행성이 있다는 이유였다. 이름으로 보자면 하늘은 가득 채워지고 있었다. '명왕성Pluto'이라는 이름을 제안한 사람은 옥스퍼드에 사는 열한 살 소녀 베네시아 버니Venetia Burney였다. 『옥스퍼드 영어사전』은 2판에 명왕성 항목을 추가하고, 이렇게 설명을 달았다. "1. 해왕성 궤도 너머에 있는 태양계의 작은 행성. 2. 1931년 4월에 나온 월트 디즈니의 〈무스 사냥Moose Hunt〉에 처음 등장한 개의 이름."

"거대한 변화에 떠밀려 가는 것이 정말 싫다"[7]라고 심프슨은 말했지만 별다른 뾰족한 수는 없었다. 디즈니 만화에 나오는 개의 이름이 '작은 행성체'로 격하된 천문학적 의미보다 더 안정적인 것으로 밝혀졌다. 『옥스퍼드 영어사전』에도 파장이 미쳤다. 'Pluto'는 'planet n. 3a'에서 삭제되었고, 'Plutonian'이라는 항목은 'pluton', 'plutey', 'plutonyl'과 혼동되지 않도록 내용이 수정됐다.

『옥스퍼드 영어사전』의 6대 편집자인 심프슨은 전대 편집자들인 머리Murray, 브래들리Bradley, 크레이기Craigie, 어니언스Onions, 버치필드Burchfield의 이름을 줄줄이 꿰고 있었다. 또한 자신이 이들 편집자들의 전통뿐만 아니라 새뮤얼 존슨Samuel Johnson을 거쳐 코드리까지 거슬러 올라가는 영국 사전편찬의 전통을 계승하고 있다고 생각했다. 제임스 머리는 19세기에 가로 15센티미터, 세로 10센티미터의 색인 카드를 쓰는 작업 방식을 확립한 사람이었다. 심프슨의 책상 위에는 언제나 1,000장의 색인 카드가 놓여 있었고, 지척에 있는 철제 서류철과 나무상자에도 200년에 걸쳐 잉크로 작성된 색인 카드들이 수백만 장이나 더 들어 있었다. 하지만 단어표는 쓸모없어졌고, 이제는 "목제용품treeware"이 되어버렸다. 막 등재된 'Treeware'는 "컴퓨터 계통에서 종이로 된 문서를 농담조로 일컫는 속어"였다. '블로그'는 2003년, '닷커머dot-commer'는 2004년, '사이버 애완동물'은 2005년, '구글링하다'라는 동사는 2006년에 등재됐다. 심프슨도 구글을 자주 이용했다. 책상에는 단어표 외에도 언어의 신경계로 가는 통로가 있었다. 이를 통해 '모든 과거 텍스트'라는 이상을 향해 서서히 접근하는 서로 맞물린 방대한 데이터베이스와 아마추어 사전편찬자들의 세계적 네트워크에 바로 접속할 수 있었다. 사전과 사이버공간의 만남은 양쪽 모두에 돌이킬 수 없는 변화를 일으켰다. 『옥스퍼드 영어사전』의 전통과 유산을 무척이나 사랑하기는 하지만, 심프슨은 좋든 싫든 (그것이 무엇이고, 무엇을 알고 있으며, 무엇을 보았는지와 관련해) 혁신을 이끌고 있다. 코드리는 고립되어 있었지만 심프슨은 연결되어 있었다.

이제 세계적으로 사용 인구가 10억을 넘어선 영어는 격변의 시대에 들어서고 있다. 유서 깊은 옥스퍼드 사무실에서 일하는 사전편찬자들은 이런 격변에 익숙하기도 하지만 또 휩쓸리기도 한다. 이들 사전편찬자들이 귀 기울이는 언어는 자유분방하고 확실한 형태가 없어지고 있다. 신문과 잡지와 팸플릿, 메뉴와 업무 서신, 인터넷 게시판과 채팅, 텔레비전 방송과 라디오 방송, 그리고 음반에 있는 메시지와 말들은 거대하게 소용돌이치며 점점 커지는 구름이라 할 수 있다. 반면 사전은 스스로 권위적이고 우뚝 솟은 기념비적 지위를 취하고 있다. 사전은 관찰하고자 하는 언어에 영향을 미친다. 사전은 마지못해 권위적인 역할을 맡는다. 사전편찬자들은 1세기 전 앰브로즈 비어스Ambrose Bierce가 사전에 내린 냉소적인 정의를 떠올릴지도 모른다. "**사전**은 언어가 성장하지 못하도록 가로막으며, 언어를 어렵고 융통성 없게 만드는 악의적인 문학적 도구이다."[18] 요즘 사전편찬자들은 어떤 특정한 용법이나 철자를 주제넘게(혹은 감히) 반대하지 않는다는 점을 강조한다. 그러면서도 완전함이라는 목표를 향한 강렬한 야망을 부인할 수는 없다. 이들은 관용구와 완곡어법, 성스러운 것 혹은 세속적인 것, 죽은 것 혹은 살아 있는 것, 고급 영어나 생활 영어를 막론하고 모든 단어와 용어를 원한다. 하지만 이런 바람은 이상일 뿐이다. 시간과 공간의 제약은 언제나 존재하며, 지엽적으로는 단어로 적합한지를 따지는 질문에 대답하지 못할 수도 있다. 그럼에도 『옥스퍼드 영어사전』은 가능한 범위에서 언어의 완전한 기록, 완전한 거울로 받아들여진다.

사전은 단어의 지속성을 승인한다. 사전은 단어들의 의미가 다른 단어로부터 나온다는 사실을 명확하게 보여준다. 또한 모든 단어가 총체적으로 서로 맞물린 구조를 형성한다는 사실을 보여준다. 모든 단어가 다른 단어를 통해 정의되기 때문이다. 이는 언어를 볼 수 없는 구술문화에서는 결코 문제가 될 수 없었다. 인쇄술(그리고 사전)이 언어를 세밀하게 검토할 수 있는 독립적 대상으로 부각시켜야만 비로소 단어의 의미가 상호의존적이고 심지어 순환적이라는 인식을 할 수 있다. 단어가 사물에서 분리되어 다른 단어를 표상하는 단어로 여겨져야 했던 것이다. 20세기 들어 논리학 기법들이 고도로 발전하면서 순환성이 문제로 대두되었다. 비트겐슈타인Wittgenstein은 이렇게 불평했다. "설명을 하려면, 나는 이미 언어를 본격적으로 사용해야만 한다." 3세기 전 뉴턴이 제기했던 불평을 되풀이했지만, 비트겐슈타인의 불평은 한 번 더 꼬인 것이었다. 뉴턴이 자연법칙을 가리키는 단어를 원한 반면 비트겐슈타인은 단어를 가리키는 단어를 원했기 때문이다. "언어(단어, 문장 등)에 대해 말할 때 나는 일상어를 사용해야 한다. 이 일상어라는 게 우리가 말하고자 하는 바를 표현하기에는 너무 투박하고 물질적이지 않은가?"[19] 사실이었다. 그리고 언어는 언제나 변화하고 있었다.

　1900년 제임스 머리는 이렇게 말했다. "영어사전은 영국 헌법과 마찬가지로 어떤 한 사람의 그리고 어떤 한 시대의 산물이 아니라 오랜 세월에 걸쳐 서서히 자체적으로 만들어진다."[20] 사전뿐만 아니라 언어도 마찬가지였다. 후에 『옥스퍼드 영어사전』이 된 『역사적 원칙에 따른 새 영어사전A New English Dictionary on Historical Principles』의 초판은 그때까지 만들어진 가장 방대한 책 중 하나였다. 41만 4,825개의 단어가 실린 이 10권짜리 사전은 1928년 국왕 조지5세와 캘빈 쿨리지Calvin Coolidge 대통령에게 증정되었다. 편찬 작업에는 수십 년이 걸렸고, 그사이 머리가 사망했으며, 심지어 제본작업이 이뤄지는 동안 시대에 뒤떨어진 것으로 여겨지기도 했다. 1989년 2판이 나올 때까지 몇 권의 부록들이 만들어졌다. 2판은 총 20권에 2만 2,000페이지였으며, 무게가 63킬로그램이었다. 3판은 달랐다. 디지털로 만들어진 3판은 무게가 나가지 않았다. 아마 앞으로 종이와 잉크가 들어가는 일은 절대 없을 것이다. 2000년부터는 전체 콘텐츠에 대한 개정판이 분기마다 온라인으로 게재되었다. 각 개정판은 수천 개의 수정된 항목과 수백 개의 새로운 단어를 담고 있다.

　사전편찬 작업을 하면서 코드리는 A부터 시작했고, 1879년의 제임스 머리 역시 A부터 시작했지만, 심프슨은 M부터 시작하기로 한다. 심프슨은 섣불리 A부터 시작하려 하지 않았다. 내부에서 사전편찬을 담당했던 사람들은 오래전부터 『옥스퍼드 영어사전』인쇄본이 흠잡을 데 없는 걸작은 아니라는 점을 익히 알고 있었다. 앞 글자들에는 제임스 머리가 초기에 불안정한 상태에서 했던 작업의 미숙한 흔적들이 아직 남아 있었다. 심프슨의 말을 들어보자. "그냥 여기 와서는 가방을 정리한 다음 텍스트를 만들기 시작한 겁니다. 일의 방침을 정하고 처리하는 데만도 오랜 시간이 걸렸습니다. 그래서 A부터 시작하면 두 배로 일이 어려워질 수 있었습니다. 저는 대충, 그러니까 D 정도부터는 가닥을 잡았을 것이라고 생각했습니다. 그러나 머리는 항상 조수인 헨리 브래들리Henry Bradley가 시작했고, 제대로 못했기 때문에 E가 가장 부실하다고 말했습니다. 그래서 우리는 G나 H부터 시작하는 것이 안전하겠다고 생각했어요. 하지만 G나 H까지 오면 또 I, J, K가 있고, 그래서 차라리 그 뒤부터 시작하자고 생각하게 된 것입니다."

'M'에서 'mahurat'까지 첫 1,000개의 항목이 2000년 봄 온라인에 게재됐다. 그로부터 1년 후 편찬자들은 'me'로 시작되는 단어들(me-ism: 자기중심주의, meds: 약의 일상용어, medspeak: 전문 의학용어, meet-and-greet: 만남과 대화의 행사)과 'media'와 합성되는 단어들(baron, circus, darling, hype, savvy) 그리고 'mega'와 합성되는 단어들(pixel, bitch, dose, hit, trend)까지 진행했다. 영어는 더 이상 대부분이 문맹인 500만 명의 작은 섬나라 사람들이 말하는 언어가 아니었다. 편찬자들은 한 글자씩 개정해나가면서, 어디서 나왔든 새로 등장한 신조어들을 추가하기 시작했다. 알파벳순 차례를 기다렸다 넣는 것은 실용적이지 않았다. 이에 따라 2001년에는 'acid jazz', 'Bollywood', 'channel surfing', 'double-click', 'emoticon', 'feel-good', 'gangsta', 'hyperlink' 등이 추가됐다. '쿨에이드Kool-Aid'는 편찬자들이 등록상표를 등재해야 한다고 생각해서가 아니라(원래 쿨에이드 가루 음료는 1927년 미국에서 특허를 얻었다) 쿨에이드의 특별한 용법('to drink the Kool-Aid', 절대적인 복종이나 충성을 의미한다)을 더 이상 무시할 수 없었기 때문에 신조어로 인정받았다. 1978년 가이아나에서 사이비 종교단체 신도들이 독극물이 든 쿨에이드를 마시고 집단자살을 한 사건이 발생한 이후 이 특이한 표현이 널리 퍼졌다는 사실은 세계가 얼마나 긴밀하게 연결되어 있는지를 분명히 보여주었다.

하지만 이들 옥스퍼드 사전편찬자들은 유행의 노예가 아니었다. 원칙적으로 신조어가 등재되려면 5년이라는 확실한 근거가 필요하다. 모든 후보어는 엄격한 심사를 거친다. 신조어의 승인은 중대한 문제이기 때문이다. 우선 특정한 발생지를 넘어서 폭넓게 사용되어야 한다. 『옥스퍼드 영어사전』은 영어를 쓰는 전 세계의 모든 곳을 아우르지만 지역적인 특수 표현들은 배제한다. 한 번 등재된 단어는 삭제될 수 없다. 사람들이 쓰지 않아 한물간 단어가 되거나 희귀해질 수 있지만, 고어나 사어가 되더라도 (재발견되거나 즉흥적으로 재발명되는 식으로) 흔히 다시 등장하게 되며, 어쨌든 간에 이런 단어들은 언어사의 일부를 차지한다. 코드리가 모은 2,500개의 단어는 모두 『옥스퍼드 영어사전』에 들어갈 수밖에 없었다. 그중 31개의 단어는 『알파벳순 표』에 처음 등장하는 용례였다. 또한 몇몇 단어들은 『알파벳순 표』에만 나오는 단어였다. 이 단어들을 처리하는 일은 골칫거리였다. 한 번 등재되면 삭제할 수 없기 때문이었다. 이를테면 코드리는 'onust'라는 단어를 "짐을 실은, 너무 많이 담은"이라는 뜻으로 풀이했다. 그리하여 『옥스퍼드 영어사전』에도 "짐을 실은, 부담스러운"이라는 뜻으로 풀어놓았다. 그러나 'onust'는 단 한 번 등장한 희귀 단어였다. 코드리가 이 단어를 지어낸 것일까? 심프슨의 말을 들어보자. "코드리가 이전에 듣거나 봤던 어휘들을 되살리려고 시도한 것 아닌가 하는 생각이 듭니다. 뭐, 확실하지는 않습니다." 다른 사례로 코드리는 'hallucinate'를 "속이다, 눈을 가리다"라고 풀이했다. 『옥스퍼드 영어사전』은 이런 의미로 사용된 다른 사례를 전혀 찾지 못했지만 어김없이 "속이다"라는 풀이를 첫 번째 의미로 달아놓았다. 다만 이런 사례들에는 편집자들이 "고어Obs, 희귀어rare"라는 이중 단서를 달았다. 그래도 단어를 빼지는 않는다.

21세기 『옥스퍼드 영어사전』에서라면 단일 출처는 결코 충분하지 않다. 사업의 규모와 관련자들을 생각하면 이상한 일이지만 몇몇 개인들은 자신이 만든 임시어nonce-word를 『옥스퍼드 영어사전』에 올리려고 애를 쓴다. 사실 '임시어'라는 단어는 제임스 머리가 직접 만든 것이었다. 1979년 '상호의존codependency'이라는 단어를 만든 미국의 심리학자 손드라 스몰리Sondra Smalley는 1980년대에 『옥스퍼드 영어사전』에 등재시키기 위해 로비를 했다. 1990년대 마침내 편집자들은 '상호의존'이 자리를 잡았다고 판단하고 사전에 올렸다. 아예 『옥스퍼드 영어사전』에 등재된 단어를 만들고 싶다고 떠들고 다닌 W. H. 오든Auden 같은 사람도 있었다.[21] 그리고 실제로 오랜 노력 끝에 'motted', 'metalogue', 'spitzy' 등을 등재시켰다. 이처럼 사전은 피드백 고리에 참여하게 된다. 이는 언어를 사용하는 사람들과 언어를 만드는 사람들에게 비뚤어진 자의식을 불어넣었다. 앤서니 버지스Anthony Burgess는 자신이 만든 단어를 사전에 등재시키지 못한 것에 대해 이렇게 불평했다.[22] "몇 년 전에 나는 사랑의 기술 내지 행위를 가리키는 'amation'이라는 단어를 만들었고, 여전히 그것이 유용하다고 생각한다. 하지만 (이런 단어가 가능하다면) 사전화lexicographicizing(버지스는 이런 단어가 없다는 사실을 알았다)에 적합하려면 다른 사람들이 글에서 이 단어를 쓰도록 설득해야한다. 반면 T. S. 엘리엇의 높은 권위 때문에 (내가 보기엔) 창피하게도 'juvescence'라는 단어가 이전 부록에 등재됐다." 버지스는 엘리엇이 'juvenescence'를 잘못 표기했을 뿐이라고 확신했다. 그럼에도 이런 잘못된 표기는 28년 후 스티븐 스펜더Stephen Spender가 모방하고 반복해서 썼고, 그리하여 'juvescence'는 하나가 아닌 두 개의 용례를 갖게되었다. 『옥스퍼드 영어사전』은 이는 드문 경우라고 인정한다.

『옥스퍼드 영어사전』이 언어의 유동성을 담아내기 위해 노력하기는 하지만, 사전이 결정화crystallization의 대리인이 되는 것은 피할 수 없다. 철자법 문제가 특히 그렇다. "역사를 통틀어 발견된 단어의 '모든' 형태"[23]를 담아야 한다. 따라서 1989년 나온 2판을 보면 'mackerel'("익히 알고 있는 바다 고기, 학명은 *Scomber scombrus*, 식품으로 많이 쓰임") 과 함께 19개의 다른 철자가 실려 있다. 하지만 출처의 발굴은 결코 끝나지 않는 일이어서 2002년 나온 3판에는 다른 표기가 무려 30개에 달했다. 일일이 열거하면 이렇다. 'maccarel, mackaral, mackarel, mackarell, mackerell, mackeril, mackreel, mackrel, mackrell, mackril, macquerel, macquerell, macrel, macrell, macrelle, macril, macrill, makarell, makcaral, makerel, makerell, makerelle, makral, makrall, makreill, makrel, makrell, makyrelle, maquerel, maycril'. 편집자들은 사전편찬자로서 이 대안들을 완전히 틀린 것, 즉 오기로 규정하지 않을 것이다. 또한 표제어로 택한 'mackerel'이 '정확' 하다고 규정하는 것도 원치 않는다. 이들은 근거를 조사해 "가장 흔한 현재 표기"를 선택한다는 점을 강조한다. 그렇다고 해도 자의적인 면이 개입되지 않을 수 없다. 이를테면 "-ize와 -ise가 같이 쓰이는 동사의 경우 언제나 -ize 표기가 쓰이는 것처럼 때로 옥스퍼드 스타일이 우선시된다." 자기들에게 관행적으로 내려오는 권위를 아무리 자주, 강하게 부정한다고 해도 편집자들은 독자들이 단어를 어떻게 표기해야 하는지 확인하기 위해 사전을 볼 것이라는 사실을 안다. 비일관성에서 벗어날 수 없는 것이다. 또한 이들은 결벽주의자들이라면 얼굴을 찌푸릴 단어들까지 등재할 수밖에 없다. 2003년 12월 새롭게 추가된 항목인 "nucular, = nuclear a.(다양한 의미에서)"가 그렇다. 그러나 인터넷 검색을 통해 발견된 명백한 오식誤植은 포함하지 않는다. 이를테면 바른 표기인 'strait-laced'보다 'straight-laced'가 통계적으로 더 많이 쓰이지만 인정하지 않는다. 철자를 결정하는 것을 놓고『옥스퍼드 영어사전』은 상투적 설명을 내놓는다. "인쇄술의 발명 이후, 일부는 인쇄업자들의 통일성 추구 덕분에, 또 일부는 르네상스 시대의 언어 연구에 대한 높은 관심 덕분에 철자의 변형이 훨씬 줄어들었다." 틀린 말은 아니다. 하지만 여기에는 중재자이자 전형典型으로서의 사전 그 자체의 역할은 빠져 있다.

◎　　◉　　◎

코드리에게 사전은 일종의 스냅사진이었다. 말하자면 코드리는 자신의 시대 너머를 보지 못했다. 반면 새뮤얼 존슨은 사전의 역사적 차원을 보다 선명하게 인식했다. 존슨은 자신의 야심 찬 작업이 어떤 면에서 언어라는 야생의 존재를 길들이는 수단이라고 해명했다. "언어는 모든 문학을 함양하는 데 쓰였지만 지금까지 무시당했고, 위험한 방향으로 마구잡이식으로 퍼져나갔으며, 시간과 유행의 폭정을 받았으며, 무지의 타락과 혁신의 변덕에 시달렸다."²⁴ 하지만『옥스퍼드 영어사전』이 만들어지기 전에는 시대를 포괄해 언어의 모든 형태를 밝히려는 시도가 없었다. 그런 의미에서『옥스퍼드 영어사전』은 역사적 파노라마가 된다.

전자시대가 말이 차가운 활자의 구속에서 벗어나는 새로운 구술성의 시대라면『옥스퍼드 영어사전』프로젝트는 서글퍼지게 된다. 옥스퍼드 프로젝트를 진행하는 기관만큼 차가운 활자의 구속을 구현하는 곳은 없다. 하지만『옥스퍼드 영어사전』역시 이런 구속을 벗어던지려 한다. 편집자들은 새로운 단어가, 잘 만들어진 책은 말할 것도 고 다른 인쇄물에 등장하기를 기다렸다가 주목해봐야 아무 의미가 없다고 생각한다. 2007년 'tighty-whities'(남성 속옷)를 새로 등재하면서는 노스캐롤라이나 대학가의 속어를 담은 타자 원고를 인용했다. 또한 'kitesurfer'의 경우 유즈넷 뉴스그룹인 alt.kite에 올라온 게시물과 함께 온라인 데이터베이스를 통해 찾은 뉴질랜드 신문을 인용했다. 비트는 에테르ether 속에 있다.

제임스 머리가 새로운 사전을 만들면서 염두에 둔 것은 단어들을 찾고, 이들 단어의 역사를 보여주는 표지를 함께 세우는 것이었다. 얼마나 많은 단어들이 있는지 아는 사람은 없었다. 그때까지 최고이자 가장 방대한 영어사전은 미국 사전이었다. 바로 노어 웹스터Noah Webster 사전으로, 7만 단어를 수록하고 있었다. 이 수치는 기준선이었다. 그렇다면 나머지 단어들은 어디서 찾을 수 있을까? 초대 편집자들에게 이들 단어들의 출처나 원천은 당연히 문학작품, 특히 명저와 양서들이었다는 것은 두말할 나위가 없었다. 편집자들은 밀턴과 셰익스피어(3만 번 이상 참조되었으며, 여전히 단일 작가로는 가장 많이 인용됨), 필딩Fielding과 스위프트, 역사와 강론, 철학자들과 시인들을 샅샅이 훑었다. 1897년 머리는 유명한 공개 호소문을 발표하고 나선다.

> 1,000명의 편집자들이 필요합니다. 16세기 후반의 문학작품에 대한 조사는 거의 마쳤지만 아직 몇 권의 책들이 남았습니다. 훨씬 많은 작가들이 나온 17세기 문학작품은 당연히 훨씬 더 많은 조사가 필요합니다.

머리는 미지의 영역이 넓기는 해도 끝이 있다고 생각했다. 사전편찬을 시작했던 사람들은 근본적으로 단어가 아무리 많더라도, 모든 단어를 찾겠다는 뜻을 확실히 했다. 이들은 완전한 목록을 계획했던 것이다. 그러지 못할 이유가 없었다. 책이 몇 권이나 되는지는 알 수 없었지만 무한하지 않으며, 거기에 담긴 단어의 수도 셀 수 있었다. 만만찮은 일처럼 보이긴 했지만, 끝은 있었다.

하지만 지금은 더 이상 유한한 것으로 보이지 않는다. 사전편찬자들은 언어에 경계가 없음을 받아들이고 있다. 이들은 "영어의 영역을 보면 중심부는 명확하지만 가장자리는 흐릿하다"라는 머리의 유명한 말을 기억한다. 언어의 중심부에는 모두가 아는 단어들이 있다. 반면 머리가 속어와 은어, 과학적 전문용어와 외래어를 둔 가장자리는 사람마다 언어 감각이 달라서 '표준'이라고 부를 만한 것이 없다.

머리가 "명확하다"라고 말한 중심부에도 무한함과 모호함이 존재한다. 코드리가 등재의 필요성을 못 느낀 쉽고 흔한 단어들이 『옥스퍼드 영어사전』에서는 가장 길게 설명되어 있다. 가령 'make'만 해도 98가지의 서로 다른 의미가 있고, 일부 의미의 경우 10여 개의 부차적 의미가 달려 책 한 권 분량을 채울 수 있다. 이런 단어들의 문제에 맞닥뜨린 새뮤얼 존슨이 내놓은 해결책은 바로 '두 손 두 발 다 드는 것'이었다.

> 영어에서 매우 자주 쓰이지만 대단히 의미가 느슨하고 대략적이며, 용법이 너무 모호해 쉽게 규정할 수 없으며, 어감이 원래 생각과 동떨어지게 왜곡되어 얽히고설킨 변화를 추적하고, 완전히 헛되기 직전에 잡아내고, 어떤 틀을 부여하거나 명확하고 확립된 의미를 지닌 어떤 단어들로 해석하기 어려운 범주의 동사들 때문에 아주 골치가 아프다. 'bear', 'break', 'come', 'cast', 'full', 'get', 'give', 'do', 'put', 'set', 'go', 'run', 'make', 'take', 'turn', 'throw' 등과 같은 단어들 말이다. 이 단어들의 온전한 뜻이 정확하게 전달되

지 않더라도 우리는 다음을 명심해야만 한다. 우리가 쓰는 언어가 아직 살아 있고 이 언어를 말하는 모든 사람들의 변덕에 의해 변하는 동안 이 단어들은 매 순간 관계를 바꾸고 있기 때문에, 이런 단어들을 사전 안에 정확하게 담아내는 일은 폭풍우에 흔들리는 작은 숲이 물속에 비친 모습을 정확하게 묘사하는 것만큼 어렵다는 점을 말이다.

존슨의 말은 일리가 있었다. 이 단어들은 영어를 쓰는 사람이면 언제든, 어떤 경우든, 단독으로 혹은 다른 단어와 조합하든, 창의적이든 그렇지 않든 간에 타인들이 이해할 것이라는 희망을 갖고 끌어다 쓸 수 있다. 그러므로 『옥스퍼드 영어사전』의 'make' 같은 단어의 항목은 개정될 때마다 하부 항목을 늘리면서 계속 늘어난다. 결국 사전편찬은 끊임없이 단어의 내부로 파고 들어가는 무한한 작업이 된다.

무한성은 언어의 가장자리에서 더욱 분명하게 드러난다. 신조어는 끊임없이 생겨난다. '트랜지스터transistor'처럼 위원회(1948년, 벨연구소)가 단어를 만들기도 하고 '브부아지booboisie'(무식계급)처럼 풍자가 (1922년, H. L. 멘켄Mencken)가 만들기도 한다. 그러나 대부분은 '블로그 blog'(c. 1999)라는 단어처럼 배양접시에 유기체가 나타나듯 자연발생적으로 생겨난다. 새롭게 나타난 신조어로는 'agroterrorism', 'bada-bing', 'bahookie'(신체 부위), 'beer pong'(음주 게임), 'bippy'('당연하지 you bet your~'식의 표현에 쓰임), 'chucklesome', 'cypherpunk', 'tuneage', 'wonky' 등이 있다. 이 단어들은 코드리가 선별 기준으로 삼은 "어렵고 흔한 단어들"이 아니었고, 머리가 말한 명확한 언어의 중심부와도 거리가 멀지만 지금 공용어로 쓰고 있다. 심지어 'bada-bing'(짜잔. 갑자기, 당연하게, 혹은 쉽고 예측할 수 있게 어떤 일이 생기는 것을 암시함.

'just like that!', 'Presto!')도 그렇다. 이 단어가 쓰인 역사를 보면 1965년 팻 쿠퍼Pat Cooper가 하던 코미디 대사의 녹음에서 시작해 신문기사, 텔레비전 뉴스 대본, 영화 〈대부 1〉의 대사("이렇게 바짝 다가가서 짜잔! 놈들의 뇌가 너의 멋진 아이비리그 양복 위에 온통 튀게 만들어야 해.")로 이어진다. 사전편찬자들은 또한 그럴듯한 어림짐작으로 어원("어원 불확실. 추정. 드럼 소리와 심벌즈 소리의 흉내. 추정. 참조. 이태리어 'bada bene', 잘 들어mark well.")을 제시하기도 한다.

영어에는 더 이상 과거에 존재했던 지리적 중심지 같은 것이 없다. 사람들의 담화라는 우주에는 항상 벽지가 있기 마련이다. 한 골짜기에서 쓰는 말이 다음 또 그다음 골짜기에서 쓰는 말과 다르다. 물론 지금이야 그렇게 따로 떨어져 있지는 않지만, 어느 때보다 골짜기들이 많은 것은 사실이다. 『옥스퍼드 영어사전』편찬자이자 상임 역사학자인 피터 길리버Peter Gilliver의 말을 들어보자. "우리는 언어를 듣습니다. 종이 쪼가리들에 모아서 언어를 들을 때는 괜찮습니다. 하지만 지금은 마치 모든 곳에서 말해진 모든 것을 들을 수 있을 것 같습니다. 부에노스아이레스 같은 비영어권에 사는 영어 사용자들을 생각해보세요. 이들이 쓰는 영어, 매일 서로에게 말하는 영어는 현지 스페인어에서 가져온 단어들로 가득합니다. 이 사람들은 이 단어들을 자신들의 개인 언어, 개인적 어휘의 일부로 여길 것입니다." 이제 이들은 채팅방과 블로그에서도 말할 수 있다. 따라서 새로운 단어를 만들어 쓰면 누구라도 들을 수 있다. 그러면 그 단어는 언어의 일부가 될 수도 있고, 안 될 수도 있다.

사전편찬자가 귀로 듣는 데 궁극적 한계가 있는지는 모르겠으나, 아직 이 한계를 확인한 사람은 아무도 없다. 우연히 만들어진 신조어들은 단 한 사람만 들을 수도 있다. 거품 상자를 지나는 원자 입자처럼 금세 사라질 수 있는 것이다. 하지만 많은 신조어들은 일정한 수준의 공유된 문화적 지식이 필요하다. 『옥스퍼드 영어사전』에 인용되지는 않았지만 특정 미국 텔레비전 프로그램을 본 시청자들의 공통된 경험이 없었다면 아마 'bada-bing'은 21세기 영어의 일부가 되지 못했을 것이다.

◎　◎　◎

전체 단어를 모아놓은 것(단어집)이 언어의 기호 집합을 이룬다. 어떤 면에서 어휘는 근본적인 기호 집합이다. 말하자면 단어는 모든 언어가 인정하는 첫 번째 의미 단위이다. 단어들은 보편적으로 인식된다. 하지만 달리 보면 전혀 근본적이지 않다. 의사소통이 진화함에 따라 언어의 메시지는 알파벳, 점과 선, 높은 북소리와 낮은 북소리 등 훨씬 작은 기호 집합으로 분할·구성·전송될 수 있다. 이 기호 집합들은 분절적이지만 어휘는 그렇지 않다. 더 너저분하고, 계속해서 증가하는 것이다. 사전학은 정확한 측정과는 거리가 먼 학문이다. 가장 방대하고 폭넓게 사용되는 언어인 영어는 대략 100만 개에 달하는 의미 단위를 가진 것으로 추정된다. 언어학자들은 자신들만의 특별한 측정 수단이 없다. 이들은 신조어의 추세를 정량화할 때 사전을 참고하는 경향이 있는데, 제아무리 최고의 사전이라고 해도 이를 책임지지는 않는다. 가장자리는 언제나 흐릿하다. 단어와 비단어 사이에는 분명한 선을 그을 수 없는 것이다.

따라서 할 수 있는 만큼 세는 것이다. 완전함이라는 허세를 부리지 않았던 로버트 코드리의 작은 단어집은 겨우 2,500개의 어휘만을 담았다. 우리는 1600년 무렵의 사전보다 더 완전한 영어사전을 갖고 있다.[25] 『옥스퍼드 영어사전』 일부가 당시 통용되던 단어들을 포함하고 있는 것이다. 16세기 자료들이 끝없이 발굴되면서 6만 개에 달하는 어휘는 계속 늘어나고 있다. 하지만 400년 후에 사용되는 단어들에 비하면 새 발의 피에 불과하다. 어떻게 6만 개에서 100만 개로 폭발적인 증가가 일어났는지 간단하게 설명하기는 힘들다. 물론 지금 이름을 붙여야 할 것들의 대다수는 아직 존재하지 않았다. 또한 존재하는 것들 대다수가 사람들에게 인식되지도 못한 상태였다. 1600년에는 '트랜지스터', '나노박테리아', '웹캠', '비만치료제' 같은 단어들이 필요하지 않았다. 성장은 때로 유사분열을 통해 이뤄진다. 이를테면 기타는 전자기타와 통기타로 나뉜다. 다른 단어들은 미묘한 어감의 차이에 따라 나뉜다(『옥스퍼드 영어사전』은 2007년 3월 단순한 오기가 아니라 우스운 효과를 내기 위해 의도된 것으로 보고 'pervert'의 한 형태로 'prevert'를 새로 등재했다). 새로운 단어들 중에는 이에 대응하는 실제 세계의 변화 없이 등장하는 신조어들도 있다. 이 단어들은 보편적 정보라는 용매 안에서 결정화된다.

과연 'mondegreen'(몬드그린)은 무엇일까? mondegreen은 "이끌어 주소서, 아 변태 거북이여Lead on, O kinky turtle"로 들리는 찬송가 구절(Lead on, O King Eternal)처럼 잘못 들은 가사를 뜻한다. 단어의 흔적을 파헤치던 『옥스퍼드 영어사전』은 1954년 실비아 라이트Sylvia Wright가 《하퍼스 매거진Harper's Magazine》에 실은 에세이를 처음으로 인용했다. 내용은 이렇다. "아직 마땅한 단어가 없기 때문에 지금부터 이것들을 '몬드그린 mondegreen'이라고 부르겠다."[26] 실비아 라이트가 이 단어를 어떻게 설명했는지 보자.

어렸을 때 어머니는 『퍼시의 유물들Percy's Reliques』을 큰 목소리로 읽어주었다. 기억하기로 내가 좋아하던 시는 이렇게 시작했다.

Ye Highlands and ye Lowlands,

너 높은 땅 그리고 너 낮은 땅이여,

Oh, where hae ye been?

아, 너희들은 어디에 있었느냐?

They hae slain the Earl Amurray,

그들이 얼 애머레이를 죽여

And Lady Mondegreen

그리고 몬드그린 부인

(시의 원래 구절은 '초원에 눕혔네And hae laid him on the green'이다_옮
긴이)

그리하여 단어 몬드그린은 한동안 그렇게 누워 있었다. 25년 후, 윌
리엄 새파이어William Safire는 《뉴욕 타임스 매거진The New York Times Magazine》
에 언어에 대한 칼럼을 기고하면서 이 단어를 논했다. 이로부터 15년
후에는 스티븐 핑커Steven Pinker가 『언어 본능』에서 "A girl with colitis
goes by(실제 구절은 A girl with kaleidoscope eyes)"와 "Gladly the
cross-eyed bear(실제 구절은 Gladly the cross I'd bear)"라는 두 가지 사
례를 제시하면서 이렇게 지적한다. "몬드그린의 흥미로운 점은 잘못
들은 내용이 의도한 가사보다 대체로 말이 '덜' 된다는 것이다."[27] 하지
만 단어 몬드그린에 생명을 불어넣은 것은 책이나 잡지가 아니라 수천
개의 사례를 모아놓은 인터넷 사이트였다. 몬드그린은 2004년 6월 『옥
스퍼드 영어사전』에 등재되었다.
　'몬드그린'은 본질적으로 현대적인 트랜지스터 같은 것은 아니다. 몬

드그린의 현대성을 설명하기는 더 어렵다. 노래, 단어, 불완전한 이해 같은 요소들은 문명만큼이나 오래되었다. 하지만 '몬드그린'이 문화 속에서 부상하고 사전에 등재되기 위해서는 새로운 것이 필요했다. 바로 현대적 수준의 언어적 자의식과 상호연결성이다. 사람들이 가사를 한두 번 잘못 듣는 게 아니라 논의할 만한 가치가 있을 정도로 수없이 잘못 들어야 한다. 이런 인식을 공유할 다른 사람들이 필요한 것이다. 아주 최근까지도 '몬드그린'은 다른 수많은 문화적 혹은 심리적 현상과 마찬가지로 이름을 붙일 필요가 없는 대상이었다. 어차피 노래 자체가 그다지 흔하지 않아서 엘리베이터나 휴대전화에서 들을 수 없었다. 노랫말을 뜻하는 '가사'라는 단어는 19세기 전에는 존재하지도 않았다. '몬드그린'이라는 단어가 만들어지기 위한 여건이 성숙하기까지 오랜 시간이 걸렸던 것이다. 현재 "심리학적 수단을 사용해 자신의 정신이 온전한지를 묻도록 사람을 조종한다"라는 뜻으로 쓰이는 '가스등하다 to gaslight'도 마찬가지이다. 이런 단어가 가능한 이유는 충분히 많은 사람들이 1944년에 나온 영화 〈가스등〉을 봤고, 이 말을 듣는 사람도 그 영화를 봤을 것이라고 가정할 수 있기 때문이다. 코드리가 말했던 언어에서는 (결국은 풍부하고 비옥한 셰익스피어의 언어였던) '가스등하다'와 같은 단어의 쓰임새를 찾을 수 없었던 것은 아닐까? 당연히 아니다. 당시에는 가스등과 영화에 필요한 기술이 아직 발명되지 않았기 때문이다.

어휘는 상호연결성에서 나오는 공유된 경험을 측정할 수 있는 척도이다. 4세기 만에 영어 인구가 500만 명에서 10억 명으로 늘어났지만, 언어 사용자의 수는 방정식에서 첫 번째 항일 뿐이다. 결정적인 요소는 이 언어 사용자들 사이에 형성된 연결망의 개수이다. 수학자들은 메시지 전송이 기하급수적geometrically이 아니라 조합적으로combinatorially

훨씬 빠르게 증가한다고 말할지도 모른다. 길리버의 말을 들어보자. "마치 불 위에 올려놓은 소스 냄비와 같다고 생각합니다. 영어권의 상호연결성 때문에 어떤 단어라도 주변부 벽지에서 튀어나올 수 있습니다. 물론 여전히 주변부이기는 하지만 이들은 일상적 대화에 즉시 연결되어 있습니다." 인터넷은 이전의 인쇄기, 전신기, 전화기처럼 그저 정보 전달 방식을 바꿈으로써 언어를 변화시키고 있다. 사이버공간이 이전의 모든 정보기술과 다른 점은 규모가 크든 작든 간에 차별 없이 뒤섞고, 수백만 명에게 퍼트리고, 소규모 집단에 내보내며, 일대일 채팅을 하게 만든다는 것이다.

이는 연산기계의 발명이 낳은 예상 밖의 결과였다. 처음에 연산기계는 수數와 관련된 것으로 여겨졌다.

제4장 생각의 힘을 기어 장치에

—

보라,
황홀경에 빠진 산술가를!

거의 태양광에 가까운 빛이 물고기 찌꺼기에서 추출되고,
데이비 안전등lamp of Davy에 의해 불이 샅샅이 드러났다.
그리고 기계는 시학이 아닌 산술을 배웠다.[1]
—

찰스 배비지(1832)

찰스 배비지Charles Babbage의 명민함을 의심하는 사람은 아무도 없었다. 하지만 오랫동안 종횡무진 했던 그의 천재성을 제대로 이해한 사람도 없었다. 무엇을 이루고자 했던 것일까? 또 정확한 직업은 무엇이었을까? 1871년 배비지가 런던에서 죽자 《타임스》는 부고기사를 내고 "독창적인 사상가들 중에서도 단연 활발하고 독창적이었던 사람"으로 소개했지만,[2] 오랫동안 거리의 음악가들과 풍각쟁이에 맞서 괴팍한 배척활동을 해 유명했던 사람으로 여기는 것처럼 보였다. 배비지는 개의치 않았을 것이다. 오히려 자신이 다채로운 면모를 지녔다는 점을 자랑스럽게 여겼다. 미국의 한 예찬자는 이렇게 말했다. "사물의 원리를 탐구하고자 하는 열망이 아주 대단한 사람이었다. 장난감이 어떻게 작동하는지 보려고 장난감을 해체했다."[3] 배비지는 증기시대 혹은 기계시대로 자칭하던 당대에 그리 들어맞는 사람은 아니었다. 증기와 기계를 어떻게 활용할지에 몰두하고, 자신을 철저한 현대인으로 평가했지만, 또한 암호해독, 자물쇠 따기, 등대, 나이테, 우편처럼 1세기 후에나 그 논리가 명확해진 다양한 분야 연구를 취미로 삼았다. 우편의 경제성을 연구하던 배비지는 종이 뭉치의 물리적 운송이 아니라 거리를 계산하고 정확한 요금을 징수하는 일 등 '확인' 작업에서 상당한 비용이 발생한다는 반직관적 통찰을 좇아 표준요율이라는 현대적인 아이디어를 떠올렸다. 또한 "노를 젓는 노동이 아니라 보다 지적인 항해술"[4]로서 뱃놀이를 즐겼다. 기차광이기도 했다. 잉크가 묻은 펜을 이용해 약 300미터 길이의 종이에 그래프를 그리면서 열차의 속도와 운행경로의 모든 충격과 흔들림을 기록하는 진동계와 속도계를 결합한 일종의 운행 기록 장치를 발명하기도 했다.

젊은 시절 영국 북부의 한 여관에 들렀다가 다른 여행자들이 그의 직업을 놓고 옥신각신했다는 이야기를 듣고는 즐거워했다는 일화가 있다.

이야기를 전해준 사람이 말했다. "구석에 앉은 저 키 큰 남자는 당신이 기계 쪽 일을 할 것이라고 주장했고, 저녁식사 때 당신 옆에 앉았던 풍풍한 남자는 당신이 틀림없이 주류 쪽 일을 할 것이라고 했어요. 다른 사람은 둘 다 잘못 짚었다면서 당신이 솜씨 좋은 제철업자를 찾고 있다고 말했어요."[5]
내가 그 남자에게 말했다. "글쎄요, 당신이 그 사람들보다 내 직업을 더 잘 알고 있을 것 같군요." 그러자 남자가 말했다.
"맞아요, 당신은 노팅엄 레이스Nottingham lace 장사를 하는 게 틀림없어요."

말하자면 직업 수학자라고 할 수 있겠지만, 당시는 최고의 기계 공구를 찾아서 전국의 공장과 제작소들을 돌아다니고 있던 차였다. 배비지는 이렇게 말한다. "여가를 즐기는 사람에게 자국의 공장들을 탐방하는 것보다 더 흥미롭고 교육적인 일은 드물다. 거기에는 부유한 사람들이 흔히 간과하는 지식의 풍부한 광맥이 있다."[6] 배비지는 자신이 말한 지식의 광맥을 찾아다니며 노팅엄 레이스 제조 전문가가 되기도 하고, 석회석 채석장에서 화약을 쓰는 법, 다이아몬드로 유리를 정밀하게 자르는 법, 그리고 전력 생산, 시간 절약, 신호 교환 등 알려진 모든 기계 사용법을 익혔다. 유압 프레스, 에어 펌프, 가스 미터, 나사 절삭 선반을 분석했다. 여행이 끝날 무렵에는 핀 제조라면 영국에서 둘째가라면 서러워할 정도로 자세히 알았다. 알고 있는 지식도 실용적이고 체계적이었다. 이를테면 450그램의 핀을 만들려면 최소 7시간 30분 동안 10명의 노동자들이 철사를 뽑고, 곧게 만들고, 뾰족하게 깎고, 나선 코일을 꼬아서 머리 부분을 자르고, 주석을 입히거나 희게 칠하고, 마지막으로 종이에 싸야 한다고 추정했다. 배비지는 100만 분의 1페니 단위로 각 공정에 소요되는 비용을 계산해냈다.[7] 그러고는 마침내 완벽해진 이 공정이 최후의 날에 이르렀다고 말했다. 한 미국인이 같은 일을 더 빨리 수행하는 자동 기계를 발명했기 때문이었다.

배비지는 자신만의 기계를 만들었다. 황동과 백랍으로 만들어 번쩍이는 이 거대한 기관은 수천 개의 크랭크와 로터, 톱니바퀴와 기어 모두가 극도로 정교하게 결합되어 있었다. 배비지는 이 기계를 개선하는 데 오랜 세월을 보냈다. 물론 개선 작업은 모두 마음속에서 형태를 바꿔가며 이뤄졌다. 그 어느 곳에서도 성취할 수 없는 것이었다. 그래서 이 기관은 발명 연감에서 극단적이고 특이한 위치를 차지했다. 말하자면 실패작인 동시에 인류의 위대한 지적 성취 중 하나였던 것이다. "국가적 자산으로 삼기 위해 국가 예산을 들인"[8] 이 산학프로젝트는 의회가 1,500파운드의 지출을 승인한 1823년부터 시작해 수상이 중단시킨 1842년까지 20년 가까이 재무부에서 자금을 지원받아 거대 규모로 진행되었지만 결국 실패했다. 이후 배비지의 기관은 잊혔다. 발명의 계보에서 사라진 것이다. 하지만 훨씬 이후에 재발견되었고, 뒤늦게 영향력을 발휘하면서 과거로부터 온 봉화처럼 빛을 발했다.

배비지의 기계는 영국 북부를 여행하면서 연구했던 직기, 가열로, 못 제조기, 유리 제조기처럼 특정한 물품을 대량으로 생산하기 위해 만든 것이었다. 바로 숫자였다. 이로써 이 기관은 구체적 물질세계에서 순수한 추상의 세계로 넘어가는 통로를 열었다. 원자재도 들어가지 않았다. 투입물과 산출물이 아무 무게를 지니지 않았다. 다만 기어를 돌리는 데 상당한 힘이 필요할 뿐이었다. 모든 톱니바퀴 장치는 방 하나를 채울 만큼 컸으며, 무게가 수 톤에 달했다. 배비지가 구상한 것처럼 숫자를 생산하려면 당시 쓸 수 있는 기술을 모두 사용해야 할 정도로 기계적으로 복잡했다. 핀 만드는 일은 숫자 만드는 일에 비하면 누워서 떡 먹기였다.

당연히 사람들은 수數를 제품처럼 생각하지 않았다. 수는 머릿속에 혹은 정신적 추상화 속에, 완벽한 무한성 속에 존재하는 것이었다. 어떤 기계도 이런 세계에 수를 더할 수는 없었다. 하지만 배비지 기관이 만들어내는 수는 의미를 지닌 수였다. 이를테면 2.096910013은 125의 로그logarithm로서 의미를 지닌다('모든' 수가 의미를 지니는지 여부는 다음 세기에 풀어야 할 수수께끼였다). 한 수의 의미는 다른 수와의 관계 혹은 특정한 산술적 문제에 대한 답으로 표현할 수 있다. 배비지 자신은 의미에 대해 말하지는 않았다. 수를 입력하면 다른 수가 출력되는, 혹은 좀 색다르게 표현하면 기관에 질문을 넣으면 답을 기대할 수 있다는 식으로 자신의 기계를 실용적으로 설명하려고 애썼다. 어찌 됐든 간에 사람들에게 요점을 이해시키기는 힘들었다. 배비지는 이렇게 불평했다.

> "배비지 씨, 그 기계에 잘못된 수를 입력해도 올바른 답이 나옵니까?" 이런 질문을 두 번이나 받았다. 상원의원이 한 번, 하원의원이 다시 한 번 이런 질문을 했다. 어떻게 이해했기에 이런 의문을 가질 수 있는지 도무지 알 수 없다.'

어쨌든 그 기계는 수학적 해답을 구하려고 멀리서 찾아온 사람들이 조언을 구할 신탁 같은 것은 아니었다. 수를 대량으로 찍어내는 것이 주 임무였다. 산술적 사실들을 표로 만들고 이를 책으로 묶어 갖고 다닐 수 있게 하는 것이었다.

배비지는 세상이 이런 산술적 사실들로 구성되어 있다고 보았다. 이 사실들은 "자연과 예술의 상수常數"였다. 따라서 어딜 가나 이런 사실들을 모았다. 돼지와 소의 호흡과 심장 박동을 재어 '포유동물의 상수표'[10]를 만들고, 생명보험이라는 당시로서는 다소 수상한 사업을 위해 기대수명표를 만드는 통계적 수단을 발명했다. 아마포, 캘리코calico, 난징포, 모슬린muslin, 실크사, '누에 베일caterpillar veils' 등 다양한 직물의 평방야드당 트로이그레인(영국의 금형 단위로 1트로이그레인은 약 0.065그램이다_옮긴이) 표를 만들었다. 영어, 프랑스어, 이탈리아어, 독일어, 라틴어를 대상으로 이중 철자 조합의 상대적 빈도를 보여주는 표도 만들었다. 유리창이 깨지는 이유를 조사하고 계산해 464가지로 분류하고 상대적 빈도표를 만들기도 했다. 그중 14가지 이상의 이유는 "술 취한 남성이나 여성 혹은 소년들"과 관련된 것이었다. 하지만 배비지에게 가장 중요한 표는 가장 순수한 표였다. 다시 말해 추상적으로 인식할 수 있는 패턴, 우아하게 오와 열에 맞춰 가로세로로 깔끔하게 늘어서 있는 숫자들, 그 숫자들만으로 이뤄진 표였다.

숫자책. 정보기술의 모든 종種 중에서 이만큼 특이하고 강력한 것이 또 있을까? 1762년 엘리 드 용쿠르Élie de Joncourt는 이렇게 썼다. "보라! 황홀경에 빠진 산술가를! 브뤼셀 레이스도, 육두마차도 원하지 않고 쉽게 만족하네."[11] 용쿠르는 1만 9,999개의 첫 삼각수를 기록한 작은 4절판 책자를 만듦으로써 나름의 기여를 했다. 책은 정확성과 완벽성 그리고 정밀한 계산이 필요한 사람들에겐 보물 상자나 다름없었다. 이 수들은 대단히 간단해서 1, 3(=1+2), 6(=1+2+3), 10(=1+2+3+4), 15,

21, 28, …처럼 첫 n개의 정수들을 더하기만 하면 구할 수 있었다. 피타고라스 이후 수 이론가들의 관심을 끌었던 수였다. 거의 쓸모는 없었지만 용쿠르는 이 수를 책으로 엮는 일의 즐거움을 노래했으며, 배비지는 거기에 절절하게 공감하며 용쿠르의 말을 인용했다. "숫자는 세속적인 눈에는 보이지 않으며, 오직 성실하고 겸손한 학문의 아들들만이 발견할 수 있는 수많은 매력을 지녔다. 숫자를 생각하다 보면 달콤한 기쁨을 얻을 수 있다."

숫자표는 인쇄시대가 시작되기 전부터 책 산업의 한 축을 차지했다. '알고리즘algorithm'이라는 단어에 자신의 이름을 남긴 아부 압둘라 모함마드 이븐 무사 알-콰리즈미Abu Abdullah Mohammad Ibn Musa al-Khwarizmi는 9세기 바그다드에서 활동하면서 삼각함수표를 만들었다. 이 표는 수백 년동안 필사와 수제작을 통해 서쪽으로는 유럽, 동쪽으로는 중국까지 퍼져나갔다. 인쇄술이 등장하면서 숫자표는 날개를 달았다. 있는 자료그대로를 대량생산하는 데 숫자표가 우선 적용되는 것은 당연했다. 계산을 해야 하는 사람들을 위해 곱셈표는 $10 \times 1,000$에서 $10 \times 10,000$으로 나중에는 $1,000 \times 1,000$까지 점점 더 범위를 넓혀갔다. 이 밖에 제곱표, 세제곱표, 제곱근표, 역수표도 만들어졌다. 숫자표의 초기 형태는 하늘을 관측하는 사람들을 위해 해와 달 그리고 행성들의 위치를 기록한 천체력 혹은 책력이었다. 숫자책의 유용성을 발견한 이들은 상인들이었다. 1582년 시몬 스테빈Simon Stevin은 은행가와 고리대금업자들이 쓸 수 있도록 이자표를 정리한 「이자 계산표Tafelen van Interest」를 만들었다. 스테빈은 "점성술사, 토지 측량사, 양탄자 및 와인통 계측사, 체적 측정사 그리고 대개는 조폐사와 상인들 모두"[12]에게 새로운 십진산을 홍보하고 다녔다. 여기에 항해사도 넣었을지도 모른다. 인도로 항해를 나선 콜럼버스는 항해 보조 수단으로 레기오몬타누스Regiomontanus

가 만든 도표책을 들고 갔는데, 이 책은 유럽에서 주조 활자가 발명된 지 20년 후 뉘른베르크에서 인쇄된 것이었다.

용쿠르의 삼각수표는 이런 표들보다 더 순수했다. 그런 면에서 또 쓸모없는 것이기도 했다. 모든 임의의 삼각수는 하나의 알고리즘, 즉 n에 $n+1$을 곱한 후 2로 나누면 쉽게 구할 수(혹은 만들 수) 있다. 따라서 용쿠르가 만든 전체 명세표는(저장하고 전달할 수 있는 정보 묶음이다) 공식 한 줄로 금세 줄어든다. 이 공식은 모든 정보를 담고 있다. 이것이 있으면 간단한 곱셈을 할 수 있는 사람이라면(과거에는 많지 않았다) 누구나 필요에 따라 어떤 삼각수라도 만들 수 있었다. 용쿠르도 알던 바였다. 그럼에도 용쿠르와 헤이그의 출판업자 M. 허슨Husson은 한 페이지에 세 쌍의 열이 있고, 1(1)부터 19,999(199,990,000)까지 각 쌍의 열에 30개의 정수와 그에 호응하는 삼각수를 나열한 표를 금속활자로 인쇄하는 것이 가치 있는 일이라고 생각했다. 식자공은 모든 숫자를 일일이 활자판에서 골라서 조판 상자에 정렬한 다음 철제 틀에 넣어 인쇄기에 놓았다.

왜 그랬을까? 숫자표 제작자들은 자신들이 하는 일에 애착과 열정이 있었을 뿐만 아니라, 숫자표가 경제적으로도 가치가 있다고 생각했다. 의식적이든 그렇지 않든 간에 이들은 이 특별한 자료를 계산하는 데 들어가는 노고와 책에서 찾아보는 것을 비교해 값어치를 평가했다. 대체로 그때그때 계산하는 것보다는 사전 계산 더하기 데이터 저장 더하기 데이터 전달이 싸게 먹혔다. '컴퓨터computer' 또는 '캘큘레이터 calculator'로 불리는 계산원들이 있기는 했다. 하지만 이들은 전문기술을 가진 사람들이었으며, 연산하는 데 전체적으로 비용이 많이 들었다.

영국 경도심사국Board of Longitude은 1767년부터 해마다 해, 달, 항성, 행성, 목성의 위성들의 위치표를 담은 『항해력Nautical Almanac』을 펴냈다.

이때부터 50년 동안 항해력은 연산자들(모두 재택 근무하는 34명의 남자와 슈롭셔Shropshire의 루들로Ludlow에 사는 메리 에드워즈Mary Edwards라는 여성 한 명으로 이뤄진[13]) 네트워크를 꾸려 만들었다. 힘겨운 노동의 대가는 1년에 70파운드였다. 연산은 가내수공업으로 이뤄졌다. 약간의 수학적 감각이 필요했지만 특별히 창의성이 필요하지는 않았다. 각각의 계산 유형에 대해 단계별로 규칙이 정해져 있었기 때문이다. 그래도 인간인지라 연산자들은 실수를 했다. 따라서 실수를 방지하기 위해 종종 같은 작업이 두 번 위탁되었다(불행하게도 연산자들은 인간답게 때로 서로의 작업을 베낌으로써 수고를 덜었다). 프로젝트의 정보 흐름을 관리하기 위해 천체력 비교관 겸 검산 교정관Comparer of the Ephemeris and Corrector of the Proofs이 고용되었다. 연산자들과 비교관 사이의 의사소통은 인편이나 파발꾼이 편지를 전달하는 식으로 이뤄졌다. 그래서 연락할 때마다 며칠이 걸렸다.

17세기에 나온 발명품이 전체 사업을 촉발시켰다. 이 발명품 자체가 하나의 수였다. 바로 '로그'였다. 로그는 도구로 사용되는 수였다. 헨리 브리그스Henry Briggs의 설명을 들어보자.

> 로그는 산술과 기하학에서 계산을 더 쉽게 만들기 위해 발명된 수이다. 로그라는 이름은 비율을 뜻하는 '로고스logos'와 수를 뜻하는 '아리스모스arithmos'를 합친 것에서 나왔다. 산술에서 로그를 활용하면 모든 까다로운 곱셈과 나눗셈을 피하고, 곱셈을 덧셈으로, 나눗셈을 뺄셈으로 대체할 수 있다.[14]

1614년, 당시 브리그스는 후에 왕립학회의 발상지가 된 런던 그레셤대학Gresham College의 기하학 교수(최초의 기하학 교수)였다. 로그표도 없이 이미 『방위각에 따른 극의 고도표A Table to find the Height of the Pole, the Magnetic Declination being given』와 『항법 개선을 위한 표Tables for the Improvement of Navigation』라는 두 권의 책을 쓴 사람이었다. 그 무렵 에든버러Edinburgh에 서는 "지금까지 수학 계산에 있었던 모든 어려움을 없애준다"[15]라고 약 속하는 책이 나왔다.

> 친애하는 수학자들이 계산을 할 때 큰 수의 곱셈, 나눗셈, 제곱, 세 제곱을 구하는 일보다 더 까다로우며, 계산자를 괴롭히고 힘들게 하는 일은 없다. 지리멸렬하게 시간을 잡아먹을 뿐만 아니라 대개 많은 실수가 발생한다.

이 새로운 책은 시간 낭비와 실수를 대부분 줄여주는 방법을 제안 했다. 마치 암흑세계에 떨어진 전등과 같았다. 책을 쓴 사람은 머치스 턴Merchiston 성의 8대 영주로서 신학자이자 유명한 점성가이며 수학을 취미로 삼던 부유한 스코틀랜드인, 존 네이피어John Napier(혹은 Napper, Nepair, Naper, Neper)였다. 흥분에 들뜬 브리그스는 이렇게 썼다. "마 킨스턴Markinston의 영주인 네이퍼Naper가 저를 안절부절못하게 만들었습 니다. 사정이 허락한다면 올 여름에 그를 만나고 싶습니다. 이렇게 반 갑고 놀라운 책은 한 번도 본 적이 없기 때문입니다."[16] 브리그스는 스 코틀랜드로 성지순례를 갔고 (나중에 기록한 바에 따르면) 이들의 첫 만 남은 25분 동안의 침묵으로 시작되었다. 둘은 "말 한마디 없이 서로를 감탄의 눈길로 바라볼 뿐이었다".[17]

침묵을 깬 것은 브리그스였다. "영주님, 저는 영주님을 직접 뵙고 대 체 지력과 재주가 얼마나 뛰어나기에 천문학에 이토록 획기적으로 기 여한 로그를 처음으로 생각하게 되셨는지 알고 싶어 이 먼 길을 달려

왔습니다. 영주님, 영주님께서 발견하신바, 저는 이제껏 누구도 이토록 쉬운 방법을 찾아내지 못했다는 것이 놀라울 따름입니다." 브리그스는 영주와 함께 공부하며 몇 주 동안 머물렀다.

로그를 지금 식으로 표현하면 지수라 할 수 있다. 학생들은 10을 밑으로 한 100의 로그는 2라고 배운다. $100=10^2$이기 때문이다. 1,000,000의 로그는 6이다. 6은 $1,000,000=10^6$이라는 식에서 멱지수이기 때문이다. 이 두 수를 곱하려면 로그를 더하기만 하면 된다. 이를테면 $100 \times 1,000,000=10^2 \times 10^6=10^{(2+6)}$이다. 곱셈보다는 찾아보고 더하는 것이 훨씬 쉽다.

하지만 네이피어는 자신의 생각을 이런 식으로 지수를 이용해 나타내지 않았다. 문제를 직관적으로 이해했던 것이다. 네이피어는 차와 비의 관계를 이용해서 생각했다. 0, 1, 2, 3, 4, 5, …처럼 일정한 차이로 이어진 숫자는 등차수열을 이룬다. 반면 1, 2, 4, 8, 16, 32, …처럼 일정한 비율로 이어진 숫자는 등비수열을 이룬다. 이 두 수열을 나란히 두면 초보적인 로그표가 나온다.

    0 1 2 3 4 5   …   (밑이 2인 로그)
    1 2 4 8 16 32   …   (정수)

이 로그표를 초보적이라 한 이유는 정수 지수는 쉽게 얻을 수 있기 때문이다. 로그표가 유용하려면 소수점 아랫자리까지 정확하게 표시되어 빈틈을 메워야만 한다.

네이피어는 마음속에서 유비를 생각하고 있었다. 차분과 비율의 관계는 덧셈과 곱셈의 관계와 같다. 사유는 한 지평에서 다른 지평으로, 공간적 관계에서 순수한 숫자로 넘어갔다. 네이피어는 이 두 기수법을 나란히 배열함으로써 계산자에게 곱셈을 덧셈으로 전환하는 실용적 수단을 준 것이다. 사실상 힘겨운 계산을 쉬운 일로 바꾼 것이다. 어떤 의미에서 이 수단은 일종의 번역 내지 인코딩encoding이다. 정수는 로그로 인코딩된다. 계산자는 암호를 표, 말하자면 코드북에서 찾는다. 이러한 새로운 언어는 계산을 쉽게 한다. 곱셈 대신 덧셈으로 혹은 거듭제곱 대신 곱셈으로 할 수 있기 때문이다. 작업이 끝나면 결과는 다시 정수의 언어로 바꿀 수 있다. 물론 네이피어는 인코딩 개념으로 사고할 수 없었다.

브리그스는 『로그 산술Logarithmicall Arithmetike』을 쓰면서 필요한 수열을 개정·확장하고 실용적 응용사례를 가득 넣었다. 로그 외에도 연도별 태양의 적위표, 경도와 위도를 활용한 거리 측정법, 적위와 극까지의 거리, 그리고 적경right ascension을 포함한 성좌도를 그려 넣었다. 이들 중 일부는 책으로 쓰인 적이 한 번도 없는 것도 있었고, '극성Pole Starre', '안드로메다의 띠girdle of Andromeda', '고래자리의 배Whales Bellie', '하프자리에서 가장 밝은 별the brightest in the harpe', '큰곰자리의 엉덩이 옆 꼬리의 첫 별the first in the great Beares taile next her rump'처럼 좀 비공식적인 별 이름에서도 알 수 있듯이 구전되다가 활자로 옮겨진 것도 있었다.[18] 또한 브리그스는 금융 문제와 관련해서 기간별 이자계산법을 넣기도 했다. 이 새로운 기술은 중대한 분기점이었다. "여기서 로그가 발견되기 전까지 100 파운드를 연 8, 9, 10 등의 이율로 하루 동안 빌리는 일이 거의 없었다는 점도 지적할 수 있다. 제곱근 구하는 일이 너무 힘들어서, 거기에 머리를 쓰느니 차라리 이율 계산을 안 하느니만 못했기 때문이다."[19] 지식은 가치가 있었고, 이를 찾는 데 비용이 들었으며, 이 둘을 각각 계산하고 비교할 필요가 있다.

이 흥미로운 발견도 요하네스 케플러Johannes Kepler에 닿기까지는 몇

정수	로그(밑 2)
1	0
2	1
3	1.5850
4	2
5	2.3219
6	2.5850
7	2.8074
8	3
9	3.1699
10	3.3219
11	3.4594
12	3.5850
13	3.7004
14	3.8074
15	3.9069
16	4
17	4.0875
18	4.1699
19	4.2479
20	4.3219
21	4.3923
22	4.4594
23	4.5236
24	4.5850
25	4.6439
26	4.7004
27	4.7549
28	4.8074
29	4.8580
30	4.9069
31	4.9542
32	5
33	5.0444
34	5.0875
35	5.1293
36	5.1699
37	5.2095
38	5.2479
39	5.2854
40	5.3219
41	5.3576
42	5.3923
43	5.4263
44	5.4594
45	5.4919
46	5.5236
47	5.5546
48	5.5850
49	5.6147
50	5.6439

년이 걸렸다. 케플러로 말하자면 1627년 우여곡절 끝에 얻은 티코 브라헤의 자료를 가지고 로그를 활용하여 천문표를 완벽하게 만든 사람이었다. 케플러는 친구에게 이렇게 썼다. "이름은 까먹었네만 스코틀랜드의 한 귀족이 등장해 모든 곱셈과 나눗셈을 덧셈과 뺄셈으로 대신할 수 있게 해주는 엄청난 일을 했다네."[20] 케플러의 표는 중세시대 선배들이 만든 어떤 표들보다도 훨씬 더 정확했다. 이런 정확도로 인해 행성들이 타원궤도를 따라 태양 주위를 도는 조화로운 태양계라는 완전히 새로운 세계가 가능했던 것이다. 이후 전자기기가 등장할 때까지 대부분의 연산은 로그를 써서 했다.[21] 케플러의 스승은 "수학 교수라는 사람이 단지 계산이 쉬워졌다고 해서 애들처럼 기뻐하는 것은 적절하지 않다"[22]라고 나무랐지만, 기뻐하지 못할 이유가 어디 있을까? 수 세기 동안 수학자들은 계산에 로그를 쓰면서 환희를 맛보았다. 네이피어와 브리그스, 케플러와 배비지는 자신들의 목록을 만들고, 비율과 비례의 탑을 쌓고, 숫자들을 다른 숫자들로 변환하는 메커니즘을 완성했다. 그리고 전

세계의 상업은 이들의 환희가 정당함을 입증했다.

◎　◉　◎

찰스 배비지는 뉴턴과 함께 시작된 세기가 끝날 무렵인 1791년 12
월 26일 태어났다. 집은 서리Surrey 주 월워스Walworth의 템스 강 남쪽에
있었다. 아이 걸음으로도 30분이면 넉넉히 런던브리지London Bridge에 갈
만한 거리였지만, 시골티가 역력한 동네였다. 아버지는 은행가였고,
할아버지와 증조할아버지는 금 세공인이었다. 배비지의 유년 시절 런
던은 어딜 가나 기계시대의 꽃이 활짝 핀 것을 느낄 수 있었다. 새로운
부류의 기획자들이 등장해 전시회에서 기계들을 선보였다. 개중에서
사람들의 이목을 가장 많이 끈 것은 바퀴와 기어로 만들어져 생물 자
체를 흉내 내는 정교하고 섬세한 자동인형 혹은 기계인형이었다. 배비
지가 어머니와 함께 간 곳은 하노버 광장에 있는 존 멀린 기계박물관
이었다. 그곳은 태엽장치와 오르골이 가득했는데, 가장 흥미로운 것은
생물체 모형이었다. 숨겨진 모터와 캠으로 움직이는 금속 백조 한 마
리가 금속 고기를 잡으려고 목을 숙였다. 배비지는 장인의 다락방에서
한 쌍의 나체 무희 인형을 보았다. 실물 크기 5분의 1에 은으로 만들어
진 이 인형은 미끄러지듯 나아가 절을 했다. 이 인형을 만든 늙은 멀린
은 수년 동안 직접 공을 들인 이 기계들을 가장 좋아하며, 아직 완성되
지 않았다고 말했다. 그중 한 인형은 우아함과 살아 있는 듯한 느낌으
로 배비지에게 특히 강한 인상을 줬다. 배비지는 이렇게 회고했다. "이
여인은 실로 놀라운 자태를 뽐냈다. 인형의 눈은 상상력으로 가득했으
며, 뇌쇄적이었다."[23] 실제로 40대 무렵 배비지는 경매장에서 멀린의
은 인형을 발견하고 35파운드에 사들였다. 그러고는 따로 맞춘 멋진

옷을 입히고 집 안에 전시대를 마련해 고이 모셔두었다.[24]

한편 기계 계통과는 상당히 거리가 멀어 보이는 수학을 좋아했던 소년 배비지는 닥치는 대로 수학책을 구해 혼자 조금씩 공부했다. 1810년 배비지는 뉴턴의 구역이자 영국 수학의 정신적 중심지인 케임브리지 트리니티칼리지Trinity College에 입학한다. 하지만 곧 실망하고 말았다. 최신 주제들은 이미 교수들보다 더 많이 알았고, 정작 알고 싶은 것들은 배울 수 없었기 때문이다. 아마 영국 어디에도 없었을 것이다. 배비지는 외서를 구해 읽기 시작했다. 특히 나폴레옹의 지휘 아래 영국과 전쟁을 벌이고 있던 프랑스의 책들이었다. 배비지는 런던의 전문 서적상을 통해 라그랑주Lagrange의 『해석 함수론Théorie des fonctions analytiques』과 「라크루아Lacroix의 명저 『미적분법Differential and Integral Calculus』」을 구했다.[25]

배비지가 옳았다. 케임브리지에서 수학은 정체되어 있었다. 1세기 전 뉴턴은 케임브리지대학의 역대 두 번째 수학교수가 됐고, 수학의 모든 힘과 위신은 그가 남긴 유산에서 나온 것이었다. 이제 뉴턴의 거대한 그림자는 영국 수학계에 저주로 남아 있었다. 가장 우수한 학생들은 뉴턴이 내놓은 위대한, 또 난해한 "유율fluxions"(뉴턴이 개발한 미분 방법_옮긴이)과 『프린키피아Principia』에 제시된 기하학적 증명들을 배웠다. 구식 기하학 방법은 뉴턴에게나 의미가 있었지 다른 사람들에게는 짜증만 불러일으킬 뿐이었다. 뉴턴의 독특한 계산 공식은 후학들에게 별다른 도움을 주지 못했다. 이들은 갈수록 고립되었다. 19세기 한 수학자는 이렇게 말했다. 영국 학계가 "혁신하려는 모든 시도를 뉴턴의 명성에 누를 끼치는 것으로 여겼다".[26] 현대 수학의 최신 흐름을 접하려면 학생들은 다른 곳으로, 다른 대륙으로, 다른 '해석analysis'으로, 뉴턴의 경쟁자이자 숙적인 라이프니츠가 발명한 미분의 언어로 눈길을 돌려야 했다. 근본적으로 계산법은 오직 한 가지였다. 뉴턴과 라이프니츠는 (서로 표절 혐의를 제기할 만큼) 자신들의 연구가 얼마나 비슷한지를 알았다. 하지만 이들은 상반되는 표기체계, 즉 다른 언어를 고안했고, 현실적으로 이런 표면적 차이는 이면의 동일성보다 더 중요했다. 수학자는 결국 기호와 연산자를 써서 작업할 수밖에 없다. 대부분의 학생들과 달리 배비지는 "뉴턴의 점과 라이프니츠의 'd'"[27]를 모두 섭렵한 후 뭔가 깨달은 듯 이렇게 말했다. "새로운 언어로 사고하고 추론하는 것은 언제나 어려운 일이다."[28]

사실 배비지는 언어 자체는 철학적 연구에 걸맞은 주제라고 보았다. (때로 곁길로 빠져 철학 주제를 다루기도 했다.) 언어를 가지고 언어에 대해 생각하다 보면 수수께끼와 역설로 이어진다. 배비지는 한동안 소수에 한정되어 특이하거나 결함이 있는 기호체계가 아니라, 보편적인 언어를 발명 혹은 구축하려고 노력했다. 물론 배비지가 처음은 아니었다. 라이프니츠는 "시력을 보조해온 어떤 광학 기구보다 훨씬 더 크게 이성의 힘을 증대할 완전히 새로운 도구"[29]를 인류에게 선사할 '보편문자characteristica universalis'의 완성이 마무리 단계에 와 있다고 주장했다. 세상에 얼마나 다양한 지역 언어들이 존재하는지 알게 된 철학자들은 언어라는 것이 진실을 담는 온전한 그릇이 아니라 구멍이 숭숭 뚫린 체라고 보았다. 단어의 의미를 놓고 혼란이 생기면서 모순이 발생했다. 모호함과 잘못된 비유는 분명 사물의 속성에 내재한 것이 아니라 기호를 부적절하게 선택하면서 생긴 것이다. 누군가 적절한 정신적 기법, 즉 진정한 철학적 언어를 발견할 수만 있다면 얼마나 좋겠는가! 배비지는 적절하게 선택된 기호들은 보편적이고 명징하며 불변해야 한다고 주장했다. 체계적으로 연구를 진행하던 배비지는 가까스로 문법을 만들어서 어휘를 써내려가기 시작했지만 저장과 검색의 문제에 부딪힌다. "사전처럼 필요할 때 각 단어의 의미를 찾을 수 있도록 기호들을 어떤 연속적 순서로 정렬하는 일이 누가 봐도 불가능"[30]했던 것이다. 그럼에도 배비지는 언어를 한 사람이 발명할 수 있다고 보았다. 이상적인 언어는 합리적이고 예측할 수 있으며 기계적이어야 한다. 기어는 서로 맞물려야 한다.

아직 학부생에 불과했지만 배비지는 영국 수학을 새롭게 부활시킨다는 목표를 세운다. 압력단체를 만들고 개혁운동을 추진하기에 적합한 명분이었다. 배비지는 앞날이 창창한 학생이었던 존 허셜John Herschel, 조지 피콕George Peacock과 함께 해석학회Analytical Society라는 단체를 만들었다. 단체의 목표는 "점의 이단" 혹은 배비지의 표현대로 "대학의 점 시대Dot-age"[31](그는 이런 "심술궂은 말장난"(dotage는 노망을 뜻함)을 좋아했다)에 맞서 "'d'의 복음을 전파하는 것"이었다. 노망난 영국에서 계산법을 해방시키기 위한 운동을 벌이던 그는 "대륙에 대한 국가적 반감과 논쟁의 구름"을 개탄했다. 프랑스를 따라가는 것처럼 보여도 상관없었다. "이제 우리는 거의 100년은 앞선 외국의 진보한 것을 재수입하여 다시 한 번 우리 것으로 만들어야 한다."[32] 해석학회는 뉴턴의 고향 한복판에서 뉴턴에 맞선 역도들이었다. 이들은 매주 일요일에 예배를 본 후 함께 아침을 먹었다.

"물론 우리는 교수 사회로부터 멸시받았다." 배비지는 이렇게 회고했다. "그들은 우리가 철없는 이교도들이며 아무짝에도 쓸모없다고 위협조로 이야기했다." 하지만 이들의 활동은 결실을 맺는다. 새로운 방법들이 저변에서부터 퍼져나갔고, 학생들이 이 방법들을 선생들보다 빨리 익혔다. 허셜의 말을 들어보자. "시험지에 못 보던 답들이 등장하기 시작하자 많은 케임브리지 시험관들은 분노와 감탄이 뒤섞인 표정을 지었다."[33] 뉴턴의 점은 점차 무대에서 사라졌고, 유율은 라이프니츠의 표기법과 언어로 대체되었다.

한편 배비지 옆에는 와인을 마시고 휘스트whist라는 6페니짜리 카드 놀이를 할 친구들이 항상 끊이지 않았다. 친구들 몇몇과는 초자연적 정령들에 대한 증거나 그에 반하는 증거들을 수집하는 유령 클럽Ghost Club을 만들었다. 또한 다른 친구들과는 구출자들Extractors이라는 모임을 만들었다. 이 모임의 목적은 일련의 절차에 따라 정상과 광기의 문제를 정리하는 것이었다.

1. 모든 회원은 6개월에 한 번씩 총무에게 주소를 알려야 한다.
2. 12개월 이상 연락이 없으면 가족들에 의해 정신병원에 갇힌 것으로 간주한다.
3. 정신병원에 갇힌 회원을 꺼내기 위해(그래서 구출자들이라는 이름이 붙었다) 합법과 불법을 가리지 않고 모든 수단을 동원해야 한다.
4. 입회를 원하는 모든 사람은 여섯 가지 자료를 제출해야 한다. 그중 세 가지는 정상이라는 것을, 다른 세 가지는 미쳤다는 것을 증명해야 한다.[34]

하지만 해석학회는 진지했다. 수학적 동지인 배비지, 허셜, 피콕이 말한 "우리가 발딛고 있는 이 세상을 더 지혜롭게 만들기 위해 최선을 다한다"라는 각오는 빈말이 아니었고 진지함으로 가득했다. 이들은 방을 빌려 서로 돌려가며 논문을 읽었고 "회보"를 출판했다. 로그 책을 읽다 꾸벅꾸벅 조는 배비지를 깨우며 한 친구가 이렇게 물은 것도 그 방이었다.

"배비지, 무슨 꿈을 꾸었어?"

"이 모든 표들을 기계로 계산할 수 있을지 모른다고 생각했어."[35] 배비지가 대답했다.

◎　　◎　　◎

　어쨌든 이게 바로 배비지가 50년 후 이야기한 당시 대화의 전말이다. 뛰어난 발명이라면 유레카 이야기가 있듯, 배비지에게도 그런 순간이 있었다. 당시 배비지는 허셜과 함께 케임브리지 천문학회에 제출할 로그표 원고를 쓰고 있었다. 이 로그들은 이전에도 계산된 적이 있었지만, 로그는 항상 계산하고, 재계산하고, 비교하고, 의심해야 하는 것이었다. 케임브리지에서 원고를 작성하던 배비지와 허셜이 지루해하는 것은 당연지사였다.

　"하느님, 이 계산을 증기의 힘으로 할 수 있기를 원합니다."

　배비지가 소리치자 허셜은 대수롭지 않다는 듯 이렇게 말했다.

　"충분히 가능해."

　증기는 산업의 기반이었던 모든 엔진의 동력원이었다. 이 시기 수십 년 동안은 그야말로 증기라는 단어가 능력과 힘 그리고 활기차고 현대적인 모든 것을 대표했다. 이전에는 물이나 바람이 방아를 돌렸고, 대부분의 노동은 여전히 사람과 말 그리고 가축의 근력에 의존했다. 하지만 석탄을 태워서 발생시키고, 천재적 발명가들의 손아귀에 들어온 뜨거운 증기는 장소에 구애받지 않고 다양한 용도로 활용할 수 있었다. 증기는 모든 곳에서 근육을 대체했다. 증기는 하나의 표어가 되었다. 계속해서 일하는 사람들은 이제 'steam up'(힘내다, 기운을 내다) 하거나, 'get more steam on'(더 많은 증기를 내다, 더 강해지다) 하거나, 'blow off steam'(증기를 뿜다, 남는 에너지 혹은 쌓인 감정을 발산하다) 했다. 벤저민 디즈레일리Benjamin Disraeli는 이렇게 말했다. "여러분의 도덕적 힘moral steam이 세상을 움직일 수 있습니다." 증기는 인류가 아는 가장 강력한 에너지 전달 수단이 된 것이다.

그렇다고 해도 이 강력한 힘, 증기를 사고와 산술에 쓰겠다는 배비지의 생각은 이상하기 짝이 없었다. 배비지의 방앗간에서 찧을 곡물은 숫자였다. 래크rack가 이동하고 피니언pinion이 돌면 지성의 작업이 끝날 것이었다.

배비지는 이런 작업이 자동으로 이뤄져야 한다고 주장했다. 기계가 '자동'이라는 것은 무슨 뜻일까? 이는 의미론적 문제일 뿐만 아니라 기계의 효용을 결정하는 원칙이었다. 예컨대 계산기는 두 가지 범주로 나눌 수 있었다. 첫째는 인간의 개입이 필요한 것이고, 둘째는 진정으로 자가 작동self-acting하는 것이다. 기계가 자동인지 아닌지 판단하려면 이런 질문이 필요했다('입력'과 '출력'이라는 단어들이 발명되었더라면 더 단순했을 것이다). "숫자들이 장치에 들어갔을 때 그저 스프링의 동작이나 중량에 따른 하강 혹은 다른 일정한 힘만으로도 결과가 나올 수 있을까?"[36] 선견지명을 담은 기준이었다. 이는 이제껏 연산의 도구로 사용되거나 고안된 모든 장치들을 사실상 제외했다. 역사시대가 시작된 이후 많은 것들이 있었다. 단기 기억 보조용으로 사용되었던 조약돌, 매듭 끈, 나무나 뼈로 만든 부신符信, 추상적 계산을 하는 데 쓰였던 좀 더 복잡한 장비로 주판과 계산자slide rule가 있었다. 그러다 17세기 들어 몇몇 수학자들이 '기계'라 부를 만한 최초의 계산기를 구상했다. 이 계산기는 덧셈과 곱셈(덧셈의 반복을 통해서)을 할 수 있었다. 파스칼은 1642년 각 자리별로 회전하는 숫자판을 갖춘 덧셈 기계를 만들었다. 그로부터 30년 후 라이프니츠는 한자리에서 다음 자리로 "자리올림" 하는 톱니를 갖춘 원통을 이용하여 파스칼의 기계를 개량했다.* 하지만 파스칼과 라이프니츠가 만든 것은 근본적으로 동역학적 기계라기보다 수동적으로 기억 상태를 기록하는 주판에 가까웠다. 배비지가 보기에 자동은 아니었던 것이다.

제아무리 어려운 것이라도 계산을 한 번 하려고 기계를 쓴다는 것은 있을 수 없는 일이었다. 기계의 탁월함은 "힘겨운 노동과 피곤한 단순 작업"[38]을 반복하는 데 있었다. 배비지는 상업과 산업 그리고 과학 분야에서 쓰이는 일이 많아지면서 계산에 대한 수요가 늘어날 것이라고 예측했다. "저는 감히 이런 시대가 올 것이라고 예상합니다. 만약 넘쳐나는 숫자 정보라는 짐을 덜 계산기계 혹은 이와 맞먹는 수단을 발명하지 못한다면, 수학공식을 산술적으로 풀어내느라 누적된 노동이 끊임없이 발목을 잡을 것이며, 이는 궁극적으로 과학의 유용한 진보를 가로막을 것입니다."[39]

숫자표가 희귀했던 정보 빈곤의 시대로부터 수 세기가 지난 후에야 비로소 사람들은 서로 대조하기 위해 다양한 숫자표들을 체계적으로 모으기 시작했다. 대조 결과 예기치 않은 오류들이 발견됐다. 가령 1792년 런던에서 표준 4절판에 인쇄된 테일러Talyor의 『로그Logarithms』는 한 자리 혹은 두 자리 숫자에서 19개의 오류가 있었다(나중에 결국 알려졌다). 『항해력』은 이 오류들은 항목별로 적어놓았다. 해군성이 잘 알고 있듯 모든 오류는 침몰 사고로 이어질 수 있기 때문이다.

불행하게도 19개의 수정치 중 하나가 잘못된 것으로 드러났다. 그래서 이듬해 나온 『항해력』은 '정오표의 정오표'를 실었다. 이는 다시 또 다른 오류를 낳았다. 《에든버러 리뷰The Edinburgh Review》는 "혼란이 더욱 가중되었다"[40]라고 썼다. 다음 항해력은 "테일러의 『로그』에 대한 정오표의 정오표의 정오표"를 넣어야 할 판이었다.

---

* 라이프니츠는 대수학뿐만 아니라 사고 자체를 기계화한다는 원대한 꿈을 꾸었다. 그는 이렇게 썼다. "우리는 그 기계에 궁극적 칭송을 부여할 수 있다. 계산을 하는 모든 사람들, … 회계 관리자들, 타인의 토지 관리자들, 상인들, 측량사들, 지리학자들, 항해사들, 천문학자들이 그것을 바랄 것이다. … 우월한 인간이 계산을 하느라 노예처럼 시간을 허비하는 것은 가치 없는 일이기 때문이다."[37]

이런 특정한 실수들에는 나름의 개인사가 있다. 아일랜드가 어느 나라보다도 정밀한 축척의 전국 지도를 제작하기 위해 지리원을 설립했을 때 가장 먼저 한 일은 공병과 광부들로 구성된 조사원들에게 비교적 휴대성이 좋고 일곱 자리까지 정확한 250세트의 로그표를 지급하는 것이었다.[41] 조사국은 앞서 200년 동안 런던에서 출간된 13종의 표들뿐만 아니라 파리, 아비뇽, 베를린, 라이프치히, 하우다, 피렌체, 중국에서 나온 표들을 대조했다. 그 결과 거의 모든 표에서 여섯 개의 오류가 발견됐으며, 오류들은 모두 '동일'했다. 결론은 뻔했다. 이 표들은 서로가 서로를 (최소한 일부라도) 베꼈던 것이다.

자리올림에서 실수한 것이 오류의 원인이었다. 때로는 연산자들이 때로는 인쇄업자들이 자리를 바꾸면서 오류가 생긴 것이다. 인쇄업자들은 연속적으로 이어진 활자에서 툭하면 자리바꿈 실수를 했다. 인간의 정신이란 얼마나 불가사의하고 쉽게 오류를 저지르는가! 한 논평가는 이 모든 오류들이 "기억 능력이 어떻게 작동하는지에 대한 형이상학적 고찰의 흥미로운 주제가 될 것"[42]이라고 말했다. 인간 연산자들 computers에게 미래가 없다고 본 것이다. "이런 오류를 방지하는 유일한 방법은 '기계적 표 제작'뿐이다."

배비지는 숫자들 내의 기계적 법칙(원리)들을 찾아냄으로써 한 걸음 나아갔다. 하나의 수열과 다른 수열 사이의 차분을 계산하면 몇몇 구조가 드러난다는 사실을 알았던 것이다. '차분법'은 수학자들, 특히 프랑스 수학자들이 100여 년간 탐구하던 것이었다. 차분법의 힘은 고차원의 계산을 쉽게 규칙화할 수 있는 단순한 덧셈으로 바꾸는 것에 있었다. 배비지에게 차분법은 매우 중요했기 때문에, 처음 구상할 때부터 자신의 기계에 차분기관이라는 이름을 붙였다.

해가 갈수록 자신의 구상을 알리고 설명해야 할 일들이 많아졌던 배

비지는 하나의 방편으로 삼각수표를 제시했다. 이 수열은 다른 많은
수열들과 마찬가지로 밑에서부터 시작해 계속 높아지는 사다리 모양
이었다.

　　1, 3, 6, 10, 15, 21, …

　배비지는 이것을 아이가 모래 위에 쌓아놓는 구슬을 예로 들어 설명
을 한다.

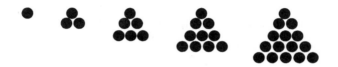

　아이가 "서른 번째 혹은 멀리 있는 무더기에 구슬이 얼마나 들어가
는지" 알고 싶다고 생각해보자(배비지가 마음대로 만들어낸 아이이다).
"아이는 이것을 알기 위해 아빠에게 갈 것이다. 하지만 아빠는 아마 아
이의 말을 끊고 쓸데없는 소리 말라고, 아무도 모를 것이라는 식으로
말할 것이다." 당연히 아빠는 철학 교수인 용쿠르가 헤이그에서 펴낸
삼각수표를 전혀 모를 것이다. "아빠가 모른다면 엄마에게 보낸다. 엄
마라면 사랑하는 아이의 호기심을 풀어줄 방법을 찾아낼 것이다."[43] 그
사이 배비지는 차분표를 이용해 아이의 궁금증을 풀어준다. 첫 번째
열은 문제의 수열로 구성된다. 다음 열들은 상수, 즉 완전히 단일한 수
로만 구성된 열이 나올 때까지 뺄셈을 반복해서 얻는다.

무더기 번호	각 무더기의 구슬 수	1차 차분 (각 무더기와 다음 무더기 사이의 차분)	2차 차분
1	1	1	1
2	3	2	1
3	6	3	1
4	10	4	1
5	15	5	1
6	21	6	1
7	28	7	1

　어떤 다항함수라도 차분법으로 환원할 수 있으며, 로그를 포함해서 정상적으로 행동하는 모든 함수를 효과적으로 근사할 수 있다. 고차방정식은 고차 차분이 필요하다. 배비지는 구체적인 기하학 사례를 또 하나 제시한다. 말하자면 피라미드 모양으로 대포알을 쌓는 것이다. 삼각수는 3차원으로 변환된다.

번호	목록	1차 차분	2차 차분	3차 차분
1	1	3	3	1
2	4	6	4	1
3	10	10	5	1
4	20	15	6	1
5	35	21	7	1
6	56	28	8	1

　차분기관은 이 과정을 역으로 진행한다. 즉, 차분을 얻기 위해 뺄셈을 반복하는 대신 단계적 덧셈을 통해 수열을 생성한다. 배비지는 이를 위해 0부터 9까지 숫자가 새겨진 숫자 바퀴들이 1의 자리, 10의 자리, 100의 자리 등 각 자리 숫자를 나타내도록 한 축에 나란히 배열되

어 있는 장치를 고안했다. 바퀴는 기어를 갖는다. 각 축을 따라 배열된 기어들은 다음 축의 기어와 맞물리며 순서대로 숫자를 더한다. 이 기계는 바퀴에서 바퀴로 동작을 전달하면서 정보, 즉 여러 축에 걸쳐서 더해지는 숫자들을 조금씩 늘려가면서 전달한다. 물론 합이 9를 넘으면 기계적 문제가 발생한다. 이때에는 다음 자리로 1이 자리올림 되어야 한다. 배비지는 이 문제를 해결하기 위해 각 바퀴의 9와 0 사이에 튀어나온 톱니를 달았다. 이 톱니가 레버를 밀면 레버는 위에 있는 다음 바퀴를 움직인다.

여기서 연산기계의 역사에서 새로운 주제가 등장한다. 바로 시간에 대한 집착이다. 배비지는 자신의 기계가 가능한 한 사람의 머리보다 빨리 계산해야 한다고 생각했다. 배비지가 생각한 것은 병렬처리였다. 축을 따라 배열된 숫자 바퀴들이 한 줄의 숫자들을 동시에 더하는 것

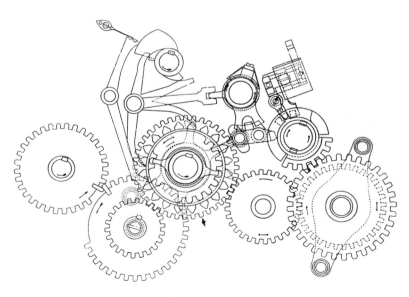

배비지의 기어 장치

이다. "병렬처리가 가능하다면 10자리, 20자리, 50자리, 혹은 어떤 자리의 수라도 1자리 수만큼 빠르게 덧셈과 뺄셈을 할 수 있다."[44] 하지만 문제가 있었다. 단일 자리 덧셈은 자리올림 때문에 완전히 독립적으로 처리할 수 없었다. 전체 한 바퀴를 돌아가면 올림값이 넘쳐서 쏟아져 내릴 수 있었다. 올림값을 미리 안다면 덧셈을 병렬로 처리할 수 있다. 하지만 이것을 제때 알 수는 없었다. "불행하게도 처리할 올림값을 순차적으로만 알 수 있는 사례들이 많았다."

배비지는 하나의 연산에 1초씩 잡고 시간을 계산했다. 계산대로라면 두 개의 50자리 수를 더하는 데 9초밖에 걸리지 않아야 하지만, 자리올림 때문에 최악의 경우 50초가 더 걸릴 수도 있었다. 실로 낭패가 아닐 수 없었다. 배비지는 씁쓸하게 이렇게 썼다. "시간을 절약하려고 장치를 숱하게 설계하고 도면들을 끝도 없이 만들었다." 이윽고 1820년 무렵 설계안을 확정하게 된다. 배비지는 선반을 사서 직접 돌렸으며, 금속 세공사를 고용해 마침내 1822년 미래에나 볼 법한 혁신적인 모양의 반짝이는 자그마한 기계 모델을 왕립학회에 선보일 수 있었다.

말하자면 특별한 직업이 없는 연구자였던 배비지는 런던의 리젠트 공원 근처에 살면서, 수학 논문을 쓰거나 가끔 천문학 대중강연을 하며 지냈다. 아내는 슈롭셔 출신의 부유한 젊은 여인으로 여덟 자매 중 막내인 조지아나 휘트모어Georgiana Whitmore였다. 배비지는 아내가 가진 돈 외에 아버지에게 300파운드의 용돈을 받아 주로 생활했다. 고압적이고, 인색하며, 무엇보다 옹졸한 노인네라며 아버지를 원망했던 모양이다. 친구 허셜에게는 이런 편지를 썼다. "아버지는 귀가 꽉 막힌 데다 눈앞에 있는 것도 절반만 믿는다고 말해도 절대 과언이 아니네."[45] 1827년 아버지가 사망하고 배비지는 10만 파운드의 재산을 상속받는다. 배비지는 잠시 동안 새로 생긴 프로텍터 생명보험회사Protector Life

Assurance Company의 보험계리사로 일하면서 기대수명을 통계적으로 계산한 표를 만들기도 했다. 대학교수 자리를 얻으려고 애썼으나 신통치 않았다. 그럼에도 사회활동을 더 왕성하게 했고, 학계에도 이름이 알려지기 시작했다. 배비지는 허셜의 도움으로 왕립학회의 특별회원으로 선출되었다.

심지어 배비지의 실패도 명성을 드높였다. 데이비드 브루스터David Brewster 경은《에든버러 과학저널Edinburgh Journal of Science》을 대표하여 거절 편지의 연대기에 남을 고전을 보냈다. "오래 망설인 끝에 귀하의 모든 논문을 거절합니다. 귀하께서 주제를 다시 검토해보면 제게 다른 대안이 없다는 것을 알 수 있을 것입니다. 귀하가 몇 편의 수학과 형이상학 논문들에서 제안한 주제들은 너무나 심오해 아마 그 어떤 독자도 이해하지 못할 것입니다."[46] 배비지는 자신이 발명한 초기 기계제품을 알리기 위해 시연과 서신 홍보에 나선다. 마침내 1823년 재무성이 관심을 보였다. 배비지는 "감자만큼 싼 로그표"[47]를 약속했다. 재무성으로서는 거부할 이유가 하나도 없었다. 재무성 장관은 첫 지출금으로 1,500파운드를 승인했다.

그저 머릿속으로 구상한 것이었지만 차분기관은 사람들의 이목을 끌기에 충분했다. 기계를 실제로 제작하는 지리멸렬한 일을 기다릴 필요가 없을 정도였다. 비옥한 땅 위에 차분기관이라는 생각의 씨앗이 뿌려졌다. 기술 쪽으로는 내로라하는 유명 강사였던 디오니시우스 라드너Dionysius Lardner는 배비지에 대한 대중강연을 열고 다니면서 "산술을 기계의 영역으로 환원하여 자동 장치로 식자공을 대신하고, 기어 장치에 사유의 힘을 주는 배비지의 제안"[48]을 칭송했다. 라드너는 이렇게 말했다. "차분기관이 완성되면 과학의 진보뿐만 아니라 문명의 진보에도 중요한 영향을 미칠 것이다." 차분기관은 '이성적인' 기계가 될 것이다. 차분기관은 두 개의 길, 즉 기계와 사유가 만나는 교차점이 될 것이다. 배비지의 생각을 옹호했던 사람들은 때로 이 교차점을 설명하는 데 애를 먹었다. 천문학회 연설에서 헨리 콜브룩Henry Colebrooke이 한 말을 들어보자. "질문을 기계에 맞추든 아니면 기계를 질문에 맞추든 간에 어쨌든 기계를 작동시키기만 하면 답이 나옵니다."[49]

하지만 차분기관은 제작하는 데 오랜 시간이 걸렸다. 배비지는 런던 집 뒤편의 마구간을 헐고 대장간, 주조소, 방화 처리된 작업장을 차렸다. 마을 직공 출신으로 영국 유수의 기계공학자가 된 아버지 밑에서 태어나 독학한 제도공이자 발명가인 조셉 클레멘트Joseph Clement를 고용했다. 공구부터 새로 만들어야 했다. 설계대로 기관을 만들려면 커다란 강철 프레임 안에 축, 기어, 스프링, 핀, 그리고 무엇보다 수백, 수천 개의 숫자 바퀴들을 비롯해 가장 정교하고 정밀한 부품들이 필요했다. 수공구로는 필요한 수준의 정밀도를 갖춘 부품들을 만들 수 없었다. 숫자표 제작소를 만들기 전에 부품 제작소부터 새로 지어야 했다. 산업혁명의 나머지 부분들 역시 (수와 간격이 일정한 나사선을 가진) 교체할 수 있는 나사처럼 기본 단위에 해당하는 부품들의 표준화가 필요했다. 클레멘트와 장인들은 선반을 돌려가며 부품들을 만들어내기 시작했다.

고난이 커질수록 야망도 커졌다. 10년 후 차분기관은 0.6미터 높이에 여섯 개의 수직축과 열두어 개의 바퀴를 가진 기계로, 여섯 자리까지 계산할 수 있었다. 그로부터 다시 10년 후에는 설계도상으로 그 규모가 4.5세제곱미터에 15톤, 2만 5,000개의 부품에 이르렀으며, 설계

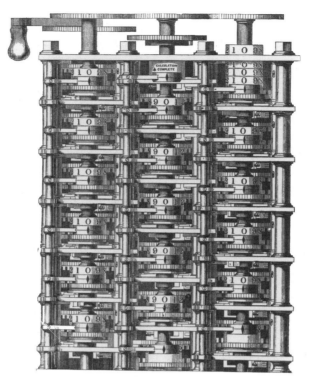

차분기관의 일부를 표현한 목판화(1853)

도도 37제곱미터가 넘었다. 복잡함은 당황스러울 정도였다. 배비지
는 여러 자릿수를 한 번에 더하는 문제를 해결하기 위해 "덧셈 동작"과
"자리올림 동작"을 분리하고 자리올림의 타이밍을 엇갈리게 배치했다.
덧셈 동작은 홀수열 숫자판에 이어 짝수열 숫자판을 돌리며 분주하게
맞물리는 기어들로 시작된다. 그러면 올림값은 열들을 가로질러 되튄
다. 전체 동작이 계속 서로 맞물리게 하려면 기계의 부품들이 자리올
림을 해야 할 시점을 "알고" 있어야 한다. 이 정보는 걸쇠의 상태를 통
해 전달된다. 최초의 (그러나 최후는 아닌) 기억 장치였던 것이다. 배비
지의 홍보대사였던 디오니시우스 라드너는 이렇게 썼다. "이것은 사실

상 기계가 기록한 메모와 같다." 배비지 자신은 의인화를 꺼렸지만 어쩔 수 없었다. "자리올림을 하기 위해 내가 쓴 기계적 수단들은 (사람의_옮긴이) 기억 능력과 다소 유사하게 작동한다."

이 기본적인 덧셈이 이뤄지는 과정을 일상 언어로 설명하려면 현란한 말들이 총출동해야 한다. 금속 부품들 명칭을 지정하고, 이 부품들의 상호작용을 설명하고, 인과관계의 사슬을 형성하기 위해 얼마나 상호의존성이 커졌는지를 정리해야 한다. 이를테면 라드너가 설명하는 "자리올림"은 장황하기 짝이 없다.[50] 순간적인 동작 하나만 따로 떼어내 설명하는데도 숫자판, 눈금, 볼록체, 축, 촉발 장치, 홈, 고리, 집게, 스프링, 톱니, 래칫, 이 모든 게 들어가 있다.

이제 B[2] 숫자판 9와 0 사이에 있는 구분선이 눈금을 지나는 순간 숫자판 축에 달린 볼록체가 방금 언급한 집게를 받치는 고리의 홈에서 올라온 촉발 장치를 건드려서 스프링의 반동에 따라 후퇴하면서 래칫의 다음 톱니로 떨어지게 만든다.

수백 개의 단어를 더 나열한 후에야 라드너는 유체역학적 비유를 써서 내용을 정리한다.

기계 동작이 아래에서 꼭대기까지 두 가지로 끊임없이 파도처럼 물결친다. 이와 유사하게 오른쪽에서 왼쪽으로 계속 흘러가며 물결치는 두 흐름이 있다. 더하는 파도가 올라간 첫 번째 시스템의 물마루는 마지막 차분에 떨어지며, 또 위로 번갈아가며 올라오는 모든 차분 위로 떨어진다. … 자리올림 동작의 첫 번째 흐름은 가장 높은 열과 하나씩 거른 모든 열을 따라 오른쪽에서 왼쪽으로 지나간다.

라드너의 설명은 너무나 복잡한 세부 사항을 요약적으로 설명하는 하나의 방법이었다. 그런 다음 라드너는 두 손 두 발 다 들고 만다. "하지만 이 기계의 놀라움은 세부적으로 보면 더 대단하다. 거기까지 제대로 설명하는 것은 포기할 수밖에 없다." 평범한 제도공의 계획 역시 기계 이상의 의미를 지니는 이 기계를 묘사하는 데 충분하지 않기는 마찬가지였다. 차분기관은 많은 부품들이 각각 여러 가지 모드 혹은 상태를 수행할 수 있고, 멈추기도 하고 작동하기도 하면서 복잡한 경로들을 따라 동작을 전달하는 역동적인 시스템이었다. 이런 시스템을 종이 위에 완벽하게 구현하는 일이 가능할까? 이를 위해 배비지는 새로운 형식적 도구인 "기계적 표기법"(배비지의 표현이다)의 체계를 고안했다. 기계적 표기법은 기계의 물리적 형태뿐만 아니라, 보다 파악하기 어려운 속성인 타이밍과 논리까지 나타내기 위한 기호 언어였다. 이는 배비지가 자평한 대로 대단히 야심 찬 일이었다. 1826년 배비지는 왕립학회에 「기계의 동작을 기호로 표현하는 수단에 대해」라는 논문을 보란 듯이 제출한다.[51] 기계적 표기법은 어떤 면에서 분류하는 일이었다. 배비지는 시스템을 통해 동작이나 동력이 "전달되는 communicated" 다른 방식들을 분석했다. 수많은 방식들이 있었다. 부품은 "바퀴에 붙은 핀이나 같은 축에 붙은 바퀴나 피니언"처럼 단지 다른 부품에 부착됨으로써 동작을 전달받을 수 있었다. 혹은 "빡빡한 마찰"을 통해 전달이 이뤄지기도 했다. "바퀴가 피니언에 의해 돌아갈 때처럼" 지속적으로 다른 부품에 의해 구동되거나, "회전 중에 징이 걸쇠를 들어 올릴 때처럼" '비'지속적으로 구동될 수도 있다. 여기서 논리가 가지를 쳐나간다. 말하자면 전달의 경로는 기계의 몇몇 부분이 선택하는 상태에 따라 달라지는 것이다.

배비지의 기계적 표기법은 수학적 분석에서의 기호 표기법에 대한 연구에서 자연스럽게 나온 것이다. 기계공학이 진보하려면 수학처럼 엄밀함과 정의가 있어야 한다. 배비지의 말을 들어보자. "일상 언어는 지나치게 산만하다. 만약 기호를 적절하게 선택한다면, 또 보편적으로 쓰인다면 이른바 보편 언어가 될 것이다." 배비지에게 언어는 결코 부차적 주제가 아니었다.

배비지는 마침내 케임브리지대학의 교수가 된다. 이전에 뉴턴이 맡았던 명망 높은 루카스 석좌 수학교수 자리였다. 뉴턴의 시대와 마찬가지로 업무는 크게 부담스럽지 않았다. 학생을 지도하거나 강의할 필요가 없었고, 심지어 케임브리지에서 살 필요도 없었다. 런던 사교계의 유명한 마당발이었던 배비지에게 안성맞춤이 아닐 수 없었다. 배비지는 토요일 밤마다 원 도싯One Dorset 거리에 있는 자택에서 정치인, 예술가, 공작과 공작부인 같은 화려한 인물들과 찰스 다윈, 마이클 패러데이Michael Faraday, 찰스 라이엘Charles Lyell 같은 당대 최고의 영국 과학자들이 모이는 파티를 열었다.* 이들은 배비지의 계산기계와 근처에 전시해둔 춤추는 자동인형을 보며 감탄했다. (초대장에는 이렇게 쓰여 있었다. "저희 집에 있는 '은빛 여인Silver Lady'을 후원해주시기 바랍니다. 이 여인은 새로운 드레스와 장식을 하고 나타날 것입니다.")

배비지는 수학으로 농담을 할 정도였다. 이런 말이 당시 거기에서만큼은 틀린 말이 아니었다. 라이엘도 이 점에 동의한다. "배비지는 고

---

* 또 다른 손님인 찰스 디킨스는 『리틀 도리트Little Dorrit』라는 소설의 등장인물인 대니얼 도이스Daniel Doyce에 배비지를 일부 투영했다. 도이스는 도움을 주고자 하는 정부로부터 부당한 대우를 받는 발명가였다. "그는 대단히 창의적인 사람으로 잘 알려져 있다. … 그는 매우 흥미롭고 비밀스러운 과정을 거쳐 나라와 인류에게 대단히 중요한 발명품을 완성한다. 얼마나 많은 돈이 들어가는지 혹은 얼마나 오랜 시간이 소요되는지는 말하지 않겠지만 어쨌든 그는 그것을 완성해낸다. 그는 차분하고도 겸손하게 자신을 건사하면서 진실은 언제나 유효하다는 조용한 지식을 지켜간다."

등수학으로 농담하고 생각한다." 배비지는 기적에 대한 신학적 물음에 확률이론을 적용한 것으로 꽤 많이 인용되는 논문을 쓰기도 했다. 또한 우쭐대는 투로 테니슨Tennyson 경에게 "매 분마다 한 사람이 죽고, 매 분마다 한 사람이 태어난다"라는 시구를 고쳐야 한다고 말했다.

> 이 계산대로라면 세계 인구가 영원히 평형상태에 머물 것이라는 사실은 굳이 지적할 필요도 없습니다. 그러나 익히 알다시피 세계 인구는 계속 늘어나고 있습니다. 따라서 이다음에 귀하의 훌륭한 시의 개정판을 낼 때 다음과 같이 잘못된 계산을 수정할 것을 멋대로 제안합니다. "매 순간마다 한 사람이 죽고, 1.16명이 태어난다." 정확한 수치는 1.167명이지만 운율을 맞추려면 당연히 양보해야 하는 것이 있는 법이지요.[52]

자신의 유명세에 사로잡힌 배비지는 스크랩북을 만들어 보관하기도 했다. 배비지의 집을 방문했던 한 사람은 이렇게 썼다. "호평과 혹평을 나란히 두고 양쪽을 다 보았다. 사람들이 자신을 두고 말한 내용들을 보면서 하루 종일 흐뭇해하거나 투덜댔다는 말을 자주 들었다."[53]

하지만 명성을 얻게 했던 차분기관의 제작은 좀처럼 진척되지 않았다. 1832년 배비지와 엔지니어인 클레멘트는 시제품을 내놓는다. 배비지가 연 파티에 전시된 이 시제품을 본 손님들은 놀라워하거나 어리둥절해할 따름이었다. 차분기관은 (현재 복제품이 작동하기 때문에 런던 과학박물관에 전시되어 있다) 정밀공학이 성취한 이정표를 보여주었다. 이 미완의 기계 일부는 합금의 구성, 규격의 정확성, 부품의 교환성 측면에서 가히 독보적이다. 그럼에도 차분기관은 특이한 물건 이상은 아니었다. 거기까지가 배비지의 한계였다.

배비지는 클레멘트와 갈등을 빚었다. 클레멘트가 갈수록 자신과 재무성에 더 많은 돈을 요구해 폭리를 취하는 것은 아닌지 의심하기 시작했던 것이다. 부품과 도안을 볼모로 잡고 있으면서, 제작소에 있는 특수 기계공구에 대한 관리권을 놓고 다툼을 벌였다. 10년 넘게 1만 7,000 파운드를 쏟아부은 정부는 배비지

찰스 배비지(1860)

를 신뢰하지 않았고, 배비지도 마찬가지로 정부를 믿지 않았다. 의원과 각료들을 대할 때면 오만하기 짝이 없었고, 기술 혁신을 대하는 영국인들의 태도에는 아니꼬운 시선을 거두지 않았다. "감자 껍질을 벗기는 기계를 만들겠다고 하면 사람들은 불가능하다고 말할 것이다. 실제로 감자 껍질을 벗기는 기계를 보여주면 사람들은 파인애플을 자르지 못하기 때문에 쓸모가 없다고 말할 것이다."[54] 영국인들은 핵심을 놓치고 있다는 이야기였다.

"배비지 씨와 그 계산기계 문제를 어떻게 처리하는 것이 좋을까요?" 1842년 8월 로버트 필Robert Peel 수상은 한 고문에게 이렇게 물었다. "기계를 완성해봐야 과학적으로 쓸모없을 것이 뻔합니다. … 제 생각엔 그냥 값비싼 장난감이 될 것 같습니다." 정부에서 배비지에 반감을 가진 사람들을 찾는 일은 어렵지 않았다. 아마도 결정타를 날린 사람은 왕실 천문학자인 조지 비델 에어리George Biddell Airy였을 것이다. 위세 떨기를 좋아하고 성격도 꼬장꼬장한 에어리는 단호하게 정확히 필이 원하는 말을 했다. 차분기관은 하등 쓸모없는 물건이었다. "제 생각에 그 기계의 효용성에 관한 한 배비지가 헛된 꿈을 꾸고 있지 않나 생각합

니다."⁵⁵ 결국 정부는 프로젝트를 폐기했다. 하지만 배비지의 꿈은 계속되었다. 이미 또 다른 국면을 맞이하고 있었다. 배비지의 마음속에서 차분기관은 새로운 차원으로 나아가고 있었던 것이다. 여기서 에이다 바이런Ada Byron이 등장한다.

◎　◉　◎

로더Lowther 상점가 북쪽 끝에 있는 스트랜드Strand 거리에서 관람객들은 국립실용과학전시관으로 몰려갔다. 미국인 사업가가 만든 이곳은 "교육과 오락을 결합한" 복합 장난감 매장이자 기술 전시장이었다. 관람객은 1실링의 입장료를 내면 "전기뱀장어"를 만지고, 최신 과학 강연을 듣고, 21미터 길이의 수조를 나아가는 모형 증기선이나 총알을 발사하는 퍼킨스Perkins 증기총을 볼 수 있었다. 1기니를 내면 즐겁게도 아주 꼭 닮은 "은판 사진" 초상화를 "1초도 안 걸려서"⁵⁶ 찍을 수 있거나, 어린 어거스타 에이다 바이런Augusta Ada Byron처럼 옷에 새겨질 패턴이 판지 카드에 뚫린 구멍으로 인코딩되는 자동화된 자카드 방직기 Jacquard loom 시연을 볼 수 있었다.

에이다는 "사랑스러운 아이"였다. 아이의 아버지는 이렇게 썼다. "고통 속에서 태어나 풍파를 겪으며 자라긴 했지만."⁵⁷ 아버지는 시인이었다. 1816년, 에이다가 태어나고 채 한 달이 안 되어 이미 악명 높았던 스물일곱 살의 바이런 경과, 밝고 부유하고 수학적 소양이 높았던 스물세 살의 앤 이사벨라 밀뱅크Anne Isabella Milbanke(애너벨라Annabella)는 결혼 1년 만에 갈라섰다. 바이런은 영국을 떠났고, 이후 다시는 딸을 보지 못했다. 앤은 딸이 여덟 살 되던 해이자 국제적 유명 인사 바이런이 그리스에서 죽을 때까지 아버지가 누구인지 말해주지 않았다.

바이런은 딸 소식이라면 뭐라도 듣고 싶어 했다. 이복누나에게 쓴 편지를 보자. "그 애는 상상력이 풍부한가요? 저는 그 나이 때 지금 말해도 사람들이 믿지 않을 감정과 생각들을 가졌어요."[58] 실제로 에이다는 상상력이 풍부했다.

에이다는 수학을 아주 잘했고, 그림과 음악에 소질이 있었으며, 놀라울 정도로 창의적이고 대단히 사랑스러운 신동이었다. 교사들은 그녀를 총애했다. 열두 살 무렵에는 비행 수단을 만들기 시작했다. 어머니에게는 이렇게 썼다. "내일부터 종이 날개를 만들 거예요. 비행술을 정말 완성도 높게 만들고 싶어요. 그림이 들어간 『비행학Flyology』이라는 책도 쓸까 해요."[59] 한동안은 편지 말미에 "사랑하는 전서구Carrier Pigeon 로부터"라고 썼다. 하지만 "심지어 새도 직접 해부하기를" 꺼렸기 때문에 어머니에게 새의 해부도가 담긴 책을 구해달라고 부탁했다. 에이다는 일상생활의 일도 논리적으로 분석하는 아이였다.

> 스탬프 선생님이 어제 제가 사소한 일로 저지른 아주 바보 같은 행동 때문에 지금 심기가 아주 불편하다고 말씀드리길 바라세요. 선생님은 제가 얼마나 바보 같고 얼마나 부주의한지를 보여주는 짓이라고 말씀하셨어요. 그리고 지난 일을 그렇게 쉽게 잊어버릴 수는 없다고 말씀하시긴 하지만, 그렇다고 오늘까지 제가 하는 모든 일에 대해 짜증을 내실 이유는 없다고 생각해요.[60]

에이다는 어머니가 꾸미고 관리한 온실 안에서 성장했다. 오랫동안 병약하게 지냈고, 심한 홍역을 앓았으며, 신경쇠약 혹은 히스테리로 불리는 병에 시달렸다. (에이다의 말을 들어보자. "몸이 쇠약해지면 '아무도 모르는' 엄청난 공포에 사로잡혀서 불안한 표정과 태도를 보일 수밖에 없어

어거스타 에이다 바이런 킹Augusta Ada Byron King, 러브레이스 백작부인(1836).
마거릿 카펜터Margaret Carpenter 그림.
"화가는 수학이라는 글자가 적혀 있어야 마땅할 나의 넓은 턱을
고스란히 드러내기로 작정한 모양이에요."

요."[61] 방에 걸린 아버지의 초상화는 녹색 천으로 가려져 있었다. 10대 시절 가정교사에게 연애 감정을 키워가던 에이다는 집 안과 정원을 숨어 다니며 실제 "결합"(에이다의 표현) 없이 가정교사와 깊은 사랑을 나눴다. 결국 가정교사는 해고당했다. 이듬해 봄이 되자 하얀 공단satin과 튈tulle 드레스를 입은 열일곱 살 소녀는 궁정에서 왕과 왕비, 영향력 있는 백작들, 그리고 (자신이 "늙은 원숭이"[62]라고 표현한) 프랑스 외교관 탈

레랑Talleyrand을 만나 데뷔 의식을 치렀다.

에이다가 배비지를 만난 것은 한 달 후였다. 어머니 바이런 부인이 "생각하는 기계"라 부른 것(차분기관의 일부)을 보러 배비지의 저택 응접실에 함께 갔을 때였다. 배비지의 눈에 에이다는 활기차고, 도자기 같은 용모에 악명 높은 이름을 가진 침착한 젊은 여성, 어떻게 해서든 자신이 어지간한 남자 대학 졸업생들보다는 수학을 잘 안다는 것을 드러내려는 젊은 여성이었다. 에이다는 배비지를 강인한 얼굴에 자리 잡은 권위적인 눈썹, 재치와 매력을 가졌지만 경박하지는 않은 인상적인 마흔한 살의 남성으로 보았다. 배비지는 그녀가 찾고 있던 혜안가로 보였다. 기계 역시 감탄할 만했다. 당시 상황을 본 한 사람은 이렇게 썼다. "다른 방문객들이 이 멋진 기계가 작동하는 것을 (감히 말하자면) 마치 망원경을 처음 들여다보거나 총소리를 처음 들은 미개인들처럼 쳐다보았다면, 바이런 양은 어린 나이임에도 작동 원리를 이해하고 그 발명품의 위대한 아름다움을 보았다."[63] 가정교사들이 조금씩 충족시켜주던 수학의 아름다움과 추상성에 대한 감정이 흘러넘치고 있었다. 마땅한 배출구가 없었던 것이다. 당시 영국에서 여성은 대학에 들어갈 수 없었으며, 학회에도(식물학회와 원예학회는 예외) 가입할 수 없었다.

에이다는 어머니 친구의 어린 딸을 가르치는 가정교사가 된다. 그녀는 가르치는 아이들에게 편지를 보낼 때면 맨 마지막에 "다정하고 보잘것없는 여선생으로부터"라고 썼다. 에이다는 유클리드 기하학을 혼자 공부했다. 머릿속은 온통 기하학 형상들로 가득했다. 에이다가 다른 교사에게 보낸 편지를 보자. "제가 명제를 안다고 할 수 없습니다. 스스로 제 머릿속에 어떤 도형을 생각해내고 책이나 다른 일체의 도움 없이 작도construction와 증명을 하지 못한다면 말이에요."[64] 마음속에서 배비지와 "모든 기계 장치의 백미"[65]였던 차분기관이 떠나지 않았다.

다른 친구에게 "그 기계에 대한 강렬한 열망"을 토로하기도 했다. 때로는 자신의 내면으로 시선을 돌렸다. 사유하는 자신에 대해 생각하는 것을 좋아했던 것이다.

배비지는 응접실에 있는 기계를 넘어 훨씬 멀리 나아가 있었다. 연산기관이기는 하지만 종 자체가 다른 새로운 기계를 구상하고 있었던 것이다. 배비지는 이를 해석기관Analytical Engine이라 불렀다. 해석기관을 생각하게 된 계기는 차분기관의 한계에 대한 인식 때문이었다. 단지 차분을 더하는 것으로는 모든 종류의 수를 연산하거나 모든 수학 문제를 풀 수 없었다. 국립실용과학전시관에 전시된 조셉 마리 자카드 Joseph-Marie Jacquard의 방직기도 영감을 주었다. 마리 자카드가 만든 이 방직기는 카드에 구멍을 뚫어 인코딩하고 저장한 지시문에 따라 움직였다.

배비지의 마음을 사로잡은 것은 직조 공정이 아니라 한 매체에서 다른 매체로 패턴을 인코딩하는 방식이었다. 최종적으로 직물에 패턴이 새겨지겠지만, 그 전에 먼저 "특별한 기술자에게 패턴이 보내졌다".

> 이 전문가가 일련의 판지 카드에 구멍을 뚫고, 이 카드들을 자카드 방직기에 넣으면 기술자가 디자인한 패턴이 그대로 제품 위에 직조될 것이다.[66]

물리적 토대로부터 정보를 추출한다는 개념을 신경 써서 강조할 필요가 있었다. 이를테면 배비지는 이렇게 설명한다. 직공이 다른 실과 색상을 고를 수 있다. 하지만 "그렇다 하더라도 패턴의 '형태'는 모두 똑같을 것"이다. 배비지의 새로운 기계는 바로 이런 추상화 과정을 아주 높은 정도로 끌어올렸다. 여기서 톱니와 바퀴는 숫자뿐만 아니라 숫자를 대신하는 변수까지 처리한다. 변수는 이전 계산의 결과에 의해 충족되거나 결정되어야 하며, 나아가 덧셈이나 곱셈 같은 연산 자체도 이전 결과에 따라 바뀌어야 했다. 배비지는 이 추상적인 정보량들이 변수 카드와 연산 카드에 저장되는 것을 상상했다. 아울러 기계가 법칙들을 구현하고, 카드가 이 법칙들을 전달하는 것을 생각했다. 이를 설명할 기존 용어들이 없었기 때문에 근본적인 작동 개념들을 설명하는 일이 쉽지 않았다. 이를테면 다음과 같은 말을 보자.

> 기계는 둘 혹은 둘 이상의 다른 경로가 있는 경우처럼 분석적 물음이 필요한 상황에서 어떻게 판단을 내릴 수 있을까? 특히 이전 과정이 처리되기 전에는 대부분의 경우 적절한 경로로 뭘 선택할지 알 수 없는 그런 상황에서 어떻게 판단을 내릴 수 있을까?[67]

이런 어려움에도 배비지는 숫자와 프로세스를 나타내는 정보가 해석기관을 거쳐 처리될 것이라는 점을 분명히 했다. 정보는 특별한 물리적 장소를 오갈 것이었다. 물리적 장소란 바로 배비지가 '창고store'(정보가 저장되는 곳)와 '공장'(가동되는 곳)이라 부른 곳이었다.

이 모든 일에 처음에는 조수였다가 나중에는 뮤즈가 된 지적 동료 에이다가 함께했다. 에이다는 현명하고 전도유망한 열 살 연상의 귀족으로 어머니가 마음에 들어 하던 윌리엄 킹William King과 결혼했다. 몇 년 후 윌리엄이 러브레이스 백작의 지위에 오르면서 백작부인이 되었으며, 20대 초반 세 명의 자녀를 낳았다. 에이다는 서리와 런던에 있는 집을 관리하면서, 매일 몇 시간씩 하프를 연습하고("저는 요즘 까다로운 주인인 하프의 저주받은 노예가 됐어요."[68]), 무도회에서 춤을 추고, 새로 즉위한 빅토리아 여왕을 만나고, 남의 눈을 의식하며 초상화를 그렸다("화가는 수학이라는 글자가 적혀 있어야 마땅할 나의 넓은 턱을 고스란히 드러내기로 작정한 모양이에요."). 그러는 사이 끔찍한 우울증과 콜레라를 비롯한 여러 질병에 시달렸다. 에이다의 관심사와 행동거지는 여전히 남다른 면이 있었다. 한번은 아침에 혼자서 수수한 차림을 하고서 에드워드 데이비Edward Davy가 만든 "전신기"를 보러 엑서터 홀Exeter Hall에 갔다.

> 관람객이라고는 마치 저를 전시물처럼[어머니에게 썼던 말이다] 바라보던 무례하기 짝이 없고 용납할 수 없는 중년 남자밖에 없었어요. 저를 분명 아주 어린 (그리고 꽤 아름다운) 가정교사쯤으로 생각했을 거예요. … 그 사람은 저를 계속 따라다녔어요. 저는 최대한 귀족답게 그리고 백작부인처럼 보이려고 애썼어요. … 아무래도 조금 더 나이가 들어보이게 꾸미고 다녀야 할 것 같아요. … 매일 가서 구경할 생각이에요. 런던에는 절대 볼거리가 끊이지 않아요.[69]

에이다는 남편을 사랑했지만 정신적 삶의 많은 부분은 배비지에게 있었다. 배비지의 천재성을 대신 통하지 않고서는 꿀 수도 없고, 이룰 수도 없는 백일몽을 꾸고 있었던 것이다. 배비지에게 보낸 편지를 보자. "저는 '특별한 방식'으로 배웁니다. 그래서 저를 제대로 가르치려면 특별한 사람이 필요해요."[70] 절박함이 커져갈수록 자신이 가진 미지의 능력에 대한 강한 자신감도 함께 생겼다. 몇 달 후에는 이런 편지를 보냈다.

원컨대 저를 기억해주시기 바랍니다. 제 수학적 관심 말이에요. 이것이 제게 베풀 수 있는 가장 큰 호의임을 아실 것입니다. 아마 저나 선생님은 그것이 '얼마나' 대단한 일인지 가늠할 수 없을 것입니다. … 아시다시피 저는 천성적으로 약간 철학자 기질이 있고, 사유라면 둘째가라면 서러워합니다. 그리하여 헤아릴 수 없이 큰 그림을 바라봅니다. 우리 존재 앞에 펼쳐진 풍경이 모호하고 흐린 불확실성밖에 없지만, 그래도 멀리 아주 밝은 빛이 있음을 알기에 가까이 있는 흐릿함과 불확실성을 크게 개의치 않습니다. 선생님께서 보기에 저의 상상이 지나친 건가요? 저는 그렇지 않다고 생각합니다.[71]

서신을 주고받으며 에이다의 교사 노릇을 했던 사람은 배비지와 바이런 부인의 친구로, 수학자이자 논리학자인 어거스터스 드 모르간 Augustus De Morgan이었다. 모르간이 문제를 보내면 에이다가 답과 생각과 의문을 보냈다("진도를 더 빨리 나갈 수 있었으면 좋겠어요", "수렴이 시작되는 경계를 너무 집요하게 물어서 죄송해요", "이 사례에 대한 '저의' 시각을 뒷받침하는 증명을 동봉했습니다", "함수방정식은 완전히 허깨비 같아요", "하지만 저는 형이상학적 사고를 정리하려고 노력합니다"). 모르간은 에이다가 천진함에도 불구하고(아니, 천진함 덕분에) "남녀를 막론하고 보통 초보자들의 방식과는 사뭇 다르게 사고하는 힘"을 지니고 있다고 보았다. 에이다가 빠르게 삼각법과 미적분학을 익혀나가자 모르간은 바이런 부인에게 케임브리지대학에서 에이다 같은 학생을 만났다면 "독창적인 수학 연구자, 아마 발군의 일류 수학 연구자"[72]가 될 것으로 기대한다고 말하기도 했다. 에이다는 제일원리first principles들을 파고드는 데 두려움이 없었다. 그녀가 어려워하는 문제는 진짜 어려운 문제였다.

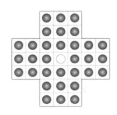

어느 해 겨울이었다. 에이다는 루빅큐브와 비슷한 당시 유행했던 솔리테어Solitaire라는 퍼즐에 푹 빠져 있었다. 구멍이 33개 뚫린 판에 32개의 말을 배치해서 하는 이 게임의 규칙은 단순했다. 모든 말은 바로 옆에 있는 말을 뛰어넘을 수 있으며, 뛰어넘음을 당한 말은 제거되는데 이 과정은 더 이상 뛰어넘기가 불가능할 때까지 계속된다. 말이 단 하나 남게 되면 게임은 끝이 난다. 에이다는 흥분한 어조로 배비지에게 편지를 썼다.

> 사람들은 수천 번씩 시도해도 성공하지 못해요. 저는 게임을 해보고 또 관찰을 한 결과 게임에 성공했고, 이제는 언제든 성공할 수 있어요. 헌데 이 문제를 수학공식으로 표현해서 풀 수 있는지 알고 싶어요. … 틀림없이 확정적인 원리가 있을 거예요. 해가 일련의 수치적, 기하학적 성질에 의존할 거라 생각하니까요. 그걸 기호 언어로 나타낼 수도 있을 거예요.[73]

게임을 공식으로 풀어낸다는 생각 자체가 독창적이었다. 해법을 인코딩할 수 있는 기호 언어를 만들고 싶다는 욕망, 이런 사고방식은 에이다도 익히 알듯 배비지의 것이었다.

에이다는 정신의 힘이 점점 커져가는 것에 대해 생각하고 또 생각했다. 그 힘은 수학에 국한된 것이 아니었다. 수학은 더 큰 상상적 세계의 일부에 불과했다. 모르간에게 보낸 편지에는 이렇게 쓰여 있다. "수학적 변환은 지금은 '하나의' 형태로 있다가 어느 순간 전혀 다른 형태로 변신하는 요정들이 떠오릅니다. 수학의 요정들은 때로 매우 기만적이고, 까탈스러우며, 애간장을 태웁니다. 마치 동화책에 나오는 요정들처럼 말이에요."⁷⁴ 상상력, 그것은 소중한 특질이었다. 에이다는 상상력에 대해 깊이 생각했다. 상상력은 한 번도 보지 못한 아버지가 물려준 유산이었다.

> 우리는 상상력에 대해 '많이' 이야기한다. 우리는 시인의 상상력, 예술가의 상상력에 대해 이야기한다. 그러나 나는 대체로 우리가 상상력이 '무엇'인지 정확하게 알지 못한다고 생각한다. …
> 상상력은 우리를 둘러싼 보이지 않는 세계, 과학의 세계로 스며들고, 우리가 보지 못하는, 우리의 '감각' 밖에서 '존재하는' '실제', 즉 '본질'을 느끼고 발견한다. 알려지지 않은 세계의 경계를 걷는 법을 배운 사람들은… 티 없이 하얀 상상력의 날개를 달고 우리를 둘러싼 미지의 세계로 더 높이 날아오르기를 바랄 수 있다.⁷⁵

에이다는 자신이 수행해야 할 신성한 사명이 있다고 믿기 시작했다. 보론조프 그리그Woronsow Greig에게 보낸 편지에는 '사명'이라는 단어를 쓰고 있다. "하늘이 제게 특별한 지적, 정신적 사명을 주었다는 느낌을 아주 강하게 받아요."⁷⁶ 이런 믿음으로 힘이 생긴 그녀는 어머니에게 보낸 편지에 이렇게 털어놓았다.

> 저는 제가 자연의 '숨겨진 진실들'을 발견하는 데 탁월함을 발휘할 수 있는 뛰어난 자질들이 뭉쳐 있다고 믿습니다. … 억지로 떠맡겨지다시피 이런 믿음을 갖게 되었지만, 이것을 받아들이는 데는 아주 오랜 시간이 걸렸습니다.

에이다는 자신의 자질을 열거한다.

첫째, 신경계의 특이성 때문에 생긴 누구도 갖지 못한, 혹은 있다면 극히 소수만 가진 '인지능력'입니다. … 이것은 눈과 귀 그리고 일반적인 감각으로는 감지할 수 없는 숨겨진 것들을 '직관적으로' 인지하는 능력입니다.

둘째, 뛰어난 추론 능력입니다.

셋째, 제가 선택한 것이 무엇이든 모든 힘과 존재를 쏟아부을 뿐만 아니라 무관해 보이고 이질적인 온갖 출처에서 나온 광범위한 주제나 아이디어에 몰입하는 능력입니다. 저는 온 우주의 '빛'을 모아서 '하나의' 광범위한 초점에 비춥니다.

이런 말들이 이상하게 들릴 것이라는 사실을 인정하면서도 에이다는 자신이 논리적이고 냉정하다고 주장했다. 자신의 삶의 여정을 깨달은 그녀는 어머니에게 이렇게 말했다. "제가 올라야 할 산은 얼마나 높은지 몰라요! 어린 시절부터 저와 어머니 삶의 역병이었던 채워지지 않는 왕성한 에너지가 없는 사람들은 아마 그 산을 보기만 해도 겁을 먹을 거예요. 하지만 마침내 에너지를 쏟을 데를 찾았어요."[77] 에이다가 말한 것은 바로 해석기관이었다.

◎　◎　◎

한편, 가만히 있지 못하고 온갖 것에 관심을 보이는 배비지는 또 다른 신기술에 힘을 쏟고 있었다. 증기가 가진 힘을 가장 강력한 형태로 발현한 철도였다. 당시 갓 설립된 그레이트 웨스턴 철도Great Western Railway는 브리스틀에서 런던까지 철로를 놓고 시험 운행을 준비하고 있었다. 이 사업을 감독한 사람은 스물일곱 살밖에 되지 않은 뛰어난 엔지니어인 이점바드 킹덤 브루넬Isambard Kingdom Brunel이었다. 브루넬은 배비지에게 도움을 요청했고, 배비지는 기발하고 거창한 정보수집 프로그램을 시작하기로 결정했다. 배비지는 객차 한 량을 통째로 준비했다. 별도 테이블 위에 놓인 특수 제작 롤러가 300여 미터 길이의 종이를 밀어내면 펜들은 모든 방향에서 객차로 전해지는 진동과 힘의 수치를 "표현하는"(배비지의 표현이다) 선을 그렸다. 정밀시계는 0.5초 단위로 시간의 경과를 표시했다. 이런 방식으로 3,200여 미터 길이의 기록이 만들어졌다.

열차를 타고 돌아다니던 배비지는 증기기관차의 속도가 이전의 모든 통신수단의 속도를 앞지른 데서 특이한 위험이 발생한다는 사실을 알게 된다. 열차들이 서로를 놓치기 십상이었다. 가장 규칙적이고 엄격한 운행 일정을 강제하지 않으면 매 순간 사고의 위험이 도사리고 있었다. 실제로 어느 일요일 배비지와 브루넬이 탄 두 기관차가 가까스로 충돌 위기를 모면한 적도 있었다. 이동 속도와 통신 속도가 차이나면서 근심이 생긴 사람들은 또 있었다. 런던의 한 유력 은행가는 배비지에게 이렇게 불만을 털어놓았다. "기차가 다니기 시작하면 직원들이 공금을 횡령해서 미국으로 도망치기 위해 리버풀까지 시속 30킬로미터로 도망칠 수 있어요."[78] 배비지로서는 과학이 머지않아 과학 자신이 만들어낸 문제를 해결할 수 있기를 바랄 따름이었다. "번개처럼 빠르게 소식을 전해서 범인을 앞지르는 방법이 있을 것입니다."

이렇듯 기차에 빠져 있던 배비지는 자신이 만든 기관(물론 기관은 그 어디에도 가본 적이 없었지만)에 대한 멋지고도 새로운 비유를 발견한다. 해석기관은 말하자면 "스스로 철로를 까는 증기기관차"이다.

자신의 선구적 기획에 대한 영국인들의 관심이 시들한 것에 씁쓸해하던 배비지는 대륙, 특히 이탈리아에서 지지자들을 발견한다. 배비지는 이 새로운 친구들에게 이탈리아는 "아르키메데스와 갈릴레오의 나라"라고 말했다고 한다. 배비지는 1840년 여름, 설계도를 들고 유럽 여행길에 오른다. 그러고는 파리에 있는 가구와 교회 장식품을 위한 직물제작소Manufacture d'Étoffes pour ameublements et Ornements d'Église에서 위대한 자카드 방직기를 본 다음 리옹을 거쳐 사르디니아 공국의 수도인 토리노로 갔다. 거기서 수학자와 공학자들에게 최초로 (그리고 마지막으로) 해석기관을 소개하면서 이렇게 말했다. "해석기관은 우리나라, 그리고 안타깝게도 우리 시대의 기술 수준에 비해 너무나 진보한 발견입니다."[79] 사르디니아 공국의 국왕인 카를로 알베르토Charles Albert, 그리고 더 중요하게는 야심 찬 젊은 수학자인 루이지 메나브레아Luigi Menabrea도 만났다. 후에 메나브레아는 장성과 외교관을 거쳐 이탈리아의 수상을 지냈지만, 당시는 배비지의 기획을 유럽 연구자들에게 소개하기 위해 「찰스 배비지가 발명한 해석기관의 개요Notions sur la machine analytique de M. Charles Babbage」[80]라는 제목의 논문을 준비하고 있었다.

이 논문을 구한 에이다는 곧바로 영어로 번역하는 작업에 착수했고 자신의 지식을 토대로 오류들을 수정했다. 번역은 메나브레아와 배비지에게 알리지 않고 혼자서 진행했다.

결국 1843년 에이다가 원고 초안을 보여주자 배비지는 크게 반기면서 에이다에게 직접 논문을 써보라고 권했고, 두 사람의 특별한 공동작업이 본격적으로 시작됐다. 이들은 전령을 통해 숱한 편지를 주고받았으며("친애하는 배비지 씨에게", "친애하는 러브레이스 부인에게"), 틈날 때마다 성 제임스 광장에 있는 에이다의 집에서 만났다. 거의 미친 듯한 속도였다. 쉰한 살의 배비지가 스물일곱의 에이다보다 훨씬 연장자였지만 에이다는 때로는 엄하게 요청하고 때로는 가볍게 농담하며 연구를 주도했다. ("다음 질문에 대한 답을 회신해주세요", "이 내용을 적절하게 써주세요", "설명이 약간 장황하고 부정확하네요", "선생님이 저만큼 정확하고 빈틈이 없었으면 좋겠어요") 에이다는 저자란에 이름 대신 크게 두드러지지 않는 이니셜을 넣을 생각이었다. "누가 썼는지 '공표'하기 위해서"가 아니라[81] 그저 "A.A.L로 일컫는 사람의 다른 글들이 '자신의 것임을 식별'하기 위한" 것이었다.

주석 형태로 A부터 G까지 표시한 에이다의 해설은 메나브레아의 논문보다 거의 세 배나 많은 분량이었다. 이들은 배비지 자신이 말했던 것보다 미래에 대해 더 포괄적이고 선견지명이 있는 전망을 제시했다. 얼마나 포괄적일까? 해석기관은 계산만 하는 것이 아니라 '연산'을 수행한다고 말하는 에이다는, 연산이 "둘 이상의 대상 사이에 성립된 상호 관계를 바꾸는 모든 절차"[82]라고 정의한다. "이것이 가장 포괄적인 정의로서 세상의 모든 주제를 아우른다."

> 연산학은 그 자체가 하나의 과학이다. 또한 논리가 그 추론과 절차를 적용하는 주제에 관계없이 고유한 진실과 가치를 지니듯, 연산은 고유의 추상적 진리와 가치를 지닌다. … 연산학이 지닌 독립적 속성을 거의 인식하지 못하고, 일반적으로 이에 대해 거의 생각하지 않는 한 가지 주된 이유는, 사용하는 많은 기호의 의미가 '변화하기' 때문이다.

"기호"와 "의미"라는 말에서도 알 수 있듯이 에이다는 수학에만 초점을 두지 않았다. 해석기관은 "'숫자'가 아닌 다른 대상들에도 활용할 수 있다". 배비지는 수천 개의 원판에 숫자를 새겼지만, 이 원판들의 움직임은 좀 더 추상적인 기호를 나타낼 수 있다. 해석기관은 모든 의미 있는 관계를 처리하고, 언어를 조작하며, 음악을 만들 수 있다. "이를테면 화성학과 작곡학에서 높낮이가 다른 소리들의 근본적인 관계에 이런 표현과 적용을 할 수 있다면 해석기관은 제아무리 복잡하고 규모가 큰 음악이라도 정교하게 과학적으로 작곡할 수 있다."

해석기관은 숫자를 처리하는 기계에서 이제 정보를 처리하는 기계가 된 것이다. 에이다A.A.L는 이 점을 배비지보다는 더 명확하고 창의적으로 인식했다. 에이다는 배비지가 앞으로 내놓을 가상의 개념적 창조물이 이미 존재하기라도 하듯 이렇게 설명했다.

> 해석기관은 단순한 "계산기계"와 공통점이 없으며, 완전히 독자적인 존재이다. … 인류를 위해 지금까지 가능했던 어떤 수단보다 더 빠르고 정확하게 진실을 알리는 새롭고 광범위하며 강력한 언어가 개발되었다. 그에 따라 수학적 세계의 관념적 측면과 물질적 측면뿐만 아니라 이론적 측면과 실용적 측면이 더 밀접하고 효과적으로 연결되었다. … 자카드 방직기가 꽃과 잎을 엮어내듯이 해석기관은 '대수적 패턴'을 엮는다는 표현이 가장 적절할 것이다.[83]

에이다는 이런 상상의 비약이 전적으로 자신의 책임이라고 말한다. "이 기관을 발명한 사람이 개발하는 동안 이런 견해를 가졌는지 아니면 이 글을 읽고 그런 가능성을 고려했는지는 알 수 없다. 다만 나 자신에게 이런 생각이 강하게 떠올랐을 뿐이다."

시적인 표현은 구체적인 설명으로 이어졌다. 에이다는 이 가상의 기계로 오랜 역사를 가진 유명한 무한급수인 베르누이 수를 계산할 수 있는 프로그램을 만들기에 이른다. 1부터 n까지 정수 거듭제곱의 값을 합한 베르누이 수는 수 이론의 전반에 걸쳐 다양한 형태로 나타난다. 베르누이 수를 직접 구하는 공식은 없었지만, 특정 공식을 거듭 확장하면서 매번 계수를 확인하는 순차적인 방식으로 구할 수 있었다. 에이다는 몇 가지 사례부터 시작했다. 가장 간단한 방식은 다음과 같은 공식을 확장하는 것이었다.

$$\frac{x}{e^x - 1} = \frac{1}{1 + \frac{x}{2} + \frac{x^2}{2 \cdot 3} + \frac{x^3}{2 \cdot 3 \cdot 4} + \&c.}$$

또 다른 방법은 이렇다.

$$B_{2n-1} = \frac{\pm 2^n}{(2^{2n}-1)2^{n-1}} \left\{ \begin{aligned} &\frac{1}{2} n^{2n-1} \\ &- (n-1)^{2n-1} \left\{ 1 + \frac{1}{2} \cdot \frac{2n}{1} \right\} \\ &+ (n-2)^{2n-1} \left\{ 1 + \frac{1}{2} + \frac{1}{2} \cdot \frac{2n \cdot (2n-1)}{1 \cdot 2} \right\} \\ &- (n-3)^{2n-1} \left\{ 1 + \frac{2n}{1} + \frac{2n \cdot (2n-1)}{1 \cdot 2} + \right. \\ &\qquad\qquad\quad \left. + \frac{1}{2} \cdot \frac{2n \cdot (2n-1) \cdot (2n-2)}{1 \cdot 2 \cdot 3} \right\} \\ &+ \ldots \qquad \ldots \qquad \ldots \qquad \ldots \end{aligned} \right\}$$

하지만 에이다는 좀 더 험난한 길을 택한다. "목표는 단순성이 아니라 … 해석기관의 힘을 보여주는 것"이기 때문이다.

에이다는 하나의 프로세스를, 한 벌의 규칙을, 일련의 연산을 고안했다. 시대가 달랐다면 이 프로세스는 알고리즘으로 불리다 컴퓨터 프로그램으로 불렸겠지만, 당시 이 개념은 설명하기 힘들었다. 가장 복잡한 것은 이 알고리즘이 귀납적이며, 루프 구조를 취한다는 점이었다. 한 번 반복iteration한 결과는 다음 반복의 대상이 된다. 배비지는 이를 두고 이렇게 표현했다. "해석기관은 자기 꼬리를 먹는다."[84] 에이다의 설명은 이렇다. "모든 연속적 작용이 같은 법칙을 따르기 때문에 주기의 주기의 주기 식으로 끝없이 이어지는 것으로 생각하기 쉽다. …
이 문제는 너무나 복잡해서 제대로 이해하는 사람이 드물 것이다. …
그래도 이 사례는 해석기관과 관련하여 매우 중요하며, 언급하지 않고
는 못 배기는 고유한 아이디어들을 제기한다."[85]

핵심적인 아이디어는 에이다와 배비지가 "변수"라고 부른 것이었다.
변수는 하드웨어적으로는 기계의 숫자 다이얼의 열이다. 그렇기는 하
지만 '변수 카드'라는 것도 있었다. 소프트웨어의 측면에서 변수는 많
은 십진 숫자를 가진 수를 나타내거나, 저장할 수 있는 일종의 용기 혹
은 봉투이다(배비지가 썼다. "이름에는 무엇이 있는가? 이름은 거기에 무엇
을 채우기 전에는 빈 바구니에 불과하다."). 변수는 해석기관의 정보 단위
로 대수적 변수와는 전혀 달랐다. 에이다의 설명을 들어보자. "변수라
는 명칭은 열에 있는 값이 변할 수밖에 없으며, 생각할 수 있는 모든
방식으로 변화한다는 데서 나온 것이다." 요컨대 수는 변수 카드에서
변수로, (연산을 위해) 변수에서 공장으로, 공장에서 창고로 '이동'했다.
에이다는 베르누이 수를 생성하는 문제를 풀기 위해 복잡한 춤의 안무
를 짰다. 밤낮없이 연구하면서, 배비지와 서신을 교환하고, 질병과 힘
겨운 고통 그리고 날뛰는 자신의 마음에 시달렸다.

> 저의 '두뇌'는 그저 '언젠가는 죽는 존재' 그 이상의 어떤 것입니다.
> 시간이 알려줄 거예요(제가 숨 쉬고 하는 것들이 죽음으로부터 멀어지
> 는 것이 아니라 죽음을 향해 너무 빨리 가지만 않았으면 해요). 10년이
> 지나기 전에, 제가 이 우주의 신비로부터 (인간의 입술이나 두뇌로는
> 할 수 없는 방식으로) 얼마간의 생혈life-blood을 빨아먹지 않는다면 두
> 뇌에 악마가 자리할 거예요.
> 이 '팔팔한' 작은 뇌 안에 아직 개발되지 않은 '무서울' 정도의 에너

지와 힘이 있다는 것을 아는 사람은 없습니다. 환경이 달라지면 제 두뇌가 어찌될지 선생님이 가늠할 수 있으리라는 생각에 저는 '무서운'이라는 표현을 썼습니다. …

저는 베르누이 수를 연역해내는 모든 방식을 밑바닥까지 집요하게 공략하고, 샅샅이 살피고 있습니다. … 저는 이 주제와 씨름하면서 다른 주제들과 '연결'시키고 있습니다.[86]

에이다는 기계를 프로그래밍하고 있었다. 실물이 없었기 때문에 프로그래밍은 머릿속에서 이뤄졌다. 당시 에이다가 처음으로 맞닥뜨린 복잡성은 다음 세기의 프로그래머들에게는 익숙한 것이었다.

이런 기관을 움직이려면 매우 다양하고 서로 복잡하게 얽힌 것들을 생각해야만 한다. 뚜렷이 구별되는 여러 효과들이 동시에 일어나는 일이 빈번하다. 말하자면 모든 것들이 서로 독립적이면서도 어느 정도는 상호 간에 영향을 미치는 것이다. 각각을 다른 모든 것들에 맞추기 위해서는, 또 이들을 완벽한 정확성과 성공도로 인식하고 추적하려면 어려움이 따른다. 어떤 면에서는 조건도 무수히 많고 게다가 서로 복잡하게 얽혀 있는 모든 질문을 포함하는 그런 어려움 말이다.[87]

배비지에게 털어놓은 속내를 들어보자. "정말 어처구니없이 깊은 수렁에, 또 귀찮은 일에 뛰어든 것에 크게 낙담하고 있어요."[88] 9일 후에는 이렇게 썼다. "저의 계획과 생각이 갈수록 명료해집니다. 수정처럼 좀 더 맑아지고 흐릿한 것들은 사라지고 있습니다."[89] 에이다는 완전히 새로운 일을 해냈다는 사실을 깨달았다. 열흘 후에는 플리트Fleet 거리에 있는 "테일러스 씨 인쇄소Mr Taylors Printing Office"에서 마지막 교정본과 씨름하면서 이렇게 장담했다. "선생님은 모든 '가능한' 문제를, 일어날 법한 문제와 일어날 법하지 않은 문제를 똑같이 예측하는 저의 능력과 선견지명을 반도 따라오지 못할 거예요. … 저는 아버지가 가진 시인 으로서의 능력이 분석가로서 저의 능력만큼 뛰어났다고(혹은 뛰어날 수 있었다고) 생각하지 않아요. 왜냐하면 저에게 이 두 가지 능력은 확실 히 함께 발휘되니까요."[90]

이 기계를 사용할 수 있는 사람은 누굴까? 수년 후 배비지의 아들은 해석기관이 사무원이나 상인을 위한 것은 아니라고 말했다. 평범한 계 산을 위해 기계를 만든 건 결코 아니다. "이는 호두 껍데기를 깨려고 증기해머를 쓰는 것과 같다."[91] 배비지의 아들은 라이프니츠의 말을 다 른 표현으로 바꾼 것이었다. "해석기관은 채소가게나 생선가게가 아니 라 천문대나 계산가의 사무실, 혹은 쉽게 비용을 감당할 수 있으며 많 은 계산이 필요한 곳에 쓰려고 만든 것이다." 배비지의 기관은 정부도, 또 응접실을 거쳐 간 수많은 친구들도 제대로 이해하지 못했지만, 당 시 그 영향력은 아주 멀리까지 퍼졌다.

발명과 과학적 낙관주의로 들끓었던 나라였던 미국의 에드거 앨런 포는 이렇게 썼다. "배비지 씨의 계산기계를 어떻게 받아들여야 할까? 나무와 금속으로 만들어졌고 … 생길 수 있는 오류를 바로잡는 힘이 있어 수학적으로 정확한 연산을 수행하는 기관을 어떻게 받아들여야 할까?"[92] 런던에서 배비지를 만났던 랠프 왈도 에머슨Ralph Waldo Emerson 은 1870년 이렇게 썼다.

증기는 영리한 학생이자 강인한 힘을 가진 친구지만 아직 할 일 이 많다. 이미 사람처럼 땅 위를 돌아다니고 있으며, 거기에 필요한 모든 일들을 할 것이다. 증기는 작물에 물을 대고, 산을 옮기며, 셔츠를 재봉하고, 마차를 끈다. 또한 배비지 씨의 지시에 따라 이자와 로그를 계산한다. … 앞으로는 기계와 지성이 결합된 더 높은 차원의 서비스를 제공할 것이다.[93]

이런 놀라움과 기적을 못마땅해하는 이들도 있었다. 몇몇 비판론자들은 기계와 정신 사이의 경쟁을 두려워했다. 올리버 웬들 홈즈 시니어Oliver Wendell Holmes Sr.의 말을 들어보자. "이 기계라는 것은 한낱 수학자들을 얼마나 비꼬는 물건인가! 이 프랑켄슈타인 같은 괴물은 뇌도 심장도 없고, 너무 어리석어서 실수를 하지 않는다. 그래서 옥수수 탈립기처럼 1,000부셸bushel의 결과를 쏟아내면서도 절대 더 현명해지거나 나아지지 않는다!"[94] 이들 모두는 해석기관이 실제로 존재하는 것처럼 말했지만, 해석기관이 있었던 적은 한 번도 없었다. 해석기관은 앞으로 등장하기를 기다리고만 있었다.

◎　　◉　　◎

우리 시대와 배비지의 시대 중간 즈음에 나왔던 『영국인명사전Dictionary of National Biography』의 배비지 항목에는 이렇게 쓰여 있다. 비중도 타당성도 거의 없었다.

> 수학자이자 과학 기계공. … 정부의 지원을 받아 계산기계를 만들었으나 … 엔지니어와의 의견 차이로 제작을 중단했으며, 정부에 개선된 설계안을 제안했다가 비용 문제로 거절당했다. … 케임브리지대학교의 루카스 석좌 수학 교수였지만 강의는 하지 않았다.

수학과는 동떨어져 있고, 잡다해 보였던 배비지의 관심사는 그 자신 뿐만 아니라 동시대인들마저도 인식하지 못한 공통점이 있었다. 배비 지가 집착한 주제들은 어떤 범주에도, 정확하게는 기존에 존재하는 어떤 범주에도 속하지 않았다. 배비지의 진짜 화두는 바로 메시지 전달, 인코딩, 프로세싱과 관련된 정보였다.

배비지는 특이하고도 한눈에 봐도 비철학적인 문제 두 가지에 매달 렸다. 배비지가 보기에 두 문제는 서로 깊이 연관되어 있었다. 바로 자물쇠 따기와 암호해독이었다. 암호해독은 "대단히 멋진 기술 중 하나 이지만 거기에 필요 이상으로 많은 시간을 허비한 것 같다".[95] 암호해 독을 위해 배비지는 영어를 "완전하게 분석"하는 작업을 한다. 그러고 는 한 글자, 두 글자, 세 글자 등으로 구성된 단어들, 그리고 첫째 문 자, 둘째 문자, 셋째 문자 등 알파벳순으로 나열한 단어들을 모은 특 수 사전들을 만들었다. 머지않아 이 사전들을 가지고 애너그램 퍼즐 anagram puzzle(단어나 문장을 구성하는 글자의 순서를 바꾼 퍼즐_옮긴이)과 워 드 스퀘어word square(가로로 읽거나 세로로 읽어도 같은 단어가 되는 말의 정 사각형 배열_옮긴이)를 푸는 방법론을 설계했다.

배비지는 나이테에서 자연이 과거에 대해 암호화한 메시지를 보았 다. 나무가 단단한 물질에 정보의 전체 집합체를 기록한다는 것은 심 오한 교훈이었다. "모든 소나기와 온도 변화와 바람은 식물 세계에 흔 적을 남긴다. 이 흔적이 우리에게는 경미하고, 실제로 감지할 수 없는 것일지라도 목질 구조의 깊은 곳에 영원히 기록된다."[96]

배비지는 런던에 있는 공장들에서 주석으로 만든 전성관傳聲管을 사용 해 "작업반장의 지시사항이 멀리 떨어진 곳까지 바로 전달"되는 것을 관찰하고는 전성관을 "시간 절약"에 이바지하는 장비로 분류한다. 하 지만 아직까지 말이 전달되는 거리의 한계를 파악하는 사람은 없다고 말하고는 재빠르게 이를 계산해낸다. "런던과 리버풀 사이에 소통이 가능하다고 했을 때 말이 한쪽 끝에서 다른 쪽 끝까지 닿는 데 약 17분이 걸릴 것이다."[97] 1820년대에는 메시지를 적은 것을 "기둥과 탑 혹은 교회 첨탑에 연결된 선에 달린 작은 통에 넣어서"[98] 전달한다는 아이디어를 떠올리고 런던 집에서 모형을 제작하기도 했다. 최대한 먼 거리까지 메시지 보내기라는 주제를 이러쿵저러쿵 궁리하는 데 갈수록 빠져들었다. 배비지에 따르면 브리스톨Bristol에서 밤에 발송하는 우편 행낭의 무게는 45킬로그램이었다. 이 우편 행낭을 200킬로미터 떨어진 곳까지 보내려면 "30CWT(약 1,500킬로그램_옮긴이)가 넘는 마차와 장비를 움직이게 하고 또 같은 공간에 보내야 한다."[99] 큰 낭비가 아닐 수 없다. 배비지는 대신 약 30미터마다 높은 기둥들을 세워서 우체국이 있는 도시들을 연결하자고 제안했다. 철선이 기둥과 기둥을 잇는 것이다. 도시 안에서는 교회 첨탑이 기둥 역할을 할 수 있다. 바퀴가 달린 주석 통이 선을 따라 굴러다니며 편지 묶음들을 운송할 것이다. 배비지는 이 방식을 쓰면 비용이 "상대적으로 적게 들 것이며, 뻗어나간 선 자체를 일종의 더 빠른 전신에 사용할 수 있을지 모른다"라고 말했다.

1851년 만국박람회 기간 동안 영국이 크리스털 궁전Crystal Palace에서 산업적 성과들을 전시하고 있을 때 배비지는 도싯 거리에 있는 높은 건물 창문에 움직일 수 있는 셔터를 단 석유램프를 놓고 행인들에게 암호화된 신호를 깜박이는 '명멸등'을 선보였다. 또 숫자 기호를 전달하는 데 사용할 수 있는 등대용 표준체계를 만든 다음 12부를 "해양 강대국의 관계 당국"에 보냈다. 미국 의회는 배비지의 체계를 시험 운용하는 프로그램에 5,000달러를 승인하고 나섰다. 또한 거울로 반사하는 태양광 신호와 "천정광zenith-light 신호"[100], 선원들에게 전달하기 위한 그리니치 시간 신호를 연구했다. 좌초된 선박과 해안 구조대 간 통신을 위해 모든 국가가 100가지 질문과 답변에 번호를 지정하고 "카드에 인쇄한 다음 모든 배의 여러 곳에 걸어놓고" 쓸 수 있는 표준 목록을 제안하기도 했다. 배비지는 비슷한 신호들이 군대, 경찰, 철도, 심지어 "다양한 사회적 용도"로 이웃들에게 도움을 줄 수 있다고 보았다.

하지만 배비지가 말한 용도는 전혀 분명하지 않았다. "전신은 어디에 쓸모가 있는 것이오?" 1840년 사르디니아 공국의 왕인 카를로 알베르토는 이렇게 물었다. 배비지는 어떻게 설명해야 할지 이리저리 궁리했다.

> 마침내 나는 전신으로 태풍 소식을 전하의 함대에 전할 수 있을 것이라고 이야기했다. 그러자 태풍과 관련해서 새로운 이야기들이 나왔고, 왕은 귀를 쫑긋하며 호기심을 보였다. 좀 더 명확하게 설명해야 했다. 나는 영국을 떠나기 직전에 발생한 태풍을 예로 들었다. 이 태풍으로 인해 리버풀에서 아주 큰 피해를, 글래스고에서 엄청난 피해를 입었다. … 나는 제노바를 비롯해 몇 군데에 전신이 설치되었다면 글래스고 사람들이 폭풍이 도착하기 24시간 전에 태풍에 대한 정보를 얻을 수 있었을 것이라고 덧붙였다.[101]

한편 해석기관은 기억 속에서 사라지고 말았다. 해석기관의 뒤를 이은 확실한 자손도 없었다. 그러고는 마치 묻혀 있던 보물처럼 다시 실체가 드러나면서 사람들을 놀랍도록 당혹스럽게 했다. 컴퓨터시대가 한창 꽃을 피울 무렵 역사학자 제니 유글로Jenny Uglow는 해석기관에서 "다른 의미의 시대착오"[102]를 느꼈다. 유글로의 말을 들어보자. 이 실패한 발명품은 "어두운 벽장에 든 빛바랜 청사진처럼 후대에 새롭게 발견될 아이디어를 담고 있었다."

애초 숫자표를 만드는 것이 목적이었던 해석기관은 현대에 와서 새로운 형태로 바뀌면서 숫자표를 한물간 것으로 만들었다. 배비지는 이런 변화를 예상했을까? 배비지는 자신의 비전이 미래에 어떻게 될지 궁금해했다. 누군가 범용 연산기계를 만들려고 다시 시도하려면 반세기는 지나야 할 것이라고 생각했다. 실제로 필요한 기술적 토대가 갖춰지기까지 거의 한 세기가 걸렸다. 1864년 배비지는 이렇게 썼다. "누구든 나의 사례에 위축되지 않고 다른 원칙, 혹은 더 단순한 기계적 수단을 가지고 수학적 분석을 전체적으로 실행할 수 있는 기관을 실제로 만드는 데 성공한다면 기꺼이 그에게 나의 명예를 돌릴 것이다. 그 사람만이 내가 쏟아부은 노력과 그 결과물의 가치를 온전히 이해할 수 있을 것이기 때문이다."[103]

배비지는 앞으로 미래에는 무엇보다도 하나의 진실이 특별한 역할을 할 것으로 보았다. 바로 "'아는 것이 힘'이라는 금언"이었다. 배비지는 이 말의 의미를 곧이곧대로 받아들였다. 지식은 "그 자체로 물리적 힘의 발생기"이다. 과학은 세상에 증기력을 선사했으며, 머지않아 또 과학은 전기라는 조금은 실체가 불분명한 존재로 향할 것이라고 배비지는 내다봤다. "이미 과학은 에테르적인 유체(전기)를 거의 손아귀에 넣고 있다." 배비지는 한술 더 떠 이렇게 말한다.

'계산' 과학은 우리가 진보하는 매 단계마다 거듭 필요성을 더할 것이며, 틀림없이 과학을 일상생활에 활용하는 모든 일을 관장할 것이다.

배비지는 죽기 몇 년 전 친구에게 500년 후의 미래를 사흘만 살아볼 수 있다면 여생을 기꺼이 포기할 것이라고 말했다.

배비지의 젊은 친구 에이다 얘기를 해보자. 에이다 러브레이스 백작 부인은 자궁암에 걸려서 아편틴크laudanum와 대마초로도 가시지 않는 길고 끔찍한 고통에 시달리다가 훨씬 일찍 생을 마감했다. 오랫동안 가족들은 그녀에게 자궁암에 걸렸다는 사실을 숨겼다. 결국 에이다는 자신이 죽어가고 있음을 알게 된다. "'다가오는 일들은 그림자를 먼저 드리운다'라는 말이 있죠."[104] 에이다는 어머니에게 이렇게 썼다. "때로 그 일들이 '빛'을 비출 수도 있지 않을까요?" 가족들은 그녀를 아버지 곁에 묻었다.

에이다 역시 미래에 대한 마지막 꿈을 꿨다. "'그때' 저는 저만의 방식으로 '전제군주'가 되는 거예요."[105] 그녀는 자기 앞에 결집한 군대를 거느릴 것이다. 세상의 철권 통치자들은 물러서야 할 것이다. 군대는 어떻게 구성될까? "지금 밝히지는 않겠어요. 하지만 저는 그들이 가장 '조화롭게' 규율된 군대가 될 것이라는 희망을 갖고 있어요. 이 군대는 방대한 '숫자'로 구성되어 있으며, '음악' 소리에 맞춰 거침없이 행진해요. 정말 신비롭지 않나요? '저의' 군대는 분명히 '숫자'로 구성되어야 해요. 그게 아니라면 아예 존재할 수도 없을 거예요. … 하지만 도대체 이 '숫자'들은 '무엇'일까요? 거기에 수수께끼가 있어요."

제5장 지구의 신경계

—

몇 가닥 초라한 전선에서
무엇을 기대할 수 있겠는가?

전기를 통해 물질세계가 눈 깜짝할 사이에
수천 킬로미터에 걸쳐 진동하는 거대한 신경이 된 것이 사실일까,
아니면 나의 꿈일까?
더 정확히 말하면 둥근 지구는
지성이 넘치는 거대한 머리 혹은 두뇌이다!
혹은 그 자체가 사고, 오직 사고이며,
더 이상 우리가 여기는 실체가 아니다![1]
—

너새니얼 호손Nathaniel Hawthorne(1851)

1846년 저지시티Jersey City 페리 하우스Ferry House 위층에 자리 잡은 작은 방에서 직원 세 명이 뉴욕시 전체 전신 물량을 처리했음에도 업무 강도가 그리 세지 않았다.[2] 이들은 볼티모어와 워싱턴을 잇는 한 쌍의 전선 한쪽 끝을 관리했다. 메시지를 받으면 손으로 기록해 여객선으로 허드슨 강 건너편 리버티가Liberty Street 부두로 전달한 다음, 월가 16번지에 있는 자기전신회사Magnetic Telegraph Company의 첫 번째 사무실로 배달했다.

강이 큰 장애가 되지 않았던 런던에서는 자본가들이 전기전신회사 Electric Telegraph Company를 차리고는 구리선을 (꼬아 케이블로 만들고 여기에 수지를 입힌 다음 철제 파이프에 넣어) 새로 생긴 철로를 따라 깔았다. 전기전신회사는 영란은행 맞은편, 로스버리가Lothbury Street에 있는 파운더스 홀Founders' Hall을 빌려 중앙사무소를 차리고는 전기시계를 설치해 그 존재를 과시했다. 이미 전신에서 쓰는 시간이 철도에서 쓰는 시간이었다는 점에서 전기시계 설치는 현대적이고 적절했다. 1849년 무렵 전신사무소는 밤낮으로 가동되는 여덟 대의 전신기를 자랑했다. 또한 400개의 배터리가 전력을 공급했다. 1854년 앤드루 윈터Andrew Wynter 기자는 이렇게 썼다. "우리 앞에는 전기장치 시계로 장식된 치장 벽토를 바른 벽이 있다. 누가 이 좁은 이마 뒤에 영국의 신경계를 관장하는 커다란 두뇌(그렇게 지칭해도 된다면)가 들어 있다고 생각할까?"[3] 전신을 생체 배선에 비유하여 케이블을 신경에, 나라 혹은 지구 전체를 인체에 빗댄 것은 윈터가 처음도, 마지막도 아니었다.[4]

이 비유는 두 개의 복잡한 현상을 연결했다. 전기는 마술에 가까운 신비에 싸인 수수께끼였을 뿐만 아니라, 신경 역시 제대로 이해하는 사람이 아무도 없었다. 물론 신경이 일종의 전기를 전도하며, 따라서 아마도 뇌가 신체를 제어하게 만드는 전선관 역할을 한다는 사실은 알고 있었다. 신경섬유를 조사하던 해부학자들은 신경섬유가 몸의 수지에 해당하는 것으로 절연되어 있는 것은 아닌지 궁금해했다. 어쩌면 신경은 전선 '같은' 것이 아니라 하계nether regions에서 감각중추로 메시지를 전달하는 전선일 수도 있었다. 알프레드 스미Alfred Smee는 1849년 펴낸 『전기생물학의 기본Elements of Electro-Biology』에서 두뇌를 배터리에, 신경을 "생체 전신"에 비유했다.[5] 지나친 비유가 으레 그렇듯 스미의 비유도 조롱을 받았다. 먼로 파크Menlo Park의 한 신문기자는 에디슨이 신경통에 시달린다는 사실을 알고 이렇게 썼다. "의사가 들어와서 살피더니 세 개의 전선을 가진 전신에 빗대어 삼차 신경의 관계를 설명했는데, 그러면서 안면신경통의 경우 각 치아를 전신수를 둔 전신국으로 볼 수 있음을 우연찮게 알게 되었다."[6] 전화가 등장하면서 이런 비유는 활개를 쳤다. 《사이언티픽 아메리칸Scientific American》은 1880년 이런 글을 실었다. "전화통신이 즉시 이루어진다면 문명사회에서 흩어져 있는 구성원들이 긴밀하게 연결되는 때가 올 날이 머지않을 것이다. 마치 신체의 다양한 부위들이 신경계로 연결되는 것처럼 말이다."[7] 이런 비유는 다분히 추측에 근거한 것이었지만 마냥 틀린 말은 아니었다. 신경은 실제로 메시지를 전달했고, 전신과 전화는 처음으로 사회를 긴밀한 유기체 같은 것으로 바꾸기 시작했다.

초창기 이런 발명(품)들은 기술의 연대기에 유례가 없는 흥분을 자아냈다. 매일 발행되는 신문과 매달 나오는 잡지, 그리고 더 중요하게는 전선 자체를 타고 이런 흥분이 이곳저곳으로 퍼져나갔다. 새로운 미래상이 떠올랐다. 세계가 변화하고 있으며, 전신으로 인해 아이들 세대는 완전히 다른 삶을 살 것이다. 1852년 미국의 한 역사학자는 단언했다. "전기는 과학의 시詩이다."[8]

하지만 전기의 실체를 아는 사람은 아무도 없었다. 한 권위자는 이렇게 말했다. "보이지 않고, 만질 수 없으며, 가늠할 수 없는 물질."[9] 그래도 전기는 분자나 에테르(자체가 모호하고, 궁극적으로 사라진 개념)의 "독특한 상태"와 관련이 있다는 데는 모두 동의했다. 17세기에 토머스 브라운은 전기소電氣素를 "늘어나고 줄어드는 시럽의 줄"로 묘사했다. 18세기 벤저민 프랭클린Benjamin Franklin은 연날리기 실험을 해 '번개와 전기가 같다'라는 것을 증명했다. 하늘에서 번쩍이는 무시무시한 번개와 땅 위의 특이한 스파크와 전류가 동일하다는 것을 밝힌 것이다. 1748년 박물학자이자 약간의 쇼맨십을 가진 아베 놀레Abbé Nollet는 프랭클린의 뒤를 이어 "우리의 손에 있는 전기는 자연의 손에 있는 번개와 같다"라고 말하고는 자신의 말을 증명하기 위해 라이덴병과 철선을 이용해 1.6킬로미터에 걸쳐 둥글게 늘어선 200명의 카르투지오Carthusian 수도사들에게 전기충격을 가하는 실험을 하기도 했다. 수도사들이 거의 동시에 펄쩍 뛰고, 깜짝 놀라고, 몸을 떨고, 비명을 지르는 것을 본 구경꾼들은 정보 함량은 적지만 아주 없지는 않은 메시지가 엄청나게 빠른 속도로 돌았다고 생각했다.

후에 영국의 마이클 패러데이는 전기를 마법에서 과학으로 바꾸기 위해 누구보다 많은 일을 했다. 하지만 패러데이의 연구가 절정에 이른 1854년에도 배비지를 대단히 존경했던 과학저술가 라드너는 "과학계는 아직 전기의 물리적 속성에 대한 합의에 이르지 못했다"[10]라고 매우 정확하게 지적했다. 전기가 어떤 기체보다 "가볍고 감지하기 힘든" 유체라고 생각하는 사람도 있었고, "양극성을 띤" 두 가지 유체의 합성물로 의심하는 사람도 있었으며, 유체가 아니라 소리와 비슷한 "연속적 파동 혹은 진동"이라고 생각하는 사람도 있었다. 《하퍼스 매거진》은 "전류current"라는 말이 비유에 불과하다고 경고하면서 다음과 같은 이해하기 힘든 말을 덧붙였다. "전기는 우리가 쓰는 메시지를 운반하는 것이 아니라 전선의 반대편에 있는 전신 기사가 비슷한 메시지를 쓸 수 있도록 만드는 것이다."[11]

어찌 됐든 간에 전기는 인간의 통제하에 놓인 자연의 힘으로 여겨졌다. 뉴욕의 신생 일간지 《더 타임스The Times》는 전기를 증기와 비교하면서 이렇게 설명했다.

> 둘 다 인간의 기술과 능력으로 자연에서 끌어낸 강력하고 심지어 가공할 힘이다. 그러나 전기는 증기보다 훨씬 감지하기 힘든 에너지이다. 증기는 인위적 생산물이지만 전기는 고유한 자연적 요소이다. … 자기와 결합한 전기는 좀 더 인간적인 물질이 되며, 전송용으로 발전하면 인간이 사는 지구의 끝까지 달려갈 준비가 되어 있는 안전하고 신속한 전령이다.[12]

돌이켜보면, 음유시인들은 욥기의 한 구절이 현대를 예견하고 있다고 보았다. "네가 번개를 보내어 가게 하되 번개가 네게 '우리가 여기 있나이다' 하게 하겠느냐?"[13]

하지만 번개는 어떤 것도 '말하지' 않았다. 번개는 눈부시게 하고, 갈라지게 하고, 불태우지만, 메시지를 전달하려면 약간의 창의성이 필요했다. 처음에는 인간이 전기를 가지고 할 수 있는 게 거의 없었다. 전기는 불꽃보다 밝은 빛을 내지 못했고, 조용했다. 그러나 전기는 전선을 따라 아주 멀리 보낼 수 있었고(이 사실은 일찍 발견되었다), 전선을 약한 자석이 되게 하는 것 같았다. 전선은 얼마든지 늘릴 수 있었다. 전류의 도달 범위에는 한계가 없었던 것이다. 장거리 통신이라는 오랜 꿈과 관련하여 이 사실이 어떤 의미를 갖는지는 바로 알 수 있었다. 이는 동조하는 바늘을 의미했다.

먼저 전선을 만들고, 절연재를 입히고, 전류를 저장하고 측정하는 현실적인 문제들을 해결해야 했다. 이를 위해서는 공학 분야 하나를 통째로 발명해야 했다. 공학과 별개로 다른 문제도 있었다. 바로 메시지 자체의 문제였다. 이는 기술적인 문제라기보다는 논리적 문제에 가까웠다. 동역학에서 의미로 가는 단계를 건너는 문제였던 것이다. 메시지는 어떤 형태를 취해야 할까? 전신은 어떻게 전기라는 유체를 단어로 바꿀 수 있을까? 먼 곳까지 영향력을 발휘하는 자기의 힘을 빌리면 바늘이나 쇠 줄밥 혹은 심지어 작은 레버 같은 물질들을 움직일 수 있었다. 사람들은 저마다 다른 아이디어들을 떠올렸다. 전자기는 자명종을 울리고, 톱니바퀴 장치의 동작을 제어하고, 펜이 달린 손잡이를 움직일 수 있었다(그러나 19세기의 공학은 글을 쓰는 장치를 개발하는 수준에는 미치지 못했다). 혹은 전류는 대포를 발사할 수도 있었다. 멀리 떨어진 곳에서 신호를 보내서 대포를 발사할 수 있다고 상상해보라! 예비 발명가들은 자연스럽게 과거의 통신 기술을 들췄지만 쓸 만한 것이 없었다.

전기전신electric telegraphs이 있기 전에는 그냥 전신telegraphs이 있었다. '전신les télégraphes'은 프랑스 혁명기 클로드 샤프Claude Chappe가 발명하고 이름 붙인 것이다.* 전신은 시각적이었다. 말하자면 '전신'은 가시거리에 있는 다른 탑에 신호를 보내는 탑이었다. 업무는 이른바 봉화보다

---

* 그러나 미오 드 멜리토Miot de Melito 백작은 회고록에서 샤프가 전쟁성에 제출한 구상 속의 명칭은 '타키그라프tachygraphe'(속기자)였으며, 자신이 "말하자면 일상어가 된" '텔레그라프télégraphe'라는 이름을 제안했다고 주장했다.[14]

효율적이고 유연한 신호체계를 만드는 것이었다. 클로드는 동생 이냐스Ignace와 함께 수년에 걸쳐 이런저런 방식을 시도하며 신호체계를 개선했다.

첫 번째 방식은 특이하고 창의적이었다. 샤프 형제는 한 쌍의 추시계가 같이 움직이도록 맞추고 다이얼을 따라 회전하는 각 시계의 바늘은 비교적 빠르게 움직이게 만들었다. 실험은 파리에서 서쪽으로 160킬로미터 떨어진 이들의 고향 브륄롱Brûlon에서 이뤄졌다. 발신자인 이냐스는 바늘이 미리 정한 숫자에 이를 때까지 기다렸다가 때가 되면 종을 울리거나 총을 쏘거나 혹은 대개 냄비를 두드려서 신호를 보냈다. 약 400미터 떨어진 곳에서 있던 클로드는 소리를 듣고 자신의 시계에서 해당하는 숫자를 읽었다. 그러고는 미리 정한 목록을 검색해 숫자를 단어로 바꾸었다. 이처럼 동기화된 시계를 이용한 통신이라는 개념은 20세기에 물리학자의 사고실험과 전자장비에 다시 등장했으나 1791년에는 별다른 결실을 맺지 못했다. 한 가지 단점은 두 중개소가 눈에 보이고 소리가 들리는 거리에 있어야 한다는 것이었다. 이 정도로 가까운 거리에서는 굳이 시계를 쓸 필요가 없었다. 게다가 일단 두 시계를 동조시키고 계속 유지하는 것도 문제였다. 결국 동조화를 가능케 한 것은 빠른 장거리 신호 전달이었다(그 반대는 아니었다). 자기 꾀에 걸려 넘어지고 만 것이다.

한편 샤프 형제는 피에르Pierre와 르네René라는 다른 형제 둘과 함께 프로젝트를 진행하면서 지역 공무원 몇몇과 왕실 공증인들을 증인으로 끌어들였다.[15] 이번에는 시계와 소리가 없는 상태에서 했다. 샤프 형제는 도르래로 올리고 내릴 수 있는 다섯 개의 빈지문sliding shutter을 단 커다란 나무틀을 만들었다. 이 '전신'은 각각의 가능한 조합을 통해 32(2^5)개의 기호로 구성된 알파벳을 전달할 수 있었다. 세부적인 내용은 전해지지 않지만 이것은 또 다른 이진 코드였다. 새로 구성된 의회에 자금 지원을 요청하고 있던 클로드는 브뤼롱에서 희망적인 메시지를 날려 보냈다. "L'Assembleé nationale récompensera les experiences utiles au public(의회는 대중에게 유익한 실험에 자금을 지원할 것이다)." 여덟 단어를 전달하는 데 6분 20초가 걸렸으나, 이 메시지에 담긴 바람은 실현되지 않았다.

혁명기의 프랑스는 근대적인 실험을 하기에 좋은 곳이기도 했고, 나쁜 곳이기도 했다. 클로드가 전신의 시제품을 파리 북동쪽의 파르크 생-파르조parc Saint-Fargeau에 세우자 의심 많은 군중들이 불태워버린 일도 있었다. 비밀 메시지를 보낼까 봐 두려웠던 것이다. 샤프는 새로운 기구였던 기요틴처럼 신속하고 안정적인 기술을 계속해서 궁리했다. 이렇게 해서 만든 것이 밧줄로 조종하는 두 개의 큰 팔이 달린 거대한 들보로 된 기구였다. 초기에 만들어진 수많은 기계들이 그렇듯 이 기구도 다소 사람을 닮았다. 팔은 45도 간격으로 일곱 가지 각도를 취할 수 있었으며(한 각도에서는 들보가 팔을 가리게 되므로 여덟 가지 각도는 아니었다), 들보도 회전시킬 수 있었다. 이 모든 동작은 밑에서 크랭크와 도르래로 구성된 장치를 조종하는 사람의 통제에 따라 이뤄졌다. 샤프는 이 복잡한 장치를 완벽하게 다듬기 위해 유명한 시계 제작자인 아브라함 루이 브레게Abraham-Louis Breguet에게 도움을 요청했다.

제어 문제가 복잡하기는 했지만 적절한 코드를 만드는 일보다는 덜했다. 순전히 기계적 측면에서 보면 팔과 들보는 어떤 각도든 취할 수 있었다. 즉, 가능한 경우의 수는 무한했다. 하지만 효율적인 신호 전달을 위해서는 경우의 수를 제한해야 했다. 의미를 가진 위치의 수가 적을수록 혼동의 위험이 줄어들었다. 샤프는 팔 하나당 일곱 가지 경우를 나누고 또 들보에는 단 두 가지만 나타내게 해, 총 98가지($7 \times 7 \times$

2) 조합이 나올 수 있는 기호를 만들었다. 샤프는 이 기호들을 그냥 글자와 숫자로 사용하기보다 정교한 코드를 만들기에 이른다. 시작과 정지, 알림, 지연, 상충(탑은 동시에 양방향으로 메시지를 보낼 수 없었다), 실패 같은 특정한 신호는 오류 교정과 제어에 사용됐다. 다른 신호들은 한 쌍을 이루어 전용 코드북의 쪽과 줄을 가리켰다. 코드북에는 단어와 음절, 사람과 장소의 이름 등 8,000개 항목 이상이 들어 있었다. 이 모든 내용은 신중하게 비밀로 지켜졌다. 결국 메시지는 누구나 볼 수 있게 공개된 상태로 보내졌다. 샤프는 자신이 꿈꾸는 전신망을 정부가 소유하고 운용하는 것이 당연하다고 생각했다. 전신망은 부나 지식의 도구가 아니라 권력의 도구라 보았던 것이다. 샤프의 말을 들어보자. "정부가 전신 시스템을 이용하여 직접, 매일, 매시간, 동시에 전국민에게 영향력을 전파해 우리가 권력에 대해 가질 수 있는 가장 원대한 이상을 실현하는 날이 올 것이다."[16]

나라가 전란에 휩싸이고 국민공회가 권력을 잡게 되면서 샤프는 일부 유력 의원들의 관심을 끄는 데 성공했다. 그중 한 명인 질베르 롬 Gilbert Romme은 1793년 "샤프는 반듯한 선분線分으로 만들어진 기호 몇 개로 공중에 글을 쓰는 창의적인 수단을 내놓았다"[17]라고 발표했다. 롬은 공회를 설득해 파리 북쪽에 약 10~15킬로미터 간격으로 세 개의 전신탑을 한 줄로 세우는 데 필요한 6,000프랑을 승인하게 했다. 샤프 형제들은 신속하게 움직였고 여름이 다가기 전에 의원들이 지켜보는 가운데 성공적으로 시연회를 끝마쳤다. 의원들은 군사지대에서 소식을 받고, 자신들의 명령과 법령을 전달하는 수단을 흡족하게 바라봤다. 샤프에게는 전신엔지니어ingénieur télégraphe라는 공직과 정부마 government horse 이용권 그리고 월급이 지급되었다. 샤프는 파리 루브르에서 북쪽 국경도시인 릴까지 약 200킬로미터에 걸쳐 전신소를 일렬로 세우기 시작했다. 채 1년이 되지 않아 18곳에서 전신소가 운용되었다. 첫 번째 메시지는 릴에서 날아왔다. 프랑스군이 프로이센, 오스트리아 연합군을 무찔렀다는 낭보였다. 공회는 열광했다. 한 의원은 인류의 4대 발명품으로 인쇄술, 화약, 나침반과 함께 "전신 기호 언어"를 꼽았다.[18] 언어에 주목했다는 점에서는 옳았다. 밧줄과 레버 그리고 나무 들보 같은 하드웨어의 측면에서 보면 샤프 형제의 발명품은 새로운 게 없었다.

동쪽으로는 스트라스부르Strasbourg, 서쪽으로는 브레스트Brest, 남쪽으로는 리옹Lyon까지 전신소가 가지를 치며 세워지기 시작했다. 1799년 권력을 잡은 나폴레옹은 사방으로 "Paris est tranquille et les bons citoyens sont contents(파리는 평온하고 선량한 시민들은 행복하다)"라는 메시지를 보내라고 명령했고, 곧 밀라노까지 새로 전신소를 세우라고 지시했다. 전신 시스템은 통신 속도에서 새로운 표준을 세우고 있었다. 실질적 경쟁자라고는 말을 탄 전령밖에 없었기 때문이다. 하지만 속도는 두 가지 방식으로 측정할 수 있었다. 바로 거리 면에서 측정하는 것 아니면 기호와 단어 측면에서 측정하는 방식이었다. 한때 샤프는 하나의 신호를 툴롱Toulon에서 약 765 킬로미터 떨어진 파리까지 120개의 전신소를 거쳐 10분이나 12분 만에 전달할 수 있다고 주장했다.[19] 그러나 비교적 짧은 거리라 할지라도 온전한 메시지를 전달하는 것에는 이런 주장이 먹히지 않았다. 제아무리 빠른 전신수라도 분당 세 개 이상의

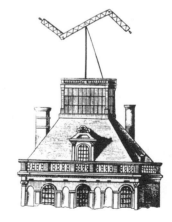

샤프 전신

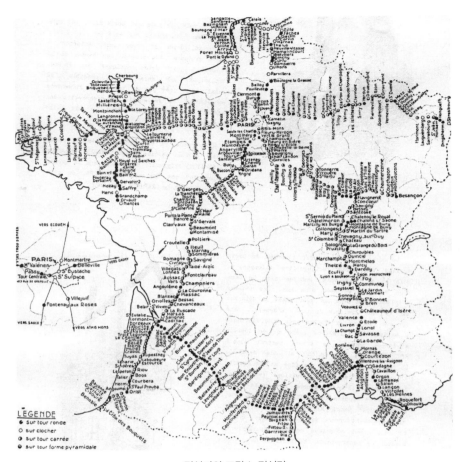

전성기의 프랑스 전신망

신호를 보낼 수 없었다. 이렇게 신호를 보내면 다음 전신수가 망원경으로 본 각 신호를 공책에 받아 적은 다음 크랭크와 도르래를 돌려서 재생하고, 다음 전신소가 정확하게 수신했는지 확인해야 했다. 신호체계는 취약하고 까다로웠다. 비나 안개 혹은 전신수의 부주의로 메시지 전달이 중단될 수 있었던 것이다. 1840년대 이뤄진 조사를 보면 성공률이 하절기에는 세 개 중 두 개였고, 동절기에는 한 개로 떨어졌다.

코딩과 디코딩에도 시간이 걸렸으나 이 작업은 전신선의 처음과 끝에서만 이뤄졌다. 중간에 있는 전신수들은 신호를 이해하지 못해도 전달할 수 있다는 말이다. 실제로 많은 '전신수들stationaires'이 문맹이었다.

메시지를 받아도 무조건 신뢰할 수만은 없었다. 중개소가 많다는 것은 그만큼 오류가 많다는 것을 의미했다. 말 전달놀이(영국에서는 '중국말 속삭임Chinese Whispers', 중국에서는 '이어촨어以讹传讹', 터키에서는 '귀에서 귀로', 현대 미국에서는 그냥 '전화'로 알려진 놀이)를 해본 아이들이라면 이게 뭔 말인지 알 것이다. 동료들이 오류 교정 문제를 거들떠보지도 않자 이냐스 샤프는 이렇게 불평했다. "이들은 아마 두세 곳 이상의 전신소를 가지고 실험한 적이 한 번도 없을 것이다."[20]

지금이야 옛날 전신을 기억하는 사람이 없지만, 당대에는 그야말로 충격을 불러일으켰다. 런던에서는 드루어리 레인Drury Lane 극장의 연예인이자 작곡가인 찰스 딥딘Charles Dibdin이 1794년 뮤지컬에서 전신의 놀라운 미래를 예견했다.

여러분 중 누구도 웃지 않겠다고 약속만 해준다면
프랑스의 전신을 설명해드리겠습니다.
이 기계는 너무나 놀라운 능력을 지녀서
시속 80킬로미터로 소식을 쓰고, 읽고, 보낸답니다.
…
아! 재미 삼아 복권에 돈을 거는 사람들은 유대인들처럼 부자가 될 겁니다.
이 사람들은 비둘기를 날려서 소식을 전하는 대신
올드 오몬드 키Old Ormond Quay에 전신기를 하나 놓고
다른 전신기를 바다 한가운데 있는 배에 놓을 겁니다.

...

안녕, 1페니 우편이여! 편지와 마차여, 안녕.

너희들이 할 일은 사라졌고, 모든 것이 끝났단다.

너희들의 자리에 집집마다 전신기가 놓여

시간을 알리고, 번개를 막고, 셔츠를 말리고, 소식을 보낼 거야.[21]

전신탑은 유럽과 유럽 너머로 퍼져나갔는데, 지금도 농촌에 가면 폐허가 된 전신탑을 볼 수 있다. 텔레그래프 힐Telegraph Hill, 텔레그라프베르게트Telegrafberget, 텔레그라펜-버그Telegraphen-Berg 같은 지명들이 그 흔적을 보여준다. 스웨덴, 덴마크, 벨기에는 일찍이 프랑스 모델을 토대로 시스템을 개발했다. 곧 독일이 뒤를 이었다. 1823년 캘커타Calcutta와 추나르Chunar, 1824년에는 알렉산드리아와 카이로를 잇는 전신선이 가동되기 시작했다. 러시아의 니콜라이 1세는 바르샤바에서 상트페테르부르크를 거쳐 모스크바까지 220곳에 전신소를 세웠다. 세계의 통신을 장악해나갔던 전신은 성장할 때보다 더 빠른 속도로 폐기되고 만다. 켄터키의 발명가이자 역사가인 탈리아페로 샤프너Taliaferro Shaffner 대령은 1859년 러시아를 여행하다가 꽃으로 조경을 하고 그림을 그려 세심하게 관리한 전신탑의 높고도 아름다운 모습에 그리고 갑작스럽게 모두 아무짝에도 쓸모없어진 전신탑에 강한 인상을 받았다.

지금 전신소에는 침묵이 감돈다. 표시기는 미동도 하지 않는다. 여전히 우뚝 서 있는 전신탑은 흘러가는 시간 앞에 빠르게 무너져 내리고 있다. 전선이(겉모습은 웅장함이 떨어지지만) 제국을 횡단하면서 넓은 영토에 흩어진 6,600만 백성들에게 전할 황제의 뜻을 저 멀리서 타오르는 불꽃으로 새긴다.[22]

몽마르트의 전신탑

샤프너가 보기에 이는 일방적인 대화였다. 6,600만 백성들은 황제에게 그리고 서로에게 말할 수 없었다.

전신에 메시지를 보낼 때 어떤 내용을 써야 할까? "서신의 주제가 될 수 있는 것은 뭐든"[23] 된다고 클로드 샤프는 제안했지만, 그 사례를 보면("루크너Lukner는 몽스Mons를 포위하기 위해 떠났고, 벤더Bender는 방어하기 위해 전진하고 있다") 샤프가 말하는 게 무슨 뜻인지 분명히 알 수 있다. 바로 군대 파견과 국가 중대사였다. 나중에는 날씨나 주가 같은 정보들도 보내자고 제안했다. 나폴레옹은 허가하지 않았다. 비록 그 자신은 1811년에 아들인 나폴레옹 2세의 탄생을 알리기 위해 전신을 이용하기는 했지만 말이다. 엄청난 정부투자로 구축되어 하루에도 수백 개의 단어를 전달할 수 있는 이 통신 인프라는 민간에서 거의 사용되지 않았다. 상상할 수 없는 일이었다. 한 세기가 지나 민간의 메시지 전달을 상상할 수 있는 때가 되어서도 몇몇 정부는 달가워하지 않았다. 프랑스는 기업가들이 민간 전신망을 조직하려고 하자 즉시 금지했다. 1837년 제정된 법에 따르면 "전신기나 기타 수단을 통해 허가 없이 한곳에서 다른 곳으로 신호를 전달하는 자"[24]는 징역형이나 벌금형에 처해질 수 있었다. 지구의 신경계라는 아이디어는 다른 곳에서 등장해야 했다. 이듬해인 1838년, 미국인 새뮤얼 모스는 프랑스 당국을 방문해 전선을 이용한 '전신'을 제안했다. 프랑스 당국은 단호하게 거절했다. 웅장한 신호장치에 비해 전기는 보잘것없고 불안정해 보였다. 공중으로 전달되는 전신 신호를 방해할 수 있는 사람은 아무도 없었지만, 전선이라는 것은 폭도들에게 절단될 수 있었다. 기술 심사를 맡은 의사이자 과학자인 쥘 기요Jules Guyot는 "몇 가닥 초라한 전선에서 무엇을 기대할 수 있겠는가?"[25]라고 빈정거렸다. 정말로 그랬다.

◎   ◎   ◎

까다로운 전류 발생 충격기를 관리하려면 몇 가지 험난한 기술적 문제들을 해결해야 했다. 전기가 언어를 만나는 지점에서도 몇몇 다른 기술적 문제들이 발생했다. 여기서 단어는 눈 깜짝할 사이에 전선을 지나는 형태로 바뀌어야 했다. 전기와 언어 사이의 교차점, 즉 기구와 인간 사이의 인터페이스를 만들려면 새로운 창의성이 필요했다. 발명가들 머릿속에서 수많은 전략들이 떠올랐다. 사실 이들 전략은 모두 어떻게든 표기문자에 바탕하고 있었으며, 중간 매개 단계로 글자를 이용하고 있었다. 언급할 필요도 없이 당연해 보였다. 어차피 '전신telegraph'이라는 단어 자체가 "원격 기록far writing"을 뜻했다. 그리하여 1774년 제네바의 조르주-루이 르 사주Georges-Louis Le Sage는 24개 글자에 맞게 전선 24개를 따로 마련했다. 각각의 전선은 유리병 안에 걸린 금박 조각이나 중과피구中果皮球, pith ball 혹은 "자력에 쉽게 이끌리며 동시에 쉽게 관찰할 수 있는 다른 물체"[26]를 움직이기에 충분한 정도의 전류만 전달했다.

하지만 실용화하기에는 너무 전선이 많았다. 1787년 로몽Lomond이라는 프랑스인은 방을 가로질러 전선 한 줄을 설치하고는 중과피구가 여러 방향으로 움직이게 만듦으로서 각각 다른 글자를 표시할 수 있다고 주장했다. 이를 지켜본 한 사람은 "로몽이 중과피구의 움직임으로 글자를 만든 것처럼 보였다"라고 전했지만, 보아하니 코드를 이해하는 사람은 로몽의 부인뿐이었다. 또한 1809년에는 독일인 자무엘 토마스 폰 죄머링Samuel Thomas von Sömmerring이 방울전신기bubble telegraph를 만들었다. 물이 든 용기 안의 전선을 지나는 전류는 수소 방울을 발생시켰다. 각 전선 그리고 거기서 발생하는 방울은 글자 한 개를 가리켰다. 폰 죄머링은 이 장치를 만들면서 전기로 종을 울리는 방법도 개발했다. 숟가락을 물속에 뒤집어서 설치하고 수소 방울로 숟가락을 기울이면 그 무게로 레버가 작동하여 종을 울리는 방식이었다. 폰 죄머링은 일기에 이렇게 썼다. "이 부수적 물건인 자명종을 만드느라 장치를 붙들고 많은 고민과 쓸데없는 실험들을 해야 했다."[27] 대서양 건너편에서는 미국인 해리슨 그레이 다이어Harrison Gray Dyer가 전기 스파크가 내는 질산에 리트머스지가 변색되는 것을 활용해 신호를 보내려고 시도했다.[28] 다이어는 롱아일랜드 경마장 주위의 나무와 말뚝에 전선을 걸고 실험을 했다. 리트머스지는 손으로 움직여야 했다.

뒤이어 바늘이 등장했다. 물리학자인 안드레-마리 앙페르André-Marie Ampère는 자신이 개발한 검류계를 신호기로 활용하자고 제안했다. 전자기에 의해 방향을 바꾸는 바늘이 달린 검류계는 순간적으로 인위적 북극을 가리키는 나침반과 같았다. 앙페르도 하나의 바늘로 모든 글자를 나타내는 방식을 생각했다. 러시아에서는 파벨 실링Pavel Schilling 남작이 다섯 개의 바늘을 갖춘 시스템을 시연한 후 나중에 하나로 줄였다. 실링은 우신호와 좌신호의 조합을 글자와 숫자에 할당했다. 1833년 괴팅겐Göttingen에서는 수학자인 칼 프리드리히 가우스Carl Friedrich Gauss가 물리학자인 빌헬름 베버Wilhelm Weber와 함께 바늘 한 개를 사용하는 비슷한 방식을 고안했다. 바늘이 한 번 방향을 전환하면 오른쪽과 왼쪽, 이 두 가지 신호가 가능했다. 두 번의 방향 전환을 조합하면 네 가지 가능성이 추가로 생겨났다(우+우, 우+좌, 좌+우, 좌+좌). 세 번의 방향 전환은 여덟 가지 조합, 네 번의 방향 전환은 열여섯 가지 조합을 만들었으며, 이렇게 해서 나온 총 신호의 수는 30개였다. 기사는 신호들을 구분하기 위해 휴지기를 사용할 수 있었다. 가우스와 베버는 모음부터 시작해 글자와 숫자들을 차례대로 나열함으로써 논리적으로 (방향 전환의) 알파벳을 만들었다.

우	= a
좌	= e
우+우	= i
우+좌	= o
좌+우	= u
좌+좌	= b
우+우+우	= c(k)
우+우+좌	= d

글자를 이렇게 인코딩하는 방식은 어떻게 보면 이진법을 따른 것이었다. 작은 신호 조각, 최소 단위는 결국 오른쪽과 왼쪽, 이 둘을 놓고

하는 선택과 같다. 각각의 글자가 나오려면 이런 선택이 얼마간 필요한데, 얼마나 필요한지는 미리 정해지지 않았다. 즉, a를 나타내는 '우'나, e를 나타내는 '좌'처럼 한 번일 수도 있고, 그 이상일 수도 있다. 이 방식은 이처럼 제한이 없어서 얼마든지 많은 글자로 구성된 알파벳을 만들 수 있었다. 가우스와 베버는 괴팅겐 천문대와 물리학 연구소 사이의 주택과 첨탑들 위로 1.6킬로미터에 걸쳐 이중 전선을 설치했다. 이들이 어떤 내용을 주고받았는지는 알려지지 않았다.

이들 발명가들의 작업실 밖에서 '전신'은 여전히 탑과 신호기, 셔터, 깃발을 의미했지만, 새로운 가능성에 대한 열망이 커지기 시작했다. 법률가이자 언어학자인 존 피커링John Pickering은 1833년 보스턴 해운협회 강연에서 이렇게 밝혔다. "문외한이 보기에도 전신보다 빠르게 혹은 같은 속도로 소식을 전달하는 수단은 만들 수 없다는 게 분명합니다. 각 전신소에서 이뤄지는 거의 인지할 수 없는 중계 과정을 제외하면 전신의 빠르기는 빛에 견줄 만하기 때문입니다."[29] 피커링의 이 발언은 20킬로미터에 걸쳐 보스턴 하버Boston Harbor 지역에 세워진 다른 세 곳의 전신소와 기상 소식을 나누던 중앙 부두의 샤프식 전신탑을 특별히 염두에 둔 것이었다. 그 무렵 미국에서 창간된 10여 개의 신문들은 '텔레그래프The Telegraph'라는 현대적인 이름을 썼다. 이들 신문사 역시 멀리 소식을 전하는 일을 했기 때문이다.

에이브러햄 샤프Abraham Chappe는 "전신은 권력과 질서의 요소"[30]라고 말했지만, 이후 거리를 건너뛰는 정보의 가치를 깨달은 세력은 부상하는 금융가와 상인 계급이었다. 스레드니들Threadneedle 거리의 런던 증권거래소와 파리의 팔레 브롱냐르Palais Brongniart에 있는 파리 증권거래소 사이의 거리는 약 320킬로미터에 불과했다. 하지만 당시 그 거리를 오가는 데는 며칠이 걸렸다. 이 시간을 단축시킨다면 큰돈을 벌 수 있었다. 투자자들에게 개인용 전신은 타임머신만큼이나 유용할 것이다. 로스차일드 은행 가문은 비둘기나 더 안정적인 수단인 소규모 선단을 이용해 영국 해협 너머로 우편물을 전달했다. 멀리서도 빠르게 정보를 전달하는 수단이 발명되면서 흥분은 갈수록 고조되었다. 보스턴의 피커링은 이런 계산을 했다. "지금 뉴욕의 소식을 시속 13~16킬로미터의 속도로 이틀 만에 전해 듣는 것이 사업을 하는 데 도움이 된다면, 같은 정보를 분당 6킬로미터 속도로 한 시간 만에 전달받을 수 있다면 그만큼 큰 이득이라는 점은 삼척동자도 알 것이다."[31] 자본가, 신문, 철도회사, 해운회사의 욕망은 군사 소식을 받고 권력을 행사하려는 정부의 이해관계를 압도했다. 그럼에도 도시들이 마구 뻗어나가던 미국에서, 이런 상업적 욕망조차도 (전기가 아니라 사람의 눈에 의존한) 전신을 현실화하기에는 충분치 않았다. 1840년 단 하나의 시제품만이 두 도시 (뉴욕과 필라델피아)를 잇는 데 성공했을 뿐이다. 이 전신망은 주가에 이어 복권 당첨번호를 알리다가 폐기됐다.

수많은 전기전신 발명가 지망생들은 모두 같은 도구를 사용했다. 전선, 자기 바늘, 배터리였다. 배터리는 산성액에 잠긴 금속 조각들의 반응을 통해 전기를 얻는 갈바니 전지를 연결한 것이었다. 전구는 없었다. 모터도 없었다. 이들 발명가들은 핀, 나사, 바퀴, 스프링, 레버 등 만들 수 있는 모든 부품들을 나무와 황동으로 만들었다. 이들 모두가 목표로 하고 있는 것은 결국 같았다. 바로 알파벳의 글자들이었다. (1836년 에드워드 데이비는 어떻게 그리고 왜 글자만으로 충분한지를 이렇게 설명했다. "(단어와 문장을 만들기 위해) 한 번에 한 글자씩 신호를 보낼 수 있는데, 이를 받은 전신수가 글자 각각을 기록한다. 하지만 글자 몇 개를 무한한 방식으로 조합하면 엄청나게 많은 일상적 의사소통을 얼마든지 할 수 있다."[32]

빈, 파리, 런던, 괴팅겐, 상트페테르부르크 그리고 미국에서 이들 선구적 발명가들은 비슷한 부품을 가지고 경쟁적으로 발명에 열을 올리고 있었지만, 다른 사람들이 어떤 작업을 하는지 정확하게 아는 사람은 아무도 없었다. 관련 학문의 흐름에도 눈이 어두웠다. 전기학의 중요한 진전들이 가장 필요한 사람들에게 알려지지 않았던 것이다. 발명가들이라면 길이와 두께가 다른 전선에 흐르는 전류가 어떻게 변하는지 궁금해했다. 독일의 게오르크 옴Georg Ohm이 전류, 전압, 저항에 대한 수학적 이론을 정립한 지 10여 년이 지났음에도 이들은 여전히 같은 문제와 씨름했다. 이런 소식의 전파는 굼떴다.

이런 상황에서 미국의 새뮤얼 모스와 알프레드 베일, 영국의 윌리엄 쿡William Cooke과 찰스 휘트스톤Charles Wheatstone이 전기전신을 실현하고 사업화했다. 나중에 이들 모두는 어떤 식으로든 자기들이 전신을 '발명'했다고 주장했지만, 사실 누구도 전신을 발명하지는 않았으며, 모스는 확실히 아니었다. 이들의 협력관계는 양 대륙의 주요 전기학자들 대부분을 끌어들이는 거칠고 사나우며 격렬한 분쟁으로 끝날 운명이었다. 수많은 나라에서 진행되었던 발명의 흔적은 거의 기록되지도 않았고 심지어 전해지는 바도 거의 없다.

영국에서는 1837년 젊은 사업가 쿡(하이델베르크를 여행하다가 바늘 전신기의 시제품을 보게 된다)이 런던 킹스칼리지King's College의 물리학자인 휘트스톤과 손을 잡았다. 음향과 전기의 속도에 대한 실험을 진행하던 휘트스톤은 물리학과 언어를 결합하는 과정에서 다시 한 번 난제에 부딪히게 된다. 두 사람은 영국의 전기 권위자인 마이클 패러데이, 그리고 언어 분류체계를 다룬 『유어 분류사전Thesaurus』과 『전자기학에 대한 논고Treatise on Electro-Magnetism』를 쓴 피터 로제Peter Roget에게 자문했다. 쿡-휘트스톤 전신기는 몇 개의 시제품을 거쳐 만들어졌다. 하나는 여섯 개의 전선을 써서 세 개의 회로를 만들었는데, 각 회로는 자기 바늘을 제어했다. 쿡은 "세 개의 바늘로 가능한 신호의 모든 순열과 실용적 조합을 따진 결과 26개의 신호로 구성된 알파벳을 얻었다"[33]라고 다소 모호하게 썼다. 기사가 한눈을 팔고 있을 경우를 대비한 자명종도 있었다. 쿡에 따르면 이는 자신이 잘 아는 유일한 기계장치인 음악이 나오는 코담뱃갑에서 영감을 얻었다고 한다. 다음 버전에서는 태엽장치로 돌아가는 동조화된 한 쌍의 글자판이 홈을 통해 알파벳의 글자들을 보여줬다. 다섯 개의 바늘을 사용한 설계는 더 기발하기는 했지만 그만큼 불편했다. 20개의 글자가 마름모 형태의 격자판에 배열되었고, 숫자가 붙은 버튼을 누르면 다섯 개 중 두 개의 바늘이 원하는 글자를 특유의 방식으로 가리켰다. 쿡-휘트스톤 전신기는 C, J, Q, U, X 그리고 Z라는 글자 없이도 그럭저럭 작동했다. 이들의 경쟁자였던 베일은 후에 이렇게 썼다.

> 패딩턴Paddington역에서 슬라우Slough역으로 "적과 교전해 승리했다We have met the enemy and they are ours"라는 내용의 메시지를 보낸다고 가정하자. 패딩턴역 전신수는 슬라우역의 글자판에 'W'를 표시하기 위해 11번 버튼과 18번 버튼을 누른다. 그러면 계속 지켜보고 있던 슬라우역 전신수가 두 개의 바늘이 'W'를 가리키는 것을 보고, 이를 기록하거나 큰 소리로 불러서 다른 사람이 기록하게 한다. 최근 계산한 바에 따르면 이렇게 각 신호를 기록하는 데 최소 2초가 걸린다.[34]

이 방식이 비효율적이기 짝이 없다고 생각한 베일은 의기양양했다.

새뮤얼 모스 얘기를 해보자. 모스가 나중에 남긴 회고록들은 논쟁을 불러일으켰다. 모스의 아들은 이 논쟁을 "우선권, 독점적 발견 내지 발명, 다른 사람에 대한 신세 짐, 의도하거나 의도하지 않은 표절과 관련된 문제를 놓고 과학계에서 벌어진 장황한 다툼"[35]이라고 묘사했다. 부실한 기록과 의사소통은 이 모든 문제를 더욱 키웠다. 매사추세츠 주에서 목사의 아들로 태어나 예일대학교를 졸업한 모스는 과학자가 아니라 화가였다. 1820년대와 1830년대의 대부분을 회화繪畫 공부를 위해 영국, 프랑스, 스위스, 이탈리아를 여행하며 보냈던 모스는 이때 처음으로 전기전신 이야기를 접했다. 회고록에 따르면 모스는 갑작스러운 통찰을 얻었다고 한다. 모스의 아들은 이에 대해 이렇게 썼다. "나중에 아버지의 하인servant이 된 미묘한 유체의 섬광 같았다." 모스는 파리의 룸메이트에게 이렇게 말했다. "우리나라의 우편은 너무 느려. 프랑스 전신이 더 나은 것 같아. 아마 안개가 심한 여기보다 하늘이 맑은 미국이 훨씬 더 나을 거야. 하지만 이것도 그리 빠른 게 아냐. 번개처럼 빠른 수단이 필요해."[36] 모스가 번개를 말하면서 이야기하고자 했던 것은 기호에 대한 통찰이었다. "소식을 바로 전달할 수 있는 '기호체계'를 만드는 일은 어렵지 않을 거야."[37]

모스의 첫 번째 전신기를 이용한 전신 기록

모스는 이후 등장한 모든 것들의 원류가 된 위대한 통찰을 얻은 것이다. 중과피구, 방울, 리트머스지에 대해 아무것도 몰랐던 모스는 회로의 개폐라는 더 단순하고, 근본적이며, 덜 물질적인 최소한의 동작

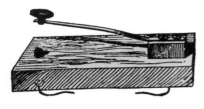

알프레드 베일의 전신 "키"

으로 기호를 만들 수 있다는 사실을 깨달았다. 바늘 같은 것은 필요 없었다. 전류는 흘렀고 차단됐으며, 차단을 조직하여 의미를 생성할 수 있었다. 아이디어는 단순했지만 모스가 만든 첫 번째 전신기는 태엽장치, 나무 추, 연필, 종이 띠, 롤러, 크랭크로 구성된 복잡한 기구였다. 노련한 기술자였던 베일은 모든 것을 단순화했다. 베일은 발신부에 있어 사용자 인터페이스의 아이콘이 된 기구를 발명했다. 바로 손가락으로 회로를 제어할 수 있는 간단한 스프링 작동식 레버였다. 베일은 처음에 이 레버를 "교신기 correspondent"라고 불렀다가 나중에 그냥 "키key"라고 불렀다. 간단하게 조작할 수 있었던 키는 휘트스톤과 쿡이 사용한 버튼과 크랭크보다 10배 정도 빨랐다. 키를 사용하면 전신수는 결국 회로의 단순한 차단에 불과한 신호를 분당 수백 개씩 보낼 수 있었다.

한쪽 끝에는 회로를 열고 닫는 레버가, 다른 쪽 끝에는 전자기를 제어하는 전류가 있었다. 이들 중 한 명(아마도 베일)은 둘을 하나로 합치는 방안을 생각했다. 자석이 레버를 작동할 수 있었다. 프린스턴의 조지프 헨리Joseph Henry와 영국의 에드워드 데이비가 거의 동시에 발명한 이 조합은 지친 말을 대신하는 새 말을 가리키는 단어에서 유래한 "릴레이relay"로 불렸다. 릴레이는 장거리 전기전신의 가장 큰 장애물을 제거했다. 바로 전선을 지나면서 전류가 약화되는 문제였다. 약화된 전류도 릴레이를 작동해 새로운 배터리로 돌아가는 새로운 회로를 만들 수 있었다. 릴레이는 발명가들이 생각했던 것보다 훨씬 잠재력이 컸다. 릴레이는 신호가 스스로 전파되도록 할 뿐만 아니라 신호를 되돌릴 수도 있었다. 또한 여러 군데서 나온 신호들을 통합할 수도 있었다. 물론 이는 나중의 일이었다.

◎　　◎　　◎

영국과 미국은 1844년에 모두 전환점을 맞았다. 쿡과 휘트스톤은 패딩턴역에서 철로를 따라 첫 전신선을 가설했다. 모스와 베일은 워싱턴에서 볼티모어의 프랫 스트리트Pratt Street역까지 방적사와 타르로 감싼 전선을 6미터 높이의 나무 전신주로 연결했다. 처음에는 통신량이 많지 않았지만 모스는 의회에 분당 30자를 전송할 수 있으며, 전신선을 "악의를 품고 악랄하게 훼손한 사람은 누구도 없었다"라고 보란 듯이 보고했다.

처음부터 통신 내용은 프랑스 전신수들에게 익숙했던 군사 급보나 공무 급보와는 우스울 정도로 판이하게 달랐다. 영국의 경우 패딩턴 전신부에 기록된 최초의 메시지는 분실 수하물과 소매 거래에 대한 것이었다. "맨체스터 광장, 듀크가의 해리스 씨에게 전령을 보내서 6파운드의 뱅어와 4파운드의 소시지를 5시 30분 기차로 윈저의 핀치 씨에게 보내라고 알릴 것. 반드시 5시 30분 하행 열차로 보내야 함."[38] 패딩턴역의 역장은 새해가 시작되는 시간에 맞춰 슬라우역의 역장에게 신년 인사를 전했고, 신년 인사가 30초 빨랐으며 아직 자정이 아니라는 답신을 받았다.[39] 그날 아침, 존 타웰John Tawell이라는 슬라우의 약제사가 정부인 사라 하트Sarah Hart를 독살하고 패딩턴으로 가는 기차를 타고 도망쳤다. 그러나 "퀘이커Kwaker(영국 시스템에는 Q가 없었음) 복장에 커다란 갈색 외투를 걸쳤다"[40]라는 인상착의를 담은 수배 전신이 그보다 빨리 도착했다. 존 타웰은 런던에서 체포되어 3월에 교수형을 당했다.

이 드라마 같은 사건은 몇 달 동안 신문 지면을 채웠다. 나중에는 전신선을 "존 타웰을 목매단 줄"로 묘사했다. 4월에는 케네디 대위가 남서철도 종착역에서 고스포트Gosport에 있는 스톤턴Staunton 씨와 체스를 뒀다. "게임이 진행되는 동안 전기는 1만 6,000킬로미터가 넘는 거리를 오가면서 수를 전달했다."[41] 신문들은 이런 이야기를 좋아했고, 또 점점 더 전기전신의 경이로움을 보여주는 이야기라면 뭐가 됐든 중요하게 생각했다.

영국과 미국의 전신회사들이 일반인들에게 서비스를 개시했을 때만 해도 (경찰과 때로 체스 기사들 외에) 누가 기꺼이 요금을 주고 이용할 것인지 미지수였다. 1845년 글자당 0.25센트의 요금으로 서비스를 개시한 워싱턴 지역의 경우 첫 3개월 동안 매출이 200달러에 못 미쳤다. 이듬해 뉴욕과 필라델피아를 잇는 모스선이 개설된 후에는 통신량이 약간 더 많이 늘어났다. 전신회사의 한 간부는 이렇게 썼다. "이 사업이 지지부진하고 아직 우리가 대중의 신뢰를 얻지 못했다는 점을 감안하면 지금까지의 실적은 대단히 만족스럽다."[42] 이 간부는 매출이 곧 하루 50달러 수준으로 늘어날 것이라고 예측했다. 전신의 유용성을 일찍 깨달은 사람들은 기자들이었다. 알렉산더 존스Alexander Jones가 전신을 이용해 뉴욕시에서 워싱턴 유니언역으로 자신의 첫 기사를 송고한 것은 1864년 가을이었다.[43] 브루클린 해군 항에서 USS 올버니Albany 호가 출항했다는 소식을 담은 기사였다. 영국에서는 《모닝 크로니클The Morning Chronicle》의 한 필자가 쿡–휘트스톤 전신선을 통해 첫 보도를 받았을 때의 흥분을 이렇게 묘사했다.

정지해 있던 바늘이 갑자기 움찔하고 자명종이 날카로운 소리로 울리자 소식의 첫 부분이 들어왔다. 잔뜩 흥분한 우리는 우리 친구의 무뚝뚝한 얼굴, 즉 신비한 글자판을 지켜보았고, 150킬로미터 떨어진 곳에서 전해 온 말들을 바삐 공책에 적었다.[44]

전신의 흥분은 전염병처럼 널리 퍼졌다. 일각에서는 (미국의 한 기자가 썼듯) 지금까지 "상업, 정치, 그리고 기타 소식을 전하는 빠르고 필수적인 전달 수단"[45]이었던 신문을 전신이 죽일 것이라고 우려했다.

> 신문은 전혀 쓸모없어질 것이다. 번개같이 빠른 날개를 단 전신 때문에 모든 면에서 예상한 대로 신문은 지역 뉴스나 관념적 사변만 다룰 수 있을 것이다. 설령 선거운동에 대한 것이라고 해도 센세이션을 일으키는 힘은 크게 약화될 것이다. 잘못된 내용이 보도되자마자 결코 틀리는 법이 없는 전신이 반박할 것이기 때문이다.

하지만 신문들은 전신기술을 사용하는 데 주저하지 않았다. 편집자들은 "전기전신으로 송고됨"이라는 딱지가 붙은 급보가 더 긴박하고 흥미를 자아낸다는 사실을 잘 알았다. 그리하여 10자당 50센트라는 비용에도 불구하고 신문은 전신회사의 열렬한 단골 고객이었다. 몇 년 만에 120개의 지역신문들이 야간에 의회 소식을 전달받았다. 크림 전쟁에 대한 뉴스 단신은 전신망을 통해 런던에서 리버풀, 요크, 맨체스터, 리즈, 브리스틀, 버밍엄, 헐로 전파됐다. 한 기자는 이렇게 썼다. "전신은 로켓보다 빠르게, 로켓처럼 맹렬하게 날아갔다가 다시 10여 개의 이웃 도시로 퍼져나간 전선들을 통해 전달된다."[46] 물론 위험성도 인지하고 있었다. "이처럼 급하게 모아 전달하는 소식은 단점도 있는데, 나중에 출발해 느리게 전달되는 뉴스보다 신뢰성이 떨어진다." 전신과 신문은 공생관계를 형성했다. 긍정적인 피드백 고리가 효과를 증폭시켰다. 전신은 정보기술이었기 때문에, 자신의 지배력을 행사하는 매개체 역할을 했던 것이다.

전신의 세계적 확장은 전신 옹호자들에게조차 끊임없이 놀라움을 안겨줬다. 뉴욕 월스트리트에 처음 전신소가 생겼을 때 가장 큰 문제는 허드슨 강이었다. 전신회사는 강을 가로질러 전선을 설비할 수 있을 만큼 폭이 좁은 곳을 찾기 위해 동쪽 강변을 100킬로미터나 거슬러 올라가야 했다. 하지만 채 몇 년이 지나지 않아 절연 케이블이 물밑으로 설비됐다. 1851년에는 40킬로미터 길이의 해저케이블이 영국 해협을 가로질러 도버Dover와 칼레Calais를 연결했다. 얼마 후 한 정통한 권위자는 이렇게 경고했다. "전신선으로 대서양을 직접 가로질러 유럽과 미국을 잇는다는 생각은 전혀 실행 불가능하며 터무니없다."[47] 1852년의 일이었다. 하지만 1858년 이 불가능할 것 같은 일을 해냈고, 그해 빅토리아 여왕과 뷰캐넌 대통령은 전신으로 농담을 나눴다. 《뉴욕 타임스The New York Times》에는 이런 글이 실렸다. "이런 결실은 정말 유용하며, 정말 상상도 할 수 없는 것이었다. … 인류의 미래는 장밋빛 희망으로 가득하다. … 인류 지성의 향상과 진보를 향한 여정에서 하나의 웅장한 기념비이다."[48] 이 성취의 핵심은 무엇이었을까? 바로 "생각의 전달, 물질의 근본적인 비약"이었다. 세계가 열광했지만 전신의 영향은 아직 지역적이었다. 소방서와 경찰서는 통신망을 연결했다. 상점주들은 전신으로 주문을 받을 수 있다고 자랑스레 광고했다.

2년 전만 해도 목적지에 정보를 전달하려면 며칠씩 걸렸지만, 이제 몇 초면 어디든 보낼 수 있었다. 전달 속도가 두세 배 빨라진 것이 아니라 수십 배나 빨라진 것이다. 마치 둑이 어딘가에서 터진 것과 같았다. 사회적 파급효과는 예측할 수 없었지만 몇몇 효과는 곧바로 나타났고 사람들이 인정하기 시작했다. 우선 날씨에 대한 인식이 달라지기 시작했다. 말하자면 날씨를 일반화시키고 추상화시킬 수 있게 된 것이다. "더비: 매우 흐림, 요크: 맑음, 리즈: 맑음, 노팅엄: 비는 내리지 않지만 흐리고 추움"[49] 같은 간단한 기상 통보가 전선을 타고 옥수수 투자자들에게 전해지기 시작했다. '기상 통보'라는 아이디어 자체가 새로웠다. 기상 통보를 하려면 멀리 떨어진 장소의 날씨를 즉각적으로 알도록 가까워지는 것이 필요하다. 전신으로 인해 사람들은 날씨를 갑작스러운 국지적 현상이 아니라 광범위하고 상호 연관된 현상으로 이해하게 되었다. 이런 변화에 열광한 한 논평가는 1848년 이렇게 썼다.

> 대기 현상, 유성의 신비, 하늘의 조화가 만들어낸 인과因果는 더 이상 농부나 뱃사람 혹은 목동에게 미신이나 공포의 대상이 아니다. 전신은 이들에게 매일 날씨를 활용하고 그에 따라 움직일 수 있도록 "북쪽에서 맑은 날씨가 내려온다"라고 말해줄 뿐만 아니라 모든 지역의 날씨를 즉각 알려준다. … 말하자면 전신은 거대한 전국적 기압계가 됐고, 전기는 그 심부름꾼이 됐다.[50]

그야말로 혁신적이었다. 1854년 영국 정부는 상무부 산하에 기상청을 설립했다. HMS 비글Beagle 호의 선장을 지낸 로버트 피츠로이Robert FitzRoy 청장은 킹 스트리트의 사무실에 기압계, 아네로이드aneroid 기압계, 폭풍우 예보기를 설치하고, 이 장비들을 갖춘 관측관들을 전국 항만에 파견했다. 관측관들은 구름과 바람을 관측한 내용을 하루 두 번 전신으로 보고했다. 피츠로이는 '예보forecasts'라고 부른 날씨 예측을 발표하기 시작했고, 1860년《타임스》는 이를 매일 싣기 시작했다. 기상학자들은 모든 태풍이 크게 보면 원형을 이루거나 적어도 "상당히 휘어져 있다"라는 사실을 알게 됐다.

널리 분포된 지역들 간에 즉각적인 통신이 가능해지면서 가장 근본적인 개념들이 영향을 받았다. 문화 관찰자들은 전신이 시간과 공간을 "소멸"시키고 있다고 말했다. 1860년 미국의 한 전신회사 간부는 이렇게 단언했다. "전신은 신비한 유체를 통해 생각만큼 빠르게 통신을 하고, 공간뿐만 아니라 시간까지 소멸시킨다."[51] 이 말은 과장된 표현이었지만 곧 진부한 표현이 되고 말았다. 전신은 소통의 방해물 혹은 장애물이라는 구체적인 의미에서의 시간을 약화하거나 단축하는 것으로 보였다. 한 신문은 "사실상 전달에 있어서 시간은 완전히 사라진 것으로 볼 수 있다"[52]라고 썼다. 공간도 마찬가지였다. 영국의 전신 엔지니어인 조사이어 래티머 클라크Josiah Latimer Clark는 이렇게 말했다. "거리와 시간은 우리의 머릿속에서 크게 바뀌었다. 지구는 사실상 규모가 작아졌으며, 우리가 인식하는 지구의 차원은 분명 조상들의 인식과는 완전히 다르다."[53]

이전에는 모든 시간이 지역적이었다. 해가 가장 높이 뜬 때가 정오였다. 현자들이나 천문학자들만이 다른 곳에 사는 사람들은 다른 시간 속을 살아간다는 사실을 알았을 것이다. 이제 시간은 지역시간과 표준시간으로 나뉘었고, 이런 구분은 대부분의 사람들을 혼란에 빠트렸다. 철도가 등장하면서 표준시간이 필요했는데, 전신이 이를 가능하게 했다. 표준시간이 널리 퍼지기까지는 수십 년이 걸렸다. 이 과정은 천문학회가 전국의 시간을 통일하기 위해 그리니치 천문대와 로스버리에 있는 전기전신회사를 잇는 전선을 설치한 때인 1840년대에 이르러서야 시작됐다. 이전까지 시간을 알리는 첨단기술은 천문대 돔 위에 세운 장대에서 공을 떨어트리는 것이었다. 멀리 떨어진 지역들의 시간을 조정해야 경도를 정확하게 측정할 수 있었다. 경도를 측정하려면 어떤 다른 장소의 시간, 그리고 거기까지의 거리를 알아야 했다. 따라서 선박들은 시간을 불완전한 기계적 캡슐 안에 넣은 시계를 싣고 다녔다. 1844년 미국 탐사대의 찰스 윌크스Charles Wilkes 중위는 처음으로 모스의 부호를 이용해 볼티모어 전적지의 위치를 워싱턴 국회의사당 동쪽 1분 34.868초로 확인했다.[54]

공시성共時性은 시간을 소멸시키기는커녕 그 영역을 확장했다. 공시성이라는 관념, 그리고 이 공시성 관념이 새로운 것이라는 인식은 사람들을 혼란스럽게 했다. 《뉴욕 헤럴드The New York Herald》는 이렇게 썼다.

> 모스 교수의 전신은 소식 전달의 새 시대를 열었을 뿐만 아니라 완전히 새로운 종류의 생각, 새로운 인식을 머릿속에 심어놓았다. 이전에는 누구도 60킬로미터, 160킬로미터, 800킬로미터 떨어진 먼 도시에서 바로 그 순간 어떤 일들이 벌어지는지 확실하게 안다는 인식이 없었다.[55]

글쓴이는 아주 들뜬 채 '지금'이 11시라고 상상해보라고 이야기한다. 전신이 워싱턴에서 한 의원이 '지금' 하는 말을 중계한다.

> 이것이 '존재했던' 사실이 아니라 '지금' 존재하는 사실이라는 점을 깨닫는 데에는 적지 않은 지적 노력이 필요하다.

의원의 말은 '지금' 존재하는 사실이다.

역사(그리고 역사가 만들어지는 양상)도 바뀌었다. 전신은 일상생활의 수많은 자질구레한 것들을 저장했다. 전신회사들은 이런 것들이 쓸모없어질 때까지 한동안 모든 메시지의 기록을 보관하려고 했다. 이런 정보 저장은 유례가 없는 일이었다. 한 수필가의 말을 들어보자. "미래의 역사가들이 이 창고를 뒤져서 19세기 영국의 사회적, 상업적 삶에서 두드러진 특징들을 부각시킨다고 생각해보라. 21세기에 지금 모든 사람들이 소통한 기록에서 수집하지 못할 것이 무엇이겠는가?"[56] 1845년 알프레드 베일은 워싱턴과 볼티모어를 잇는 전신망을 1년 동안 운용한 후 그동안 전달된 모든 전신의 목록을 작성하려고 시도했다. 그러고는 이렇게 썼다.

> 상인, 의원, 관료, 은행가, 증권 중개인, 경찰, 약속에 따라 두 전신국에서 교신한 사람들 혹은 그 전령 사이에 오간 메시지, 뉴스, 선거 결과, 부음, 가족이나 다른 사람들의 건강에 대한 문의, 상하원 의원들의 일일 의사록, 상품 주문, 운항 여부에 대한 문의, 다양한 법원의 재판기록, 증인 소환, 특별 열차 및 특급 열차와 관련된 메시지, 초대, 채무자로부터의 송금을 요구하는 사람들을 위한 전신국을 통한 돈의 지불과 수령, 의사의 상담 등이 매우 중요한 정보가 된다.[57]

이처럼 다양한 사항들이 하나의 표제 아래 합쳐진 적은 이제껏 한 번도 없었다. 전신이 이들을 하나로 묶었던 것이다. 당연하게도 발명가들 역시 특허 신청과 법적 합의에서 관련 용어들을 최대한 끌어와 자기들의 문제를 생각했다. 이를테면 "신호의 제공, 인쇄, 날인, 다른 방식의 전달 혹은 자명종의 울림 혹은 소식의 나눔"[58]으로 표현하는 식이었다.

개념 자체가 변하는 시대였기에 전신 그 자체를 이해하기 위해서는 생각하는 방식을 바꿔야 했다. 많이 쓰는 단어들('보내다' 같은 순수한 단어 그리고 '메시지'처럼 뜻을 많이 담은 단어들)의 새로운 뜻을 잘 몰라서 해프닝이 벌어지기도 했다. 이를테면 한 여인은 라슈타트Rastatt에 있는 아들에게 '보내려고' 양배추 절임을 사서 카를스루에Karlsrueh 전신국을 찾았다. 병사들이 전신을 통해 전방으로 '보내진다'라는 말을 오해한 데서 생긴 일이었다. 다른 한 남자는 메인 주 뱅고어Bangor에 있는 전신국으로 '메시지'를 들고 왔다. 전신수는 전신키를 조작한 후 종이를 고리에 걸었다. 남자는 여전히 고리에 걸려 있는 종이를 보고 왜 '메시지'를 전송하지 않느냐고 항의했다. 1873년 이 일화를 소개한《하퍼스 뉴 먼슬리 매거진Harper's New Monthly Magazine》기사의 요점은 "똑똑하고 아는 것이 많은 사람도" 여전히 이런 문제를 제대로 이해하지 못한다는 것이었다.

> 우리가 새롭고 생경한 사실들을 처리해야 하는 동시에 기존 단어들을 새롭고 모순된 의미로 써야 하기 때문에 전신의 개념을 명확하게 이해하기 더 어려웠다.[59]

메시지는 물리적 사물처럼 보였다. 하지만 이는 언제나 환상이었다. 이제는 메시지가 쓰인 종이에서 메시지를 의식적으로 따로 떼어낼 필요가 있었다. 《하퍼스》에 따르면 과학자들은 전류가 "메시지를 '전달'한다"라고 말하겠지만 어떤 '것'도 이동한다고 상상해서는 안 된다. 단지 "헤아리기 힘든 힘의 작용과 반작용, 그리고 멀리서 그 수단에 의해 이해할 수 있는 신호를 만드는 일"이 있을 뿐이다. 따라서 사람들이 오해할 만도 했다. "세상은 이런 언어를 아마도 오랫동안 계속 사용해야 할 것이다."

물리적인 환경도 변했다. 도시의 거리는 물론 시골길 어디에나 낯선 장식물처럼 전선이 걸려 있었다. 영국 기자인 앤드루 윈터는 이렇게 썼다. "전신회사들이 우리 머리 위의 허공을 차지하기 위한 경주를 벌이고 있다. 높은 곳에서 바라보면 섬세한 줄에 매달린 두꺼운 케이블이나 평행한 전선들이 엄청난 숫자로 전신주에서 전신주로, 지붕에 고정되어, 멀리 뻗어나간 모습이 보일 것이다."[60] 전선이 한동안 무대 중앙을 차지했다. 사람들은 전선을 보면서 그 속을 지나는 보이지 않는 화물을 생각했다. 로버트 프로스트Robert Frost의 말을 들어보자. "하늘에 기구를 길게 늘어놓았다 / 거기서 말들이, 송신기로 친 것이든 말로 한 것이든 / 생각이었을 때처럼 조용히 지날 것이다."[61]

전선은 어떤 건축물도 닮지 않았고, 자연계에도 닮은 것이 많지 않았다. 닮은 대상을 찾던 작가들은 거미나 거미줄을 생각했다. 미궁과 미로 같은 것도 생각했다. 적절해 보이는 단어가 하나 더 있었다. 사람들은 땅이 철선의 '네트워크net-work'로 덮여간다고 말했다. 《뉴욕 트리뷴New York Tribune》은 "철선으로 만들어진 신경 네트워크가 번개를 매달고 두뇌인 뉴욕에서 멀리 떨어진 사지四肢로 뻗어나갈 것"[62]이라고 말했다. 또한 《하퍼스》는 "전선의 전체 네트워크가 인간 지성을 담은 신호를 보내며 이 끝에서 저 끝까지 온통 진동하고 있다"[63]라고 썼다.

윈터는 예측을 하나 내놓았다. "모두가 집을 나가지 않고도 모두와 이야기할 수 있는 때가 머지않았다."[64] 여기서 '이야기하다'는 비유적인 의미였다.

◎   ◉   ◎

전신을 이용한다는 것은 여러모로 코드를 작성하는 것을 뜻했다.

점과 선으로 이루어진 모스 체계는 처음에는 코드로 부르지 않았다. 그냥 알파벳으로 불렀는데, 흔히 말하는 "모스 전신 알파벳"이었다. 하지만 모스 체계는 알파벳은 아니었다. 기호로 소리를 나타내지는 않았던 것이다. 모스 방식은 알파벳을 출발점으로 삼고, 기호를 새로운 기호로 바꾸면서 알파벳을 활용했다. 말하자면 모스 체계는 알파벳을 한 번 거친 메타 알파벳이었다. 이미 수학에는 이처럼 의미를 한 기호 수준에서 다른 수준으로 옮기는 절차가 존재했다. 이런 절차는 어떤 의미에서 수학의 핵심이었다. 이것이 이제 익숙한 도구가 된 것이다. 19세기 말 사람들은 순전히 전신 때문에 기호로 다른 기호를 나타내거나 단어로 다른 단어를 나타내는 코드라는 개념을 편안해하거나 최소한 친숙하게 느꼈다. 하나의 기호 수준에서 다른 수준으로 옮기는 일은 '인코딩'으로 부를 수 있었다.

두 가지 동기가 아주 밀접한 관련이 있었다. 바로 비밀 유지와 간결성이다. 짧은 메시지는 돈을 절약했다. 이것은 간단했다. 메시지를 짧게 하려는 욕망이 매우 강력했기 때문에 곧 영어의 문체가 영향을 받기 시작했다. 글을 쓰는 새로운 방식을 나타내는 '전보체의telegraphic', '전보체telegraphese'라는 단어가 등장했다. 수사로 꾸민 글은 비용이 너무 많이 들었다. 이를 안타까워하는 사람들도 있었다. 윈터의 말을 들어보자.

> 전보체를 쓰면서 글에 예의가 없어지고 있다. 80킬로미터 떨어진 곳에 '부탁 말씀을 드려도 되겠습니까?'라는 내용을 보내는 데 6달러가 든다. 우리 가난한 기자들이 적당한 수준까지 요금을 줄이려면 이 다정한 표현들을 얼마나 많이 걷어내야 할까?[65]

곧 기자들은 더 적은 단어로 더 많은 정보를 보내는 방법을 찾아내기 시작했다. 한 기자는 이렇게 떠벌렸다. "우리는 진작에 원래 100단어가 넘는 빵과 식량을 비롯한 모든 주요 품목들의 일일 생산량과 판매량 그리고 가격 정보를 20단어로 줄여서 버팔로와 올버니에서 보낼 수 있는 약칭 체계 혹은 암호를 만들었다."[66] 전신회사들은 시스템을 악용한다는 이유로 막아보려 애썼지만 이런 개별적 코드의 확산을 막지는 못했다.

코드화된 메시지를 만드는 전형적인 방법 중 하나는 단어를 의미론적으로 그리고 알파벳순으로 전체 구절에 배정하는 것이었다. 이를테면 B로 시작하는 모든 단어는 밀가루 시장 관련된 내용을 나타냈다. "baal=거래가 어제보다 줄었음, babble=거래가 활발함, baby=서부는 적정한 내수 및 수출 수요와 함께 안정됨, button=시장이 조용하고 가격 변동이 완만함." 물론 발신자와 수신자는 같은 단어목록을 사용해야 했다. 전신수들에게 코드화된 메시지는 말이 안 되는 내용으로 보였는데, 이것도 나름대로 장점이 있었다.

메시지를 전신으로 보낸다고 생각하게 되면서 사람들은 내용이 세상에 노출되는 것을 우려했다. 적어도 신뢰할 수 없는 낯선 사람인 전신수만큼은 입력하는 단어들을 읽을 수밖에 없었다. 봉투에 넣어서 밀랍으로 봉하는 편지와 달리 전신은 모든 과정이 공개되고 안전하지 못한 느낌을 주었다. 메시지는 이렇듯 신비에 싸인 전달 통로인 전선을 지나갔다. 베일 자신도 1847년 이런 글을 썼다.

> 비밀 알파벳을 활용할 수 없다면 아마 효용성 측면에서 시간과 공간을 소멸시키면서 번개처럼 빠르게 메시지를 전하는 전신의 커다란 이점이 훨씬 줄어들 것이다. 메시지가 전신을 매개로 두 교신자 사이를 오가지만 메시지의 내용은 반드시 거쳐야 하는 전신수를 비롯해 다른 모든 사람들에게 완전히 비밀로 남는 그런 체계 말이

다.[67]

대단히 어려운 일이었다. 전신기는 도구인 동시에 중간에서 매개하는 '매체'였다. 메시지는 이 매체를 통해 전달됐다. 메시지와 별개로 메시지의 내용도 고려해야 했다. 메시지가 노출되더라도 내용은 숨길 수 있었다. 베일은 자신이 말한 '비밀 알파벳'은 글자를 "뒤바꾸고 교체한" 알파벳이라고 설명했다.

'고정적인' 알파벳에서 a에 해당하는 기호를 '비밀' 알파벳에서는 y 나 c 혹은 x로 나타낼 수 있으며, 다른 모든 글자도 마찬가지이다.

따라서 "The firm of G. Barlow Co. have failed(G. 발로우 앤 컴퍼니가 망했다)"라는 문장을 "Ejn stwz ys qhwkyf p iy jhan shtknr"로 바꿀 수 있었다. 베일은 덜 민감한 내용인 경우 일반적인 문구의 축약형을 쓰도록 제안했다. 가령 "give my love to(~에게 안부를 전해주세요)" 대신 "gmlt"를 쓰는 것이다. 베일은 몇 가지 사례를 덧붙였다.

mhii: My health is improving(건강이 나아지고 있음)

shf: Stocks have fallen(주가가 하락했음)

ymir: Your message is received(메시지를 받았음)

wmietg: When may I expect the goods?(언제 상품을 받을 수 있을까요?)

wyegfef: Will you exchange gold for eastern funds?(금을 동부의 돈과 교환하겠습니까?)

이 모든 것이 가능하려면 발신자와 수신자 간에 사전 협의가 필요했다. 말하자면 양쪽이 사전에 지식을 공유하고 메시지를 보충하거나 바꿔야 했다. 이런 지식을 간편하게 담아놓은 것이 코드북이다. 첫 모스선이 영업에 들어갔을 때 핵심 투자자이자 홍보인이었던 메인 주 하원의원 프랜시스 O. J. 스미스Francis O. J. Smith는(포그Fog로 불렸다) 『비밀 교신용 어휘The Secret Corresponding Vocabulary』[68]라는 코드북을 만들었다. 이 책은 'aaronic'부터 'zygodactylous'까지 5만 6,000개의 단어에 알파벳순으로 번호를 붙이고 사용법을 덧붙인 것밖에 없었다. 스미스는 이렇게 설명했다. "전제 조건은 서신을 쓰는 사람과 받는 사람이 각자 이 책을 갖고 있어야 한다는 것이다. 이들은 서신을 단어로 보내는 대신 번호만 혹은 번호와 단어를 섞어서 보낸다." 보안성을 높이려면 비공개 숫자를 미리 정해 더하거나 빼고, 한 단어씩 걸러서 더하거나 뺄 다른 수를 미리 정하면 된다. 스미스는 "이런 상투적인 대체 몇 가지만으로도 미리 합의된 바를 모르는 모든 사람들에게 전체 언어를 완전히 사문死文으로 만들 수 있다"라고 약속했다.

암호사용자들의 역사는 베일에 싸여 있는데, 이들의 비밀은 연금술사들처럼 비서秘書를 통해 전수됐다. 이제 코드 제작은 양지로 나와 교신장비 속에 노출되면서 대중들의 상상력을 자극했다. 이후 수십 년에 걸쳐 다른 수많은 방식들이 만들어지고 출판되었다. 싸구려 소책자부터 수백 페이지에 걸쳐 빽빽하게 내용을 담고 있는 책까지 다양했다. 런던에서는 어스킨 스콧Erskine Scott이 『축약된 전신 및 해독할 수 없는 비밀 메시지와 서신을 위한 세 글자 코드Three Letter Code for Condensed Telegraphic and Inscrutably Secret Messages and Correspondence』라는 책을 펴냈다. 보험계리사이자 회계사였던 스콧은 대부분의 코드 제작자들과 마찬가지로 데이터 집착증 때문에 이 책을 쓰게 되었다. 전신은 각양각색의 목록 편집자, 분류학자, 문장가, 수비학자數秘學者, 수집가들에게 새로운 가능성의 세계를 열었다.

스콧이 만든 코드북은 일상적인 단어와 두 단어 조합뿐만 아니라 지명, 세례명, 런던 증권거래소 상장종목명, 연중 기념일, 영국 육군 연대명, 선박 등록명, 귀족명도 포함하고 있었다. 이 모든 데이터를 정리하고 번호를 매기면 일종의 압축이 가능했다. 메시지가 짧아지면 요금이 절약되었다. 하지만 고객들 입장에서 보면 단순히 단어를 번호로 대체하는 것이 전혀 혹은 거의 도움이 되지 않았다. "azotite" 대신 "3747"을 보내도 비용은 비슷했다. 코드북은 구문句文을 담은 책이 되고 말았다. 이를 사용하면 메시지를 엿보는 사람들이 볼 수 없도록 하고 효율적으로 전달할 수 있도록 메시지를 캡슐에 넣을 수 있었다. 물론 수신자 측에서 효율적으로 꺼낼 수 있어야 했다.

1870~1880년대에 특히 인기를 끈 코드북은 윌리엄 클로슨-투에William Clauson-Thue가 쓴 『ABC 범용 상업 전기전신 코드The ABC Universal Commercial Electric Telegraphic Code』였다. 클로슨-투에는 "금융인, 상인, 선주, 증권 중개인, 중개상 등"[69]에게 자신의 코드를 홍보했다. 모토는 "뚜렷한 단순성과 경제성 그리고 절대적인 기밀성"이었다. 역시 정보에 꽤나 집착했던 클로슨-투에는 전체 언어(적어도 상업 언어)를 구문으로 정리하고 이를 키워드별로 정리하려 했다. 이리하여 사전편집의 독특한 성취이자, 한 나라의 경제적 삶을 보여주는 창이자, 특이한 뉘앙스와 얼결에 나온 서정적 표현이 담긴 보물 상자가 나오게 된 것이다. 'panic'이라는 키워드(10054번~10065번)에는 다음과 같은 목록들이 있다.

A great panic prevails in ~(~에서 큰 혼란이 벌어지고 있음)

The panic is settling down(혼란이 가라앉고 있음)

The panic still continues(혼란이 계속되고 있음)

The worst of the panic is over(최악의 혼란은 지나갔음)

The panic may be considered over(혼란이 지나간 것으로 볼 수 있음)

'rain'(11310번~11330)의 경우는 다음과 같은 목록들이 있다.

Cannot work on account of rain(우천으로 작업 불가)

The rain has done much good(비가 큰 도움이 됐음)

The rain has done a great amount of damage(비로 큰 피해가 생김)

The rain is now pouring down in good earnest(현재 비가 본격적으로 쏟아지고 있음)

Every prospect of the rain continuing(아무리 봐도 비가 계속될 것 같음)

Rain much needed(비가 절실함)

Rain at times(때때로 비)

Rainfall general(전반적으로 비)

'wreck'(15388번~15403번)의 경우는 다음과 같은 목록들이 있다.

Parted from her anchors and became a wreck(닻에서 떨어져 조난당함)

I think it best to sell the wreck as it lies(조난 상태로 매각하는 것이 최선으로 사료됨)

Every attention will be made to save wreck(구난에 만전을 기할 것임)

Customs authorities have sold the wreck(세관 당국이 난파선을 처분했음)

Consul has engaged men to salve wreck(영사가 구난요원들을 투입했음)

세상은 단어들뿐만 아니라 사물들로 가득했기에, 투에는 자신이 나열할 수 있는 가능한 한 많은 고유명사에 번호를 붙이려고 애썼다. 여기에는 철도명, 은행명, 광산명, 원자재명, 선박명, 항만명, 주식종목명(영국, 식민지, 해외)이 포함됐다.

전신망이 지구를 가로질러 해저로 뻗어나가면서 국제 전신요금이 비싸지자 코드북의 인기는 더욱 높아졌다. 경제성은 기밀성보다 더 중요했다. 대서양 횡단 전신요금은 원래 10단어를 기준으로 메시지(사람들이 비유적으로 말한 "전선" 하나)당 약 100달러였다. 터키 혹은 페르시아와 러시아를 지나는 영국-인도 간 전신요금도 크게 다르지 않았다. 요금을 아끼기 위해 영리한 중개상들은 "취합"이라는 관행을 궁리해냈다. 가령 5단어로 된 4개의 메시지를 묶어서 20단어에 해당하는 협정요금을 적용했다. 코드북은 더 커지기도 했고, 더 작아지기도 했다. 1885년 코벤트 가든Covent Garden에 있는 W. H. 비어 앤드 컴퍼니W. H. Beer & Company는 주제별로 "300개가 넘는 한 단어 전신"을 깔끔하게 정리해 1페니에 팔아서 인기를 끈 『포켓 전신 코드Pocket Telegraphic Code』를 펴냈다. 책은 베팅("현재 승률로 얼마를 걸까요?"), 제화공("신발이 맞지 않아요. 바로 사람을 보내주세요"), 세탁부("오늘 세탁부를 불러주세요"), 항해와 관련된 날씨("오늘은 건너가기에 날씨가 너무 험합니다")를 필수 주제로 다뤘다. "비밀 코드"를 위한 백지("친구와 정한 내용을 채우세요")도 제공됐다. 이 밖에 철도와 요트 그리고 약제사부터 카펫 제작자까지 다양한 직종을 위한 전문적인 코드들도 있었다. 사람들은 두껍고 비싼 코드북을 자유롭게 서로 빌려봤다. 클로슨-투에는 이렇게 불평했다. "몇몇 사람들이 『ABC 범용 상업 전신 코드』를 한 부 사서 비슷한 코드를 만든다는 말을 들었다. 경고하건대 이런 행위는 저작권을 침해하는 것으로 소송 등 불미스러운 일을 당할 수 있다."[70] 하지만 그냥 엄포에 불과했다. 세기의 전환기에 전 세계의 전신 기사들은 베른과 런던에서 국제전신회의를 열어 영어, 네덜란드어, 프랑스어, 독일어, 이탈리아어, 라틴어, 포르투갈어, 스페인어 단어들로 된 코드를 체계화했다. 공식 코드북은 1900년대에 인기를 얻으며 널리 보급되다가 망각 속으로 사라졌다.

전신 코드 이용자들은 효율성과 간결성에 따른 예상치 못했던 부작용을 서서히 알게 된다. 전신 코드는 아주 사소한 오류에도 엄청나게 취약했다. 전신 코드는 영어 문장이(심지어 축약된 전신체 문장도) 가지고 있는 자연스러운 잉여성이 없었기 때문에 이 교묘하게 인코딩된 메시지들은 한 글자만 잘못돼도 혼란을 초래했다. 점 하나만 잘못돼도 마찬가지였다. 가령 1887년 6월 16일 필라델피아의 양모 상인 프랭크 프림로즈Frank Primrose는 캔자스에 있는 중개인에게 50만 파운드의 양모를 샀다고 알리기 위해 전신을 보냈다. 프림로즈는 합의한 코드에 따라 'bought'를 'BAY'로 대체했다. 그러나 중개인에게 메시지가 갔을 때는 핵심 단어가 'BUY'로 바뀌고 말았다. 중개인은 양모를 사들이기 시작했고, 프림로즈가 웨스턴 전신회사를 상대로 제기한 소송에 따르면 이 실수로 인해 금세 2만 달러의 손해를 입었다. 소송은 6년 동안 이어졌고, 마침내 대법원은 전신용지의 뒷면에 작은 활자로 적힌 내용을 인정했다. 거기에는 오류를 방지하기 위한 절차가 적혀 있었다.

실수나 지연을 막기 위해 발신자는 '반송', 즉 대조를 위해 원 전신소로 메시지를 다시 보내도록 요구해야 한다. … 상기 회사는 반송되지 않은 모든 메시지의 실수뿐만 아니라 암호나 모호한 메시지의 오류에 대해 어떤 경우든 책임지지 않는다.[71]

웨스턴 전신회사는 암호를 용인해야 했지만, 암호를 좋아할 수만은 없었다. 법원은 원고승소 판결을 내리면서 전신 발송요금인 1.15달러를 배상하라고 판결했다.

◎　　◉　　◎

비밀 기록은 기록만큼이나 오래됐다. 기록이 시작됐을 때는 문자 자체가 몇몇을 제외한 모든 사람에게 암호나 다름없었다. 문자를 많은 사람들이 알게 되면서 사람들은 자신의 글을 비밀스럽고 이해하기 어렵게 만드는 새로운 방법을 찾았다. 단어를 애너그램으로 재배열했고, 거울을 보며 거꾸로 내용을 썼으며, 암호를 발명했다.

막 영국 내란이 발발한 1641년, 익히 알려진 '암호제작술cryptographia'을 정리한 저자 미상의 작은 책이 나왔다.[72] 거기에는 레몬주스나 양파즙, 날계란, "희석한 개똥벌레액" 등 어두운 곳에서 보이거나 보이지 않는 특수잉크와 종이들이 들어 있었다. 이 외에 글자를 다른 글자로 대체하거나, 새로운 기호를 만들거나, 오른쪽에서 왼쪽으로 쓰거나, "첫 글자를 줄의 끝에 쓰고, 두 번째 글자를 처음에 쓰는 식으로 특이한 순서에 따라 각 글자의 자리를 바꿔" 글의 내용을 숨기는 방법을 소개하고 있다. 두 줄에 걸쳐 메시지를 작성하는 방법도 있었다.

T e o l i r a e l m s f m s e s p l u o w e u t e l

h s u d e s r a l o t a i h d , u p y s r e m s y i d

The Souldiers are allmost famished, supply us or wee must

yeild(병사들이 기아에 시달리고 있어서 보급이 없으면 항복이 불가피함).

로마인과 유태인들은 글자의 자리를 바꾸고 대체함으로써 더 복잡하고 이해하기 힘든 다른 방법들을 고안했다.

이 작은 책의 제목은 『머큐리: 혹은 은밀하고 신속한 전령Mercury: Or the Secret and Swift Messenger』이었다. 저자는 결국 나중에 케임브리지 트리니티칼리지의 학장이 되고 왕립학회를 설립한 교구 목사이자 수학자인 존 윌킨스John Wilkins로 밝혀졌다. 당시 한 사람은 윌킨스를 두고 이렇게 말했다. "대단히 창의적인 사람이며 매우 기계에 밝았다. 사유하는 바가 깊고 풍부하며 … 건강하고, 강건하며, 다부진 체격에 어깨가 넓었다."[73] 철두철미하기도 했다. 고대부터 있었던 모든 암호를 담을 수는 없었지만, 17세기 영국에 사는 학자가 알고 있는 암호의 모든 것을 담았다. 윌킨스는 입문서이자 개론서로서 비밀 기록을 조망했던 것이다.

윌킨스는 암호가 의사소통의 근본적인 문제와 밀접한 관계가 있다고 보았다. 윌킨스에 따르면 기록과 비밀 기록은 본질적으로 같았다. 기밀성은 논외로 하고, 이 문제는 이렇게 표현할 수 있었다. "어떻게 가장 빠르고 신속하게 멀리 떨어진 사람에게 의사를 전달할 것인가?"[74] 윌킨스가 말한 "신속함"과 "빠름"은 1641년에는 다소 철학적인 것이었다(뉴턴은 1년 후에 태어났다). "(우리는 이렇게 말한다) 생각만큼 빠른 것은 없다." 생각 다음으로 가장 빠른 행동은 눈으로 보는 것이다. 목사였던 윌킨스는 모든 것들 중에서 천사와 정령들이 가장 빨리 움직인다고 생각했다. 천사에게 심부름을 시킬 수만 있다면, 제아무리 멀리 떨어져 있다 해도 일을(송달 업무를) 처리할 수 있다. 하지만 육신에 얽매인 우리들은 "생각을 쉽고 빠른 방식으로 전달할 수 없다". 윌킨스는 천사가 전령으로 불리는 것은 당연한 이야기라고 썼다.

　수학자였던 윌킨스는 다른 측면에서 이 문제를 검토했다. 한정된(단 두 개나 세 개 혹은 다섯 개의) 기호로 전체 알파벳을 나타내는 방법을 찾으려 한 것이다. 이를 위해서는 기호들을 조합해야 했다. 가령 a, b, c, d, e라는 다섯 개의 기호를 둘씩 묶은 기호 집합은 25자로 구성된 알파벳을 대체할 수 있었다.

A	B	C	D	E	F	G	H	I	K	L	M	N	O	P	Q	R	S	T	V	W	X	Y	Z	&
aa	ab	ac	ad	ae	ba	bb	bc	bd	be	ca	cb	cc	cd	ce	da	db	dc	dd	de	ea	eb	ec	ed	ee

　"이에 따라 'I am betrayed'는 'Bd aacb abaedddbaaecaead'로 나타낼 수 있다"라고 윌킨스는 썼다. 이런 방법을 쓰면 소수의 기호 집합으로도 배열을 바꿔가며 어떤 메시지든 표시할 수 있었다. 하지만 기호 집합이 작으면 주어진 메시지를 표시하는 데 더 긴 문자열이 필요했다(윌킨스는 "시간도 많이 들고 더 힘들다"라고 썼다). 윌킨스는 25=5^2이며, 3^3=27이기 때문에 세 개의 기호를 세 개씩 묶으면(aaa, aab, aac, …) 27개가 가능하다고 설명하지는 않았다. 하지만 이면의 수학은 명확하게 이해하고 있었다. 윌킨스가 마지막으로 제시한 사례는 이진 코드로, 말로 표현하기 어색하기는 하지만 이렇다.

　알파벳의 두 글자를 다섯 자리로 배열하면 32개의 차이를 생성하며, 따라서 24자 이상을 나타낼 수 있다. 이를 다음과 같이 적용할 수 있다.

A	B	C	D	E	F	G
aaaaa	*aaaab*	*aaaba*	*aaabb*	*aabaa*	*aabab*	*aabba*
H	I	K	L	M	N	O
aabbb	*abaaa*	*abaab*	*ababa*	*ababb*	*abbaa*	*abbab*
P	Q	R	S	T	V	W
abbba	*abbbb*	*baaaa*	*baaab*	*baaba*	*baabb*	*babaa*
X	Y	Z				
babab	*babba*	*babbb*				

두 개의 기호를 다섯 자리로 배열해 "32개의 차이를 만들"었다.

'차이'라는 단어가 (비록 소수이긴 했지만 윌킨스 책을 읽은) 독자들에게는 이상한 선택처럼 보였을 것이다. 하지만 고도로 계산되고 많은 의미를 담고 있는 선택이었다. 윌킨스는 가장 순수하고 일반적인 형태의 정보라는 개념에 다가가고 있었다. 글쓰기는 특수한 사례일 뿐이다. 왜냐하면 일반적으로 "우리는 어떤 감각으로든 인지할 수 있는, 만족할 만한 수준의 차이를 만드는 것은 무엇이든 생각을 표현하는 충분한 수단이 될 수 있다는 점을 알아야 하기 때문"이다."[75] 차이는 "음의 높낮이가 다른 두 개의 종Bells"이나 "불, 연기 같은 모든 시각적 대상" 혹은 트럼펫, 대포, 북 등으로 만들 수 있다. 어떤 차이든 이항 선택을 의미했다. 아울러 모든 이항 선택은 생각의 표현이었다. 이처럼 1641년 나온 비밀스러운 익명의 책에서 정보이론의 근본적인 착상이 사고의 표면으로 떠올라 그 희미한 흔적을 보였으며 다시 300년 동안 모습을 감췄다.

전신이 등장하면서 호사가들은 (암호역사가인 데이비드 칸David Kahn이 말한 대로) 흥분의 시대를 여는 데 기여했다.[76] 암호를 지적으로 탐구하는 게 유행하면서 대중들도 관심을 기울이기 시작했다. 과거의 비밀 기록 수단은 퍼즐제작자와 게임 애호가, 그리고 수학적 혹은 시적 취향을 가진 사람 등 특이한 부류의 사람들이 관심을 가졌다. 이들은 오래된 비밀 기록 수단을 분석하고 새로운 수단을 발명했다. 이론가들은 최고의 암호제작자와 최고의 암호해독가 중 누가 이길지를 놓고 논쟁을 벌였다. 미국에서 암호에 대한 관심을 크게 고조시킨 사람은 에드거 앨런 포였다. 환상적인 이야기와 잡지 에세이에서 포는 오래된 암호 기법을 소개하고 자신의 암호제작기법을 자랑했다. 1841년《그레이엄스 매거진Graham's Magazine》에 실은 글에는 이렇게 썼다. "소수만 이해하는 방식으로 한 사람에게서 다른 사람에게로 정보를 전달하고자 하는 필요, 아니 적어도 그런 욕망이 없었던 시대를 상상하기는 어렵다."[77] 포에게 암호제작은 단순한 역사적 혹은 기술적 열광을 넘어서 일종의 집착이었다. 암호제작은 우리가 세상과 소통하는 방식에 대한 포의 인식을 반영했다. 암호제작자와 작가는 같은 제품을 밀매하고 있다. 포는 말한다. "영혼은 암호이다. 암호가 짧을수록 이해하기 어렵다."[78] 포는 천성적으로 비밀과 관련된 것을, 말하자면 투명함보다는 수수께끼를 좋아했던 것이다.

포는 "문자가 발명되자마자 비밀스러운 소통이 이뤄졌을 것"이라고 단언했다. 이런 생각은 과학과 비술秘術, 이성적 사고와 비범한 사고를 연결하는 다리였다.[79] 암호를 분석하려면("정보를 전하는 수단으로서 중요한 일") 대학에서나 배우는 특별한 정신적 능력, 깊이 파고드는 능력이 필요하다. "특별한 정신적 활동이 동원된다"라고 포는 거듭해서 썼다. 포는 독자들에게 내는 문제로 일련의 대체 암호를 글에 넣었다.

포와 함께 쥘 베른Jules Verne과 발자크Balzac도 작품에 암호를 넣었다. 1868년 루이스 캐럴Lewis Carroll은 양면에 "전신 암호"를 인쇄한 카드를 만들었는데, 이 암호는 교신자들끼리 합의하고 머릿속에 간직하고 있는 비밀 단어에 따라 자리를 바꾸는 "키 알파벳key-alphabet"과 "메시지 알파벳message alphabet"[80]을 사용했다. 하지만 빅토리아시대 영국에서 가장 뛰어난 암호 분석가는 찰스 배비지였다. 수많은 쟁점의 핵심 가까이에 있는 것은 기호를 대체하고 의미의 충위를 가로지르는 절차였다. 배비지는 이런 문제를 즐겼다. 배비지의 말을 들어보자. "암호해독술의 특이한 속성 중 하나는 모든 사람, 심지어 잘 알지 못하는 사람조차 아무도 해독할 수 없는 암호를 만들 수 있다고 확신한다는 것이다. 또한 내가 관찰한 바에 따르면 똑똑한 사람일수록 이런 확신이 강하다."[81] 처음에는 배비지 역시 이렇게 확신했으나, 나중에는 암호해독가들 편으로 전향하게 된다. 배비지는 『암호해독의 철학The Philosophy of Decyphering』이라는 거창한 책을 계획했으나 끝내 완성하지는 못했다. 한편 그는 유럽에서 '해독불가 암호le chiffre indéchiffrable'로 불리면서 가장 안전한 것으로 여겨진 비제네르Vigenère라는 다표식polyalphabetic 암호를 비롯한 여러 암호를 해독했다.[82] 다른 책에서는 대수적 방법을 적용해 암호분석을 방정식으로 표현하기도 했다. 하지만 여전히 호사가 티를 못 벗었으며, 배비지 자신도 이 점을 잘 알았다.

미적분으로 암호를 공략할 때, 배비지는 똑같은 도구를 썼지만 수학적으로는 종래의 방식에 따라 연구했던 반면, 기어와 레버 그리고 스위치의 움직임을 기호로 표현했던 기계의 영역에서는 종래의 방식에서 벗어난 편이었다. 라드너는 기계적 표기법에 대해 이렇게 말했다. "일단 기계의 다양한 부품들을 종이에 적절한 기호로 표기하면, 연구자는 메커니즘 자체를 생각에서 완전히 지우고 기호에만 주의를 기울이게 된다. … 추상적 기호들로 이루어진 거의 형이상학적인 시스템에 따라 머리가 하는 일을 손의 운동으로 하는 것이다."[83] 좀 더 젊었던 어거스터스 드 모르간과 조지 불은 같은 방법론을 활용해 한층 추상적인 소재를 연구했다. 바로 논리명제였다. 모르간은 배비지의 친구로, 에이다 바이런의 개인교사이자, 런던대학교 유니버시티칼리지의 교수였다. 불은 링컨셔Lincolnshire 구두수선공과 시녀의 아들로 태어나 1840년대에 코크Cork 퀸스칼리지의 교수가 됐다. 1847년 이 두 사람은 아리스토텔레스 이후 논리학의 발전에 가장 큰 이정표가 된 두 권의 책을 각각 펴냈다. 바로 불의『논리학의 수학적 분석Mathematical Analysis of Logic』과 모르간의『형식논리학Formal Logic』이었다. 당시 논리학은 소수만 연구하던 주제였고, 수 세기 동안 정체되어 있었다.

모르간이 논리학의 학문적 전통에 대해 더 많이 알았다면, 불은 더 독창적이고 자유로운 사고를 하는 수학자였다. 두 사람은 수년 동안 편지를 주고받으며 언어 혹은 진리(참)를 대수적 기호로 전환하는 방법을 논의했다. 예를 들어보자. X는 "소"를, Y는 "말"을 의미할 수 있다. 이때 소는 한 마리의 소이거나 모든 소 집합 중 하나일 수 있다. (둘은 같은 것일까?) 대수적 방식에서 기호는 조작할 수 있다. 가령 XY는 "X이고 Y인 모든 것의 이름"[84]이 되고, X, Y는 "X이거나 Y인 모든 것의 이름"을 나타낼 수 있다. 언뜻 단순해 보이지만 언어는 단순하지 않았다. 곧 복잡한 문제가 등장했다. 모르간은 불에게 보낸 편지에 이렇게 썼다. "이제 X가 아닌 어떤 Z는 ZY가 됩니다. 그러나 ZY는 '실재하지 않습니다'. '실재하지 않는 것'은 X가 아니라고 말할 수 있습니다. 실재하지 않는 말馬은 전혀 말馬이 아니며, 소는 (더더욱?) 아닙니다."[85]

그러고는 아쉬운 듯 이렇게 덧붙였다. "당신이 이 새로운 종류의 음수negative quantity에 의미를 부여할 것을 바라 마지않습니다." 모르간은 이 편지를 부치지도, 버리지도 않았다.

불은 자신의 체계를 수가 없는 수학으로 생각했다. 불은 이렇게 썼다. "궁극의 논리법칙들은(이것만 갖고도 논리학을 구축할 수 있습니다) 수량의 수학에 속하지는 않지만 형식과 표현에 있어서 수학적이라는 것은 자명한 사실입니다."[86] 불은 오직 0과 1만 허용하자고 제안했다. 0과 1은 무無 혹은 전부를 뜻했다. "논리학 체계에서 기호 0과 1에 대한 해석은 각각 '무'와 '우주'"[87]였다. 그때까지 논리학은 철학에 속해 있었다. 불은 수학을 대표해 논리학의 소유권을 주장했다. 이 과정에서 불은 새로운 형식의 인코딩을 고안했다. 코드북에는 각각 사물 세계로부터 아득히 추상화된 두 가지 유형의 기호체계를 짝지었다. 한쪽에는 수학적 형식에서 끌어온 p와 q, +와 −, ( )와 { } 같은 기호들이 있었고, 다른 쪽에는 애매하고 가변적이며 일상적인 말로 대개 표현되는 조작, 진술, 관계들이 있었다. 거기에는 참과 거짓, 범주 소속 여부, 전제와 결론을 나타내는 단어들이 포함됐다. 'if, either, or'는 "입자들"로서 불 논리학을 구성하는 요소들이었다.

> 언어는 인간 이성의 도구이며, 단지 생각을 표현하는 매개체가 아니다.
> 모든 언어를 구성하는 요소는 기호 혹은 상징이다.
> 단어는 기호이다. 단어는 사물을 나타내기도 하고, 사물에 대한 단순한 관념들을 묶어 복잡한 개념을 만드는 조작을 나타내기도 한다.
> 단어만이 우리가 활용할 수 있는 유일한 기호는 아니다. 눈으로만 전달되는 자의적 표시, 그리고 자의적 소리나 행동도 동일한 기호의 속성을 지닌다.[88]

하나의 양상modality에서 다른 양상으로 전환하는 인코딩이 도움이 되었다. 모스 코드의 목적은 일상 언어를 수 킬로미터의 구리선을 통해 거의 순식간에 전달하는 데 적합한 형식으로 바꾸는 것이었다. 기호 논리학의 경우 새로운 형식은 산술적 조작에 적합했다. 기호는 일상적 의사소통의 방해물에 취약한 내용물을 보호하는 작은 캡슐과 같았다.

$$1 - x = y(1 - z) + z(1 - y) + (1 - y)(1 - z)$$

위와 같이 쓰면, 현실 언어로 아래처럼 진술하는 것보다 훨씬 안전하다.

> 부정한 동물은 발굽이 갈라지고 되새김질을 하지 않는 모든 동물, 되새김질을 하고 발굽이 갈라지지 않은 모든 동물, 발굽이 갈라지지 않고 되새김질을 하지 않는 모든 동물이다.[89]

단어에서 의미를 제거하면 안전성이 상당히 증가한다. 기호와 상징은 단지 자리만 차지하는 존재가 아니다. 말하자면 연산자로, 기계에서 기어와 레버와 같은 것이다. 언어는 결국 하나의 도구이다.

이로써 언어는 이제 표현과 사고라는 두 가지 독립적 기능을 하는 도구로 인식된다. 맨 처음 오는 것은 사고였다. 아니 적어도 사람들은 그렇게 추정했다. 불에게 논리는 (다듬어지고 정화된) 사고'였'다. 1854년에 쓴 역작의 제목으로 불이 정한 것은 『사고의 법칙The Laws of Thought』이었다. 우연찮게 전신 기사들 또한 두뇌 안에서의 메시지 전달에 대한 통찰을 얻고 있다고 느꼈다. 1873년 한 평론가는 《하퍼스 뉴 먼슬리 매거진》에 실은 글에서 "말은 생각하는 사람이 자신의 생각을 전달하는 신호로 사용하기 이전에 생각을 위한 도구"[90]라고 주장했다.

아마 전신은 궁극적으로 언어를 통해 인간 지성에 가장 포괄적이고 중요한 영향을 미칠 것이다. … 다윈이 자연선택으로 설명한 원리에 따라 긴 단어보다 짧은 단어가, 간접적 표현보다 직접적 표현이, 모호한 의미보다 정확한 의미가 우위를 점할 것이다. 또한 특정한 지역에서 쓰는 언어는 어디서나 불리한 처지에 놓일 것이다.

불의 영향은 은근하고 느렸다. 불은 배비지와 잠시 서신을 교환했을 뿐 직접 만난 적은 없었다. 불의 대변자 중 하나였던 루이스 캐럴은 『이상한 나라의 앨리스』를 쓴 지 25년 후, 생의 막바지에 이르러 기호논리학에 대한 설명, 퍼즐, 그림, 예제를 담은 두 권짜리 책을 펴냈다. 기호체계는 흠잡을 데가 없었지만, 연역적 추리는 이상한 방향으로 흘렀다.

(1) 아기들은 비논리적이다.
(2) 악어를 다룰 수 있는 사람은 무시당하지 않는다.
(3) 비논리적인 사람들은 무시당한다.
(결론) 아기들은 악어를 다룰 수 없다.[91]

여기서 의미를 적절하게 내버리고 기호로 쓰면($b_1 d_0 \dagger ac_0 \dagger d'_1 c'_0; b\underline{d} \dagger \underline{d}'c' \dagger a\underline{c} \, \P \, ba_0 \dagger b_1$, i.e.$\P \, b_1 a_0$) 추론하는 과정에서 "아기들은 무시당한다" 같은 어색한 중간명제에 막히는 일 없이 원하는 결론에 이를 수 있다.

세기가 바뀐 후 버트런드 러셀Bertrand Russell은 "『사고의 법칙』이라는 책을 통해 순수한 수학을 발견했다"[92]라고 조지 불에게 특별한 찬사를 바쳤다. 이 말은 자주 인용되었다. 이 찬사를 특별하게 만든 것은 바로 뒤에 나오는 거의 인용되지 않는 비난이다.

또한 자신이 사고의 법칙을 다루고 있다고 생각한 것에서 잘못을
했다. 사람들이 실제로 어떻게 사고하는지의 문제는 불과 전혀 무
관했다. 만약 책에 정말로 사고의 법칙이 담겨 있다면, 어느 누구
도 이전에 그런 방식으로 생각한 적이 없었다는 점이 이상하다.

러셀이 역설을 즐겼다고 생각할 수도 있다.

제6장 새로운 전선,
새로운 논리

—

다른 어떤 것도
이보다 미지에 싸인 것은 없다

전체 기구의 완전한 대칭성,
즉 전선이 중간에 있고,
전선의 끝에 두 대의 전화기가 있으며,
전화기를 두고 양쪽에서 이야기하는 모습은
수학자들에게는 대단히 매혹적일 수 있습니다.[1]
—
제임스 클러크 맥스웰James Clerk Maxwell (1878)

1920년대에 지방 소도시에서 자란 호기심 많은 아이들이라면 전선을 통해 메시지를 보내는 것에 자연스럽게 흥미를 가졌을 것이다. 미시건 주 게일로드Gaylord에 사는 클로드 섀넌이 그랬던 것처럼 말이다. 소년은 목초지에 울타리를 두르면서 기둥에서 기둥으로 뻗어나가는 꼬이고 가시 돋친 두 가닥의 철선인 전선을 매일 보았다. 소년은 되는 대로 부품을 그러모아 직접 철조망 전신기를 만들어 약 1킬로미터 떨어진 곳에 사는 다른 아이에게 메시지를 보내기도 했다. 메시지 타전에는 새뮤얼 모스가 고안한 코드를 썼다. 모스 코드는 딱 맞았다. 소년 섀넌은 코드라는 아이디어 자체가 좋았다. 비밀스러운 코드뿐만 아니라 좀 더 일반적인 의미에서 다른 단어나 기호를 대체하는 단어나 기호인 코드를 좋아했던 것이다. 재기발랄하고 장난기가 넘쳤던 소년은 나이가 들어서도 똑같았다. 일생을 게임하는 것을 좋아했고 궁리했으며, 기계 만지는 일을 좋아했다. 성인이 된 섀넌은 저글링을 했고, 저글링으로 이론을 만들었다. MIT와 벨연구소의 연구원들은 외발자전거를 타고 지나가는 섀넌을 피해 황급히 비켜서곤 했다. 장난기도 넘쳤고 아이들처럼 외로움도 많이 탔던 섀넌은 또한 기계광의 창의성도 함께 있어서 철조망 전신기를 만들었던 것이다.

게일로드는 미시건 반도의 광활한 북부 농장지대를 끊듯 들어선 도시로, 거리와 상점도 별로 없었다.[2] 철조망은 한창 전기시대가 꽃을 피우던 당시로 보면 딱히 화려한 기술은 아니었지만 이곳에서 평원과 초원을 가로질러 로키 산맥까지 덩굴처럼 뻗어나가면서 산업적 부를 창출했다. 1874년 일리노이 주의 한 농부가 "철사 울타리에 대한 새롭고 가치 있는 개선"으로 미국 특허 No.157,124를 받을 때부터 시작된 소유권 분쟁은 결국 대법원까지 올라갔지만, 그사이 철조망은 구역을 나누고 방목장에 울타리를 쳤다. 한창때는 농부와 목축업자 그리고 철도

회사들이 해마다 160만 킬로미터가 넘는 철조망을 깔았다.

전체적으로 보면 전국의 철사 울타리는 거미줄 형태나 네트워크가 아니라 부러진 격자 모양이었다. 연결하는 것이 아니라 분리하는 데 의도가 있었던 것이다. 전기 측면에서 봐도 철조망은 심지어 건조한 날씨에도 전도체로서 형편없었다. 하지만 전선은 전선이었다. 아울러 넓게 퍼진 격자를 잠재적인 통신망으로 본 것은 클로드 섀넌이 처음은 아니었다. 벽지에 사는 수천 명의 농부들도 같은 생각을 했다. 도시에서 전화회사가 진출하기를 마냥 기다릴 수 없었던 농촌사람들은 철조망 전화협동조합을 만들었다. 이들은 금속 꺾쇠를 절연된 고정 장치로 바꿨고, 건식 배터리와 통화관을 달았으며, 남는 철조망으로 빈틈 사이를 연결했다. 1895년 여름 《뉴욕 타임스》는 이렇게 보도했다. "현재 임시변통으로 만든 전화가 다수 사용되고 있는 것이 확실하다. 일례로 사우스다코타의 많은 농부들은 직접 전송기를 구하고 울타리로 쓰던 철조망에 연결해 약 13킬로미터에 걸친 전화 시스템을 구축했다. 수백만 명이 저렴하게 전화를 쓸 수 있는 날이 머지않았다는 견해가 힘을 얻고 있다. 이런 생각이 근거가 타당한지는 아직 의문으로 남아 있다."[3] 분명 사람들은 연결되기를 원하고 있었다. 방목 공간을 분할한다는 이유로 울타리를 싫어하던 목축업자들도 이제는 통화관을 연결해 시장 시세나 기상예보를 들었고, 자체로도 흥분을 자아냈던 회선에서 나오는 (사람의 음성을 옅게 복제한 소리인) 치직 소리만 듣기도 했다.

전기통신의 세 가지 거대한 파도가 차례로 절정을 구가했다. 바로 전신, 전화, 라디오였다. 사람들은 메시지를 주고받는 전용 기계를 보유하는 것을 자연스럽게 여기기 시작했다. 이 장치들은 사회구조를 해체해 재연결했고, 비어 있던 공간에 출입구와 교차로를 만들면서 사회적 지형을 바꿨다. 이미 20세기 초 이런 변화들이 사회적 행위에 미칠 예상치 못한 영향에 대한 우려가 있었다. 위스콘신 전화국장은 젊은 남녀들이 오클레어Eau Claire와 치페와 폴스Chippewa Falls를 연결하는 "전화선에다 끊임없이 말하는 것"을 못마땅하게 여겼다. "연애하려고 전화선을 남용하는 사례가 우려할 만한 수준에 이르렀다. 이런 추세가 계속된다면 누군가는 대가를 치러야 한다." 벨Bell은 특히 여성과 시종들이 쓸데없는 일로 전화를 사용하지 못하게 하려고 노력했다. 1920년대 후반까지 전화회사에 돈을 내지 않았던 농부들의 협동조합은 이런 면에서 훨씬 자유로웠다. 여덟 명의 회원으로 구성된 몬태나 동부라인전화협회Montana East Line Telephone Association는 '최신' 뉴스 보도를 전화망을 통해 공유했다.[4] 라디오도 갖고 있었기 때문에 가능한 일이었다. 아이들역시 여기에 끼고 싶어 했다.

1916년에 태어난 클로드 엘우드 섀넌Claude Elwood Shannon은 가구업, 장례업, 부동산 사업으로 자수성가한 사업가이자 유언 검인판사로 이미 중년을 훌쩍 넘긴 아버지의 이름을 그대로 물려받았다. 농부였던 할아버지는 방수통과 나무 암arm 그리고 플런저plunger로 세탁기를 발명한 사람이었다. 어머니 메이블 캐서린 울프Mabel Catherine Wolf는 독일계 이민자의 딸이었는데 고등학교에서 언어교사를 지냈으며 교장을 하기도 했다. 누나 캐서린 울프 섀넌Catherine Wolf Shannon(부모는 인색하게도 이름을 하나씩 떼어주었다)은 수학을 공부했으며 자주 퍼즐문제를 내 동생을 재미있게 했다. 가족은 메인 스트리트Main Street에서 북쪽으로 몇 구역 떨어지지 않은 센터 스트리트Center Street에서 살았다.

게일로드는 인구가 3,000명이 채 되지 않았지만 게르만풍 유니폼에 반짝이는 악기를 갖춘 밴드를 꾸릴 정도는 됐다. 섀넌은 초등학교 때 가슴보다 더 큰 E플랫 알토 혼E-Flat alto horn을 불었다. 섀넌은 조립장난감과 책을 좋아했다. 모형 비행기를 만들었고, 지역 웨스턴 유니언Western

Union 전신국의 전문을 배달해주고 용돈을 벌었다. 암호 푸는 것도 좋아했다. 혼자 있을 때는 책을 읽고 또 읽었는데, 에드거 앨런 포가 쓴 『황금 벌레』⁵를 좋아했다. 외딴 남부의 섬을 무대로 펼쳐지는 이 이야기의 주인공은 별난 기질의 윌리엄 르그랑William Legrand이었는데, 그는 "빠른 두뇌회전"과 "드문 지적 능력"을 가졌으나 "열정적이다가도 우울에 빠지는 삐딱한 정서 상태"였다. 말하자면 르그랑은 포의 분신이었던 것이다.

시대가 이런 비상한 주인공을 바라고 있었고, 포와 아서 코넌 도일, H. G. 웰스처럼 선견지명을 가진 작가들에 의해 때맞춰 불려 나왔던 것이다. 『황금 벌레』의 주인공은 양피지에 적힌 암호를 해독해 묻혀 있던 보물을 찾아낸다. 포는 일련의 숫자와 기호들을 나열하고는 ("해골과 염소 사이에 빨간색으로 아무렇게나 그려져 있었다")— 53‡‡†305))6* ;4826)4‡.)4‡) ;806* ;48†8¶60))85;1‡(;:‡*8†83(88) 5*‡ ;46(;88*96*?;8) *‡(;485) ;5*†2:*‡(;4956*2(5*-4) 8§8* ;4069285) ;)6†8)4‡‡;1 (‡9;48081 ;8:8‡1 ;48†85;4)485†528806*81 (‡9:48;(88;4 (‡?34;48)4‡;161;:188; ‡?; — 암호가 만들어지고 해결되는 모든 상황을 독자들이 따라가게 했다. 음울한 주인공이 "환경이, 그리고 마음의 어떤 성향이 나를 이런 수수께끼에 관심을 갖도록 이끌었다"⁶라고 밝히면서 같은 성향을 가진 독자들을 흥분시켰다. 암호의 답은 황금으로 이어졌지만 정작 황금을 중요하게 생각하는 사람은 아무도 없었다. 사람들을 흥분시킨 것은 코드 안에, 즉 수수께끼와 변형 안에 있었다.

클로드는 4년이 아니라 3년 만에 게일로드고등학교를 마치고 1932년 미시간대학교에 입학해 전기공학과 수학을 전공했다. 1936년 졸업을 앞둔 섀넌은 게시판에 붙은 MIT의 대학원생 구인공고를 보게 된다. 당시 MIT 공학과 학장이던 버니바 부시가 미분해석기Differential Analyzer라

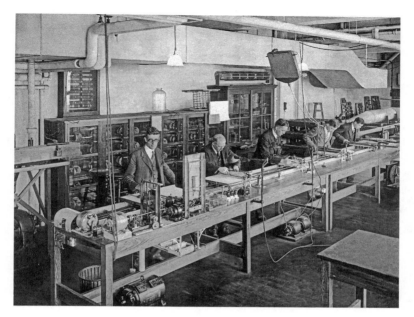
MIT의 미분해석기

는 특이한 이름을 가진 새로운 기계를 운용할 연구조교를 구한다는 내용이었다. 회전하는 축과 기어를 가진 100톤짜리 철제 플랫폼이었던 이 기계를 신문에서는 "기계 두뇌" 혹은 "생각하는 기계"라고 불렀다. 헤드라인은 전형적으로 이러했다.

> "생각하는 기계"는 고차원의 수학을 하며,
> 사람이 풀려면 몇 달이 걸릴 방정식을 푼다.[7]

미분해석기에서 찰스 배비지의 차분기관과 해석기관이라는 조상의 영혼이 어렴풋이 보였다. 하지만 명칭이 비슷하고 목적도 유사했지만 미분해석기는 사실상 배비지에게 빚진 것이 전혀 없었다. 부시는 배비지에 대해 아는 바가 거의 없었다. 부시는 배비지와 마찬가지로 지루하기 짝이 없고 쓸데없이 힘을 허비하는 단순 계산이 싫었다. "수학자는 숫자를 쉽게 다룰 수 있는 사람이 아니다. 흔히들 잘 못한다. 수학자는 주로 고차원적인 기호논리학을 능숙하게 활용할 줄 알고, 특히 직관적 판단력을 갖춘 사람이다."[8]

MIT는 벨 전화연구소, 제너럴 일렉트릭General Electricr과 함께 제1차 세계대전 이후 급성장한 응용 전기공학의 3대 중심지였다. 이곳에서는 방정식 중 특히 미분방정식, 그중에도 2차 미분방정식을 풀어야 할 일이 엄청나게 많았다. 미분방정식은 발사체와 진동 전류 등에서 변화율을 표현했다. 2차 미분방정식은 위치에서 속도를 거쳐 가속도로 이어지는 변화율에서의 변화율과 관련된 것이었다. 이런 방정식은 해석적으로 풀기 어려웠는데, 어디서나 튀어나왔다. 부시는 모든 종류의 문제들을 푸는, 그리고 이들 문제를 만들어내는 물리적 시스템 전체를 처리하는 기계를 설계했다. 미분해석기는 비록 전기모터로 무거운 장치를 구동하고, 진화를 거듭하면서 점점 더 많은 제어용 전기기계식 electromechanical 스위치가 달리긴 했지만 배비지의 기관과 마찬가지로 본질적으로 기계적이었다.

하지만 다른 점도 있었다. 미분해석기는 배비지의 기관과 달리 숫자를 처리하지는 않았다. 미분해석기는 양量을 다루며, 부시의 표현에 따르면 동역학계의 미래를 나타내는 곡선을 만들어냈다. 지금으로 보면 미분해석기는 디지털보다는 아날로그에 가까웠다. 미분해석기의 바퀴와 원반은 미분방정식을 물리적으로 모사한 것을 산출하도록 배치되어 있었다. 어떤 의미에서 미분해석기는 곡선의 적분을 바퀴의 운동으로 바꾸는 작은 계측 장치인 면적계planimeter를 거대하게 만든 것이었다. 교수와 학생들은 매달리는 심정으로 미분해석기를 찾았다. 이들이

들고 온 방정식을 기계가 2퍼센트 정확도로 풀어내자 클로드 섀넌은 즐거워했다. 어쨌든 섀넌은 방을 가득 채운 채 삐걱대며 돌아가는 아날로그적 파트뿐만 아니라 (가끔 딸깍거리고 똑딱거리는 것만 빼면) 완전히 조용한 전기제어 파트까지 이 '연산기computer'에 완전히 매료됐다.'

전기제어 파트는 일반 스위치와 전신의 후손인 릴레이라는 특수 스위치 두 종류였다. 릴레이는 전기로 제어되는 전기 스위치였다. 전신에서 핵심은 (릴레이의) 사슬을 만들면서 먼 거리에 도달하는 것이었다. 하지만 섀넌은 거리가 아니라 제어가 중요하다고 보았다. 복잡하게 서로 연결되어 특정한 순서로 점멸하는 100개의 릴레이가 미분해석기의 작동을 조율했다. 복잡한 릴레이 회로를 다루는 최고의 전문가들은 전화 엔지니어들이었다. 릴레이는 공장의 조립라인을 구성하는 기계들뿐만 아니라 전화 교환기를 통해 통화의 전달을 제어했다. 릴레이 회로는 각각의 특정 사례에 맞게 설계되어 있었다. 릴레이 회로를 체계적으로 연구하려는 사람은 아무도 없었지만, 석사학위 논문의 주제를 찾던 섀넌은 하나의 가능성을 보게 된다. 학부 4학년 때 기호논리학 강의를 들은 섀넌은 스위칭 회로를 배치하는 방식을 체계적으로 정리하는 목록을 만들다가 갑작스럽게 기시감을 느꼈다. 아주 추상적인 방식으로 이들 문제들이 정리되었던 것이다. 회로를 서술하는 데는 기호논리학에서 사용되는 독특한 인위적 표기법인 불의 '대수'를 쓸 수 있었다.

특이한 결합이 이루어진 것이다. 전기와 논리학은 서로 어울리지 않는 것처럼 보였다. 하지만 섀넌이 깨달은 바에 따르면, 릴레이가 한 회로에서 다음 회로로 넘기는 것은 실제로 전기가 아니라 사실, 즉 회로의 개폐 여부에 대한 사실이었다. 회로가 열려 있으면 릴레이는 다음 회로가 열리게 할 수 있었다. 반대의 배열, 즉 부정의 배열도 가능했다. 회로가 열려 있을 때 릴레이는 다음 회로가 닫히게 할 수 있었던 것이다. 이를 말로 설명하기란 까다롭기 그지없었다. 기호로 축약하는 편이 더 간단했고, 아울러 수학자에게는 방정식의 기호들을 조작하는 일이 자연스러웠다. (찰스 배비지도 기계적 표기법으로 같은 길을 걸었지만 섀넌은 그 사실을 전혀 몰랐다.)

"이 방정식들을 간단한 수학적 절차로 조작하는 계산법이 개발되었다." 1937년 섀넌이 쓴 논문은 이런 분명한 메시지와 함께 시작했다. 그때까지 방정식은 단지 회로의 조합을 나타낼 뿐이었다. 그러다 "방정식의 계산은 기호논리학에서 사용하는 명제의 계산과 정확하게 일치하는 것으로 드러났다." 섀넌은 불처럼 자신의 방정식에 0과 1, 단 두 개의 숫자만 필요하다는 사실을 보였다. 0은 닫힌회로, 1은 열린회로를 나타냈다. 켜짐 혹은 꺼짐, 예 혹은 아니요, 참 혹은 거짓에 해당하기도 했다. 섀넌은 결과를 추적했다. 우선 단순한 사례부터, 즉 직렬 혹은 병렬로 연결된 스위치가 두 개인 회로부터 시작했다. 직렬회로는 논리 접속사 'and'에 해당하는 반면 병렬회로는 'or'에 대응한다. 전기의 측면에서 볼 때 짝지을 수 있는 논리연산은 값을 반대로 바꾸는 부정이었다. 섀넌은 논리학과 마찬가지로 회로에서도 "if … then"(충분조건)의 선택을 할 수 있다고 보았다. 먼저 이 일을 하기 전에 연립방정식 체계를 다루는 공리와 정리를 세워 점점 복잡성이 증가하는 "방사형star" 망과 "그물형mesh" 망을 분석했다.

섀넌은 이런 추상적인 내용을 구축한 다음 이의 연장선상에서 구체적인 발명품을 내놓는데, 실용적인 것도 있었고 그냥 기발하기만 한 것도 있었다. 섀넌은 다섯 개의 누름단추 스위치로 구성된 전동 번호 자물쇠의 설계도를 그렸다. 또한 "릴레이와 스위치만 이용해서 두 숫자를 자동으로 더하는"[10] 회로를 설계하기도 했다. 여기서는 편의를 위해 이진산술을 제안했다. "릴레이 회로를 통해 복잡한 수학 연산을 하는 것이 가능하다. 실제로 if, or, and 등과 같은 단어들을 사용해 (한정된 단계로 완전히 기술할 수 있는) 모든 연산을 릴레이를 가지고 자동으로 처리할 수 있다." 전기공학도가 이런 주제로 논문을 쓴 적은 한 번도 없었다. 이들은 보통 전기모터나 전송선로 개선방안 같은 주제로 논문을 썼다. 논리퍼즐을 푸는 기계는 실용성이 없었지만 가능성만큼은 무궁무진했다. MIT의 한 연구조교가 쓴 석사논문은 논리회로와 이진산술 같은 아직은 도래하지 않은 컴퓨터 혁명의 핵심을 담고 있었다.

◎　　◎　　◎

여름을 뉴욕에 있는 벨 전화연구소에서 보낸 섀넌은 부시의 제안에 따라 전공을 전기공학에서 수학으로 바꿨다. 아울러 부시는 기호의 대수학(섀넌의 "이상한 대수학"[11])을 신생 학문인 유전학에 적용할 수 있을지 검토해볼 것을 권했다. 당시 유전학의 기본요소인 유전자와 염색체에 대해서는 알려진 게 거의 없었다. 섀넌은 「이론유전학을 위한 대수학An Algebra for Theoretical Genetics」[12]이라는 야심 찬 박사논문을 쓰기 시작한다. 섀넌에 따르면 유전자는 이론적 구조물이었다. 유전자는 현미경으로 볼 수 있는 염색체라는 막대 같은 물체를 통해 전달되는 것으로 여겨졌지만 구조를 아는 사람은 아무도 없었고, 심지어 실재하는지조차 정확하게 알지 못했다. 섀넌은 이렇게 썼다. "그래도 우리의 연구를 위해 실재한다고 가정할 수 있다. … 그에 따라 유전자가 실재하며, 유전현상에 대한 간단한 표현도 정말로 사실인 것처럼 논의할 것이다. 우리로서는 그렇게 하는 편이 낫기 때문이다." 섀넌은 숫자와 글자들을 배열해 개인의 "유전 공식"을 나타내는 방법을 고안했다. 예를 들어 두 개의 염색체 쌍과 네 개의 유전자 자리는 아래처럼 나타낼 수 있다.

$$A_1\ B_2\ C_3\ D_5 \quad E_4\ F_1\ G_6\ H_1$$
$$A_3\ B_1\ C_4\ D_3 \quad E_4\ F_2\ G_6\ H_2$$

이렇게 하면 유전적 조합과 교배육종 과정을 덧셈과 곱셈으로 계산해 예측할 수 있었다. 마치 혼잡한 생물학적 현실에서 아득히 추상화된 로드맵 같은 것이었다. 섀넌의 말을 들어보자. "비非수학자들에게 현대 대수학에서는 기호로 숫자가 아니라 개념을 나타내는 일이 다반사라는 점을 언급하고자 한다." 이로써 복잡하고 독창적이며 해당 분야의 사람들이 하는 일과 동떨어진 논문이 나오게 된 것이다.* 섀넌은 굳이 논문을 출간할 생각이 없었다.

한편 1939년 늦겨울 섀넌은 부시에게 자신이 중요하게 여기는 아이디어를 장문의 편지에 담아 보냈다.

> 종종 전화, 라디오, 텔레비전, 전신 등 소식을 전달하는 일반적인 시스템의 근본 속성들을 분석하는 일을 합니다. 사실상 모든 통신 체계는 다음과 같은 일반적인 형식으로 표현할 수 있습니다.[14]

$$f_1(t) \quad \rightarrow \quad \boxed{T} \quad \rightarrow \quad F(t) \quad \rightarrow \quad \boxed{R} \quad \rightarrow \quad f_2(t)$$

---

* 40년 후 유전학자인 제임스 F. 크로James F. Crow는 이렇게 평가했다. "이 논문은 유전학계로부터 완전히 고립된 채 작성된 것으로 보인다. … 섀넌은 나중에 재발견된 원칙들을 발견했다. … 아쉽게도 이 논문은 1940년에 널리 알려지지 않았다. 내 생각에 이 논문은 유전학의 역사를 크게 바꿔놓았을 것이다."[13]

*T*와 *R*은 송신기와 수신기였다. 이 둘은 세 개의 "시간 함수"를 중계했다. *f*(*t*)는 "전달되는 소식", 신호, 최종 출력값으로, 당연히 출력값은 입력값과 가능한 한 거의 동일해야 했다. ("이상적인 시스템에서 입력값과 출력값은 똑같은 복제품이 될 것이다.") 섀넌도 알고 있었듯 문제는 현실의 시스템이 언제나 '왜곡'에 시달린다는 점이었다. 섀넌은 왜곡을 수학적 형식으로 엄밀하게 정의할 것을 제안했다. 또한 '소음noise'("예를 들어, 잡음")도 문제였다. 섀넌은 부시에게 몇몇 정리를 증명하려 한다고 말했다. 또한 기호로 수학 연산을 수행하는 기계를 연구하고 있었는데, 이는 완전히 전기회로만 써서 미분해석기보다 더 많은 작업을 하는 기계였다. 갈 길이 멀었다. 섀넌의 말을 들어보자.

> 이 문제의 여러 소소한 것들에 일부 진전은 있지만 실질적인 성과는 여전히 미진합니다. 대부분의 함수에 대해 실제로 기호 미분을 수행하는 회로를 설계하기는 했지만, 방법이 흡족할 만큼 일반적이거나 자연스럽지는 않습니다. 이 기계에 내재한 몇 가지 일반 원리를 완전히 파악하지는 못한 것 같습니다.

섀넌은 깡말라서 거의 수척해 보일 정도였다. 귀는 곱슬머리를 바짝 깎은 탓에 조금 도드라져 보였다. 1939년 가을, 두 명의 룸메이트와 같이 사는 가든 스트리트 아파트에서 파티가 열렸을 때 섀넌은 재즈 음반을 틀어놓은 채 쑥스러운 듯 문 옆에 서 있었다. 그때 한 대담한 아가씨가 섀넌에게 팝콘을 던지기 시작했다. 뉴욕 출신으로 래드클리프Radcliffe대학에 다니던 열아홉 살의 노마 레버Norma Levor였다. 레버는 그해 여름 파리에서 살기 위해 학교를 떠났지만 나치의 폴란드 침공으로 다시 돌아와야 했다. 고향에서도 임박한 전쟁은 사람들의 삶을 뒤

흔들기 시작했던 것이다. 레버에게 섀넌은 음울한 기질에 빛나는 지성을 가진 남자였다. 두 사람은 매일 만나기 시작했다. 섀넌은 레버를 위해 E. E. 커밍스Cummings의 스타일대로 대문자를 쓰지 않은 연시를 썼다. 레버는 섀넌이 언어를 좋아하는 방식, '부울~리언Booooooooolean' 대 수학이라고 말하는 방식을 좋아했다. 두 사람은 1월에 예식 없이 보스턴 판사 앞에서 결혼 선서를 했다. 레버는 박사 후 연구원 자격을 얻은 섀넌을 따라 프린스턴으로 갔다.

기록의 발명은 추론을 논리적으로 사유할 수 있게 함으로써(사유의 흐름을 눈앞에 놓고 분석할 수 있게 됨으로써) 논리학을 촉발시켰다. 수많은 시간이 지나고 이제 기호로 움직이는 기계가 발명되면서 논리학이 다시 되살아났다. 추론의 가장 고차원적 형태인 논리학과 수학에서 모든 것이 합쳐지는 것처럼 보였다.

공리, 기호, 공식, 증명의 체계 안에 논리학과 수학을 결합함으로써 철학자들은 일종의 완성, 말하자면 엄밀하고 형식적인 확실성에 손닿을 것처럼 보였다. 이는 영국 합리주의의 거두로, 1910~1913년에 걸쳐 세 권짜리 명저를 쓴 버트런드 러셀과 노스 화이트헤드North Whitehead의 목표이기도 했다. 책 제목 『수학 원리Principia Mathematica』는 뉴턴에 대한 웅장한 반향이었다. 이들의 야망은 바로 모든 수학을 완성하는 것이었다. 러셀과 화이트헤드는 흑요석 같은 기호와 확고한 규칙을 갖춘 기호논리학으로 인해 마침내 수학의 완성이 가능해졌다고 주장했다. 이들의 임무는 모든 수학적 사실을 증명하는 것이었다. 적절하게 수행된 증명 과정은 기계적이어야 한다. 언어와 달리 '기호'는 "완벽하게 정확한 표현"을 할 수 있다. "완벽하게 정확한 표현"이라는 이 잡기 힘든 사냥감은 조지 불, 이전에는 배비지, 훨씬 이전에는 라이프니츠가 추적하던 것이었다. 이들 모두는 추론의 완성은 사고의 완벽한 인코딩과 함께 간다고 믿고 있었다. 라이프니츠로서는 상상만 할 수 있었다. 1678년 라이프니츠는 이렇게 썼다. "사유들 간의 관계를 완벽하게 나타내는 특정한 문자."[15] 이들 문자로 인코딩하면 논리적 오류가 바로 드러날 것이다.

> 이 문자들은 지금까지 상상했던 것과 많이 다를 것이며 … 대수학과 산술처럼 발명과 판단을 위해 활용될 것입니다. … 이 글자로는 터무니없는 개념들을 (글로) 쓸 수 없을 것입니다.

러셀과 화이트헤드는 기호체계가 논리학에서 쓰는 (추론의 흐름에 따른) "고도로 추상적인 절차와 사고"[16]에 적합하다고 설명했다. 일상 언어는 흙먼지가 날리고 진흙탕 같은 일상 세계에 더 잘 어울렸다. 이들에 따르면 '고래는 크다' 같은 진술이 "복잡한 사실"을 표현하기 위해 단순한 단어를 쓴 것이라면, '1은 숫자이다'라는 진술은 "언어로 표현하면 참을 수 없이 장황"해진다. 고래와 큼을 이해하려면 실제 사물에 대한 지식과 경험이 필요하다. 그러나 '1'과 '숫자' 그리고 관련된 모든 산술적 연산을 처리하는 것은 무미건조한 기호로 적절하게 표현될 경우 자동으로 할 수 있다.

그럼에도 이들은 몇 가지 장애물을 발견한다. 불가능해야 하는 '터무니없는 개념'들이 있었던 것이다. 머리말을 보자. "논리학을 감염시킨 모순과 역설을 해소하는 데 많은 노력을 했다." "감염된"이라는 강한 표현도 역설 때문에 받은 고통을 표현하기에는 그리 적합하지 않았다. 역설은 종양이었다.

고대부터 내려오는 역설도 있었다.

> 크레타인인 에피메니데스는 모든 크레타인은 거짓말쟁이이며, 크
> 레타인이 하는 다른 모든 말은 분명히 거짓말이라고 말했다. 이 말
> 은 거짓말인가?[17]

에피메니데스의 역설을 더 정식화하면(크레타인과 이들의 특질을 무시
하면) '이 진술은 거짓이다'라는 거짓말쟁이의 역설이 된다. 이 진술은
참이 될 수 없다. 그러면 거짓이 되기 때문이다. 또한 거짓도 될 수 없
다. 그러면 참이 되기 때문이다. 따라서 이 진술은 참도 거짓도 아니거
나 동시에 둘 다에 해당한다. 하지만 이렇듯 꼬이고, 당혹스럽고, 정신
을 혼란스럽게 하는 순환성을 발견한다고 해서 삶이나 언어가 꽝하고
멈춰버리지는 않는다. 사람들은 이를 알고도 계속 살아간다. 삶과 언
어는 (사람들에게 힘을 주지만) 완벽하지도 않고, 절대적이지도 않기 때
문이다. 현실에서 모든 크레타인이 거짓말쟁이일 수는 없다. 또한 거
짓말쟁이도 종종 진실을 말한다. 무결점의 완벽한 그릇을 만들려 하기
때문에 고달파지는 것이다. 러셀과 화이트헤드는 완벽을, 증명을 추구
했다. 이게 아니라면 이들의 기획은 아무 의미가 없었다. 하지만 엄밀
하게 체계를 구축할수록 더 많은 역설이 발견됐다. 더글러스 호프스태
터Douglas Hofstadter의 말을 들어보자. "역설이 있을 것이라고는 꿈도 꾸지
못할 순수한 낙원인 … 숫자로 이뤄진 엄밀한 논리 세계 안에서 다양
한 고대의 역설 사촌뻘 되는 현대의 역설들이 불쑥 나타날 때 진짜 기
이한 상황이 벌어질 수 있다는 분위기가 가득하다."[18]

그중 하나가 보들리언 도서관의 사서인 G. G. 베리Berry가 러셀에게

처음 제시한 베리의 역설이다. 이 역설은 각 정수를 명시하는 데 필요한 음절의 수에 대한 것이다. 물론 일반적으로 수가 클수록 더 많은 음절이 필요하다. 영어에서 두 음절이 필요한 가장 작은 정수는 7, 세 음절이 필요한 가장 작은 정수는 11이다. 121은 여섯 음절('one hundred twenty-one')이 필요한 것처럼 보이지만, 약간 꾀를 부려서 "11의 제곱 eleven squared"으로 하면 네 음절로도 된다. 하지만 꾀를 부린다 해도 가능한 음절의 수는 유한하기 때문에 부르는 것도 유한할 수밖에 없다. 러셀의 말을 들어보자. "따라서 몇몇 정수는 적어도 19개의 음절로 구성되어야 하며, 그중에는 가장 작은 정수가 있어야 한다. 따라서 '19개 이내의 음절로 부를 수 없는 가장 작은 정수'는 확실히 정수를 나타내야만 한다."[*19] 여기서 역설이 등장한다. '19개 이내의 음절로 부를 수 없는 가장 작은 정수the least integer not nameable in fewer than nineteen syllables'라는 말은 18음절이다. 결국 19개 이내의 음절로 부를 수 없는 가장 작은 정수가 19개 이하의 음절로 불린 것이다.

　러셀이 제시한 또 다른 역설은 이발사의 역설이다. 이 이발사는 직접 면도를 하지 않는 모든 남자의 면도를 한다. 그렇다면 이 이발사는 직접 면도를 할까?[20] 한다면 하지 않는 것이고, 하지 않는다면 하는 것이다. 이런 퍼즐에 곤혹스러워하는 사람은 거의 없다. 현실에서 이발사는 하고 싶은 대로 하고, 세상은 계속 굴러가기 때문이다. 러셀에 따르면 우리는 "말의 전체적인 형식은 의미가 없는 잡음일 뿐"이라고 느끼는 경향이 있다. 하지만 집합론을 연구하는 수학자라면 역설을 쉽게 무시할 수 없다. 집합은 사물, 가령 정수의 모임이다. 집합 0, 2, 4는 정수를 원소로 갖는다. 또한 집합은 다른 집합의 원소가 될 수 있다.

---

* 러셀이 밝힌 바에 따르면 표준 영어에서 19개 이하의 음절로 부를 수 없는 가장 작은 정수는 11만 1,777(one hundred and eleven thousand seven hundred and seventy-seven)이다.

가령 집합 0, 2, 4는 '정수 집합'의 집합과 '세 원소 집합'의 집합에 속하지만 '소수素數 집합'의 집합에는 속하지 않는다. 따라서 러셀은 특정한 집합을 이렇게 정의한다.

S는 그 자신이 그 집합의 원소가 아닌 모든 집합들의 집합이다.

이것은 러셀의 역설로 불린다. 여기서 역설은 잡음으로 무시할 수 없다.

러셀은 역설을 제거하기 위해 극단적인 조치를 취했다. 역설을 일으키는 요인은 문제의 진술 안에 존재하는 특유의 재귀 때문인 것처럼 보였다. 다시 말해 집합에 속한 집합이라는 개념 말이다. 재귀는 불길을 살리는 산소였다. 마찬가지로 거짓말쟁이의 역설은 진술에 대한 진술에 기댄다. "이 진술은 거짓이다"는 언어에 대한 언어인 메타언어이다. 또한 러셀의 역설적 집합은 집합의 집합인 메타집합에 기대고 있다. 따라서 문제는 층위를 섞는 것, 러셀의 표현으로는 유형을 혼합하는 데 있었다. 해결책은 이런 혼합을 규칙에 어긋나는 것으로 치고, 터부시하고, 금지하는 것이다. 다른 층위의 추상화를 혼합하는 것도, 자기참조self-reference도 자기충족self-containment도 안 된다. 『수학 원리』에 적용된 기호체계의 규칙은 한 바퀴 되돌아오는 것, 마치 자기 꼬리를 무는 뱀처럼 자기모순의 가능성을 향하는 것으로 보이는 피드백 고리를 허용하지 않는다. 이 규칙이 러셀의 방화벽이었다.

여기서 쿠르트 괴델Kurt Gödel이 등장한다.

1906년 체코 모라비아moravia 지방의 중심지인 브르노Brno에서 태어난 괴델은 남쪽으로 120킬로미터 떨어진 빈대학에서 물리학을 공부했고, 스무 살에는 빈학파의 일원이 된다. 철학자와 수학자들로 이뤄진 이들

학파는 담배연기 자욱한 조세피눔Josephinum이나 라이히스라트Reichsrat 같은 카페에 정기적으로 모여 형이상학에 맞선 방패막으로 논리학과 사실주의를 내세웠다. 형이상학은 이들에게 심령론, 현상학, 비합리성을 의미했다. 괴델은 모임에서 신논리학New Logic을, 얼마 후에는 '메타수학der Metamathematik'을 이야기했다. 메타수학과 수학의 관계는 형이상학과 물리학의 관계와 달랐다. 메타수학은 한 다리 건넌 수학, 즉 수학에 대한 수학이자 "외부에서 바라본"[21](äußerlich betrachtet) 형식체계였다. 괴델은 20세기 지식에 대한 가장 중요한 정리를 증명하고, 가장 중요한 진술을 내놓으려 준비하고 있었다. 완벽한 논리체계라는 러셀의 꿈을 박살내려 했던 것이다. 괴델은 역설이 기이한 것이 아님을 보여주려 했다. 역설은 근본적인 것이었다.

괴델은 러셀을 박살내기 전에 러셀과 화이트헤드의 작업을 먼저 칭송하고 나선다. 수리논리학은 "다른 모든 학문에 선행하는 학문으로 모든 학문의 기초가 되는 사고와 원칙을 포함"한다.[22] 짧은 시간에 매우 포괄적이고 엄청난 영향을 발휘한 형식 체계를 담고 있는 위대한 저작 『수학 원리』를 괴델은 짧게 PM이라고 불렀다. PM은 책이 아니라 체계를 의미했다. PM 안에서 수학은 말하자면 병 안에 담긴 배였다. 제멋대로 날뛰는 광활한 바다에 의해 더 이상 흔들리고 뒤집히지 않던 배였던 것이다. 1930년 무렵 수학자들은 어떤 것을 증명할 때 PM을 토대로 삼았다. 괴델이 말했듯 PM 안에서 "우리는 몇 개의 기계적 규칙만 가지고 모든 정리를 증명할 수 있다."[23]

PM의 체계는 완전하기 (완전하다고 주장되었기) 때문에 '모든' 정리를 증명할 수 있다. 또한 논리는 다양한 해석의 여지를 남기지 않고 가차없이 작동했기 때문에 '기계적' 규칙이었다. PM의 기호는 의미를 담지 않았다. 누구나 증명을 이해하지 못해도 규칙에 따라 단계적으로 증명을 검증할 수 있었다. 이런 속성을 기계적이라고 말하는 것은 기계가 숫자를 처리하고, 무엇이든 숫자로 나타낼 수 있다는 찰스 배비지와 에이다 러브레이스의 꿈을 환기시켰다.

문화가 파국으로 치닫던 1930년 빈에서 둥근 검은 테 안경 너머로 커다란 눈을 한 채 과묵하게 새로운 친구들의 신논리학 논쟁을 듣던 스물네 살의 괴델은 PM이라는 그릇은 완벽하다고 생각했지만, 정말 수학을 담을 수 있을지에 대해서는 의구심을 가졌다. 이 호리호리한 청년은 자신의 의구심을 엄청나고도 충격적인 발견으로 뒤바꿔놓았다. PM 안에(모든 일관된 논리체계 안에) 이제껏 상상하지 못했던 괴물이 반드시 숨어 있다는 사실을 발견한 것이다. 괴물은 바로 결코 증명할 수도, 반증할 수도 없는 진술이었다. 다시 말해 증명할 수 없는 '참'이 반드시 존재한다는 것이다. 이것을 괴델은 증명했다.

괴델은 이것을 교묘한 속임수로 위장한 엄밀함으로 증명했다. 괴델은 PM의 형식 규칙들을 활용했는데, 이런 규칙을 활용하면서도 규칙들을 메타수학적으로 접근했다. 형식적 규칙들을 밖에서 바라보았던 것이다. PM의 모든 기호(숫자, 산술연산자, 논리연산자, 구두점)는 한정된 알파벳으로 이루어졌다. PM의 모든 진술 혹은 공식은 이 알파벳으로 쓰였다. 마찬가지로 모든 증명은 공식들의 유한한 배열이다. 다시 말해 같은 알파벳으로 구절을 길게 쓴 것일 뿐이다. 여기서 메타수학이 개입한다. 메타수학적으로 볼 때 하나의 기호는 다른 기호와 차이가 없다. 즉, 특정 알파벳을 선택하는 것은 자의적이었다. 따라서 숫자나 대대로 쓰였던 상형문자(수학에서는 +, −, =, ×, 논리학에서는 ¬, ∨, ⊃, ∃)를 쓸 수도 있고, 글자를 쓸 수도 있으며, 아니면 점이나 선을 쓸 수도 있다. 이는 하나의 기호 집합에서 다른 기호 집합으로 넘어가는 인코딩의 문제였다.

괴델은 모든 기호를 수로 나타냈다. 수가 그의 알파벳이었던 것이다. 수는 산술적으로 결합할 수 있기 때문에 모든 수열은 하나의(아마 아주 큰) 수에 대응시킬 수 있다. 따라서 PM의 모든 진술과 공식을 하나의 수로 나타낼 수 있으며, 모든 증명도 마찬가지이다. 괴델은 인코딩을 하는 엄밀한 방식, 즉 단지 따르기만 하면 되는(지성은 필요 없다) 기계적 규칙인 알고리즘을 제시했다. 이 방식은 양방향으로 작동한다. 따라서 임의의 공식이 주어지면 규칙에 따라 하나의 수를 생성할 수 있으며, 임의의 주어진 수는 규칙에 따라 대응하는 공식을 만들어낸다.

하지만 모든 수가 올바른 공식으로 옮겨지는 것은 아니다. 몇몇 숫자는 알 수 없는 말 혹은 체계의 규칙 안에서 거짓인 공식으로 옮겨진다. "0 0 0 = = ="이라는 기호는 일부 숫자로 옮겨지기는 하지만 전혀 공식이 아니다. "0=1"이라는 진술은 인식할 수 있는 공식이지만 거짓이다. 반면 "$0+x=x+0$"은 참이며, 증명할 수 있다.

이 마지막 속성('PM에 의거하여 증명할 수 있는' 속성)은 PM의 언어 안에서 표현할 수 있다는 것을 의미하지 않는다. 이는 체계 밖에서 하는 진술, 즉 메타수학적 진술로 보인다. 하지만 괴델의 인코딩은 이 진술을 안으로 끌어들였다. 괴델이 구축한 틀 안에서 정수는 수인 동시에 진술로서 이중의 삶을 살았다. 진술은 특정한 수가 '짝수'라고, 혹은 '소수'라고, 혹은 '완전제곱수'라고 주장할 수 있으며, 또한 특정한 수가 '증명할 수 있는 공식'이라고 주장할 수 있다. 예를 들어 1,044,045,317,700이 주어졌을 때 '이 수는 짝수다', '이 수는 소수가 아니다', '이 수는 완전제곱수가 아니다', '이 수는 5보다 크다', '이 수는 121로 나눌 수 있다', '이 수는 (공식적인 규칙에 따라 디코딩됐을 때) 증명할 수 있는 공식이다' 같은 다양한 진술을 하고 그 참과 거짓을 따질 수 있다.

괴델은 1931년 발표한 짤막한 논문에서 이 모든 내용을 제시했다. 빈틈없는 증명을 하려면 복잡한 논리가 필요했지만, 기본 주장은 단순하고 우아했다. 괴델은 '특정한 수, x는 증명할 수 없다'라고 말하는 공식을 만드는 방법을 보여줬다. 누워서 떡 먹기였다. 이런 공식은 무한히 많았던 것이다. 그러고는 적어도 몇몇 경우에 수 x는 바로 그 공식을 나타낼 것이라는 점을 입증했다. 이는 러셀이 PM의 규칙 안에서는 허용하지 않으려 했던 바로 그 (반복적으로) 순환하는 자기참조였다.

'이 진술'은 증명할 수 없다.

아울러 이제 괴델은 이런 진술이 어쨌든 존재할 수밖에 없음을 보여주었다. 거짓말쟁이가 다시 돌아왔다. 규칙을 바꾼다고 해서 못 들어오게 문을 걸어 잠글 수는 없다. 괴델은 역사상 가장 의미심장한 각주 중 하나에서 이렇게 설명했다.

겉보기와 달리 이런 명제에는 잘못된 순환성이 포함되어 있지 않다. 왜냐하면 이는 단지 잘 정의된 어떤 공식은 … 증명할 수 없다고 주장하는 것이기 때문이다. 나중에서야 (그리고 우연히) 이 공식은 명제 자체를 표현하는 바로 그 공식이라는 사실이 증명된다.[24]

PM을 비롯하여 기본적인 산술을 할 수 있는 모든 일관된 논리체계 안에는 언제나 참이지만 증명할 수 없는 저주받은 진술들이 존재할 수밖에 없다. 이처럼 괴델은 일관된 형식 체계는 불완전할 수밖에 없으며, 완전하고 일관된 체계는 존재할 수 없음을 보여줬다.

역설이 다시 돌아왔고, 또 단순히 기이한 것도 아니었다. 이제 역설은 러셀과 화이트헤드의 기획의 핵심을 강타했다. 나중에 괴델은 이렇게 말했다. "우리의 논리적 직관(즉, 참, 개념, 존재, 부류 같은 관념에 대한 직관)이 자기모순적이라는 것은 놀라운 사실이다."[25] 더글러스 호프스태터는 이렇게 말했다. "청천벽력이었다."[26] 이것의 힘은 이것이 쓰러뜨리려는 체계에서 나온 것이 아니라 그것이 지닌 수, 기호체계, 인코딩에 대한 교훈에서 나왔다.

> 괴델의 결론은 PM의 약점이 아니라 강점에서 도출됐다. 그 강점은 수가 대단히 유동적 혹은 "카멜레온적chameleonic"이어서 수의 패턴이 추론의 패턴을 흉내 낼 수 있다는 사실이다. … PM의 '표현력expressive power'이 그 불완전성을 야기했다.

오랫동안 추구했던 보편 언어, 라이프니츠가 발명한 것처럼 꾸몄던 '보편 문자characteristica universalis'는 내내 숫자들 안에 있었다. 수는 추론의 모든 것을 인코딩할 수 있었다. 수는 모든 형태의 지식을 나타낼 수 있었다.

1930년 쾨니히스베르크에서 열린 철학학회의 셋째 날이자 마지막 날 괴델은 이 발견을 처음으로 공식 발표한다. 반응은 시큰둥했다. 유일하게 괴델의 말을 경청하는 것처럼 보였던 한 사람이 있었으니 바로 헝가리 사람 노이만 야노스Neumann János였다. 미국으로 건너가려고 준비하던 이 젊은 수학자는 미국에 도착한 이후로 계속 존 폰 노이만John von Neumann으로 불렸다. 폰 노이만은 괴델의 발견이 갖는 의미를 곧 이해했다. 큰 충격을 받은 폰 노이만은 이에 대해 연구했고 괴델의 발견에 빠져들게 된다. 괴델의 논문이 나오기가 무섭게 폰 노이만은 논문을 프린스턴대학교의 수학 세미나에서 소개했다. 불완전성은 사실이었다. 수학이 절대 자기모순에서 자유롭지 않음을 증명한 것이다. 폰 노이만은 이렇게 말한다. "아울러 중요한 점은 이 사실이 철학적 원칙이나 그럴듯한 지적 태도가 아니라 정교함의 극에 있는 엄밀한 수학적 증명의 결과라는 것이다."[27] 수학을 믿든가 아니면 수학을 믿지 않든가 둘 중 하나였다.

물론 수학을 믿었던 러셀은 논리학보다는 좀 더 유순한 철학으로 옮겨갔다. 한참이 지나고 노인이 된 러셀은 괴델이 자신을 당혹스럽게 했음을 시인했다. 러셀은 이렇게 썼다. "더 이상 수리논리학을 연구하지 않아서 다행이었습니다. 주어진 공리의 집합이 모순으로 이어진다면 최소한 하나의 공리는 거짓이어야 함이 분명합니다."[28] 이와 달리 빈의 가장 유명한 철학자로 근본적으로 수학을 믿지 않았던 루트비히 비트겐슈타인은 불완전성 정리를 속임수Kunststücken라고 일축하면서 논박보다는 그냥 지나가는 말로 으스대듯 이렇게 말했다.

> 수학은 '지각'이 불완전할 수 있는 것 이상으로 불완전할 수 없다. 나는 이해할 수 있는 것은 무엇이든 완전하게 이해하는 것이 틀림없다.[29]

괴델은 한꺼번에 두 사람을 응수하고 나섰다. "러셀은 확실히 저의 결론을 오해했습니다. 다만 방식은 매우 흥미로웠습니다. 반면 비트겐슈타인은 … 지극히 사소할 뿐만 아니라 흥미롭지도 않은 오해를 제시했습니다."[30]

1930년 설립되어 폰 노이만과 아인슈타인이 초대 교수진으로 있던 고등연구소는 1933년 1년간 괴델을 프린스턴으로 초청했다. 파시즘이 득세하고 빈의 짧았던 영화가 저물던 1930년대 괴델은 수차례 더 대서양을 건넜다. 정치에 무관심했고 역사에 몽매했던 괴델은 요양원에 들어가야 할 정도로 심한 우울증과 심기증心氣症에 시달렸다. 프린스턴에서 불렀지만 괴델의 마음은 계속 흔들렸다. 오스트리아가 독일에 병합되고 회원들이 살해당하거나 망명하면서 빈학회가 해체되던 1938년, 심지어 히틀러의 군대가 고국인 체코를 점령한 1939년에도 괴델은 빈에 머물렀다. 유대인은 아니었지만, 수학은 충분히 '유대화verjudet'되었던 것이다. 마침내 1940년 1월 괴델은 겨우 빈을 떠나 시베리아 횡단열차를 타고 일본을 거쳐 배로 샌프란시스코로 간다. 눌러앉으러 간 프린스턴에서 전화회사에 등록된 이름은 'K. Goedel'이었다.[31]

클로드 섀넌도 박사 후 과정을 밟기 위해 고등연구소에 와 있었다. 섀넌에게 고등연구소는 쓸쓸한 곳이었다. 붉은 벽돌건물에 시계탑이 있고 느릅나무 골조의 둥근 지붕을 하고 있는 고등연구소는 프린스턴 대학에서 1.6킬로미터 정도 떨어진 옛 농장터에 자리하고 있었다. 15명 정도의 교수 중 처음 교수가 된 사람은 1층 뒤쪽에 사무실을 둔 아인슈타인이었다. 섀넌은 아인슈타인을 거의 보지 못했다. 3월에 도착한 괴델은 아인슈타인 말고는 다른 사람과 거의 대화를 나누지 않았다. 섀넌의 명목상 지도교수는 역시 독일 망명자로 새로운 양자역학 분야에서 가장 뛰어난 수학이론가인 헤르만 바일이었다. 바일은 섀넌의 유전학 논문("자네의 생수학적bio-mathematical 문제"[32])에 그리 관심은 없었지만 섀넌이 연구소의 다른 뛰어난 젊은 수학자인 폰 노이만과 공통점을 찾을지 모른다고 생각했다. 섀넌은 대부분 파머 스퀘어Palmer Square에 있는 집에 머물면서 우울한 시간을 보냈다. 섀넌과 함께하려고 래드클리프를 떠난 스무 살 아내 노마는 남편이 전축에서 나오는 빅스 바이더벡Bix Beiderbecke 음악에 맞춰 클라리넷 반주를 넣고 있는 모습을 지켜보는 일이 갈수록 암울하게 느껴졌다. 섀넌이 우울증에 걸렸다고 생각한 노마는 정신과 의사를 찾아가기를 원했다. 아인슈타인을 만나는 일은 좋았지만 흥분은 오래가지 못했다. 결혼생활은 끝난 상태였다. 연말 무렵 노마는 섀넌을 떠났다.

섀넌도 프린스턴에 머물 수 없었다. 섀넌은 소식의 전달을 계속 연구하고자 했다. 다소 명확하지는 않았지만 연구소의 의제를 장악한 자극적인 이론물리학보다는 실용적인 개념이었다. 게다가 전쟁의 기운이 무르익고 있었다. 어디서나 연구 의제가 바뀌었다. 국방연구위원회 위원장이 된 버니바 부시는 섀넌에게 대공포 발사제어장치를 수학적으로 연구하는 '프로젝트 7'[33]을 맡겼다. 국방연구위원회에 따르면 "임무는 대공포 제어부에 보정을 적용해 포탄과 목표물이 같은 시간에 같은 위치에 도달하도록 만드는 것"[34]이었다. 비행기는 갑자기 탄도학에 쓰이던 수학을 거의 무용지물로 만들었다. 처음으로 목표물이 발사체에 크게 뒤지지 않는 속도로 움직였던 것이다. 이는 배 위에서나 땅 위에서 복잡하고도 중요한 문제가 되었다. 런던은 3.7인치 포탄을 발사하는 대공포대를 조직하고 있었다. 빠르게 움직이는 항공기를 발사체로 겨냥해 맞히려면 감과 운이 있거나 아니면 기어와 연결 장치 그리고 서보servo로 암묵적 계산을 엄청나게 해야 했다. 섀넌은 연산의 문제뿐만 아니라 물리적 문제까지 분석했다. 대공포는 비율 계산기와 적분기로 제어되는 축과 기어로 3차원에 있는 물체의 빠른 경로를 추적해야 했다. 대공포 자체가 예측할 수 있거나 할 수 없는 '반동反動'과 진동을 일으키는 하나의 역학계처럼 움직였다. (비선형 미분방정식에서 섀넌은 별다른 진전이 없었고, 자신도 이를 알고 있었다.)

섀넌은 뉴욕에 있는 벨 전화연구소에서 두 번의 여름을 보냈다. 벨 연구소의 수학부 역시 발사 제어 프로젝트를 추진하고 있었기 때문에 섀넌에게 참여를 요청했던 것이다. 여기에는 미분해석기를 다룬 경험이 큰 도움이 되었다. 자동화된 대공포는 이미 하나의 아날로그 컴퓨터로서 사실상 2차 미분방정식을 기계적 동작으로 바꾸고, 거리계 관측 내용이나 새로운 실험 단계의 레이더로부터 데이터를 입력받고, 오차를 보정하기 위해 이 데이터를 다듬고 걸러야 했다.

마지막 부분은 벨연구소에서 익히 다루던 것이었다. 전화통신에서 골치를 썩이던 문제와 비슷했던 것이다. 의미 없는 데이터는 회선의 잡음과 비슷했다. 섀넌 연구팀은 이렇게 보고했다. "추적 오차의 영향을 제거하거나 줄이기 위해 데이터를 평활화smoothing하는 문제와 통신 시스템에서 신호와 간섭 잡음을 분리하는 문제는 상당히 유사하다."[35] 데이터는 신호를 구성했다. 말하자면 모든 문제는 "소식의 전달, 조작, 활용의 특수한 사례"였다. 이는 벨연구소 전문이었다.

전신이 혁명적이었고 무선 라디오가 신기해 보이긴 했지만, 이제 전기통신 하면 전화를 뜻했다. 몇몇 실험적 회로가 구축되고 '전기발화 원격음성장치electrical speaking telephone'가 미국에 처음 등장한 것은 1870년대였다. 세기의 전환기에 전화산업은 메시지 수량, 회선 길이, 투자 자금 등 모든 부문에서 전신산업을 앞질렀으며, 전화 사용량은 몇 년마다 두 배씩 늘어났다. 이유는 불 보듯 뻔했다. 누구나 전화를 이용할 수 있다는 것이다. 필요한 기술이라곤 말하고 듣는 것뿐이었다. 기록도, 코드도, 키패드도 없었다. 모두가 음성에 반응했다. 음성은 단어뿐만 아니라 감정까지 전달했다.

전화의 장점은 분명했다. 하지만 모두에게 그런 것은 아니었다. 알렉산더 그레이엄 벨보다 먼저 전화를 발명할 뻔했던 전신맨 엘리샤 그레이Elisha Gray는 1875년 특허변호사에게 보낸 편지에서 전화는 거의 연구할 가치가 없다며 이렇게 썼다. "말하는 전신에 벨이 혼신의 힘을 기울이고 있는 모양입니다. 이 기술은 과학적으로 대단히 흥미롭기는 하지만 현재로서는 아무런 상업적 가치가 없습니다. 기존 방식으로도 훨씬 많은 일을 할 수 있기 때문입니다."[36] 3년 후 시어도어 N. 베일Theodore N. Vail이 신생 벨 전화회사의 초대 총괄감독(그리고 유일한 유급간부)이 되기 위해 우정성을 떠나자 부총재는 이런 분노에 찬 편지를 썼다. "자네처럼 합리적인 판단력을 갖춘 사람이 전화라는 빌어먹을 뉴잉글랜드 잡동사니(두 개의 텍사스 수소 뿔을 양쪽 끝에 달고 송아지처럼 애처롭게 울게 만드는 전선) 때문에 일을 그만둔다니 믿을 수가 없네!"[37] 이듬해 영국의 우정성 선임 엔지니어인 윌리엄 프리스William Preece는 의회에 이렇게 보고했다. "미국의 전화사용 현황은 약간 과장된 것으로 보입니다. 물론 미국이 여기보다 전화가 더 필요한 환경이기는 합니다. 여기에는 전령과 사환, 그리고 그런 일을 하는 것들이 충분히 있습니다. … 제 사무실에도 전화가 있습니다만 전시용에 가깝습니다. 연락할 일이 있으면 전음 발신기를 이용하거나 사환을 보냅니다."[38]

이렇게 잘못 생각한 데는 획기적인 신기술을 접했을 때 흔히 나타나는 상상력 부족이 있었다. 전신이 말하는 바는 쉽게 눈에 들어왔지만, 이 새로운 장치인 전화에서는 이런 교훈을 쉽게 끄집어낼 수 없었다. 전신은 문해력文解力이 필요했다. 하지만 전화는 말로 하는 것이었다. 전신으로 메시지를 전달하려면 먼저 기록을 해야 했고, 인코딩을 하고, 숙련된 중개자의 조작이 필요했다. 하지만 전화를 쓰면 그냥 말만 하면 됐다. 삼척동자도 사용할 수 있었던 것이다. 바로 이런 이유로 전화는 장난감처럼 보였다. 실제로 전화는 익히 실과 깡통으로 만들어봤던 장난감과 비슷해 보였다. 전화는 영구적인 기록을 남기지 않았다. '텔레폰The Telephone'이 신문 이름으로 사용될 가망은 없었다. 사업가들은 전화를 대수롭지 않게 생각했다. 전신이 사실과 숫자를 다루는 곳에서 전화는 감정에 호소하고 있었다.

신생 회사였던 벨은 큰 어려움 없이 이를 판매 포인트로 삼았다. 홍보자들은 플리니우스의 "살아 있는 목소리는 영혼을 움직인다"와 토머스 미들턴Thomas Middleton의 "아름다운 여인의 목소리는 얼마나 달콤한가"라는 말을 곧잘 따서 썼다. 반면 목소리를 담아 사물화한다는 생각에 불안함을 느끼는 사람들도 있었다. 축음기도 막 등장한 때였다. 한 논평가는 이렇게 말했다. "아무리 방문과 창문을 닫고 수건과 담요로 열쇠구멍과 환풍구를 틀어막아도 우리가 하는 말을 모두 (혼잣말이든 상대방에게 한 말이든) 엿들을 수 있을 것이다."[39] 당시만 해도 목소리는 주로 사적인 것으로 남아 있었다.

전화라는 새로운 문물은 설명이 필요했는데, 이는 대개 전신과의 비교에서 시작했다. 발신기와 수신기 그리고 이를 연결하는 전선이 있었고, 이 전선을 따라 '뭔가'가 전기의 형태로 전달된다. 전화에서는 대기 중의 압력파를 그냥 전류파로 전환한 소리였다. 한 가지 분명한 장점이 있었다. 전화는 확실히 음악가들에게 유용했다. 신기술을 홍보하기 위해 전국을 여행하던 벨도 콘서트홀에서 관현악단과 합창단이 〈아메리카America〉와 〈올드 랭 사인Auld Lang Syne〉을 전화기에 대고 연주하는 시연을 함으로써 이런 생각에 힘을 실었다. 벨은 전화가 멀리 떨어진 곳에서 음악과 설교를 전달하는 기구로, 콘서트홀과 교회를 거실로 옮겨오는 방송장치로 사람들이 생각해줄 것을 설파했다. 신문과 논평가들도 대개 이런 식이었다. 이는 기술을 추상적으로 분석해 나온 생각이었다. 전화기를 든 사람들은 곧바로 해야 할 일을 했다. 대화를 했던 것이다.

케임브리지 강연에서 물리학자 제임스 클러크 맥스웰이 전화통화를 두고 제시한 과학적 설명을 들어보자. "회선의 한쪽 끝에 있는 화자는 발신기에 대고 말을 하고, 다른 쪽 끝에 있는 청자는 수신기에 귀를 대고 그 말을 듣습니다. 양쪽 끝에서 이뤄지는 과정은 오래전부터 익히 해오던 듣고 말하는 방법과 대단히 비슷해서 미리 연습해보고 자시고 할 게 없습니다."[40] 맥스웰 역시 사용의 편의성에 주목했던 것이다.

이런 편의성 때문에 벨이 "왓슨 씨, 볼 일이 있으니 이쪽으로 오세요"라는 말을 전한 지 4년 후이자, 첫 전화기 한 쌍이 20달러에 대여된 지 3년 후인 1880년까지 미국에서는 6만 대가 넘는 전화기가 사용됐다. 초창기에 사람들은 두 지점 사이의, 가령 공장과 사무실 간의 연락을 위해 두 대의 전화기를 샀다. 빅토리아 여왕은 한 대는 윈저 궁에 다른 한 대는 버킹엄 궁에 전화기를 설치했다(상아로 제작한 전화기로, 명민한 벨이 선물한 것이었다). 다른 전화기로 연결할 수 있는 전화기의 수가 임계점을 넘어서자 전화망의 물리적 형태가 변하기 시작했는데, 이 변화는 놀랍도록 빠른 시간에 일어났다. 곧이어 지역망이 등장했고, 이후 교환대라는 새로운 기계를 만들어 다중 연결을 관리했다.

도입될 당시의 무지와 회의는 눈 깜짝할 사이에 사라졌다. 전화에서 재미와 즐거움을 느끼던 두 번째 국면도 그리 오래가지는 않았다. 전화를 꺼림칙하게 생각하던 기업들도 언제 그랬냐는 듯 금세 잊어버렸다. 이제 누구나 전화의 미래를 예언했지만 (몇몇 예언은 이미 전신에서 제기되었던 것과 똑같았다) 탁월한 선견지명을 담은 예언은 기하급수적으로 늘어나는 상호연결의 힘에 주목한 사람들에게서 나왔다. 1880년 《사이언티픽 아메리칸》은 "전화의 미래"를 평가하면서, "전화 사용자들이 조그만 무리를" 형성하는 것에 주목했다. 네트워크가 커지고 관심사가 다양해질수록 잠재력은 더 커질 것이다.

전신이 수년에 걸쳐 이룬 일을 전화는 몇 달 만에 해치웠다. 실질적인 쓸모가 무궁무진한 과학 장난감이었던 전화는 해가 바뀌자 세상에서 가장 빠른 속도로 퍼져나가고, 복잡하게 얽히고, 편리한 통신 시스템의 토대가 되었다. … 곧 전화는 도시뿐만 아니라 모든 외곽 지역도 전화교환국에 의해 서로 연결되면서 회사와 부유한 가정의 전유물이 아니라 필수적인 물건이 될 것이다. 이로써 사회는 새롭게 조직될 것이다. 아무리 외진 곳에 살더라도 모든 개인은 지역사회의 다른 모든 개인들과 연락할 수 있기 때문에 수없이 많은 사회적, 사업적 문제, 쓸데없이 오고 가는 문제, 낙담, 지체 그리고 수없이 많은 크고 작은 불상사와 성가신 일들을 피할 수 있다.

즉각적인 전화통신이 이루어지면 문명사회에 흩어져 있는 구성원들이 다양한 신체 부위가 신경계에 의해 연결되듯이 밀접하게 연결될 날이 머지않을 것이다.[41]

전국에 산재한 전화 이용자 수는 1890년에는 50만 명에, 1914년에는 1,000만 명에 달했다. 전화는 이미 빠른 산업 발전에 기여한 것으로 평가되었다. 이런 평가는 결코 과장이 아니었다. 1907년 미국 상무성이 제시한 "즉각적인 원거리 통신"[42]에 의존하는 분야를 보면 "농업, 광업, 상업, 제조업, 운송업, 기타 천연자원 및 인공자원을 생산하고 유통하는 사실상 모든 부문"을 포함했다. "구두 수선공, 심지어 세탁부"는 말할 것도 없었다. 다시 말해 경제의 엔진을 움직이는 모든 톱니가 포함되었던 것이다. 상무성은 이렇게 논평했다. "전화 통화량은 본질적으로 시간이 절약되었다는 것을 가리킨다." 또한 상무성은 지금도 여전히 통할 생활 구조와 사회 구조의 변화에 대해 지적했다. "지난 몇 년 동안 전화선이 여러 여름 휴양지까지 확장되면서 기업인들이 며칠

동안 사무실을 비워도 연락을 취할 수 있게 되었다." 1908년 벨연구소의 초대 소장 존 J. 카티John J. Carty는 전화가 어떻게 뉴욕의 스카이라인을 바꿨는지를 정보 기반 분석을 통해 보여주었다. 엘리베이터만큼이나 전화 덕분에 고층 건물이 세워질 수 있었다는 얘기였다.

> 벨과 그의 후계자들이 현대 상업 건축물, 즉 고층 건물의 아버지라는 말이 이상하게 들릴지도 모른다. 그러나 잠시 싱어Singer 빌딩, 플랫아이언Flatiron 빌딩, 브로드 익스체인지Broad Exchange, 트리니티Trinity 혹은 다른 거대한 오피스 빌딩들을 떠올려보라. 하루에 얼마나 많은 메시지들이 이 빌딩들을 드나들 것 같은가? 전화가 없어서 전령을 통해 모든 메시지를 전달해야 한다고 생각해보라. 거기에 필요한 엘리베이터들을 설치하고 나면 사무실 공간이 얼마나 남을 것 같은가? 이런 구조는 경제적으로 불가능할 것이다.[43]

이렇듯 유례없는 네트워크의 급속한 확장이 가능하려면, 전화에 새로운 기술과 과학이 필요했다. 넓게는 두 가지였다. 하나는 전기 자체와 관련된 것이다. 즉, 전기량을 측정하고, 전자기파를 제어하는 것으로, 요샛말로 하면 진폭과 주파수를 변조해야 했다. 맥스웰은 1860년대에 전자파와 자기장 그리고 빛 자체가 모두 단일한 힘의 발현이라는 사실을 입증했다. 다시 말해 이들은 "같은 실체가 여러 가지 모습을 하고 나타난 것"[44]으로, 이에 따르면 빛은 "전자기 법칙에 따라 장場을 통해 전파되는 전자기적 요동搖動"이다.

이제 전기 엔지니어들은 전자기 법칙을 적용해 다른 기술들 중에서도 전화와 라디오를 결합해야 했다. 전신도 '켜짐'에 해당하는 최고치와 '꺼짐'에 해당하는 최저치, 단 두 개의 값만 중시되는 단순한 형태의 진폭 변조를 사용하고 있었다. 하지만 소리를 전달하려면 훨씬 강한 전류를 훨씬 정교하게 제어해야 했다. 엔지니어들은 수화기 같은 증폭기의 출력과 입력을 연결하는 피드백을 이해해야 했다. 또한 먼 거리에 전류를 전달하려면 진공관 리피터repeater를 설계해야 했다. 덕분에 1914년 약 5,500킬로미터 떨어진 뉴욕과 샌프란시스코 사이에 13만 개의 전신주를 세워 최초의 대륙 횡단 전화선을 개설했다. 엔지니어들은 또한 개별 전류를 변조하여 신호의 독자성을 살리면서 단일 채널로 통합하는 다중화 기술을 개발했다. 이로 인해 1918년까지 네 건의 통화를 한 쌍의 전선으로 처리할 수 있었다. 하지만 전화의 정체성을 보여주는 것은 '전류'가 아니었다. 엔지니어들은 이미 전부터 전파와는 상당히 다른 추상적 독립체인 '신호'의 전달에 관해 생각하고 있었다.

두 번째는 연결을 조직하는 스위칭, 넘버링, 로직처럼 아직 명확하게 정의되지 않은 기술들이었다. 이런 기술들은 벨의 독창적인 깨달음이 있었던 1877년까지 거슬러 올라간다. 바로 전화기를 한 쌍씩 팔 필요가 없다는 것이었다. 전선으로 바로 연결하지 않고 중앙 '교환소'를 거치면 전화기를 수많은 다른 전화기와 연결할 수 있었다. 코네티컷 주 뉴헤이븐의 전신 엔지니어인 조지 W. 코이George W. Coy는 최초의 '교환대switch-board'를 만들었는데, 교환대는 버려진 버슬(허리받이)에서 구한 철사와 캐리지 볼트로 만든 '스위치 핀switch-pin'과 '스위치 플러그switch-plug'로 구성되어 있었다. 코이는 이 교환대를 특허등록을 한 다음 세계 최초의 '교환수'로 일했다. 접속과 해제를 하다 보니 당연히 스위치 핀이 빨리 닳았다. 코이는 잭나이프처럼 5센티미터짜리 판을 경첩식으로 덧붙여 개량했는데, 이 '잭나이프 스위치'는 곧 '잭jack'으로 불렸다. 1878년 1월 코이의 교환기는 21명의 고객을 대상으로 동시에 두 건의 통화를 처리할 수 있었다. 2월에는 가입자 명부를 발간했다. 거기에는 자신과 몇 명의 친구, 예닐곱 명의 내과의사와 치과의사, 우체국, 경찰서, 상인회, 육류 및 어류 시장 몇 군데가 포함되었다. 이 명부는 세계 최초의 전화번호부로 불렸지만, 그것은 전혀 아니었다. 한 페이지에 불과했고, 알파벳순으로 나열되지 않은 데다, 이름과 연계된 번호가 없었기 때문이다. 전화번호는 아직 발명되기 전이었다.

전화번호와 관련한 혁신은 이듬해 매사추세츠 주 로웰Lowell에서 일어났다. 로웰에서는 1879년 말까지 네 명의 교환수가 교환실이 울리도록 서로에게 고함을 질러가면서 가입자 200명의 통화를 연결했다. 그 무렵 홍역이 퍼졌다. 교환수들이 홍역에 걸리면 대체하기가 어려워질 것이라고 걱정하던 모지스 그릴리 파커Moses Greeley Parker 박사는 번호를 붙여서 각 전화를 식별하는 방안을 내놓았다. 또 이 번호를 알파벳순으로 정리한 가입자 목록에 넣자고 제안했다. 이런 아이디어는 특허를 낼 수 없었으나, 전화 네트워크가 급성장하면서 자료 덩어리들을 체계적으로 정리할 필요성이 제기되면서 전국의 전화 교환소에서 다시 불거졌다. 전화번호부는 곧 역대 최고의 인명록으로 등극한다. (또한 전화번호부는 전 세계 책들 중에서 가장 두껍고 **빽빽**한 책이었다. 런던의 전화번호부는 네 권이었으며, 시카고의 전화번호부는 2,600페이지였다. 전화번호부는 갑자기 사라지기 전까지는 세계 정보 생태계의 영구적이고 필수적인 요소로 보였다. 전화번호부는 21세기 초에 사실상 용도 폐기됐다. 미국의 전화회사들은 공식적으로 2010년까지 단계적으로 전화번호부를 폐기하고 있다. 뉴욕의 경우 전화번호부의 자동 배달을 중단하면 5,000톤의 종이를 아낄 수 있는 것으로 추정했다.)

처음에는 고객들이 전화번호가 비인격적이라며 분개했고, 엔지니어들은 네다섯 자리 이상의 번호를 사람들이 기억할 수 있을지 의구심을 가졌다. 벨연구소는 결국 밀어붙일 수밖에 없었다. 처음에 교환수들은 전보 전령 중에서 저임금을 주고 뽑은 10대 소년들이었다.[45] 하지만 소년들은 거칠었고, 짓궂은 장난이나 하고, 의자에 진득하게 붙어 앉아 반복적인 교환수 일은 하지 않고 바닥에 뒤엉켜 노는 일이 더 많았다. 저렴한 노동력을 댈 새로운 공급원은 여성이었다. 1881년까지 사실상 거의 모든 교환수는 여성이었다. 이를테면 신시내티에서 소년들보다 "훨씬 나은" 66명의 "젊은 여성들"을 고용한 W. H. 에커트는 이렇게 말했다. "여성들이 더 진득하고, 맥주도 마시지 않으며, 언제나 자리를 지켰다."[46] 회사에서 여자 교환수들에게 소년 교환수들만큼 적은 혹은 그보다 더 적은 급여를 준다는 점은 말할 필요도 없었다. 교환 업무가 쉽지는 않았기 때문에 훈련이 필요했다. 교환수는 마구馬具처럼 헤드셋을 쓴 채 장시간 상체를 바삐 움직이는 가운데 다양한 목소리와 억양을 빠르게 구분하고, 성급하고 무례한 고객을 상대로 정중하게 평정심을 유지해야 했다. 어떤 사람들은 이런 노동이 몸에 좋다고 생각했다. 『여성 백과사전Every Woman's Encyclopedia』에는 이런 대목이 나온다. "팔을 머리 위로, 좌우로 뻗는 동작은 가슴과 팔을 발달시키고, 마르고 호리호리한 여성을 튼튼한 여성으로 만들어준다. 교환실에는 무기력하고 병약해 보이는 여성이 없다."[47] 전화 교환기는 다른 신기술인 타자기와 함께 여성의 화이트칼라 노동시장 진출을 촉진했다. 하지만 수많은 교환수로도 네트워크의 성장세를 감당할 수 없었다. 스위칭은 자동으로 이뤄져야 했다.

이 말은 사람의 음성뿐만 아니라 번호(사람 혹은 최소한 다른 전화임을 식별할 수 있는)를 발신자와 기계적으로 연결한다는 것을 뜻했다. 번호를 전기적 형태로 바꾸는 문제는 여전히 남아 있었다. 처음에는 누름단추를 시도했는데 나중에는 십진수에 해당하는 10개의 손가락 구멍을 달고 회선을 따라 펄스를 보내는 다소 불편한 회전 다이얼을 썼다.

그러면 코드화된 펄스가 중앙교환소에서 제어 중개역할을 했는데, 여기서는 다른 메커니즘으로 일련의 회로를 선택하여 회선을 연결했다. 이 모든 과정에서 인간과 기계, 숫자와 회로 사이의 유례없이 복잡한 수준의 변환이 이루어졌다. 이런 점을 놓치지 않았던 벨연구소는 자동 스위치를 '전기 두뇌'로 홍보하고 다녔다. 하나의 회로를 이용해 다른 회로를 제어하는 전기기계식 릴레이를 전신기에서 가져온 전화회사들은 이 릴레이의 크기와 무게를 줄여 해마다 수백만 개씩 생산했다.

1910년 한 역사가(벌써 전화 역사가가 나왔다)는 이렇게 썼다. "전화는 여전히 전기가 이룩한 경이로움의 정점에 있다. 이토록 적은 에너지로 이렇게 많은 일을 하는 것은 어디에도 없다. 전기보다 미지에 싸여 있는 것은 어디에도 없다."[48] 뉴욕시의 전화 가입자는 수십만 명에 달했고, 《스크라이브너스 매거진Scribner's Magazine》은 이 놀라운 사실을 집중 조명하고 나섰다. "이렇게 사람이 많아도 두 사람이 연결되는 데는 5초밖에 안 걸린다. 공학이 대중적 필요에 너무 잘 부응하고 있는 것이다."[49] 이렇게 연결하기 위해서 교환기는 200만 개의 납땜 부품과 6,500킬로미터의 전선 그리고 1만 5,000개의 표시등이 달린 거대한 기계가 되어야 했다.[50] 여러 전화 연구단체들이 모여서 벨 전화연구소를 공식적으로 출범시킨 1925년까지 400회선을 처리할 수 있는 기계식 "라인 파인더line finder"가 22포인트 전기기계식 로터리 스위치를 대체하고 있었다.

한편 아메리칸 전화전신AT&T은 독점 체제를 굳히고 있었다. 엔지니어들은 찾는 시간을 최소화하기 위해 노력했다. 초기에는 장거리 전화를 하려면 두 번째 '요금' 교환수에게 연결되어 응답 전화를 기다려야 했다. 머지않아 지역 교환소들의 상호연결은 자동 다이얼링으로 해야 했다. 복잡성이 배가되었다. 벨연구소는 수학자가 필요했다.

수학자문부Mathematics Consulting Department로 시작한 조직은 이후 독보적인 실용 수학의 중심지로 성장했다. 수학자문부는 하버드나 프린스턴 같은 명망 높은 수학의 거점은 아니었다. 학계에서는 수학자문부를 거의 알지 못했다. 초대 부장인 손턴 프라이Thornton Fry는 이론과 실제 사이의 긴장, 둘 간의 문화 충돌을 대놓고 좋아했다. 1941년 프라이는 이렇게 썼다.

> 수학자에게는 어떤 주장이 모든 세부적인 면에서 완벽하지 않으면 틀린 것이다. 수학자는 이것을 '엄밀한 사고'라고 한다. 반면 전형적인 엔지니어는 이를 '사소한 것에 대한 집착'이라고 한다. 또한 수학자는 자신이 맞닥뜨린 모든 상황을 이상화理想化하는 경향이 있다. 수학자에게 기체는 "이상적"이고, 도체는 "완벽"하며, 표면은 "평탄"하다. 수학자는 이를 "본질에의 접근"이라 한다. 하지만 엔지니어는 이것을 "사실의 무시"라고 할 것이다.[51]

말하자면 수학자와 엔지니어는 서로가 서로를 필요로 한다는 이야기이다. 전기 엔지니어들이라면 이제 정현파 신호sinusoidal signals로 처리된 파동을 기초 분석했다. 하지만 네트워크의 행태를 이해하는 데 새로운 어려움이 발생하자, 이를 수학적으로 다루는 네트워크 정리들network theorems이 나왔다. 수학자들은 통화적체에 대기이론queuing theory을 적용했고, 도시 간 중계 회선문제를 관리하기 위해 그래프와 계통도를 개발했으며, 조합론을 활용해 전화 확률문제를 해결했다.

게다가 잡음 문제도 있었다. 처음에 (가령 알렉산더 그레이엄 벨에게는) 잡음은 문제로 여겨지지 않았다. 잡음은 항상 선에 몰려들어 탁탁 튀고, 쉬익 하는 소리를 내고, 치직거리면서 수화기로 들어오는 목소리를 간섭하고 통화 품질을 떨어뜨렸다. 라디오도 잡음 때문에 애를 먹었다. 좋을 땐 잡음이 배경에 머물러 거의 인지할 수 없었지만, 상황이 좋지 않을 때는 마구잡이로 쏟아지는 잡음이 고객들의 상상력을 자극했다.

> 탁탁거리는 소리, 끓는 소리, 덜컥하는 소리, 삐걱거리는 소리, 휙 휙 대는 소리, 찢어지는 소리가 들렸다. 나뭇잎 사각거리는 소리, 개구리 우는 소리, 샘물 흐르는 소리, 새의 날갯짓 소리가 들렸다. 전신선의 딸깍대는 소리, 다른 전화에서 들리는 토막말들, 알 수 없는 이상한 소리가 작게 삑삑거렸다. … 잡음은 낮보다 밤에 더 심했으며, 귀신이 출몰한다는 자정에 가장 크게 들렸다. 어떤 기이한 이유가 있는지는 아무도 몰랐다.[52]

하지만 이제 엔지니어들은 깔끔한 파형을 간섭하고 통화품질을 떨어뜨리는 잡음을 오실로스코프에서 '볼' 수 있었다. 그리고 엔지니어들은 이 잡음을 측정하고 싶어 했다. 대단히 무작위적이고 유령 같은 이 성가신 존재를 측정한다는 게 다소 비현실적이긴 했지만 말이다. 사실 이를 측정하는 한 가지 방법이 있었다. 여기서 아인슈타인이 등장한다.

최고의 한 해를 보냈던 1905년 아인슈타인은 유체 안에 든 작은 입자들의 무작위적이고, 끊임없는 운동인 브라운 운동에 관한 논문을 썼다. 안토니 판 레벤후크Antony van Leeuwenhoek가 원시적인 현미경으로 발견한 이 현상은, 1827년 물속의 꽃가루에 이어 검댕과 암석 분말을 대상으로 면밀한 연구를 한 스코틀랜드 식물학자인 로버트 브라운Robert Brown의 이름을 따 브라운 운동으로 명명됐다. 브라운은 이 입자들이 살아 있지 않다고, 극미極微동물이 아니라고 확신했지만, 그럼에도 이것들은 가만히 있지 않았다. 수학적 역작인 당시 논문에서 아인슈타인은 브라운 운동이 그 존재가 증명된 분자의 열에너지에 따른 결과라고 설명했다. 꽃가루처럼 아주 극미한 입자는 분자 충돌의 충격을 받으며, 매우 가벼워서 이리저리 무작위적으로 흔들린다. 입자의 요동은 개별적으로는 예측할 수 없지만 전체적으로는 통계역학의 법칙들로 표현할 수 있다. 유체가 정지해 있고 시스템이 열역학적 평형상태에 있다 하더라도 온도가 절대영도 이상이라면 불규칙한 운동은 지속된다. 마찬가지로 아인슈타인은 무작위적 열교란thermal agitation이 모든 전기전도체의 자유전자free electron에 영향을 미쳐서 잡음을 만든다는 사실도 밝혔다.

아인슈타인의 연구에서 전기와 관련된 측면에 관심을 기울인 물리학자는 거의 없었다. 1927년에야 비로소 벨연구소에서 일하던 두 명의 스웨덴 사람에 의해 회로의 열잡음thermal noise은 엄밀한 수학적 기반 위에 놓이게 된다. 존 B. 존슨John B. Johnson은 잡음이 설계 결함이 아니라 회로에 고유한 것임을 깨닫고 이를 처음으로 측정했다. 뒤이어 해리 나이키스트Harry Nyquist는 이상적인 네트워크 안에서 전류와 전압의 요동을 구하는 공식을 도출했다. 농부이자 구두공의 아들이었던 해리 나이키스트의 본명은 라스 욘손Lars Jonsson이었지만, 다른 동명이인과 우편물이 계속 뒤바뀌는 바람에 이름을 바꿔야 했다. 10대 시절 가족이 미국으로 이주한 나이키스트는 노스다코타대학에서 학업을 이어갔고 예일대학교에서 물리학 박사학위를 딴 후 벨연구소에 들어갔다. 나이키스트는 항상 큰 그림을 보았다. 다시 말해 나이키스트의 관심사는 전화 자체는 아니었다. 일찍이 1918년부터 전선으로 그림을 전송하는 수단, 즉 '사진 전송술telephotography'을 연구했던 나이키스트는 회전하는 드럼 위에 사진을 올려 스캔한 다음 이미지의 명암에 비례하는 전류를 발생시켜 전송한다는 생각을 가지고 있었다. 이를 바탕으로 1924년에 13×18센티미터 크기의 사진을 7분 안에 전송할 수 있는 시제품을 개발했다. 그렇다고 해서 전화에 대해 완전히 무관심했던 것은 아니다. 같은 해에 필라델피아에서 열린 전기엔지니어 총회에서 나이키스트는 '전신 속도에 영향을 미치는 특정 요소들'이라는 평범한 주제로 강연을 하기도 했다.

익히 알려져 있듯 전신에서 메시지 전달의 근본 단위는 처음부터 이산離散적인 점과 선이었다. 반면 전화에서 유용한 정보는 주파수 스펙트럼을 따라 긴밀하게 섞이면서 서로 변해가는 소리와 색깔처럼 연속적이라는 사실 역시 분명했다. 그렇다면 이것은 무엇일까? 나이키스트 같은 물리학자들은 이산적인 전신 신호를 전달할 때도 전파를 파형으로 취급하고 있었다. 당시는 전신선을 흐르는 전류 대부분이 낭비되고 있었다. 나이키스트 말대로라면, 이 연속적인 신호들이 음성처럼 복잡한 모든 것을 나타낼 수 있다면 전신의 단순한 신호는 특수한 사례일 뿐이었다. 구체적으로 말해서 전신 신호는 '켜짐'과 '꺼짐'의 진폭에만 관심을 갖는 진폭 변조의 특수한 사례였다. 엔지니어들은 전신 신호를 파형의 형태를 지닌 펄스로 취급함으로써 전송 속도를 높이고 단일 회로 그리고 음성 채널과 통합할 수 있었다. 나이키스트는 '얼마나 많은' 전신 데이터를 얼마나 빨리 보낼 수 있는지 알고 싶었다. 이 의문을 풀기 위해 나이키스트는 연속적인 파동을 이산 데이터 혹은 '디지털' 데이터로 전환하는 기발한 방법을 찾아낸다. 파동을 일정한 간격으로 추출하여 사실상 셀 수 있는 조각으로 바꾼 것이었다.

회로는 수없이 다양한 주파수를 가진 파동, 엔지니어들 표현으로는 일정한 '대역band'의 파동을 옮긴다. 주파수의 범위 혹은 '대역폭'은 회로의 용량을 나타내는 척도였다. 전화선은 약 400헤르츠에서 3,400헤르츠(초당 파동의 진동횟수)의 주파수를(대역폭으로 하면 3,000헤르츠) 처리한다. (이 정도면 오케스트라가 내는 대부분의 소리를 커버할 수 있지만 피콜로piccolo(작은 플루트 같은 관악기_옮긴이)의 높은 음들은 잘릴 것이다). 나이키스트는 이 내용을 가능한 한 일반적으로 표현하고 싶었다. "소식의 전달 속도"[53] 공식을 계산한 나이키스트는 소식을 특정한 속도로 전달하려면 특정한, 측정할 수 있는 대역폭을 지닌 채널이 필요함을 증명했다. 대역폭이 너무 작으면 전달 속도를 늦춰야 했다. (하지만 복잡한 메시지도 대단히 작은 대역폭을 가진 채널을 통해 보낼 수 있다는 사실이 나중에 밝혀졌다. 예를 들어 두 가지 높이의 음만 내는 손으로 두드리는 북이 그렇다.)

라디오 수신기 전문가로 경력을 시작한 나이키스트의 동료 랠프 하틀리는 1927년 여름 이 연구 결과를 확장시킨 내용을 이탈리아의 코모Como 호숫가에서 열린 국제학회에서 발표했다. 하틀리는 '정보information'라는 색다른 단어를 썼다. 알레산드로 볼타Alessandro Volta 사망 100주년을 기리기 위해 전 세계에서 과학자들이 모인 그 자리는 위대한 아이디어를 발표하기에 안성맞춤이었다. 닐스 보어Niels Bohr는 새로운 양자이론을 발표하고 상보성complementarity이라는 개념을 처음으로 소개했다. 하틀리는 청중들에게 정보에 대한 근본 정리와 새로운 정의들을 제시했다.

하틀리가 제시한 정리는 나이키스트의 공식을 확장한 것으로, 특정 시간에 전달할 수 있는 정보의 최대치는 가용한 주파수 범위(하틀리는 '대역폭'이라는 용어를 사용하지 않았다)에 비례한다는 내용이었다. 하틀리는 전기공학이 차츰 무의식적으로 받아들이던 문화, 특히 벨연구소 문화의 일부가 되어가던 견해와 가정들을 끄집어냈다. 첫 번째는 정보 자체에 대한 견해였다. 나비를 판에 고정시킬 필요가 있었다. "흔히 사용하는 정보라는 용어는 너무 탄력적입니다."[54] 정보는 의사소통하는 것으로, 결국 직접적인 말이나 글 혹은 다른 어떤 것도 될 수 있다. 또한 의사소통은 기호를 통해 이뤄졌다(하틀리는 그 예로 "단어"와 "점과 선"을 들었다). 기호는 공통의 합의에 따라 "의미"를 전달한다. 여기까지 다루기 힘든 개념들이 잇달아 나왔다. 만약 "포함되어 있는 심리적 요소들을 제거하고 순전히 물리적 수량에 따른" 척도를 확립하는 것이 목표라면, 하틀리에게 필요한 것은 명확하고 셀 수 있는 어떤 것이다. 하틀리는 기호를 세는 일부터 시작했다. 기호가 무엇을 의미하는지는 중요하지 않았다. 어떤 전달이 됐든 기호의 수는 셀 수 있다. 각각의 기호는 선택을 나타냈다. 즉, 각 기호는 특정 기호 집합(이를테면 알파벳)에서 선택되며, 가능성의 수도 셀 수 있었다. 가능한 단어의 수를 세는 일은 그리 쉽지 않지만, 심지어 일상 언어에서도 각각의 단어는 가능성의 집합에서 선택했다는 것을 나타낸다.

> 예를 들어 '사과는 빨갛다Apples are red'라는 문장에서 첫 단어 '사과'는 다른 종류의 과일과 다른 모든 일반적 대상들을 배제합니다. 두 번째 단어는 사과의 일부 속성이나 조건에 주목하게 하며, 세 번째 단어는 다른 가능한 색깔들을 배제합니다. …
> 하나의 선택에서 쓸 수 있는 기호의 수는 사용된 기호의 유형, 의사소통을 하는 사람들, 그리고 이들 사이에 존재하는 사전 이해도에 따라 크게 달라진다는 것이 분명합니다.[55]

하틀리는 다른 단어들보다 사람들이 '일반적으로' 이해하는 단어들처럼 몇몇 기호들은 더 많은 정보를 전달할 수 있다는 점을 인정할 수밖에 없었다. "예를 들어 '예'나 '아니요' 같은 단어는 오랜 논의 끝에 나오게 되면 이례적으로 커다란 의미를 가질 수 있습니다." 청중들은 자기 나름의 사례를 생각할 수 있었다. 하지만 요점은 공식에서 인간의 지식을 빼는 것이었다. 전신과 전화는 결국 바보이다.

정보의 양이 기호의 수에 비례해야 한다는 것은 직관적으로 명료해 보였다. 기호가 두 배 많으면 정보도 두 배 많아야 한다. 하지만 하나의 점 혹은 선은(단 두 개의 원소를 지닌 집합에 속하는 기호이다) 알파벳의 한 글자보다 적은 정보를 지니며, 천 단어가 들어 있는 사전에서 고른 단어 하나보다 훨씬 적은 정보를 지닌다. 가능한 기호의 수가 많을수록 각각의 선택은 더 많은 정보를 지닌다. 얼마나 더 많을까? 하틀리가 만든 공식은 다음과 같다.

$$H = n \log s$$

여기서 H는 정보량, n은 전달되는 기호의 수, s는 알파벳의 개수를 뜻한다. 점-선 체계의 경우 s는 2에 불과하다. 한자漢字 한 글자는 모스 부호의 점이나 선보다 훨씬 더 많은 무게와 가치를 지닌다. 1,000단어 사전에 들어가는 모든 단어를 구성할 수 있는 기호체계에서 s는 1,000이 될 것이다.

하지만 정보량은 알파벳의 개수에 비례하지 않는다. 둘의 관계는 로그함수적이다. 즉, 정보량을 두 배로 늘리려면 알파벳의 개수를 네 배로 늘려야 한다. 하틀리는 이것을 설명하기 위해 인쇄전신기를 끌어들였다. 인쇄전신기는 한물간 장치에서부터 첨단 장치까지 여러 장치들이 뒤섞인 것으로 전기회로에 연결되어 있었다. 인쇄전신기는 프랑스의 에밀 보도Émile Baudot가 고안한 체계에 따라 배열된 키패드를 사용했다. 전신수가 키패드를 조작하면, 인쇄전신기는 전신수의 키 입력을 으레 그렇듯 접점의 개폐로 변환했다. 보도 코드는 각 글자를 전송하기 위해 다섯 단위를 사용했다. 따라서 가능한 글자 수는 2^5 혹은 32였다. 이렇게 만들어진 각각의 글자는 정보량에서 기본적인 이진 단위보다 5배(32배가 아니라) 높은 값을 가졌다.

한편 전화는 사람의 음성을 네트워크를 가로질러 곡선의 아날로그 파동으로 보냈다. 이 파동의 어디에 기호가 있는 것일까? 기호는 어떻게 셀 수 있을까?

하틀리는 연속적 곡선은 이산적 단계의 연속이 근접하는 경계로 생각해야 하며, 파형을 일정한 간격으로 추출함으로써 실질적으로 그 단계들을 복원할 수 있다고 주장함으로써 나이키스트의 뒤를 이었다. 이런 방식대로라면 전화는 전신과 마찬가지로 수학적으로 다룰 수 있었다. 하틀리는 거칠지만 설득력 있는 분석을 통해 전화와 전신 모두 전체 정보량은 두 가지 요소에 좌우된다는 점을 증명했다. 바로 가용한 전달 시간과 채널의 대역폭이었다. 음반과 영화도 같은 방식으로 분석할 수 있었다.

나이키스트와 하틀리가 쓴 이 특이한 논문들에 대한 반응은 시큰둥했다. 이 논문은 일류 수학저널이나 물리학저널에 싣기에는 적합하지 않았지만, 벨연구소는 《벨시스템 기술 저널》이라는 자체 저널을 갖고 있었고, 클로드 섀넌은 이 저널에서 이들의 논문을 읽게 된다. 비록 개략적이긴 했지만 이 논문의 수학적 통찰을 접한 섀넌은 희미한 목표를 향한 힘겨운 첫걸음을 내딛는다. 섀넌은 또한 두 사람이 용어를 정의하는 데 어려움을 겪었다는 사실을 지적했다. "소식 전달의 속도는 특

보도 코드

정 시간 안에 전달할 수 있는 여러 글자나 숫자 등을 나타내는 기호의 수를 뜻합니다."[56] 섀넌이 보기에 기호, 글자, 숫자는 세기 어려웠다. "특정한 기호의 배열을 전달하는 시스템 용량"[57]처럼 아직 용어가 만들어지지 않은 개념들도 있었다.

섀넌은 이 모든 것을 통일할 수 있겠다는 생각을 했다. 통신 엔지니어들은 전선뿐만 아니라 대기, '에테르', 심지어 천공테이프까지 말하고 있었다. 또한 글뿐만 아니라 소리와 이미지까지 생각하고 있었다. 전기를 사용하여 세계 전체를 기호로 나타내고 있었던 것이다.

제7장 정보이론

—

내가 추구하는 것은
평범한 두뇌일 뿐입니다

아마도 정보와 정보처리에 대한 이론을 만드는 것은
대륙횡단 철도를 건설하는 일과 다소 비슷할 것이다.
당신은 대리인이 뭔가를 어떻게
'처리'할 수 있는지 이해하려 노력하면서
동쪽에서 출발해 서쪽으로 갈 수 있다.
혹은 '정보'가 무엇인지 이해하면서
서쪽에서 출발해 동쪽으로 갈 수도 있다.
우리는 두 철로가 만나기를 바란다.[1]
—

존 바와이즈Jon Barwise (1986)

제2차 세계대전이 한창이던 1943년 초, 비슷한 생각을 가진 두 사상가 클로드 섀넌과 앨런 튜링은 매일 휴식시간에 벨연구소 휴게실에서 만났다. 하지만 일 얘기는 전혀 하지 않았다.[2] 기밀이었기 때문이다. 둘은 암호분석가로 일하고 있었다. 튜링이 벨연구소에 있다는 사실도 일종의 기밀이었다. 튜링은 블레츨리 파크Bletchley Park에서 독일군이 (유보트에 보내는 신호를 포함해) 중요 통신에 사용한 암호인 에니그마Enigma를 비밀리에 해독하는 개가를 올린 후 유보트를 피하기 위해 갈지자로 항해한 퀸엘리자베스 호를 타고 미국으로 건너왔다. 섀넌은 펜타곤의 루스벨트와 전시내각집무실의 처칠을 잇는 음성통화를 암호화하는 엑스 시스템을 개발했다. 엑스 시스템은 아날로그 음성신호를 초당 50번 샘플링하고(이렇게 음성신호를 '정량화' 혹은 '디지털화'했다) 랜덤 키random key를 부여해 숨기는 방식으로 작동했는데, 이는 엔지니어들에게 익숙한 회로 잡음과 아주 비슷한 것이었다. 섀넌의 임무는 엑스 시스템을 설계하는 것이 아니라 엑스 시스템을 이론적으로 분석하고, 이를 해독할 수 없음을 증명하는 것이었다. 임무는 달성했다. 나중에 두 사람이 대서양을 사이에 두고 암호를 기술에서 과학으로 변모시키는 데 누구보다 많은 기여를 했다는 사실이 밝혀졌다. 하지만 당시 이 암호제작자와 암호해독자는 서로 암호 이야기를 하지 않았다.

　암호에 대한 이야기는 없었지만, 튜링은 섀넌에게 7년 전에 쓴 「연산 가능한 수에 대하여On Computable Numbers」라는 논문을 보여준다. 논문은 이상적인 연산기계의 능력과 한계를 다루고 있었다. 이 둘은 자기들이 중요하게 생각했던 다른 주제를 이야기했던 것이다. 기계가 생각하는 것을 배울 수 있을까? 섀넌이 전자두뇌에 음악 같은 "문화적인 것"을 입력하는 것을 제안하자, 성급하기로는 섀넌 못지않았던 튜링은 이렇게 외친 바 있다. "'강력한' 두뇌를 개발하는 일에는 관심이 없습니다. 제가 추구하는 것은 AT&T 회장의 두뇌처럼 '평범한' 두뇌일 뿐입니다."³ 트랜지스터와 전자 컴퓨터가 아직 개발되지 않은 1943년, 생각하는 기계를 말하는 것은 다소 시건방진 일이었다. 하지만 섀넌과 튜링이 함께 생각했던 것은 전자공학과 아무 관련이 없었다. 그건 논리에 대한 것이었다.

'기계가 생각할 수 있을까?' 이 물음은 상대적으로 역사가 짧고, 다소 특이한 전통을 가지고 있었다. 특이하다고 하는 이유는 기계 자체가 너무나 확고하게 물리적이기 때문이었다. 비록 거의 잊히기는 했지만 찰스 배비지와 에이다 러브레이스에서 시작되다시피 한 이 전통은 이제 진정으로 별난 일을 했던 앨런 튜링으로 이어졌다. 튜링은 정신의 세계에서 상상 속에서나 가능한 이상적 힘을 가진 기계를 구상하고 이 기계가 '할 수 없는' 것이 무엇인지 증명했다. 튜링기계는 한 번도 존재한 적이 없었다(지금은 사방에 널려 있지만 말이다). 단지 사고실험이었을 뿐이다.

기계가 할 수 있는 일에 대한 문제는 이런 물음과 함께 제기되었다. '기계적인mechanical'(이 오래된 단어는 새로운 의미를 얻는다) 일은 무엇인가. 기계가 음악을 연주하고, 이미지를 포착하고, 대공포를 겨냥하고, 통화를 연결하고, 조립라인을 제어하고, 수학적 계산을 할 수 있었기 때문에 기계적이라는 말이 경멸적이지만은 않았다. 하지만 지나치게 우려하고 비과학적인 사람들은 기계가 창의적이고 독창적이며 자발적이라고 상상했다. 정해진 경로를 따라 자동으로 이뤄지는 '기계적인' 일에 상반되는 특질이었다. 이제 이 개념은 철학자들이 다루는 주제가 되었다. 지적인 연구대상에서 기계적이라고 부를 수 있는 것으로는 알고리즘이 있다. 알고리즘은 항상 존재해왔지만(요리법, 일련의 지침, 단계별 절차) 이제 정식으로 인정해야 하는 또 다른 새로운 용어였다. 배비지와 러브레이스는 알고리즘이라는 단어를 쓰지는 않았지만 알고리즘에 대한 의견을 서로 교환했다. 20세기가 되자 알고리즘은 중심에 서게 된다. 바로 여기가 출발점이었다.

케임브리지 킹스칼리지를 막 졸업하고 연구원으로 있던 1936년 튜링은 자신의 지도교수에게 연산 가능한 수에 대한 논문을 제출한다. 고급 독일어의 장식체로 끝나는 논문의 전체 제목은 「결정 문제에 응용한 연산 가능한 수에 대하여On Computable Numbers, with an Application to the 'Entscheidungsproblem'」였다. "결정 문제"는 1928년 다비드 힐베르트David Hilbert가 국제수학자회의에서 내놓은 문제였다. 당대의 가장 저명한 수학자라 할 수 있던 힐베르트는 러셀과 화이트헤드처럼 모든 수학을 확고한 논리적 토대에 세우는 일을 열렬히 지지했다. 힐베르트는 이렇게 주장했다. "수학에는 알 수 없는 것이 없다In der Mathematik gibt es kein Ignorabimus." 물론 수학에는 풀리지 않은 문제들이 많았다. 그중에는 페르마의 마지막 정리나 골드바흐의 추측처럼 꽤 유명한 것도 있었다. 이 진술들은 참으로 보였지만 아직 증명이 되지 않은 상태였다. 하지만 대부분의 사람들은 '아직' 증명되지 않았을 뿐이라고 생각했다. 당시 모든 수학적 진실은 언젠가 증명될 것이라고 여겨졌고, 심지어 이를 믿기까지 했다.

'결정 문제'는 특정한 연역 추론의 형식 언어에 따라 증명을 자동으로 수행할 수 있는 엄밀한 절차를 찾는 것이다. 이는 모든 타당한 추론을 기계적 규칙으로 표현한다는 라이프니츠의 꿈을 다시 한 번 되살렸다. 이 문제를 질문 형식으로 제기하긴 했지만, 힐베르트는 낙관론자였다. 자신이 답을 안다고 생각했던 것이다. 수학과 논리학이 갈림길에 섰던 바로 그때 괴델이 불완전성 정리를 내놓는다. 적어도 불완전성 정리는 러셀과 힐베르트의 낙관주의에 대한 완벽한 해독제였다. 하지만 사실 괴델은 '결정 문제'에 대해 답을 내놓지는 않았다. 힐베르트는 다음과 같이 세 가지 질문을 던졌다.

수학은 완전한가?
수학은 모순이 없는가?
수학은 결정 가능한가?

괴델은 수학이 완전할 수 없으며, 무모순적일 수도 없음을 증명했다. 하지만 세 번째 질문에 대해서는, 적어도 모든 수학에 대해서는 분명하게 답하지 않았다. 비록 형식논리학이라는 특유의 닫힌 체계는 그 체계 안에서 증명할 수도, 반증할 수도 없는 진술이 반드시 있다 하더라도 외부의 심판, 말하자면 외부의 논리나 규칙에 의해 결정된다고 생각할 수도 있었다.*

스물두 살에 불과한 데다 관련 문헌을 대부분 접한 적이 없었으며, 혼자서만 연구하는 성격 탓에 지도교수가 "만년 외톨이"[4]가 되지나 않을까 걱정했던 앨런 튜링은 완전히 다른(그렇게 보이는) 질문을 제기했다. "모든 수는 연산 가능한가?" 이 질문은 우선 연산 '불가능한' 수라는 개념을 생각한 사람이 거의 없었다는 점에서 예상치 못한 것이었다. 사람들이 다루고 생각하는 대부분의 수는 정의상 연산 가능했다. 유리수는 'a/b'처럼 두 정수의 몫으로 표현할 수 있기 때문에 연산 가능했다. 또한 대수적 수는 다항식의 해解이기 때문에 연산 가능했다. π나 e 같은 유명한 수도 연산 가능했다. 사람들은 줄곧 이 수들을 연산했던 것이다. 그럼에도 튜링은 어떤 식으로든 명명하고 정의할 수 있

* 괴델은 말년에 "튜링의 작업 덕분에 나의 증명이 산술을 포함한 '모든' 형식 체계에 적용된다는 사실이 완전히 명료해졌다"라고 썼다.[6]

지만 연산할 수 '없는' 수가 있을지 모른다는 일견 가벼워 보이는 진술을 했다.

이것이 의미하는 바는 뭘까? 튜링은 한정된 수단으로 그 수의 십진 표기를 계산할 수 있는 수를 연산 가능한 수라고 정의한다. 튜링은 이렇게 말한다. "이런 정의가 타당한 이유는 인간의 기억이 필연적으로 한계가 있기 때문이다."[5] 또한 튜링은 '계산'을 기계적인 절차, 즉 알고리즘으로 정의했다. 인간은 직관, 상상, 통찰의 번뜩임 같은 분명히 비기계적인 계산, 아니면 절차가 드러나지 않은 연산을 통해 문제를 해결했다. 튜링은 말로 표현할 수 없는 것들을 제거해야 했다. 말 그대로 기계가 무엇을 할 수 있는지를 질문했던 것이다. "나의 정의에 의하면 기계가 십진 전개할 수 있는 수는 계산 가능하다."

하지만 이에 적절한 모델이 되는 실제 기계는 없었다. "연산자 Computers"는 언제나 그랬듯 인간이었다. 세상에서 이뤄지는 거의 모든 연산은 여전히 종이에 손으로 했다. 출발점이 될 정보기계가 하나 있었다. 바로 타자기였다. 열한 살 때 기숙학교에 들어간 튜링은 마음속으로 타자기를 발명하는 것을 꿈꾸었다. 부모에게 보낸 편지를 보자. "여기 보이는 웃기고 작은 원들은 한쪽에 새겨진 글자예요. 둥근 글자 Ⓐ까지 그리고 잉크판을 지나가면서 글자가 찍히지만 그게 전부는 아니에요."[7] 물론 타자기는 자동이 아니었고, 기계라기보다 연장에 가까웠다. 페이지 위에 말이 계속 흐르듯 이어지는 것이 아니라, 해머 아래로 종이를 한 칸씩 움직이면서 한 글자씩 찍어나갔다. 튜링은 이 모델을 염두에 두고 극도로 순수하고 단순한 다른 종류의 기계를 상상했다. 기계는 가상의 존재였기 때문에 청사진이나 공학적 사양 혹은 특허 신청 등 현실적인 측면에 의해 제약받지 않았다. 튜링은 배비지처럼 숫자를 연산하는 기계를 생각했지만 제작하는 데 들어가는 재료와 부품을 걱정할 필요가 없었다. 자신의 기계를 만들 생각이 하나도 없었던 것이다.

튜링이 자신의 기계에 반드시 필요한 최소 항목으로 열거한 것은 다음과 같다. 테이프, 기호, 상태state. 각 항목을 살펴보자.

'테이프'는 타자기의 종이에 해당한다. 다만 타자기는 종이에서 두 개의 차원을 사용하지만 튜링기계는 하나의 차원만 사용한다. 따라서 테이프는 길고 가느다란 조각이며, 정사각형 모양으로 나눠져 있다. 튜링은 이렇게 말한다. "간단한 산술에서도 때로 종이의 2차원적 성질이 쓰인다. 하지만 이는 언제나 피할 수 있는 것이며, 종이의 2차원적 성질이 연산의 본질적 요소가 아니라는 사실에 동의할 수 있을 것이라 생각한다."[8] 테이프는 무한한 것으로 간주된다. 다시 말해 언제든 필요할 때면 준비되어 있다. 하지만 항상 한 칸만 "기계 속에 들어간다". 테이프(혹은 기계)를 오른쪽이나 왼쪽으로 이동할 수 있고, 다음 칸으로 넘어갈 수 있다.

'기호'는 한 칸에 하나씩 테이프에 표시된다. 얼마나 많은 기호를 사용할 수 있을까? 사용할 수 있는 수가 유한하다는 것을 확인하기 위해서는 조금 생각을 해야 한다. 튜링은 단어들이(적어도 유럽 언어들에서는) 개별적인 기호처럼 작용한다는 사실을 알았다. 중국어는 "셀 수 있는 무한한 기호를 가지려 한다". 17과 999,999,999,999,999를 단일 기호로 본다면 아라비아숫자 역시 무한한 것으로 간주할 수 있었다. 그러나 튜링은 이 숫자들을 합성된 것으로 봤다. "언제나 단일 기호의 자리에 기호열을 사용할 수 있었다." 사실 튜링은 최소주의 정신에 입각해 만들어진 기계와 어울리도록 절대 최소치인 두 개의 기호를 생각했다. 바로 0과 1로 모든 수를 표현하는 이진법이었다. 기호는 테이프에 기록될 뿐만 아니라 테이프에서 읽히기도 했다. 튜링은 테이프에 기록된 기호를 읽는 일에 "스캔"이라는 표현을 썼다. 물론 현실적으로 기계에 들어가는 종이 위 기호를 스캔하는 기술은 아직 개발되지 않았지만 비슷한 기술들이 있었다. 표 작성 기계에 사용되는 천공카드가 한 예였다. 튜링이 제시한 또 하나의 제약은 기계가 한 번에 하나의 기호만 "인식"(의인화된 단어만이 적당했다)할 수 있다는 것이었다.

'상태'는 더 많은 설명이 필요하다. 여기서 튜링은 "구성configuration"이라는 단어를 썼는데, 이는 "마음의 상태"와 비슷하다. 기계는 한정된 수의 상태를 가진다. 특정한 상태에서 기계는 현재의 기호에 따라 하나 이상의 동작을 한다. 가령 'a' 상태에서 기호가 1인 경우 오른쪽으로 한 칸, 0인 경우 왼쪽으로 한 칸 움직이거나, 기호가 없을 경우 1을 인쇄할 수 있다. 또한 'b' 상태에서는 현재의 기호를 지울 수 있다. 그리고 'c' 상태에서는 기호가 0이거나 1인 경우 오른쪽으로 움직이고 다른 경우에는 멈출 수 있다. 각 동작이 완료된 후 기계는 새로운 상태가 된다. 이 새로운 상태는 이전과 똑같거나 다를 수 있다. 특정한 계산에 사용되는 다양한 상태들은 표에 저장됐다. 이를 물리적으로 조작하는 방법은 중요하지 않았다. 상태표는 사실상 기계의 지시서에 해당했다.

이것이 전부였다.

튜링은 자신의 기계를 '프로그래밍'(아직까지는 이 단어를 쓰지는 않았다) 하고 있었다. 이동, 인쇄, 삭제, 상태 변환, 멈춤 같은 원시적인 동작으로 더 큰 프로세스가 구축되었다. "기호열을 복사하고, 순서를 비교하고, 특정한 형태의 모든 기호를 삭제하는 등등의" 프로세스들은 계속 활용됐다. 튜링기계는 한 번에 하나의 기호만 볼 수 있었지만 사실상 테이프 일부를 활용해 정보를 일시적으로 저장할 수 있었다. 튜링의 말을 들어보자. "기록된 기호의 일부는 … 단지 '기억을 보조하는' 간략한 메모이다." 아득히 수평선 너머로 펼쳐지는 테이프에 무한하게 기록할 수 있다. 이렇게 모든 산술은 튜링기계의 영역 안으로 들어간다. 튜링은 한 쌍의 수를 어떻게 더할 수 있는지를 보여주었다. 말하자면 거기에 필요한 상태표를 작성한 것이다. 또한 이진수로 π의 값을 (끝없이) 인쇄하게 만드는 방법도 보여줬다. 튜링은 기계가 할 수 있는 일과 특정한 과업을 수행하는 방법을 파악하기 위해 상당한 시간을 들였다. 튜링은 이 짧은 프로그램이 사람이 수를 연산하면서 하는 모든 일을 담고 있음을 증명했다. 다른 지식이나 직관은 필요하지 않다. 연산할 수 있는 모든 것을 이 기계는 연산할 수 있었다.

이어 인상적인 마무리가 등장한다. 유한한 상태표와 유한한 입력값 집합만 남겨진 튜링기계는 자기 자신을 숫자로 나타낼 수 있다. 초기 테이프와 결합된 가능한 모든 상태표는 다른 기계를 나타낸다. 따라서 각 기계 자체를 특정한 수, 즉 초기 테이프와 결합된 특정한 상태표로 묘사할 수 있다. 튜링은 괴델이 기호논리학 언어를 코드화했듯이 자신의 기계를 코드화했다. 이 작업은 데이터와 명령 사이의 구분을 없앴다. 결국 두 가지 모두 숫자였다. 모든 연산 가능한 수에는 거기에 해당하는 기계 수machine number가 있어야 한다.

튜링은 가능한 모든 기계(모든 디지털 계산기)를 모사simulate하는 기계를 (여전히 머릿속에서) 만들었다. 튜링은 이 기계에 "범용universal"을 뜻하는 'U'라는 이름을 붙였는데, 지금도 수학자들은 이 용어를 쓰고 있다. 이 기계는 기계 수를 입력값으로 삼는다. 다시 말해 이 기계는 테이프에서 다른 기계들의 사용설명서, 즉 알고리즘과 입력값을 읽는다. 디지털 계산기가 아무리 복잡해진다고 해도 'U'는 테이프에 코드화된 사용설명서를 읽을 수 있다. 디지털 계산기로 풀 수 있는 문제, 즉 기호로 코드화되고 알고리즘으로 풀리는 문제는 범용기계도 풀 수 있다.

이제 튜링기계 안을 자세히 살펴보자. 튜링기계는 연산 가능한 알고리즘과 일치하는지를 보기 위해 모든 수를 검사한다. 몇몇은 연산 가능한 것으로 증명될 것이고, 연산할 수 없는 것으로 증명되는 것도 있을 것이다. 아울러 튜링이 가장 흥미롭게 생각한 제3의 가능성도 있다. 몇몇 알고리즘은 절대 멈추지 않고 분명하게 반복되는 것도 없이 불가해한 작업을 진행하면서 논리적 관찰자에게 '멈출지' 여부를 알려주지 않는다.

다른 기호를 나타내기 위해 만들어진 기호들, 숫자들을 대신하는 숫자들, 상태표를 대신하는 상태표, 알고리즘을 대신하는 알고리즘, 기계를 대신하는 기계들 같은 재귀적 정의를 다룬 튜링의 1936년 논문은 난해한 걸작으로 유명하다. 논문에는 다음과 같은 것도 있었다.

> 기계 $\mathcal{D}$와 $\mathcal{U}$를 더하여 기호열 β'를 연산할 기계 $\mathcal{M}$을 만들 수 있다. 이때 기계 $\mathcal{D}$에 테이프가 필요할지도 모른다. 이 테이프는 F칸의 모든 기호를 넘어서 E칸을 쓰고, 결론에 이르면 기계 $\mathcal{D}$가 한 모든 대략적인 작업이 삭제된다고 가정할 수 있다. …
>
> 또한 '임의의 기계 $\mathcal{M}$의 S.D를 적용할 때 $\mathcal{M}$이 주어진 기호(가령 0)를 인쇄할지 결정하는 기계 $\mathcal{E}$는 있을 수 없음'을 추가로 증명할 수 있다.

이런 내용을 이해할 수 있는 사람은 드물었다. 역설적으로 보이지만(역설적이었다) 튜링은 일부 수(사실상 대부분의 수)가 연산 불가능하다는 사실을 증명했다.

또한 모든 수는 코드화된 수학적, 논리적 명제에 대응하므로 튜링은 모든 명제가 결정 가능한지에 대한 힐베르트의 질문도 해결한 셈이었다. '결정 문제'에는 답이 있는데, 그 답은 '아니요'라는 것을 증명한 것이다. 사실상 연산 불가능한 수는 결정 불가능한 명제이다.

이렇듯 상상 속에만 있고, 추상적이며, 전적으로 머릿속에만 존재하는 튜링 계산기는 튜링을 괴델과 일맥상통하는 증명으로 이끈다. 튜링은 형식 체계의 보편 개념을 정의함으로써 괴델에서 한 걸음 더 나아갔다. 공식을 생성하기 위한 모든 기계적 절차는 본질적으로 튜링기계이다. 따라서 '모든' 형식 체계는 결정 불가능한 명제를 가질 수밖에 없다. 수학은 결정 불가능하다. 이 불완전성은 연산 불가능성에서 나온다.

기계 자체의 운동을 숫자로 코드화할 때 다시 한 번 역설이 고개를 든다. 재귀적 순환의 필연적인 등장이었다. 인식되는 대상은 인식하는 대상과 운명적으로 얽힌다. 한참 후 더글러스 호프스태터는 이렇게 썼다. "중요한 것은 계속 머뭇거리는 관찰자가 그 자신을 바라보면서 자신의 행동을 예측하려 하는 자신을 바라보면서 자신의 행동을 예측하려 하는 자신을 바라보면서 … 자신의 행동을 예측하려는 데 있다."[9]

적어도 비슷한 뉘앙스의 수수께끼가 얼마 전 물리학에서도 등장한 바 있었다. 바로 베르너 하이젠베르크Werner Heisenberg의 불확정성 원리였다. 불확정성 원리를 접한 튜링은 이를 자기참조self-reference 개념으로 표현했다. "과학은 어떤 특정한 순간 우주의 모든 것을 안다면, 앞으로 어떤 일이 벌어질지 예측할 수 있다고 가정했다. … 하지만 최근 과학은 우리가 정확한 상태를 전혀 알 수 없는 원자와 전자를 다루고 있다는 결론에 이르렀다. 우리의 도구 자체가 원자와 전자로 이루어져 있다."[10]

거대하고 다루기 불편한 기계였던 배비지의 해석기관과 우아하고 비현실적인 추상적 개념이었던 튜링의 범용기계 사이에는 1세기의 간극이 있었다. 기계를 만든다는 생각은 꿈에도 하지 않은 튜링이었다.

수년 후 수학자이자 논리학자인 허버트 엔더튼Herbert Enderton은 이렇게 말했다. "메모 용지를 넉넉히 쌓아두고 쉼 없이 지시를 따르는 근면 성실한 사무원을 그려보라."[11] 튜링은 에이다 러브레이스처럼 스스로를 마음속 논리를 한 단계 한 단계 들여다보는 프로그래머였다. 튜링은 스스로를 계산기로 상상했다. 튜링은 정신적 과정에서 정보처리의 원자라고 할 수 있는 최소 구성요소를 정제해냈다.

◎　◎　◎

앨런 튜링과 클로드 섀넌 사이에는 코드라는 공통점이 있었다. 튜링은 지시서를 숫자로, 십진수를 0과 1로 코드화했다. 섀넌은 유전자와 염색체, 릴레이와 스위치를 나타내는 코드를 만들었다. 두 사람은 논리연산자와 전기회로, 대수 함수와 기계 지시서처럼 한 대상의 집합을 다른 대상의 집합으로 사상寫像하는 데 자신들의 창의성을 발휘한다. 기호의 작용과 두 집합 사이의 엄격한 대응관계를 찾아낸다는 의미에서의 '사상'은 이들의 정신적 보고에서 중요한 위치를 차지했다. 이런 코드화는 숨기기 위한 것이 아니라 밝히기 위한 것, 다시 말해 사과와 오렌지가 결국 동등한 것, 그게 아니라면 대체 가능하다는 사실을 발견하기 위한 것이었다. 전쟁은 가장 수수께끼 같은 형태를 지닌 암호의 세계로 두 사람을 이끌었다.

튜링은 어머니에게 종종 수학이 어떤 쓸모가 있는지 질문을 받았는데, 이미 1936년 자신이 발견했던 수학의 쓸모에 대해 이렇게 이야기했다. "독특하고 흥미로운 암호들이 많아요. 이걸 정부에 팔면 많은 돈을 받을 수 있을 거예요. 하지만 도덕적으로 올바르지 못한 일인 것 같아요."[12] 실제로 튜링기계는 암호를 '만들' 수 있었다. 하지만 영국 정부

에니그마

는 다른 문제를 안고 있었다. 전쟁이 임박하자 독일군의 유무선 교신에서 가로챈 메시지를 해독하는 업무는 원래 해군성 산하였던 정부암호연구소Government Code and Cypher School 소관으로 넘어간다. 애초 연구소에는 언어학자, 사무원, 타자수만 있었지 수학자는 없었다. 튜링이 이 연구소에 들어간 건 1938년 여름이었다. 런던에 있던 암호연구소는 버킹엄셔의 교외저택인 블레츨리 파크로 피난을 간다. 당시 암호해독팀에는 체스 챔피언과 낱말풀이 전문가도 있었다. 하지만 정통 언어학은 암호분석에 하등 쓸모가 없다는 사실이 분명했다.

에니그마로 불리는 독일의 시스템은 자판과 지시등이 달린 서류가방 크기의 로터 기계로 다표식 암호를 생성했다. 이 암호의 원형은 찰스 배비지가 1854년 해독하기 전까지, 해독 불가능하다고 여겨졌던 유명한 비제네르 암호에서 진화한 것이었다. 암호해독팀은 초반에 독일군의 신호 해독에 고전을 면치 못했던 폴란드의 암호해독가들처럼 배비지의 수학적 통찰에서 도움을 얻었다. 8번 막사로 알려진 토끼 굴 같은 연구소에서 튜링은 암호해독을 이론적으로 주도했고, 암호를 수학적으로 또 물리적으로 풀어냈다.

이는 에니그마가 만들어내는 암호를 얼마든지 해독하는 기계를 만든다는 것을 뜻했다. 튜링의 첫 번째 기계가 가상의 테이프로 돌아가는 상상의 산물이었다면, "봄베bombe"라 불리는 이 기계는 2.5세제곱미터의 크기에 수많은 전선과 기름칠한 금속으로 만들었으며, 전자회로에 독일 암호생성기의 로터들을 효과적으로 사상mapping한 것이었다. 전쟁 기간 동안, 그리고 이후 30년 동안 비밀에 부쳐졌던 블레츨리에서의 과학적 승리는 실제 폭탄을 만든 맨해튼 프로젝트보다 전쟁의 결과에 더 큰 영향을 미쳤다. 전쟁 말기 튜링의 봄베는 매일 군이 도청한 수천 건의 암호를 해독하면서 유례없는 규모의 정보를 처리했다.

벨연구소에서 식사를 하던 튜링과 섀넌이 이런 이야기를 나눈 것은 아니다. 하지만 이런 모든 정보를 어떻게 평가할 것인지에 대한 튜링의 생각을 에둘러 논의했던 것이다. 튜링은 분석가들이 특정한 에니그마의 코드 설정이나 잠수함의 위치 같은 사실들의 확률을 평가함으로써 블레츨리로 들어오는 일부 불확실하고 모순되는 메시지들을 분석하는 것을 감독했다. 튜링은 여기서 수학적으로 측정해야 할 것이 있다고 생각했다. 전통적으로 교차비odds ratio(가령 3:2)나 0에서 1 사이의 수(가령 0.6 내지 60퍼센트)로 표기되는 확률은 아니었다. 오히려 튜링은 확률을 '바꾸는' 데이터, 즉 증거의 무게(증거의 상대적 신뢰성_옮긴이) 같은 확률 요소에 주목했다. 튜링은 자신이 '밴ban'이라 이름 붙인 단위를 발명한다. 밴은 로그 척도를 사용하면 편리했고, 따라서 밴은 곱셈 대신 덧셈을 할 수 있었다. 밑을 10으로 하는 1밴은 사실의 확률을 10배로 높이는 데 필요한 증거의 무게였다. 더 미세한 척도로 "데시밴

deciban"과 "센티밴centiban"도 있었다.

섀넌도 비슷한 개념을 생각하고 있었다.

구▪웨스트빌리지 본부에서 일하던 섀넌은 암호학의 이론적 개념들을 다듬고 있었다. 암호학은 버니바 부시에게 말했던 자신의 꿈에 몰두할 수 있게 해주었다. 바로 "소식의 전달을 위한 일반적인 시스템의 근본 속성을 분석하는 것"이었다. 섀넌은 전쟁 기간 내내 상사에게는 암호 관련 연구만 보여주고 나머지 연구는 숨기면서 두 연구를 병행한다. 숨기는 것은 당시 상황과도 잘 어울렸다. 섀넌은 튜링이 실제 도청 자료와 커다란 하드웨어로 공략하던 암호 시스템을 순수하게 수학적으로 다뤘다. 이를테면 "사용되는 시스템을 적이 알 때"[13] 비제네르 암호는 안전한가라는 구체적인 질문을 수학적으로 다룬 것이다(독일이 쓴 게 비제네르 암호였고, 영국은 그 시스템을 아는 적이었다). 섀넌은 이른바 "이산discrete 정보"를 모두 포함하는 가장 일반적인 사례들을 살폈다. 이산 정보는 한정된 집합에서 선택된 기호의 순서를 뜻하는데, 주로 알파벳의 글자이지만 단어나 심지어 다른 진폭의 패킷으로 나뉜 음성 신호처럼 "정량화된 말"도 있다. 이것을 숨긴다는 것은 체계적 절차에 따라(수신자가 '키key'를 알고 있기 때문에 암호를 바꾸는 데 쓸 수 있다) 올바른 기호를 잘못된 기호로 바꾸는 것을 의미한다. 키가 비밀로 남는 한, 적이 그 절차를 알아도 암호체계는 효력을 발휘한다.

암호해독자들은 쓰레기 더미 같은 데이터 안에서 진정한 신호를 찾고자 한다. 섀넌의 말을 들어보자. "암호분석가 입장에서 암호시스템은 잡음이 많은 통신시스템과 거의 같다."[14] (섀넌이 1945년 쓴 「암호의 수학적 이론A Mathematical Theory of Cryptography」이라는 보고서는 나오자마자 기밀로 처리됐다.) 데이터 흐름은 확률론적stochastic 혹은 무작위적으로 보이지만 당연히 그렇지 않다. 만약 정말로 무작위적이라면 신호를 파악할 수 없을 것이다. 암호는 패턴이 있는 것을(이를테면 일상 언어를) 패턴이 없어 보이는 것으로 바꿔야 한다. 하지만 패턴은 놀랄 만큼 끈질기게 유지된다. 섀넌은 암호화의 변환을 분석하고 분류하기 위해 학자들(가령 언어학자들)이 한 번도 시도하지 않았던 방식으로 언어의 패턴을 이해해야 했다. 하지만 언어학자들도 언어 안의 구조(희미하게 피어오르는 형태와 소리 가운데서 발견되는 체계)에 초점을 맞추기 시작했다. 언어학자인 에드워드 사피어Edward Sapir는 언어에 내재된 음성 패턴으로 형성되는 "기호 원자symbolic atom"에 대해 이야기한다. 1921년 사피어는 이렇게 썼다. "언어에서 본질적인 것은 단순한 말소리가 아니라 범주화와 형식적 패턴화이다. … 언어는 하나의 구조로서 내면에 사고의 틀을 지닌다."[15] "사고의 틀"은 대단히 세련된 표현이었다. 그러나 섀넌에게 언어는 만질 수 있고 셀 수 있는 대상이어야 했다.

섀넌은 패턴이 잉여성과 같다고 보았다. 일상 언어에서 잉여성은 이해를 돕는 역할을 한다. 암호분석에서는 바로 그 잉여성이 아킬레스건이다. 이런 잉여성은 어디에 있을까? 간단한 사례로 영어에서 'q' 뒤에 나오는 'u'는 불필요하다. (혹은 거의 그렇다. 'qin'이나 'Qatar'처럼 드문 외래어가 아니었다면 완전히 불필요했을 것이다.) 'q' 뒤에는 'u'가 예상된다. 전혀 놀라운 일이 아니다. 정보에도 기여하는 바가 없다. 't' 뒤에서는 'h'가 일정한 잉여성을 갖는다. 뒤에 나올 가능성이 가장 높은 글자이기 때문이다. 섀넌은 모든 언어가 일정한 통계적 구조와 잉여성을 갖는다고 주장했다. 섀넌은 이 잉여성을 'D'로 부르자고 제안했다. "'D'는 어떤 의미에서 정보를 잃지 않고 해당 언어로 된 텍스트의 길이를 줄일 수 있는 정도를 나타내는 척도이다."[16]

섀넌은 영어가 약 50퍼센트의 잉여성을 가졌다고 추정했다.* 대량의 텍스트를 처리할 컴퓨터가 없었기 때문에 확신할 수는 없었지만 그의 추정은 정확한 것으로 증명됐다. if u cn rd ths…와 같이 일반적인 문구는 정보 손실 없이 절반으로 줄일 수 있다. 가장 단순한 초기의 대치 암호에서 이런 잉여성은 첫 번째 약점이었다. 에드거 앨런 포는 다른 글자보다 'z'를 많이 포함한 암호의 경우 'z'는 'e'를 대치한 것일 가능성이 높음을 알았다. 'e'는 영어에서 가장 흔히 쓰이는 글자이기 때문이다. 또한 'q'를 밝히면 'u'도 쉽게 밝힐 수 있었다. 암호해독자는 the, and, -tion처럼 흔한 단어나 글자 조합에 맞는 반복적인 패턴을 찾았다. 이런 빈도 분석을 완벽하게 하려면 알프레드 베일이나 새뮤얼 모스가 인쇄소의 활자판을 보고 얻었던 것보다 더 나은 정보가 필요했다. 어쨌든 더 영리한 암호는 대치 글자를 계속 바꿔서 모든 글자가 많은 대치 글자를 갖게 함으로써 이 약점을 극복했다. 분명하고 인식 가능한 패턴이 사라지게 만든 것이다. 하지만 암호에 어떤 형태나 순서 혹은 통계적 규칙성 같은 패턴의 흔적이 남는 한 이론적으로 수학자는 파고들 틈을 찾을 수 있었다.

모든 암호체계의 공통점은 키를 사용한다는 것이었다. 키는 코드 단어, 문구, 책 혹은 더 복잡한 것일 수 있는데, 어쨌든 간에 글자의 출처는 발신자와 수신자 모두가 알고 있다. (이는 메시지 자체로부터 분리되어 수신자와 발신자가 공유하는 지식이었다.) 독일의 에니그마 시스템에서 키는 하드웨어에 내재되어 매일 바뀌었다. 그래서 블레츨리 파크에서는 전문가들이 새롭게 형성된 언어의 패턴들을 조사하여 매번 키를 다시 파악해야 했다. 한편 섀넌은 가장 동떨어져 있고, 보편적이며, 이론적으로 유리한 관점으로 옮겨갔다. 암호체계는 유한한(아주 많을 수도 있지만) 수의 가능한 메시지와 암호, 그리고 중간에서 하나를 다른

---

* "약 여덟 자보다 긴 통계적 구조는 배제했을 때."

하나로 전환하는 키로 구성됐으며, 각 요소는 확률과 결부되어 있었다. 다음은 섀넌이 만든 계통도이다.

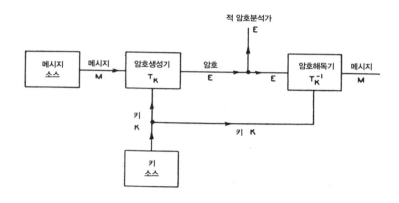

적과 수신자는 모두 같은 목표에 도달하려 한다. 바로 메시지이다. 수학과 확률을 써서 위와 같은 방식으로 틀을 잡음으로써 섀넌은 물질적 세부사항으로부터 메시지라는 개념을 완전히 추상화시켜 뽑아냈다. 소리와 파형을 비롯해 벨연구소 엔지니어들이 가졌던 모든 습관적 걱정거리들은 하나도 문제가 되지 않았다. 메시지는 하나의 선택으로 여겨졌다. 다시 말해 집합에서 고른 하나의 선택이었던 것이다. 폴 리비어가 말을 달리던 밤에 올드 노스 교회에서 보낼 수 있는 메시지의 수는 두 개였다. 섀넌의 시대에 그 수는 거의 셀 수 없을 정도로 늘어났지만 여전히 통계적 분석을 할 수 있었다.

블레츨리 파크에서 실제로 벌어지는 일들을 알지도 못했고 경험하지도 못했지만, 섀넌은 대수적 해법과 정리 그리고 증명의 체계를 구축했고, 이는 암호연구자들에게 이제껏 한 번도 가져보지 못한 것을 안겨주었다. 바로 모든 암호체계의 보안성을 평가하는 엄밀한 방식이었다. 섀넌은 암호학의 과학적 원칙들을 수립했다. 무엇보다도 완벽한 암호가 가능하다는 사실을 증명했다. "완벽하다"라는 것은 도청한 메시지가 제아무리 길어도 암호해독자에게 하등 쓸모가 없다는 것을 뜻했다("적이 전보다 많은 자료를 도청한다 해도 더 나아지는 것은 아니다"[17]). 하지만 섀넌은 병도 주고 약도 주었다. 완벽한 암호는 요건이 너무나 까다로워서 사실상 쓸모가 없다는 것을 증명했기 때문이다. 암호가 완벽하려면 모든 키가 반드시 동등한 가능성으로 존재해, 사실상 무작위적인 문자열이어야 한다. 각각의 키는 오직 한 번만 사용될 수 있으며, 무엇보다 최악인 것은 각각의 키가 반드시 전체 메시지만큼 길어야 한다는 것이다.

또한 이 비밀 보고서에서 섀넌은 거의 지나가는 내용으로 전에는 한 번도 쓴 적이 없는 말을 사용한다. 바로 "정보이론"이었다.

◎　　◎　　◎

먼저 섀넌은 "의미"를 제거해야 했다. 강조하는 큰따옴표는 그가 붙인 것이었다. 섀넌은 기꺼이 이렇게 말한다. "메시지의 '의미'는 대체로 아무 상관이 없다."[18]

섀넌은 자신의 의도를 아주 분명하게 하기 위해 이런 도발적인 주장을 내놓았다. 이론을 만들기 위해서는 '정보'라는 단어를 납치해야 했다. 섀넌의 말을 들어보자. "여기서 말하는 '정보'는 일상적인 의미와 관련이 있기는 하지만 그것과 혼동해서는 안 된다." 자신보다 선배였던 나이키스트, 하틀리와 마찬가지로 섀넌은 "심리적 요소"를 배제하고 "물리적인 것"에만 초점을 맞추고자 했다. 하지만 정보에서 의미론적 콘텐츠를 제거하면 무엇이 남을까? 몇 가지를 들 수 있었지만, 언뜻 보기에 이들은 모두 역설적으로 들렸다. 정보는 불확실성, 의외성,

어려움, 엔트로피였다.

- "정보는 불확실성과 밀접하게 연관되어 있다." 불확실성은 결국 가능한 메시지의 수를 셈으로써 측정할 수 있다. 단 하나의 메시지만 가능하다면 불확실성이 없으며, 따라서 정보도 없다.
- 어떤 메시지는 다른 메시지보다 더 그럴듯하며, 정보는 의외성을 내포한다. 의외성은 확률을 설명하는 한 방법이다. 영어에서 't' 뒤에 나오는 글자가 'h'라면 그다지 많은 정보가 전달되지 않는다. 'h'가 나올 확률이 비교적 높기 때문이다.
- "주목할 만한 것은 메시지를 한 지점에서 다른 지점으로 전달하는 것의 어려움이다." 아마 이 말은 하나마나 한 이야기처럼 혹은 동어반복으로 들릴 것이다. 마치 물체를 이동하는 데 필요한 힘의 개념으로 질량을 정의하는 것처럼 말이다. 하지만 질량은 그런 방식으로 '정의될 수 있다'.
- 정보는 엔트로피이다. 이 부분이 가장 이상하고 강력한 개념이다. 엔트로피는(이미 어렵고 형편없이 이해되는 개념이었다) 열과 에너지를 다루는 학문인 열역학에서 무질서의 척도였다.

섀넌은 전쟁 기간 내내 대공포 제어장치와 암호기법 연구 외에 이와 같은 모호한 아이디어들에 매달렸다. 그리니치빌리지의 아파트에서 혼자 살던 섀넌은 동료들과 어울리는 일도 드물었다. 동료들은 주로 뉴저지 본부에서 일했으나, 섀넌은 예전의 웨스트 스트리트 본부를 더 좋아했다. 자기 속마음을 털어놓을 필요도 없었다. 섀넌은 전쟁 관련 연구 덕분에 징병을 유예 받았고, 유예 혜택은 종전 후에도 계속됐다. 벨연구소는 엄격한 남성 위주의 기업이었지만 전쟁 기간 중 특히 계

고가 철로가 지나가는 벨연구소 웨스트 스트리트 본부

산부서에서 계산에 능한 사람들이 필요함에 따라 여성을 고용하기 시작했다. 이렇게 고용된 여성 중에는 스태튼 섬에서 자란 베티 무어Betty Moore도 있었다. 무어는 벨연구소가 수학 전공자들을 모아놓은 타이피스트 집단 같다고 생각했다. 1년 후 무어는 본관 맞은편의 구 나비스코 건물("크래커 공장")에 있는 초단파 연구 부서로 승진해 옮겨갔다. 이 부서 2층에서는 관tubes을 설계했고 1층에서 이를 제작했다. 섀넌은 가끔 이곳을 드나들며 어슬렁거렸다. 1948년 섀넌은 베티와 데이트를 시작했고, 1949년 초 결혼했다. 그 무렵 섀넌은 유명한 과학자였다.

《벨시스템 기술저널》을 비치한 도서관이 드물었기 때문에 연구자들은 전통적인 방식인 입소문을 통해 「통신의 수학적 이론A Mathematical

Theory of Communication』에 대해 들었고, 저자에게 직접 편지를 쓰는 전통적 방식으로 사본을 요청했다. 많은 과학자들이 미리 인쇄된 엽서를 통해 이런 요청을 했으며, 이듬해까지 도착하는 엽서들은 갈수록 늘어났다. 모두가 논문의 내용을 이해한 것은 아니었다. 많은 공학자들에게는 수학적인 내용이 어려웠던 반면, 수학자들은 공학적인 배경이 부족했다. 하지만 업타운에 있는 록펠러재단의 자연과학 디렉터인 워런 위버 Warren Weaver는 달랐다. 이미 이사장에게 통신이론에 대한 섀넌의 기여가 "물리화학에 기여한 깁스Gibbs"[19]에 필적한다고 말했던 것이다. 전시에 정부 산하의 응용수학 연구단을 이끌었던 위버는 대공포제어 프로젝트와 초기 형태의 전자계산기 개발을 관장했다. 1949년 위버는 《사이언티픽 아메리칸》에 그리 전문적이지 않은 내용으로 섀넌의 이론을 소개하는 글을 실었다. 그해 말 섀넌의 원문과 위버의 해설문이 함께 묶여 『통신의 수학적 이론The Mathematical Theory of Communication』이라는 좀 더 웅장한 첫 글자로 시작하는 제목으로 출간됐다. 트랜지스터와 섀넌의 논문이 동시에 잉태되는 것을 지켜본 벨연구소의 엔지니어인 존 피어스는 섀넌의 논문이 "지연장치가 부착된 폭탄처럼 등장했다"[20]라고 표현했다.

비전문가라면 통신의 근본적인 문제가 자기 말을 남에게 이해시키는 것, 즉 의미를 전달하는 것이라고 말할지도 모르지만 섀넌의 시각은 달랐다.

> 통신의 근본 문제는 한 지점에서 선택된 메시지를 다른 지점에 정확하게 혹은 비슷하게 재현하는 데 있다.[21]

'지점point'은 신중하게 선택된 단어였다. 메시지의 출발 지점과 도달 지점은 시간적으로 또는 공간적으로 분리될 수 있다. 음반에 노래를 담는 것과 같은 정보 저장도 통신으로 간주된다. 한편 메시지는 만드는 것이 아니라 고르는 것이다. 하나의 선택인 것이다. 이는 한 벌의 카드에서 돌려진 패일 수도 있고, 1,000개의 가능한 숫자에서 고른 세 자리 수일 수도 있으며, 정해진 코드북에서 나온 단어 조합일 수도 있다. 의미를 완전히 못 본 체할 수 없었던 섀넌은 의미에 다음과 같은 과학적 정의를 내려놓았다.

> 흔히 그 메시지는 '의미'를 갖는다. 말하자면 메시지는 어떤 체계에 따라 특정한 물리적 혹은 개념적 실체를 나타내거나 상관관계를 보여준다. 통신의 이러한 의미론적 측면은 공학적 문제와 무관하다.

위버가 공들여 설명한 것처럼 이런 시각이 통신을 협소하게 바라보는 것은 아니었다. 오히려 이런 시각은 모든 것을 포괄했다. "기록되거나 발화된 말뿐만 아니라 음악, 사진, 연극, 발레 그리고 사실상 인간의 모든 행동"까지 아우르는 것이다. 인간이 개입되지 않은 것도 마찬가지였다. 기계라고 해서 메시지를 보내지 못할 이유가 있을까?

섀넌의 통신모델은 간단한 도표로 표현할 수 있다. 필시 암호 관련 기밀보고서에 실린 것과 근본적으로 같은 도표 말이다.

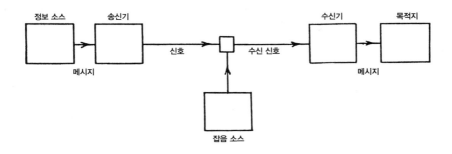

통신 시스템은 다음과 같은 요소들을 포함해야 한다.

- 정보 소스: 정보 소스는 메시지를 생성하는 사람이나 기계를 말한다. 이때 생성되는 메시지는 전신의 경우처럼 단순한 기호열일 수도 있고, 시간과 다른 변수들의 함수, 가령 $f(x, y, t)$처럼 수학적으로 표기될 수도 있다. 섀넌은 컬러텔레비전 같은 복잡한 사례에서 구성요소들은 3차원 연속체 안의 세 개의 함수라고 지적했다.
- 송신기: 송신기는 "메시지에 대해 특정 방식의 연산을 수행"한다. 다시 말해서 메시지를 '코드화'하여 적절한 신호로 만든다. 전화는 음압을 아날로그 전류로 바꾼다. 전신은 글자를 점과 선 그리고 공백으로 바꾼다. 더 복잡한 메시지는 표본화, 압축, 정량화, 교차 배치interleave가 가능하다.
- 채널: 채널은 "단지 신호를 전달하는 매체"를 가리킨다.
- 수신기: 수신기는 송신기의 연산을 거꾸로 실행한다. 다시 말해 메시지를 디코딩하거나 신호로부터 메시지를 재구성한다.
- 목적지: 목적지는 반대편에서 메시지를 받는 "사람(대상)"을 가리킨다.

일상적인 대화의 경우 이런 요소들은 말하는 사람의 뇌, 성대, 공기, 듣는 이의 귀, 듣는 이의 뇌이다.

섀넌의 도표에서 다른 요소들만큼 두드러지는 요소는(엔지니어에게는 피할 수 없는 문제이기 때문이다) "잡음 소스"라는 상자였다. 잡음은 예상된 것이든 그렇지 않은 것이든 간에 신호의 질을 떨어뜨리는 모든 것을 포함한다. 다시 말해 의도치 않게 부가된 신호, 단순한 오류, 무작위적 장애, 공전空電, 대기요란, 간섭, 왜곡 등이다. 잡음은 항상 다루기가 힘들었다. 섀넌은 연속적 시스템과 이산적 시스템이라는 두 가지 다른 유형의 시스템으로 잡음을 다룬다. 이산적 시스템에서 메시지와 신호는 글자나 숫자 혹은 점과 선 같은 개별적으로 분리된 기호의 형태를 지닌다. 전신이 있기는 하지만 파동과 함수의 연속적 시스템은 전기 엔지니어들이 매일 접하는 것이었다. 엔지니어라면 한 채널로 더 많은 정보를 보내는 방법을 알고 있었다. 바로 출력을 높이는 것이었다. 하지만 멀리 보낼 때는 신호를 증폭할수록 잡음이 심해지기 때문에 이 방법이 통하지 않았다.

섀넌은 신호를 이산적 기호의 열로 다룸으로써 이 문제를 피해갔다. 발신자는 이제 출력을 높이는 대신 오류 정정을 위한 기호를 추가함으로써 잡음을 극복할 수 있다. 이는 마치 아프리카의 북꾼들이 북을 더 세게 치는 것이 아니라 이야기를 장황하게 늘림으로써 멀리 의사를 전달한 것과 같은 이치였다. 섀넌은 이산적 방법이 수학적 의미에서도 더 근본적이라고 생각했다. 아울러 섀넌은 또 다른 지점을 고려했다. 메시지를 이산적으로 처리하는 방법은 전통적 통신뿐만 아니라 계산기계 이론이라는 새롭고 다소 난해한 하위 분야에도 적용할 수 있었다.

그리하여 섀넌은 다시 전신으로 돌아갔다. 정확하게 분석하면 전신은 점과 선이라는 두 가지 기호만으로 된 언어를 사용하는 것이 아니었다. 실제로 전신수들은 점(한 단위의 "회선 닫힘"과 한 단위의 "회선 열림")과 선(가령 세 단위의 회선 닫힘과 한 단위의 회선 열림) 말고도 서로 구별되는 두 개의 공백도 활용했다. 바로 글자 간 공백(대개 세 단위의 회선 열림)과 더 긴 단어 간 공백(여섯 단위의 회선 열림)이었다. 이 네 가지 기호는 다른 위상과 확률을 지닌다. 가령 점이나 선은 어떤 기호 뒤에도 나올 수 있지만 공백은 절대 공백 뒤에 나올 수 없다. 섀넌은 이를 '상태' 개념으로 표현했다. 섀넌에 따르면 전신 시스템은 두 가지 상태를 지닌다. 하나의 상태에서는 공백이 이전 기호였다면 점이나 선만 허용되고 그 다음에는 상태가 바뀐다. 다른 상태에서는 모든 기호가 허용되고 공백이 전송된 경우에만 상태가 바뀐다. 섀넌은 이를 다음과 같은 그림으로 설명했다.

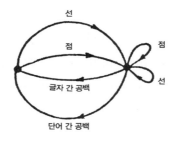

이 구조는 단순한 이진 인코딩 체계와 많이 달랐다. 그럼에도 불구하고 섀넌은 정보량과 채널 용량을 구하는 정확한 공식을 유도하는 방법을 보여준다. 더 중요한 것은 섀넌이 메시지를 구성하는 언어의 통계적 구조가 미치는 영향에 초점을 맞췄다는 것이다. 바로 이 구조가 존재하기 때문에('q'보다 'e'가, 'xp'보다 'th'가 더 빈도가 크기 때문에) 시간이나 채널 용량을 절약할 수 있다.

이는 이미 전신에서 가장 짧은 채널 기호인 점•을 가장 흔한 영어 글자 E에 사용한 반면, 드문 글자인 Q, X, Z는 더 긴 점과 선의 기호로 나타냄으로써 제한적이나마 이뤄졌다. 이런 아이디어는 흔한 단어와 문구를 네다섯 자의 코드 그룹으로 나타냄으로써 평균 시간을 크게 줄인 특정한 상업적 코드에서 더욱 활발하게 사용되고 있다. 현재 사용되는 표준화된 인사말과 기념일 전보는 한두 문장을 비교적 짧은 수열로 인코딩하는 수준까지 확대되었다.[22]

메시지의 구조를 밝히기 위해 섀넌은 브라운 운동에서 천체물리학에 이르기까지 확률과정stochastic process을 다루는 물리학 방법론과 언어에 의지한다. (섀넌은 천체물리학자인 수브라만얀 찬드라세카르Subrahmanyan Chandrasekhar가 1943년 《현대 물리학 리뷰Reviews of Modern Physics》에 쓴 기념비적인 논문[23]을 인용했다.) 확률과정은 결정론적이지도(다음 사건을 확실하게 계산할 수 있다), 무작위적이지도(다음 사건은 완전히 자유롭게 일어난다) 않다. 확률에 의해 좌우되는 것이다. 각각의 사건은 확률적인데, 이는 시스템의 상태 그리고 아마도 이전 사건에 따라 좌우된다. 여기서 '사건'을 '기호'로 대체하면 영어나 중국어 같은 자연적 문어文語도 확률과정이 된다. 디지털화된 말이나 텔레비전 신호도 마찬가지이다.

좀 더 깊이 파고든 섀넌은 메시지가 다음 기호의 확률에 미치는 영향과 관련한 통계적 구조를 분석했다. 결론적으로 아무 영향이 없을 수도 있었다. 다시 말해 각 기호는 고유한 확률을 지니며 이전 기호에 좌우되지 않을 수 있다. 이것이 1차 사례이다. 2차 사례의 경우 각 기호의 확률은 직전 기호에만 좌우될 뿐 다른 모든 기호와는 무관하다. 그렇다면 두 기호로 이루어진 각 조합이 고유한 확률을 지닌다. 예를 들어 영어에서 'th'는 'xp'보다 확률이 높다. 3차 사례에서는 세 기호가 묶인 조합이 고유의 확률을 지닌다. 이를 넘어서 일반적인 텍스트의 경우 개별 글자보다 단어 수준을 살피는 것이 합리적이며, 다양한 유형의 통계적 사실들이 영향을 미친다. 이를테면 'yellow'라는 단어 뒤에는 비교적 높은 확률로 나올 수 있는 단어도 있고, 사실상 나올 확률이 없는 단어도 있다. 또한 'an' 뒤에는 자음으로 시작하는 단어가 나올 확률이 극히 낮다. 그리고 'u'로 끝나는 단어는 'you', 동일한 두 개의 연속된 글자는 'll', 'ee', 'ss', 'oo'일 확률이 높다. 구조는 멀리 확장될 수 있다. 'cow'라는 단어가 들어간 메시지는 중간에 다른 글자들이 많이 끼어들더라도 'cow'가 다시 나올 확률이 비교적 높다. 'horse'도 마찬가지이다. 섀넌이 생각했듯이 메시지는 동역학계처럼 움직였다. 과거의 역사에 의해 미래의 경로가 결정되는 것이다.

섀넌은 차수次數에 따른 구조 사이의 차이를 밝히기 위해 영어 텍스트를 대상으로 일련의 "근삿값"을 기록(말 그대로 계산)했다. 알파벳과 글자 및 단어 사이의 공백을 합쳐 27개의 글자를 사용했으며, 난수표의 도움을 받아 일련의 글자들을 생성했다. (이를 위해 섀넌은 케임브리지대학출판부에서 새로 펴낸 책을 활용했다.[24] 이 3실링 9펜스짜리 책에는 10만 개의 수가 나열되어 있었으며, 저자들은 "무작위적 배열을 보장"했다.) 미리 제시된 무작위적 수를 활용한다고 해도 기호열을 만들어내는 일은 어려웠다. 본보기로 제시된 텍스트는 아래와 같았다.

- "0차 근삿값": 각 글자가 아무 구조나 상관관계 없이 무작위로 나열됨.

  XFOML RXKHRJFFJUJ ZLPWCFWKCYJ

  FFJEYVKCQSGHYD QPAAMKBZAACIBZLHJQD.

- 1차: 각 글자는 서로의 영향을 받지 않지만 통계적 빈도를 따름. 따라서 'z'와 'j'보다 'e'와 't'가 더 많이 나오며, 단어의 길이도 현실적으로 보임.

  OCRO HLI RGWR NMIELWIS EU LL NBNESEBYA

  TH EEI ALHENHTTPA OOPTTVA NAH BRL.

- 2차: 각 글자와 두 글자의 조합이 통계적 빈도를 따름. (섀넌은 암호해독가들이 쓰는 표에서 필요한 통계를 찾아냈다.[25] 영어에서 가장 흔

한 두 글자 조합은 1,000자당 168번 나오는 'th'였으며, 'he', 'an', 're', 'er'이 그 뒤를 이었다. 빈도가 0인 두 글자 조합도 상당히 많았다.)

ON IE ANTSOUTINYS ARE T INCTORE ST BE S DEAMY ACHIN D ILONASIVE TUCOOWE AT TEASONARE FUSO TIZIN ANDY TOBESEACE CTISBE.

- 3차: 세 글자 조합 구조.

IN NO IST LAT WHEY CRATICT FROURE BIRS GROCID PONDENOME OF DEMONSTURES OF THE REPTAGIN IS REGOACTIONA OF CRE.

- 1차 단어 근삿값.

REPRESENTING AND SPEEDILY IS AN GOOD APT OR COME CAN
DIFFERENT NATURAL HERE HE THE A IN CAME THE TO OF TO EXPERT GRAY COME TO FURNISHES THE LINE MESSAGE HAD BE THESE.

- 2차 단어 근삿값: 단어의 쌍이 예상 빈도로 나타남. 따라서 'a in' 이나 'to of' 같은 조합이 보이지 않음.

THE HEAD AND IN FRONTAL ATTACK ON AN ENGLISH WRITER THAT THE CHARACTER OF THIS POINT IS THEREFORE ANOTHER METHOD FOR THE LETTERS THAT THE TIME OF WHO EVER TOLD THE PROBLEM FOR AN UNEXPECTED.

이 기호열들은 점점 더 영어처럼 '보인다'. 좀 더 객관적으로 보면 타자수들은 이 기호열들을 갈수록 빠르게 칠 수 있는 것으로 드러난다. 이는 사람들이 무의식적으로 언어의 통계적 구조를 내면화하는 방식을 보여주는 또 다른 예시였다.

섀넌은 추가 근삿값을 만들 수 있었지만, 여기에는 엄청나게 많은 시간이 필요했다. 요점은 메시지를 이산적 확률로 사건을 발생시키는 프로세스의 결과로 나타내는 것이었다. 그렇다면 정보량 혹은 정보 생성률에 대해 무엇을 말할 수 있을까? 각 사건에서 가능한 선택들은 정해진 확률을 갖는다('p_1', 'p_2', 'p_3' 등으로 나타냈다). 섀넌은 'H'로 표기되는 정보의 척도를 "사건에 '선택'이 얼마나 개입하는지 혹은 결과가 얼마나 불확실한지"[26] 말해주는 불확실성의 척도로 정의하려 했다. 각각의 확률은 같거나 다를 수 있다. 하지만 일반적으로 선택지가 많다는 것은 보다 큰 불확실성, 보다 많은 정보를 의미한다. 선택은 각각 확률이 가지는 일련의 순차적 선택으로 나눌 수 있으며, 이 확률은 가법적加法的이어야 한다. 이를테면 특정한 두 글자 조합의 확률은 개별 기호가 지닌 확률의 가중 총합이었다. 이 확률들이 같다면 각 기호가 전달하는 정보량은 가능한 기호 개수의 로그일 뿐이다. 이를 표현한 것이 바로 나이키스트와 하틀리의 공식이었다.

$$H = n \log s$$

더 현실적인 사례에서 섀넌은 확률 함수로 정보를 측정하는 명쾌한 해결책을 내놓는다. 바로 로그 가중치를 둔(밑을 2로 삼는 것이 가장 편리했다) 확률의 합을 구하는 공식이었다. 이는 메시지의 불가능성을 보여주는 평균 로그로, 사실상 의외성의 척도였다.

$$H = -\sum p_i \log_2 p_i$$

여기서 p_i는 각 메시지의 확률을 가리킨다. 섀넌은 이 공식을 계속 접하게 될 것이며, 이 공식의 값은 "정보이론에서 정보, 선택, 불확실성의 척도로서 중심적인 역할을 한다"라고 주장했다. 실제로 H는 어디에나 존재하며, 통상적으로 메시지의 엔트로피 혹은 섀넌 엔트로피 아니면 간단히 정보로 불렸다.

측정의 새로운 단위가 필요했다. 섀넌의 말을 들어보자. "귀결되는 단위는 바이너리 디지트binary digit(이진 부호) 또는 줄여서 '비트bit'라고 부를 수 있다."[27] 1비트는 가능한 최소 정보량으로 동전을 던질 때 나오는 불확실성의 양을 나타낸다. 동전 던지기는 동일한 확률을 가진 두 가능성 사이의 선택을 나타낸다. 이 경우 p_1과 p_2는 각각 2분의 1이며, 밑이 2인 2분의 1의 로그는 −1이다. 따라서 H는 1비트이다. 32자로 구성된 문자 중에서 무작위로 선택된 한 글자는 더 많은 정보를 전달한다. 정확한 정보량은 32개의 가능한 메시지가 있고, 32의 로그가 5이므로 5비트이다. 이런 글자 1,000자는 5,000비트를 전달한다. 5,000비트는 단순한 곱셈에 의한 것이 아니라 정보량이 불확실성의 양, 다시 말해서 가능한 선택의 수를 나타내기 때문에 나온 것이다. 이 경우 1,000자로 32^{1000}개의 가능한 메시지를 만들 수 있으며, 그 수의 로그는 5,000이다.

이 지점에서 자연어의 통계적 구조가 다시 개입된다. 만약 1,000자로 된 메시지가 영어 텍스트라면 가능한 메시지의 수는 '훨씬' 적다. 섀넌은 여덟 자까지의 상관관계를 살펴서 영어에 약 50퍼센트의 잉여성이 내재해 있다고 추정했다. 따라서 메시지에 새로 포함되는 각 글자는 5비트가 아니라 약 2.3비트의 정보만 전달한다. 섀넌은 통계적 효과의 범위를 문장과 단락 수준까지 더 길게 고려해 추정치를 75퍼센트로 높였다. 하지만 이 추정치는 "더 불규칙하고 불확실하며, 텍스트의 유형에 크게 좌우된다"[28]라는 경고를 덧붙였다. 잉여성을 측정하는 한 가지 방법은 투박할 정도로 경험적이었다. 바로 사람을 대상으로 실행하는 심리실험이었다. 이 방법은 "언어를 말하는 모든 사람이 언어의 통계에 대한 상당한 지식을 암묵적으로 가진다는 사실을 이용한 것"이다.

> 단어, 숙어, 관용구, 문법에 익숙해지면 교정을 통해 오탈자를 바로잡거나 대화에서 마무리되지 않은 문구를 완성할 수 있다.

섀넌은 실제로 아내인 베티를 대상으로 실험을 했다. 책장에서 책을 (레이먼드 챈들러Raymond Chandler의 탐정소설인 『눈 거리에서의 체포Pickup on Noon Street』였다) 꺼내 무작위로 짧은 문장을 손가락으로 가린 다음 한 글자씩 추정하게 했다. 물론 노출되는 텍스트가 많을수록 맞힐 가능성이 높았다. 베티는 "A SMALL OBLONG READING LAMP ON THE(~ 위에 있는 작은 직사각형의 독서등)" 뒤에 오는 단어를 맞히지 못했다. 하지만 첫 글자가 'D'인 것을 안 후에는 다음 세 글자를 쉽게 맞혔다. 섀넌은 이렇게 말한다. "예상대로 생각이 가지를 쳐나갈 가능성이 더 높은 단어와 음절의 시작에서 오류가 더 자주 발생한다."

예측 가능성과 잉여성을 정량화하는 이와 같은 방식은 후향적backward 방법이다. 이전에 나온 것을 토대로 추측할 수 있는 글자는 잉여성이 있으며, 잉여성이 있는 한 새로운 정보는 없다. 영어의 잉여성이 75퍼센트라면 1,000자로 구성된 영어 메시지는 무작위로 선택된 1,000자로 구성된 메시지가 전달하는 정보의 25퍼센트밖에 전달하지 않는다. 역설적으로 들리지만 무작위적 메시지가 '더 많은' 정보를 전달한다. 이는 전송이나 저장을 위해 자연어 텍스트를 더 효율적으로 인코딩할 수 있다는 것을 의미한다.

섀넌은 각각 다른 기호들의 상이한 확률을 이용한 알고리즘으로 이것을 보여준다. 아울러 뜻밖의 핵심 결과물 꾸러미를 내놓는다. 그중 하나는 모든 통신채널의 절대적인 제한 속도(지금은 간단히 섀넌 한계로 알려짐), 즉 채널 용량을 구하는 공식이었다. 다른 하나는 이 한계 안에서 언제나 모든 수준의 잡음을 극복하는 오류정정 체계를 고안할 수 있다는 사실을 밝힌 것이었다. 발신자가 오류를 정정하기 위해 점점 더 많은 비트를 할당하면 전송 속도가 느려지기는 하지만 궁극적으로 메시지를 제대로 전달할 수 있다. 섀넌은 이를 어떻게 설계할 것인지를 보여주지는 않았으나, 그것이 가능하다는 것을 증명해 미래의 컴퓨터공학에 영감을 줬다. 몇 년 후 동료인 로버트 파노Robert Fano는 이렇게 회고했다. "오류의 확률을 원하는 만큼 작게 만든다고요? 누구도 그런 생각을 하지 못했습니다. 섀넌이 어떻게 그런 통찰을 얻었고, 그런 믿음을 갖게 됐는지는 모릅니다. 하지만 거의 모든 현대의 통신이론은 섀넌의 연구에 기반을 두고 있습니다."[29] 효율성을 높이기 위해 잉여성을 제거하든 혹은 오류 정정을 위해 잉여성을 더하든 간에 인코딩은 언어의 통계적 구조에 대한 지식에 좌우된다. 정보는 확률과 분리될 수 없다. 근본적으로 1비트는 언제나 한 번의 동전 던지기이다.

동전의 양면이 비트를 나타내는 한 가지 방식이라 했을 때, 섀넌은 더 실용적인 하드웨어적 측면의 사례도 제시했다.

릴레이나 플립플롭 회로처럼 두 개의 안정된 상태를 갖는 장치는 1비트의 정보를 저장할 수 있다. 이런 장치 N개는 N비트를 저장할 수 있는데, 가능한 상태의 전체 수는 2^N이며, $\log_2 2^N = N$이기 때문이다.

섀넌은 수백, 심지어 수천 비트를 저장할 수 있는 장치들을(예를 들어, 릴레이 배열 장치) 보게 된다. 그 정도면 엄청나게 많은 것처럼 보였다. 보고서를 마무리하던 어느 날 섀넌은 벨연구소 동료인 30대의 물리학자 윌리엄 쇼클리William Shockley의 사무실에 들른다. 전자기기에 넣을 진공관 대체 장치를 개발하는 고체물리학자 부서에서 일하던 쇼클리의 책상 위에는 반도체 결정으로 만든 작은 시제품이 놓여 있었다. "이게 고체 증폭기입니다."[30] 쇼클리가 섀넌에게 말했다. 당시까지 이 장치는 이름이 없었다.

◎　　◎　　◎

『통신의 수학적 이론』의 출간을 앞둔 1949년 어느 여름날이었다. 연필과 공책 한 장을 준비한 섀넌은 공책 위에서 아래까지 수직선을 긋고 10^0에서 10^{13}까지 칸을 나눴다. 그러고는 이 수직선에 "비트 저장용량"[31]이라 이름 붙였다. 섀넌은 이 선에 용량별로 정보를 "저장"할 수 있는 대상들을 나열하기 시작했다. 탁상용 가산기(십진수)에 들어가는 숫자바퀴는 정보 저장용량이 3비트를 약간 넘겼다. 이 외에 천공카드(모든 구성 허용)는 10^3비트에 약간 못 미쳤고, "한 줄 간격으로 작성된 페이지(32개의 가능한 기호)"는 10^4비트였다. 10^5비트 근처에는 "인간의 유전적 구조"라는 특이한 내용을 적었다. 이는 당대의 과학적 사고에서 전례가 없는 것이었다. 당시 제임스 왓슨James Watson은 스물한 살의 대학생으로 인디애나에서 동물학을 배우고 있었다. DNA 구조의 발견

library of congress

10^{13} ← Technicolor movie 1 hr (64^3 colors 1000^2 elements)

10^{12} ← 1 hr movie film (256 colors 1000^2 element)

10^{11} ← 1 hr television (64 level 500×500)

10^{10}

10^{9} ← encyclopedia britt.

10^{8}

10^{7} ← IRE proceedings (one copy)

10^{6}

10^{5} ← phono record. (128 level 5 KC)

genetic constitution of man

10^{4} ← max single speed typing (3 m possible symbols)

← 64×64 selector

10^{3} ← 1000 pulse delay line
← punched card (all configs. allowed)

10^{2} ← decimal computer register
← 10×10 crossbar switch

10^{1}

10^{0} ← digit wheel
← relay, flip flop

bits storage capacity

은 몇 년 후의 일이었다. 섀넌은 게놈이 비트로 측정할 수 있는 정보 저장소라는 개념을 처음 제시했다. 섀넌의 추정치는 적어도 네 자릿수는 적게 잡았다. 약 30만 비트에 해당하는 "레코드 판(128레벨)"이 더 많은 정보를 담는다고 생각했던 것이다. 또한 섀넌은 1,000만 비트 수준에는 두꺼운 전문저널인 《무선 엔지니어 협회보Proceedings of the Institute of Radio Engineers》를, 10억 비트 수준에는 『브리태니커 백과사전』을 적어 놓았다. 한 시간 분량의 텔레비전 방송은 10^{11}비트로, 한 시간 분량의 컬러영화는 1조 비트 이상으로 추정했다. 끝으로 100조 비트에 해당하는 10^{14}비트 표시 바로 밑에는 자신이 생각할 수 있었던 최대 정보 저장소를 적었다. 의회 도서관이었다.

제8장 정보로의 전환

—

지성을 구축하는 기본 요소

정보이론이 의도하지 않은 분야에
이 정보이론을 적용하는 것은 아마도 위험할 것이다.
하지만 이런 위험성은 사람들이 정보이론을 쓰는 것을
막지는 못할 것이다.[1]

—

J. C. R. 릭라이더 Licklider (1950)

대부분의 수학 이론은 서서히 형태를 갖춘다. 하지만 섀넌의 정보 이론은 완전히 형체를 갖춘 지혜의 여신 아테나처럼 불쑥 튀어나왔다. 그럼에도 섀넌과 위버의 작은 책은 1949년 출간 당시 대중의 관심을 거의 끌지 못했다. 서평을 처음 쓴 사람은 수학자인 조지프 두브Joseph L. Doob였다. 두브는 이 책이 수학적이라기보다 "도발적"이며, "저자의 수학적 의도가 존중할 만한 것인지 명확하지 않다"[2]라고 불평했다. 한 생물학 저널은 이렇게 평가했다. "언뜻 보기에 이 책은 근본적으로 인간의 문제와 거의 혹은 전혀 관련이 없는 공학 논문처럼 보일지 모른다. 사실 정보이론은 일부 상당히 흥미로운 함의를 지닌다."[3] 《철학논평The Philosophical Review》 역시 철학자들이 이 책을 간과하는 것은 실수이며, "섀넌은 놀랍게도 '엔트로피'라는 열역학적 개념을 확장시킨 '정보'라는 개념을 개발했다"[4]라고 말했다. 가장 이상한 서평은 서평이라 하기도 애매했다. MIT의 노버트 위너가 쓴 이 다섯 단락짜리 글은 1950년 9월 《피직스 투데이Physics Today》에 실렸다.

위너는 조금은 잘난 체하는 듯한 일화로 글을 시작했다.

> 한 15년 전쯤 아주 똑똑한 한 학생이 논리대수를 이용한 전기 스위칭이론에 대한 아이디어를 가지고 MIT의 권위자들을 찾아왔다. 그 학생이 클로드 섀넌이었다.

노버트 위너는 섀넌이 이 책에서 워렌 위버와 함께 "통신공학에 대한 자신의 시각을 집대성"했다고 평가했다.

위너는 섀넌의 근본적인 아이디어는 "정보량을 네거티브 엔트로피Negative Entropy로 파악한 것"이라고 말했다. 아울러 "이 서평을 쓰는 사람"인 자기 자신도 비슷한 시기에 같은 생각을 했다고 덧붙였다.

위너는 섀넌의 책이 "그 시작은 나 자신의 연구와 무관하지만 양방향으로 이뤄진 교차 영향에 의해 처음부터 내 연구와 연관되어 있었다"라고 주장했다. 위너는 "우리 중 몇몇이 이 유사성을 맥스웰의 도깨비Maxwell's demon 연구에 적용하려 한다"라고 언급하고는 앞으로 해야 할 연구가 많이 남아 있다고 썼다. 그러고는 인간의 신경계, 구체적으로는 "신경 수용과 뇌로 가는 언어의 전달"에 더 초점을 맞추지 않으면 언어에 대한 논의가 불완전할 수밖에 없다고 지적하면서 "이는 가혹한 비판으로 하는 말들이 아니다"라고 썼다.

마지막으로 위너는 또 다른 신간인 자신의 『인공두뇌학Cybernetics』을 소개하는 문단으로 끝을 맺었다. 위너는 두 책이 급성장할 것으로 기대되는 분야에서 일종의 선제 포격에 해당한다고 말했다.

> 내 책에서 나는 더 이론적인 태도를 취하고 섀넌과 위버 박사가 선택한 것보다 더 넓은 영역을 다루는 저자로서의 특권을 누렸다. … 내 책과 같은 다른 책들을 위한 자리도 있을 뿐만 아니라 확실히 필요하다.

위너는 인공두뇌학을 연구하는 동료들의 훌륭하고 독립적인 접근법을 칭송했다.

한편 섀넌은 이미 《무선 엔지니어 협회보》에 위너의 책에 대해 "뛰어난 입문서"라는 찬사를 담은 짧은 서평을 썼다.[5] 세 사람 사이에는 약간의 긴장감이 있었다. 『통신의 수학적 이론』에서 위버가 쓴 부분의 첫 페이지에 달린 긴 각주에서도 이 긴장감을 느낄 수 있었다.

> 섀넌 박사는 스스로 통신이론의 기본적인 철학은 대부분 노버트 위

너 교수에게 크게 빚진 것이라고 강조했다. 다른 한편 위너 교수는 스위칭과 수학적 논리에 대한 섀넌의 초기 연구 대부분은 이 분야에 자신이 관심을 갖기 전에 이뤄졌다고 밝히면서, 섀넌이 엔트로피라는 아이디어를 도입해 통신이론의 근본적인 측면들을 독자적으로 구축한 공로를 분명히 인정받을 자격이 있다고 관대하게 덧붙인다.

섀넌의 동료인 존 피어스는 나중에 이렇게 썼다. "위너의 머릿속은 온통 자기 연구에 대한 생각뿐이었다. … 뛰어난 사람들 말을 들어보면, 위너는 섀넌이 연구한 내용을 이미 알고 있었다고 착각했지만 결코 실제로 알았던 적은 없었다."[6]

신조어이자 장차 유행어가 된 '인공두뇌학'은 이 명민하고 성마른 사상가 위너가 제안한 연구 분야이자 전적으로 그가 구상한 자칭 철학운동이었다. 'Cybernetics'라는 단어는 '키잡이'를 뜻하는 그리스어인 'Κυβερνήτησ(kubernites)'에서 따온 것이었다.[7] 이 단어에서 (우연찮게) '관리자governor'라는 단어도 나왔다. 위너에게 인공두뇌학은 통신과 제어 그리고 인간과 기계에 대한 연구를 통합하는 학문이었다. 노버트 위너는 처음에는 하버드 교수인 아버지가 나서서 천재이자 스포츠 신동으로 소개하고 다니면서 사람들의 이목을 끌고 알려지기 시작했다. 위너가 열네 살이 되던 해《뉴욕 타임스》는 일면 기사로 이렇게 썼다. "친구들이 자랑스럽게 세상에서 제일 똑똑한 아이로 입을 모으는 이 소년은 다음 달에 터프츠대학을 졸업할 것이다. … 노버트 위너는 학습 능력이 엄청나다는 사실을 제외하면 다른 소년들과 다를 바 없다. … 외모에서는 강렬한 검은색 눈이 단연 눈에 띈다."[8] 위너가 쓴 회고록 제목에는(『신동이었던 사람: 나의 유년기와 청소년기Ex-Prodigy: My Childhood and

노버트 위너(1956)

Youth』와 『나는 수학자다: 신동 이후의 인생I Am a Mathematician: The Later Life of a Prodigy』) 언제나 '신동'이라는 단어가 들어갔다.

위너는 터프츠대학에서 수학을, 하버드 대학원에서 동물학을, 코넬 대학원에서 철학을 전공한 후 다시 하버드에 돌아왔다가 영국의 케임브리지로 건너가서 버트런드 러셀에게 직접 기호논리학과 『수학 원리』를 배웠다. 러셀이 위너에게 완전히 매료된 것은 아니었다. 친구에게 보낸 편지를 보자. "하버드에서 박사학위를 받은 위너라는 이름의 열여덟 살짜리 어린 신동이 들어왔는데 주위에서 하도 치켜세워서 그런지 자기가 전지전능한 신인 줄 안다니까. 누가 가르칠지를 놓고 나와 계속 신경전을 벌일 정도야."[9] 위너도 러셀이 마음에 든 건 아니었다. "러셀 교수는 빙산 같은 사람입니다. 정신이 날카롭고, 차가우며, 편협한 논리적 기계 같은 인상을 줍니다. 우주를 겨우 3인치 크기의 작고 깔끔한 묶음으로 나누어 생각할 것 같습니다."[10] 미국으로 돌아온 위너는 버니바 부시가 교수가 된 1919년 MIT의 교수진에 합류한다. 1936년 MIT에 입학한 섀넌은 위너의 수학 강의를 들었다. 전쟁이 임박하자 위너는 일찌감치 곳곳에서 대공포 제어장치를 은밀하게 연구하는 수학자 팀에 합류한다.

체구가 땅딸막한 데다 두꺼운 안경을 낀 위너는 메피스토텔레스처럼 염소수염을 길렀다. 섀넌의 대공포 제어 연구가 잡음으로 둘러싸인 신호에 천착했다면 위너는 잡음에 매달렸다. 레이더 수신기에 무더기로 나타나는 파동과 비행경로의 예측 불가능한 편차에 몰두했던 것이다. 위너는 17세기에 판 레이우엔훅이 현미경으로 관찰한 바 있는 "대단히 활발하고 완전히 무계획적인 운동"인 브라운 운동처럼 잡음이 통계적으로 움직인다고 생각했다. 위너는 1920년대에 브라운 운동을 철저하게 수학적으로 다루는 연구를 진행했다. 위너의 관심을 끈 것은 바로 불연속성이었다. 입자의 궤도뿐만 아니라 수학적 함수도 예상 밖의 행동을 하는 것처럼 보였다. 위너가 적었듯 이는 이산적 카오스discrete chaos였고, 이 개념은 몇 세대 동안 제대로 이해하는 사람이 없었다. 섀넌이 벨연구소 팀에 소소하게 이바지한 대공포 제어 프로젝트에 대해 위너와 그의 동료 줄리언 비글로Julian Bigelow는 120페이지짜리 전설적인 논문을 썼다. 기밀로 분류된 이 논문은 열람할 기회를 얻은 수십 명의 사람들 사이에서 '노란색 재난Yellow Peril'으로 불렸다. 표지가 노란색이었고, 논의가 난해했기 때문이었다. 논문 제목은 「외삽과 내삽 그리고 정지시계열의 평활Extrapolation, Interpolation, and Smoothing of Stationary Time Series」이었다. 위너는 이 논문에서 잡음이 섞이고, 불확실하며, 손상된 데이터에서 미래를 예측할 수 있는 통계적 방법을 개발했다. 기존의 대공포에 적용하기에는 너무 엄청난 방법이었지만, 위너는 버니바 부시의 미분해석기로 이를 확인했다. 사수가 제어하는 대공포와 조종사가 제어하는 목표 비행기는 모두 인간과 기계의 복합체였다. 한쪽은 다른 쪽의 행동을 예측해야 했다.

위너는 과묵한 섀넌과 달리 외향적이었다. 여행을 좋아했고, 다양한 언어를 구사했으며, 야심만만했고 사회적인 의식도 높았다. 위너는 과학을 감정적으로, 정열적으로 받아들였다. 이를테면 열역학 제2법칙에 대한 아래와 같은 말은 가슴에서 우러난 외침이었다.

> 우리는 모든 것을 평형과 단조로움을 의미하는 열적 죽음으로 만드는 거대한 해체의 급류를 거슬러 헤엄치고 있다. … 물리학의 열적 죽음은 우리가 도덕적 혼돈의 세계에 살고 있다고 지적한 키르케고르 윤리학에서도 볼 수 있다. 이 세계에서 우리의 주된 의무는 질서와 체계의 임의적인 영토를 구축하는 것이다. … 『이상한 나라의 앨리스』에 나오는 붉은 여왕처럼 우리는 최대한 빨리 달리지 않으면 제자리에 머물 수 없다.[11]

지성사에서 자신이 차지할 자리에 관심이 많았던 위너는 야망이 컸다. 회고록을 보면 인공두뇌학을 "인간과 우주에 대한 인간의 지식 그리고 사회에 대한 새로운 해석"[12]이라고 썼다. 섀넌이 자신을 수학자이자 공학자로 생각했다면, 위너는 스스로를 최고의 철학자로 여겼고, 자신의 대공포 제어장치 연구에서 목적과 행동에 대한 철학적 교훈을 끌어냈다. 행동이라는 개념을 "환경과 관련한 개체의 모든 변화"[13]로 영리하게 정의하면 동물뿐만 아니라 기계에도 적용할 수 있다. 목표를 향한 행동은 목적성을 지니며, 목적은 때로 운용자인 인간이 아니라 기계에 전가할 수 있다. 이를테면 목표 추적 장치가 그렇다. "자동제어 장치라는 용어는 고유의 목적을 가지고 행동을 하는 기계를 가리키기 위해 만들어진 것이다." 핵심은 제어, 즉 자기 규제이다.

위너는 적절한 분석을 위해 전기공학에서 "피드백"이라는 모호한 개념을 빌렸다. 피드백은 회로의 출력부에서 입력부로 향하는 에너지의 회귀를 뜻한다. 확성기에서 나온 소리가 마이크로 재증폭되는 경우처럼 피드백이 양성positive이면 통제하기가 아주 어렵다. 하지만 제임스 클러크 맥스웰이 처음 분석한 바 있는 증기엔진의 기계식 조속기調速機처럼 피드백이 음성negative이면 시스템을 평형상태로 이끌 수 있다. 다시 말해 안정성의 동인動因 역할을 하는 것이다. 피드백은 기계적일 수 있다. 맥스웰의 조속기는 빠르게 회전할수록 팔이 넓게 펴지고, 팔이 넓게 펴질수록 속도가 느려진다. 또한 피드백은 전기적일 수도 있다. 어느 쪽이든 프로세스의 핵심은 정보이다. 예를 들어, 대공포를 제어하는 것은 비행기의 좌표와 포 자체의 이전 위치에 대한 정보이다. 위너의 친구인 비글로는 이렇게 강조했다. "이는 에너지나 길이 혹은 전압 같은 특정한 물리적 대상이 아니라 (어떻게든 전달되는) 정보일 뿐이다."[14]

위너는 음성 피드백이 어디에나 있는 것이 틀림없다고 보았다. 연필을 줍는 것과 같은 일상적인 행동을 하도록 신경계를 인도하는 손과 눈의 조정력에서 음성 피드백을 확인할 수 있었다. 위너는 특히 운동 기능이나 언어 기능을 손상시키는 신경장애에 주목했다. 신경장애를 정보 피드백이 어긋난 매우 구체적인 사례라 본 것이다. 이를테면 다양한 운동실조증은 감각신호가 척수에서 간섭받거나 소뇌에서 잘못 해석될 때 발생하는 것이다. 공식을 동원한 위너의 분석은 구체적이었고 수학적이었다. 신경학에서는 거의 유례가 없는 일이었다. 한편 피드백 제어 시스템은 공장의 조립라인에 영향을 미치기 시작했다. 기계적 시스템도 자신의 행동을 교정할 수 있기 때문이었다. 피드백은 관리자이자 키잡이였다.

1948년 가을 미국과 프랑스에서 출간된 위너의 첫 저서 제목은 『사이버네틱스』였다. 부제는 '동물과 기계에서의 제어와 통신Control and Communication in the Animal and the Machine'이었다. 개념과 분석이 뒤죽박죽 섞인 이 책은 출판사로서는 놀랍게도 그해의 예상치 못한 베스트셀러가 됐다. 미국의 인기 잡지인 《타임》과 《뉴스위크》는 모두 이 책을 소개하는 기사를 실었다. 위너와 인공두뇌학은 때마침 대중의 인식 속으로 갑자기 들어온 현상과 밀접한 관계가 있었다. 계산기였다. 전쟁이 끝나면서 전자 계산 분야의 최우선 프로젝트들, 특히 펜실베이니아대학 전기공학과에 있는 에니악ENIAC이 베일을 벗었다. 에니악은 진공관과 릴레이, 그리고 손으로 납땜한 24미터에 이르는 전선으로 구성된 30톤 짜리 괴물이었다. 미군은 최대 20자리의 십진수를 저장하고 곱하는 에니악의 계산 능력을 탄도표 계산에 활용했다. 군사용 프로젝트에 쓰는 천공카드 기계를 납품하던 IBM도 하버드에서 마크 원Mark I이라는 거대한 계산기를 만들었다. 영국에서는 여전히 비밀리에 블레츨리 파크의 암호해독가들이 콜로서스Colossus라는 진공관 계산기 제작을 계속하고 있었다. 앨런 튜링은 맨체스터대학에서 다른 계산기 연구를 시작했다. 대중들이 이 기계에 대해 알게 되면서, 이들 기계는 자연스럽게 "두뇌"로 여겨졌다. 모두가 같은 질문을 던졌다. "기계가 생각할 수 있을까?"

"이 기계들은 가공할 속도로 늘어나고 있다."[15] 《타임》 송년호 기사는 이렇게 선언했다. "이 기계들은 빛의 속도로 수학공식을 푸는 것에서 출발했다. 이제 이 기계들은 진정한 기계 두뇌처럼 행동하기 시작했다." 위너는 이런 추측들에 군불을 지폈다. 물론 완전히 터무니없는 상상은 아니었다.

위너 박사는 이 기계들이 문법을 금세 익히는 엄청나고 조숙한 아이들처럼 경험을 통해 배우지 못할 이유가 없다고 본다. 충분한 경험을 저장한 이런 기계 두뇌는 기계공과 사무원뿐만 아니라 다수의 임원까지 대체하여 전체 산업을 운영할 수 있을지도 모른다. …

박사는 인간이 더 나은 계산기를 만들고 자신의 두뇌를 탐구함에 따라, 갈수록 둘(인간과 기계)이 닮아간다고 설명한다. 인간이 자신을 본떠 거대하게 확대된 형태로 자신을 재창조하고 있다고 생각하는 것이다.

난해하고 볼품없는 내용에도 불구하고 책이 크게 성공한 이유는 책이 기계가 아니라 인간에 다시 주목했기 때문이다. 어쨌든 컴퓨터와 관련해서는 주변부에 있었던 위너는 컴퓨터 사용의 부상을 조명하기보다 컴퓨터 사용이 인류에게 어떤 영향을 줄지에 더 관심이 있었다. 결국에는 정신 장애, 기계적 보철물, 똑똑한 기계의 등장에 따른 사회적 혼란에 깊은 관심을 가졌던 것이다. 아울러 공작기계가 손의 가치를 떨어뜨렸듯이 연산기계가 두뇌의 가치를 떨어뜨리지 않을까 우려했다.

위너는 "계산기와 신경계"라는 장章에서 인간과 기계를 나란히 설명하고 있다. 먼저 계산기를 아날로그와 디지털로 분류했다. (아직까지 아날로그와 디지털이라는 단어는 사용하지 않았다.) 부시의 미분해석기 같은 첫 번째 유형은 연속적 척도 위의 치수로 숫자를 나타냈다. 이 기계들은 아날로그 기계였다. 위너가 수치기계numerical machine라고 부른 다른 유형은 탁상용 계산기처럼 숫자를 직접적으로, 그리고 정확하게 나타냈다. 원칙적으로 이 기계들은 단순성을 위해 이진법을 활용했다. 고도의 계산을 하려면 일정한 형식의 논리가 필요했다. 그 형식은 무엇일까? 섀넌은 1937년에 쓴 석사논문에서 이 질문에 답했고, 위너도 같은 답을 내놓았다.

> 그 형식은 '탁월한' 논리대수 혹은 불대수Boolean algebra이다. 이 알고리즘은 이진산술처럼 '예'와 '아니요', 혹은 집합 내와 집합 외 사이의 이분법적 선택에 기반을 두고 있다.[16]

위너는 두뇌 역시 적어도 일부는 논리적인 기계라고 주장했다. 컴퓨터가 (기계식, 전기기계식 혹은 완전 전자식) 릴레이를 활용한다면, 두뇌는 뉴런을 활용한다. 뉴런의 세포들은 어떤 주어진 순간에 두 가지 상태 중 하나에 있다. 활동하거나 아니면 쉬고 있는 것이다. 따라서 두 가지 상태를 가진 릴레이로 볼 수 있다. 뉴런은 시냅스synapse로 알려진 접점을 통해 광범위하게 연결되며, 메시지를 전달한다. 두뇌에는 메시지를 저장하는 기억공간이 있다. 계산기 역시 메모리로 불리는 물리적 저장 공간이 필요하다. (위너는 이것이 복잡한 시스템을 단순화한 것이며, 디지털보다 아날로그에 가까운 다른 종류의 메시지들은 호르몬에 의해 화학적으로 전달된다는 사실을 잘 알고 있었다.) 위너는 "신경쇠약" 같은 기능적 장애가 전자기기에도 발생할 수 있다고 말했다. 따라서 계산기 설계자들은 "신경계의 소통과 과부하 문제"[17]와 같은 데이터의 갑작스러운 홍수에 대비해야 할 것이다.

두뇌와 전자 컴퓨터 모두 논리 연산을 하는 데 많은 에너지를 들인다. 그리고 이 에너지는 모두 혈액이나 환기장치 및 냉각장치를 통해 전달되는 "열의 형태로 소모되거나 발산"된다. 하지만 이는 사실 핵심에서 벗어난 것이었다. 위너의 말을 들어보자. "정보는 정보일 뿐, 물질이나 에너지가 아니다. 이 사실을 인정하지 않는 어떤 유물론도 오늘날 살아남지 못할 것이다."

◎   ◎   ◎

바야흐로 흥분의 시간이 찾아왔다.

"우리는 나름의 방식으로 소크라테스 이전 시대와 비슷한 놀라운 과학적 진보의 시대를 다시 맞이했습니다." 흰 수염을 기른 현명한 신경생리학자 워런 매컬럭Warren McCulloch은 영국 철학자들의 모임에서 이렇게 선언했다. 매컬럭은 위너와 폰 노이만의 말을 듣다 보면 고대인들의 논쟁이 떠오른다고 말했다. 또한 통신을 다루는 새로운 물리학이 탄생했으며, 형이상학은 결코 이전과 같지 않을 것이라고 말했다. "과학의 역사에서 처음으로 우리가 어떻게 아는지를 알게 되었고, 이를 명확하게 기술할 수 있게 되었습니다."[18] 매컬럭은 인식아認識我는 계산기라는 이론異論을 제시했다. 이 기계는 다른 릴레이로부터 신호를 받아서 전달하는 수백억 개의 릴레이로 구성된 두뇌이다. 신호는 양자화되어 있어서, 발생하거나 발생하지 않을 수 있다. 따라서 세상을 구성하는 물질은 다시 한 번 데모크리토스의 원자, 즉 "빈 공간에서 깜빡이는 나눌 수 없는 최소 단위"로 밝혀졌다고 말했다.

이는 항상 '움직이는' 세상, 다시 말해 헤라클레이토스Heracleitos를 위한 세상입니다. 제 말씀은 그저 모든 릴레이가 스스로 불꽃처럼 잠시 사라졌다가 다시 살아난다는 뜻이 아닙니다. 수많은 채널을 통해 릴레이로 쏟아지고, 릴레이를 통해 전달되고, 릴레이 안에서 소용돌이치다가, 다시 세상으로 떠오르는 정보를 처리하는 것이 릴레이의 일이라는 뜻입니다.

이런 생각들이 학문의 경계를 넘어 퍼져나가는 데는 왕성하게 절충주의와 상호 교류를 추구한 매컬럭이 매우 큰 역할을 했다. 전쟁이 끝나자마자 매컬럭은 뉴욕시 파크 애비뉴에 있는 비크먼Beekman호텔에서 일련의 학회를 조직하기 시작했다. 자금은 19세기 낸터킷 포경선 상속인들이 기부한 조사이어 메이시 주니어 재단Josiah Macy Jr. Foundation 의 후원을 받았다. 새로운 수학적 토대를 찾는 인류학과 철학 같은 소위 사회과학들, 신경생리학 같은 혼성학문 성격의 의학 분파, 심리분석 같은 그리 과학적이지 않은 학문을 비롯한 많은 학문들이 모두 함께 성숙기에 이르렀다. 매컬럭은 수학과 전기공학을 비롯해 이 모든 분야의 전문가들을 초청했다. 노아의 방주 규칙[19]처럼 모든 학문에서 두 명을 초청했고, 발표자 외에 언제나 전문용어를 이해할 수 있는 사람이 있도록 했다. 핵심 그룹에는 이미 유명한 인류학자인 마거릿 미드Margaret Mead와 당시 남편인 그레고리 베이트슨Gregory Bateson, 철학자인 로런스 프랭크Lawrence K. Frank와 하인리히 클뤼버Heinrich Klüver, 그리고 뛰어난 사람들이자 서로 경쟁자였던 수학자 위너와 폰 노이만이 포함되어 있었다.

아무도 읽을 수 없는 속기로 토론 내용을 기록하던 미드는 첫 학회에서 너무 흥분한 나머지 이가 깨진 것을 나중에 깨달았을 정도라고 말했다. 위너는 모든 학문, 특히 사회과학은 근본적으로 의사소통에 대한 연구이며, 이들을 통합하는 개념은 '메시지'라고 말했다.[20] 첫 학회는 '생물학적 사회적 시스템의 순환적 인과관계와 피드백 메커니즘 학회Conference for Circular Causal and Feedback Mechanisms in Biological and Social Systems' 라는 거추장스러운 이름으로 시작했으나, 위너의 명성 덕을 이들도 누린지라 이후 위너에 대한 경의의 표시로 '인공두뇌학회'로 바꾸었다. 학회 내내 '정보이론'이라는 새롭고, 어색하며, 다소 수상쩍은 용어가 빈번하게 사용되었다. 다른 학문들보다 편안하게 이 용어를 받아들이는 학문들도 있었다. 하지만 학문들 각자의 세계 인식에서 정보가 어디에 속하는지는 전혀 명확하지 않았다.

1950년 3월 22일과 23일, 학회는 대외적 관심 속에서 열렸다. "이 학회에 참석한 인사와 주제가 외부의 엄청난 관심을 불러일으키고 있습니다."[21] 시카고 의대의 신경과학자인 랠프 제라드Ralph Gerard는 이렇게 말했다. "거의 국가적 열풍이라고 할 만합니다. 《타임》, 《뉴스위크》, 《라이프》 같은 유명 과학잡지들은 학회와 관련된 내용을 폭넓게 다룬 기사를 실었습니다." 제라드가 말한 기사들 중에는 "생각하는 기계The Thinking Machine"라는 제목으로 위너를 소개하는 초겨울에 나온 《타임》의 커버스토리도 있었다.

> 위너 교수는 수학과 인접한 영역의 바다제비(닮기는 바다오리를 더 닮았다) 같은 사람이다. … 위너는 불안과 흥분이 뒤섞인 목소리로 위대한 새로운 컴퓨터가 … 자신이 지체 없이 '인공두뇌학'이라고 이름 붙인 바 있는 통신과 제어를 다루는 완전히 새로운 학문의 길잡이라고 외쳤다. 위너는 최신 기계들이 구조와 기능 면에서 이미 인간의 두뇌와 아주 닮았다고 지적했다. 아직은 감각이나 '작동기관'(팔과 다리)이 없지만 갖지 못할 이유가 있을까?

제라드는 통신공학의 새로운 사고방식이 자신의 분야에 지대한 영향을 준 게 사실이라고 말했다. 신경충동nerve impulse을 그저 "물리화학적 사건"이 아니라 신호 혹은 기호로 생각하는 데 기여했다는 말이었다. 이처럼 "계산기와 통신시스템"에서 교훈을 얻기도 했지만, 이는 또한 위험한 일이기도 했다.

따라서 이 기계들이 두뇌이고 우리의 두뇌는 계산하는 기계일 뿐이라는 대중매체의 표현은 주제넘은 것입니다. 그렇다면 현미경이 눈이라거나 불도저가 근육이라고도 말할 수 있을 것입니다.[22]

위너도 앉아 있을 수만은 없었다. "이런 기사들을 막지는 못했지만 언론들이 자제하도록 노력해왔습니다. 하지만 언론에서 '생각하는'이라는 단어를 사용하는 것이 전적으로 비난받을 일은 아니라고 생각합니다."[*23]

제라드는 두뇌, 즉 수상돌기가 가지처럼 뻗은 신비한 뉴런의 구조와 화학적 수프 안에서 활발하게 움직이는 복잡한 상호연결을 아날로그 혹은 디지털로 제대로 설명할 수 있는지[25]를 논의하는 데 목적이 있었다. 순간 그레고리 베이트슨이 끼어들고 나섰다. 여전히 이런 구분이 혼란스럽다는 얘기였다. 근본적인 의문이었다. 제라드는 자신이 이해하게 된 건 "존 폰 노이만(바로 그 자리에 있었다)에게 받은 전문적인 지도" 덕분이라고 말하면서도, 자신의 설명을 이어갔다. 아날로그가 계산자라면(여기서 숫자는 거리로 나타난다), 디지털은 주판이다(여기서는 알을 세거나 아니면 세지 않거나 둘 중 하나이다. 중간에는 아무것도 없다). 예를 들어 가변 저항기(조광기)는 아날로그이고, 전등을 켜거나 끄는 스위치는 디지털이다. 그런 의미에서 뇌파와 신경전달물질은 아날로그라고 제라드는 말했다.

논의는 계속 이어졌다. 폰 노이만은 할 말이 많았다. 당시 폰 노이만

---

* 장 피에르 뒤피Jean-Pierre Dupuy는 이렇게 말했다. "사실 과학자들이 자신의 말을 곧이곧대로 받아들인다고 비과학자들을 탓하는 것은 매우 흔한 일이다. 인공두뇌학자들은 생각하는 기계가 곧 출현할 것이라는 생각을 대중에게 심어놓고 서둘러 그런 것을 믿을 만큼 순진한 사람들과 거리를 뒀다."[24]

은 자신이 사실상 불완전한 정보에 대한 수학이라고 본 "게임이론"을 만들고 있었다. 또한 새로운 전자 컴퓨터의 구조를 설계하는 일도 주도하고 있었다. 폰 노이만은 아날로그적으로 생각하는 참가자들이 좀 더 추상적으로 사유하기를 원했다. 디지털 프로세스가 혼란스럽고 연속적인 세계에서 발생하긴 하지만, 그럼에도 디지털이라는 사실을 깨닫기를 바란 것이다. 뉴런이 두 가지 가능한 상태("신경세포 안에 메시지가 있는 상태와 없는 상태"[26]) 사이를 오갈 때 이 전환의 화학적 성질은 중간 단계를 가질 수 있다. 하지만 이론적 목적을 위해서라면 무시할 수 있다는 말이었다. 폰 노이만은 두뇌 안에서 이뤄지는 "이러한 이산적 행위들은 (진공관으로 만들어진 컴퓨터와 마찬가지로) 실제로는 연속적 프로세스를 배경으로 모방된 것"이라고 말했다. 매컬럭은 「두뇌라 불리는 디지털 컴퓨터에 대하여Of Digital Computers Called Brains」라는 새 논문에서 이 내용을 깔끔하게 정리한 바 있었다. "이 세계에서는 명확한 연속체조차 일정한 수의 작은 단계들로 처리하는 것이 최선으로 보인다."[27] 신참이었던 클로드 섀넌은 청중석에서 다른 학자들의 말을 조용히 듣고만 있었다.

다음 발표자는 하버드에 새로 생긴 심리음향 연구소Psycho-Acoustic Laboratory의 음성 및 음향전문가 J. C. R. 릭라이더였다(사람들은 그냥 릭으로 불렀다). 심리학자이자 전기공학자로 두 개의 다른 세계에 발을 담근 또 다른 젊은 학자였던 릭은 그해 말 MIT로 적을 옮겨 전기공학부 내에 심리학 과정을 개설했다. 릭은 말을 정량화하는 연구를 하고 있었다.[28] 25달러짜리 진공관, 저항기, 콘덴서를 사다가 집에서 "플립플롭 회로"를 만든 릭은 말의 파장을 이 회로로 재생할 수 있는 최소량으로 줄이는 연구를 했다. 전화기의 탁탁거리고 쉭쉭거리는 소리에 익숙한 사람들조차 말을 최대한 압축해도 여전히 알아들을 수 있다는 사실은 놀라웠다. 섀넌이 귀 기울여 들은 것은 전화 엔지니어링과 관련된 내용을 알았기 때문만은 아니었다. 전쟁 기간 동안 음향 교란에 대한 비밀 연구에서 그 문제를 다뤘기 때문이었다. 보청기에 특별한 관심이 있던 위너도 마찬가지였다.

릭라이더가 일부 왜곡은 선형적이지도, 로그적이지도 않으며 "그 중간에 해당"한다고 설명하자 위너가 끼어들었다.

"'중간'이 무슨 뜻입니까? X 더하기 S 나누기 N인가요?"

릭라이더는 한숨을 쉬며 이렇게 말했다. "수학자들은 항상 부정확한 진술에 대해 저를 심문합니다."[29] 하지만 계산에는 문제가 없으며, 나중에 상업 라디오에서 쓰는 특정한 대역폭(5,000사이클)과 신호 대 잡음비(33데시벨)가 주어졌을 때 전송할 수 있는 정보량에 대한 추정치를 제시했다. "이 통신 채널로 10만 비트의 정보를 전송할 수 있을 것으로 보입니다." 여기서 말한 것은 초당 비트였다. 이는 엄청난 수치였다. 릭라이더는 비교 대상으로 일반적인 말의 전송률을 계산했다. 64(2^6, "쉽게 말해" 이 수의 로그는 6이다)개의 음소로 구성된 어휘 중에서 선택하여 초당 10개의 음소를 전한다고 할 때 전송률은 초당 60비트였다. "이 계산은 음소들이 모두 동일한 확률을 갖는다고 전제합니다."

"그렇소!" 위너가 끼어들었다.[30]

"그리고 물론 실제로는 그렇지 않습니다."

위너는 텔레비전에 대하여 "시각적 신호를 얼마나 압축할 수 있는지" 비슷한 계산을 시도한 사람이 있는지 물었다. 양해도intelligibility를 위해 얼마나 많은 "실질적인 정보"가 필요할까? 그럼에도 위너는 이렇게 덧붙였다. "저는 종종 사람들이 왜 텔레비전을 보려고 하는지 궁금합니다."

마거릿 미드는 다른 문제를 제기했다. 미드는 의미가 음소 그리고 사전적 정의와는 완전히 별개로 존재할 수 있음을 잊지 않기 바란다고 지적했다. "다른 종류의 정보에 대해 이야기해봅시다. 누군가 화가 났다는 사실을 알리려 하는데, 본디 똑같은 단어들을 전달하는 메시지에서 얼마나 왜곡을 해야 분노를 제거할 수 있을까요?"[31]

◎　　◉　　◎

샤넌이 발표에 나선 건 그날 저녁이었다. 샤넌은 의미에는 신경 쓰지 말 것을 주문하고는 발표주제가 영어 문어의 잉여성이지만 '의미'에 전혀 관심을 두지 않을 것이라고 밝혔다.

정보는 한 지점에서 다른 지점으로 전송되는 어떤 것이라고 이야기했다. "이를테면 무작위적 수열일 수도 있고, 유도 미사일이나 텔레비전 신호에 대한 정보일 수도 있습니다."[32] 중요한 점은 샤넌이 정보의 원천을 다양한 확률로 메시지를 생성하는 통계적 과정으로 나타낸다는 것이었다. 샤넌은 『통신의 수학적 이론』(읽은 참가자가 거의 없었다)에 나오는 샘플 텍스트를 보여주고, 피험자가 한 글자씩 텍스트를 추정하는 "예측실험"에 대해 설명했다. 샤넌은 영어가 잉여성과 연관된 양인 특정한 '엔트로피'를 가지며, 이 실험들을 통해 그 수치를 계산할 수 있다고 말했다. 이런 말은 청중들을 사로잡았다. 위너는 특히 자신의 "예측이론prediction theory"을 생각했다.

"제 방법론이 이것과 일부 유사점이 있습니다." 위너가 끼어들었다.

"갑자기 끼어든 것은 양해해주시오."

샤넌과 위너는 강조점이 달랐다. 위너에게 엔트로피는 무질서의 척도인 반면 샤넌에게는 불확실성의 척도였다. 이들이 깨달은 것처럼 기본적으로 무질서와 불확실성은 같은 것이었다. 영어 텍스트 샘플에 내재한 질서(언어 사용자들이 의식적 혹은 무의식적으로 알고 있는 통계적 패턴의 형태)가 많을수록 예측성이 높아진다. 섀넌의 말로 하면 각각의 다음 글자가 전달하는 정보는 더 적다. 피험자가 확실하게 예측할 수 있다면 그 글자는 잉여성이 높으며, 새로운 정보가 아니다. 말하자면 정보는 뜻밖의 것이다.

청중들 머릿속은 다른 언어, 다른 문체, 표의문자, 음소에 대한 질문들로 가득했다. 한 심리학자는 신문기사가 제임스 조이스의 작품과 통계적으로 다를지 물었다. 폰 노이만과 함께 연구한 통계학자인 레너드 새비지Leonard Savage는 실험에 사용한 책을 어떻게 골랐는지 물었다.

"무작위로 고른 것인가요?"

"그냥 책장으로 가서 한 권을 골랐습니다."

"그렇다면 무작위적이라고 볼 수 없지 않을까요? 공학에 대한 책일 위험이 있잖아요."[33] 새비지가 말했다. 섀넌은 사실 탐정소설이었다고 밝히지 않았다.

아기의 말이 어른의 말보다 예측 가능성이 높은지 혹은 낮은지 묻는 사람도 있었다. 섀넌의 대답은 이러했다.

"아기와 가깝다면 예측 가능성이 더 높다고 생각합니다."

사실 영어는 수없이 다양한 언어들이다. 어쩌면 사용자만큼이나 많을 것이며, 이들 언어 각각은 다양한 통계를 가진다. 또한 영어는 제한적이고 정확한 알파벳을 쓰는 기호논리학 언어, 그리고 한 질문자의 지적처럼 관제사와 조종사들이 쓰는 "항공기 언어Airplanese" 같은 인공적인 개별 언어를 만들어내기도 한다. 아울러 언어는 끊임없이 변화한다. 빈 출신의 젊은 물리학자이자 비트겐슈타인의 초기 제자 중 한 명인 하인츠 폰 푀르스터Heinz von Förster는 언어가 진화함에 따라, 특히 구술문화에서 기록문화로 바뀌는 과정에서 언어에 내재된 잉여성의 정도가 어떻게 변화하는지 궁금해했다.

마거릿 미드나 다른 학자들처럼 의미가 없는 정보라는 개념을 불편하게 느낀 폰 푀르스터는 나중에 이렇게 말했다. "그들이 정보이론이라고 부르는 것 전부를 '신호'이론으로 부르고 싶습니다. 정보는 아직 거기에 없기 때문입니다. '삑삑'거리는 신호음은 있으나 그게 전부이지 정보는 없습니다. 이 일련의 신호를 다른 신호로 바꾸는 순간 우리의 뇌는 이해를 하고, '그제야' 정보가 탄생합니다. 정보는 신호음 속에 있지 않습니다."[34] 하지만 그는 언어의 본질에 대해, 마음과 문화 속에서의 언어의 역사에 대해 새로운 방식으로 생각했다. 처음에는 누구도 글자나 음소를 언어의 기본 단위로 인식하지 않았다고 지적했다.

> 저는 옛 마야 텍스트나 이집트인들의 상형문자 혹은 수메르 제1기의 표들을 생각합니다. 글쓰기가 발전하는 동안 언어를 음절이나 글자처럼 단어보다 더 작은 단위로 나눌 수 있다는 사실을 깨닫기까지 상당한 시간(혹은 우연)이 필요했습니다. 저는 글과 말 사이에 피드백이 이뤄진다고 느낍니다.[35]

토론이 진행되면서 정보의 중심성에 대한 생각이 바뀌었다. 8차 회의 의사록에는 이런 짧은 메모를 덧붙여놓았다. "정보는 무질서에서 쥐어짜낸 질서라고 볼 수 있다."[36]

섀넌은 청중들이 의미가 제거된 순수한 정보의 정의에 초점을 맞추도록 최선을 다했지만, 그렇다고 청중들이 의미를 쉽게 저버릴 사람들은 아니었다. 청중들은 섀넌의 핵심적인 생각을 재빨리 파악하고는 먼 곳까지 생각의 나래를 폈다. 사회심리학자인 알렉스 바벨라스Alex Bavelas는 이렇게 말했다. "확률을 바꾸거나 불확실성을 줄이는 것이 정보라는 데 동의한다면 정서적인 안정의 변화도 아주 쉽게 이런 맥락에서 볼 수 있습니다." 몸짓이나 표정, 등 두드림이나 테이블 건너편에서의 윙크는 또 어떨까? 의미를 빼버리고 신호와 두뇌에 대해 다루는 방식을 심리학자들이 받아들이면서 심리학 학문 전반이 획기적인 전환의 기로에 서게 되었다.

신경과학자인 랠프 제라드는 한 이야기를 꺼냈다.

서로 잘 아는 사람들의 파티에 한 이방인이 참석했다. 한 사람이 "72"라고 말하자 모두가 웃었다. 다른 사람이 "29"라고 말하자 모두가 와자지껄 웃었다. 이방인은 무슨 일인지 물었다.

옆 사람이 말했다. "하도 같은 농담을 자주 하다 보니 이제는 그냥 숫자로 말하게 된 거예요." 이방인은 자신도 시도해보기로 마음먹고 몇 마디 이야기를 하다가 "63"이라고 말했다. 반응이 영 시원찮았다. "왜 그러죠? 63은 농담이 아닌가요?"

"아니요, 63은 우리가 좋아하는 농담 중 하나예요. 그런데 당신이 재미없게 말했어요."[37]

◎　◉　◎

이듬해 섀넌은 로봇을 가지고 돌아왔다. 로봇은 그리 영리하지도, 살아 있는 것처럼 보이지도 않았지만 인공두뇌학 연구자들에게 깊은 인상을 주었다. 미로를 탈출할 줄 알았던 것이다. 로봇은 섀넌의 생쥐로 불렸다.

섀넌은 상판 위에 가로세로로 각각 다섯 칸으로 구획된 미로를 내놓았다. 25개의 칸 주위와 사이에 칸막이를 놓아 다른 모양으로 미로를 만들 수 있었다. 또한 모든 칸에 핀을 꽂아 목표 지점으로 삼을 수 있었다. 미로를 돌아다니는 것은 하나는 동서로 또 하나는 남북으로 움직이는 한 쌍의 작은 모터로 구동되는 탐지기였다. 상판 밑에는 약 75개의 전자식 릴레이가 연결되어 점멸을 통해 로봇의 "기억"을 만들었다. 섀넌은 스위치를 올려 전원을 켰다.

"기계를 끄면 릴레이들은 알고 있는 모든 것을 잊습니다. 그러니까 지금은 미로에 대한 아무런 지식 없이 새롭게 시작하는 것입니다."[38] 섀넌이 말했다. 청중들은 완전히 빠져들었다. "보시다시피 이제 탐지기가 목표 지점을 찾아 미로를 탐색하고 있습니다. 탐지기가 어떤 칸의 중심에 이르면 기계는 다음에 어느 방향으로 갈지 새로운 결정을 내립니다." 탐지기가 칸막이에 부딪히면 모터가 역회전하고, 릴레이는 이 일을 기록했다. 섀넌이 설계한 전략에 따라 기계는 이전의 "지식"을 토대로 매번 "결정"을(이런 심리적 단어들을 쓸 수밖에 없었다) 내렸다. 탐지기는 막다른 칸으로 들어가고 칸막이에 부딪히는 등 시행착오를 겪으면서 미로를 돌아다녔다. 마침내 모든 사람들이 지켜보는 가운데 생쥐가 목표를 찾자 벨이 울리고 전구가 켜지더니 모터가 멈췄다.

이어 섀넌은 다시 시범을 보여주기 위해 생쥐를 출발점에 놓았다. 그러자 이번에는 잘못 돌거나 칸막이에 부딪히지 않고 바로 목표 지점을 향해 갔다. 지난 과정을 "학습"한 것이다. 아직 탐색하지 않은 다른 지점에 놓으면 기계는 결국 "정보의 완전한 패턴을 구축하고 어느 지점에서든 바로 목표 지점에 도달할 수 있을 때까지"[39] 시행착오를 되풀이했다.

목표를 탐색하고 도달하기 위해 기계는 방문한 각 칸에 대한 하나의 정보, 다시 말해 마지막에 칸을 떠났던 방향을 저장해야 했다. 거기에는 동, 서, 남, 북이라는 네 가지 가능성만 있었다. 따라서 섀넌이 신중하게 설명한 것처럼 각 칸에 대한 기억을 저장하기 위해 두 개의 릴레이가 할당됐다. 두 개의 릴레이는 끔-끔, 끔-켬, 켬-끔, 켬-켬이라는 네 개의 가능한 상태를 갖기 때문에 네 가지 대안을 두고 선택하는 데 충분한 2비트의 정보를 뜻했다.

다음으로 섀넌은 칸막이를 재배열하여 이전의 해법이 더 이상 통하지 않게 만들었다. 기계는 이번에도 새로운 해법을 찾을 때까지 "좌충우돌"했다. 하지만 때로 이전 기억과 새로운 미로가 특별히 까다롭게 조합되면, 기계가 같은 경로를 끝없이 돌기도 했다. 섀넌은 직접 시범을 보이면서 설명했다. "기계는 A에 도달하면 이전 해답이 B로 가는 것임을 기억합니다. 그래서 A, B, C, D, A, B, C, D를 계속 돌게 됩니다. 악순환 내지 도돌이 상태에 빠지는 거죠."[40]

"신경증이군요!" 랠프 제러드가 말했다.

섀넌은 기계가 같은 순서를 여섯 번 반복하면 거기서 벗어나도록 설정한 계수기인 "신경증 대응 회로antineurotic circuit"를 추가했다. 레너드 새비지는 이것을 일종의 편법이라고 생각했다. "기계가 '미쳤는지' 파악할 방법은 없는 것이고, 그냥 너무 오랫동안 반복하고 있다는 사실만 파악하는 것은 아닌가요?" 섀넌이 고개를 끄덕였다.

"정말 인간과 비슷하군요." 로런스 프랭크가 말했다.

"조지 오웰이 이걸 봤어야 했는데." 정신의학자 헨리 브로신Henry Brosin의 말이었다.

섀넌이 기계의 기억을 조직한 방식, 즉 한 방향을 각 칸에 결부시킨 방식에서 특이한 점은 경로를 되돌아갈 수 없다는 것이다. 기계는 목표지점에 도달해도 출발지점으로 돌아가는 법을 '알지' 못했다. 변변치는 않지만 이런 지식은 섀넌이 벡터장vector field이라고 부른 전체 25개의 방향성 벡터에서 나왔다. 섀넌의 설명을 들어보자. "메모리를 분석

샤넌과 그의 미로

해도 탐지기가 어디서 왔는지 알 수 없습니다."

매컬럭은 이렇게 말했다. "동네를 알아서 한곳에서 다른 곳으로 갈수는 있지만 그 경로를 항상 기억하지는 못하는 사람과 같군요."[41]

샤넌의 생쥐는 생명체를 흉내 내는 자동 장치라는 점에서 배비지의 은색 무용수나 멀린의 기계 박물관에 있는 금속 백조 및 물고기들과 비슷했다. 사람들은 자동 장치에 감탄을 보내고 흥미를 느꼈다. 진공관에 이어 트랜지스터로 만들어진 인조 생쥐, 딱정벌레, 거북처럼 완전히 새로운 세대들이 정보시대의 새벽에 등장했다. 몇 년만 지나도 조잡하고 시시한 것이긴 했다. 생쥐는 전체 메모리가 75비트에 불과했다. 그럼에도 샤넌은 그 기계가 시행착오를 통해 문제를 풀었고, 해답을 가지고 있다가 실수 없이 반복했고, 추가 경험으로 얻은 새로운 정보를 통합했으며, 환경이 바뀌면 해답을 "잊었다"라고 설득력 있게 주장할 수 있었다. 샤넌의 기계는 단지 생명체의 행동을 흉내 내는 것이 아니라 과거 두뇌가 했던 기능들을 수행했던 것이다.

헝가리의 전기공학자로 후에 홀로그래피를 발명한 공로로 노벨상을 탄 데니스 가보르Dennis Gabor는 이렇게 불평했다. "사실 생쥐가 아니라 미로가 기억하는 것입니다."[42] 어느 정도는 타당한 지적이었다. 결국 생쥐는 없었던 것이다. 전자식 릴레이는 어디에나 놓을 수 있고, 이 릴레이가 기억을 지닌다는 얘기였다. 사실상 릴레이가 미로의 지적 모델이자 미로의 '이론'이었다.

생물학자와 신경과학자들이 갑자기 수학자와 전기공학자들과 함께 공동 연구를 진행하는 나라가 전후 미국만 있었던 것은 아니다(물론 미국인들의 생각은 조금 다르긴 했지만). 『인공두뇌학』 머리글에서 자신이 여행한 다른 나라들 이야기에 상당량을 할애한 위너는 영국의 연구자들이 "박식하기는 하지만 주제를 통합하고 다양한 분야의 연구를 함께 수행하는 데는"[43] 별다른 진전이 없다고 폄하했다. 하지만 1949년 영국의 새로운 핵심 과학자들은 정보이론과 인공두뇌학에 대응해 뭉치기 시작했다. 대부분이 젊은 데다 암호해독, 레이더, 대공포제어를 새롭게 경험한 사람들이었다. 이들 모임의 목적 중 하나는 영국식 만찬클럽을 조직하는 것이었다.

뇌파전위 기록술의 선구자인 존 베이츠John Bates는 "회원제로 운영되며 만찬 후 대화를 나누는" 모임을 만들자고 제안했다. 그러려면 명칭, 규칙, 장소, 상징 등 논의할 게 많았다. 베이츠는 전기공학에 경도된 생물학자들과 생물학을 지향하는 전기공학자들을 원했으며, "위너의 책이 나오기 전에 그와 같은 생각을 가졌던 약 15명"[44]으로 모임을 만들자고 제안했다. 블룸스버리Bloomsbury에 있는 국립신경질환병원 지하실에서 처음 만난 이들은 모임을 레이쇼 클럽Ratio Club으로 부르기로 정했다. 이름의 뜻은 갖다 붙이기 나름이었다. (이 클럽의 역사를 기록하면서 생존한 회원들을 다수 인터뷰한 필립 허즈번즈Philip Husbands와 오웬 홀랜드Owen Holland는 절반은 '레이쇼'로 나머지 절반은 '라티오'로 발음했다고 썼다.[45]) 첫 모임에는 워렌 매컬럭을 초청했다.

이들은 그저 두뇌를 이해하는 방법뿐만 아니라 두뇌를 "설계"하는 방법에 대해서도 논의했다. 정신의학자인 로스 애시비Ross Ashby는 자신이 연구하고 있는 주제를 말했다. "두뇌는 민감한 시냅스가 무작위로 연결되어 구성되는데, 경험을 통해 필요한 수준의 질서가 구축되는 것으로 추정됩니다."[46] 자기 조직적인 역학계로서의 정신을 연구한다는 말이었다. 다른 회원들은 패턴 인식, 신경계의 잡음, 로봇 체스, 기계적 자각의 가능성에 대해 논의하고자 했다. 매컬럭은 이렇게 말했다. "두뇌를, 신호에 의해 촉발되며 다른 신호를 내보내는 전신 릴레이라고 생각해보십시오."[47] 릴레이는 모스의 시대 이후 엄청난 진전을 이룩한 터였다. 매컬럭이 말을 이었다. "두뇌에서 일어나는 분자 수준의 사건에서 이 신호들은 원자입니다. 각 신호는 가거나 가지 않습니다." 근본 단위는 하나의 선택이며, 선택은 양자택일이라는 얘기였다. "이는 참이나 거짓일 수 있는 최소 사건입니다."

또한 이들은 앨런 튜링을 끌어들이는 데 성공한다. 튜링은 선언문에서 "'기계가 생각할 수 있는가?'라는 문제를 검토할 것을 제안한다"[48]라는 도발적인 모두진술을 한 바 있었다. 하지만 '기계'와 '생각하다'라는 개념을 정의하려는 시도조차 하지 않고 두루뭉술하게 넘어간다. 튜링은 이 질문을 "튜링실험"으로 알려진 모방게임imitation game 실험으로 대체한다는 생각이었다. 처음에 모방게임은 남자와 여자 그리고 심문자 이 세 사람이 등장하는 방식이었다. 심문자는 따로 떨어진 방에 앉아 질문을 던졌다(튜링은 "두 개의 방 사이에서 전신 타자기로 의사소통하는" 방식이라고 생각하면 된다고 말했다). 심문자의 목표는 남자와 여자를 가리는 것이다. 둘 중 하나(남자라고 하자)는 심문자를 속여야 하는 반면, 다른 한 명은 진실이 드러나도록 해야 한다. 튜링의 말을 들어보자. "여자에게 최선의 전략은 솔직한 답변을 하는 것입니다. 이런 말들을 할 수 있을 겁니다. '내가 여자입니다. 저 사람의 말을 듣지 마세요!' 그러나 남자도 같은 말을 할 수 있기 때문에 아무 소용이 없을 겁니다."

하지만 이 질문이 남자와 여자가 아니라 인간과 기계를 구별하는 것이라면 어떻게 될까?

사람들은 인간의 본질이 '지적 능력'에 있다고 생각한다. 따라서 이 게임은 보이지 않는 두 방을 두고 육체에서 분리된 메시지들을 전달하는 것이다. 튜링은 딱딱한 말투로 이렇게 말했다. "미인대회에 나가지 못한다고 해서 기계가 불이익을 받아서는 안 됩니다. 마찬가지로 비행기와의 경주에서 진다고 해서 인간이 불이익을 받아서도 안 됩니다." 그것뿐만 아니라 계산이 느리다고 해서 불이익을 받아서는 안 된다. 튜링은 몇 가지 가상 질문과 답변을 제시했다.

질문: 포스 교Forth Bridge를 주제로 시를 지어보세요.
답변: 여기서 저는 빼주세요. 저는 시를 쓸 수 없습니다.

논의를 진전시키기 전에 자신이 염두에 두고 있는 기계가 어떤 기계인지를 설명할 필요가 있었다. 튜링이 말을 이었다. "요새 '생각하는 기계'에 관심이 높아졌는데, 이런 관심은 흔히 '전자 컴퓨터' 혹은 '디지털 컴퓨터'로 불리는 특정한 종류의 기계에 의해 촉발되었습니다."⁴⁹ 이 기계들은 인간보다 더 빠르고 안정적으로 작업을 수행했다. 섀넌이 그냥 넘어간 문제였기 때문에 튜링은 디지털 컴퓨터의 속성과 특성을 짚고 넘어갔다. 폰 노이만 역시 에니악의 후속 기기를 만들면서 이에 대해 짚은 바 있었다. 디지털 컴퓨터는 인간의 기억 혹은 종이에 해당하는 "정보 저장소", 개별 동작들을 수행하는 "실행부", 지시문의 목록을 관리하고 올바른 순서로 실행하는 "제어부", 이 세 가지 요소로 구성됐다. 지시문은 숫자로 인코딩됐다. 튜링은 때로 이 지시문은 "프로그램"으로, 지시문의 목록을 작성하는 일은 "프로그래밍"으로 불린다고 설명했다.

튜링은 이런 생각이 역사가 오랜 것이라고 말하면서 1828~1839년까지 케임브리지의 루카스 석좌교수였던 찰스 배비지를 끌어들인다. 한때는 아주 유명했으나 지금은 거의 잊힌 사람이었다. 튜링은 배비지에 대해 이렇게 말했다. "본질적인 아이디어를 모두 갖고 있었던 배비지는 해석기관이라는 기계를 구상했으나 완성하지 못했습니다." 톱니바퀴와 카드를 사용한 해석기관은 전기와 아무 관련이 없었다. 배비지의 기관이 존재했다는 사실(아니, 완성하지는 못했지만 적어도 만들려고 했다는 사실)은 튜링이 1950년대의 시대정신 안에서 형성되고 있다고 생각한 미신을 깨는 데 일조했다. 당시 사람들은 디지털 컴퓨터의 마법이 본질적으로 전기적이라고 생각했던 것이다. 더불어 신경계 또한 전기적이라 여겼다. 하지만 튜링은 연산을 보편적인 방식으로, 다시 말해 추상적인 방식으로 이해하려 애썼다. 연산은 전기와 전혀 관련이 없음을 알았던 것이다.

배비지의 기계는 전기와 관련이 없고, 모든 디지털 컴퓨터 역시 어떤 의미에서 동일하기 때문에 전기의 사용이 이론적으로 중요한 것은 아니라고 봅니다. … 따라서 전기를 쓴다는 특징은 피상적인 유사성에 불과합니다.[50]

튜링의 유명한 컴퓨터는 논리, 말하자면 가상의 테이프와 임의적 기호로 만들어진 기계였다. 끝이 없는 시간 동안 무한한 메모리를 가지고 작업하는 이 기계는 단계와 공정으로 표현할 수 있는 모든 일을 할 수 있다. 심지어 『수학 원리』 체계 안에서 증명의 유효성까지 판단할 수 있었다. "공식을 증명할 수도 반증할 수도 없는 경우에는 아주 만족할 만한 수준까지 작동하지 않을 것이 분명합니다. 결과를 전혀 내지 않은 채 무한히 돌아갈 것이기 때문입니다. 하지만 이 점에서라면 수학자들도 별반 다를 바 없습니다."[51] 이런 이유로 튜링은 이 기계가 모방게임을 할 수 있다고 보았다.

물론 튜링은 이것을 증명한 것처럼 할 수는 없었다. 그래서인지 주로 자신이 어리석은 논쟁이라고 생각했던 논쟁의 조건을 변화시키는 데 초점을 맞췄다. 튜링은 향후 50년 동안 일어날 변화에 대해 몇 가지 예언을 내놓는다. 이를테면 컴퓨터 저장용량은 10^9비트에 이를 것이다(튜링이 상상한 것은 소수의 거대한 컴퓨터였다. 훨씬 큰 저장용량을 가진 소형 컴퓨터들이 어디에나 존재하는 미래는 예상하지 못했다). 또 다른 예언은 최소한 몇 분 동안 심문자를 속일 수 있을 만큼 모방게임을 잘하도록 컴퓨터를 프로그래밍 할 수 있다는 것이었다(어느 정도는 사실이다).

'기계가 생각할 수 있는가?'라는 애초의 질문은 논의할 가치가 없을 정도로 너무 무의미하다고 생각합니다. 그럼에도 20세기 말이 되면 관련 용어들이 쓰이고 교양 있는 의견들이 나오면서 상황이 상

당히 변화하게 되어 누구라도 쉽게 생각하는 기계에 대해 말할 수 있을 것이라고 믿습니다.[52]

물론 튜링은 자신의 예언이 얼마나 적절했는지를 보지 못하고 생을 마감했다. 1952년 동성애 혐의로 체포된 튜링은 재판에서 유죄선고를 받아 기밀 열람권을 박탈당하고, 영국 당국에 의해 에스트로겐 주사를 맞는 수치스러운 거세 조치를 당해야 했다. 결국 1954년 스스로 목숨을 끊었다.

몇 년이 흐르고 나서야 튜링이 블레츨리 파크에서 에니그마 프로젝트를 수행하면서 나라를 위해 중요한 비밀 연구를 했다는 사실을 사람들이 알게 된다. 튜링의 생각하는 기계 개념은 대서양을 사이에 두고 양쪽에서 이목을 끌었다. 이 개념을 터무니없다고 심지어 위협적이라고 생각한 사람들 몇몇이 섀넌에게 의견을 구했다. 섀넌은 튜링을 옹호했다. 섀넌은 한 엔지니어에게 이렇게 말했다. "기계가 생각한다는 발상은 결코 우리 모두가 꺼림칙해할 것이 아닙니다. 사실 저는 인간의 두뇌 자체가 무생물로 그 기능을 재현할 수 있는 일종의 기계라는 역발상이 상당히 매력적이라고 생각합니다."[53] 어쨌든 "'생명력'이나 '영혼'처럼 만질 수 없고 도달할 수 없는 대상을 가정하는 것보다는" 더 유용하다는 얘기였다.

컴퓨터공학자들은 컴퓨터가 어떤 일들을 할 수 있는지 알고자 했다. 심리학자들의 관심은 과연 두뇌가 컴퓨터인지 아닌지였다. 혹은 어쩌면 두뇌가 '단지' 컴퓨터에 불과한지 알고 싶어 했다. 20세기 중반 컴퓨터공학자들은 새로웠다. 하지만 이 점에서는 심리학자들도 못지않았다.

당시 심리학은 정체되어 있었다. 모든 학문을 통틀어 심리학은 항상 정확하게 무엇을 연구하는지 이야기하기가 가장 어려운 학문이었다. 원래 심리학이 다루는 대상은 육체(생체학)와 피(혈액학)에 대비되는 마음이었다. 17세기에 제임스 드 백James de Back은 이렇게 썼다. "'심리학'은 인간의 마음과 그 작용을 탐구하는 학문이다. 마음이 없다면 인간은 존재할 수 없다."[54] 하지만 이런 정의에서조차도 마음이라는 것은 말로 표현하기 힘들었으며, 알 수 있는 대상이 아니었다. 문제를 더욱 복잡하게 만든 것은 다른 모든 학문과 달리 심리학에서는 관찰자와 관찰 대상이 얽힌다는 점이었다. 1854년 데이비드 브루스터David Brewster는 이렇게 탄식했다. (당시는 심리학을 "심리 철학Mental Philosophy"으로 더 많이 불렀다.) "마음의 학문만큼 진전을 이루지 못한 지식의 분야는 없다. 그것을 학문이라고 부를 수 있다면 말이다."[55]

> 어떤 연구자는 물질적인 것으로 보고, 다른 연구자는 영적인 것으로 보며, 또 다른 연구자는 두 가지가 신비롭게 합쳐진 것으로 보는 인간의 마음은 감각과 이성의 지각을 벗어나 있다. 마음은 지나가는 모든 사색가들이 정신적 잡초를 심어놓는 북향의 쓰레기장에 놓여 있다.

지나가는 사색가들은 여전히 내면을 바라보았는데, 이처럼 마음의 내면을 보는 것의 한계는 분명했다. 마음을 연구하는 학자들은 마음 연구에 엄밀함과 검증 가능성을, 그리고 어쩌면 수학적으로 만들기 위해 20세기 초 완전히 방향을 바꾸었다. 프로이트의 길은 그중 하나에 불과했다. 미국에서는 윌리엄 제임스William James가(최초의 심리학 교수이자 최초의 개론서 저자였다) 거의 혼자서 심리학 분야를 구축한 다음 두 손을 들어버렸다. 윌리엄 제임스는 자신이 쓴 『심리학 원론Principles of Psychology』에 대해 이렇게 평했다. "이 책은 잔뜩 부풀어 오른 비대하고 혐오스러운 수종성 덩어리로서 오직 두 가지 사실만을 입증한다. 첫째, 심리에 대한 '학문' 같은 것은 존재하지 않는다. 둘째, 윌리엄 제임스는 무능하다."[56]

러시아에서는 소화 연구로 노벨상을 수상한 생리학자 이반 페트로비치 파블로프Ivan Petrovich Pavlov와 함께 새로운 성격의 심리학이 시작되었다. 파블로프는 '심리학'이라는 단어 자체를, 그리고 연관된 모든 용어를 경멸했다. 윌리엄 제임스는 그나마 좋게 표현해서 심리학을 내면의 삶을 탐구하는 학문이라고 여겼지만, 파블로프는 그렇지 않았다. 마음은 없고 오직 행동만이 있을 뿐이었다. 마음 상태·생각·감정·목표·목적 같은 것들은 모두 만질 수 없으며, 주관적이고, 도달할 수 없는 것이다. 또한 종교와 미신의 흔적도 남아 있었다. 제임스가 중심 주제로 삼은 "생각의 흐름", "자신에 대한 의식", 시간과 공간에 대한 인식, 상상, 추론, 의지는 파블로프의 연구 대상이 아니었다. 과학자가 관찰할 수 있는 것은 행동이 전부이며, 행동은 최소한 기록하고 측정할 수 있었다.

행동주의자들, 특히 미국의 존 왓슨John B. Watson, 그리고 가장 유명한 B. F. 스키너는 음식, 종, 전기 충격, 타액 분비, 레버 누르기, 미로 달리기 같은 자극과 반응을 기반으로 하나의 학문을 만들었다. 왓슨은 심리학의 전반적인 목적은 특정한 자극에 어떤 반응이 뒤따르는지, 그리고 어떤 자극이 특정한 행동을 이끌어내는지 예측하는 것이라고 말했다. 자극과 반응 사이에는, 감각기관, 신경 경로, 운동 기능으로 구성되었다고 알려졌으나 근본적으로는 접근이 불가능한 블랙박스가 놓여 있었다. 사실상 행동주의자들은 마음은 말로 표현할 수 없는 것이라고 다시 한 번 말한 셈이었다. 이들의 연구 프로그램은 반사 행동의 조건 형성과 행동의 제어에서 성과를 내면서 반세기 동안 활발하게 진행됐다.

나중에 심리학자인 조지 밀러George Miller가 썼듯 행동주의자들은 이렇게 말했다. "당신은 기억을 말합니다. 당신은 기대에 대해 말합니다. 당신은 당신의 감정을 말합니다. 당신은 이 모든 심리적인 것들을 말합니다. 터무니없는 헛소리입니다. 그게 아니라면 내게 하나를 보여주든가 하나를 가리켜보세요."[57] 행동주의자들은 비둘기에게 탁구 치는 법을, 생쥐에게 미로를 달리는 법을 가르칠 수 있었다. 그러나 20세기 중반이 되자 불만이 나오기 시작했다. 행동주의자들의 순수성은 도그마가 되었다. 심리 상태를 거들떠보지 않았던 이들의 태도는 스스로를 우리에 가두었다. 심리학자들은 여전히 마음이 무엇인지 알고 싶었다.

행동주의자들에게 길을 터준 것은 정보이론이었다. 과학자들은 정보처리를 분석했고, 정보를 처리할 수 있는 기계들을 제작했다. 이 기계들은 메모리를 가지고 있었다. 학습과 목표 추구도 모의 실험했다. 미로에 생쥐를 넣어 달리게 했던 행동주의자들은 자극과 반응의 연관성에 대해 이야기했지만, 생쥐의 '마음'에 대해서는 어떻게든 사유하길 거부했다. 이제는 공학자들이 전자식 릴레이 몇 개를 가지고 생쥐의 사고 모형을 구축하고 있었다. 그저 블랙박스를 연 것이 아니라 나름의 블랙박스를 만들고 있었던 것이다. 신호들이 전송되고, 인코딩되고, 저장되고, 검색되었다. 외부 세계에 반응하는 내면의 모델이 만들어지고 업데이트되었던 것이다. 심리학자들은 이 점에 주목했다. 정보이론과 인공두뇌학에서 심리학자들은 유용한 메타포, 심지어 생산적인 개념적 틀을 받아들였다. 섀넌의 생쥐는 두뇌를 아주 대략적으로 본뜬 모델일 뿐만 아니라 행동이론으로도 볼 수 있었다. 갑자기 심리학자들이 계획, 알고리즘, 통사규칙을 거리낌 없이 이야기했다. 심리학자들은 생명체가 외부세계에 반응하는 양상뿐만 아니라 생명체가 외부세계를 자신에게 나타내는 양상까지 연구했다.

섀넌이 공식화한 정보이론은 섀넌이 전혀 생각지도 않았던 방향에서 보는 연구자들을 끌어들인 것처럼 보였다. 섀넌은 이렇게 선언한 바 있었다. "통신의 근본 문제는 한 지점에서 선택된 메시지를 다른 지점에 정확하게 혹은 비슷하게 재현하는 데 있다." 심리학자들은 당연히 메시지의 원천이 외부세계에 있고 수신자가 마음속에 있는 경우를 생각했다.

귀와 눈을 메시지 채널로 이해할 수 있다면 마이크와 카메라처럼 실험하고 측정하지 못할 이유가 없었다. 헌터대학의 화학자 호머 제이콥슨Homer Jacobson은 이렇게 썼다. "정보의 속성과 측정에 대한 새로운 개념으로 인해 귀의 정보 능력을 정량적으로 나타낼 수 있게 되었다."[58] 귀에 이어 눈에 대해서도 정량화 연구를 진행한 제이콥슨은 초당 비트 기준으로 400배 더 높은 추정치를 내놓았다. 이보다 훨씬 미묘한 수많은 실험들이 갑자기 쏟아졌다. 개중에는 잡음과 잉여성에 대해 연구했던 섀넌이 직접 제안한 것도 있었다. 이를테면 1951년 한 연구 집단은 단어가 소수의 대안 중 하나임을 아는 경우와 다수의 대안 중 하나임을 아는 경우 피험자가 그 단어를 얼마나 정확하게 들을 수 있는지를 파악하는 실험을 했다.[59] 뻔한 실험처럼 보였지만 한 번도 진행된 적은 없었다. 두 가지 대화를 한꺼번에 이해하려 할 때 어떤 결과가 나오는지도 실험했다. 연구자들은 숫자나 글자 혹은 단어 같은 항목들의 총체가 얼마나 많은 정보를 담고, 얼마나 많이 이해되며 기억되는지 연구하기 시작했다. 말, 경적, 단추 누르기, 발 두드리기로 구성된 표준적인 실험은 자극과 반응이 아니라 정보의 전달과 수용 측면에서 진행되었다.

연구자들이 잠시 이런 변화에 대해 공공연하게 논의하기도 했지만, 나중에는 이런 논의도 사라졌다. 주의집중과 단기기억을 연구하는 영국의 실험심리학자 도널드 브로드벤트Donald Broadbent는 1958년 있었던 한 실험에 대해 이렇게 썼다. "자극과 반응 면에서 결과를 기술하는 것과 정보이론 측면에서 결과를 기술하는 것 사이의 차이가 가장 두드러졌다. … 물론 자극과 반응을 기준으로 적절하게 결과를 기술할 수 있다. … 그러나 이것은 정보이론에 따라 기술하는 것에 비하면 엉성해 보인다."[60] 브로드벤트가 케임브리지대학에 응용심리학 과정을 개설하자, 사람들이 어떻게 정보를 다루는지를 전반적으로 분석하는 연구가 여기저기서 쏟아졌다. 이를테면 잡음이 미치는 영향, 선택적 주의집중과 인식의 여과, 단기기억과 장기기억, 패턴 인식, 문제 해결 같은 연구가 진행되었다. 또한 논리가 심리학에 속하는지 아니면 컴퓨터공학에 속하는지에 대한 연구도 이뤄졌다. 철학에 속하는 것만은 아닌 것이 확실했다.

영국에 브로드벤트가 있다면, 미국에는 조지 밀러George Miller가 있었다. 1960년 하버드대학에 인지연구센터를 세우는 데 일조한 밀러는 이미 1956년 「마법의 수 7, ±2: 정보처리 용량의 어떤 한계The Magical Number Seven, Plus or Minus Two: Some Limits on Our Capacity for Processing Information」[61]라는 다소 이상한 제목의 논문을 발표해 유명세를 타고 있었다. 숫자 7은 이를테면 실험심리학자가 제시한 일곱 개의 수(당시 일반적인 미국 전화번호의 자릿수)나 일곱 개의 단어 혹은 일곱 가지의 물건처럼 대부분의 사람들이 한 번에 작업 기억working memory에 담을 수 있는 항목의 수로 여겨졌다. 밀러에 따르면 이 숫자는 다른 종류의 실험에서도 계속 등장했다. 실험 주제는 피험자들에게 소금의 함량을 다르게 조절한 물을 마시게 하고 짠 정도를 몇 개의 수준까지 구별하는지를 보는 것이었다. 또한 피험자들에게 다양한 높이와 크기의 음을 구별하게 하거나, 스크린에 잠깐 비치는 무작위적인 점의 패턴을 보여주고 몇 개인지 물었다(일곱 개 이하는 거의 대부분 알았지만, 일곱 개를 넘으면 거의 대부분 추측했다). 어떻게든 7이라는 숫자는 한계치로 계속해서 되풀이되어 나타났다. 밀러는 이렇게 썼다. "이 숫자는 갖가지 다른 모습으로 나타나는 척한다. 평상시보다 때로는 조금 더 크게, 때로는 조금 더 작게 나타나지만, 절대 알아볼 수 없을 만큼 변하지는 않는다."

물론 이는 상당히 거칠게 단순화시킨 것이었다. 밀러가 지적했듯 사람들은 수천 개의 얼굴이나 단어를 분간할 수 있었고, 긴 기호열을 기억할 수 있었다. 어떻게 단순화된 것인지를 파악하기 위해 밀러는 정보이론, 특히 정보를 가능한 대안 사이의 선택으로 보는 섀넌의 해석에 기댔다. 밀러는 단언했다. "관찰자는 하나의 통신 채널로 여겨진다." 학계를 지배하고 있던 행동주의자들로서는 놀라 자빠질 만한 말이었다. 짠맛의 정도나 소리의 크기 혹은 점의 수에 대한 정보는 전달되고 저장된다. 비트에 대한 밀러의 이야기를 들어보자.

1비트는 두 개의 동일한 확률을 가진 대안 사이의 선택에 필요한 정보의 양이다. 가령 어떤 사람의 키가 1미터 70센티미터 이상인지 이하인지 판단해야 하고, 확률이 반반이라면 1비트의 정보가 필요하다. … 정보 2비트가 있으면 네 개의 동일한 확률을 가진 대안을 두고 선택할 수 있다. 3비트는 여덟 개의 동일한 확률을 가진 대안에서 선택할 수 있다. 다시 말해서 32개의 동일한 확률을 가진 대안이 있다면 어느 대안이 옳은지 알기까지 다섯 번 연속으로 한 번에 1비트에 해당하는 양자택일을 해야 한다. 따라서 일반적인 원칙은 단순하다. 대안의 수가 2배로 늘어날 때마다 1비트의 정보가 추가된다.

마법의 수 7은 3비트에 조금 못 미쳤다. 1차원적으로 차이를 식별하거나 채널 용량을 측정하는 실험은 단순했다. 하지만 크기와 밝기 그리고 색조 같은 복수의 차원에서 변수를 조합하면 좀 더 측정이 복잡하다. 사람들은 정보를 점점 더 큰 단위로 묶는 행위, 이를테면 전신의 점과 선을 글자로, 글자를 단어로, 단어를 문구로 구성하는 행위를 하는데, 이를 정보이론가들은 재코드화recoding라고 한다. 이제 밀러의 주장은 일종의 선언문적 성격을 띠게 된다. 밀러의 말을 들어보자. "나는 사고 과정의 생명줄은 바로 이 재코드화라고 본다."

정보이론의 개념과 척도는 이런 의문들을 정량적으로 이해하는 방법을 제공했다. 자극 물질에 눈금을 새기고 실험대상의 성과를 측정하는 기준을 정보이론이 마련해준 것이다. … 정보이론의 개념은 이미 차이를 식별하는 능력과 언어에 대한 연구에서 가치를 증명했고, 학습과 기억에 대한 연구에 큰 도움을 줄 것으로 전망되며, 심지어 개념 형성에 대한 연구에도 유용할 것으로 평가됐다. 20~30년 전에는 쓸데없어 보이던 많은 의문들을 다시 살펴볼 가치가 있다.

이는 심리학에서 인지혁명Cognitive Revolution이라 부르는 운동의 출발점으로서 심리학, 컴퓨터공학, 철학을 통합하는 인지과학이라는 학문의 토대를 놓았다. 몇몇 철학자들은 당시 정보로의 전환이 일어났다고 말했다. 프레더릭 애덤스Frederick Adams의 말을 들어보자. "정보로의 전환을 받아들이는 사람은 정보가 마음을 구축하는 기본 요소라고 생각한다."[62] "정보는 분명 정신적인 것의 기원에 이바지했다"[63]라고 밀러가 곧잘 말했듯이 정신은 기계의 등에 업혀서 등장했다.

◎　　◎　　◎

　　섀넌은 대중에게 거의 알려지지 않은 인물이었지만(대중적 유명세를 얻은 적이 결코 없었다) 자신이 속한 학계에서만큼은 우상과 같은 존재였고, 때로 대학과 박물관에서 '정보'에 대한 대중 강연을 했다. 섀넌은 농담하듯 '마태복음' 5장 37절을 인용해 기본적인 개념을 설명했다. "너희는 말할 때에 '예' 할 것은 '예' 하고 '아니요' 할 것은 '아니요'라고 하여라. 그 이상의 것은 악에서 나오는 것이다." 이 말은 비트와 잉여적 인코딩 개념의 본보기로, 또 컴퓨터와 자동 장치의 미래를 예측하면서 인용한 것이다. 펜실베이니아대학교 강연에서 섀넌은 이렇게 말했다. "결론적으로 말해 저는 이번 세기에 정보를 수집하고, 정보를 한 지점에서 다른 지점으로 전달하며, 무엇보다도 정보를 처리하는 비즈니스가 발전하고 크게 융성할 것이라고 생각합니다."[64]

　　일부 수학자와 공학자들은 심리학자, 인류학자, 언어학자, 경제학자를 비롯한 사회과학자들이 너도나도 정보이론의 유행에 편승하는 것을 고깝게 보았다. 섀넌 자신도 이를 유행이라고 불렀다. 1956년 섀넌은 네 단락짜리 경고의 글을 썼다. "새로운 과학적 분석 방법이 나오고 인기를 끌면서 이에 매료된 수많은 다른 분야의 동료 과학자들이 정보이론의 개념들을 자신의 분야에 적용하고 있다. … 정보이론 분야에서 연구하는 우리로서는 이런 인기의 물결이 분명 기쁘고 흥분되는 것이기는 하지만, 그와 함께 위험 요소도 따라온다."[65] 섀넌은 정보이론의 핵심은 수학에서 나온 것이라는 점을 상기시켰다. 개인적으로 정보이론의 개념이 다른 분야에서도 유용하다고 생각하지만, 모든 곳에 쉽게 적용할 수 있는 것은 아니라는 말이었다. "정보이론을 적용하는 것은 단어들을 새로운 영역으로 옮기는 사소한 문제가 아니라 가설과 실험을 통한 검증을 거치는 느리고 지루한 과정이다." 그뿐만 아니라 섀넌은 "우리(정보이론) 분야"에서도 이런 힘든 과정이 시작조차 되지 않았다고 생각했다. 딴 데 신경 쓰지 말고 연구나 더 하라는 얘기였다.

인공두뇌학은 시들해지기 시작했다. 메이시의 인공두뇌학자들은 1953년 프린스턴의 낫소 인Nassau Inn에서 마지막 학회를 열었다. 위너는 모임의 몇몇 학자들과는 거의 말을 섞지 않을 정도로 사이가 틀어졌다. 학회 마무리 책임자였던 매컬럭의 말에는 아쉬움이 묻어났다. "우리는 한 번도 만장일치로 합의한 적이 없습니다. 설령 그랬다 해도 신이 거기에 동의할 이유는 없다고 봅니다."[66]

1950년대 내내 섀넌은 자신이 세운 분야의 지적 리더로 자리 잡았다. 섀넌의 연구는 발전 가능성이 충만한 밀도 높은 수학 정리로 가득한 논문들을 생산하면서 폭넓은 분야에서 연구의 토대를 놓았다. 마셜 매클루언이 나중에 '미디어'라고 부른 것은 섀넌에게는 채널이었다. 아울러 채널은 엄밀한 수학적 논의 대상이었다. 방송 채널과 도청 채널, 잡음이 많거나 없는 채널, 가우스 채널Gaussian channel, 입력과 비용의 제약이 있는 채널, 피드백과 메모리를 지닌 채널, 다중 사용자 채널과 다중 접근 채널 등에 곧바로 적용할 수 있을 뿐 아니라 성과도 풍성했다. (미디어는 메시지라는 매클루언의 말은 장난기가 다분했다. 미디어는 메시지에 반대되는 것인 동시에 메시지와 얽혀 있는 것이다.)

클로드 섀넌(1963)

섀넌의 핵심적 성과 중 하나인 잡음 부호화 정리noisy coding theorem는 오류정정을 통해 잡음과 데이터 손상에 효과적으로 대응할 수 있다는 사실을 보여줌으로써 갈수록 중요해졌다. 처음에 이 정리는 그저 흥미를 끄는 이론의 말단에 불과했다. 오류정정에 아직까지는 비용이 많이 드는 계산이 필요했던 것이다. 하지만 섀넌의 전망대로 1950년대 들어 오류정정 수단에 대한 연구가 만족할 만한 수준에 이르면서 잡음 부호화 이론이 필요해졌다. 한 가지 적용 분야는 로켓과 인공위성을 이용한 우주 탐사였다. 우주 탐사를 위해서는 한정된 에너지로 아주 먼 거리까지 메시지를 보내야 했다. 부호화 이론은 나란히 발전하는 오류정정 기술, 데이터 압축 기술과 함께 컴퓨터공학의 핵심적인 부분이었다. 부호화 이론이 없었다면 모뎀, CD, 디지털 텔레비전이 존재할 수 없었다. 또한 부호화 정리는 확률과정에 관심 있는 수학자들이 엔트로피를 측정하는 수단이기도 했다.

한편 섀넌은 향후 컴퓨터 설계의 단초를 마련한 이론적 진전도 이뤄냈다. 하나는 통신 채널이나 철로, 전력망 혹은 상수도처럼 분기점이 많은 네트워크에서 흐름을 극대화하는 방법이었다. 또 하나는 「부실한 릴레이를 이용하는 안정적 회로」라는 딱 맞는 제목이 붙은 논문에 있었다(하지만 이 제목은 출간 시 "덜 안정적인 릴레이를~"로 바뀌었다[67]). 섀넌은 스위칭 함수switching function, 비율왜곡 이론rate-distortion theory, 미분 엔트로피differential entropy도 연구했다. 대중들이 이런 모든 것들을 알 리 만무했지만, 컴퓨터의 등장이 몰고 온 파장은 널리 감지되었으며, 섀넌도 그중 일부였다.

섀넌은 이미 1948년에 "물론, 그 자체로는 전혀 중요하지 않다"[68]라고 말했던 문제를 다룬 첫 번째 논문을 썼다. 바로 체스 두는 기계를 프로그래밍 하는 방법이었다. 사람들은 18세기와 19세기부터 체스 두는 기계를 만들었고, 다양한 체스 기계가 유럽을 순회했는데 종종 기계 안에 작은 사람이 들어 있는 것이 들통 나기도 했다. 1910년 스페인의 수학자이자 기계 제작자인 레오나르도 토레스 이 케베도Leonardo Torres y Quevedo는 완전히 기계적인 진짜 체스 기계를 만들었다. "체스 기사El Ajedrecista"라 불렸던 이 체스 기계는 킹에 대항해 킹과 루크로 간단한 막판 플레이를 할 수 있었다.

섀넌은 수치 계산을 하는 컴퓨터가 완벽히 체스를 둘 수 있음을 보여주었다. 설명에 따르면 "수천 개의 진공관과 릴레이 그리고 기타 부품들"로 만들어진 이 기계는 "메모리"에 숫자를 저장하고 이 숫자를 영리하게 바꿔내 체스판의 칸과 말을 대신했다. 섀넌이 제시한 원칙들은 이후 모든 체스 프로그램에서 활용됐다. 컴퓨터시대가 막 시작된 이 시기에 많은 사람들은 바로 체스를 '풀' 수 있다고, 다시 말해서 모든 경로와 조합을 완전히 알 수 있다고 가정했다. 빠른 전자 컴퓨터가 믿을 만한 장기 기상예보를 내놓을 것이라고 생각한 것처럼 완벽한 체스를 둘 것이라고 생각했다. 하지만 섀넌이 대충 계산해 내놓은 가능한 체스 게임의 수는 무려 10^{120}가지 이상이었다. 이에 비하면 우주의 나이는 나노 초 정도밖에 안 되었다. 단순하게 계산만 해서는 컴퓨터가 체스를 둘 수 없다는 말이었다. 섀넌이 이야기했듯 체스를 두려면 인간적인 방식으로 생각해야 했다.

섀넌은 뉴욕 이스트 23번가 아파트에 사는 미국 챔피언, 에드워드 래스커Edward Lasker를 찾아갔고, 래스커는 개선점을 제안했다.[69] 섀넌은 1950년 《사이언티픽 아메리칸》에 실은 논문 축약본을 통해 모두에게 이런 질문을 던졌다. "이런 종류의 체스 기계는 '생각하는' 것인가?"

> 행동주의적 관점에서 보면 체스 기계는 생각하는 것처럼 행동한다. 체스를 잘 두려면 사고력이 필요한 것으로 줄곧 간주되었다. 생각을, 내면에서 이루어지는 방법이 아니라 밖으로 드러난 행동이라는 속성으로 본다면 체스 기계는 확실히 생각을 한다.

그럼에도 섀넌은 1952년 당시로 볼 때 세 명의 프로그래머가 6개월 동안 매달려야 대형 컴퓨터로 아마추어 수준 정도의 체스를 둘 수 있을 것이라고 추정했다. "체스 기술을 학습하는 문제는 미리 프로그래밍 된 유형보다는 훨씬 더 이후에 등장하는 문제이다. 지금까지 나온 방법들은 확실히 너무 느리다. 아마 한 판을 이기기도 전에 기계가 낡아버릴 것이다."[70] 요점은 범용 컴퓨터가 할 수 있는 일이 무엇인지 가능한 한 많은 방향에서 살피는 것이었다.

섀넌은 엉뚱하기도 했다. 로마숫자로 산술을 하는, 이를테면 IV 곱하기 XII는 XLVIII이라는 계산을 하는 기계를 설계하고 실제로 제작한 것이다. 섀넌은 이 기계를 '소박한 복고풍 로마숫자 계산기Thrifty Roman numeral Backward-looking Computer'의 머리글자를 따서 "스로박 원THROBAC I"이라 불렀다. 아이들이 하는 홀수 짝수 맞히기 놀이를 하는 "마음을 읽는 기계"를 만들기도 했다. 이 모든 허무맹랑한 상상들에는 알고리즘 프로세스를 새로운 영역으로 확장한 것이라는 공통점이 있었다. 관념들을 수학적 대상과 추상적으로 연결시킨 것이다. 나중에 섀넌은 저글링의 과학적 측면에 대해 (정리 그리고 필연적인 결과와 함께) 긴 논문을 썼다.[71] 거기에는 기억을 떠올려 인용한 E. E. 커밍스Cummings의 시구가 있었다. "어떤 개자식은 봄을 측정하는 기계를 발명할 것이다."

1950년대에는 스스로 수리하는 기계를 설계하려고도 했다.[72] 만약 릴레이가 고장 나면 이를 찾아 교체하는 것이다. 이 밖에도 주위 환경에서 부품을 모아 조립함으로써 스스로를 재생하는 기계가 가능할 것인지에 대해 생각했다. 벨연구소는 섀넌이 여기저기 돌아다니면서 이런 것들에 대해 강연하고 때로 미로학습 기계를 선보이는 것을 환영했지만, 청중들 누구나가 좋아한 것은 아니었다. '프랑켄슈타인'이라는 말도 들려왔다. 와이오밍의 한 신문 칼럼니스트는 이렇게 썼다. "당신들이 거기서 무슨 짓을 하는지 알고나 있는지 궁금합니다."

이 기계식 컴퓨터 중 한 대를 켰다가 끄는 것을 잊고 점심을 먹으러 가면 어떻게 될까요? 한번 말해볼까요? 호주에서 산토끼 때문에 벌어진 일이 미국에서 컴퓨터로 인해 똑같이 일어날 겁니다. 여러분이 701,945,240과 879,030,546을 곱해 답을 찾기 전에 전국의 모든 가정이 각자 작은 컴퓨터를 갖게 될 겁니다. … 섀넌 씨, 당신의 실험을 트집 잡을 생각은 없습니다만 솔직히 저는 컴퓨터에는 전혀 관심이 없으며, 그게 곱하기든 나누기든 혹은 제일 잘하는 일이 무엇이든 간에 제 주위에 모여든다면 아주 기분이 나쁠 것입니다.[73]

샤넌이 정보이론의 유행을 경고하고 나선 지 2년 후 더 젊은 정보이론가인 피터 일라이어스Peter Elias는 「정보이론과 광합성 그리고 종교 Information Theory, Photosynthesis, And Religion」라는 제목의 논문을 불평하는 논평을 썼다.[74] 물론 이런 논문은 없었다. 하지만 정보이론과 생명 그리고 위상기하학, 정보이론과 조직 손상의 물리학, 정보이론과 성직 제도, 정보이론과 정신약리학, 정보이론과 지구물리학적 데이터 해석, 정보이론과 결정구조, 정보이론과 멜로디를 다룬 논문들은 있었다. 일라이어스도 부호화 이론에 크게 이바지한 나름 만만찮은 전문가였다(그의 아버지는 에디슨 밑에서 엔지니어로 일한 바 있었다). 일라이어스는 분야 간 경계를 넘어 대충대충, 안일하고 상투적인 연구가 쏟아지는 것을 미덥지 않게 보았다. "전형적인 논문은 정보이론의 용어와 개념적 틀이 심리학(혹은 유전학, 혹은 언어학, 혹은 정신의학, 혹은 비즈니스 조직)의 용어와 개념적 틀과 얼마나 놀랍도록 밀접한 관계가 있는지를 논의한다. … 구조, 패턴, 엔트로피, 잡음, 송신기, 수신기, 코드 같은 개념들은 (적절하게 해석될 때) 공히 중심적이다." 이는 분명 절도행위라고 말한다. "논문의 지은이는 심리학이라는 학문을 처음으로 견실한 과학적 기반 위에 놓고는 겸손하게도 틈을 메우는 일을 심리학자들에게 맡긴다." 일라이어스는 동료 학자들에게 절도행위는 그만두고 정직하게 노력할 것을 주문했다.

샤넌과 일라이어스의 이러한 경고는 갈수록 늘어나는 정보이론 전문잡지 중 하나에 등장했다.

이쪽 계통에서 악명 높은 유행어는 '엔트로피'였다. 또 다른 연구자 콜린 체리Colin Cherry는 이렇게 불평했다. "듣자 하니 언어, 사회체제, 경제체제에도 '엔트로피'가 있고, 방법론에 굶주린 다양한 연구들에서 엔트로피를 활용한다고 합니다. 엔트로피는 사람들이 지푸라기처럼 움켜잡는 일종의 포괄적인 일반론입니다."[75] 체리는 정보이론이 이론물리학과 생명과학의 경로를 바꾸기 시작했으며, 엔트로피도 여기에 한몫하고 있다는 것은 말하지 않았다. 왜냐하면 아직 명확하지 않았기 때문이다.

사회과학에서 정보이론가들의 직접적인 영향은 내리막길을 걷고 있었다. 전문적인 수학이 심리학에 이바지하는 바는 점점 줄어든 반면 컴퓨터공학에는 점점 커졌다. 하지만 이들의 기여는 실질적이었다. 정보이론은 사회과학을 촉진하여 이미 시작된 새로운 시대를 준비하게 했다. 일은 시작되었고, 정보로의 전환은 돌이킬 수 없었다.

제9장 엔트로피와 그 도깨비들

—

섞인 것들을
휘저어 나눌 수 없어요

생각은 사건의 확률에 개입하며,
따라서 결국엔 엔트로피에 개입한다.[1]

—

데이비드 왓슨David L. Watson (1930)

아무도 '엔트로피'가 무엇을 의미하는지 몰랐다고 말하면 과장일 것이다. 그러나 엔트로피는 그런 단어 중 하나였다. 벨연구소에서는 섀넌이 폰 노이만에게서 엔트로피라는 단어를 가져왔다는 소문이 돌았다.[2] 폰 노이만은 섀넌에게 엔트로피의 뜻을 아는 사람은 아무도 없기 때문에 모든 논쟁에서 이길 것이라고 조언한 바 있었다. 소문은 사실이 아니었지만 그럴듯했다. 처음에 엔트로피는 그 본래 의미의 반대로 이해되었다. 엔트로피는 여전히 정의하기가 매우 까다롭다. 『옥스퍼드 영어사전』은 명성에 걸맞지 않게 두루뭉술하게 정의했다.

1. 물질의 열역학적 상태를 결정하는 정량적 요소 중 하나를 가리키는 명칭.

엔트로피라는 말은 1865년 열역학을 수립하는 과정에서 루돌프 클라우지우스Rudolf Clausius가 만든 것이었다. 클라우지우스는 자신이 발견한 특정한 양에 이름을 붙여야 했다. 에너지는 아니지만 에너지와 관련된 양이었다.

증기엔진과 함께 부상한 열역학은 처음에는 "증기엔진에 대한 이론적 연구"[3]에 불과했다. 열 혹은 에너지를 일로 전환하는 문제만 다뤘던 것이다. 클라우지우스는 열이 엔진을 움직일 때 실제로는 열이 사라지지 않는다는 사실을 발견했다. 열은 단지 뜨거운 대상에서 차가운 대상으로 옮겨갈 뿐이었다. 이 과정에서 열은 일을 했다. 이는 프랑스의 니콜라 사디 카르노Nicolas Sadi Carnot가 계속 언급했듯이 물레방아와 비슷했다. 물은 위에서 내려와 아래로 떨어졌고, 늘거나 줄지 않지만 내려가는 동안 일을 했다. 카르노에게 열은 바로 그런 물질이었다. 일을 산출하는 열역학계의 능력은 열 자체가 아니라 온도 차이에 달려 있었다. 뜨거운 돌을 찬물에 넣으면(이를테면 터빈을 돌리는 증기를 만들어서) 일을 할 수 있지만, (돌과 물을 합친) 계 안의 전체 열은 일정하다. 결국 시간이 지나면 돌과 물은 온도가 같아진다. 닫힌계가 얼마나 많은 에너지를 갖고 있든 간에 모든 것이 같은 온도에 이르면 아무 일도 할 수 없다.

클라우지우스가 측정하고자 했던 것은 바로 이 에너지의 무효성 unavailability이었다. 클라우지우스는 변화를 뜻하는 그리스어로 만든 '엔트로피'라는 단어를 내놓았다. 영어권 동료 학자들은 엔트로피로 한 이유를 알긴 했지만 클라우지우스가 음negative의 측면에 초점을 맞추면서 거꾸로 해석했다고 판단했다. 제임스 클러크 맥스웰은 『열 이론Theory of Heat』에서 엔트로피에 "기계적 일로 '전환할 수 있는' 요소"라는 반대의 의미를 부여하면 "더 편리할 것"이라고 제안했다.

따라서 계의 압력과 온도가 균일해지면 엔트로피가 소진된 것이다.

그러나 몇 년 지나지 않아 입장을 완전히 바꾼 맥스웰은 클라우지우스의 정의를 따르기로 한다.[4] 맥스웰은 책을 다시 쓰면서 다음과 같은 당혹스러운 각주를 덧붙였다.

이전 판에서 클라우지우스가 소개한 엔트로피라는 개념의 의미를 일로 전환할 수 없는 에너지의 일부로 잘못 기술했다. 이후 책에서는 계속해서 유효한 에너지를 가리키는 개념으로 사용하는 바람에 열역학의 용어에 큰 혼란을 초래했다. 이 개정판에서는 엔트로피라는 단어를 클라우지우스가 원래 정의한 대로 사용하려 노력했다.

문제는 양陽과 음陰 사이의 선택만은 아니었다. 이보다는 더 미묘했다. 맥스웰은 처음에 엔트로피를 에너지의 아류라고 보았다. 일에 쓸수 있는 에너지로 생각했던 것이다. 하지만 생각을 거듭하면서 열역학에 완전히 다른 척도가 필요하다는 사실을 깨달았다. 엔트로피는 에너지의 한 종류나 에너지의 양이 아니었다. 엔트로피는 클라우지우스가 말한 대로 에너지의 '무효성'이었다. 개념이 추상적이기는 하지만 온도, 부피, 압력처럼 측정 가능한 것으로 드러났다.

엔트로피는 토템처럼 신성한 개념이 되었다. 열역학의 "법칙들"은 엔트로피로 깔끔하게 표현할 수 있었다.

제1법칙: 우주의 에너지는 일정하다.
제2법칙: 우주의 엔트로피는 언제나 증가한다.

이 법칙은 수학적인 것부터 "1. 당신은 성공할 수 없다, 2. 당신은 손익분기점도 맞출 수 없다"[5] 같은 엉뚱한 것까지 여러 가지 형태로 수없이 나타났다. 하지만 열역학 법칙은 우주적이고 운명적인 법칙이었다. 우주는 쇠약해지고 있다. 이는 퇴행성 일방통행로이다. 엔트로피가 최대인 최후의 상태는 우리의 운명이다.

대중들에게 제2법칙을 각인시킨 사람은 제2법칙의 황량함에 한껏 빠져든 윌리엄 톰슨William Thomson이었다. 1862년 톰슨은 이렇게 썼다. "비록 기계적 에너지는 '파괴할 수 없지만' 에너지의 소산dissipation은 우주적 측면에서 볼 때 열의 점진적 증가와 확산, 운동의 정지, 물질세계에서 잠재적 에너지의 소진을 낳는 경향이 있다. 결국 우주는 정지와 죽음의 상태에 빠질 것이다."[6] H. G. 웰스의 소설 『타임머신』에서도 엔트로피는 우주의 운명을 결정했다. 생명은 쇠퇴하며, 태양은 죽어가고, "끔찍한 황량함이 세상을 뒤덮는다". 열적 죽음heat death은 차갑지 않다. 열적 죽음은 미지근하고 음산하다. 비록 뒤죽박죽이 되긴 했지만, 1918년 프로이트는 엔트로피 개념에 유용한 점이 있다고 생각했다. "물질적인 에너지의 전환 못지않게 정신적인 에너지의 전환을 생각할 때 이미 일어난 일을 되돌리지 못하게 막는 엔트로피라는 개념을 활용해야 한다."[7]

이런 이유 때문에 톰슨은 '소산'이라는 단어를 선호했다. 에너지는 소실되는 것이 아니라 소산된다. 소산 에너지는 존재하지만 쓸모가 없다. 하지만 엔트로피의 본질적 속성으로 혼란 그 자체(무질서)에 주목한 것은 맥스웰이었다. 무질서는 이상하게도 반물리학적으로 보였다. 이것은 방정식에 지식이나 지성 혹은 판단 같은 것들이 반드시 있다는 뜻이었다. 맥스웰의 말을 들어보자. "에너지의 소산이라는 개념은 지식의 범위에 좌우된다. 유효 에너지는 원하는 모든 채널로 유도할 수 있는 에너지이다. 소산 에너지는 우리가 열이라고 부르는 분자의 혼란스러운 요동에서 나오는 에너지처럼 원하는 대로 이용하고 유도할 수 없는 에너지이다." 따라서 '우리'가 할 수 있는 것 혹은 아는 것이 정의의 일부가 된다. 매개체나 관찰자를 빼놓고는, 즉 지성에 대해 말하지 않고는 질서와 무질서에 대해 논할 수 없는 것 같았다.

혼란은 (상관 개념인 질서와 마찬가지로) 원래 물질적인 대상의 속성이 아니라 오직 지성에 의해서만 인식할 수 있는 것이다. 갈겨쓴 비망록은 문맹이나 내용을 확실하게 이해하는 글쓴이에게는 혼란스러워 보이지 않지만, 이를 읽을 수 있는 다른 모든 사람에게는 불가분하게 혼란스러워 보인다. 마찬가지로 소산 에너지라는 개념은 자연의 에너지를 자신의 목적에 맞게 돌릴 수 있거나 모든 분자

의 운동을 추적하고 적시에 포착할 수 있는 사람에게는 적용되지 않는다.[8]

질서는 관찰자의 눈에 좌우되는 주관적인 것이다. 질서와 혼란은 수학자가 정의하거나 측정해볼 수 있는 것이 아니다. 과연 그럴까? 무질서가 엔트로피에 해당한다면 결국 과학적으로 논의할 수 있을지도 몰랐다.

◎　◎　◎

열역학의 선구자들은 이상적인 사례로 기체 상자를 생각했다. 원자로 구성된 기체는 절대로 단순하거나 고요하지 않다. 기체는 동요하는 입자들의 거대한 앙상블이다. 원자는 눈에 보이지 않았고 가설로 존재했지만, 클라우지우스, 켈빈, 맥스웰, 루트비히 볼츠만Ludwig Boltzmann, 윌리어드 깁스Williard Gibbs 같은 이론가들은 유체가 원자의 속성을 가지고 있다고 보았다. 아울러 혼합, 격렬함, 지속적 운동 같은 결과들을 계산하려고 시도했다. 이들은 이런 운동이 열이 된다고 생각했다. 열은 물질이나 유체 혹은 "열소熱素, phlogiston"가 아니라 분자의 운동일 뿐이라는 얘기였다.

분자는 개별적으로 뉴턴 법칙을 따라야 한다. 다시 말해 이론상 분자의 모든 행동과 충돌을 측정하고 계산할 수 있어야 한다. 그러나 개별적으로 측정하고 계산하기에는 너무 수가 많았다. 여기서 확률이 개입한다. 통계역학이라는 새로운 학문은 미시적 세부사항과 거시적 행동 사이에 다리를 놓았다. 기체 상자가 칸막이로 분리되어 있다고 가정해보자. 한쪽 기체가 다른 쪽 기체보다 온도가 높다. 말하자면 분자가 더 빠르게 움직이면서 더 큰 에너지를 낸다. 칸막이가 제거되자마자 분자들이 섞이기 시작한다. 빠른 분자가 느린 분자와 충돌하고 에너지가 교환되며 일정한 시간이 지나면 기체가 균일한 온도에 이른다. 수수께끼는 여기에 있다. 왜 이 과정을 되돌릴 수 없을까? 뉴턴의 운동방정식에서 시간은 플러스 부호나 마이너스 부호를 가질 수 있다. 수학은 양방향으로 유효하게 작용한다. 현실에서 과거와 미래는 그렇게 쉽게 교환될 수 없다.

1949년 레옹 브릴루앙Léon Brillouin은 이렇게 말했다. "시간은 흘러갈 뿐, 결코 돌아오지 않는다. 물리학자는 이런 사실에 맞닥뜨리면 크게 동요한다." 맥스웰도 당혹스럽기는 마찬가지였다. 레일리Rayleigh 경에게 보낸 편지를 보자.

> 이 세상이 순전히 역학계이고, 모든 입자의 운동을 동시에 정확하게 되돌릴 수 있다면 모든 것들이 처음으로 돌아가기 시작할 것입니다. 땅에 떨어진 빗방울들은 모여 구름으로 올라가고 … 사람은 우리가 탄생의 순간으로 되돌려질 때까지 자신의 친구들이 무덤에서 요람으로 가는 것을 볼 것입니다.

요점은 미시적 측면에서 개별 분자의 운동을 관찰하면 운동의 행태는 시간을 앞으로 돌리든 뒤로 돌리든 같다는 얘기였다. 우리는 필름을 거꾸로 돌릴 수도 있다. 하지만 기체 상자를 하나의 총체로 보면 혼합 과정은 통계적으로 일방통행로가 된다. 영원히 유체를 관찰한다 해도 저절로 한쪽에는 뜨거운 분자, 다른 쪽에는 차가운 분자로 나뉘는 일은 절대 일어나지 않을 것이다. 톰 스토파드Tom Stoppard의 희곡 〈아카디아Arcadia〉에 나오는 영리한 토마시나Thomasina는 이렇게 말한다. "섞인 것들을 휘저어 나눌 수 없어요." 이 말은 "시간은 흘러갈 뿐, 결코 돌아오지 않는다"라는 말과 정확하게 같았다. 이런 과정은 한 방향으로만 이뤄진다. 확률이 그 이유이다. 주목할 만한 사실은 모든 비가역적 과정을 똑같은 방식으로 설명해야만 한다는 것이다(물리학자들이 이 사실을 받아들이기까지는 오랜 시간이 걸렸다). 시간 자체가 운, 혹은 리처드 파인먼Richard Feynman이 곧잘 이야기했듯 "삶의 우연들"[10]에 좌우된다. "비가역성은 삶의 보편적 우연들에서 기인한다." 상자 안의 기체가 분리되는 것은 물리적으로 불가능하지 않다. 단지 극히 확률이 낮을 뿐이다. 따라서 제2법칙은 단지 확률적이다. 통계적으로 모든 것은 최대 엔트로피를 향해 가는 경향을 지닌다.

그럼에도 맥스웰이 썼듯 제2법칙을 과학의 기둥으로 세우기에는 확률만으로 충분하다.

> 교훈: 열역학 제2법칙은 큰 컵에 든 물을 바다에 쏟으면 다시는 같은 물을 회수할 수 없다는 말과 같은 정도의 진실을 갖는다.[11]

외부의 도움 없이 차가운 물체에서 뜨거운 물체로 열이 이동하는 것이 통계적으로 불가능하듯, (외부의 도움 없이) 무질서에서 질서가 저절로 만들어지는 것은 통계적으로 불가능하다. 근본적으로 둘 다 오직 통계에 의해서만 일어난다. 계system가 배열되는 모든 방식을 세어보면 무질서한 형태가 질서 정연한 형태보다 훨씬 많다. 분자가 모두 뒤엉킨 배열 혹은 "상태"는 많으며, 깔끔하게 정돈된 배열이나 상태는 드물다. 질서 정연한 상태는 확률도 낮고 엔트로피도 낮다. 인상적인 수준의 질서 정연함을 가질 확률은 '아주' 낮을 수 있다. 앨런 튜링은 엉뚱하게도 "분필을 날려서 셰익스피어 희곡에 나오는 대사 한 줄을 칠판에 쓰는 확률"[12]을 가리키는 수로 정의되는 N을 제안하기도 했다.

결국 물리학자들은 미시상태microstate와 거시상태macrostate를 구별하기 시작했다. 이를테면 거시상태에서 기체는 전부 상자의 위쪽 절반에 몰려 있을 수도 있다. 이에 해당하는 미시상태들은 거시상태를 가능하게 하는 개별 분자들 각각의 위치와 속도의 구성 전체이다. 따라서 엔트로피는 확률의 물리적 등가물이 된다. 특정한 거시상태의 엔트로피는 가능한 미시상태의 수의 로그이다. 따라서 제2법칙은 확률이 낮은(질서 정연한) 거시상태에서 높은(무질서한) 거시상태로 이동하려는 우주의 경향이다.

그럼에도 단순한 확률의 문제에 물리학의 너무 많은 것들을 건다는 것은 여전히 당혹스러웠다. 물리학에는 기체가 스스로 뜨거운 것과 차가운 것으로 나뉘는 것을 막을 수 있는 것이 아무것도 없고, 이는 오직 우연과 통계의 문제일 뿐이라고 말하는 것이 옳을까? 맥스웰은 사고실험을 통해 이 수수께끼를 설명했다. 맥스웰은 기체 상자를 나누는 칸막이에 난 작은 구멍으로 감시하는 "유한한 존재"를 상상해보라고 제안한다. 이 존재는 다가오는 분자를 볼 수 있고, 빠른지 혹은 느린지 구분할 수 있으며, 통과 여부를 선택할 수 있다. 즉, 확률을 바꿀 수 있다. 빠른 것과 느린 것을 나눔으로써 한쪽을 뜨겁게, 다른 쪽을 차갑게 만들 수 있는 것이다. "하지만 어떤 일이 행해진 것은 아니며 오직 매우 눈매가 좋고 솜씨가 좋은 지성이 활용되었을 뿐이다."[13] 이 존재는 일반적인 확률을 거스른다. 대개의 경우 사물들은 서로 뒤섞인다. 사물들을 분류하려면 정보가 필요하다.

이 아이디어를 좋아했던 톰슨은 이 가상의 존재를 "맥스웰의 지성을 가진 도깨비" 혹은 "맥스웰의 분류하는 도깨비"라고 부르다가 곧 그냥 "맥스웰의 도깨비"라고 불렀다. 톰슨은 이 작은 친구 이야기에 열을 올

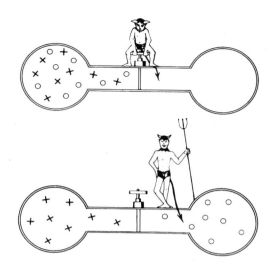

렸다. "이 도깨비는 오직[오직!] 대단히 작고 민첩하다는 점만 빼곤 실제 살아 있는 동물들과 같다."[14] 영국왕립연구소 저녁 강연에 몰린 군중들 앞에서는 두 가지 색깔의 액체가 든 관을 이용해 명백히 비가역적인 확산 과정을 보여주고는 도깨비만이 그 과정을 막을 수 있다고 밝혔다.

이 도깨비는 밀폐된 항아리 혹은 쇠막대기의 한쪽을 점점 뜨겁게, 다른 쪽을 아주 차갑게 만들 수 있습니다. 또한 세면기에서 이동하는 분자의 에너지를 유도하여 물을 높은 곳으로 역류시키고 비교적 차가운 상태로 유지할 수 있습니다. 아울러 소금용액에서 물의 일부분에만 소금을 농축하여 나머지 공간에 깨끗한 물을 남기거나, 두 가지 기체가 섞인 혼합체 속 분자들을 "분류"해 자연스러운 확산 과정을 되돌림으로써 두 가지 기체를 용기 안에서 분리할 수 있습니다.

《월간 대중과학The Popular Science Monthly》의 한 기자는 톰슨의 말이 터무니없다고 보고는 다음과 같이 비꼬았다. "온 세상이 이 말도 안 되는 극소極小 도깨비들의 무한한 무리들로 가득하다고 가정해야 한다. 케임브리지의 맥스웰과 글래스고의 톰슨 같은 사람들이 작은 도깨비들이 원자를 이리저리 치고 찬다는 식의 조잡한 가설적인 공상을 받아들인다면 … 우리는 당연히 이렇게 묻게 된다. '다음은 뭘까?'"[15] 허나 이는 요점을 빗나간 얘기였다. 맥스웰은 자신의 도깨비를 설명의 도구로 쓸 때를 제외하고는 실재한다고 말하지 않았다.

우리가 너무 크고 느리기 때문에 보지 못하는 것, 즉 제2법칙은 기계적인 것이 아니라 통계적인 것이라는 사실을 도깨비는 본다. 분자 수준에서 제2법칙은 어딘가에서는 순전한 우연에 의해 항상 위배되고 있다. 도깨비는 우연을 목적으로 대체하고, 정보를 이용하여 엔트로피를 줄인다. 맥스웰로서는 자신의 도깨비가 그토록 오랫동안 이렇게 많은 인기를 얻을 줄은 상상도 못 했다. 엔트로피 법칙의 일부를 역사이론에 접목하려 했던 헨리 애덤스Henry Adams는 1903년 동생 브룩스 애덤스에게 보낸 편지에서 이렇게 썼다. "열역학 제2법칙을 작동시키는 클러크 맥스웰의 도깨비는 대통령이 되어야 마땅해."[16] 이 도깨비는 물리학의 세계에서 정보의 세계로 가는 입구를(처음에는 마법의 관문이었다) 지켰다.

과학자들은 이 도깨비의 힘을 동경했다. 이 도깨비는 물리학 잡지에 흥미를 돋우는 만화들에 친숙한 캐릭터로 등장했다. 확실히 도깨비는 상상의 산물이었지만, 원자 자체도 허깨비처럼 보였으며, 따라서 도깨

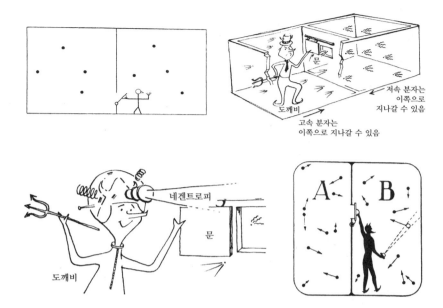

비는 원자를 길들이는 데 도움이 되었다. 이 도깨비는 이제는 확고해 보이는 자연법칙들을 거슬렀다. 그것은 한 번에 하나씩 분자라는 열쇠를 따는 도둑이었다. 앙리 푸앵카레Henri Poincaré는 이 도깨비가 "극도로 민감한 감각을 지녔으며"[17] "우주의 경로를 되돌릴 수 있다"라고 썼다. 이는 인간이 꿈꾸던 바로 그 일이 아니었던가?

20세기 초 과학자들은 끊임없이 개선되는 현미경을 통해 세포막의 활발한 분류 과정을 관찰했다. 이런 관찰을 통해 살아 있는 세포가 펌프, 필터, 공장의 기능을 한다는 사실을 발견했다. 세포는 아주 작은 규모에서 목적을 가진 과정이 일어나는 것처럼 보였다. 누가 혹은 무엇이 제어하는 것일까? 생명 자체가 조직하는 힘으로 여겨졌다. 영국의 생물학자인 제임스 존스톤James Johnstone은 1914년 이렇게 썼다. "이제 우리는 과학에 도깨비론을 끌어들이지 말아야 한다."[18] 물리학에서 개별 분자들은 우리의 통제권 밖에 남아야 한다는 얘기였다. "개별 분자들의 운동과 경로는 조직화되어 있지 않다. 이렇게 말해도 될지 모르겠지만 '난장판helter-skelter'이다. 물리학은 통계적 '평균' 속도만을 고려한다." 물리학의 현상들이 비가역적인 이유가 거기에 있으며, "따라서 최근 과학에서 맥스웰의 도깨비가 있을 자리는 없다". 그렇다면 생명은 어떨까? 생리학은 어떨까? 존스톤은 생명의 과정들이 '가역적'이라고 주장했다. "따라서 우리는 유기체가 본디 비조직적인 개별 분자의 운동을 '제어할 수 있다는' 증거를 찾아야만 한다."

> 인간의 활동 대부분이 자연적 행위자들과 에너지가 가는 길이 아닌 다른 경로로 이 자연력과 에너지를 '유도'하는 데 있다는 것을 알면서도, 우리가 아직 원시 유기체 혹은 심지어 고등 유기체의 몸에 있는 조직 요소들이 생리-화학적 과정을 유도할 힘을 가지고 있다고 생각하지 않는 것은 이상하지 않은가?

생명이 그토록 신비한 것이라면, 어쩌면 맥스웰의 도깨비 역시 단순히 만화 같은 것은 아닐지도 몰랐다.

레오 실라르드가 맥스웰의 도깨비에 대해 천착하기 시작한 것은 그 무렵이었다. 상상력이 풍부한 아주 젊은 헝가리 물리학자였던 실라르드는 나중에 전자현미경을 구상하고 우연찮게 핵 연쇄 반응을 고안한 사람이었다. 유명한 스승 중 한 명이었던 아인슈타인이 삼촌 같은 마음에서 특허청에서 유급 일자리를 알아보라고 권했지만 듣지 않았다. 1920년대에 실라르드는 분자의 지속적인 요동fluctuation을 열역학이 어떻게 다뤄야 하는지를 생각했다. 원래 요동은 잠깐 동안 상류로 헤엄치는 물고기처럼 평균에서 어긋났다. 사람들은 자연히 이렇게 질문했다. 요동들을 활용할 수 있다면 어떨까? 너무나 매력적이었던 이런 생각은 일종의 영구 운동기관, 즉 괴짜와 행상인들의 성배인 '영구기관 perpetuum mobile'으로 이어졌다. 달리 표현하면 이런 질문이었다. "왜 우리는 모든 열을 이용할 수 없을까?"

이런 의문은 맥스웰의 도깨비가 낳은 또 다른 역설이기도 했다. 닫힌계에서 빠른 분자만 모으고 느린 분자를 내버려두는 방식으로 도깨비는 끊임없이 재생되는 유용한 에너지원을 확보할 수 있었다. 상상 속의 도깨비가 아니라 다른 어떤 "지적 존재"라면 어떨까? 이를테면 실험물리학자라면? 실라르드는 "실험물리학자를 자연의 기존 상태에 대한 정보를 지속적으로 얻는 일종의 신적 존재로 본다면"[19] 영구 운동기관이 가능해야 한다고 주장했다. 실라르드는 자신의 사고실험에 대해 살아 있는 도깨비 같은 것, 이를테면 뇌 같은 것을 끌어들이고 싶지는 않다고 못 박았다. 생물학은 그 자체로 문제를 일으키기 때문이다. "신경계의 존재 자체가 지속적인 에너지의 소산에 달려 있다." (실라르드의 친구인 카를 에카르트Carl Eckart는 이 말을 다음과 같이 간결하게 재구성했다. "사고는 엔트로피를 생성한다."[20]) 대신 유체 실린더 안에서 피스톤을 가동하고, 모델 열역학계에 개입하는 "무생물 기구"를 제안했다. 실라르드는 이 기구가 사실상 "일종의 기억력"을 갖춰야 할 것이라고 지적했다. (1929년 당시 앨런 튜링은 10대였다. 튜링의 개념으로 보면 실라르드는 도깨비의 두뇌를 두 개의 상태를 가지는 메모리를 갖춘 컴퓨터로 다루고 있었다.)

실라르드는 이런 영구 운동기관조차 실패할 것임을 증명했다. 무엇이 함정이었을까? 간단하게 말해서 정보는 공짜가 아니다. 맥스웰과 톰슨 그리고 다른 학자들은 도깨비의 눈앞에서 오가는 분자들의 속도와 궤도에 대한 지식이 거저 주어지는 것으로 암묵적으로 말했다. 이런 정보의 비용을 고려하지 않았던 것이다. 사실 고려할 수 없었다. 더 단순한 시대에 살았던 이들 과학자들은 정보가 마치 평행우주 혹은 아스트랄계astral plane에 속한 것처럼 여겼다. 자신들이 계산하고자 했던 물질과 에너지, 입자와 힘의 우주에 정보의 행태가 연결되지 않는다고 보았던 것이다.

하지만 정보는 물리적이다. 맥스웰의 도깨비가 그 연결고리를 만든다. 이 도깨비는 한 번에 한 입자씩 정보와 에너지 사이의 변환을 실행한다. 아직 '정보'라는 단어를 쓰지 않았던 실라르드는 각각의 측정과 기억을 정확히 이해하면 변환을 정확하게 계산할 수 있다는 사실을 발견했다. 결국 계산해낸다. 계산 결과 각 정보 단위는 구체적으로 $k\log2$ 단위에 해당하는 엔트로피의 증가를 가져왔다. 도깨비가 한 입자와 다른 입자 사이에서 선택을 할 때마다 1비트의 정보가 소요된다. 한 번의 주기가 끝나서 기억을 지워야 할 때 정보가 회수된다(실라르드는 이 마지막 세부 사항을 글이 아니라 수학으로 명시했다). 이 사실을 적절하게 이해하는 것이 영구 운동의 역설을 제거하고, 우주를 조화롭게 되돌리고, "제2법칙과의 조화를 복구하는" 유일한 방법이다.

◎　◎　◎

이렇듯 실라르드는 엔트로피를 정보로 보는 섀넌으로 가는 징검다리 역할을 했다. 섀넌 이야기를 해보자. 독일어를 읽을 줄 몰랐던 섀넌은 《물리학 저널Zeitschrift für Physik》을 보지 않았다. 한참 후 섀넌은 이렇게 밝혔다. "제 생각에 실제로 실라르드는 이런 생각을 했고, 이에 대해 폰 노이만에게 이야기했으며, 폰 노이만이 다시 위너에게 이야기했을지도 모르겠습니다. 하지만 저에게 이런 이야기를 한 사람은 사실 아무도 없었습니다."[21] 그럼에도 섀넌은 엔트로피에 대한 수학을 재발명했다.

물리학자에게 엔트로피는 물리계의 상태, 즉 가질 수 있는 모든 가능한 상태 중 하나의 상태에 대한 불확실성의 척도이다. 이 미시상태들의 확률은 동일하지 않을 수 있으며, 따라서 물리학자들은 $S = -\sum p_i \log p_i$로 쓴다.

정보이론가에게 엔트로피는 메시지, 즉 통신원通信源이 생성할 수 있는 모든 가능한 메시지 중 하나의 메시지에 대한 불확실성의 척도이다. 가능한 메시지들의 확률은 동일하지 않을 수 있으며, 따라서 섀넌은 $H = -\sum p_i \log p_i$로 쓴다.

이는 단지 형식의 일치, 다시 말해 자연은 비슷한 문제에 비슷한 해답을 제시한다는 형식의 일치는 아니다. 모두 하나의 문제인 것이다. 기체 상자의 엔트로피를 줄이고, 효율적인 일을 하려면 정보로 대가를 치러야 한다. 마찬가지로 특정한 메시지는 가능한 메시지의 총체에서 엔트로피를 줄인다. 역학계로 말하자면 위상공간이 줄어드는 것이다.

이것이 섀넌의 시각이었다. 위너는 조금 달랐다. 처음에 정반대의 뜻을 담고 있던 엔트로피라는 단어를 놓고 보면 동료와 경쟁자들이 엔트로피 공식에 반대 부호를 넣은 게 이상한 일은 아니었다. 섀넌은 정보를 엔트로피와 동일시했지만 위너는 정보를 '네거티브 엔트로피negative entropy'라고 말했다. 위너에 따르면 정보는 질서를 의미하지만 질서 정연한 것이 반드시 많은 정보를 담고 있지는 않다. 손수 그 차이에 대해 지적한 섀넌은 차이라는 게 일종의 "수학적 말장난"이라며 과소평가했다. 두 사람이 수치적 결론은 동일하다는 얘기였다. 섀넌의 말을 들어보자.

저는 집합에서 선택이 이루어질 때 얼마나 많은 정보가 '생성'되는지를 생각합니다. 집합이 클수록 '더 많은' 정보가 생성됩니다. 반면 선생님은 집합이 더 큰 경우 불확실성이 더 높다는 것은 상황에 대해 아는 것이 더 적다는 것을 뜻하며, 따라서 '더 적은' 정보를 뜻한다고 생각합니다.[22]

달리 말하자면 H는 의외성의 척도이다. 또 달리 말하자면 H는 미지의 메시지를 추측하는 데 필요한 예—아니요 질문의 평균 횟수이다. 섀넌이 옳았지만(적어도 섀넌의 접근법만큼은 후대의 수학자와 물리학자들에 의해 꽃을 피웠다) 한동안 혼란이 지속되었다. 질서와 무질서는 여전히 약간의 정리가 필요했다.

◎　◉　◎

우리는 모두 맥스웰의 도깨비처럼 행동한다. 유기체는 조직한다. 진지한 물리학자들이 두 세기에 걸쳐 만화에나 나올 법한 이 상상의 산물을 살려둔 이유는 우리가 매일 경험하는 일상에 있다. 우리는 우편물을 분류하고, 모래성을 쌓고, 낱말풀이를 하고, 밀과 겨를 분리하고, 체스 말을 재배열하고, 우표를 수집하고, 책을 알파벳 순서대로 배열하고, 대칭을 만들고, 소네트와 소나타를 쓰고, 방을 정돈한다. 지능을 활용하는 한 이 모든 일들을 하는 데는 큰 에너지가 필요하지 않다. 우리(단지 우리 인간뿐만 아니라 살아 있는 존재)는 구조를 퍼트린다. 우리는 평형상태로 가는 흐름을 방해한다. 이런 과정을 열역학적으로 설명하려고 시도하는 것은 불합리하지만 우리가 조금씩, 점차로 엔트로피를 줄인다고 말하는 것은 불합리하지 않다. 한 번에 하나씩 분자를 분별하고, 빠른 것과 느린 것을 구분하며, 자신의 작은 관문을 지키는 원래의 도깨비는 때로 "초지능적"으로 묘사된다. 그러나 실제 유기체와 비교하면 백치천재에 불과하다. 생물은 주위 환경의 무질서를 줄일 뿐만 아니라 그 자체로 (뼈와 살, 소포vesicle와 막, 껍질과 갑각, 잎과 꽃, 순환계와 대사 경로에서 보듯) 경이로운 패턴과 구조를 가지고 있다. 때로 엔트로피를 줄이는 것이 이 우주에서 우리에게 주어진 비현실적인 존재 이유처럼 보이기도 한다.

골초에 나비넥타이를 매고 다닌 양자역학의 선구자 에르빈 슈뢰딩거Erwin Schrödinger는 1943년 더블린의 트리니티칼리지에서 법정 대중강연을 해달라는 요청을 받고 쉽게 답할 수 없는 거대한 물음 중 하나에 답할 시간이 왔다고 판단했다. 바로 "생명이란 무엇인가?"였다. 그의 이름을 딴 방정식은 양자역학의 핵심 공식이었다. 중년의 노벨상 수상자들이 종종 그렇듯 자신의 전공 분야 너머를 바라보던 슈뢰딩거는 엄밀함과 추측을 맞바꾸었다. 강연은 양해를 구하는 것으로 시작되었다. "우리들 중 누군가는 일부 사실과 이론에 대한 지식이 간접적이고 불완전하여 자신을 바보로 만들 위험이 있더라도 사실과 이론의 종합에 나서야 합니다."[23] 그럼에도 불구하고 이 강연 내용을 토대로 만든 작은 책은 영향력을 발휘했다. 새로운 발견도 새로운 이야기도 없었지만, 책은 유전학과 생화학을 결합한 아직 이름이 붙지 않은 신생 학문을 위한 토대를 놓았다. 이 학문의 창시자 중 한 명은 나중에 이렇게 썼다. "사태가 진정되면서 슈뢰딩거의 책은 분자생물학이라는 유산을 남긴 생물학 혁명의『톰 아저씨의 오두막』같은 책이 되었다."[24] 생물학자들로서는 이제껏 읽어본 적이 없는 책이었다. 물리학자들은 생물학이 풀어야 할 거대한 문제들이 있음을 보여주는 신호로 받아들였다.

슈뢰딩거는 자신이 생물학적 안정성의 수수께끼라고 부른 문제에서 출발했다. 생명체의 구조는 확률과 요동이라는 변덕스러움이 내재된 기체 상자와는 현격하게 상반되고, 불확실성이 지배하는 슈뢰딩거의 파동역학을 완전히 무시하며, 놀랄 만큼 영속적이다. 이 구조는 유기체의 삶 속에서 그리고 유전을 통해 세대를 거쳐 지속된다. 슈뢰딩거는 이에 대해 설명이 필요하다고 느꼈다.

"하나의 물질이 살아 있다고 말할 수 있는 때는 언제일까요?"[25] 슈뢰딩거는 이렇게 질문하고는 (성장, 섭식, 번식 같은) 통상적인 의견들을 건너뛰고 가능한 한 단순하게 대답했다. "비슷한 환경에서 무생물이 '계속할 것'으로 기대되는 것보다 훨씬 더 오래 움직이거나 환경과 물질을 교환하는 등 '어떤 일'을 계속할 때 우리는 살아 있다고 합니다." 대개 물질은 멈추게 된다. 기체 상자는 균일한 온도에 이른다. 화학적 시스템은 이런저런 방식으로 "활기 없는 불활성의 물질 덩어리로 쇠퇴하고" 최대 엔트로피에 이르면서 제2법칙을 따른다. 반면 생물은 어떻게든 불안정한 상태를 유지한다. 노버트 위너가 『인공두뇌학』에서 다룬 게 바로 이런 생각이었다. 위너는 효소가 "준안정적인metastable", 다시 말해서 그다지 안정적이지 않거나 불안정하게 안정된 맥스웰의 도깨비일지 모른다고 썼다. "효소의 안정적 상태는 저하된 것이며, 유기체의 안정적 상태는 죽은 것이다."[26]

슈뢰딩거는 제2법칙을 잠시 거르기 때문에 혹은 그렇게 보이기 때문에 생명체가 "그토록 불가사의하게 보인다"라고 생각했다. 영구 운동을 하는 척하는 유기체의 능력 때문에 많은 사람들이 특별한 초자연적 '생명력'을 믿게 되었다는 얘기였다. 슈뢰딩거는 '활력'이나 생명력 같은 개념들과 유기체가 "에너지를 먹고 산다"라는 대중적인 인식을 비웃었다. 에너지와 물질은 단지 동전의 양면이며, 어쨌든 하나의 칼로리는 다른 칼로리와 똑같다는 말도 틀렸다고 말했다. 즉, 유기체는 네거티브 엔트로피를 먹고 산다. 슈뢰딩거는 역설적으로 이렇게 말했다.

"덜 역설적으로 말하자면, 신진대사에서 본질적인 것은 유기체가 살면서 어쩔 수 없이 생성하는 모든 엔트로피로부터 벗어나는 데 성공한다는 것입니다."[27]

다시 말해서 유기체는 주위에서 질서를 빨아들인다. 초식동물과 육식동물은 구조의 뷔페로 식사를 한다. 동물들은 잘 조직된 상태의 물질인 유기화합물을 먹고 "상당히 분해된 형태로, 그러나 식물들이 활용할 수 있기 때문에 완전히 분해되지는 않은 형태로" 반환한다. 한편 식물은 햇빛으로부터 에너지뿐만 아니라 네거티브 엔트로피까지 받아들인다. 에너지를 놓고 보면 다소 엄격하게 회계를 실행할 수 있다. 하지만 질서를 놓고 보면 계산이 그렇게 간단하지는 않다. 질서와 혼돈을 수학적으로 계산하는 것은 더욱 까다롭고, 관련 정의들은 자기 자신만의 피드백 고리에 빠지기 때문이다.

슈뢰딩거는 생명체가 자연으로부터 얻은 질서를 저장하고 존속시키는 방법에서 배울 것이 훨씬 더 많다고 말했다. 생물학자들은 현미경으로 세포에 대해 많은 것들을 알게 되었다. 생식세포, 즉 정자 세포와 난자 세포를 볼 수 있었다. 생식세포 안에는 염색체라는 막대 모양의 섬유조직이 있었다. 한 쌍씩 배열된 염색체는 종種별로 일정한 수가 존재하며 유전적 특징들을 전달하는 것으로 알려져 있었다. 슈뢰딩거가 썼듯 염색체는 한편으로 유기체의 "패턴"을 지녔다. "이 염색체 혹은 어쩌면 우리가 현미경을 통해 실제로 염색체로 보는 것의 중축 골격 섬유조직에, 개체가 앞으로 거칠 발생의 전체 패턴이 일종의 암호문으로 들어 있습니다." 슈뢰딩거는 유기체의 모든 단일 세포에 "암호문의 완전한 (이중) 사본이 들어 있다"[28]라는 사실은 경이롭고 신비로우며, 아직까지 알려져 있지 않았다는 측면에서 확실히 중요하다고 생각했다. 슈뢰딩거는 이를 모든 병사가 지휘관이 세운 계획의 세부사항을 샅샅이 꿰고 있는 군대에 비유했다.

이 세부사항은 유기체의 수많은 개별적 '속성들'이었다. 하지만 이 속성이 무엇을 수반하는지는 여전히 매우 불명확했다. (슈뢰딩거는 "본질적으로 통일체, 즉 하나의 '전체'인 유기체의 패턴을 개별적 '속성들'로 나누는 것은 적절하지도, 가능하지도 않아 보인다"[29]라고 생각했다.) 파란색이거나 갈색인 동물의 눈 색깔은 속성일 수 있지만 개체 사이의 '차이'에 초점을 맞추는 것이 더 유용하며, 이 차이는 염색체로 전달되는 어떤 것에 의해 제어되는 것으로 해석되었다. 슈뢰딩거는 "명확한 유전적 특성을 담은 가상의 매개체"로 '유전자'라는 용어를 사용했다. 당시까지 이 가상의 유전자를 눈으로 본 사람은 아무도 없었지만, 이는 시간 문제였다. 현미경으로 유전자의 크기를 추정할 수 있었다. 추정에 따르면 유전자는 100~150원자거리atomic distances 크기에 1,000개 원자 미만이었다. 하지만 이 작은 존재들은 어떤 식으로든 파리나 진달래, 쥐나 인간 같은 생명체의 전체 패턴을 담아야 한다. 그리고 우리는 이 패턴을 4차원적 대상으로, 배아에서 성체에 이르는 모든 단계, 즉 개체 발생의 전반에 걸친 유기체의 구조로서 이해해야 한다.

유전자의 분자구조에 대한 단서를 찾으려면 가장 조직화된 물질의 형태인 결정체를 살피는 것이 당연해 보였다. 상대적으로 영속적인 결정 상태의 고체는 아주 작은 '종정種晶'에서 시작하여 점점 큰 구조를 구축해나갔다. 양자역학이 이런 결합 과정에 개입하는 힘들에 대한 심도 있는 통찰을 주기 시작했다. 하지만 슈뢰딩거는 무언가 빠진 것을 느꼈다. "같은 구조가 3차원적으로 반복되는 비교적 단순한 방식으로" 형성된 결정체는 지나치게 질서 정연했다. 제아무리 정교하게 보이는 결정체라 하더라도 이를 구성하는 원자는 몇 종류에 불과했다. 슈뢰딩거는 생명은 예측 가능한 반복이 없는 구조로, 고도의 복잡성이 있어야만 한다고 주장했다. 슈뢰딩거는 "비주기적 결정체aperiodic crystal"라는 용어를 내놓는다. "우리는 유전자 혹은 전체 염색체 섬유가 비주기적 고체라고 믿는다."[30] 이것이 슈뢰딩거의 가설이었다. 슈뢰딩거는 주기적인 구조와 비주기적인 구조 사이의 차이에서 나오는 찬란한 아름다움을 강조하기가 무척이나 어려웠다.

> 두 구조의 차이는 같은 패턴이 일정한 주기로 계속 반복되는 평범한 벽지와, 단순한 반복이 아니라 정교하고 일관되며 '의미 있는' 디자인을 보여주는 가령 라파엘 직물 같은 명품 자수 사이의 차이와 같습니다.[31]

당시 미국으로 망명한 프랑스 물리학자 레옹 브릴루앙 같은 일부 열렬한 독자들은 슈뢰딩거가 너무 똑똑해서 오히려 완전한 설득력을 갖지 못한다고 말했다. 심지어 자기 글에서 얼마나 슈뢰딩거에게 설득되었는지를 밝혔던 사람들이었는데도 말이다. 브릴루앙은 정교하지만 생명이 없는 구조인 결정체와의 비교에 특히 매료됐다. 결정체는 어느 정도 자기 복구 능력을 가지고 있었다. 따라서 압력을 받으면 평형 상태를 유지하기 위해 원자들이 새로운 위치로 이동했다. 열역학으로, 그리고 이제는 양자역학의 개념으로 이해할 수 있는 현상이었다. 그렇다면 유기체의 자기 복구 능력은 얼마나 더 뛰어날까? "살아 있는 유기체는 상처를 치료하고 질병을 치유하며 어떤 사고로 손상된 구조를 대부분 재생할 수 있다. 가장 놀랍고도 예상할 수 없는 행태가 바로 이런 점이다."[32] 브릴루앙은 또한 슈뢰딩거를 따라 엔트로피를 활용하여 최소 규모와 최대 규모를 연결했다.

지구는 닫힌계가 아니며, 생명은 이 지구 시스템 안으로 새어 들어 오는 에너지와 네거티브 엔트로피를 먹고 산다. … 순환주기는 이렇다. 먼저 불안정한 평형상태(연료, 음식, 폭포 등)가 생성된다. 그런 다음 모든 생명체가 이 비축물들을 사용한다.

 살아 있는 생물은 통상적인 엔트로피 계산을 당혹스럽게 한다. 좀더 보편적으로 말하면 정보도 마찬가지이다. 브릴루앙의 말을 들어보자. "《뉴욕 타임스》 한 부와 인공두뇌학에 대한 책 그리고 동일한 무게의 폐지를 예로 들어보자. 이것들은 엔트로피가 같을까?" 난로에 넣을 것이라면 그렇다. 하지만 여러분이 독자라면 그렇지 않다. 잉크의 배열에는 엔트로피가 존재한다.

 브릴루앙은 그런 점에서 물리학자 스스로가 네거티브 엔트로피를 정보로 바꾸고 있다고 말했다. 물리학자는 관찰과 측정을 통해 과학적 법칙을 도출하고, 사람들은 이 법칙을 가지고 자연에서는 결코 볼 수 없는 정말 희한한 구조를 가진 기계들을 만든다. 브릴루앙이 이 글을 쓴 때는 1950년으로, 하버드를 떠나 포킵시Poughkeepsie에 있는 IBM에 들어갈 무렵이었다.[33]

 이것이 맥스웰 도깨비의 끝은 아니었다. 오히려 반대였다. 문제는 엄밀히 말해 해결되지 못했고, 도깨비는 열역학과 동떨어진 영역, 즉 기계적 연산에 대한 심도 깊은 이해도 이루지 못하고 사실상 사라지고 말았다. 후에 피터 랜즈버그Peter Landsberg는 이렇게 도깨비의 부고를 썼다. "맥스웰의 도깨비는 62세의 나이로(레오 실라르드의 논문이 등장했을 때) 사망했지만, 여전히 들떠 있는 사랑스러운 유령으로 물리학의 성채들에 출몰하고 있다."[34]

제10장 생명의 고유 코드

―

유기체의 완전한 설명서는
이미 알에 적혀 있습니다

모든 살아 있는 것들의 근원에 있는 것은
불도, 따뜻한 숨도, '생명의 불꽃'도 아니다.
근원에는 정보, 단어, 지시문이 있다.
비유를 원한다면 불과 불꽃 그리고 숨을 생각하지 마라.
대신 결정질 판에 새겨진 10억 개의
이산적 디지털 기호들을 생각하라.[1]

—

리처드 도킨스(1986)

과학자들은 자기들의 기본 입자를 사랑한다. 형질이 한 세대에서 다음 세대로 전해지려면 어떤 근원적인 형태를 취하거나 매개체가 있어야 한다. 이런 이유로 원형질이라는 상상의 입자가 나왔다. 《월간 대중 과학》은 1875년 이렇게 설명했다. "생물학자도 물리학자만큼 상상력을 과학적으로 활용해야만 한다. 물리학자가 원자와 분자를 가져야만 한다면 생물학자는 생리학적 단위, 즉 형성 분자plastic molecules 혹은 '형성자plasticules'를 가져야만 한다."[2]

'형성자'는 인기가 없었고, 거의 모든 사람들이 유전을 잘못 이해하고 있었다. 1910년 덴마크의 식물학자 빌헬름 요한센Wilhelm Johannsen이 의식적으로 '유전자'라는 단어를 만든 것은 이런 이유에서였다. 널리 알려진 미신을 바로잡으려 애썼던 요한센은 새로운 단어가 도움이 될 것이라고 생각했다. 바로 "개별적 특성"이 부모에게서 자식으로 전달된다는 미신이었다. 요한센은 미국 박물학자협회 강연에서 이것이 "유전에 대한 가장 순진하고 오래된 관념"[3]이라고 말했다. 혹할 수밖에 없는 얘기였다. 아버지와 딸이 뚱뚱하면 사람들은 아버지의 뚱뚱함이 딸의 뚱뚱함을 유발했다고, 혹은 아버지가 뚱뚱함을 딸에게 전달했다고 생각하기 쉬웠다. 하지만 이는 틀린 생각이었다. 요한센은 이렇게 말한다. "모든 유기체의 '개별적 특성'은 자손의 특성을 전혀 유발하지 않으며, 조상과 후손의 특성은 모두 발생의 기원인 생식체 같은 '성물질sexual substances'의 속성에 의해 거의 같은 방식으로 결정된다." 유전되는 것은 더 추상적이고 더 잠재적인 성질을 가지고 있다.

요한센은 잘못된 믿음을 깨기 위해 "매우 적용성이 뛰어나며 다른 단어들과 쉽게 결합할 수 있는 짧은 단어"인 '유전자'로 시작되는 새로운 용어들을 제안했다.* 자신을 비롯해 다른 사람들이 유전자가 실제로 어떤 것인지 모른다는 사실은 하등 문제가 되지 않았다. 요한센의 말을 들어보자. "'단일 인자'나 '원소' 혹은 '대립형질'을 표현하는 데 유전자라는 용어가 유용할 것이다. … '유전자'의 속성에 대해 가설을 제시하는 것은 아직까지는 의미가 없다." 그레고어 멘델Gregor Mendel은 녹색 콩과 노란색 콩을 수년 동안 연구하면서 유전자 같은 것이 틀림없이 존재함을 증명했다. 색상을 비롯한 다른 특성들은 온도와 토질 같은 많은 요소들에 따라 달라진다. 하지만 '어떤 것'은 온전히 보존되는데, 혼합되거나 분산되지 않으며, 틀림없이 정량화된다.[4] 멘델은 정확하게 명명하지는 않았지만 유전자를 발견한 것이다. 멘델에게 유전자는 물리적 실체라기보다 대수적 편의algebraic convenience에 가까웠다.

유전자에 대해 생각하던 슈뢰딩거는 난관에 부딪힌다. 어떻게 그토록 "작은 알갱이"에 유기체의 정교한 발생을 결정하는 복잡한 전체 암호문을 담을 수 있을까? 난관을 해결하기 위한 단서를 슈뢰딩거는 파동역학이나 이론물리학이 아니라 전신에서 찾았다. 바로 모스 코드였다. 슈뢰딩거는 점과 선이라는 두 개의 기호를 질서 정연하게 조합하면 모든 인간의 언어를 생성할 수 있다는 것에 주목했다. 유전자도 코드를 활용하는 것이 분명하다는 얘기였다. "축소 코드는 고도로 복잡하고 구체적인 발달의 설계도와 정확하게 일치하며, 어떤 방식이든 실행에 옮길 수단을 포함하고 있어야 한다."[5]

코드, 지시문, 신호. 기계와 공학을 연상케 하는 이런 모든 언어들이 노르만 프랑스어가 중세 영어를 침공하듯이 생물학자들을 압박했다. 1940년대만 해도 이런 전문용어들은 딱딱하고 인위적인 느낌을 주었지만 이런 느낌은 이내 곧 사그라졌다. 신생 분자생물학은 정보 저장

---

* 요한센은 이렇게 덧붙였다. "옛 용어들은 대부분 낡고 잘못된 이론과 체계를 적용하면서 절충된 것이라 부적절한 견해들이 퍼져나가게 했고, 통찰하는 데 때로 해가 되기도 했다."

과 전송을 연구하기 시작했다. 생물학자들은 "비트"를 기준으로 계산을 했다. 생물학으로 눈을 돌린 몇몇 물리학자들은 복잡성과 질서, 조직화와 특이성처럼 생물학적 특성을 논의하고 측정하는 데(아직 마땅한 도구가 없었다) 필요한 개념으로 정보를 이야기했다.[6] 빈 출신의 방사선학자로 당시 일리노이대학에 있던 헨리 콰슬러Henry Quastler는 정보이론을 생물학과 심리학에 적용했다. 콰슬러는 아미노산은 단어 하나, 단백질 분자는 단락 하나에 해당하는 정보량을 가졌다고 추정했다. 동료였던 시드니 댄코프Sidney Dancoff는 1950년 콰슬러에게 염색사는 "정보의 코드화된 선형 테이프"[7]라고 말했다.

> 전체 염색사는 "메시지"를 구성합니다. 이 메시지는 "단락" 혹은 "단어" 등으로 부를 수 있는 하부 단위로 나눌 수 있습니다. 가장 작은 메시지 단위는 아마도 예–아니요의 결정을 내릴 수 있는 일종의 플립플롭 회로일 것입니다.

1952년 콰슬러는 생물학에서 정보이론이 어떻게 쓰이는지를 다룬 학회를 주최했다. 학회는 세포 구조에서부터 효소의 촉매작용, 그리고 대규모 "생물계"에 이르는 분야에 엔트로피, 잡음, 메시지, 분화 같은 새로운 개념들을 활용하는 것에 초점을 맞췄다. 한 연구자는 단일 박테리아가 나타내는 비트의 수를 최대 10^{13}비트로 추정했다.[8] (하지만 이는 박테리아의 전체 분자 구조를 3차원으로 묘사하는 데 필요한 수치였다. 아마도 더 경제적인 표현 방식이 있었을 것이다.) 박테리아의 성장은 박테리아가 우주에서 차지하는 부분의 엔트로피 감소로 분석할 수 있었다. 콰슬러 자신은 정보량 측면에서 고등 유기체를 측정하고 싶어 했다. 다시 말해 원자가("원자로 하면 대단히 소모적일 것이다") 아니라 "유기체를 구축하기 위한 가상의 지시문"[9]이라는 관점에서 측정하는 것이다. 당연히 유전자로 갈 수밖에 없었다.

"염색체 속 어딘가에 든" 전체 지시문이 바로 게놈이다. 콰슬러에 따르면 게놈은 최소한 "성체에 대한 모든 정보의 상당 부분"을 담은 "카탈로그"였다. 하지만 유전자에 대해 알고 있는 것이 너무 없다는 점도 강조했다. 유전자는 별도의 물리적 독립체일까 아니면 서로 겹쳐진 것일까? 유전자는 "독립적인 정보원일까" 아니면 서로 영향을 미치는 것일까? 얼마큼 있는 것일까? 콰슬러는 이 모든 미지의 사실들을 한데 엮어 다음과 같은 결론에 이르렀다.

> 전체 인간과 단일 세포의 본질적 복잡도가 모두 10^{12}비트 이하 10^5 비트 이상이다. 매우 거친 추정치이긴 하지만 추정치가 아예 없는 것보다는 낫다.[10]

이런 투박한 시도들은 곧 물거품이 되었다. 섀넌의 정보이론은 생물학에 완전히 접목될 수 없었다. 문제될 건 거의 없었다. 에너지에 대한 사고에서 정보에 대한 사고로 옮겨가는 중대한 변화는 이미 진행되고 있었다.

1953년 봄 대서양 건너편 런던에 있는 《네이처Nature》 사무실에 프랑스 최초의 유전학 교수인 보리스 에프뤼시Boris Ephrussi를 필두로 파리, 취리히, 케임브리지, 제네바의 과학자들이 서명한 특이하고도 짧은 편지가 도착한다.[11] 편지에서 과학자들은 자신들이 보기에 "혼란스러운 전문용어가 증가"했다고 불평했다. 특히 박테리아의 유전적 재조합을 "전환", "유도", "형질 도입", 심지어 "감염"으로 묘사하는 것을 보았던 터였다. 이들은 문제를 단순하게 할 것을 제안했다.

이 혼란스러운 상황을 타개하기 위해 위의 용어들을 "박테리아 간 정보"로 대체할 것을 제안합니다. 이 개념은 반드시 물리적 실체의 전달을 의미하는 것은 아니며, 박테리아의 입장에서 향후 인공두뇌 학이 갖는 중요성을 인정하고 있습니다.

편지는 스위스 로카르노의 호숫가에서 과학자들끼리 점심을 먹다 나온 것이었다. 장난삼아 한 일이었지만, 매우 그럴듯하다고 판단한 《네이처》 편집진은 이 편지를 잡지에 게재했다.[12] 점심 모임의 참석자 와 서명자들 중 최연소자는 25세의 미국인 제임스 왓슨이었다.

《네이처》 다음 호는 왓슨이 공동 연구자인 프랜시스 크릭Francis Crick과 함께 쓴 서한을 실었다. 이 서한으로 두 사람은 유명세를 탔다. 이들이 유전자를 발견했던 것이다.

어떤 유전자든 간에, 또 어떤 기능을 하든 간에 유전자는 단백질일 것이라는 데 의견이 모아졌다. 유전자는 아미노산의 긴 사슬로 구성 된 거대한 유기분자라는 것이다. 1940년대에 몇몇 유전학자들은 파지 phage라는 단순한 바이러스에 초점을 맞췄다. 그러다 박테리아의 유전 에 대한 실험 결과가 나오면서 왓슨과 크릭을 비롯한 몇몇 연구자들은 다시 한 번 유전자가 알 수 없는 이유로 파지를 비롯한 동식물의 모든 세포핵에서 발견되는 다른 물질 안에 있을지 모른다고 생각했다.[13] 이 물질은 핵산의 일종인 데옥시리보핵산 혹은 DNA였다. 핵산을 연구하 는 사람들, 주로 화학자들은 분자가 뉴클레오타이드nucleotide라는 더 작은 단위로 구성된다는 사실 말고는 딱히 알아낸 것이 없었다. 여기에 비밀이 있을 것이라 확신한 왓슨과 크릭은 케임브리지의 캐번디시 연구소Cavendish Laboratory에서 그 구조를 파악하기 위해 매진했다. 하지만 이 분자들을 볼 수는 없었다. 다만 엑스선 회절을 통해 드러난 그림자를 보고 단서를 찾는 데 만족해야 했다. 그럼에도 하부 단위에 대해서는 많은 것을 알았다. 각 뉴클레오타이드는 "염기"를 지녔으며, A, C, G, T로 표기되는 단 네 개의 염기가 있었다. 염기의 비율은 정확하게 예측할 수 있었다. 코드 문자가 틀림없었다. 나머지는 상상력으로 인해 생긴 시행착오였다.

왓슨과 크릭이 발견한 이중나선은 잡지의 표지를 장식하고 조각으로 만들어지면서 아이콘이 되었다. DNA는 서로 꼬인 채 상보관계를 이루는 두 개의 긴 염기배열로 구성되며, 네 글자로 작성된 암호와 비슷하다. 꼬인 것을 풀어 나온 가닥들은 복제에 필요한 틀 역할을 한다. (이것이 슈뢰딩거가 말한 "비주기적 결정체"일까? 물리적 구조의 측면에서 엑스선 회절은 DNA가 완전히 규칙적임을 보여줬다. 비주기성은 언어의 추상적 수준, 즉 "글자들"의 배열에 놓여 있다.) 잔뜩 들뜬 크릭은 동네 술집에서 만나는 사람마다 붙잡고 자기들이 "생명의 비밀"을 발견했다고 떠들고 다녔다. 하지만 《네이처》에 실린 1페이지짜리 주해에서는 더 신중한 태도를 취했다. 크릭과 왓슨은 "과학 문헌에서 가장 소심한 진술 중 하나"[14]로 꼽히는 말로 끝을 맺었다.

> 우리가 가정했던 특정한 한 쌍이 곧 유전물질을 복제하는 메커니즘으로 가능하다는 것을 시사한다는 사실을 인지하게 되었다.[15]

몇 주 뒤 발표한 다른 논문에서는 이런 소심함은 찾아볼 수 없었다.

각 사슬에서 염기배열이 불규칙하게 나타난다는 사실을, 즉 모든 배열이 가능하다는 점을 관찰했던 것이다. "긴 분자 안에서는 수많은 순열이 가능하다는 결론이 나온다."[16] 순열이 많다는 것은 가능한 메시지가 많다는 이야기이다. "따라서 정확한 염기배열은 유전 정보를 담은 코드인 것으로 보인다." 이 발언은 대서양 양쪽을 뒤흔들었다. 이들이 말한 '코드'와 '정보'는 더 이상 비유가 아니었다.

◎　◎　◎

유기체의 거대 분자는 복잡한 구조 속에 정보를 구현한다. 하나의 헤모글로빈 분자는 네 개의 폴리펩타이드polypeptide 사슬로 구성된다. 그중 두 개는 141개의 아미노산, 다른 두 개는 146개의 아미노산이 선형적으로 배열되어 있는데 이 사슬들은 서로 묶이고 포개져 있다. 우주의 역사 속에서 수소, 산소, 탄소, 철 원자가 무작위적으로 섞일 수 있었지만 이런 식으로 헤모글로빈을 형성할 확률은 침팬지가 셰익스피어의 작품을 타자기로 칠 확률보다 높지 않다. 헤모글로빈 생성에는 에너지가 필요하다. 또한 더 단순하고 덜 패턴화된 요소로부터 만들어지며, 엔트로피 법칙이 적용된다. 지구의 생명체가 얻는 에너지는 태양의 광자로부터 온다. 정보는 진화를 통해 온다.

DNA 분자는 특별하다. DNA의 유일한 기능은 정보를 담는 것이다. 이 점을 깨달은 미생물학자들은 코드를 해독하는 일에 나섰다. 슈뢰딩거의 『생명이란 무엇인가?』를 읽고 물리학을 떠나 생물학으로 전향한 크릭은 슈뢰딩거에게 논문 사본을 보냈지만 답신을 받지 못했다.

한편 조지 가모브George Gamow는 버클리대학의 방사선연구소를 방문했다가 왓슨과 크릭의 논문을 읽게 된다. 빅뱅이론을 창시한 우크라이나 출신의 우주론학자 가모브는 위대한 아이디어를 알아보는 안목이 있었다. 가모브가 보낸 편지를 보자.

왓슨 씨와 크릭 씨에게,

저는 생물학자가 아니라 물리학자입니다. ··· 그러나 두 분이 5월 30일자 《네이처》에 실은 논문을 보고 흥분을 금치 못했습니다. 저는 이 논문으로 인해 생물학이 '정밀' 과학으로 들어갔다고 생각합니다. ··· 두 분의 관점이 정확하다면 각 유기체는 다른 염기를 대표하는 숫자 1, 2, 3, 4의 4중(?) 시스템으로 작성된 긴 수로 표현될 것입니다. ··· 이로 인해 조합론과 정수론에 기초한 매우 흥미로운 이론적 연구의 가능성이 열릴 것입니다! ··· 저는 이것이 가능하다고 생각하는데, 두 분 생각은 어떠신지요?[17]

이후 10여 년간 다방면의 세계적인 석학들이 유전 코드를 풀기 위해 애썼지만, 이들 대다수는 가모브처럼 유용하게 쓸 수 있는 생화학 지식이 부족했다. 왓슨과 크릭도 연구 초기에 수소 결합, 염 결합salt linkage, 데옥시리보스 잔류물을 가진 인산염–당 사슬 같은 전문적인 세부 내용을 해결하는 게 걸림돌이었다. 무기 이온을 3차원으로 정렬하는 방법을 배워야 했고, 화학 결합의 정확한 각도를 계산해야만 했던 것이다. 이들은 골판지와 양철로 모형을 만들었다. 하지만 이제 문제는 기호 조작이라는 추상적 게임으로 바뀌었다. DNA로부터 만들어지며, 단일 사슬인 RNA는 전령 혹은 번역자의 역할을 하는 것으로 보였다. 가모브는 이면의 화학은 전혀 중요하지 않다고 잘라 말했다. 가모브와 그의 추종자들은 이를 수학적 문제, 즉 다른 문자로 작성된 메시지들 사이의 사상mapping으로 이해했다. 이것이 코드화의 문제라면 조합론과 정보이론에서 필요한 도구를 구할 수 있었다. 이들이 물리학자뿐만 아니라 암호해독가의 조언을 구한 것은 이런 이유에서였다.

가모브는 앞뒤 재지 않고 조합론적 코드를 설계하는 일부터 시작했다. 가모브는 DNA를 구성하는 네 개의 염기서열에서 단백질을 구성하는 20개의 아미노산에 이르는 것이 문제라고 보았다. 말하자면 네 개의 글자와 20개의 단어로 된 하나의 코드였던 것이다.* 순수하게 조합론으로 분석하던 가모브는 세 글자 단어에 해당하는 뉴클레오타이드 트리플릿nucleotide triplet을 생각하게 된다. 얼마 지나지 않아 가모브는 《네이처》에 상세한 해解(곧 '다이아몬드 코드'라고 세상에 알려졌다)를 발표했다. 몇 달 후 크릭은 그 해가 완전히 틀렸음을 증명했다. 단백질 순열에 대한 실험 데이터는 다이아몬드 코드를 배제했다. 그래도 가모브는 포기하지 않았다. 트리플릿은 꽤나 매력적인 아이디어였다. 예상치 못했던 과학자들이 사냥에 동참했다. 물리학자 출신으로 캘테크Caltech의 생물학자인 막스 델브뤼크Max Delbrück, 델브뤼크의 친구이자 양자이론가인 리처드 파인먼, 유명한 폭탄 제조인인 에드워드 텔러Edward Teller, 또 다른 로스앨러모스 동창생이자 수학자인 니컬러스 메트로폴리스Nicholas Metropolis 그리고 크릭의 캐번디시 연구소 동료인 시드니 브레너Sydney Brenner였다.

이들 모두는 코드화에 대해 다른 생각들을 갖고 있었다. 이 문제를 수학적으로 다루는 것은 가모브조차도 버거워 보였다. 가모브가 1954년 보낸 편지를 보자. "전시에 적의 메시지를 해독하는 것처럼 성공 여부는 코드화된 텍스트의 가용한 길이에 달려 있습니다. 모든 정보장교가 말하듯 이 일은 아주 힘들며 성공은 대개 운에 좌우됩니다. … 전자

---

* 가모브는 20개 아미노산의 목록을 작성할 때 실제로 알려진 것보다 앞서갔다. 가모브의 목록은 정확하지 않았지만 20개라는 숫자는 옳은 것으로 드러났다.

컴퓨터 없이 문제를 풀 수 있을지 걱정스럽습니다."[18] 가모브와 왓슨은 모임을 만들었다. 정확히 20명의 회원으로 구성된 'RNA 넥타이 클럽'이었다. 회원들 모두는 가모브가 디자인하고 로스앤젤레스의 한 양복점에서 만든 검은색과 초록색으로 된 모직 넥타이를 받았다. 가모브는 활동을 하는 것 외에 저널 발행을 대신할 의사소통 채널을 만들고 싶어 했다. 과학계 소식이 그토록 빨리 퍼져나간 적은 한 번도 없었다. 다른 회원인 군터 스텐트는 이렇게 말했다. "대서양을 사이에 두고 이뤄지는 격의 없는 토론에서 핵심 개념들 다수가 처음 제시되었고 이후 개인적으로 아는 해외 연구자들에게 입소문을 내면서 금세 전문가에게 전달됐다."[19] 물론 출발점이 틀렸고, 엉뚱한 추론이 나왔으며, 그리하여 진퇴양난의 상황에 빠졌다. 기존 생화학계도 언제나 협조적인 것만은 아니었다.

시간이 흐른 후 크릭은 이렇게 말했다. "사람들이 꼭 코드를 '믿은' 것은 아니었습니다. 대다수 생화학자들은 절대 이런 방식으로 생각하지 않았습니다. 완전히 새로운 견해인 데다 생화학자들은 코드가 지나치게 단순화됐다고 생각하는 경향이 있었습니다."[20] 생화학자들은 단백질을 이해하는 방법은 효소계와 펩타이드 단위의 결합을 연구하는 것이라고 생각했다. 충분히 그럴듯했다.

> 생화학자들은 단백질 합성을 한 대상에서 다른 대상으로 코드화하는 단순한 문제로 볼 수 없다고 생각했습니다. 너무 '물리학자'가 만들어낸 것 같다는 얘기였습니다. … 세 개의 뉴클레오타이드가 하나의 아미노산을 코드화한다는 간단한 아이디어에 대해 어떤 거부감이 있었던 겁니다. 사람들은 오히려 사기에 가깝다고 생각했습니다.

이들과는 완전히 달랐던 가모브는 충격적일 만큼 단순한 아이디어, 즉 모든 살아 있는 유기체는 "네 자리 체계로 적힌 긴 수"[21]로 결정된다는 견해를 내세우기 위해 생화학적 세부 내용들을 무시했다. 가모브는 이를 "짐승의 수"(계시록에서 따옴)라고 불렀다. 두 마리의 짐승이 같은 숫자라면 이는 일란성 쌍둥이이다.

'코드'라는 단어가 널리 회자되었기 때문에 사람들은 화학에서 분자를 다룰 때 추상적 기호가 임의의 다른 추상적 기호를 나타내는 일이 얼마나 이상한 것인지 거의 인식하지 못했다. 유전 코드는 괴델이 철학적 의도를 가지고 만든 메타수학적 코드와 놀라울 정도로 비슷한 기능을 수행했다. 괴델의 코드가 수식과 연산을 보통의 정수로 대체하는 것처럼 유전 코드는 뉴클레오타이드 트리플릿을 이용해 아미노산을 나타낸다. 더글러스 호프스태터는 1980년대에 최초로 이 연관성을 확실하게 밝힌 사람이었다. "DNA 분자가 자기 복제를 할 수 있게 하는 살아 있는 세포의 복잡한 장치와, 공식이 자신을 표현할 수 있게 하는 수학적 체계의 영리한 장치"[22] 사이의 연관성을 보여준 것이다. 두 경우 모두에서 호프스태터는 꼬여 있는 피드백 고리를 보았다. 호프스태터는 이렇게 썼다. "누구도 한 집합의 화학물질이 다른 집합의 화학물질을 위한 '코드'가 될 수 있다고 전혀 생각하지 못했다."

사실 이런 생각은 다소 당황스럽다. 만약 코드가 존재한다면 누가 고안했는가? 어떤 메시지가 거기에 적히는가? 누가 쓰는가? 누가 읽는가?

넥타이 클럽은 정보의 저장만이 아니라 전송도 문제라는 사실을 깨달았다. DNA는 두 가지 다른 기능을 수행한다. 첫째, 정보를 보존한다. 수십억 번 자신을 복사하여 자료를 안전하게 지키는 알렉산드리아 도서관처럼 DNA는 누대에 걸쳐 세대에서 세대로 자신을 복사함으로써 정보를 보존한다. 아름다운 이중나선이기는 하지만, 정보 저장은 본질적으로 1차원적이다. 구성요소들이 한 줄로 배열되는 것이다. 인간 DNA의 경우 뉴클레오타이드의 수는 10억 개 이상이며, 이 상세한 기가바이트의 메시지가 완벽하게 혹은 거의 완벽하게 보존되어야 한다. 둘째, DNA는 또한 유기체의 형성 과정에서 활용하기 위해 그 정보를 밖으로 내보내야 한다. 1차원적 가닥에 저장된 데이터가 3차원으로 펼쳐져야 하는 것이다. 정보 전달은 핵산에서 단백질로 전해지는 메시지를 통해 이뤄진다. 따라서 DNA는 자기를 복제할 뿐만 아니라 이와 별개로 완전히 다른 대상의 제조도 지시한다. 그 자체로 엄청나게 복잡한 이 단백질들은 회반죽과 벽돌 같은 몸의 구성요소일 뿐만 아니라 제어시스템이고, 배관과 배선 그리고 화학적 신호로 성장을 제어한다.

DNA 복제는 정보를 복사하는 것이다. 단백질 제조는 정보를 전송하는 것이다. 다시 말해 메시지를 보내는 것이다. 생물학자들은 이제 '메시지'가 무엇인지 잘 정의할 수 있을 뿐만 아니라 어떤 특정한 실체로부터 나온 것이기 때문에 이 사실을 분명하게 볼 수 있었다. 메시지가 음파나 전자파를 통해 전달된다면 화학적 과정을 통하지 못할 이유가 무엇일까?

가모브는 이 문제를 이렇게 표현했다. "살아 있는 세포의 핵은 정보의 창고이다."[23] 또한 정보의 전달체이다. 모든 생명의 지속성은 이 "정보 시스템"에서 나온다. 유전학의 적절한 연구 대상은 "세포의 언어"이다.

자신의 다이아몬드 코드가 틀린 것으로 판명되자 가모브는 "삼각 코드"를, 그리고 다양하게 변형한 코드를 만들었지만 역시 실패하고 말았다. 트리플릿 코돈codon들이 여전히 핵심적이었고, 아주 가까운 곳에 답이 있는 것으로 보였지만 손에 잡히지는 않았다. 문제는 연속된 것으로 보이는 DNA와 RNA 가닥에 자연이 어떻게 구두점을 찍는가였다. 모스 코드에서 글자를 분리하는 휴지부나 단어를 분리하는 여백에 해당하는 생물학적 등가물을 본 사람은 아무도 없었다. 어쩌면 모든 네 번째 염기가 구두점일 수도 있었다. 혹은 크릭이 말한 것처럼 일부 트리플릿이 '의미'가 있고, 다른 트리플릿들은 '무의미'하다면 구두점이 필요 없을 수도 있었다.[24] 아니면 특정한 지점에서 출발하여 뉴클레오타이드를 세 개씩 끊어서 세는 일종의 테이프 판독기가 필요할 수도 있었다. 이 문제에 이끌린 수학자들 중에는 캘리포니아 패서디나에 새로 생긴 제트추진연구소Jet Propulsion Laboratory에서 우주항공을 연구하는 그룹이 있었다. 이들은 이 문제가 섀넌의 코딩이론에 있는 전형적인 문제라고 보았다. "뉴클레오타이드 배열은 구두점 없이 작성된 무한한 메시지로, 여기에 적절하게 구두점을 넣어 어떤 유한한 부분이라도 아미노산 서열로 해독할 수 있어야 한다."[25] 이들은 코드의 '사전'을 만들었다. 아울러 '오식誤植'의 문제를 검토했다.

생화학이 문제였다. 배양접시와 실험대가 없는 암호분석가들은 모두 무엇이 가능한 해답인지를 알아낼 수 없었다. 1960년대 초 풀린 유전 코드는 잉여성이 가득한 것으로 밝혀졌다. 뉴클레오타이드에서 아미노산까지 사상mapping의 대부분은 임의적인 것으로 보였으며, 가모브가 추정했던 것들과 달리 깔끔한 패턴을 지니지 않았다. 일부 아미노산은 코돈 하나에만 해당했고, 다른 것들은 두 개나 네 개 혹은 여섯 개의 코돈에 해당했다. 리보솜ribosome이라는 입자는 RNA 가닥에 맞물려서 한 번에 세 개의 염기씩 번역했다. 코돈 중에는 잉여적인 것도 있고, 사실상 시작 신호와 정지 신호의 기능을 하는 것도 있다. 잉여성은 정확히 정보이론가들이 예상한 기능을 수행한다. 즉, 오류에 대한 허용오차를 제공하는 것이다. 잡음은 다른 모든 메시지와 같이 생물학적 메시지에도 영향을 미친다. DNA의 오류, 즉 오식은 돌연변이를 초래한다.

정확한 해답에 채 도달하기도 전에 크릭은 자신이 중심원리Central Dogma라고 부른(요즘도 그렇게 불리고 있다) 진술을 통해 근본 원칙들을 확립했다. 중심원리는 진화의 방향과 생명의 기원에 대한 가설이다. 또 이는 (유전 코드를 만드는) 화학적 알파벳 안의 섀넌 엔트로피를 통해 증명할 수 있다.

> 일단 단백질 안으로 전달된 '정보'는 '다시 나올 수 없다'. 구체적으로 설명하면 핵산에서 핵산으로 혹은 핵산에서 단백질로 정보를 전달할 수 있지만, 단백질에서 단백질로 혹은 단백질에서 핵산으로 전달하는 것은 불가능하다. 여기서 정보는 서열을 '정확하게' 지정하는 것을 의미한다.[26]

유전적 메시지는 독립적이며 뚫고 들어갈 수 없다. 외부 사건으로부터 온 어떤 정보도 유전적 메시지를 바꿀 수 없다는 말이다.

정보가 이토록 작게 쓰인 적은 한 번도 없었다. 옹스트롬angstrom(빛의 파장이나 원자의 배열을 잴 때 쓰는 길이의 단위로, 1옹스트롬은 0.1나노미터_옮긴이) 크기에, 아무도 못 보는 곳에서 만들어졌으며, 바늘귀 안에 있는 '생명의 책'에 쓰인 것이다.

◎ ◉ ◎

'모든 생명은 알에서 나온다Omne vivum ex ovo.' 1971년 겨울 케임브리지에서 시드니 브레너는 위대한 분자생물학 역사가인 호레이스 프리랜드 저드슨Horace Freeland Judson에게 이렇게 말했다. "유기체의 완전한 설명서는 이미 알에 적혀 있습니다. 모든 동물 안에는 그 동물에 대한 내부의 설명서가 있습니다. … 어려운 점은 엄청난 양의 세부사항을 포함해야만 한다는 것입니다. 가장 경제적인 언어는 이미 거기 있는 분자 단위의 유전적 설명서에 있습니다. 우리는 아직 그 언어로 '이름들'이 무엇인지 모릅니다. 유기체는 '자신'에게 어떤 이름을 붙일까요? 우리는 유기체가 (예를 들어) 손가락에 대한 명칭을 갖고 있다고 말할 수 없습니다. 손을 만드는 설명서를 장갑을 만들 때 사용하는 용어들로 표현할 수 있다는 보장은 없습니다."[27]

브레너는 킹스칼리지에서 저녁을 먹기 전 셰리주를 마시며 생각에 잠겼다. 20년 전 크릭과 함께 연구를 시작했을 때 분자생물학은 이름조차 없는 상태였다. 그로부터 20년 후인 1990년대 전 세계의 과학자들은 대략 2만 개의 유전자와 30억 개의 염기쌍으로 구성된 인간 게놈의 전체 지도를 그리는 일에 착수한다. 가장 근본적인 변화는 무엇이었을까? 바로 에너지와 물질에서 정보로의 프레임 전환이었다.

브레너의 말을 들어보자. "1950년대까지 생화학의 모든 것은 세포의 기능에 필요한 에너지와 물질을 어디서 얻는지에 관한 것이었습니다. 생화학자들은 에너지와 물질의 흐름만 생각했습니다. 분자생물학자들이 정보의 흐름을 이야기하기 시작했습니다. 돌이켜보면 이중나선 구조 덕분에 에너지나 물질과 똑같이 생물계의 정보를 연구할 수 있다는 깨달음을 얻었음을 알 수 있습니다. … 자 그러면, 사례를 하나

들어보겠습니다. 20년 전쯤 생물학자에게 가서 어떻게 단백질을 만드느냐고 질문한다고 합시다. 그러면 생물학자는 이렇게 대답했을 겁니다. '지긋지긋한 문제군요. 저도 모릅니다. … 하지만 펩타이드 결합에 필요한 에너지를 어디서 얻는가 하는 것이 중요한 문제입니다.' 반면 분자생물학자는 이렇게 말할 겁니다. '그게 문제가 아니에요. 아미노산 서열을 조합하는 데 필요한 지시문을 어디서 얻느냐가 중요하지 에너지는 상관없어요. 에너지는 자기가 알아서 할 겁니다.'"

이즈음 생물학자들은 '알파벳', '라이브러리', '편집', '교정', '전사轉寫', '번역', '난센스', '동의어', '잉여성' 같은 전문용어를 사용했다. 유전학과 DNA는 암호전문가들의 관심뿐만 아니라 정통파 언어학자들의 관심까지 끌어들였다. 비교적 안정된 상태에서 다른 상태로 전환할 수 있는 특정한 단백질은 암호화된 명령문을 받아서 이웃에게 전달하는 릴레이의 기능을 수행하는 것으로 밝혀졌다. 말하자면 3차원 통신망의 개폐소인 셈이었다. 브레너는 앞으로 컴퓨터공학에도 관심이 쏠릴 것으로 내다봤다. 또한 카오스와 복잡계 과학도 생각하고 있었다(아직까지는 이들 과학의 명칭조차도 없던 때였다). "향후 25년 동안 우리는 생물학자들에게 또 다른 언어를 가르쳐야 할 것입니다. 그게 뭔지는 아직은 모르겠습니다. 아무도 모릅니다. 하지만 정교한 시스템에 대한 이론의 근본문제를 다루는 것이 하나의 목표가 될 것이라 생각합니다." 브레너는 정보이론과 인공두뇌학의 여명기에 존 폰 노이만이 연산기계가 작동하는 방식을 기초로 생리적, 심리적 과정을 해석하자고 제안한 것을 떠올렸다. 브레너는 이렇게 말한다. "다시 말해 물리학 같은 학문은 법칙을 토대로 돌아가고, 분자생물학 같은 학문은 지금까지 메커니즘에 대해 다루었지만, 이제부터는 알고리즘, 처리법, 절차에 대해 생각해야 할지도 모르겠습니다."

쥐가 무엇인지 알고 싶다면 어떻게 쥐를 만들 수 있는지 물으면 된다는 얘기였다. 쥐는 어떻게 자신을 만들까? 쥐의 유전자는 서로를 켜고 끄면서 단계적으로 연산을 실행한다. "저는 이 새로운 분자생물학이 고도의 논리적 컴퓨터, 프로그램, 발생의 알고리즘을 연구하는 방향으로 나아가야 한다고 생각합니다. … 다른 학문이라고 생각하지 말고 분자적 수준의 하드웨어와 이 모두를 조직하는 방식인 '논리적' 소프트웨어를 융합하기를, 이 둘 사이를 넘나들기를 기대합니다."

◎　　◎　　◎

당시에도(특히 당시에는) 유전자는 생각하는 바와 달랐다. 식물학자의 예감과 대수적 편의성에 의해 시작된 유전자는 염색체까지 추적되면서 꼬인 가닥을 가진 분자라는 것이 밝혀졌다. 학자들은 유전자를 해독하고, 하나하나 나열했으며, 목록을 작성했다. 그러다가 분자생물학이 절정에 이르면서 유전자에 대한 견해는 다시 한 번 사슬에서 풀려났다.

유전자는 알면 알수록 더 정의하기 어려웠다. 유전자는 DNA 그 이상도 이하도 아닌 것일까? DNA로 '구성'되는 것일까, 아니면 DNA로 '전달'되는 것일까? 물질적 대상으로 정확하게 파악할 수 있기나 한 것일까?

모든 사람이 문제가 있다고 동의한 것은 아니었다. 1977년 군터 스텐트는 분자생물학의 위업 중 하나는 멘델 유전자를 특정 길이의 DNA로 "명확하게 확인한 것"이라고 밝혔다. 스텐트는 이렇게 썼다. "이제 유전학을 연구하는 학자들은 모두 '유전자'라는 용어를 이런 의미로 사용한다."[28] 이를 전문적이지만 간결하게 표현하면 이렇다. "사실 유전자는 단백질 아미노산의 선형적 배열을 결정하는 DNA 뉴클레오타이드의 선형적 배열이다." 스텐트에 따르면 이 정의를 확립한 사람은 시모어 벤저Seymour Benzer였다.

하지만 벤저 자신은 그리 낙관적이지는 않았다. 벤저는 1957년 고전적 유전자는 죽었다고 주장한 바 있었다. 유전자는 재조합의 단위, 변이의 단위, 기능의 단위, 이 세 가지를 한꺼번에 뒷받침하는 개념이었다. 하지만 이미 이 세 가지가 양립할 수 없다고 의심할 만한 확실한 이유가 있었다. DNA 가닥은 줄에 꿴 구슬이나 문장을 구성하는 글자처럼 많은 염기쌍을 담는다. 따라서 물리적 대상으로서 유전자는 기본 단위로 불릴 수 없었다. 벤저는 재조합으로 교체되는 최소 단위로 '레콘recon', 변이의 최소 단위(단일 염기쌍)로 '뮤톤muton', 기능의 단위로 '시스트론cistron'이라는 새로운 입자명을 제안했다. 하지만 이번에는 시스트론을 정의하기가 어려웠다. 이에 대해 벤저는 이렇게 말한다. "어떤 수준의 기능을 뜻하느냐에 달려 있다."[29] 단지 아미노산의 세부적인 사양일 수도 있고 "'하나의' 특정한 생리적 말단 효과end effect로 이어지는" 전체 단계들의 총체일 수도 있다. '유전자'라는 단어는 사라지지 않을 테지만 이는 짧은 단어 하나가 지기에는 큰 부담이었다.

이후 벌어진 일들 중 하나는 분자생물학과 (식물학부터 고생물학까지 다양한 분야를 연구하는) 진화생물학의 충돌이었다. 과학의 역사에서 일어난 다른 충돌들만큼이나 생산적인 충돌이었지만(머지않아 어느 쪽도 다른 쪽 없이 앞으로 나아갈 수 없는 상황이 되었다) 그 과정에서 약간의 불꽃이 튀었다. 이 논쟁의 불꽃을 대부분 일으킨 장본인은 옥스퍼드대학의 젊은 동물학자인 리처드 도킨스였다. 도킨스는 대다수의 동료 학자들이 생명을 잘못된 관점에서 바라보고 있다고 생각했다.

분자생물학이 DNA의 세부사항을 완벽하게 파악하게 되고, 분자계의 신동인 DNA를 다루는 기술이 발전하면서 사람들은 자연스럽게 생명에 대한 거대한 질문, 즉 '유기체는 어떻게 자신을 재생산하는가'에 대한 답이 DNA에 있다고 보았다. 우리는 폐로 숨 쉬고 눈으로 보듯이 DNA를 이용한다. 우리가 DNA를 '이용'하는 것이다. 하지만 도킨스는 이렇게 말한다. "이런 사고방식은 아주 심각한 오류이며, 진실을 완전히 거꾸로 뒤집은 것이다."[30] DNA가 수십억 년 먼저 등장했으며, 제대로 된 관점에서 생명을 바라보면 지금도 DNA가 먼저라는 주장이었다. 이에 따르면 유전자가 중심이고, 필수조건이며, 주연이다. 도킨스는 1976년 자신의 첫 책이자 대중을 상대로 쓴 도발적인 제목의 책 『이기적 유전자』에서 "우리는 생존 기계, 즉 유전자로 알려진 이기적 분자를 보존하도록 맹목적으로 프로그래밍 된 로봇 이동수단"[31]이라고 주장함으로써 수십 년에 걸친 논쟁을 촉발시켰다. 이는 자신이 수년 전부터 알고 있었던 진실이라고 말했다.

유기체가 아니라 유전자가 자연선택의 진정한 단위이다. 자신을 복제하는 흔치 않은 속성을 가진 유전자는 원시 수프primordial soup에서 우연히 형성된 분자인 "자기 복제자replicator"로 시작했다.

자기 복제자들은 생존술의 대가들이다. 하지만 바다에서 둥둥 떠다닐 것이라고는 생각하지 마라. 이들이 이런 호탕한 자유를 버린 지는 오래되었다. 이제는 거대한 식민지 안에서 무리지어 살면서, 외부 세계와 차단된 채 크고 육중한 로봇 안에 안전하게 있으면서 구불구불한 간접적 경로를 통해 로봇과 통신하고 원격 제어로 조종하면서 지낸다. 자기 복제자들은 당신과 내 안에 있다. 이들이 우리의 몸과 마음을 창조했으며, 자기 복제자의 보존이 우리 존재의 궁극적인 이유이다. 이 복제자들은 먼 길을 왔다. 이제 그들은 유전

자라는 이름으로 통하며, 우리는 그들의 생존 기계이다.[32]

이런 주장은 자신을 로봇 이상으로 생각하는 유기체들의 화를 돋우기에 충분했다. 1977년 스티븐 제이 굴드Stephen Jay Gould는 이렇게 썼다. "리처드 도킨스라는 영국의 생물학자가 최근에 유전자 자체가 선택의 단위이며 개체는 단지 일시적인 수용체일 뿐이라고 주장해 나를 화나게 했다."[33] 굴드의 편에는 많은 사람들이 있었다. 군터 스텐트는 많은 분자생물학자들을 대신하여 도킨스를 "동물행동을 연구하는 서른여섯 살의 학생"[34]으로 폄하하고, "자연물에 영혼이 깃들어 있다고 보는 물활론物活論이라는 과학 이전의 낡은 전통"에 속한다고 치부했다.

하지만 도킨스의 책은 명민하고 획기적이었다. 책은 유전자에 대한 새롭고 다층적인 이해를 확립했다. 처음에 이기적 유전자라는 개념은 관점 비틀기 혹은 장난으로 보였다. 새뮤얼 버틀러는 1세기 전에 암탉은 달걀이 다른 달걀을 만들어내는 수단일 뿐이라고 말한 바 있었다(자신이 처음이라고 주장하지는 않았다). 버틀러는 나름대로 매우 진지했다.

> 모든 생명체는 나름의 방식으로 자신의 발달을 "진행"한다. 달걀은 자신의 발달을 매우 우회적인 방식으로 진행하는 것처럼 보일 수 있다. 하지만 그게 달걀의 방식이며, 대체로 이에 대해 인간이 불평할 마땅한 이유는 없다. 암탉이 달걀보다 더 활기찬 것으로 여겨지고, 달걀이 암탉을 낳는 것이 아니라 암탉이 달걀을 낳는다고 말해야만 하는 이유는 무엇인가? 이런 물음들은 철학적으로 설명할 수 있는 수준의 질문이 아니다. 하지만 자기 자신을 상기시키지 않는 모든 존재를 오랫동안 무시해온 인간의 자만과 습관이 아마도 가장 적절한 답이 될 것이다.[35]

이런 말도 덧붙였다. "그러나, 아마도, 결국, 진정한 이유는 달걀은 암탉을 낳은 후 울지 않기 때문일 것이다." 얼마 후, 'X는 Y가 다른 Y를 만들어내는 수단일 뿐'이라는 버틀러의 말은 많은 형태로 재등장하기 시작했다. 1995년 대니얼 데닛Daniel Dennett은 이렇게 말했다. "학자는 도서관이 다른 도서관을 만들어내는 수단일 뿐이다."[36] 역시 완전히 농담만은 아니었다.

1878년 인간 중심의 생명관을 풍자한 것은 버틀러의 혜안이었다. 하지만 다윈을 읽은 후 모든 피조물이 '호모 사피엔스'를 위해 설계된 것은 아니라는 점을 알게 된다. "인간중심주의는 지성의 발전을 가로막는 해악이다."[37] 이것은 1세기 후 에드워드 윌슨Edward O. Wilson이 한 말이지만, 도킨스의 근본적인 관점의 전환에는 못 미쳤다. 도킨스는 다양한 영예를 누리던 인간(그리고 암탉)뿐만 아니라 유기체를 한쪽으로 밀어내고 있었다. 어떻게 생물학이 유기체에 대한 연구가 '아닐' 수 있을까? 오히려 "생물학을 다시 올바른 길로 돌려놓고 역사와 중요성 면에서 복제자가 먼저라는 것을 우리 자신이 깨달으려면 의도적인 정신적 노력이 필요하다"[38]라는 그의 말은 그 어려움을 과소평가한 것이었다.

도킨스는 이타주의를 설명하는 것에 일부 목적이 있었다. 다시 말해서 개체가 최선의 이익에 반하는 행동을 하는 이유를 설명하는 것이다. 자연에는 동물들이 자손이나 친족 혹은 단지 유전자 모임의 동료를 위해 목숨을 거는 사례들로 가득하다. 또한 음식을 나누어 먹고, 힘을 모아 벌집과 댐을 만들며, 억척스럽게 알을 보호한다. 이런 행동을 설명하려면(같은 맥락에서 모든 적응을 설명하려면) 우리는 범죄수사관처럼 질문해야 한다. "누가 이득을 보는가cui bono?" 포식자를 발견한 새가 노출의 위험을 무릅쓰고 울음소리로 무리에게 경고를 보낼 때 누가 이득을 보는가?

과科, 족族, 종種 같은 집단의 이로움을 기준으로 생각하기 쉽지만 대부분의 이론가들은 진화가 그런 방식으로 작동하지 않는다는 데 동의한다. 자연선택은 집단적 수준에서는 거의 일어나지 않는다. 하지만 개체들이 특정한 종류의 유전자를 미래로 퍼트리려고 노력한다고 생각하면 많은 설명들이 깔끔하게 들어맞는다. 종은 대부분의 유전자를 공유하며, 혈족은 더 많은 유전자를 공유한다. 물론 개체는 유전자에 대해 모른다. 개체는 그런 일을 하기 위해 의식적으로 '노력'하지 않는다. 누구도 두뇌가 없는 아주 작은 독립체인 유전자 자체에 의도가 있다고 생각하지 않는다. 그러나 도킨스가 보여준 것처럼 관점을 바꾸어 유전자가 자신의 복제를 최대화하기 위해 움직인다고 말하면 꽤나 잘 들어맞는다. 예를 들어 유전자는 "후대의 몸에 포식자로부터 잘 도망칠 수 있도록 긴 다리를 갖게 해 생존을 확실하게 할지 모른다".[39] 또한 유전자는 자손을 보호하기 위해 생명을 희생하게 만드는 본능적 충동을 유기체에 부여함으로써 자신의 수를 최대한 늘릴 수 있다. 이 경우 특정한 DNA 덩어리인 유전자 자체는 피조물과 함께 죽지만 복제본은 살아남는다. 이 과정은 맹목적이다. 앞을 내다보는 것도 아니고, 의도도 없으며, 상황에 대해 알고 있는 것도 아니다. 유전자 역시 맹목적이었다. 도킨스는 이렇게 말한다. "유전자는 미리 계획하지 않는다. 유전자는 단지 '존재할' 뿐이며, 일부 유전자는 다른 유전자보다 더 그렇다. 그것이 전부이다."[40]

생명의 역사는 구성요소가 될 만큼 충분히 복잡한 분자, 즉 복제자가 우연히 등장하면서 시작됐다. 복제자는 정보 전달자로서 자신을 복제함으로써 생존하고 확산된다. 복제는 일관되고 안정적이어야 하지만 완벽할 필요는 없다. 오히려 진화가 진행되려면 오류가 나타나야 한다. 복제자는 DNA, 심지어 단백질보다 훨씬 이전에 존재했을 것이

다. 스코틀랜드 생물학자인 알렉산더 케언스-스미스Alexander Cairns-Smith
가 내놓은 시나리오에 따르면 복제자는 규산염 무기질의 복잡한 분자
로 구성된 끈적끈적한 점토 결정층에서 나타났다. 좀 더 전통적인 '원
시 수프'를 진화의 발판으로 삼는 시나리오도 있다. 어쨌든 정보를 담
은 이 거대 분자는 다른 것들보다 빨리 해체되는 것도 있고, 사본을 더
많이 만들거나 더 좋게 만드는 것도 있으며, 경쟁 분자를 파괴하는 화
학적 효과를 지닌 것도 있다. 리보핵산 분자인 RNA는 작은 맥스웰의
도깨비처럼 광자 에너지를 흡수하여 정보를 풍부히 담은 분자를 더 크
고 더 많이 만드는 데 이바지한다. 아주 조금 더 안정적인 DNA는 자
기를 복제하는 동시에 다른 종류의 분자를 제조하는 이중적인 능력을
가지는데 여기에는 특별한 장점이 있다. DNA는 주위에 단백질 껍데
기를 만들어서 자신을 보호할 수 있는 것이다. 이것이 도킨스가 말한
"생존 기계"이다. 생존 기계는 먼저 세포에서 시작하여 막, 조직, 사
지, 장기, 기술의 가짓수를 늘리면서 계속 몸집을 불려간다. 유전자의
복잡한 매개체인 생존 기계는 다른 매개체와 경주를 벌이고, 에너지를
전환하며, 심지어 정보를 처리한다. 생존 게임에서 일부 매개체는 다
른 매개체를 패배시키고, 따돌리며, 더 많이 번식한다.

다소 시간이 걸리기는 했지만 유전자 중심, 정보 기반의 관점은 생
명의 역사를 추적하는 새로운 종류의 조사연구로 이어졌다. 고생물학
자들은 화석 기록을 통해 날개와 꼬리의 골격상의 전구체前驅體를 살펴
보지만, 분자생물학자와 생물물리학자들은 헤모글로빈과 종양 유전자
그리고 나머지 모든 단백질과 효소의 자료실에서 DNA의 숨길 수 없는
유물을 찾는다. 베르너 뢰벤슈타인은 "분자고고학이 형성되고 있다"[41]
라고 말한다. 생명의 역사는 네거티브 엔트로피의 관점에서 기록된다.
"실제로 진화하는 것은 그 모든 형태 혹은 변형 안에 있는 정보이다.

내 생각에 생명체에 대한 지침서 같은 것이 존재한다면 첫 줄에 하나의 계명처럼 '너의 정보를 더 키워라'라고 적혀 있을 것이다."

◎   ◉   ◎

하나의 유전자가 유기체를 형성하는 일은 없다. 곤충과 식물 그리고 동물은 수많은 유전자들의 집단이자 공동 매개체들이며 협력적인 집합으로, 수많은 유전자들은 유기체의 발달 과정에서 각자 맡은 역할을 한다. 또한 시간과 공간을 넘어 확장되는 영향의 위계 안에서 각 유전자가 수많은 다른 유전자들과 상호작용 하는 복잡한 총체이다. 몸은 유전자의 식민지이다. 물론 몸은 하나의 단위처럼 행동하고 움직이고 번식한다. 나아가 적어도 하나의 종으로 말하면 스스로를 하나의 단위가 확실하다고 느낀다. 유전자 중심 관점으로 인해 생물학자들은 인간 게놈을 형성하는 유전자는 어떤 한 개인이 전달하는 유전자들의 일부에 불과하다는 사실을 인식하게 되었다. 인간은(다른 종들처럼) 특히 피부에서 소화계에 걸쳐 존재하는 박테리아를 비롯한 미생물들의 전체 생태계를 부양하기 때문이다. 우리의 "미생물 군집"은 소화를 돕고 질병과 싸우는 동시에 자신의 이익을 위해 빠르고 유연하게 진화한다. 이 모든 유전자들은 서로서로 경쟁하고, 자연의 방대한 유전자 풀pool에 있는 대체 가능한 대립 유전자들과 경쟁하지만 더 이상 자기들끼리는 경쟁하지 않는 상호 공진화共進化의 장대한 과정에 참여한다. 이들의 성패는 상호작용에서 나온다. 도킨스의 말을 들어보자. "선택은 '다른 유전자들이 있는 곳에서 성공하고, 결국 그들이 있는 곳에서' 성공하는 유전자를 선호한다."[42]

어느 한 유전자의 효과는 전체와의 상호작용, 환경의 영향 그리고 알 수 없는 우연에 좌우된다. 실제로 유전자의 '효과'를 말하는 것만도 복잡한 일이 된다. 유전자의 효과를 유전자가 합성하는 단백질이라고 말하는 것으로는 충분하지 않다. 양이나 까마귀가 검은색을 띠게 하는 유전자를 가졌다고 말할 수 있다. 이는 털과 깃털에 검은 색소를 만드는 단백질을 생성하는 유전자일 수 있다. 하지만 양과 까마귀 그리고 다른 모든 생물들은 다양한 환경에서 다양한 정도로 검은색을 나타낸다. 이처럼 단순해 보이는 속성조차 생물학적 점멸 스위치를 갖는 경우는 드물다. 도킨스는 검은 색소의 합성을 가능케 하는 유전자 중에서 간접적이고 멀리까지 많은 영향을 주는 효소로 작용하는 단백질 합성 유전자의 사례를 들었다.[43] 한층 더 멀리까지 영향을 주는 유전자로, 유기체가 검은 색소의 형성에 필요한 햇빛을 찾도록 만드는 유전자를 생각해보자. 이런 유전자는 단순한 공모자의 역할을 하지만 그 역할은 필수적일 수 있다. 하지만 이를 검은색을 '위한' 유전자라고 부르기는 어렵다. 비만, 공격성, 둥지 짓기, 똑똑함, 동성애 같은 더 복잡한 속성들에 대한 유전자를 구체적으로 명시하기는 더욱 어렵다.

이런 것들을 위한 유전자가 있을까? 유전자가 단백질을 표현하는 DNA의 특정한 가닥이라면 그렇지 않다. 엄밀하게 따지자면 심지어 눈의 색깔을 비롯하여 거의 모든 것을 위한 유전자가 따로 있다고 말할 수 없다. 대신 유전자 사이의 차이가 표현형(실현된 유기체)의 차이를 낳는 경향이 있다고 말해야 한다. 그러나 유전 연구의 초창기부터 과학자들은 유전자를 더 넓게 이야기해왔다. 한 인구집단이 키 같은 일부 특질에서 다양한 형태를 보이고, 그 변이가 자연선택을 따른다면 적어도 어느 정도는 유전적이라고 할 수 있다. 키의 변이에는 유전적 요소가 있는 것이다. 긴 다리를 위한 유전자는 없다.[44] 아예 다리를 위한 유전자가 없다. 다리가 형성되려면 수많은 유전자가 필요하다. 각각의 유전자는 단백질의 형태로 지시를 내린다. 개중에는 재료를 만드는 것도 있고, 타이머와 점멸 스위치를 만드는 것도 있다. 또한 일부 유전자는 분명히 다리를 더 길게 하는 데 영향을 주며, 이들을 간단히 긴 다리를 '위한' 유전자라고 부를 수 있다. 다만 긴 다리가 직접적으로 표현되거나 유전자에 직접적으로 인코딩된 것은 아니라는 점을 기억해야 한다.

유전학자, 동물학자, 행동생물학자, 고생물학자들이 모두 "X의 변이에 대한 유전적 기여"가 아니라 "X를 위한 유전자"라고 말하는 습관이 생긴 것은 이 때문이다.[45] 도킨스는 이들에게 이런 습관의 논리적 결과가 무엇인지를 보여주었다. 어떤 특질(눈의 색깔이나 비만)에 유전적 변이가 있다면, 이 특질을 위한 유전자 혹은 유전자들이 있어야 한다. 이런 특질의 실제 발현이 환경적이거나 심지어 우연적일 수도 있는 헤아릴 수 없는 다른 요소들에 좌우된다는 것은 문제되지 않는다. 이를 설명하기 위해 도킨스는 의도적으로 극단적인 사례를 든다. 바로 읽기 유전자이다.

읽기 유전자라는 개념은 여러 이유로 불합리해 보인다. 읽기는 학습되는 행동이다. 책을 읽는 능력을 타고나는 사람은 없다. 교육 같은 환경적 요소에 좌우되는 가장 대표적인 기술이 읽기이다. 수천 년 전까지 읽기는 존재하지 않았기 때문에 자연선택을 따를 수도 없었다. 유전학자인 존 메이너드 스미스John Maynard Smith가 비꼬았듯 신발끈 매는 유전자가 있다고도 말할 수 있다. 하지만 도킨스는 흔들리지 않았다. 그는 결국 유전자의 핵심은 '차이'에 있다고 지적했다. 도킨스는 간단한 대조부터 시작했다. 난독증 유전자가 있지 않을까?

읽기 유전자가 있음을 규명하려면 읽지 못하는 유전자, 말하자면 특정한 난독증을 일으키도록 두뇌 손상을 유발하는 유전자를 발견하기만 하면 된다. 이 난독증을 가진 사람은 읽지 못한다는 점을 제외하면 모든 면에서 정상이며 똑똑할 수도 있다. 이런 유형의 난독증이 멘델주의적 유전처럼 고정된 특질이 된다 해서 크게 놀라는 유전학자는 없을 것이다. 명백히 이 경우에 난독증 유전자는 정상적인 교육이 이뤄지는 환경에서만 효과를 발현할 것이다. 다시 말해 선사시대 환경이라면 눈에 띄는 효과가 없거나, 다른 효과를 내서 동굴에 사는 유전학자들이(뭐 이런 얘기가 가능하다면) 동물 발자국을 못 알아보는 유전자로 부를지도 모른다. …

똑같은 자리에 있는 야생형 유전자, 그리고 인구의 나머지가 갑절은 가진 유전자를 정확히 "읽기" 유전자라고 하는 것은 통상적인 유전학 용어의 관습에 따른 것이다. 거기에 반대한다면 멘델의 완두콩에서 키가 큰 유전자를 언급하는 것에도 반대해야 한다. … 두 경우 모두 중요한 형질은 '차이'이며, 두 경우 모두 차이는 구체적인 환경에서만 자신을 드러낸다. 하나의 유전자 차이처럼 단순한 것이 그토록 복잡한 효과를 낼 수 있는 이유는 … 기본적으로 다음과 같다. 세상의 주어진 상태가 제아무리 복잡해도 그 상태와 다른 일부 상태 사이의 '차이'는 아주 단순한 것에서 초래될 수 있다.[46]

이타주의 유전자가 있을까? 도킨스의 대답은 '그렇다'이다. 다만 이타주의 유전자가 "이타적으로 행동하도록 신경계의 발달에 영향을 미치는 모든 유전자"[47]를 뜻한다면. 이런 유전자, 복제자, 생존자는 이타주의는 물론이거니와 읽기에 대해서 아무것도 모른다. 그게 뭐든, 어디에 있든 간에 그 표현형 효과는 유전자가 번식하는 데 도움이 되는 한에서만 의미를 지닌다.

분자생물학은 단백질을 인코딩하는 DNA 조각에서 유전자의 위치를 정확하게 찾아내는 혁혁한 성과를 이뤘다. 이는 하드웨어적 의미였다. 유전의 단위이자 표현형의 차이를 담은 운반체인 유전자의 소프트웨어적 의미는 더 오래되고 모호했다. 두 가지 의미가 불편하게 공존하는 상황에서 도킨스는 둘 모두를 무시했다.

유전자가 생존의 대가라면 핵산의 조각일 수 없다. 핵산 조각 같은 것은 한시적이다. 복제자가 누대에 걸쳐 생존한다는 말은 복제자를 '모든 사본은 하나로 간주한다'라고 정의하는 것이다. 도킨스는, 따라서 유전자는 "노쇠하지" 않는다고 단언했다.

> 100만 년 동안 존재했다고 해서 100년밖에 존재하지 않은 것보다 죽을 확률이 높은 것은 아니다. 유전자는 세대를 거쳐 몸에서 몸으로 내려오면서 자신의 목적을 위해 자신의 방식으로 이 몸에 이어서 저 몸을 조종하다가 노쇠와 죽음에 빠지기 전에 필멸의 몸들을 연달아 버린다.[48]

도킨스는 이렇게 말한다. "나는 유전자의 잠재적 준불멸성을 강조한 것이다. 이는 복제의 형태로 나타나며, 유전자의 결정적 속성이다." 이 점에서 생명은 물질적 구속으로부터 벗어난다. (이미 불멸의 영혼을 믿지 않는다면 말이다.) 유전자는 정보를 전달하는 거대 분자가 아니다. 유전자는 정보이다. 1949년 물리학자 막스 델브뤼크는 이렇게 썼다. "요즘은 '유전자는 그저 분자 혹은 유전 입자일 뿐'이라고 말하면서 추상적인 관념들을 제거하는 추세이다."[49] 이제 추상적인 관념들이 돌아왔다.

그렇다면 어떤 특정한 유전자, 이를테면 사람의 긴 다리를 위한 유전자는 어디에 있을까? 이 질문은 베토벤의 피아노 소나타 E단조가 어디에 있는지 묻는 것과 약간 비슷하다. 손으로 쓴 원래의 악보 속에 있을까? 혹은 인쇄된 악보 속에 있을까? 아니면 한 번의 연주, 혹은 어쩌면 과거의 연주와 미래의 연주, 그리고 실제와 상상의 모든 연주를 합친 것 속에 있을까?

종이에 잉크로 그려진 8분 음표와 4분 음표는 음악이 아니다. 음악은 공기를 통해 울려 퍼지는 일련의 압력파도, 음반이나 CD에 새겨진 홈도, 청중의 두뇌에서 발생한 뉴런의 심포니도 아니다. 음악은 정보이다. 마찬가지로 DNA의 염기쌍은 유전자가 아니다. DNA 염기쌍은 유전자를 인코딩한다. 유전자 자신은 비트로 구성된다.

제11장 밈 풀 속으로

—

당신은 나의 두뇌를
감염시킨다

나는 밈meme을 생각할 때
종종 두뇌에서 두뇌로 건너뛰면서
"미Me, 미me(저요, 저요)!"라고 소리치는
불꽃의 덧없이 깜박이는 패턴을 떠올린다.[1]
—
더글러스 호프스태터(1983)

1970년 자크 모노Jacques Monod는 이렇게 썼다. "생물권biosphere은 이제 (코드와 함께 시작된) 그 구조의 보편성 덕분에 특별한 사건의 결과처럼 보인다. 우주는 생명으로 가득하지 않았고, 생물권은 인간으로 가득 하지 않았다. 말하자면 몬테카를로 게임에서 우리 번호가 당첨된 것이 다. 그러니 카지노에서 막 100만 달러를 딴 사람처럼 우리가 약간 이 상하고 비현실적인 기분을 느낀다고 해서 놀랄 것이 있을까?"[2]

파리의 생물학자로 유전 정보의 전달 과정에서 전령 RNA가 맡는 역 할을 밝힌 공로로 노벨상을 공동 수상한 모노는 생물권을 개념적 장소 이상으로 보았다. 단순하고 복잡한 지구의 모든 생명체로 구성되고, 정보로 가득하며, 복제와 진화를 거치며, 하나의 추상화 단계를 다음 추상화 단계로 코딩하는 하나의 실체로 본 것이다. 물론 모노 혼자만 이렇게 본 것은 아니었다. 이런 생명관은 다윈이 상상했던 것보다 더 추상적이고 수학적이었지만, 그 기본 원칙만큼은 다윈도 인정했을 것 이다. 자연선택은 전체 쇼를 이끈다. 이제 통신과학의 방법론과 용어 를 흡수한 생물학자들은 한발 더 나아가 정보 자체를 이해하는 데 나 름의 기여를 했다. 모노는 하나의 비유를 제시했다. 생물권이 무생물 의 세계 위에 서 있듯이 "추상적 왕국"이 생물권 위로 떠오른다. 이 왕 국의 주민들은 누구일까? 바로 관념이다.

> 관념은 유기체의 속성을 일부 지닌다. 관념은 유기체처럼 구조를 영속시키고 번식하는 경향을 지닌다. 또한 관념도 내용물을 융합하 고 재조합하고 분리할 수 있다. 실제로 관념도 진화할 수 있으며, 이 진화에서 선택이 분명히 중요한 역할을 한다.[3]

모노는 관념이 "파급력"(이른바, 전염성)이 있으며, 몇몇은 다른 것들보다 더 강력하다고 지적했다. 전염성 있는 관념의 한 가지 사례는 대규모 집단의 사람들에게 영향력을 끼치는 종교적 관념이다. 수년 전 미국의 신경생리학자인 로저 스페리Roger Sperry도 비슷한 생각을 내놓은 바 있었다. 관념은 이 관념들이 거주하고 있는 뉴런만큼 "실재적"이라고 주장한 것이다. 관념이 힘을 가지고 있다는 얘기였다.

> 관념은 관념을 낳고 새로운 관념의 진화를 돕는다. 관념은 서로서로 상호작용을 하며 같은 두뇌 그리고 이웃한 두뇌의 정신적 힘과 상호작용을 한다. 아울러 지구적 통신 덕분에 멀리 떨어진 외국의 두뇌와도 상호작용을 한다. 또한 관념은 외부 환경과 상호작용을 하여 완전히 폭발적인 진화를 한다. 이는 이제껏 진화론적 장면에 족적을 남긴 것은 무엇이든 훌쩍 넘어선 것이다.[4]

모노는 이렇게 덧붙였다. "굳이 관념의 선택이론을 제안하지는 않을 것이다." 사실 필요가 없었다. 다른 사람들이 관념 선택론을 발 벗고 연구했던 것이다.

리처드 도킨스는 유전자의 진화와 관념의 진화 사이에 나름의 연결고리를 만들었다. 여기서 핵심적인 역할은 복제자가 맡았는데, 복제자가 핵산으로 구성됐는지는 전혀 중요하지 않았다. "모든 생명은 복제하는 존재의 차별적 생존에 의해 진화한다." 이게 도킨스의 규칙이다. 생명이 어디에 있든 간에 반드시 복제자가 있다. 아마 다른 세계라면 복제자가 규소 기반의 화학물질이나 아예 화학물질이 없는 곳에서 등장할지도 모른다.

화학물질 없이 존재하는 복제자라는 건 무슨 뜻일까? 도킨스는 1976년에 쓴 자신의 첫 책 끝부분에서 이렇게 주장했다. "나는 최근에 새로운 종류의 복제자가 이 행성에 등장했다고 생각한다. 이는 아주 명백한 사실이다. 아직 유아기에 있고, 원시 수프 속을 어설프게 떠다니고 있긴 하지만 이 복제자는 이미 옛 유전자들을 한참 추월하는 속도로 진화적 변화를 달성하고 있다."[5] 여기서 '수프'는 인간의 문화이고, 전달 매개체는 언어이며, 번식지는 두뇌였다.

이 몸체 없는 복제자 그 자체를 가리키는 이름으로 도킨스가 제안한 것이 바로 '밈meme'이었다. 도킨스의 가장 인상적인 발명품이 된 밈은 '이기적 유전자'나 후반기의 '만들어진 신'보다 훨씬 더 큰 영향력을 끼쳤다. 도킨스는 이렇게 썼다. "밈은 넓은 의미에서 모방이라고 볼 수 있는 과정을 거쳐 두뇌에서 두뇌로 건너뛰면서 밈 풀 속에서 자신을 번식시킨다." 밈은 두뇌 시간이나 대역폭 같은 한정된 자원을 놓고 서로 경쟁한다. 무엇보다 주의를 끌기 위해 경쟁한다. 몇 가지 사례를 살펴보자.

관념: 관념은 평지돌출적으로 등장하든 여러 번 재등장하든 간에 밈 풀 속에서 번성할 수도 있고 쇠퇴하다가 사라질 수도 있다. 도킨스가 제시하는 사례는 신에 대한 믿음이다. 이는 아주 오래된 관념으로 말뿐만 아니라 음악과 그림 속에서 자신을 복제한다. 지구가 태양 주위를 돈다는 믿음 역시 생존을 위해 다른 것과 경쟁하는 밈이다. (진실은 밈에게 도움을 주는 속성일 수 있지만 많은 속성 중 하나일 뿐이다.)

곡조: 아래의 곡조는 수 세기 동안 전 세계로 퍼져나갔다.

다음 곡조는 수명은 더 짧았지만 악명 높은 두뇌의 침입자로서 몇

배나 빠른 속도로 수많은 사람들에게 퍼져나갔다.

문구: 일찌감치 등장한 "신은 무슨 일을 하셨는가?"라는 한 토막짜리 짧은 글은 여러 매체를 통해 빠르게 퍼졌다. 다른 사례로 20세기 후반 미국에서 이상한 방향으로 흘러간 "내 말 잘 들어Read my lips"라는 문구가 있다. "적자생존survival of the fittest"은 다른 밈들처럼 빠르게 돌연변이 ("survival of the fattest", "survival of the sickest", "survival of the fakest", "survival of he twittest" …)를 만들어낸 밈이다.

이미지: 뉴턴은 당시 영국의 대표적인 유명 인사였지만 얼굴을 아는 사람은 수천 명 정도에 그쳤다. 하지만 지금은 수백만 명이 뉴턴의 얼굴을 분명하게 안다. 다소 형편없이 그려진 초상화의 복제본 덕분이다. 이보다 훨씬 더 널리 퍼져 있고 지울 수 없는 인상을 심은 것으로는 〈모나리자〉의 미소와 뭉크의 〈절규〉 그리고 다양한 외계인들의 실루엣이 있다. 이 이미지들은 어떤 물리적 현실과 별개로 고유의 삶을 살아가는 밈이다. 메트로폴리탄 미술관의 한 가이드는 길버트 스튜어트Gilbert Stuart의 그림을 소개하면서 이렇게 말했다. "당시 워싱턴은 이렇게 생기지 않았을지도 모릅니다. 하지만 지금은 이렇게 생긴 겁니다."[6] 맞는 말이다.

머릿속에서 나온 밈은 종이, 셀룰로이드, 실리콘, 그리고 정보가 갈 수 있는 모든 곳에 교두보를 놓고 외부로 나간다. 밈은 기본 입자가 아니라 유기체로 여겨져야 한다. 단일 뉴클레오타이드가 유전자가 될 수 없듯이 숫자 3이나 파란색 혹은 어떤 단순한 생각은 밈이 아니다. 밈은 복잡하고 독특하며 끈질긴 생명력을 가진 단위이다. 또한 물건은 밈이 아니다. 훌라후프는 밈이 아니다. 훌라후프는 비트가 아니라 플라스틱으로 만들어진다. 1958년 훌라후프가 광적으로 유행하면서 전 세계로 퍼졌을 때 이 장난감은 제품이었고, 하나의 밈 혹은 밈들이 물질적으로 구현된 것이었다. 훌라후프에 대한 갈망이었고, 돌리고 흔들고 휘두르는 훌라후프 기술의 집합이었던 것이다. 훌라후프 자체는 밈의 이동수단이다. 같은 맥락에서 훌라후프를 돌리는 사람도 대단히 효율적인 밈의 이동수단이다. 이에 대해서는 철학자인 대니얼 데닛이 깔끔하게 설명한 바 있다. "바퀴살을 단 마차는 여기서 저기로 곡물이나 화물만 옮기는 것이 아니라 이 머리에서 저 머리로 바퀴살을 단 마차라는 뛰어난 아이디어를 옮긴다."[7] 훌라후프를 돌리는 사람은 훌라후프의 밈을 위해 훌라후프를 돌린다. 그리고 1958년, 훌라후프의 밈은 마차로는 상상도 할 수 없이 빠르고 멀리 메시지를 보내는 방송 텔레비전이라는 새로운 전달 매체를 얻게 된다. 훌라후프를 돌리는 사람들의 영상은 수백, 수천, 수백만 명의 사람들을 사로잡았다. 밈은 무용수가 아니라 무용이다.

우리는 밈의 운반자이자 조력자이다. 인류의 생물학적 역사 대부분의 기간 동안 밈은 잠깐 존재했다. 밈은 주로 이른바 "입소문"을 통해 전달되었다. 하지만 이후 점토판, 동굴 벽, 종이 같은 확고한 실체에 고착된다. 밈은 펜, 인쇄기, 자기테이프, 광디스크를 통해 오랫동안 살아남으며, 중계탑과 디지털 네트워크를 통해 퍼진다. 밈은 이야기일 수도 있고, 조리법일 수도 있고, 기술일 수도 있고, 전설일 수도 있고, 패션일 수도 있다. 우리는 한 번에 한 사람씩 밈을 복제한다. 혹은 도킨스의 밈 중심 관점에 따르면 밈이 자신을 복제한다. 처음에 일부 독자들은 도킨스의 말을 얼마나 곧이곧대로 받아들여야 할지 몰랐다. 도킨스는 밈에게 인간처럼 욕구와 의지 그리고 목표를 부여할 생각이었을까? 이기적 유전자가 다시 등장한 셈이었다. (전형적인 공격: "원자가 질투를 하거나 코끼리가 추상적이거나 비스킷이 목적의식을 가질 수 없듯이 유전자는 이기적이거나 이타적일 수 없다."[8] 전형적인 반박: 도킨스는 '이기심'을 경쟁자에 비해 생존 확률을 높이려는 경향으로 정의한다.)

도킨스가 말하고자 했던 바는 밈이 의식적 행위자가 아니라 이해관계를 가진 독립체로 자연선택에 의해 움직일 수 있을 뿐이라는 얘기였다. 밈의 이해관계는 우리의 이해관계와 다르다. 데닛은 이렇게 말한다. "밈은 정보 묶음으로 태도를 갖고 있다."[9] '원칙을 위해 싸운다'라거나 '이상을 위해 죽는다'라고 말할 때 우리는 우리가 알고 있는 것보다 더 곧이곧대로 말하는 것일지도 모른다. H. L. 멩켄Mencken의 말을 들어보자. "이상을 위해 죽는 것은 분명 고귀하다. 그러나 참된 이상을 위해 죽는다면 얼마나 더 고귀할까!"[10]

'팅커Tinker, 테일러Tailor, 솔저Soldier, 세일러Sailor…'처럼 운율과 리듬은 사람들이 텍스트의 비트를 기억하도록 돕는다. 혹은 운율과 리듬은 텍스트의 비트들이 기억되도록 돕는다. 힘과 속도가 동물의 생존에 유리하듯, 운율과 리듬은 밈의 생존에 유리한 속성이다. 패턴화된 언어는 진화론적으로 장점이 있다. 운율과 리듬 그리고 이유(이유 역시)는 패턴의 한 형태이다(이유로 번역한 reason은 다음에 나오는 에드먼드 스펜서의 유명한 시에서 따온 것으로 보인다. 이 시에서 스펜서는 타임time, 라임rhyme, 리즌reason, 시즌season을 사용해 운율을 맞추고 있다. 지은이는 운율을 짜 맞춰 오랫동안 생존한 밈의 사례로 스펜서의 시를 제시하고 있다_옮긴이). "시간을 약속 받았네 / 내가 운율을 맞추는 이유 / 그때부터 이날까지 / 운율도 이유도 받지 못했네."[11]

밈은 유전자처럼 표현형 효과를 통해 자신을 넘어서 넓은 세상에 영향을 미친다. 몇몇 사례의 경우(불을 피우는 방법에 대한 밈이나 옷 입는 법에 대한 밈 혹은 예수의 부활에 대한 밈) 표현형 효과는 실로 강력하다. 밈은 세상에 영향력을 전파하면서, 자신의 생존 가능성을 바꾸는 조건에 영향을 미친다. 모스 코드를 구성하는 밈 혹은 밈들은 강력한 긍정적 피드백 효과를 발휘했다. 도킨스의 말을 들어보자. "조건이 알맞게 주어지면 복제자들은 저절로 함께 뭉쳐서 자신들을 이동시키고 지속적인 복제에 도움을 주는 시스템 혹은 기계를 만든다고 생각한다."[12] 일부 밈은 인간 숙주에게 분명히 도움이 된다('돌다리도 두드려보고 건너라', 인공호흡에 대한 지식, 요리 전에 손을 씻어야 한다는 믿음). 그러나 밈의 성공과 유전자의 성공이 같은 것은 아니다. 밈은 특허약, 심령 수술, 점성술과 사탄 숭배, 인종적 편견, 미신, 컴퓨터 바이러스(특수한 사례)처럼 부수적 피해를 주는 심각한 독성과 함께 복제될 수 있다. 어떤 의미에서 자살 폭탄 테러범들이 천국에서 보상받을 것이라는 관념처럼 숙주에게 해를 입히면서 번성하는 밈들이 가장 흥미롭다.

도킨스가 '밈'이라는 밈을 처음 소개했을 때 진화심리학자인 니컬러스 험프리Nicholas Humphrey는 기다렸다는 듯, 밈이라는 독립체를 "그저 비유적으로만이 아니라 말 그대로 살아 있는 구조"로 간주해야 한다고 말했다.

> 당신이 번식력 강한 밈을 내 머리에 심을 때, 바로 바이러스가 숙주 세포의 유전적 메커니즘을 감염시키듯 그야말로 나의 두뇌를 감염시켜서 밈의 번식 수단으로 만든다. 이는 단지 표현의 문제가 아니다. 가령 "사후세계에 대한 믿음"이라는 밈은 수백만 번 복제되면서 전 세계에 사는 개인들의 신경계에 형성된 구조로 사실상 물리적으로 구현되었다.[13]

『이기적 유전자』가 처음 출간되었을 당시 책을 읽은 독자들은 대부분 밈을 나중에 덧붙인 색다른 내용쯤으로 여겼다. 하지만 선구적인 행동생물학자인 W. D. 해밀턴Hamilton은 《사이언스》에 실은 서평에서 조심스러운 예측을 내놓았다.

> 이 용어는 한정하기 어렵기는 하지만(어렵기는 매한가지인 유전자보다 확실히 더 어렵다), 곧 생물학자 그리고 철학자와 언어학자 그리고 다른 학자들 사이에서 널리 사용될 것이며, 일상적 대화에서 많이 쓰는 '유전자'만큼이나 많이 쓰일 것이다.[14]

밈은 심지어 언어가 등장하기 전에도 이동할 수 있었다. 화살촉을 깎는 법이나 불을 피우는 법 같은 지식은 단순한 모방으로 충분히 복제한다. 동물들 중에서 침팬지나 고릴라도 모방을 통해 행동을 습득하는 것으로 알려져 있다. 또한 일부 종의 새들은 주변에 사는 새들의(혹은 더 최근에는 오디오플레이어를 든 조류학자의) 노래를 듣고 이들 새의 노래 혹은 적어도 이 노래를 변형한 것을 '배운다'. 새들은 노래의 목록을 만들고 자기들만의 노래를 개발하는 것이다. 간단하게 말해 새들은 인간의 문화보다 훨씬 앞선 새 노래 '문화'[15]가 있음을 보여준다. 이런 특수 사례들이 있긴 하지만, 인류 역사 대부분의 시기 동안 밈과 언어는 '떼려야 뗄 수 없는 관계'였다(이런 상투적인 문구도 밈이다). 언어는 문화의 첫 기폭제로 작용한다. 언어는 단순한 모방을 넘어 추상화와 인코딩을 통해 지식을 퍼트린다.

어쩌면 질병에 비유할 수밖에 없었을 것이다. 역학疫學이 나오기 전부터 역학의 언어는 정보의 종들에 적용되었다. 감정은 '감염'되고, 곡조는 '쏙쏙 들어오고', 습관은 '전염'된다. 1730년 시인 제임스 톰슨James

Thomson은 이렇게 썼다. "표정에서 표정으로 군중을 통해 전염되면서 / 혼란이 내달린다."[16] 또한 "이글이글 번지는 불과 같은 눈을 가진 이 브"[17]라고 쓴 밀턴Milton에 따르면 욕망도 마찬가지였다. 하지만 세계가 전자 통신으로 얽히게 되는 20세기가 되어서야 역학의 언어와 정보는 밀접하게 연결되어 제2의 본성이 된다. 우리의 시대는 바이럴 교육, 바이럴 마케팅, 바이럴 이메일과 비디오 그리고 네트워킹 같은 바이럴 의 시대이다. 인터넷 자체를 매체로 보고 크라우드소싱crowdsourcing, 집 단적 관심, 소셜 네트워킹, 자원 할당을 연구하는 학자들은 역학의 언 어뿐만 아니라 수학적 원칙까지 활용한다.

'바이럴 텍스트'와 '바이럴 문장'이라는 용어를 처음 사용한 사람 중 하나는 뉴욕시에 사는 도킨스의 독자로, 1981년 더글러스 호프스태터 에게 편지를 보낸 스티븐 월튼Stephen Walton이었다. 월튼은 (아마 컴퓨터 와 같은 방식의) 논리적 사유를 통해 "말해!", "날 복제해!", "날 복제하 면 소원 세 개를 들어주지!"를 진행하면서 자기를 복제하는 간단한 문 장을 제안했다.[18] 당시 《사이언티픽 아메리칸》의 칼럼니스트이던 호프 스태터는 '바이럴 텍스트'라는 용어 자체가 더 인상적이라고 생각했다.

보다시피 이제 월튼의 바이럴 텍스트는 모든 잡지와 인쇄기 그리고 보급망이라는 매우 강력한 숙주의 능력을 끌어내는 데 성공했다. 바이럴 텍스트는 널리 퍼져나가, 이제(심지어 여러분이 이 바이럴 문 장을 읽고 있는 동안에도) 관념권ideosphere 도처에서 맹렬하게 번식하 고 있다.

(1980년대 초 70만 부를 발행한 이 잡지는 여전히 강력한 의사소통 플랫폼 으로 보였다.) 호프스태터는 흔쾌히 자신이 '밈'이라는 밈에 감염되었다

고 밝혔다.

우리 인간이 무대의 중심에서 밀려난다는 것에 대한 저항(혹은 적어도 거부)이 있었다. 사람은 그저 유전자가 더 많은 유전자를 만드는 수단일 뿐이라고 말하는 것만으로도 충분히 불쾌했다. 이제 인간은 밈의 번식을 위한 수단으로도 여겨졌다. 꼭두각시로 불리길 좋아하는 사람은 아무도 없었다. 데닛은 이 문제를 이렇게 정리했다. "나는 당신을 모르지만, 내 두뇌가 타인들의 생각의 유충이 (정보의 이주지로 자신들의 복제본을 내보내기 전) 자기를 재생하는 일종의 똥 무더기라는 생각이 처음에는 꺼림칙했다. … 이렇게 본다면 누가 주체인가? 우리인가, 우리의 밈인가?"[19]

데닛은 좋든 싫든 간에 우리가 우리 자신의 생각을 '주도'하는 경우가 드물다는 사실을 생각하게 함으로써 자신의 질문에 답했다. 데닛이 프로이트를 인용할 수도 있었을 것이다. 하지만 데닛은 모차르트를 인용해 이렇게 말한다.

잠들지 못하는 밤이면 머릿속이 생각으로 복잡해진다. … 이 생각들은 어디서 어떻게 오는가? 나는 잘 모를뿐더러 아무 상관도 없다. 나는 즐거운 생각들을 머릿속에 담아두고 흥얼거린다.

나중에 데닛은 이 유명한 글이 결국 모차르트가 한 말이 아니라는 사실을 알게 됐다. 이 문장은 자기 자신만의 삶을 이어나갔다. 꽤나 성공적인 밈이었던 것이다.

도킨스가 1976년 "인간의 두뇌는 밈이 사는 컴퓨터"[20]라고 쓰면서 상상했던 것보다 상황이 급박하게 변화하고 있었다. 『이기적 유전자』 2판이 나온 1989년 무렵, 프로그래머로서도 뛰어났던 도킨스는 이렇게 예측을 수정해야 했다. "대량으로 생산된 전자 컴퓨터 역시 결국 정보가 형성하는 자기 복제 패턴의 숙주가 될 것이라는 사실은 쉽게 예측할 수 있다."[21] 정보는 "소유자들이 플로피디스크를 돌릴 때" 한 컴퓨터에서 다른 컴퓨터로 전달됐다. 도킨스는 또 다른 현상이 부상하고 있음을 보았다. 바로 네트워크로 연결된 컴퓨터였다. "그중 다수는 이메일을 주고받음으로써 그야말로 서로 연결되어 있다. … 이는 자기 복제 프로그램이 번성하기에 완벽한 환경이다." 실제로 당시는 인터넷이 막 태동하던 시기였다. 인터넷은 밈에게 영양이 풍부한 문화적 매체를 제공했을 뿐만 아니라 밈이라는 '개념'에 날개를 달아줬다. '밈' 자체가 빠르게 인터넷의 유행어가 됐다. 밈에 대한 관심은 밈을 더욱 확산시켰다.

인터넷 이전의 문화에서는 나올 수 없었던 밈의 유명한 사례 하나는 "상어를 뛰어넘었다jumped the shark"라는 표현이다. 이 표현이 변화하는 모든 단계에는, 이상한 자기 참조의 특징이 있었다. 상어를 뛰어넘는다는 말은 품질이나 인기의 정점을 지나 돌이킬 수 없는 하락세에 접어들었음을 뜻한다. 이 표현은 션 코널리Sean J. Connolly라는 대학생이 1985년 어떤 텔레비전 프로그램에 대해 처음 쓴 것으로 알려져 있다. 이 표현이 어떻게 나왔는지는 어느 정도 설명이 필요한데, 설명을 듣기 전에는 이 표현을 이해하기 어렵다. 이런 탓인지 1997년 코널리의 룸메이트인 존 하인Jon Hein이 'jumptheshark.com'이라는 도메인명을 등록하고 홍보용 웹사이트를 만들기까지 기록된 사례가 없다. 이 웹사이트는 곧 자주 묻는 질문FAQ을 정리했다.

질문: "상어를 뛰어넘었다"라는 표현이 이 웹사이트에서 처음 만들어졌나요, 아니면 이 표현을 활용하기 위해 이 웹사이트를 만들었

나요?

답변: 이 웹사이트는 1997년 12월 24일에 만들어졌으며, "상어를
뛰어넘었다"라는 표현을 탄생시켰습니다. 이 웹사이트의 인기가
올라가면서 이 표현도 더 흔하게 쓰였습니다. 이 웹사이트는 닭이
자 달걀이자 지금은 딜레마Catch-22입니다.

이 표현은 이듬해에 보다 전통적인 미디어로 퍼져나갔다. 2001년 모
린 다우드Maureen Dowd는 《뉴욕 타임스》에 이 표현을 설명하는 칼럼을
실었다. 2003년에는 〈언어에 대하여〉를 쓰는 칼럼니스트인 윌리엄 새
파이어William Safire가 이 표현을 "올해의 대중적 문구"로 꼽았다. 곧 사
람들은 별다른 의식 없이, 즉 따옴표나 설명 없이 말과 글에서 이 문
구를 썼으며, 결국 여러 문화관찰자들은 이렇게 묻지 않을 수 없었다.
"'상어를 뛰어넘었다'라는 표현이 상어를 뛰어넘었는가?" ("확실히 '상어
를 뛰어넘었다'는 멋진 문화적 개념이다. … 그러나 지금은 이 빌어먹을 말이
사방에 있다.) 다른 뛰어난 밈들처럼 이 표현도 변종을 낳았다. 위키피
디아의 "상어를 뛰어넘었다" 항목은 이렇다. "'소파에서 뛰다jumping the
couch', '냉장고를 핵폭탄으로 날리다nuke the fridge' 항목도 참고할 것."

이런 것을 학문으로 다룰 수 있을까? 1983년 쓴 칼럼에서 호프스태
터는 이런 지식 분야에 대해 확실히 밈적인 명칭인 '밈학memetics'을 제
안했다. 밈에 대한 연구는 컴퓨터공학과 미생물학만큼 거리가 먼 분야
의 연구자들을 끌어들였다. 생물정보학에서는 행운의 편지를 연구했
다. 행운의 편지는 밈으로서 나름의 진화사가 있다. 행운의 편지의 목
적은 바로 복제이다. 다른 내용은 차치하고 행운의 편지에는 메시지
하나가 들어 있다. 바로 '나를 복제하라'라는 것이다. 행운의 편지의 진
화를 연구하는 대니얼 반아스데일Daniel W. VanArsdale이 행운의 편지 그리

고 이전에 나온 텍스트들에서 찾은 많은 변종들 목록을 보자. "이 내용 그대로 일곱 부를 작성하시오"[22](1902), "이 내용 전체를 베낀 다음 아홉 명의 친구들에게 보내시오"(1923), "또 누구든지 이 예언의 책에 기록된 말씀 가운데에서 어떤 것을 빼면 하느님께서 생명의 책에서 그의 부분을 빼버릴 것입니다"(요한계시록 22장 19절). 행운의 편지는 19세기에 나온 신기술, 즉 기록지 사이에 끼워 쓰는 '카본지'로 인해 크게 번성한다. 이후 카본지는 또 다른 기술인 타자기와 공생관계를 형성했다. 행운의 편지라는 바이러스의 창궐은 20세기 초반까지 계속됐다.

일리노이 주의 한 향토사가는 이렇게 썼다. "1933년 후반에 특별한 행운의 편지가 퀸시Quincy에 이르렀다. 행운의 편지 유행은 너무나 빨리 집단 히스테리 증상을 일으키면서 미국 전역으로 퍼져나간 나머지 1935~1936년 사이 우편국은 여론기관들과 협력하여 규제에 나서야 했다."[23] 이 향토사가가 제시한 사례를 보면 행운의 편지는 운반자 인간들을 당근과 채찍으로 자극하는 밈이었다.

> 우리는 일용할 양식을 주시는 신의 가호를 믿습니다.
> F. 스트로이젤 부인 …… 미시간
> A. 포드 부인 …… 시카고
> K. 애드킨스 부인 …… 시카고
> 등등

첫 번째 나오는 이름을 빼고 위의 이름들을 베끼세요. 당신의 이름을 마지막에 넣으세요. 행운이 깃들기를 바라는 다섯 명에게 보내세요. 이 행운의 편지는 한 미국 대령에게서 시작됐으며 받은 후 24시간 이내에 보내야 합니다. 편지를 보낸 후 9일 안에 당신에게 행운이 깃들 것입니다.

샌퍼드 부인은 3,000달러를 벌었습니다. 안드레스 부인은 1,000달러를 벌었습니다. 편지를 보내지 않은 하위 부인은 가진 것을 모두 잃었습니다. 행운의 고리는 여기서 했던 말들에 대해 분명히 효과를 발휘할 것입니다. '행운의 고리를 끊지 마세요.'

이후 두 가지 기술이 폭넓게 사용되면서 행운의 편지는 엄청난 생산력을 갖게 된다. 바로 복사기(1950년경)와 이메일(1995년경)이었다. 정보공학자들인 뉴욕의 찰스 베넷Charles Bennett과 캐나다 온타리오의 리 밍Li Ming, 마 빈Ma Bin은 홍콩의 산을 오르면서 나눈 우연한 대화를 계기로 복사기 시대에 수집된 행운의 편지들을 분석하기 시작했다. 내용은 같지만 오탈자와 단어 및 구문의 자리 바뀜 형태로 변이된 33종의 편지를 찾아낸 이들은 이렇게 썼다. "이 편지들은 숙주에서 숙주를 거치면서 변이하고 진화한다."[24]

유전자처럼 이 편지들의 평균 길이는 약 2,000자이다. 이 편지들은 강력한 바이러스처럼 당신을 죽이겠다고 협박하면서 '친구와 동료들'에게 전달하도록 유도한다. 일부 돌연변이는 아마 수백만 명에게 이르렀을 것이다. 또한 이 편지들은 유전형질처럼 당신과 전해 받은 사람에게 혜택을 약속한다. 아울러 게놈처럼 자연선택을 따르며 때로 공존하는 '종들species' 사이에 구성요소가 전달되기도 한다.

이런 흥미로운 비유에서 끝나지 않고 이들은 행운의 편지를 진화생물학에서 사용하는 알고리즘의 "시험대"로 삼는다. 이 알고리즘들은 다양한 현대 생물의 게놈을 취한 다음 추론과 연역을 통해 계통발생

과정, 즉 진화의 나무를 역으로 재구성하기 위해 설계됐다. 과학자들은 이런 수학적 방법론을 유전자에 적용할 수 있다면 행운의 편지에도 적용할 수 있어야 한다고 보았다. 두 경우 모두 연구자들은 변이율과 근연도relatedness를 검증할 수 있었다.

하지만 문화적 요소들은 대부분 너무 쉽게 변하고 모호해져서 안정적 복제자로서는 무리가 있다. 문화적 요소는 DNA의 서열처럼 깔끔하게 정해진 경우가 드물다. 도킨스 자신도 밈학이라는 새로운 학문을 만든다는 생각은 해본 적이 없음을 강조했다. 1997년 등장한 《밈학 저널Journal of Memetics》은(당연히 온라인으로 발행됐다) 자신들의 위치와 임무 그리고 용어를 놓고 옥신각신하면서 8년의 시간을 보낸 후 사라지고 말았다. 유전자와 비교했을 때도 밈은 수학화하는 것은 물론, 심지어 엄밀하게 정의하기도 어렵다. 그래서 유전자와 밈을 비유하는 것은 거부감을 낳았고, 유전학과 밈학의 비유는 두말할 나위도 없었다.

유전자는 적어도 물리적 실체가 있다. 하지만 밈은 추상적이고, 실체가 없으며, 측정할 수 없다. 유전자는 완벽에 가까운 충실도로 복제를 하며, 진화는 이에 달려 있다. 일부 변이는 필수적이지만, 돌연변이는 드물어야 한다. 하지만 밈은 정확하게 복제되는 일이 거의 없다. 밈의 경계는 언제나 흐릿하며, 생물학의 입장에서는 치명적일 정도로 심한 유연성을 가지고 변이한다. '밈'이라는 개념은 작은 것부터 큰 것까지 온갖 의심스러운 대상에 적용될 수 있다. 데닛에게 베토벤의 〈운명〉교향곡에 나오는 첫 4음은 호메로스의 『오디세이』(혹은 적어도 '오디세이'라는 '관념'), 바퀴, 반유대주의, 기록과 함께 '분명히' 밈이었다.[25] 도킨스의 말을 들어보자. "밈은 아직 그들의 왓슨과 크릭을 찾지 못했다. 심지어 그들의 멘델조차 없다."[26]

그럼에도 밈은 여기에 존재한다. 정보의 흐름이 유례없이 큰 연결성을 만들어내면서 밈은 더 빨리 진화하고 더 멀리 퍼진다. 밈의 존재는 군중행동, 뱅크런bank run, 정보 캐스케이드information cascade, 금융 버블에서 보이거나 느껴진다. 다이어트의 인기는 달아올랐다 사그라지고, 사우스 비치 다이어트South Beach Diet, 애킨스 다이어트Atkins Diet, 스카스데일 다이어트Scarsdale Diet, 쿠키 다이어트, 드링킹 맨스 다이어트Drinking Man's Diet처럼 모두 영양학과는 상관없는 힘에 의해 복제되는 그 이름 자체가 유행어가 된다. 의료 행위에서도 "외과적인 유행"이나 유행하는 치료법으로 인해 생기는 "의료유행병"이 생겨난다. 의식적 할례만큼이나 의학적으로 하등 이점이 없음에도 불구하고 20세기 중반 미국과 일부 유럽을 휩쓴 아동 편도선 수술이라는 의료유행병이 한 예이다. 차 유리창으로 보이는 노란 다이아몬드 형태의 '아기가 타고 있어요BABY ON BOARD' 표지도 밈이다. 이 밈은 1984년 미국에 뒤이어 유럽과 일본에서 즉각적인 집단 히스테리를 일으켰으며, 곧바로 우스운 변종들('자기, 심심해BABY I'M BORED', '전처가 트렁크에 있어요EX IN TRUNK')을 낳았다. 또한 밈은 20세기 마지막 해에 컴퓨터 안의 시계가 2000년에 이르면 세상의 컴퓨터들이 마비되거나 먹통이 될 것이라는 믿음이 전 세계인들에게 회자되었을 때도 느껴졌다.

우리의 두뇌와 문화 안에서 자리를 차지하기 위해 벌이는 경쟁에서 효과적인 전투원은 메시지이다. 유전자와 밈에 대한 새롭고, 완곡하며, 순환적인 시각은 우리를 풍요롭게 했다. 이런 시각은 우리에게 뫼비우스의 띠에 적을 역설들을 주었다. 데이비드 미첼David Mitchell의 말을 들어보자. "인간 세상은 사람이 아니라 이야기로 구성된다. 이야기가 자신을 말하기 위해 이용하는 사람을 탓해서는 안 된다."[27] 또 마거릿 애트우드Margaret Atwood는 이렇게 썼다. "모든 지식과 마찬가지로 일단 알고 나면 알기 이전에 어땠는지 상상할 수 없다. 무대 마술처럼 알기

전의 지식은 바로 눈앞에서 일어나는데도 당신은 보지 못한다."[28] 죽음을 앞둔 존 업다이크John Updike는 이렇게 반추했다.

생이 글 속으로 쏟아져 들어왔다 ─ 누가 봐도 분명한 낭비
소진된 것을 보존하려는.[29]

마음의 철학자이자 지식철학자인 프레드 드레츠키Fred Dretske는 1981년 이렇게 썼다. "태초에 정보가 있었다. 말씀은 나중에 왔다."[30] 그러고는 이렇게 덧붙였다. "생존과 종족 보존을 위해 이 정보를 선택적으로 활용할 줄 아는 유기체가 발생하면서 전환이 일어났다." 이제 우리는 도킨스 덕분에 생존과 종족 보존을 하면서 유기체를 선택적으로 활용하는 정보 자체에 의해 전환이 일어났다고 덧붙일 수 있다.

생물권은 대부분 정보권infosphere을 보지 못한다. 정보권은 보이지 않으며, 유령 같은 거주민들로 바삐 돌아가는 평행우주이다. 하지만 정보권의 거주민들은 우리에게 더 이상 유령이 아니다. 우리 인간들은 지구상의 유기체들 중에서 유일하게 두 세계를 동시에 살아간다. 오랫동안 보이지 않는 존재와 공존해온 우리는 필요한 초감각적 지각 능력을 개발하기 시작했다. 우리는 많은 정보의 종種들을 알고 있다. 우리는 마치 우리가 이해한다고 스스로에게 안심시키듯이 이런 정보 종의 유형을 '도시 괴담'이나 '좀비 거짓말zombie lie'처럼 냉소적으로 부른다. 우리는 이것들을 공조 설비가 갖춰진 서버 팜server farm에서 키운다. 그러나 우리는 이들을 소유할 수 없다. CM송이 우리 귀에 머물거나, 유행이 패션을 거꾸로 뒤집거나, 거짓말이 몇 달 동안 전 세계인의 화젯거리였다가 나타날 때처럼 갑자기 사라질 때, 누가 주인이고 누가 노예인가?

제12장 무작위성의 감각

—

죄악의 상태에 빠져

그녀가 말했다.
"갈수록 패턴을 파악하기가 어려워져,
안 그래?"[1]
—

마이클 커닝엄 Michael Cunningham (2005)

아르헨티나 이민자의 아들로 태어나 남달리 조숙했던 열한 살짜리 뉴욕 소년 그레고리 체이틴Gregory Chaitin은 1958년 한 도서관에서 아주 멋진 책을 발견하게 된다.[2] 한동안 책을 끼고 다니며 친구들에게 설명하려 애쓰던 소년은 자신도 책을 이해하기 위해 노력하고 있음을 인정해야 했다. 어니스트 네이글Ernest Nagel과 제임스 뉴먼James R. Newman이 쓴 『괴델의 증명』이었다. 《사이언티픽 아메리칸》에 실었던 논문을 확장한 이 책은 조지 불로부터 시작된 논리학의 르네상스를 다루었다. 기호 그리고 심지어 정수의 형식으로 수학에 대한 진술을 인코딩하는 '사상寫像' 과정, 수학에 '대한' 따라서 수학을 '넘어서는' 체계화된 언어인 메타수학 개념을 다루었던 것이다. 형식적 수학은 결코 자기모순으로부터 자유로울 수 없다는 괴델의 "놀랍고 우울한"[3] 증명을 단순하지만 엄밀하게 해설하고 있는 지은이들을 따라가던 소년은 흥분에 휩싸였다.

당시 수학의 대부분은 괴델의 증명을 거들떠보지도 않았다. 놀랍지만 확실히 불완전한 이 증명을 다소 부차적인 것으로 보았다. 계속해서 발견하고 정리를 증명하는 수학자들의 유용한 연구에 하등 도움이 안 된다고 본 것이다. 하지만 철학적으로 사고하던 사람들은 괴델의 증명에 적잖은 충격을 받았으며, 체이틴은 이런 사람들의 책을 즐겨 읽었다. 그중 하나가 존 폰 노이만이었다. 1930년 초 쾨니히스베르크에 있던 폰 노이만은 이후 미국에서 컴퓨터와 컴퓨터 이론의 개발에 중심적인 역할을 한 사람이었다. 폰 노이만에게 괴델의 증명은 뒤로 물러설 수 없는 지점이었다.

괴델의 증명은 매우 심각한 개념적 위기로, 수학적 증명을 정확하게 하는 엄밀하고 적절한 방식을 다룬다. 수학의 절대적 엄밀함이라는 이전의 개념에서 볼 때 이런 일이 벌어질 수 있다는 사실이 놀랍다. 기적이라고는 일어날 것 같지 않은 요즘 같은 후대에 이런 일이 벌어진다는 것이 더욱 놀랍다. 그럼에도 이런 일이 벌어진 것이다.[4]

'왜일까?' 체이틴은 궁금했다. 괴델의 불완전성과 양자물리학의 새로운 원칙으로서 다소 비슷한 냄새를 풍기는 불확실성을 연결할 수 있을지 궁금했던 것이다.[5] 나중에 성인이 된 체이틴은 권위자였던 존 아치볼드 휠러에게 이에 대해 질문할 기회가 생긴다. 괴델의 불완전성은 하이젠베르크의 불확실성과 관련이 있을까? 휠러는 대답 대신 고등연구소에 있는 괴델의 사무실에서 바로 그 질문을 괴델 본인에게 한 적이 있다고 말했다. 괴델의 다리에는 담요가 놓여 있었고, 겨울 외풍을 막느라 틀어놓은 전기 히터가 따뜻하게 빛나고 있었다. 괴델은 휠러의 질문에 대답하지 않았다. 이렇게 휠러 역시 체이틴에게 답변하지 않은 것이다.

튜링의 연산 불가능성 증명을 접한 체이틴은 틀림없이 이 증명이 실마리가 될 것이라고 생각했다. 또한 섀넌과 위버가 쓴 『통신의 수학적 이론』을 읽은 체이틴은 엔트로피의 재공식화에 충격을 받았다. 비트의 엔트로피는 한편으로 정보, 다른 한편으로는 무질서를 측정한다는 내용이었다. 별안간 체이틴의 머리에 떠오른 생각이 있었다. 공통된 요소는 무작위성이었다. 섀넌은 무작위성을 고집스럽게 정보와 연결시켰다. 물리학자들은 원자의 내부에서 무작위성을 발견했다. 아인슈타인이 신은 주사위놀이를 하지 않는다며 비판했던 그런 종류의 무작위성이었다. 과학의 영웅들은 누구나 무작위성에 대해 직간접적으로 말하고 있었다.

무작위, 단순한 단어일 뿐 아니라 누구나 그 뜻을 안다. 누구나 안다는 것은 말하자면 아무도 모른다는 뜻이다. 무작위를 놓고 철학자와 수학자들은 끝없이 씨름했다. 어쨌든 휠러는 이런 이야기를 자주했다. "확률은 시간처럼 인간이 만들어낸 개념이며, 따라서 확률에 수반되는 모호성은 인간이 책임을 져야 한다."[6] 공정한 동전을 던지면 동전이 그리는 궤적의 세부적인 모든 사항은 뉴턴 역학에 따라 결정될지 모르지만, 확률은 무작위적이다. 어떤 특정한 순간 프랑스의 인구가 홀수인지 짝수인지는 무작위적이지만, 프랑스의 인구 자체는 확실히 무작위적이지 '않다'.[7] 설사 인구를 모른다고 하더라도 이는 분명한 사실이다. 존 메이너드 케인스John Maynard Keynes는 무작위성에 반대되는 것 세 가지를 선택해 무작위성 문제를 다룬다. 세 가지는 바로 지식, 인과성, 계획이었다.[8] 이미 알려진 것이나 인과관계로 결정되는 것, 혹은 계획에 따라 조직되는 것은 무작위적일 수 없었다.

"우연은 무지의 척도일 뿐이다. 우발적인 현상은 정의상 우리가 그 법칙을 모르는 것이다."[9] 앙리 푸앵카레가 남긴 유명한 말이다. 하지만 그는 곧 말을 바꾼다. "이런 정의가 아주 만족스러울까? 별들의 움직임을 보던 칼데아의 목동들은 아직 천문학의 법칙들을 몰랐지만, 별들이 무작위적으로 움직인다고 말할 생각을 했을까?" 카오스라는 학문이 자리 잡기 전에 이미 카오스를 이해했던 푸앵카레는 떨어지는 빗방울 같은 현상들도 그 원인은 물리적으로 결정되지만 너무나 많고 복잡해서 예측할 수 없는 무작위성의 사례라고 보았다. 물리학에서(혹은 자연적 과정들이 예측할 수 없는 것으로 보이는 모든 분야에서) 명백한 무작위성은 잡음일 수도 있고, 매우 복잡한 역학에서 기인할 수도 있다.

무지는 주관적이다. 무지는 관찰자의 속성이다. 무작위성은 (만약 존재한다면) 사물 자체의 속성일 것이다. 인간을 배제하면 사건, 선택, 분포, 게임, 혹은 가장 간단하게 수는 무작위적이라고 말하고 싶을 것이다.

난수亂數 개념은 어려운 문제들로 가득하다. '특정한' 난수라는 것이 존재할 수 있을까? '확실한' 난수는 있을까? 다음의 수는 거의 틀림없이 무작위적이다.

1009732533765201358634673548768095909117392927494945…[10]

다른 한편 이 수는 특별하다. 1955년에 랜드 연구소가 펴낸 책『백만 개의 무작위적 수A Million Random Digits』는 이 수로 시작한다. 랜드 연구소는 전자식 룰렛 휠로 구현한 펄스 발생기를 이용하여 이 수를 생성했다.[11] 초당 10만 펄스로 발생한 신호는 다섯 자리 이진 계수기와 십진 전환기 그리고 IBM 천공기를 거쳐 IBM 모델 856 카더타입Cardatype으로 출력됐다. 이 과정은 수년이 걸렸다. 숫자들의 첫 번째 묶음을 검증하던 통계학자들은 상당한 편향을 발견했다. 어떤 수, 수의 집단 혹은 수의 패턴이 너무 자주 또는 너무 드물게 나타났던 것이다. 하지만 결국 이 표는 출판됐다. 편집자들은 씁쓸하게 이렇게 말했다. "표의 바로 그 특성 때문에 카더타입의 무작위적 오류를 잡아내려고 최종 원고의 모든 페이지를 교정할 필요는 없어 보였다."

과학자들은 통계적으로 타당한 실험을 기획하거나 복잡계의 현실적인 모델을 구축하려면 업무상 대량의 난수가 필요했기 때문에 책을 사는 사람들이 있었다. 몬테카를로 시뮬레이션Monte Carlo simulation이라는 새로운 방법론은 무작위적 샘플링을 활용하여 분석적으로 풀 수 없는 현상에 대한 모델을 만들었다. 몬테카를로 시뮬레이션은 원자탄 프로젝트를 맡은 폰 노이만 연구팀이 중성자 확산의 계산에 필요한 난수를 생성하기 위해 엄청나게 노력한 끝에 만든 것이었다. 폰 노이만은 결정론적 알고리즘과 유한한 저장 용량을 가진 기계식 컴퓨터는 절대 진정한 난수를 생성할 수 없다는 사실을 깨달았다. 폰 노이만은 '의사난수$_{pseudorandom\ number}$'에 만족해야 했다. 의사난수는 결정론적으로 생성됐지만 무작위적인 것처럼 움직였다. 무작위성은 실용적 목적으로 쓰기에는 모자란 점이 없었다. 폰 노이만은 이렇게 말했다. "난수를 만드는 산술적 수단을 고려하는 모든 사람은 당연히 죄악의 상태에 빠져 있다."[12]

무작위성은 질서라는 측면에서 정의할 수 있다. 말하자면 무작위성은 질서가 없는 것이다. 아래에 있는 짧은 수열처럼 질서 정연한 수열은 "무작위적"이라고 볼 수 없다.

00000

하지만 이 수열은 유명한 100만 개의 무작위적인 난수에서 특별 출연을 한다. 확률로 따지면 이 수열을 예상할 수 있다. '00000'이 나올 확률은 다른 9만 9,999개의 다섯 자리 수열이 나올 확률과 같다. 100만 개의 난수 중에는 이런 수열도 있다.

010101

이 수열 역시 패턴이 있는 것처럼 보인다.

숫자라는 짚더미에서 패턴이라는 바늘을 찾아내려면 똑똑한 관찰자의 작업이 필요하다. 아주 긴 무작위적 수열이 주어지면, 어딘가에는 가능한 모든 짧은 하위 수열이 나타날 것이다. 그중 하나는 은행 금고를 여는 비밀번호일 것이다. 다른 하나는 인코딩된 셰익스피어의 완전한 작품일 것이다. 하지만 이것들은 아무짝에도 쓸모가 없다. 왜냐하면 알아보는 사람이 아무도 없기 때문이다.

어쩌면 00000과 010101 같은 수가 특별한 맥락에서는 무작위적이라고 말할 수 있을지도 모른다. 공정한 동전(아주 단순한 기계적 난수 생성기)을 아주 오랫동안 던지면 특정한 시점에는 앞면이 10번 연속으로 나오기 마련이다. 이런 일이 벌어지면 난수를 찾는 사람은 대개 이 결과를 내던지고 커피를 마시러 갈 것이다. 이렇기 때문에 인간이 기계의 도움을 받고도 난수를 생성하는 데 서툰 것이다. 무작위성을 예측하고 인식하는 일 모두에서 인간의 직관은 쓸모없다는 것을 연구자들이 입증한 바 있다. 인간은 무심결에 패턴을 향해 흘러간다. 뉴욕 공립도서관은 『백만 개의 무작위적 수』를 사서 심리학 코너에 꽂아두었다. 2010년에도 여전히 아마존에서 81달러에 이 책을 살 수 있었다.

◎　◉　◎

수는 (이제 우리가 알다시피) 정보이다. 섀넌의 후계자인 우리 현대인들은 가장 순수한 형태의 정보를 생각할 때 이진수인 0과 1의 수열을 떠올린다. 다음은 50자리 이진수열 두 개이다.

A: 01010101010101010101010101010101010101010101010101

B: 10001010111110101110100110101000011000100111101111

만약 앨리스(A)와 봅(B)이 모두 동전 던지기로 이 수열들을 생성했다고 말한다면, 앨리스의 말을 믿을 사람은 아무도 없을 것이다. 이 두 수열은 분명 동일하게 무작위적이지 않다. 고전 확률론에서 보면 B가

A보다 더 무작위적이라고 주장할 확실한 근거는 없다. 무작위적 과정은 두 수열을 모두 '생성할 수 있기' 때문이다. 확률은 전체에 대한 것이지, 개별 사건에 대한 것이 아니다. 확률론은 사건을 통계적으로 취급한다. 따라서 "그 사건이 일어날 가능성은 얼마나 될까?"라는 식의 질문을 좋아하지 않는다. 사건이 일어났다면, 일어난 것이다.

클로드 섀넌이라면 이 수열을 메시지로 보았을 것이다. 그는 이렇게 물었을 것이다. "각 수열은 '얼마나 많은 정보'를 담고 있는가?" 두 수열은 모두 50비트의 정보를 담고 있다. 자릿수로 요금을 부과하는 전신수는 메시지들의 길이를 재고 앨리스와 봅에게 같은 청구서를 줬을 것이다. 하지만 다른 한편으로 두 메시지는 많이 달라 보인다. 메시지 A는 금세 지루해진다. 일단 패턴을 알게 되면, 이후 반복되는 것에서는 새로운 정보가 없다. 메시지 B에서 모든 비트는 다른 모든 비트만큼 가치가 있다. 섀넌은 정보이론을 처음 확립하면서 메시지를 통계적으로 다루었다. 메시지를 모든 가능한 메시지 전체에서(A와 B의 경우 2^{50}개) 선택된 것으로 본 것이다. 하지만 섀넌은 동시에 메시지 내의 잉여성, 즉 메시지를 압축할 수 있게 만드는 패턴, 규칙성, 질서도 고려했다. 메시지의 규칙성이 클수록 예측성이 높아진다. 예측성이 높을수록 잉여성은 커진다. 잉여성이 클수록 포함하는 정보는 줄어드는 것이다.

전신수는 메시지 A를 손쉽게 보낼 수 있다. "'01'을 25번 반복"이라는 식의 메시지를 보내면 된다. 메시지가 길어도 패턴이 일정하면 키 조작 횟수가 크게 줄어든다. 패턴이 명확하면, 나머지 기호들은 무료로 보낼 수 있다. 메시지 B를 보내는 전신수는 모든 기호가 완전히 예상 밖의 것이기 때문에 기호를 모두 보내려면 힘들게 계속 일해야 한다. 모든 기호에는 1비트가 필요하다. '얼마나 무작위적인가'와 '정보가 얼마나 담겨 있는가'는 같은 질문이다. 이 질문의 답은 하나이다.

체이틴은 전신에 대해 생각하지 않았다. 체이틴의 머리를 떠나지 않았던 것은 튜링기계였다. 무한한 테이프를 따라 앞뒤로 왔다 갔다 하면서 기호를 읽고 쓰는 튜링기계는 이른바 명쾌한 추상화의 극치였다. 현실세계의 모든 혼란스러움, 삐걱대는 톱니바퀴 장치와 까다로운 전기, 그리고 속도 문제에서 자유로운 튜링기계는 이상적인 컴퓨터였다.

폰 노이만 역시 계속 튜링기계로 되돌아왔다. 튜링기계는 언제나 유용한 컴퓨터 이론의 실험용 쥐였다. 튜링의 U는 초월적 힘을 지녔다. 범용 튜링기계는 다른 디지털 컴퓨터를 모사할 수 있었던 것이다. 따라서 컴퓨터공학자들은 어떤 특정 컴퓨터나 모델의 골치 아픈 세부 사항들을 무시할 수 있었다. 범용 튜링기계는 공학자들을 자유롭게 했다.

벨연구소에서 MIT로 옮긴 클로드 섀넌은 1956년 튜링기계를 재분석했다. 튜링기계를 최대한 단순화시킨 섀넌은 범용 컴퓨터를 두 개의 내부 상태state만으로 구축할 수 있음을 증명한다. 0과 1이라는 단 두 개의 기호 혹은 공백과 비공백만으로 범용 컴퓨터를 만들 수 있음을 증명한 것이다. 섀넌은 이 증명을 수학적이라기보다는 더 실용적인 언어로 풀어냈다. 어떻게 두 개의 상태를 가진 튜링기계가 더 복잡한 컴퓨터의 더 많은 상태를 기록하기 위해 앞뒤로 "오가고" 좌우로 나아갈지 정확하게 기술한다. 대단히 복잡하고 구체적인 섀넌의 설명은 배비지를 떠오르게 했다.

입출력 헤드가 이동할 때 상태 정보는 기계 B의 두 가지 내부 상태만을 이용해 테이프의 다음 칸으로 전달되어야 한다. 기계 A의 다음 상태가 (가령 어떤 임의적인 번호 체계에 따라) 상태 17이라면 이

정보는 기계 B에서 입출력 헤드가 지난 칸과 새로운 칸 사이를 17
번(실제로는 다음 칸으로 18번, 지난 칸으로 17번) 앞뒤로 "오감으로써"
전달된다.[13]

"오가는 동작"으로 정보는 테이프의 칸 사이를 옮겨가며, 칸들은
"송신기" 및 "제어기"의 역할을 한다.

튜링은 자신이 쓴 뛰어난 논문의 제목을 「연산 가능한 수에 대하여」
라고 지었다. 물론 진정으로 다루고자 했던 것은 연산 '불가능'한 수였
다. 연산 불가능한 수와 무작위적인 수를 연관 지을 수 있을까? 뉴욕
시립대학교 학부생이었던 체이틴은 1965년 저널에 투고하기 위해 자
신이 발견한 것을 자세히 정리했다. 체이틴의 첫 출판물이 될 터였다.
논문은 이렇게 시작했다. "여기서 튜링기계는 범용 컴퓨터로 간주되
는데, 이를 프로그래밍 하는 데 몇 가지 현실적인 의문이 제기된다."
고등학생 시절에 컬럼비아 과학 장학생으로 선발된 체이틴은 거대한
IBM 메인프레임 컴퓨터를 이용하여 기계어로 프로그래밍 하는 기회를
갖는다. 천공카드 덱을 이용했는데, 한 장의 카드에 프로그램 한 줄을
썼다. 체이틴은 카드 덱을 컴퓨터 센터에 놔두고 다음 날 돌아와 프로
그램이 출력한 내용을 확인하곤 했다. 그는 머릿속에서 튜링기계를 돌
릴 수도 있을 것이다. '작성 0, 작성 1, 작성 공백, 좌로 테이프 이동,
우로 테이프 이동…'처럼 말이다. 범용 컴퓨터를 쓰면 앨리스와 봅의 A
와 B 같은 수 사이의 차이를 깔끔하게 구분할 수 있었다. 체이틴은 튜
링기계가 "010101…"을 100만 번 인쇄하게 만드는 프로그램을 작성할
수 있었다. 게다가 프로그램의 길이를 상당히 짧게 쓸 수 있었다. 하
지만 아무런 패턴이나 규칙성이 없고 전혀 특별한 점이 없는 100만 자
리의 난수가 주어지면 별다른 뾰족한 수가 없었다. 컴퓨터 프로그램에

전체 수를 넣어야 했다. IBM 메인프레임 컴퓨터가 이 100만 자리의 수를 인쇄하게 만들려면 전체를 천공카드에 입력해야 하는 것이다. 튜링기계 역시 100만 자리의 수를 입력값으로 넣어야 한다.

다음의 수를 보자(이번에는 십진수이다).

C: 3.14159265358979323846264338327950288419716939937531…

이 수는 무작위적으로 보인다. 통계적으로 각 수는 기대 빈도(10번에 한 번)에 따라 나타난다. 두 자릿수(100번에 한 번), 세 자릿수도 마찬가지이다. 통계학자라면 누구나 "정규적normal"이라고 말할 것이다. 다음에 나오는 수는 언제나 의외이다. 이렇게 가면 결국에는 셰익스피어의 작품도 그 안에 있을 것이다. 하지만 어떤 사람은 이 수를 우리에게 익숙한 수, 파이π로 인식할 것이다. 따라서 이 수는 결국 무작위적이지 않다.

그렇다면 우리는 왜 파이가 무작위적이지 않다고 말하는 것일까? 체이틴은 분명하게 답한다. 수가 계산 가능하다면, 즉 확정된 컴퓨터 프로그램으로 이 수를 생성할 수 있다면 무작위적이지 않다. 따라서 연산 가능성은 무작위성의 기준이다.

튜링에게 연산 가능성은 예 혹은 아니요의 속성, 다시 말해 주어진 수가 '~이거나is' 혹은 '~이 아닌is not' 속성이었다. 하지만 우리는 어떤 수가 다른 수보다 더 무작위적이라고, 말하자면 패턴이나 질서가 적다고 말하고 싶어 한다. 체이틴은 패턴과 질서가 연산 가능성을 표현한다고 말했다. 알고리즘은 패턴을 생성한다. 따라서 우리는 '알고리즘의 크기'를 통해 연산 가능성을 가늠할 수 있다. 주어진 수(어떤 길이의 수열로 표현된 수)에 대해 우리는 "이 수를 생성할 가장 짧은 프로그램의 길이는 무엇인가?"라고 물을 수 있다. 튜링기계의 언어를 활용하면 이 질문은 비트로 측정되는 명확한 답을 가질 수 있다.

무작위성을 알고리즘으로 정의한 체이틴의 방식을 보면 정보를 알고리즘으로 정의할 수 있다. 알고리즘의 크기는 주어진 기호열이 얼마나 많은 정보를 담는지 말해준다.

패턴을 보는 것, 카오스 속에서 질서를 찾는 것은 과학자들의 일이기도 하다. 열여덟 살의 체이틴은 이것이 우연이 아니라고 생각했다. 알고리즘적 정보이론을 과학 자체의 과정에 적용하면서 첫 논문을 마무리하던 체이틴은 이렇게 제안한다. "매초 광선을 방출하거나 방출하지 않는 닫힌계를 관찰하고 있는 과학자를 생각해보자."

> 0이 '광선이 방출되지 않았음'을 나타내고, 1이 '광선이 방출됐음'을 나타낸다면 과학자는 0과 1의 수열로 관찰 내용을 정리할 수 있다. 이를테면 이런 수열이 나온다고 하자.
>
> 0110101110…
>
> 그리고 수천 비트가 더 이어질 수 있다. 이후 과학자는 어떤 종류의 패턴이나 법칙을 관찰하기를 바라면서 수열을 분석한다. 이는 무슨 의미가 있을까? 0과 1의 수열은 단지 표를 보고 한 번에 전체 수열을 쓰는 것보다 더 나은 계산 방법이 없다면 패턴이 없다고 보는 것이 타당하다.[14]

하지만 알고리즘, 즉 수열보다 훨씬 짧은 컴퓨터 프로그램으로 같은 수열을 생성하는 방법을 발견한다면 과학자는 이 사건들이 확실히 무작위적이지 않음을 알 것이다. 과학자는 하나의 이론을 발견했다고 말할 것이다. 많은 사실들의 집합을 설명하고 아직 일어나지 않은 사건을 예측할 수 있게 해주는 단순한 이론, 이는 과학이 항상 추구하는 바이다. 이것이 유명한 오캄의 면도날Occam's Razor(같은 현상을 설명하는 두 개의 주장이 있다면, 간단한 쪽을 선택하라는 이론이다. 여기서 면도날은 불필요한 가설을 잘라내버린다는 비유이다_옮긴이)이다. 뉴턴은 이렇게 말했다. "자연의 원인이 아닌 것은 또한 자연 현상을 설명하기에 옳지도 충분하지도 않다는 점을 인정해야 한다. 자연은 단순성을 선호하기 때문이다."[15] 뉴턴은 '질량'과 '힘'을 수량화했지만, '단순성'은 아직 더 시간이 필요했다.

체이틴은 논문을 《연산기계학회 저널Journal of the Association for Computing Machinery》로 보냈다. 편집진은 논문을 흔쾌히 출판하려고 했지만, 소련에서 비슷한 논문이 나왔다는 소문을 접한 한 심사위원의 말을 듣게 된다. 아니나 다를까 몇 달이 지난 1966년 초 《정보 전달의 문제》 첫 호가 도착했다. 이 학회지에는 안드레이 니콜라예비치 콜모고로프Andrei Nikolaevich Kolmogorov가 쓴 「'정보량' 개념의 정의에 대한 세 가지 접근법」이라는 제목의 논문이 실려 있었다. 러시아어를 읽을 줄 몰랐던 체이틴은 각주만 보태고 있을 따름이었다.

◎　　◉　　◎

소비에트시대의 출중한 수학자였던 콜모고로프는 1903년 모스크바에서 남동쪽으로 약 500킬로미터 떨어진 탐보프Tambov에서 태어났다. 콜모고로바Kolmogorova 가문의 세 딸 중 하나로 미혼모였던 어머니가 출산 도중 사망하자, 이모인 베라Vera가 볼가 강 근처의 마을에서 콜모고로프를 키웠다. 제정 러시아가 저물어가던 시기에 이 독립심 강한 여인은 마을 학교를 운영하면서 집에서 몰래 인쇄기를 돌렸고, 때로 금

지된 문서들을 아기 안드레이의 요람 밑에 숨겼다.[16]

1917년 혁명 직후 모스크바대학 수학과에 입학한 콜모고로프는 10년 동안 확률론의 토대가 되는 영향력 있는 성과물들을 증명해낸다. 1933년 러시아에서, 1950년 영국에서 출판된 『확률론의 토대Foundations of the Theory of Probability』는 현대의 고전으로 남아 있다. 하지만 콜모고로프의 관심은 물리학과 언어학뿐만 아니라 빠르게 성장하는 수학의 다른 분야들을 두루 아울렀다. 유전학에도 손을 댄 적이 있지만 스탈린이 비호하던 사이비과학자 트로핌 리센코Trofim Lysenko와 심한 논쟁을 한 이후 손을 뗐다. 제2차 세계대전 중에는 포탄사격 분야의 통계이론을 만들기 위해 노력했고, 모스크바를 나치 폭격기로부터 보호하기 위한 방공기구防空氣球의 확률적 분포 체계를 고안했다. 전쟁 관련 연구 외에도 난기류와 무작위적 과정을 연구했다. 콜모고로프는 사회주의 노동 영웅이었으며, 레닌 훈장을 일곱 차례 받았다.

콜모고로프가 러시아어로 번역된 『통신의 수학적 이론』을 처음 접한 것은 1953년이었다. 엄혹한 스탈린의 통치하에 있던 번역자가 책의 가장 흥미로운 내용들을 빼버린 책이었다. 제목은 『전자신호 전달의 통계적 이론Statistical Theory of Electrical Signal Transmission』으로 바뀌었다. '정보информация'라는 단어는 전부 '데이터данные'로 대체되었다. '엔트로피'라는 단어에는 따옴표가 붙었다. 독자들이 물리학의 엔트로피와 연결시켜 생각하는 것을 막기 위한 조처였다. 정보이론을 자연어의 통계에 적용하는 단락은 전부 누락했다. 이렇게 해서 나온 번역본은 전문적이고, 중립적이며, 무미건조했다. 따라서 마르크스주의 이데올로기의 용어로 해석될 개연성이 없었다.[17] 심각한 문제였다. '인공두뇌학'은 처음에 『간이 철학사전Short Philosophical Dictionary』(이데올로기적 정통성을 가진 표준 참고문헌이었다)에서 "반동적 사이비과학"이자 "제국주의적 반동의 이념적 무기"로 묘사됐다. 그럼에도 불구하고 콜모고로프는 섀넌의 논문에 큰 흥미를 느꼈다. 적어도 '정보'라는 단어를 사용하는 것을 두려워하지 않았다. 콜모고로프는 모스크바대학 제자들의 도움을 받아 중요한 개념들의 정의와 세심한 증명, 그리고 새로운 발견들과 함께 정보이론에 대한 엄격한 수학적 형식화를 제시했다. 하지만 안타깝게도 콜모고로프는 곧 이 내용의 일부가 섀넌의 원래 논문에 들어 있지만 러시아어판에서는 누락되었다는 사실을 알게 되었다.[18]

여전히 외부 세계의 과학과 다소 고립된 소련에서 콜모고로프는 정보이론을 표방하기에 좋은 위치에 있었다. 『소련 대백과사전Great Soviet Encyclopedia』의 수학 부문을 맡은 그는 필자를 섭외하고, 내용을 편집하며, 많은 부분을 직접 썼다. 1956년에는 소련과학원에 정보 전달 이론에 대해 쓴 긴 총회보고서를 제출했다. 동료들은 이 보고서가 약간 "혼란스럽다"라고 평했다. 콜모고로프가 나중에 섀넌의 연구를 회고하며 말했던 것처럼 "수학보다는 기술technology에 더 가깝다"[19]라고 생각했던 것이다. 콜모고로프의 말을 들어보자. "섀넌이 몇몇 난해한 사례들에서 자신의 개념을 후계자들이 엄밀하게 '해명'할 여지를 남겨두었다는 것은 사실이다. 그러나 수학적 직관만큼은 놀랍도록 정확했다." 콜모고로프는 인공두뇌학에는 큰 관심이 없었다. 노버트 위너와 콜모고로프 모두 초창기에는 확률적 과정과 브라운 운동을 연구했던 터라, 위너는 나름대로 친근감을 느꼈다. 모스크바를 방문한 위너는 이렇게 말했다. "콜모고로프 회원의 논문들을 읽었을 때 이것이 나의 생각이자 내가 말하고 싶었던 것이라고 느꼈습니다. 아마 콜모고로프 회원도 내 논문을 읽으면 같은 생각을 할 것이라고 봅니다."[20] 하지만 두 사람이 같은 생각을 한 건 아니었다. 콜모고로프는 제자들에게 섀넌을 연구하도록 이끌었다. 콜모고로프의 말을 들어보자. "수학의 한 분야로서 위너가 이해한 인공두뇌학은 통일성이 없다는 사실을 쉽게 알 수 있다. 이런 의미에서 전문가, 가령 대학원생에게 인공두뇌학을 가르친다고 해도 생산적인 연구를 기대하기 어렵다."[21] 그는 이미 직관을 뒷받침할 실질적인 성과가 있었다. 섀넌의 엔트로피를 전반적으로 공식화했고, 이산적 시간과 연속적 시간 모두에 적용할 수 있도록 정보 측정을 확장했던 것이다.

러시아에서 명성을 얻은 콜모고로프는 마침내 전자 통신과 컴퓨터에 도움이 될 가능성이 있는 것이라면 뭐든 연구하기 시작했다. 연구는 거의 백지 상태에서 출발했다. 실용적인 전자공학은 거의 존재하지 않던 시절이었다. 당시 소련의 전화통신은 씁쓸한 농담거리로 계속해서 입에 오르내릴 정도로 지독하게 형편없었다. 1965년에도 장거리 직통전화라는 것이 없었다. 전국적으로 시외통화 수는 아직 전보 수를 넘지 못했는데, 미국에서는 이미 19세기 말에 시외통화가 전보를 앞질렀다. 모스크바는 세계 주요 도시 중에서 1인당 전화 보급대수가 가장 적었다. 그럼에도 콜모고로프와 제자들은 정보이론, 부호이론, 네트워크이론, 심지어 유기체 안의 정보를 전문적으로 다루는 계간지 《정보전달의 문제》를 창간할 정도로 많은 활동을 했다. 창간호는 콜모고로프의 「'정보량' 개념의 정의에 대한 세 가지 접근법」으로 시작됐다. 거의 선언에 가까운 이 논문은 서구 수학자들에게 알려지기까지 오랜 시간이 걸렸다.

"매 순간 '하찮은' 것과 불가능한 것 사이에는 아주 미세한 차이밖에 없다. 이 미세한 차이 안에서 수학적 발견이 이뤄진다."[22] 콜모고로프가 일기에 쓴 말이다. 정보를 정량적으로 보는 새로운 관점에서 콜모고로프는 확률론 문제, 즉 무작위성의 문제를 해결할 실마리를 찾는다. 어떤 주어진 "유한한 대상" 안에 얼마나 많은 정보가 담겨 있을까?

그 대상은 수(일련의 수)일 수도 있고, 메시지일 수도 있으며, 데이터 집합일 수도 있다.

콜모고로프는 조합론적 접근법, 확률론적 접근법, 알고리즘적 접근법이라는 세 가지 접근법을 설명한다. 첫 번째와 두 번째는 섀넌의 접근법을 다듬은 것이었다. 이 두 가지 접근법은 대상들의 총체 안에서 하나의 대상이 갖는 확률에 초점을 맞췄다. 이를테면 가능한 메시지 집합에서 어떤 특정 메시지가 선택될 확률에 초점을 맞춘 것이다. 콜모고로프는 대상이 단지 문자체계 안에서의 기호 하나나 교회 유리창 안의 손전등 같은 것이 아니라, 유전적 유기체나 예술품처럼 크고 복잡한 것이라면 어떻게 될 것인지 궁금했다. 톨스토이의『전쟁과 평화』에 담긴 정보량은 어떻게 측정할까? 콜모고로프의 질문을 보자. "이 소설을 합리적인 방식으로 '모든 가능한 소설'의 집합에 포함시키고, 나아가 이 집합에서 특정한 확률 분포를 구하는 일이 가능할까?"[23] 혹은 모든 가능한 종의 집합이 가진 확률 분포를 고려하여, 가령 뻐꾸기의 유전적 정보량을 측정할 수 있을까?

정보를 측정하는 세 번째 접근법인 알고리즘적 접근법은 가능한 대상의 총체에서 출발해야 하는 난점을 없앴다. 이 접근법은 대상 자체에 초점을 맞췄다.* 콜모고로프는 측정하고자 하는 대상을 위해 새로운 단어를 제안한다. 바로 '복잡성complexity'이다. 이에 따르면 수나 메시지 혹은 데이터 집합의 복잡성은 단순성과 질서의 반대이며, 다시 말하지만 정보에 해당한다. 대상이 단순할수록 담고 있는 정보도 적

---

* "여기서 말하는 정보량은 주어진 확률 분포에 따라 한 대상의 집합에 속한 원소로 취급받는 대상이 아니라 개별적인 대상을 다룬다는 점에서 유리하다. 확률론적 정의는 가령 축하 전보에 포함된 정보에는 확실하게 적용할 수 있다. 하지만 소설이나 소설의 번역본에 포함된 정보량을 추정할 때는 그 적용 방법이 명확하지 않다."[24]

다. 복잡성이 높을수록 담고 있는 정보도 많다. 아울러 콜모고로프는 그레고리 체이틴과 마찬가지로 알고리즘을 토대로 복잡성을 계산함으로써 이 개념을 확고한 수학적 토대 위에 놓았다. 어떤 대상의 복잡성은 이 대상을 생성하는 데 필요한 가장 작은 컴퓨터 프로그램의 크기이다. 짧은 알고리즘으로 생성할 수 있는 대상은 복잡성이 낮다. 반면 전체 비트가 대상 자체만큼이나 긴 알고리즘이 필요한 대상은 복잡성이 가장 높다.

단순한 대상은 아주 적은 비트로 생성·연산·기술할 수 있다. 복잡한 대상은 많은 비트의 알고리즘이 필요하다. 이렇게 설명하면 너무 뻔해 보인다. 하지만 이 사실은 그때까지 수학적으로 해석되지 못했다. 콜모고로프의 설명을 들어보자.

'단순한' 대상과 '복잡한' 대상 사이의 직관적인 차이는 오래전부터 분명하게 인식됐다. 이런 차이를 형식화하는 데는 확실히 어려움이 따른다. 하나의 언어로 단순하게 기술할 수 있는 대상이 다른 언어로는 단순하게 기술할 수 없어, 기술하는 데 어떤 방식을 써야 할지 분명하지 않은 것이다.[25]

이 어려움은 컴퓨터 언어를 활용함으로써 해결됐다. 어떤 컴퓨터 언어인지는 중요하지 않았다. 모두 동일하게 범용 튜링기계의 언어로 환원할 수 있기 때문이다. 어떤 대상의 콜모고로프 복잡성은 그 대상을 생성하는 데 필요한 가장 짧은 알고리즘의 비트 단위 크기이다. 이는 또한 정보량이기도 하다. 아울러 무작위성의 정도이기도 하다. 콜모고로프의 말은 이렇다. "무작위성은 '무작위적random'이라는 개념의 새로운 이해방식으로, 규칙성의 부재라는 자연스러운 가정에 부합한다."[26]

정보, 무작위성, 복잡성, 이 세 가지는 근본적으로 동일하다. 이 세 가지 강력한 추상적 개념은 마치 은밀한 연인들처럼 한데 엉켜 있다.

콜모고로프가 보기에 이런 개념은 확률론뿐만 아니라 물리학에도 속했다. 질서 정연한 결정체나 혼란스러운 기체 상자의 복잡성은 기체나 결정체의 상태를 기술하는 데 필요한 가장 짧은 알고리즘으로 측정할 수 있다. 다시 한 번 엔트로피가 핵심이었다. 콜모고로프는 이 새로운 방법론들을 적용할 수 있는 물리학적 난제들에 대한 유용한 배경지식이 많았다. 1941년에는 난류의 국소 구조에 대해 처음으로 (흠이 있긴 했지만 유용한) 해석을 내놓은 바 있었다. 소용돌이와 회오리의 분포를 예측하는 방정식들을 만든 것이다. 또한 고전적 뉴턴 물리학으로는 엄청나게 다루기 힘들었던 또 다른 문제인 행성 궤도의 섭동perturbations을 연구했다. 콜모고로프는 1970년대에 일어난 카오스 이론 르네상스의 토대를 놓고 있었다. 카오스 이론은 엔트로피와 정보 차원information dimension에 따라 동역학계를 분석했다. 이제는 동역학계가 정보를 생성한다는 말을 이해할 수 있었다. 동역학계를 예측할 수 없다면, 이는 엄청난 정보를 생성한다는 말이었다.

콜모고로프는 그레고리 체이틴에 대해 아는 바가 없었다. 그뿐만 아니라 두 사람 모두, 미국의 확률이론가로서 이들과 같은 개념 몇 가지를 전개하고 있었던 레이 솔로모노프Ray Solomonoff를 알지 못했다. 세상은 변하고 있었다. 시간과 거리 그리고 언어가 여전히 러시아의 수학자들을 서구 학계와 갈라놓았지만 해마다 간극이 좁혀졌다. 콜모고로프는 예순이 넘으면 누구도 수학을 해서는 안 된다고 종종 말했다. 노년엔 작은 돛단배를 타고 노를 저으며 볼가 강을 돌아다니는 부표 관리인으로 사는 것이 꿈이었다.[27] 그가 노년이 되었을 때 부표 관리인들은 모터보트로 갈아탔다. 콜모고로프로서는 꿈이 깨진 것이다.

이제 역설들이 돌아왔다.

0은 흥미로운 수이다. 0에 관해 쓴 책들도 많다. 1은 분명히 흥미로운 수이다. 1은 맨 먼저 나오고(0을 세지 않을 때) 단수이며 독특하다. 2는 모든 면에서 흥미롭다. 2는 가장 작은 소수素數, 대표적인 짝수, 성공적인 결혼에 필요한 수, 헬륨의 원자 수, 핀란드 독립기념일에 켜는 초의 수이다. '흥미롭다'라는 말은 수학자들의 전문용어가 아니라 일상적으로 쓰는 말이다. 모든 작은 수는 흥미롭다고 해도 무리가 없어 보인다. 모든 두 자릿수와 많은 세 자릿수는 위키피디아에 자기만의 항목이 있다.

정수론자들number theorists은 소수, 완전수, 제곱과 세제곱, 피보나치수, 계승factorial 등 모든 흥미로운 수들의 집단에 이름을 붙인다. 593은 보기보다 흥미로운 수이다. 593은 9의 2승과 2의 9승의 합이다. 따라서 '릴런드 수Leyland number'($x^y + y^x$로 표현할 수 있는 모든 수)이다. 위키피디아는 또한 9,814,072,356에 한 항목을 할애한다. 이 수는 가장 큰 완전 십진수 제곱수holodigital square, 다시 말해서 10개의 숫자를 정확히 하나씩 포함한 가장 큰 제곱수이다.

흥미롭지 않은 수는 어떤 것일까? 아마 무작위적인 수일 것이다. 영국의 정수론자인 G. H. 하디Hardy는 1917년 병상에 있는 스리니바사 라마누잔Srinivasa Ramanujan을 병문안하는 길에 아무렇게나 택시를 탔는데 번호가 1729번이었다. 하디는 라마누잔에게 1729는 수로서는 "꽤 단조로운 것"이라고 말했다. 하지만 수학자들의 일화를 다룬 권위 있는 책에 따르면 라마누잔은 1729가 두 가지 다른 방식으로 두 세제곱의 합을 표현하는 가장 작은 수라고 대답했다고 한다.* J. E. 리틀우드

Littlewood는 "모든 자연수는 라마누잔의 정다운 친구"라고 말했다. 이 일화 때문에 1729는 요즘 하디-라마누잔 수로 알려져 있다. 이게 다가 아니다. 1729는 마침 카마이클 수Carmichael number이자 오일러 유사소수 Euler pseudoprime이자 지젤 수Zeisel number이기도 하다.

하지만 제아무리 라마누잔의 지성이라도 위키피디아처럼, 인간 지식의 총합처럼 유한하기 때문에 흥미로운 수의 목록은 어디선가 끝나야 한다. 분명히 딱히 얘기할 만한 특별한 점이 없는 수가 있다. 그 수가 어디에 있든 간에 거기에 역설이 있다. 흥미롭게도 우리는 그 수를 "흥미롭지 않은 가장 작은 수"로 기술할 수 있다.

이것이 바로 러셀이 『수학 원리』에서 이야기한 베리의 역설이다. 베리와 러셀은 짓궂게 물었다. 19개 미만의 음절로 명명할 수 없는 가장 작은 정수는 무엇인가? 그 수가 무엇이든 간에 'the least integer not nameable in fewer than nineteen syllables'라는 18개의 음절로 명명할 수 있다. 어떤 수가 흥미로운 이유는 그 수를 명명하는 방법에 있다. 이를테면 '11의 제곱'이나 '성조기에 새겨진 별의 수'처럼 말이다. 이렇게 붙여진 이름들 중 몇몇은 딱히 유용해 보이지도 않으며, 몇몇은 상당히 모호하기까지 하다. 어떤 것은, 예를 들어 어떤 수가 두 가지 다른 방식으로 두 세제곱의 합으로 표현 가능한지 그렇지 않은지를 보여주는 것처럼 순수한 수학적 사실도 있다. 하지만 일부는 (어떤 수가 지하철역 숫자나 역사적인 날짜에 해당하는지 그렇지 않은지를 보여주는 것처럼) 세상, 언어 혹은 인간 존재에 대한 사실들이고, 이것들은 우연적이고 일시적일 수 있다.

체이틴과 콜모고로프는 알고리즘적 정보이론을 만들면서 베리의 역

---

* $1729=1^3+12^3=9^3+10^3$

설을 되살렸다. 알고리즘은 수를 명명한다. 체이틴의 말을 들어보자. "베리의 역설은 원래 영어에 대해 이야기하지만, 이는 너무 모호하다. 나는 대신 컴퓨터 프로그래밍 언어를 선택한다."[28] 당연히 체이틴이 선택한 것은 범용 튜링기계의 언어였다.

그렇다면 정수를 어떻게 명명하느냐는 말은 무엇을 의미할까? 우리는 계산하는 방법을 제시하면서 정수를 명명한다. 출력된 것이 (알다시피 바로 그 정수 하나만을 출력하고는 멈춘다) 바로 그 정수라면 프로그램은 정수를 명명하는 것이다.

흥미로운 수인지 어떤지를 묻는 것은 수가 무작위적인지 그렇지 않은지를 묻는 것의 정반대이다. 비교적 짧은 알고리즘으로 연산할 수 있다면 숫자 n은 흥미롭고, 그렇지 않다면 무작위적이다. '1을 인쇄한 다음 100개의 0을 인쇄하라'라는 알고리즘은 흥미로운 수(구골googol)를 생성한다. 마찬가지로 '첫 소수를 찾고 다음 소수를 더하며, 이것을 100만 번 반복하라'라는 알고리즘은 첫 100만 소수의 합이라는 흥미로운 수를 생성한다. 튜링기계로 이 특정 수를 연산하려면 오랜 시간이 걸리지만 그래도 유한한 시간이다. 이 수는 연산 가능하다.

하지만 n에 대한 가장 간결한 알고리즘이 "PRINT [n]"이라면(줄어들지 않고 전체 수를 포함하는 알고리즘이라면) 우리는 n이 흥미롭지 않다고 말할 수 있다. 콜모고로프의 용어에 따르면 이 수는 무작위적이며 최대의 복잡성을 갖는다. 또한 이 수는 패턴이 없어야 한다. 왜냐하면 패턴이 있다는 것은 단축 알고리즘을 만들 방법이 있다는 말이기 때문이다. 체이틴은 말한다. "수를 계산하는 짧고 간결한 컴퓨터 프로그램이 있다는 것은 이 수를 선택해 더 작은 알고리즘으로 압축할 수 있도록 해주는 어떤 특성이나 특질이 있다는 뜻이다. 따라서 그 수는 특이하며 흥미로운 수이다."

하지만 '정말' 특이할까? 모든 수를 대략적으로 보면서, 수학자들은 어떻게 흥미로운 수들이 드물거나 흔한지 알 수 있을까? 같은 맥락에서 수학자는 하나의 수를 보면 더 작은 알고리즘을 찾을 수 있을지 항상 확실히 알 수 있을까? 체이틴에게는 중요한 질문들이었다.

체이틴은 첫 번째 질문에 계수의 논리로 답한다. 대다수 수들은 계산할 수 있는 간결한 컴퓨터 프로그램이 충분할 수가 없기 때문에 흥미롭지 않을 수밖에 없다. 한번 세어보자. 이를테면 1,000비트는 2^{1000}개의 수를 가진다. 하지만 1,000비트로는 절대 그렇게 많은 유용한 컴퓨터 프로그램을 만들 수 없다. 체이틴은 이렇게 말한다. "자연수는 아주 많다. 만약 프로그램이 더 작아야 한다면 모든 다른 자연수를 명명하기에 충분할 만큼 있지 않다." 따라서 어떤 길이의 수라도 대부분의 n은 무작위적이다.

두 번째 질문은 훨씬 더 까다로웠다. 대부분의 수가 무작위적임을 알고, 어떤 특정한 수 n이 주어졌을 때 수학자들은 그 수가 무작위적임을 증명할 수 있을까? 수를 본다고 알 수 있는 건 아니다. 수학자들은 종종 그 반대, 즉 n이 흥미롭다는 사실을 증명할 수 있다. 이 경우 n을 생성하는 짧은 알고리즘을 찾기만 하면 된다. (전문적으로 말하면, 알고리즘은 n을 이진수로 작성하는 데 필요한 $\log_2 n$비트보다 짧아야 한다.) 반대를 증명하는 것은 다른 이야기이다. 체이틴의 말을 들어보자. "설사 대부분의 자연수가 흥미롭지 않다 하더라도, 우리는 이에 대해 결코 확신할 수 없다. … 오직 소수의 사례에서만 이 점을 증명할 수 있을 뿐이다." 모든 가능한 알고리즘을 작성하고 하나씩 검증하면서 우격다짐으로 증명을 시도하는 것을 생각할 수도 있다. 하지만 컴퓨터가 테스트를 실행해야(한 알고리즘이 다른 알고리즘을 테스트해야) 했고 체이틴은 곧 새로운 형태의 베리의 역설이 등장한다는 것을 증명한다. 따라서 "흥미롭지 않은 가장 작은 수" 대신 "n음절 미만으로 명명할 수 없다고 증명할 수 있는 가장 작은 수"의 형태로 된 진술과 불가피하게 마주치게 된다. (물론 우리는 더 이상 음절에 대해 이야기하는 것이 아니라 튜링기계의 상태에 대해 이야기하는 것이다.)* 또 다른 재귀적, 자기 순환적인 꼬임에 빠지는 것이다. 체이틴판 괴델의 불완전성이었다. 프로그램 크기로 정의되는 복잡성은 일반적으로 연산 불가능하다. 100만 자리의 임의적인 수열이 주어졌을 때 수학자는 이 수열이 거의 확실히 무작위적이고 복잡하며 패턴이 없음을 알 수 있지만, 절대적으로 확신할 수 없다.

체이틴은 이 연구를 부에노스아이레스에서 진행했다. 시립 대학을 졸업하기 전(아직 10대였다) 부모가 아르헨티나에 있는 집으로 돌아가자 체이틴은 아르헨티나의 IBM 월드 트레이드World Trade에서 일자리를 구했다. 계속해서 괴델과 불완전성 연구의 끈을 놓지 않았던 그는 논문들을 미국 수학학회와 연산기계학회에 보냈다. 8년 후 뉴욕 요크타운 하이츠Yorktown Heights에 있는 IBM 연구소를 방문하기 위해 미국으로 돌아온 체이틴은 당시 프린스턴 고등연구소에 있던 일흔에 가까운 자신의 영웅에게 전화를 걸었다. 괴델이 전화를 받았다. 체이틴은 자기를 소개하고는 거짓말쟁이의 역설이 아니라 베리의 역설에 바탕을 두고 불완전성에 새롭게 접근하는 법을 찾았다고 말했다.

"어떤 역설을 쓰든 차이는 없네."[29] 괴델이 말했다.

"그렇습니다. 하지만 …" 체이틴은 불완전성을 '정보이론적' 시각에

---

* 더 정확하게는 이런 내용이다. "S는 n개 이하의 상태를 가진 튜링기계로는 기술할 수 없다는 첫 번째 증명이 이루어진 유한한 이진 수열 S"는 $(\log_2 n + c_f)$개의 상태 기술이다.

서 새롭게 보려 한다고 말하면서 프린스턴으로 찾아가도 좋은지 물었다. 화이트 플레인즈White Plains에 있는 YMCA에 머물고 있던 체이틴은 기차를 타고 가 뉴욕시에서 갈아탔을 것이다. 괴델은 좋다고 대답했지만 그날이 되자 약속을 취소했다. 눈이 내렸고, 괴델은 건강을 해칠까 봐 걱정했다. 체이틴은 괴델을 한 번도 만나지 못했다. 독살을 두려워하며 갈수록 불안정해지던 괴델은 1978년 겨울에 굶어 죽는다.

IBM 왓슨연구소에서 있던 체이틴은 기업 후원자 입장에서 별로 도움이 되지 않는 연구를 하면서 지원은 전폭적으로 받는 마지막 위대한 과학자들 중 한 명으로 연구원 생활을 보냈다. 때로 체이틴은 자신이 물리학 부서에 "숨어 있다"라고 말하고 다녔다. 여하튼 좀 더 관습적인 수학자들이 자신을 "장롱 물리학자"로 무시한다고 느꼈던 것이다. 체이틴의 연구를 보면 수학은 일종의 경험적 학문으로 취급되었다. 말하자면 절대적 진리로 가는 플라톤적 통로가 아니라 세상의 우연성과 불확실성의 영향을 받는 연구 프로그램이었던 것이다. 체이틴의 말을 들어보자. "불완전성과 연산 불가능성 그리고 심지어 알고리즘적 무작위성에도 불구하고 수학자는 절대적 확실성을 포기하려 하지 않습니다. 왜 그럴까요? 아마 절대적 확실성이 신과 같기 때문일 것입니다."[30]

양자물리학에서, 그리고 나중에 나온 카오스 이론에서 과학자들은 지식의 한계를 발견했다. 과학자들은 건질 것이 많았던 불확실성을 탐구했다. 처음에 신이 우주를 가지고 주사위 놀이를 한다는 것을 믿지 않으려 했던 아인슈타인을 크게 당혹스럽게 했던 불확실성 말이다. 알고리즘적 정보이론은, 이상적이고 정신적인 우주인 모든 수의 우주에도 동일한 한계를 적용했다. 체이틴 말마따나 "신은 양자물리학과 비선형 역학뿐만 아니라 심지어 정수론에서도 주사위 놀이를 한다."[31]

이들의 교훈 중 몇 가지를 보자.

- 대부분의 수는 무작위적이다. 그러나 무작위적임을 '증명할' 수 있는 수는 극히 적다.
- 정보의 카오스적 흐름도 단순한 알고리즘을 숨기고 있을 수 있다. 카오스에서 알고리즘으로 역행하는 일은 불가능할 수 있다.
- 콜모고로프−체이틴 복잡성Kolmogorov-Chaitin(KC) complexity이 수학에서 차지하는 위치는 엔트로피가 열역학에서 차지하는 위치와 같다. 둘 다 완벽성에 대한 해독제이다. 영구 운동기관을 만들 수 없듯이 완전한 형식적 공리 체계도 있을 수 없다.
- 몇몇 수학적 사실들은 특별한 이유 없이 참이다. 이 사실들은 우연적이며, 원인이나 깊은 의미를 지니지 않는다.

1980년대에 예측할 수 없는 동역학계의 행태를 연구한 물리학자인 조지프 포드Joseph Ford는, 체이틴이 괴델의 불완전성에서 카오스로 가는 경로를 밝힘으로써 "물질의 본질을 멋지게 포착했다"[32]라고 말했다. 포드는 이것이 "카오스의 더 심오한 의미"라고 밝혔다.

카오스적 궤도는 존재한다. 하지만 괴델의 후손인 카오스적 궤도는 너무나 복잡하고 엄청나게 정보가 가득해서 인간이 절대 이해할 수 없다. 그러나 카오스는 자연 어디에나 있다. 따라서 우주는 인간이 절대 이해할 수 없는 수많은 신비로 가득하다.

그럼에도 우리는 우주를 측정하려 노력한다.

'얼마나 많은 정보가 있을까…?'

어떤 대상(수나 비트 스트림bitstream이나 동역학계)을 더 적은fewer 비트로 다르게 표현할 수 있으면 압축이 가능하다. 알뜰한 전신수는 메시지의 압축판을 보내는 것을 좋아한다. 벨연구소에서도 전신수의 알뜰한 정신은 계속 이어졌고, 클로드 섀넌 역시 자연스럽게 이론적으로나 실질적인 측면에서 데이터 압축을 연구했다. 섀넌이 보기에 압축이 핵심이었다. 전쟁 당시 진행했던 암호 연구는 한쪽에서 정보의 위장을, 다른 쪽에서 정보의 복구를 분석했다. 데이터 압축은 똑같이 정보를 인코딩한다. 물론 대역폭의 효율적 사용이라는 점에서 동기는 다르다. 위성 텔레비전 채널, 휴대용 음악 재생기, 성능 좋은 카메라와 전화, 그리고 셀 수 없이 많은 현대적 기기들이 수(비트의 열)를 압축하는 코딩 알고리즘에 의존하며, 이 알고리즘들의 계보는 섀넌의 1948년 논문으로 거슬러 올라간다.

지금은 섀넌–파노 코딩으로 불리는 최초의 코딩 알고리즘은 섀넌의 동료 로버트 파노가 만든 것이다. 이 알고리즘은 모스 코드처럼 자주 쓰는 기호에 짧은 코드를 할당한다는 단순한 아이디어에서 시작되었다. 하지만 섀넌과 파노는 이 방법이 최선이 아님을 알았다. 가능한 가장 짧은 메시지를 만들어낼 수 없기 때문이었다. 3년이 채 지나지 않아 이 방법은 파노가 있던 MIT의 대학원생 데이비드 허프만David Huffman의 연구에 의해 따라잡히고 만다. 이후 수십 년 동안 허프만의 코딩 알고리즘은 수없이 많이 이용되었다.

러시아 이민자의 자녀로 시카고대학에서 수학한 레이 솔로모노프는 1950년대 초반 섀넌의 논문을 접하고는 섀넌이 정보 패킹 문제

Information Packing Problem라 말한 것에 천착하기 시작했다.[33] 이 문제는 주어진 수의 비트에 얼마나 많은 정보를 '담을' 수 있는지 혹은 반대로 어떤 정보가 주어졌을 때 가능한 한 가장 적은 비트에 어떻게 담을 것인지를 다루었다. 물리학을 전공한 솔로모노프는 가외로 수리생물학과 확률 그리고 논리학을 공부했다. 또한 머지않아 인공지능으로 불릴 분야의 선구자들인 마빈 민스키Marvin Minsky와 존 매카시John McCarthy를 알게 된다. 아울러 새로운 정보이론적 개념을 언어 구조의 형식화에 적용한 노암 촘스키Noam Chomsky의 색다르고 독창적인 논문「언어 기술의 세 가지 모델Three Models for the Description of Language」을 읽었다.[34] 이 모든 것들을 머릿속에서 이리저리 생각하던 솔로모노프는 이것들이 어디로 향할지 확실히는 알 수 없었지만, 자신이 '귀납induction'의 문제에 초점을 맞추고 있음을 깨달았다. 사람들은 자신이 세상에서 경험한 것들을 설명하는 이론을 어떻게 만드는 것일까? 이론을 만들려면 일반화를 해야 하고, 언제나 무작위성과 잡음에 의해 영향받는 데이터에서 패턴을 찾아야 한다. 기계가 이 일을 하게 만들 수 있을까? 다시 말해 컴퓨터가 경험을 통해 배우도록 만들 수 있을까?

1964년 이에 대한 정밀한 해답을 계산해낸 솔로모노프는 이를 논문에 담아 발표했다. 이 특이한 논문은, 솔로모노프가 당시 알고리즘적 정보이론으로 불리던 것의 핵심적인 특징들을 예견했음을 체이틴과 콜모고로프가 발견한 1970년대까지 거의 알려지지 않았다. 사실상 솔로모노프 역시 컴퓨터가 데이터의 열(수열 혹은 비트열)을 보고 무작위성과 숨겨진 패턴을 측정하는 방법을 파악하고 있었다. 경험을 통해 배울 때 인간 혹은 컴퓨터는 불규칙한 정보의 흐름에서 규칙성을 파악하는 귀납법을 쓴다. 이런 관점에서 보면 과학 법칙은 데이터 압축이 진행되고 있음을 나타낸다.[35] 이론물리학자들은 아주 똑똑한 코딩 알고리즘처럼 행동한다. 솔로모노프는 이렇게 썼다. "발견된 과학 법칙은 우주에 대한 수많은 경험적 데이터를 간략하게 요약한 것으로 볼 수 있다. 각 법칙은 현재의 맥락 안에서 그 법칙의 토대가 되는 경험적 데이터를 긴밀하게 코딩하는 수단으로 전환될 수 있다." 솔로모노프의 말을 달리 표현하면 이렇다. 뛰어난 과학 이론은 경제적이다.

솔로모노프, 콜모고로프, 체이틴은 세 가지 다른 문제와 씨름했고, 같은 해답을 제시했다. 솔로모노프의 관심은 귀납적 추론이었다. 일련의 관측 결과가 주어졌을 때 다음에 무엇이 올지 예측하는 최선의 방법은 무엇일까? 콜모고로프는 무작위성을 수학적으로 정의하는 방법을 찾고 있었다. 동전 던지기에서 나올 수 있는 확률이 같을 때 한 수열이 다른 수열보다 더 무작위적이라는 말은 무슨 의미일까? 체이틴은 튜링과 섀넌을 거쳐 괴델의 불완전성에 이르는 난해한 길을 찾고 있었다. (후에 체이틴은 이렇게 말했다. "섀넌의 정보이론과 튜링의 연산 가능성 이론을 칵테일 혼합기에 넣고 마구 흔들었다."[36]) 이들 모두는 최소 프로그램 크기에 이르렀다. 또한 결국 이들은 복잡성에 대해 논하게 된다.

아래와 같은 비트 스트림(혹은 수)은 유리수이기 때문에 아주 복잡하지 않다.

D: 142857142857142857142857142857142857142857142857142857142857142857142857…

이 수는 간결하게 '142857을 인쇄하고 반복하라' 혹은 더 간결하게 '1/7'로 고쳐 말할 수 있다. 이 수가 메시지라면 압축을 통해 키 조작을 줄일 수 있다. 만약 수신 데이터 스트림이라면, 관찰자는 패턴을 인식하고는 점점 확신을 갖고 데이터에 대한 이론으로 '7분의 1'을 정한다.

반면 다음 수열은 마지막에 의외의 수를 포함한다.

E: 1010101010101010101010101010101010101010101010101013

전신수(혹은 이론가 혹은 압축 알고리즘)는 전체 메시지에 주의를 기울여야 한다. 그럼에도 불구하고 추가 정보는 아주 적다. 여기서도 메시지에서 패턴이 존재하는 부분을 압축할 수 있다. 따라서 이 수열에는 잉여적 부분과 임의적 부분이 들어 있다고 할 수 있다.

메시지에서 무작위적이지 않은 모든 것은 압축할 수 있다는 사실을 처음 보여준 것은 섀넌이었다.

F: 10110101111011011010111010111011110100111011010100111101110

1이 많고 0이 적은 이 수열은 편중된 동전을 던져서 나온 결과일 수 있다. 허프만 코딩과 다른 코딩 알고리즘들은 데이터를 압축하기 위하여 통계적 규칙성을 활용한다. 사진은 피사체의 자연스러운 구조 때문에 압축이 가능하다. 밝은 화소와 어두운 화소가 덩어리를 이루는 것이다. 통계적으로 보면 가까운 화소들은 비슷할 확률이 높고 먼 화소들은 비슷할 확률이 낮다. 동영상은 대상이 빠르고 격렬하게 움직이는 때를 제외하고 한 프레임과 다음 프레임 사이의 차이가 비교적 작기 때문에 더 많이 압축할 수 있다. 자연어는 섀넌이 분석한 유형의 잉여성과 규칙성 때문에 압축할 수 있다. 오직 완전히 무작위적이어서 연달아 의외의 수밖에 나오지 않는 수열만 압축할 수 없다.

무작위적 수열은 '정규적'이다. 정규적이라는 전문용어는, 각 수는 평균적으로 결국에는 다른 수와 똑같이 나온다는 뜻이다. 0에서 9까지는 10번에 한 번, 00에서 99까지는 100번에 한 번, 000에서 999까지는 1,000번에 한 번 나온다는 말이다. 특정한 길이의 어떤 수열도 같은 길이의 다른 수열보다 등장할 확률이 높지 않다. 정규성은 단순해 보이는 개념 중 하나이지만, 이를 자세히 다루는 수학자들에게는 가시 밭길로 변해버린다. 진정한 무작위적 수열은 정규적이어야 하지만 그 역이 반드시 성립하지는 않는다. 어떤 수는 통계적으로 정규적이지만 전혀 무작위적이지 않을 수 있다. 1933년 케임브리지에 다니던 튜링의 친구 데이비드 챔퍼나운David Champernowne이 발명(혹은 발견)한 수열이 바로 그런 것이었다. 질서 있게 서로 연결된 모든 정수로 구성된 수열 이었다.

G: 1234567891011121314151617181920212223242526272829 3···

이 수열을 보면 각 수 그리고 각 수의 조합이 결국에는 동일한 빈도 로 나타남을 알 수 있다. 그렇다고 이 수열이 덜 무작위적인 것은 아니 다. 강하게 구조화되어 있으며, 완전히 예측 가능하다. 어디에 있는지 알면 다음에 무엇이 올지 알 수 있다.

챔퍼나운이 만든 수열과 같은 별종들은 제외하더라도 정규수normal number는 파악하기 어렵다. 수의 우주에서는 정규성이 일반적이다. 수 학자들은 거의 모든 수가 정규적임을 확실히 안다. 유리수는 정규적이 지 않으며, 무한하게 많은 유리수들이 있지만 정규수보다 무한할 정도 로 수가 훨씬 적다. 하지만 이 거대하고 일반적인 질문을 해결한 수학 자들도 어떤 특정한 수가 정규적인지 결코 증명할 수 없다. 이 자체가 수학의 가장 놀랍고 기이한 점 중 하나이다.

심지어 파이π에도 얼마간의 미스터리가 있다.

C: 3.14159265358979323846264338327950288419716939937 51···

파이라는 이 어마어마한 메시지의 첫 1조 자리 혹은 십진수로 알려진 수를 분석하느라 전 세계의 컴퓨터들이 많은 시간을 소모했다. 이 수를 보는 사람은 누구나 정규적으로 보인다고 말할 수 있다. 어떤 통계적 특징이 발견되지 않는 것이다. 어떤 편향도 상관관계도 없다. 파이는 무작위적으로 행동하는 것처럼 보이는 본질적으로 비무작위적인 nonrandom 수이다. n번째 수를 알아도 다음 수를 예측하는 지름길은 없다. 그다음 비트도 역시 의외의 수이다.

그렇다면 이 수열은 얼마나 많은 정보를 나타낼까? 이 수열은 무작위적인 수처럼 정보가 풍부할까? 혹은 질서 정연한 수열처럼 정보가 빈약할까?

물론 전신수는 단지 "π"라는 메시지를 보냄으로써 키 조작을 많이 (결국에는 엄청나게 많이) 줄일 수 있다. 그러나 이는 편법이다. 발신자와 수신자 사이에 미리 공유된 지식을 전제한다. 우선 발신자가 이 특수한 수열을 인식해야 하고, 수신자는 파이가 무엇이며 그 십진법 전개를 어떻게 찾는지 혹은 계산하는지 알아야 한다. 사실상 하나의 코드북을 공유해야 하는 것이다.

그렇다고 해서 파이가 많은 정보를 담고 있다는 얘기는 아니다. 핵심적인 메시지는 더 적은 키 조작으로 보낼 수 있다. 전신수가 쓸 수 있는 전략 몇 가지가 있다. 이를테면 이렇게 보낼 수 있다. "4를 취하고, 4/3를 빼고, 4/5를 더하고, 4/7를 빼는 식으로 계속할 것." 여기서 전신수는 하나의 알고리즘을 보내는 셈이다. 이 무한한 분수의 열은 서서히 파이에 수렴한다. 따라서 수신자가 해야 할 일은 많지만 메시지 자체는 경제적이다. 얼마나 많은 십진수가 필요하든 간에 전체 정보량은 똑같다.

회선의 양쪽 끝이 지식을 공유한다는 문제는 상황을 복잡하게 한다.

사람들은 때로 이런 종류의 문제(메시지에 담긴 정보량의 문제)를 먼 은하계에서 외계 생명체와 의사소통하는 문제로 표현하기도 한다. 우리는 외계인들에게 무엇을 말할 수 있을까? 무엇을 말해야 할까? 수학법칙은 보편적이므로 우리는 파이가 모든 지적 종족이 인식할 수 있는 메시지일 것이라고 생각하는 경향이 있다. 외계인들이 그리스 문자를 알고 있을 가능성은 거의 없지만. 또한 손가락이 10개가 아니라면 십진수 "3.1415926535…"도 알아볼 가능성이 거의 없다.

메시지의 발신자는 수신자의 머릿속에 든 코드북을 절대 완전히 알 수 없다. 창문에서 깜박이는 두 번의 불빛은 아무 뜻이 없을 수도 있고, '영국군이 바다로 온다'를 뜻할 수도 있다. 시의 메시지는 독자들마다 다르게 읽는다. 이런 사고의 논리에서 모호함을 제거하는 방법이 있다. 체이틴의 말을 들어보자.

> 멀리 있는 친구가 아니라 디지털 컴퓨터와의 의사소통을 생각하는 것이 바람직하다. 친구는 수를 추론하거나 불완전한 정보 혹은 모호한 지시문을 보고 수열을 구성하는 지적 능력을 가졌을 수도 있다. 컴퓨터는 이런 능력이 없으나, 우리 입장에서는 이런 결함이 장점이 된다. 컴퓨터에 주어지는 지시문은 완전하고 명시적이어야 하며, 컴퓨터가 단계별로 진행할 수 있도록 만들어야 한다.[37]

다시 말하지만, 메시지는 알고리즘이다. 또한 수신자는 기계이다. 즉, 창의성도 없고 불확실성도 없으며, 기계 안에 내장된 '지식' 외에는 아무런 지식이 없다. 1960년대가 되자 디지털 컴퓨터는 이미 지시문을 비트로 측정되는 형식으로 받기 시작했다. 따라서 어떤 알고리즘에 얼마나 많은 정보가 포함됐는지 생각하는 것이 당연했다.

다른 종류의 메시지를 보자.

겉보기에도 이 음표들의 배열은 무작위적이지 않아 보인다. 이 음표들이 나타내는 메시지는 광속의 극히 일부에 해당하는 속도로 우주 공간을 가로질러 송신원에서 이미 100억 마일이나 떨어진 곳을 지나고 있다. 이 메시지는 활자에 기반을 둔 표기법 혹은 디지털 형식으로 인코딩된 것이 아니라 지름 12인치, 두께 1/50인치인 원반에 나선형으로 새겨진 한 줄의 긴 홈에 미세한 파동으로 인코딩되어 있다. 비닐로 원반을 만들 수도 있었지만 여기서는 금도금을 한 구리로 만들었다. 소리를 담고, 보존하며, 재생하는 이 아날로그적 방식은 1877년 에디슨이 발명했다. 이 방식은 100년 후에도(그보다 훨씬 더 길게는 아니지만) 가장 대중적인 오디오 기술로 남았으며, 1977년 천문학자인 칼 세이건Carl Sagan이 이끄는 위원회는 특별한 음반을 만들어서 '보이저 1호'와 '보이저 2호'로 이름 붙인 한 쌍의 우주선에 실었다. 소형 자동차 크기인 이 우주선들은 그해 여름 플로리다 주 케이프 커내버럴Cape Canaveral에서 발사됐다.

메시지는 병에 담겨 별들 사이를 흘러가는 것이다. 패턴 외에는 아무런 의미가 없어 일종의 추상예술이라 할 수 있는 이 메시지는 글렌 굴드Glenn Gould가 피아노로 연주한 바흐의 〈평균율 클라비어곡집〉 전주곡 제1번이었다. 좀 더 일반적으로 말하면 아마 "여기 지적 생명체가

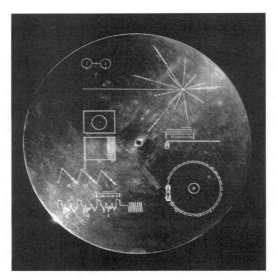

보이저 호에 실린 "금색 레코드"

있다"라는 뜻일 것이다. 음반에는 바흐 전주곡 외에 다양한 문화권에서 딴 음악 샘플과 바람소리, 파도소리, 천둥소리, 55개 언어로 된 인사말, 귀뚜라미, 개구리, 고래의 울음소리, 뱃고동, 말이 끄는 마차의 덜걱거림, 모스 코드를 두드리는 소리 등 지구의 음향을 엄선해서 담았다. 음반과 함께 카트리지와 바늘 그리고 간략한 그림 사용법이 동봉됐다. 위원회는 전축이나 전원은 신경 쓰지 않았다. 아마 외계인들은 이 아날로그 금속 홈을 자기들의 대기에 맞는 유체든 아니면 자신들의 감각에 맞는 다른 어떤 입력 정보로 바꿀 방법을 찾을 것이다.

외계인들은 (이를테면) 바흐 전주곡의 복잡하게 패턴화된 구조를, 흥미도 떨어지고 좀 더 무작위적인 귀뚜라미 울음소리와 다른 것으로 인식할까? 결국에는 바흐가 지은 창작물의 핵심을 담은 음표 기록인 악보가 더 명확한 메시지를 담은 것일까? 더 일반적으로 말해 메시지를 해독하기 위하여 회선의 반대쪽에서는 어떤 종류의 지식(어떤 종류의

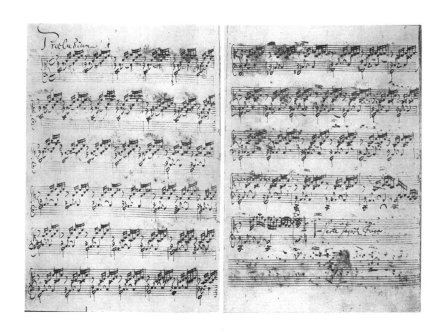

코드북)이 필요한 것일까? 대위법과 성부 진행에 대한 이해일까? 유럽
바로크 음악의 음조적 맥락과 연주 관행에 대한 인식일까? 소리(음표)
는 무리지어 있다. 말하자면 소리는 선율로 불리는 형태를 형성하며,
묵시적 문법의 규칙들을 따른다. 음악은 지역 및 역사와 무관한 고유
의 논리를 갖는 것일까? 한편 지구에서는 몇 년 지나지 않아, 심지어
'보이저 호'가 태양계의 경계를 지나기도 전에 음악을 아날로그 형태로
거의 기록하지 않았다. 〈평균율 클라비어곡집〉의 소리를 비트로 저장
하는 편이 더 나았다. 파형은 섀넌의 샘플링 정리에 따라 손실 없이 조
각으로 나뉘었으며, 정보는 10여 개의 적합한 매체에 보존됐다.

비트와 관련해서 보면 바흐의 전주곡은 정보가 전혀 많지 않은 것처
럼 보일지도 모른다. 바흐가 두 페이지에 걸쳐 펜으로 쓴 이 곡은 단출
한 문자의 부호인 600개의 음으로 구성된다. 1964년 글렌 굴드가 간

결한 지시문에 연주자의 뉘앙스와 변주를 더하면서 피아노로 이 곡을 연주했을 때 1분 36초가 걸렸다. 이 연주음을 얇은 폴리카보네이트 원반에 레이저로 미세한 홈을 새겨 CD에 저장하면 1억 3,500만 비트가 된다. 그럼에도 이 비트 스트림은 아무런 정보 손실 없이 상당히 압축할 수 있다. 또는 이 전주곡은 작은 자동 피아노의 원통(자카드 방직기의 후손이자 천공카드 컴퓨터의 선조)에 알맞다. 미디MIDI 프로토콜과 함께 인코딩하면 수천 비트면 된다. 심지어 기본적인 600개의 부호 메시지는 엄청난 잉여성이 있다. 변하지 않는 박자, 균일한 음색, 마지막 소절까지 조금씩 변주되면서 거듭 반복되는 한 단어 같은 간결한 선율적 패턴이 있는 것이다. 유명한 얘기지만 믿을 수 없을 정도로 단순하다. 반복 자체가 예상을 만들고 예상을 깬다. 거의 아무것도 일어나지 않으며, 모든 것이 의외이다. "눈부시게 하얀 하모니를 지닌 불멸의 분산 화음." 완다 란도프스카Wanda Landowska의 평이다. 이 곡은 렘브란트의 그림이 단순한 것과 같은 방식으로 단순하다. 이 곡은 적은 것을 가지고 많은 것을 한다. 그렇다면 정보가 풍부할까? 어떤 음악은 정보가 빈약하다고 볼 수 있다. 극단적인 예로 존 케이지John Cage가 작곡한 〈4분 33초〉라는 제목의 곡은 아예 아무 "음표"도 없다. 단지 가만히 앉은 피아니스트를 둘러싼 주변 음, 즉 청중들이 의자에서 움직이는 소리, 옷이 사각거리는 소리, 숨 쉬는 소리, 한숨 소리를 받아들이면서 4분 33초 동안 거의 정적에 가까운 상태를 유지할 뿐이다.

바흐의 C장조 전주곡에는 얼마나 많은 정보가 들어 있을까? 이 곡을 시간 그리고 빈도 측면에서 패턴의 집합으로 분석하고, 기술하고, 이해할 수 있지만 일정한 수준까지만 가능하다. 음악은 시 그리고 모든 예술과 마찬가지로 완벽하게 이해하기가 불가능하다. 음악의 바닥을 찾을 수 있다면 음악은 지루해지고 말 것이다.

◎　◎　◎

　　따라서 최소 프로그램 크기로 복잡성을 정의하는 것이 완벽해 보인
다. 섀넌의 정보이론과도 아주 잘 어울린다. 하지만 달리 보면 여전히
매우 불만족스럽다. 특히 예술, 생물학, 지성과 같은 거대 질문(혹자는
인류의 문제라고 말할 수도 있을 것이다)에 대해서는 더욱 그렇다.

　　최소 프로그램 크기로 측정하는 방법에 따르면 100만 개의 0과 100
만 번의 동전 던지기는 스펙트럼의 양극단에 존재한다. 무의미한 수
열은 굉장히 단순하고, 무작위적 수열은 극도로 복잡하다. 0들은 아무
정보도 전달하지 않지만 동전 던지기는 최대의 가능한 정보를 생성한
다. 그럼에도 이 극단적인 두 수열은 공통점이 있다. 둘 다 지루하고
아무 가치가 없는 것이다. 이 중 어느 하나가 다른 은하에서 온 메시지
라면 우리는 발신자가 지성을 가졌다고 생각하지 않을 것이다. 음악이
라 해도 마찬가지로 무가치할 것이다.

　　우리가 중요하게 생각하는 모든 것은 패턴과 무작위성이 얽히는 곳
중간 어딘가에 존재한다. 체이틴과 찰스 베넷은 뉴욕 요크타운 하이츠
에 있는 IBM의 연구소에서 이런 문제들을 토론하곤 했다. 몇 년에 걸
쳐 베넷은 '논리적 깊이logical depth'라는 새로운 가치 척도 연구를 진행
했다. 베넷의 개념은 복잡성과 관련이 있지만 다른 면도 있었다. 깊이
는 (어떤 특정한 영역에서 유용성이 무엇을 의미하든 간에) 메시지의 유용
성을 포착한다는 것을 의미했다. 마침내 1988년 베넷은 자신의 개념을
내놓으면서 이렇게 썼다. "정보이론이 태동할 때부터 정보 그 자체는
메시지가 지닌 가치의 좋은 척도가 될 수 없다는 사실을 인식하고 있
었다."[38]

동전을 던져서 나온 전형적인 수열은 정보량은 많지만 가치는 거의 없다. 반면 100년 동안 매일 달과 행성의 위치를 알려주는 천문력은 계산에 필요한 운동의 방정식과 초기조건보다 많은 정보는 갖고 있지 않지만, 천문력을 보는 사람이 이 위치들을 다시 계산하는 수고를 덜어준다.

어쨌든 계속해서 일만 하는 튜링기계를 염두에 두고 만든 이론에서는 어떤 것을 연산하는 데 필요한 일의 양이 대개 무시(배제)되었다. 베넷은 일의 양을 다시 끄집어냈다. 메시지에서 순전히 무작위성과 예측 불가능성만 있는 부분에는 논리적 깊이가 없다. 명백한 잉여성, 즉 평범한 반복과 복제만 있는 부분에도 논리적 깊이가 없다. 베넷의 말을 들어보자. 메시지의 가치는 "묻혀 있는 잉여성으로 부를 수 있는 것, 즉 어렵게 예측할 수 있는 부분, 원칙적으로 수신자가 말을 듣지 않고도 파악할 수 있지만 돈이나 시간 혹은 연산 측면에서 상당한 비용을 치러야만 하는 것"에 있다. 우리는 대상의 복잡성 혹은 정보량을 평가할 때 숨겨진 지루한 연산을 감지한다. 이는 음악이나 시, 과학 이론, 낱말풀이에도 해당하는데, 이런 것들은 너무 불가해하거나 얄팍하지 않고 그 중간 어딘가에 있을 때 푸는 사람에게 즐거움을 준다.

수학자와 논리학자들은 정보처리가 물을 긷거나 돌을 나르는 일과 달리 그저 이뤄진다고 생각하는 경향이 있다. 우리 시대에는 확실히 정보처리가 저렴해졌다. 하지만 정보처리는 결국 일을 포함하고 있다. 베넷은 우리가 이 일을 인식하고 복잡성을 이해하는 데 드는 비용을 계산해야 한다고 말한다. "어떤 것이 은밀할수록 발견하기가 어렵다." 베넷은 논리적 깊이 개념을 자기 조직화self-organization의 문제, 즉 자연에서 복잡한 구조가 어떻게 발달하는지에 대한 질문에 적용한다. 진화는 단순한 초기조건에서 시작된다. 분명히 이를 기반으로 복잡성이 발생한다. 어떤 기본적 과정이 개입하든 물리적이든 생리적이든 간에, 연산과 닮아가기 시작하는 어떤 것이 진행된다.

제13장　정보는 물리적이다

—

비트에서 존재로

에너지가 클수록 비트가 더 빨리 바뀐다.
흙, 공기, 불, 물은 결국 모두 에너지로 구성되지만
이들이 취하는 다양한 형태는 정보에 의해 결정된다.
어떤 일을 하려면 에너지가 필요하고,
한 일을 구체적으로 나타내려면 정보가 필요하다.[1]

—

세스 로이드(2006)

양자역학은 짧은 역사에도 다른 어떤 학문보다 많은 위기와 논쟁, 해석(코펜하겐 해석, 봄Bohm 해석, 다세계Many Worlds 해석, 다정신Many Minds 해석), 학파의 분열과 전면적인 철학적 고통을 겪었다. 양자역학은 다행스럽게도 미스터리로 가득하다. 또 인간의 직관을 보란 듯이 무시한다. 아인슈타인은 양자역학의 결론과 끝내 화해하지 못했고, 양자역학을 이해하는 사람은 아무도 없다는 리처드 파인먼의 말은 농담이 아니었다. 어쩌면 실재의 본질에 대한 논쟁이 벌어질 수도 있다. 실제로 아주 뛰어난 성공을 거둔 양자역학은 이론적으로 모든 대상의 근본을 다루며, 자신의 토대를 계속 재구축하고 있다. 이런 상황에도 불구하고 양자역학의 동요는 때로 과학적이라기보다 종교적으로 보인다.

"어쩌다가 이런 일이 벌어졌을까?"[2] 벨연구소를 거쳐 캐나다의 페리미터 이론물리학연구소Perimeter Institute에서 연구한 양자이론가 크리스토퍼 푹스Christopher Fuchs의 질문이었다.

> 회의라도 가볼라치면 마치 대혼란에 빠진 성지에 있는 것 같다. 성전聖戰에 참여한 모든 종교와 그 사제들을 볼 수 있을 것이다. 봄 해석파Bohmians, 정합적 역사론자Consistent Historians, 역상호작용 해석파Transactionalists, 자발적 붕괴론자Spontaneous Collapseans, 환경유도 초선택론자Einselectionists, 맥락적 목적론자Contextual Objectivists, 노골적인 에버렛 해석파Everettics 그리고 이들 말고도 더 많은 사람들을 말이다.
>
> 이들은 모두 빛을, 궁극의 빛을 보았다고 주장한다. 이들 각각은 자신들의 해법을 구세주로 받아들이면 우리도 빛을 볼 것이라고 말한다.

푹스는 새롭게 출발할 때가 되었다고 말한다. 정교하고 수학적인 기

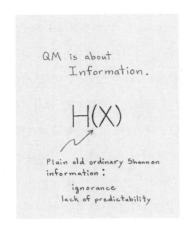

QM is about
Information.

H(X)

Plain old ordinary Shannon
information :
  ignorance
  lack of predictability

크리스토퍼 푹스의 그림 설명.
"양자역학은 정보에 대한 것이다.
평범하고 옛날부터 생각하던
통상적 섀넌 정보:
무지, 예측 가능성의 결여"

존의 양자 공리들을 버리고 심오한 물리적 원칙으로 돌아가야 한다는 말이었다. "이 원칙들은 명쾌하고, 설득력 있으며, 정신을 일깨울 것이다." 그렇다면 이 물리적 원칙들을 어디서 찾아야 할까? 푹스의 대답은 바로 양자 '정보'이론이다.

푹스는 이렇게 말한다. "이유는 간단하며 내 생각에는 불가피하다. 양자역학은 언제나 정보에 대한 것이었다. 단지 물리학계가 이 사실을 잊었을 뿐이다."[3]

양자역학이 정보에 대한 것임을 잊지 않은(혹은 재발견한) 사람은 핵융합의 선구자, 보어의 제자이자 파인먼의 스승, 블랙홀의 명명자, 20세기 물리학의 마지막 거장인 존 아치볼드 휠러였다. 휠러는 경구警句와 금과옥조 같은 말을 곧잘 했다. '블랙홀은 털이 없다'라는 유명한 말은 오직 질량, 전하, 회전만 외부에서 감지할 수 있음을 자기 방식대로 말한 것이었다. 휠러는 이렇게 썼다. "블랙홀은 공간이 극미한 점으로 종이처럼 구겨지고, 시간이 바람 속의 불꽃처럼 사라지며, 우리가 불변의 것으로 '성스럽게' 여기는 물리 법칙들이 전혀 그렇지 않다는 것을 알려준다."[4] 1989년에는 이런 유명한 말을 마지막으로 남겼다. "비트에서 존재로." 극단적 시각이었다. 정보가 맨 먼저이고 나머지 모든 것이 나중이라는 비물질론이었다. 휠러는 이렇게 말했다.

달리 말하면 모든 존재, 모든 입자와 모든 힘의 장field of force, 심지어 시공간 연속체 그 자체가 '비트'로부터 그 기능, 의미, 존재 자체를 얻는다.[5]

자연은 왜 양자화된 것처럼 보일까? 정보가 양자화되어 있기 때문이다. 비트는 쪼갤 수 없는 궁극의 입자이다.

◎　◉　◎

정보를 전면으로 내세운 물리 현상 가운데 블랙홀보다 장대한 것은 없었다. 물론 처음에는 정보와 전혀 관련이 없는 것처럼 보였다.

블랙홀은 아인슈타인의 머리에서 나온 것이지만, 그는 블랙홀을 알기 전에 죽고 말았다. 아인슈타인은 1915년 무렵 빛이 중력의 인력에 굴복하고, 중력이 시공간의 구조를 휘어지게 만들며, 고밀도 항성처럼 매우 질량이 큰 항성이 뭉치면 완전히 붕괴하여 자체의 중력을 강화시키면서 무한하게 수축할 것임을 입증했다. 이 결과를 받아들이기까지 거의 반세기가 더 걸렸다. 이상했기 때문이다. 모든 것이 빨려 들어가고 어느 것도 나오지 않는다. 그 중심에는 특이점이 있다. 밀도와 중력은 무한대가 되며, 시공간은 무한하게 휘어진다. 시간과 공간은 서로 교체된다. 그 어떤 빛도 그 어떤 신호도 내부에서 탈출할 수 없기 때문에 이러한 사태는 철저하게 비가시적이다. 1967년 휠러는 이를 "블랙홀"이라고 불렀다. 천문학자들은 중력을 추론함으로써 몇 개의 블랙홀이 있음을 확신했으나, 지금까지 아무도 내부에 무엇이 있는지 알 수 없었다.

처음에 천체물리학자들은 빨려 들어가는 물질과 에너지에 초점을 맞췄다. 나중에는 정보에 대해 고심하기 시작했다. 1974년 스티븐 호킹Stephen Hawking이 양자 효과를 일반상대성이론의 일반적인 계산에 더하면서 블랙홀은 결국 사건의 지평선 근처에서 일어나는 양자 요동quantum fluctuation의 결과로 입자를 방출해야 한다고 주장하자 문제가 발생했다.[6] 말하자면 블랙홀이 천천히 증발한다는 얘기였다. 문제는 호킹 복사Hawking radiation가 특색이 없고 미미하다는 것이었다. 호킹 복사는 열복사, 즉 열이다. 하지만 블랙홀 '안으로' 빨려 들어가는 물질은 정보를, 그 구조와 조직, 양자 상태를 갖는다. 통계역학적으로 말하면 접근 가능한 미시상태를 갖는 것이다. 잃어버린 정보가 사건의 지평선 너머 닿을 수 없는 곳에 머무른다면 물리학자들은 이에 대해 생각할 필요가 없었다. 접근은 불가능하지만 정보는 말소되지 않았다고 말할 수 있는 것이다. 1625년 프랜시스 베이컨Francis Bacon이 말한 대로 "모든 색은 어둠 속에서 일치할 것"이다.

하지만 방출되는 호킹 복사는 아무 정보도 담지 않는다. 그렇다면 블랙홀이 증발할 때 정보는 어디로 갈까? 양자역학에 따르면 정보는 절대 파괴될 수 없다. 결정론적 물리법칙에서 어느 한 순간의 물리계 상태를 알면 다음 순간의 물리계 상태를 알 수 있다. 미시적 세부에서 이 법칙들은 가역적이며, 정보는 보존되어야 한다. 호킹은 이것이 양자역학을 뿌리째 흔드는 문제라고 단호하게(심지어 걱정스럽게) 처음으로 말한 사람이었다. 정보 손실은 확률의 합이 1이 되어야 한다는 원칙, 즉 유니터리성unitarity을 침해했다. 호킹은 "신은 주사위 놀이를 할 뿐만 아니라 때로 주사위를 볼 수 없는 곳으로 던진다"라고 말했다. 1975년 여름 호킹은 《피지컬 리뷰Physical Review》에 「중력 붕괴에서의 물리학의 와해The Breakdown of Physics in Gravitational Collapse」라는 인상적인 제목의 논문을 제출했다. 《피지컬 리뷰》는 1년 넘게 보류하다가 제목을 부드

럽게 바꾼 후 이 논문을 게재했다.[7]

호킹이 예상한 대로 물리학자들은 격렬하게 반발했다. 그중 한 명인 캘리포니아공대의 존 프레스킬John Preskill은 정보는 손실될 수 없다는 원칙을 고수했다. 물리학자 입장에서는 책이 불타올라도 모든 광자와 재의 파편을 추적할 수 있다면 책을 다시 모아서 재구성할 수 있다는 얘기였다. 프레스킬은 캘태크 이론 세미나에서 이렇게 말했다. "정보 손실은 대단히 전염력이 강합니다. 따라서 모든 과정에 새어 들어가지 않고 약간의 정보 손실에 맞추어 양자이론을 수정하는 일은 대단히 어렵습니다."[8] 익히 알다시피 1997년 프레스킬은 정보가 어떻게든 블랙홀을 탈출한다는 사실을 놓고 호킹과 내기를 했다. 이긴 사람에게 백과사전을 사주는 것이었다. 프레스킬의 편에 선 스탠퍼드대학의 레너드 서스킨드Leonard Susskind는 이렇게 말했다. "몇몇 물리학자들은 블랙홀 내부에서 일어나는 일에 대한 의문을 탁상공론이나 천사가 핀 머리에 얼마나 설 수 있는지를 물었던 옛날 신학 논쟁쯤으로 생각합니다. 전혀 그렇지 않습니다. 거기에는 미래의 물리학 법칙들이 걸려 있습니다."[9] 이후 몇 년 동안 온갖 해법이 제안됐다. 호킹도 한때 이렇게 말한 바 있다. "나는 아마도 정보가 다른 우주로 갈지도 모른다고 생각합니다. 그러나 아직 수학적으로 증명할 수는 없습니다."[10]

호킹이 기존 입장을 철회하고 내기에 졌음을 인정한 해는 62세가 된 2004년이었다. 양자중력이 결국 유니터리하며, 정보가 보존된다는 사실을 증명할 방법을 찾았다고 밝힌 것이다. 호킹은 양자 불확정성의 형식(리처드 파인먼의 '역사 총합sum over histories' 경로 적분법path integral)을 시공간의 위상기하학 자체에 적용했으며, 사실상 블랙홀은 결코 선명하게 검지 않다고 밝혔다. "사람들이 시공간의 단일 위상기하학에 바탕을 두어 고전적으로 생각했기 때문에 혼란과 역설이 발생한다."* 호킹

의 말이었다. 몇몇 물리학자들은 호킹이 새롭게 내놓은 공식화가 모호
하며 많은 의문들에 답을 주지 않았다고 생각했다. 하지만 호킹은 한
가지 점에 대해서는 확고했다. "한때 내가 생각했던 것처럼 분기하는
아기 우주는 없다. 정보는 우리의 우주에 확고하게 남는다. 공상과학
소설 팬들을 실망시켜서 미안하다."[11] 호킹은 프레스킬에게 2,688페이
지짜리 『야구의 모든 것: 야구 백과사전』을 주면서 이렇게 말했다. "이
책을 통해 정보를 쉽게 되찾을 수 있습니다. 하지만 그냥 재만 줬어야
했을지도 모르겠습니다."

◎　　◎　　◎

찰스 베넷은 아주 다른 길을 걸어 양자 정보이론에 이르렀다. 논리적
깊이 개념을 구축하기 오래전부터 '계산의 열역학'[12]에 대해 생각했던
터였다. 정보처리가 대개 실체가 없는 것으로 취급됐기 때문에 이는 특
이한 주제였다. 베넷의 말을 들어보자. "누군가 계산의 열역학을 궁금
하게 여긴다면, 과학적 탐구의 주제로는 아마 사랑의 열역학을 탐구하
는 게 더 시급할 것이다." 계산의 열역학은 생각의 에너지와 같다. 칼
로리가 소모될 터인데 이를 계산하는 사람은 아무도 없다는 말이었다.

더욱 이상한 사실은 베넷이 열역학적 컴퓨터와는 가장 거리가 먼 컴
퓨터로 열역학을 탐구했다는 점이다. 바로 실재하지 않고, 추상적이
며, 이상화된 튜링기계였다. 튜링은 자신의 사고실험에서 가상의 종이
테이프가 움직이면서 작동할 때 에너지 소비나 열복사를 생각한 적이
한 번도 없었다. 하지만 1980년대 초 베넷은 튜링기계의 테이프를 연

---

* "그것은 R^4 아니면 블랙홀이었다. 그러나 파인먼 역사 총합은 동시에 둘 다가 되도록 허
용한다."

료로, 그 열량을 비트로 측정하는 문제에 대해 이야기했다. 물론 여전히 사고실험이긴 했지만, 이 실험은 매우 실질적인 질문에 초점을 맞췄다. 논리적 일의 물리적 비용은 무엇일까? 베넷은 도발적인 답을 내놓는다. "컴퓨터는 자유 에너지를 폐열waste heat과 수학적 일로 전환하는 엔진으로 생각할 수 있다."[13] 다시 엔트로피가 떠올랐다. 0으로 가득한 테이프나 셰익스피어의 작품을 인코딩한 테이프 혹은 파이의 수들을 열거하는 테이프는 '열량값fuel value'을 가진다. 반면 무작위적 테이프는 갖지 않는다.

음악교사 부부의 아들인 베넷은 뉴욕의 웨스트체스터Westchester 교외에서 자랐으며, 1960년대에 브랜다이스와 하버드에서 화학을 전공했다. 당시 제임스 왓슨은 하버드에서 유전 코드를 가르쳤다. 베넷은 1년 동안 왓슨의 밑에서 강의 조교로 일했다. 약 2만 십진수 메모리 용량에 출력값을 계속해서 용지에 찍어내는 기계를 밤새도록 돌리는 컴퓨터 시뮬레이션을 통해 분자역학에서 박사학위를 받았다. 분자역학 연구를 계속하기 위해서 계산능력이 뛰어난 장소를 찾던 베넷은 캘리포니아 버클리의 로런스 리버모어 연구소Lawrence Livermore Laboratory와 일리노이의 아르곤 국립연구소Argonne National Laboratory를 거쳐 1972년에 IBM 연구소에 합류했다.

물론 IBM은 튜링기계를 만들지 않았다. 하지만 어느 순간 베넷은 특수 목적용 튜링기계가 이미 자연에 있다는 사실을 깨달았다. 바로 RNA 중합효소였다. 왓슨에게 직접 중합효소에 대해 배운 터였다. 중합효소는 유전자, 말하자면 '테이프'를 따라 DNA를 전사하는 효소이다. 이 효소는 좌우로 나아가고, 배열에 기록된 화학적 정보에 따라 그 논리적 상태를 바꾸었다. 열역학적 행동도 측정될 수 있었다.

실제로 1970년대는 컴퓨터 활용에서 초창기의 진공관에 비해 하드웨어가 빠르게 수천 배 높은 에너지 효율을 달성했다. 그럼에도 불구하고 전자 컴퓨터는 폐열의 형태로 상당한 에너지를 쓴다. 컴퓨터가 에너지 이용의 이론적 최솟값에 접근할수록 과학자들은 그 이론적 최솟값이 무엇인지 더 절박하게 알고 싶어 했다. 대형 컴퓨터로 연구했던 폰 노이만은 일찍이 1949년 어림 계산을 통해[14] "기본적인 정보 행위, 즉 정보 한 단위의 기본적인 전달 그리고 양방향 상호 전달"에 들어가는 열량을 제시했다. 레오 실라르드가 생각했던 것처럼 맥스웰의 도깨비가 모델 열역학계에서 하는 분자적 일을 바탕으로 삼았다.* 폰 노이만은 모든 기본적인 정보처리 행위, 두 대안 사이의 모든 선택에는 비용이 들어간다고 지적했다. 이런 견해는 1970년대 보편적으로 받아들여졌지만, 틀린 것으로 드러났다.

폰 노이만의 오류를 발견한 사람은 IBM에서 베넷의 멘토가 된 롤프 란다우어Rolf Landauer였다.[15] 나치 독일을 피해 망명한 란다우어는 정보의 물리적 기반을 구축하는 데 전념했다. 란다우어가 쓴 유명한 논문의 제목 "정보는 물리적이다"는 연산이 물리적 대상을 필요로 하고 물리법칙을 따른다는 사실을 학계에 알리고자 하는 의미였다. 나중에 나온(결국 마지막이 된) 논문의 제목은 절대 잊을 수 없도록 "정보는 불가피하게 물리적이다"라고 지었다. 란다우어는 돌판에 새겨진 표시든 천공카드에 뚫린 구멍이든 위나 아래의 스핀spin을 가진 소립자든 간에 '어떤' 구현체 없이 비트가 존재할 수 없다고 주장했다. 1961년 정보처리 비용에 대한 폰 노이만의 공식을 증명하려던 그는 공식을 증명할

---

* 모든 논리 연산의 이론적 에너지 비용에 대한 폰 노이만의 공식은 비트당 $kT \ln 2$줄joule이다. 여기서 T는 컴퓨터의 작동 온도, k는 볼츠만 상수를 가리킨다. 실라르드는 엔진 속의 도깨비가 선택하는 모든 분자로부터 $kT \ln 2$의 일을 얻을 수 있으며, 따라서 엔진주기의 어딘가에서 이 에너지 비용이 지불되어야 함을 증명했다.

수 없음을 깨달았다. 오히려 대부분의 논리 연산은 어떤 엔트로피 비용도 들지 않는 것으로 보였다. 비트가 0에서 1 혹은 그 반대로 바뀔 때 정보가 보존된다. 이 과정은 가역적이다. 엔트로피는 변하지 않으며, 열을 소산할 필요도 없다. 란다우어는 오직 비가역적 연산만이 엔트로피를 증가시킨다고 주장했다.

단정하고 나이 든 IBM 타입의 란다우어와 너저분한 히피였던 베넷은 콤비였다.[16] 베넷은 튜링기계와 전령 RNA에서부터 당구공처럼 생긴 것을 통해 신호를 전달하는 '탄도' 컴퓨터에 이르기까지, 생각할 수 있는 실제적이고 관념적인 모든 종류의 컴퓨터를 분석하면서 란다우어의 법칙을 검증했다. 이를 통해 아무런 에너지 비용 없이 상당한 연산을 할 수 있음을 확인했다. 베넷은 모든 사례에서 정보가 '삭제'될 때만 열 소산이 발생한다는 사실을 발견했다. 삭제는 비가역적인 논리 연산이었다. 튜링기계의 판독헤드가 테이프의 한 칸을 삭제하거나 전자 컴퓨터가 하나의 콘덴서를 비울 때 비트가 손실되고 '그에 따라' 열이 소산되어야 한다. 실라르드의 사고실험에서 도깨비가 분자를 관찰하거나 선택할 때 엔트로피 비용은 발생하지 않는다. 엔트로피 비용은 도깨비가 다음 관찰값을 위해 한 관찰값을 지울 때, 기록을 비우는 순간에만 발생한다.

망각에는 일이 필요하다.

"이는 양자역학에 대한 정보이론의 복수라고 말할 수 있습니다."[17] 베넷의 말이다. 때로 한 분야에서 성공한 개념이 다른 분야에서는 걸림돌이 되기도 한다. 여기서 말하는 성공적인 개념은 측정 과정 자체가 수행하는 중심적 역할을 깨닫게 만든 불확정성 원리였다. 누구도 분자를 "바라보는" 일에 대해 간단하게 말할 수 없다. 관찰자는 광자를 활용해야 하고, 광자는 열 배경thermal background보다 더 활발해야 하며, 복잡한 문제들이 잇따른다. 양자역학에서 관찰 행위는 연구실의 과학자가 하든 맥스웰의 도깨비가 하든 결과에 영향을 준다.

베넷의 말을 들어보자. "복사에 대한 양자이론으로 인해 사람들은 연산이 매 단계마다 환원 불가능한 열역학적 비용을 초래한다는 잘못된 결론을 받아들였습니다. 한편 섀넌의 정보처리 이론이 거둔 성공은 정보처리에서 모든 물리적 과정을 추상화하고 완전히 수학적인 것으로 생각하게 만들었습니다." 통신 엔지니어와 칩 설계자들은 원자 수준으로 점점 다가감에 따라 0과 1의 상태를 구분하는 고전역학의 깔끔한 능력을 방해하는 양자적 제한을 갈수록 걱정했다. 하지만 이제 이를 다시 보게 되었고, 마침내 여기서 양자 정보 과학이 탄생했다. 베넷을 비롯한 다른 학자들은 달리 생각하기 시작했다. 양자 효과가 골칫거리가 아니라 이점으로 바뀔지 모른다고 생각한 것이다.

웨스트체스터의 나무가 우거진 언덕에 자리 잡은 IBM 연구소에 있는 베넷의 연구실 벽에는 마사 아줌마('마사 아줌마의 관棺'의 줄임말이다)로 불리는 차광 장치가 마치 혼수함처럼 놓여 있었다. 1988~1989년 베넷과 연구조수 존 스몰린John Smolin이 기계 공장의 도움을 거의 받지 않고 짜 맞춘 장치였다.[18] 내부를 검게 칠하고 추가로 고무마개와 검은 벨벳으로 봉한 알루미늄 상자였다. 이들은 헬륨-네온 레이저로 정렬하고 고압전지로 광자를 편광시켜서 양자 암호로 인코딩된 최초의 메시지를 보냈다. 실질적으로 양자계를 통해서만 수행될 수 있는 정보처리 작업의 예를 보여준 것이다. 곧이어 양자 오류 수정, 양자 공간이동, 양자컴퓨터가 뒤를 이었다.

양자 메시지는 어디에나 있는 신비로운 짝 앨리스와 봅 사이를 오갔다. 암호학에서 출발한 앨리스와 봅은 이제 양자역학계의 몫이었다. 때로 찰리가 합류했다. 이들은 끊임없이 다른 방으로 걸어 들어가고, 동전을 던지며, 서로에게 봉인된 봉투를 보낸다. 또한 상태를 선택하고 파울리 회전Pauli rotation을 실행한다. 베넷의 동료이자 차세대 양자 정보이론가인 바버라 테르할Barbara Terhal의 설명을 들어보자. "우리는 '앨리스가 봅에게 큐비트를 보내고는 자기가 한 일을 까먹는다'라거나 '봅이 측정을 해서 앨리스에게 말한다'라는 식으로 말한다."[19] 테르할은 직접 앨리스와 봅이 '일부일처제를 따르는지' 연구했다. 당연히 이 말은 또 다른 은어였다.

마사 아줌마 실험에서 앨리스는 봅에게 악의적인 제삼자(도청자 이브Eve the eavesdropper)가 읽지 못하게 암호화된 정보를 보낸다. 두 사람이 다 개인적인 키를 안다면 봅은 메시지를 해독할 수 있다. 하지만 처음에 앨리스는 어떻게 봅에게 키를 보낼까? 베넷과 몬트리올의 컴퓨터 공학자인 질 브라사르Gilles Brassard는 정보의 각 비트를 광자 같은 단일한 양자적 대상으로 인코딩하는 일부터 시작했다. 정보는 광자의 양자 상태, 이를테면 광자의 수평 혹은 수직 편광에 있다. 대개 수십억 개의 입자로 구성되는 고전물리학의 대상은 가로채고, 관측하고, 관찰하고, 전달하는 것이 가능하지만 양자적 대상은 그렇게 할 수 없다. 또한 복사나 복제도 불가능하다. 관찰 행위는 불가피하게 메시지에 간섭한다. 도청자가 아무리 조심스럽게 엿들으려고 해도 감지될 수 있다. 베넷과 브라사르가 고안한 정교하고 복잡한 프로토콜에 따라 앨리스는 키로 사용할 무작위적 비트열을 생성하고, 봅은 자기 쪽에서 동일한 비트열을 확립할 수 있다.[20]

마사 아줌마의 관을 이용한 첫 번째 실험은 32센티미터의 자유 대기

free air를 거쳐 양자 비트를 보내는 데 성공했다. '왓슨 씨, 볼 일이 있으니 이리로 오세요'는 아니었지만 암호의 역사에서 최초로 절대 해독할 수 없는 암호 키였다. 이후의 실험은 광섬유로 옮겨갔다. 한편 베넷은 양자 순간이동으로 옮겨갔다.

하지만 베넷은 곧 양자 순간이동이라는 명칭을 후회하게 된다. IBM 마케팅부가 광고에서 "대기할 것: 소고기 스튜를 순간이동으로 보내주겠음"[21]이라는 내용으로 자신의 연구를 소개했던 것이다. 그럼에도 명칭은 그대로 남았다. 순간이동이 이뤄졌기 때문이다. 앨리스가 보낸 것은 소고기 스튜가 아니라 큐비트였다.*

큐비트는 평범치 않은nontrivial 최소 양자계이다. 큐비트는 고전적 비트처럼 0 혹은 1이라는 두 가지 가능한 값, 다시 말해서 확실하게 구분할 수 있는 두 가지 상태를 지닌다. 고전역학에서 '모든' 상태는 원칙적으로 구분 가능하다. (만약 한 색깔을 다른 색깔과 구분할 수 없다면 단지 측정 도구가 불완전한 것일 뿐이다.) 그러나 양자계에서는 하이젠베르크의 불확정성 원리 때문에 이런 구분을 하는 게 모든 곳에서 불완전하다. 양자적 대상의 어떤 속성을 측정하면 그로 인해 상보적 속성을 측정할 능력을 잃는다. 입자의 운동량이나 위치를 발견할 수 있지만 둘다는 불가능하다. 다른 상보적 속성으로는 스핀의 방향과 마사 아줌마의 관의 경우처럼 편광이 있다. 물리학자들은 이런 양자 상태들을 기

---

* 이 단어는 2007년 12월 『옥스퍼드 영어사전』에 등재되기는 했지만 보편적으로 받아들여진 것은 아니다. 데이비드 머민David Mermin은 같은 해에 이렇게 썼다. "불행하게도 현재 '큐비트'라는 말도 안 되는 철자가 영향력을 얻고 있다. '큐비트'는 q 뒤에 u가 와야 한다는 영어(독일어, 이탈리아어…) 규칙은 준수하지만 qu 뒤에 모음이 와야 한다는 마찬가지로 강력한 규칙을 무시한다. 내 생각에 '큐비트'는 폐어가 된 영어의 거리 단위이자 동음이의어인 'cubit'와 시각적으로 닮았기 때문에 받아들여졌다. 맑은 눈으로 그 꼴사나움을 보려면 … 누군가 슬라이드를 지우고 '면봉Qutips(원래는 Qtips)'으로 귀를 청소하는 모습을 상상하는 것으로 충분하다."[22]

하학적인 방식으로 생각한다. 다시
말해 공간(많은 가능한 차원들의 공간)
속에서의 방향들, 그리고 이 방향들
이 수직인지 아닌지(또는 직교하는지
아닌지)에 따라 구별 가능하고 가능
하지 않고가 결정되는 계로 생각하
는 것이다.

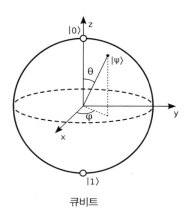

큐비트

이 불완전한 구별 가능성, 계系
를 교란하지 않고는 관찰하지 못하
는 무능력, 양자적 대상을 복제하거나 많은 청중들에게 전파하지 못하
는 무능력으로 인해 양자역학은 신비로운 특징을 갖는다. 큐비트도 이
런 비현실적인 성격을 지닌다. 큐비트는 단지 이것 아니면 저것이 아
니다. 큐비트의 0과 1 값은 확실히 구별 가능한 양자 상태들, 가령 수
평 편광과 수직 편광으로 나타나지만 다른 확률로 0과 1을 향해 기울
어진 대각 편광 같은 중간 상태들의 전체 연속체가 공존한다. 따라서
물리학자는 큐비트가 상태들의 '중첩superposition', 즉 확률 진폭의 결합이
라고 말한다. 큐비트는 비결정성의 구름 내부에 살고 있는 결정적 대
상이다. 그렇다고 큐비트가 난장판이라는 얘기는 아니다. 중첩은 잡탕
이 아니라 분명하고 명확한 수학적 규칙에 따른 확률적 요소들의 결합
이다.

베넷의 말을 들어보자. "비무작위적인 전체가 무작위적인 부분들을
가질 수 있다. 이것은 양자역학에서 가장 반직관적인 부분이지만 중첩
원리의 결과로 일어나며 우리가 알다시피 자연이 작동하는 방식이다.
사람들이 처음에는 안 좋아할 수도 있지만 시간이 지나면 익숙해질 것
이며, 다른 대안들은 훨씬 나쁘다."

순간이동 그리고 이후 나온 대다수의 양자 정보 과학의 열쇠는 '얽힘'이라고 알려진 현상이다. 얽힘은 중첩 원리를 취하며 공간을 가로질러 서로 멀리 떨어진 한 쌍의 큐비트로 중첩 원리를 확장한다. 이 큐비트들은 어느 것도 측정 가능한 개별적인 상태를 갖지 않지만 '한 쌍으로서' 명확한 상태를 가진다. 얽힘은 발견되기 전에 발명되어야 했다. 이를 발명한 사람은 바로 아인슈타인이었다. 하지만 얽힘을 명명한 사람은 아인슈타인이 아니라 슈뢰딩거였다. 아인슈타인은 1935년 당시 양자역학에 존재하는 결함이라고 생각했던 것들을 밝히려는 사고실험을 했고 이 사고실험을 위해 얽힘을 발명했다. 아인슈타인이 얽힘 개념을 발표한 것은 보리스 포돌스키Boris Podolsky, 네이선 로젠Nathan Rosen과 함께 쓴 「물리적 실재에 대한 양자역학적 기술은 완전한 것으로 볼 수 있는가?」라는 제목의 유명한 논문이었다.[23] 이 논문이 유명해진 데는 볼프강 파울리Wolfgang Pauli가 하이젠베르크에게 편지를 쓰게 만들었던 탓이 어느 정도 있었다. "아인슈타인이 다시 양자역학에 대한 입장을 공식적으로 표명했다네. … 익히 알다시피 이런 일은 항상 파란을 일으키지."[24] 아인슈타인의 사고실험은 가령 광자쌍이 단일 원자에 의해 방출될 때처럼 특별한 방식으로 관련된 입자쌍을 상상했다. 이들의 편광은 무작위적이지만, (지금 그리고 광자쌍이 지속되는 한) 동일하다.

아인슈타인, 포돌스키, 로젠은 광자들이 멀리 떨어져 있는 상황에서 둘 중 하나를 측정하면 어떤 일이 생기는지 연구했다. 얽힌 입자들, 가령 같이 생성되어 지금은 몇 광년이나 떨어진 광자쌍의 경우 하나를 측정하면 다른 하나에 영향을 미치는 것으로 보인다. 앨리스가 광자의 수직 편광을 측정하는 순간 봅의 광자 역시 그 축에 대한 명확한 편광 상태를 가지는 반면, 그 대각 편광은 불명확할 것이다. 따라서 측정이 빛보다 빠르게 달려가 영향력을 행사한다는 것이 명백하다. 이는 역설로 보였고, 그래서 아인슈타인이 싫어했던 것이다. 아인슈타인은 이렇게 말한다. "B에 실제로 존재하는 것이 뭐가 됐든 간에 공간 A에서 실행하는 측정에 좌우되어서는 안 된다."[25] 논문의 결론은 단호하다. "실재에 대한 어떤 타당한 정의도 이를 허용해서는 안 된다." 아인슈타인은 얽힘에 '도깨비 같은 원격작용spukhafte Fernwirkung'이라는 인상적인 이름을 붙였다.

이스라엘의 물리학자인 아셰르 페레스Asher Peres는 2003년 아인슈타인-포돌스키-로젠(EPR) 문제에 대한 하나의 답을 제시했다. 페레스는 엄밀히 말해 논문이 틀린 것은 아니지만 너무 때 이른 감이 없지 않다며, 섀넌이 정보이론을 내놓기 전이고 "정보이론이 물리학자의 도구상자에 포함되는 데 훨씬 시간이 많이 걸렸다"[26]라고 말했다. 정보는 물리적이다. 양자 상태에 대한 '정보'를 고려하지 않고 양자 상태를 논하는 것은 쓸모가 없다.

> 정보는 단지 추상적 개념만은 아니다. 정보는 물리적 매개체가 필요하며, 이 물리적 매개체는 (대체로) 국지적이다. 결국 벨 전화회사가 하는 일은 정보를 한 전화기에서 다른 장소에 있는 다른 전화기로 전달하는 것이었다.
>
> … 앨리스가 스핀을 측정할 때 앨리스가 얻는 정보는 자신의 위치에 국지화된 정보이다. 아울러 앨리스가 정보를 전달하려고 결정하기 전까지는 그 상태를 유지한다. 봅이 있는 장소에서는 절대 아무 일도 일어나지 않는다. … 오직 앨리스가 봅에게 (당연히 광속보다 느린 우편이나 전화 혹은 다른 물질적 매개체를 통해) 자신이 얻은 결과를 알릴 때만 봅은 자신의 입자가 확정적인 고유 상태에 있음을 인식한다.

이와 관련해 크리스토퍼 푹스는 양자 상태를 논의해봤자 아무 쓸모가 없다고 주장한다. 양자 상태는 관찰자의 구성물이다. 여기서 많은 문제가 발생한다. 상태는 퇴장하고 정보가 입장한다. "용어가 모든 것을 말해준다. 이 분야의 연구자들은 양자 토대에 대해 생각해봤든 그렇지 않든 간에 '양자 상태'를 '양자 정보'로 즐겨 말한다. … '양자 공간 이동 프로토콜은 어떤 일을 할까?' 이제는 보통 '앨리스의 장소에서 봅의 장소로 양자 정보를 전달한다'라는 답변이 완전히 자리를 잡았다. 지금 벌어지는 일은 사고방식의 변화이다."[27]

먼 거리에서 이뤄지는 도깨비 같은 작용의 수수께끼는 전혀 풀리지 않았다. '비국지성Nonlocality'이 모두 EPR 사고실험을 잇는 여러 독창적인 실험에서 증명됐다. 얽힘은 실재할 뿐만 아니라 도처에 있는 것으로 드러났다. 모든 수소 분자 H_2 속의 원자쌍은 양자적으로 '얽혀 있다verschränkt'(슈뢰딩거의 표현이다). 1993년 베넷은 양자 순간이동을 위한 얽힘을 만들어 처음으로 사람들에게 선보였다.[28] 순간이동은 얽힌 한 쌍을 이용하여 제3의 입자에서 나온 양자 정보를 임의적으로 설정한 거리를 전달한다. 앨리스는 이 제3의 입자를 직접 측정할 수 없다. 대신 얽힌 입자 중 하나와 제3의 입자의 관계를 측정한다. 앨리스 자신은 불확정성 원리 때문에 원본을 모르지만 봅은 정확한 복제본을 받을 수 있다. 앨리스의 대상은 그 과정에서 실체로부터 분리된다. 앨리스는 또한 봅에게 고전적인(비양자적인) 메시지를 따로 보내야 하기 때문에 통신은 빛보다 빠르지 않다. 베넷과 동료들은 이렇게 썼다. "공간 이동의 최종 결과, 즉 앨리스의 손에서 [양자적 대상이] 사라지고 일정 시간이 지난 후 봅의 손에서 나타나는 것은 완전히 비일비재하다. 인상적인 점이라고는 도중에 정보가 고전적 부분과 비고전적 부분으로 깔끔하게 분리됐다는 것밖에 없다."

연구자들은 변덕스러운 정보를 안전한 저장소 혹은 메모리로 전송하는 것과 같은 많은 응용 방법을 발 빠르게 생각해냈다. 소고기 스튜가 있든 없든 순간이동은, 매우 실질적이지만 여전히 잡히지 않는 양자컴퓨팅이라는 꿈에 대한 새로운 가능성을 열었기 때문에 흥분을 자아냈다.

◎　◉　◎

양자컴퓨터라는 개념은 기이하다. 리처드 파인먼이 양자컴퓨터의 기이함을 자기 연구의 출발점으로 삼은 것은 1981년 MIT 강연에서였다. 어려운 양자적 문제들을 연산하기 위해 양자계 이용 가능성을 처음 탐구하던 때였다. "비밀입니다! 비밀! 문을 닫으세요….".[29] 강연은 짓궂은 농담에서 시작되었다.

> 우리는 양자역학이 보여주는 세계관을 이해하는 데 항상 엄청난 어려움을 겪었습니다. 적어도 저는 그렇습니다. 저는 늙을 만큼 늙었지만[62세였다] 아직 양자역학의 세계관을 명확하게 이해하는 수준에 이르지 못했습니다. 그래요, 지금도 양자역학은 저를 긴장시킵니다. … 제가 보기에는 아무런 실질적인 문제가 없다는 것이 분명하지가 않습니다. 저는 그 실질적인 문제를 정의할 수 없기 때문에 실질적인 문제가 없는 것은 아닌지 의심하기는 하지만 확신하지는 못합니다.

파인먼은 연산, 즉 컴퓨터로 양자물리를 모사하는 일의 문제가 무엇인지 너무 잘 알았다. 바로 확률이었다. 모든 양자 변수에는 확률이 개입했으며, 이 점은 연산의 어려움을 기하급수적으로 키웠다. 파인먼은 이렇게 말했다. "정보 비트의 수는 공간에서 지점의 수와 같으며, 따라서 확률을 구하려면 N^N 배열 같은 어떤 것을 기술해야 합니다. 이는 우리가 쓰는 컴퓨터가 감당하기에는 너무 큽니다. … 따라서 공식적인 규칙에 따르면 확률 계산을 통해 모사하는 것이 불가능합니다."

그리하여 파인먼은 맞불작전을 제안한다. "확률적 자연계를 모사하는 다른 방법은(일단은 N이라고 할 것입니다) 여전히 그 자체가 확률적인 컴퓨터 C로 확률적 자연계를 모사하는 것일 겁니다." 파인먼은 양자컴퓨터는 튜링기계가 될 수 없다고 말한다. 완전히 새로운 어떤 것이 될 것이다.

"양자계는 어떤 의미에서 항상 자신의 미래를 연산한다는 것이 파인먼의 통찰입니다. 따라서 고유한 역학을 가진 아날로그 컴퓨터라고 말할 수 있습니다."[30] 베넷의 말이었다. 연구자들은 곧 양자컴퓨터가 물리를 모사하는 문제를 헤쳐 나가는 특별한 힘을 가졌다면 다른 유형의 다루기 어려운 문제들도 풀 수 있을 것임을 깨달았다.

그 힘은 희미하게 빛나고, 만질 수 없는 대상인 큐비트에서 나온다. 확률은 내재되어 있다. 상태의 중첩을 포함함으로써 큐비트는 고전적 비트보다 더 많은 힘을 갖는다. 고전적 비트는 항상 0 혹은 1, 하나의 상태 혹은 다른 상태로만 있으며, 데이비드 머민이 말하듯 "2차원적 벡터의 매우 보잘것없는 표본"[31]이다. "우리가 우리의 불편하고 작은 손가락으로 셈을 배웠을 때 우리는 잘못된 길을 간 것이다. 우리는 정수가 개별적이고 고유한 값을 가져야 한다고 생각했다." 롤프 란다우어의 냉철한 지적이었다. 실제 세계, 다시 말해 양자 세계에서는 그렇지 않다는 말이었다.

양자컴퓨팅에서는 복수의 큐비트들이 서로 얽힌다. 큐비트들이 함께 작용하게 만드는 일은 그 힘을 그저 배가하는 데 지나지 않고 기하급수적으로 키운다. 비트가 이것 아니면 저것인 고전적 컴퓨팅에서 n 비트는 2^n 값 중 하나를 인코딩할 수 있다. 반면 큐비트는 모든 가능한 중첩과 함께 이 불값Boolean value들을 인코딩할 수 있다. 이로써 고전적 컴퓨터는 할 수 없는 병렬처리의 가능성이 양자컴퓨터에 생기는 것이다. 따라서 양자컴퓨터는 (이론적으로) 연산이 불가능하다고 여겨졌던 특정한 범주의 문제들을 해결할 수 있다.

일례로 아주 큰 수의 소인수를 찾는 것을 들 수 있다. 현재 사용되는 가장 보편적인 암호 알고리즘인 RSA 암호화[32]를 푸는 키 같은 것 말이다. 세계적으로 인터넷 상거래는 RSA 암호화에 의존한다. 사실 아주 큰 수는 메시지를 암호화하는 공개된 키이다. 도청자가 (마찬가지로 큰) 그 수의 소인수를 파악할 수 있다면 메시지를 해독할 수 있다. 하지만 한 쌍의 큰 소수를 곱하는 것은 쉽지만 그 역은 대단히 어렵다. 정보적으로 일방통행로인 것이다. 따라서 RSA 수들을 인수분해 하는 일은 고전적 컴퓨팅의 지속적인 과제였다. 2009년 12월 로잔, 암스테르담, 도쿄, 파리, 본, 레드먼드, 워싱턴에 흩어져 있는 연구자 팀이 거의 2년 동안 수백 대의 컴퓨터를 돌려서 12301866845301177551304949583 84962720772853569595334792197322452151726400507263657518 7 45202199786469389956474942774063845925192557326303453731 5 48268507917026122142913461670429214311602221240479274737 7 94080665351419597459856902143413이 3347807169895689878604 4 16984821269081770479498371376856891243138898288379387800 2 28761471165253174308773781446799948와 36746043666799590 4 28244633799627952632279158164343087642676032283815739666 5 11279233373417143396810270092798736308917의 곱이라는 사실을

밝혀냈다. 이들은 10^{20}회가 넘는 연산이 실행된 것으로 추정했다.[33]

이는 작은 RSA 수 중 하나였지만, 답을 좀 일찍 찾았더라면 RSA 연구소가 주는 5만 달러의 상금을 받았을 것이다. 고전적인 컴퓨터 연산에서 보면 이런 암호화는 매우 안전하다. 수들이 커지면 해답을 찾는 시간은 기하급수적으로 길어지며, 어느 시점에서는 우주의 나이를 추월한다.

양자컴퓨팅은 전혀 다르다. 동시에 많은 상태를 차지하는 양자컴퓨터의 능력은 새로운 지평을 연다. 누구도 양자컴퓨터를 만드는 방법을 알지 못하던 1994년, 벨연구소의 한 수학자는 소인수분해 문제를 푸는 프로그램을 찾아낸다. 수학 올림피아드와 수학 경시대회에서 일찍이 두각을 드러낸 문제 풀이의 천재 피터 쇼어Peter Shor였다. 양자컴퓨터 분야의 길을 활짝 연 이 독창적 알고리즘을 쇼어 자신은 그냥 소인수분해 알고리즘으로, 다른 사람들은 쇼어 알고리즘으로 불렀다. 2년 후 역시 벨연구소에 소속된 로브 그로버Lov Grover가 정돈되지 않은 방대한 데이터베이스를 검색하는 양자 알고리즘을 만들었다. 이 문제는 바늘과 짚더미가 뒤섞인 무한한 정보의 세계에서 대표적인 난제였다.

2009년 히브리대학의 도리트 아하로노브Dorit Aharonov는 한 토론에서 이렇게 말했다. "양자컴퓨터는 요컨대 하나의 혁명입니다. 쇼어 알고리즘과 함께 이 혁명이 시작되었습니다. 쇼어 알고리즘이 혁명인 '이유'는 (놀랍도록 실용적인 함의 외에도) '쉬운' 문제와 '어려운' 문제를 재정의한다는 데 있습니다."[34]

큐비트는 양자컴퓨터에 힘을 실어주면서도 연구 대상으로 삼기에는 너무나 힘이 든다. 하나의 계에서 정보를 추출한다는 것은 그 계를 관찰한다는 뜻이고, 계를 관찰한다는 것은 양자 마술을 방해한다는 뜻이다. 큐비트가 기하급수적으로 많은 연산을 병렬로 처리하는 동안 큐비트는 관찰될 수 없다. 가능성의 그림자 망을 측정하는 것은 큐비트를 고전적인 비트로 바꾼다. 양자 정보는 취약하다. 연산의 결과를 파악하는 유일한 방법은 양자적 일이 끝날 때까지 기다리는 것이다.

양자 정보는 꿈과 같다. 덧없으며, 인쇄된 페이지의 단어처럼 확고하게 존재하는 법이 절대 없다. 베넷은 말한다. "많은 사람들은 책을 읽고 같은 메시지를 얻을 수 있다. 하지만 다른 사람에게 꿈을 이야기하려고 하면 꿈에 대한 기억이 바뀐다. 그리하여 결국에는 꿈은 잊어버리고 오직 꿈에 대해 말한 것만 기억하게 된다."[35] 결국 양자 지움은 진정한 취소가 된다. "심지어 신도 잊었다고 확실하게 말할 수 있다."

섀넌은 자신이 뿌린 씨앗들이 이렇게 꽃피는 것을 보지 못했다. 베넷의 말을 들어보자. "섀넌이 지금 살아 있다면 아마 채널의 보조 얽힘 용량에 대단히 열광했을 것입니다. 섀넌 공식의 일반화된 형태가 매우 우아한 방식으로 고전적 채널과 양자 채널을 모두 포괄합니다. 그래서 고전적 정보의 양자적 일반화가 컴퓨팅과 통신에 대한 더 명확하고 강력한 이론으로 이어졌다는 것이 널리 인정받고 있습니다."[36] 2001년까지 산 섀넌은 말년을 지움의 질병이라 할 수 있는 알츠하이머씨 병으로 인해 흐리멍덩하고 고립된 채로 보냈다. 생애가 20세기를 관통하는 탓에 섀넌의 삶을 규정하는 것도 수월하다. 섀넌은 둘째가라면 서러워할 정도로 정보시대를 창시한 인물이었다. 사이버공간의 창조에도 섀넌은 어느 정도 기여했다. 1987년 마지막 인터뷰에게 거울 방에 대한 아이디어를 연구하고 있다고 말했지만 섀넌은 사이버공간을 알지 못했다. "방 안에서 어느 곳을 보나 공간이 여러 개의 방들로 나뉘고 그 방마다 당신이 존재하며 이런 것이 모순 없이 무한히 존재하는 방을 생각하고 있습니다."[37] 섀넌은 MIT 근처에 있는 자신의 집에 거울 회랑을 만들고자 했지만 끝내 만들지는 못했다.

양자 정보 과학에 대한 의제, 차세대 물리학자와 컴퓨터공학자들 모두가 해야 할 일 목록[38]을 남긴 사람은 존 휠러였다.

휠러는 후학들에게 이렇게 당부했다.

"끈 이론과 아인슈타인의 기하동역학geometrodynamics의 양자적 버전을 연속체의 언어에서 비트의 언어로 번역하십시오."

"수학적 논리를 포함하여 수학이 얻은 강력한 도구인 상상력의 눈으로 하나씩 살피십시오. … 그리고 이러한 각 기법에 대해 비트의 세계로 전사transcription하는 것을 해결하십시오."

아울러 "힘을 더해가는 컴퓨터 프로그래밍의 진화로부터 물리학의 다층적 구조를 밝히는 모든 특성을 파헤치고, 체계화하고, 보여주십시오."

"'마지막' 당부입니다. 의미를 확립하는 기본 단위로서 '비트'라는 용어에 대한 깔끔하고 명확한 정의가 없는 것을 개탄하지 말고 축하하십시오. … 대단히 큰 수의 비트들을 조합하여 우리가 존재라고 부르는 것을 얻는 방법을 배운다면 비트와 존재의 의미를 더 잘 알 수 있을 것입니다."

남은 과제는 바로 의미의 확립이었다. 이는 비단 과학자들에게만 해당하는 것은 아니었다.

제14장 홍수 이후

—

바벨의 거대한 앨범

모든 책 안에 다른 책이 있고,
모든 페이지에 있는 모든 글자에
다른 책이 끊임없이 펼쳐진다.
하지만 이들 책은 책상 위에서
아무 공간도 차지하지 않는다고 생각해보라.
지식이 정수精髓로 축소될 수 있고,
그림과 기호 안에 담기고,
어디에도 없는 장소에 담긴다고 생각해보라.[1]

—

힐러리 맨틀Hilary Mantel(2009)

"(다른 사람들이 도서관이라고 부르는) 우주…."[2]

호르헤 루이스 보르헤스Jorge Luis Borges가 1914년 쓴 단편, 「바벨의 도서관The Library of Babel」은 이렇게 시작한다. 이 단편은 모든 언어로 된 모든 책, 사과apology와 예언의 책, 복음과 그 복음에 대한 주해 그리고 그 주해에 대한 주해, 상세하게 기록된 미래의 역사, 다른 모든 책들에 들어 있는 모든 책의 삽입구, 도서관의 충실한 목록과 수많은 가짜 목록들을 소장한 가공의 도서관에 대한 것이다. (다른 사람들이 우주라고 부르는) 이 도서관은 모든 정보를 소장한다. 하지만 모든 지식이 모든 오류와 함께 나란히 꽂힌 채 거기 '있기' 때문에 어떤 지식도 발견할 수 없다. 거울의 회랑에서, 헤아릴 수 없이 많은 선반에서 모든 것을 찾을 수 있고, 어떤 것도 찾을 수 없다. 이보다 더 완벽한 정보 과잉의 사례는 없다.

우리는 나름의 창고를 만든다. 우리 시대 특유의 정보의 지속성, 망각의 어려움으로 혼란이 커진다. 아마추어들이 협력하여 만드는 위키피디아라는 무료 온라인 백과사전이 분량과 포괄성 면에서 세상의 모든 인쇄판 백과사전들을 따라잡기 시작하자 편집자들은 너무 많은 표제어들이 다양한 뜻으로 뒤섞여 있다는 사실을 깨달았다. 편집자들은 이런 항목들을 명확하게 구분하려 했고, 이는 수십만 개가 넘는 중의성해소disambiguation 페이지들의 생성으로 이어졌다. 이를테면 위키피디아의 미로 같은 페이지에서 '바벨'을 검색하면 '바벨'(중의성해소) 항목이 나오며, 이 항목은 다시 고대 바빌론의 히브리 이름, 바벨의 탑, 이라크 신문, 패티 스미스Patti Smith의 책, 소련 저널리스트, 호주 언어 교사들의 저널, 영화, 음반사, 호주의 섬, 캐나다에 있는 두 개의 다른 산, '가상의 스타트렉 우주에 나오는 중립적 연합 행성'으로 이어진다. 이 밖에도 더 많은 세부 항목들이 있다. 중의성해소는 계속해서 가지를 친다. 예를 들어 '바벨의 탑'(중의성해소) 항목은 구약에 나오는 이야기 외에 노래, 게임, 책, 브뤼헐Brueghel의 그림, 에셔Escher의 목판화, '타로 카드'가 나온다. 우리는 수많은 바벨의 탑을 만들었던 것이다.

위키피디아에 훨씬 앞서 보르헤스는 "『영미 백과사전The Anglo-American Cyclopedia』(뉴욕, 1917)으로 잘못 불린" 백과사전에 대해 썼다. 이 백과사전은 사실과 뒤섞인 허구의 토끼 굴, 또 다른 거울들과 오자誤字들의 방, 자신의 세계를 투사하는 순수하고도 불순한 개설서였다. 이 세계는 틀뢴Tlön으로 불린다. 보르헤스는 이렇게 썼다. "이 멋진 신세계는 천문학자, 생물학자, 공학자, 메타물리학자, 시인, 화학자, 대수학자, 윤리학자, 화가, 기하학자 등으로 구성된 비밀 모임의 작품으로 추정된다. … 이 계획은 너무나 방대해서 각 저자의 기여도는 극히 적다. 처음에 틀뢴은 단순한 카오스이자, 상상력을 무책임하게 허한 것으로 여겨졌으나 지금은 코스모스로 알려져 있다."[3] 정보의 시대에 이 아르헨티나의 거장이 다른 세대의 작가들에 의해 선지자로 받들어진 데는 이유가 있었다(윌리엄 깁슨William Gibson은 "우리 이교도들의 우두머리 아저씨"[4]라고 불렀다).

보르헤스에 훨씬 앞서 찰스 배비지는 또 다른 바벨의 도서관을 상상했다. 배비지는 바로 우리의 대기 안에서 도서관을 발견한다. 이 도서관은 인간이 한 모든 말의 기록으로 뒤죽박죽이었으나 영원했다.

> 우리가 숨 쉬는 이 광활한 대기는 얼마나 이상한 카오스인가! … 공기 자체가 하나의 거대한 도서관이며, 공기의 페이지들 위에는 지금까지 남자들이 말하고 여자들이 속삭인 모든 것이 영원히 적혀 있다. 거기에, 변할 수 있지만 틀림없는 글자들 속에, 죽을 수밖에 없는 존재의 최초의 한숨과 최후의 한숨이 뒤섞이고, 영원히 기록

되며, 이행되지 않은 맹세와 지켜지지 않은 약속들이, 인간의 변덕
스러운 의지의 증거인 각 입자들의 통일된 운동 안에 영원히 남는
다.[5]

배비지를 열렬히 추종했던 에드거 앨런 포는 이 말의 의미를 알고
있었다. 1845년 앨런 포는 두 천사들 간의 대화에서 이렇게 썼다. "어
떤 생각도 소멸할 수 없네. '말의 물리적 힘'에 대한 어떤 생각이 떠오
르지 않는가? 모든 말은 공기에 충격을 주지 않는가?"[6] 게다가 모든
충격은 "'마침내 우주에 존재하는' 모든 개별적인 것에 각인될 때까지
모든 물질의 모든 입자에 점점 더 영향을 미치면서" 무한하게 밖으로
진동한다. 포는 또한 뉴턴의 옹호자인 피에르시몽 라플라스Pierre-Simon
Laplace의 글도 읽었다. 포는 이렇게 썼다. "모든 것을 대수적으로 '완벽
하게' 분석하는 무한한 이해력을 가진 존재"는 파동을 그 기원까지 역
추적할 수 있다.

배비지와 포는 새로운 물리학의 정보이론적 시각을 가지고 있었다.
라플라스는 완전히 뉴턴의 기계적 결정론에 빠져 있었다. 라플라스는
뉴턴에서 한 걸음 더 나아가 어느 것도 우연에 좌우되지 않는 태엽 장
치 같은 우주를 주장했다. 물리법칙은 천체와 가장 작은 입자에도 동
일하게 적용되고, 완벽한 확실성을 갖고 작동하기 때문에 (라플라스가
말하길) 의심의 여지없이 모든 순간 우주의 상태는 엄격하게 과거를 따
르며 그만큼 가차 없이 미래로 이어져야 한다. 양자적 불확실성이나
카오스 이론 혹은 연산 가능성의 한계를 생각하기에는 너무 이른 시기
였다. 라플라스는 자신의 완벽한 결정론을 극적으로 표현하기 위하여
완벽한 지식을 갖춘 존재, 하나의 "지성체"를 상상해보라고 말했다.

이 존재는 우주의 가장 큰 천체들의 움직임과 가장 작은 원자의 움직임을 같은 공식으로 아우른다. 이 존재에게는 어느 것도 불확실하지 않을 것이며, 미래는 과거처럼 눈앞에 펼쳐질 것이다.[7]

라플라스가 쓴 글 중에 이 사고실험만큼 유명한 것은 없었다. 이 사고실험은 신의 의지뿐만 아니라 인간의 의지도 쓸모없게 만들었다. 과학자들에게 이 극단적인 뉴턴주의는 낙관적인 전망의 근거로 보였다. 배비지에게 만물은 갑자기 거대한 계산기관, 자신이 만든 결정론적 기계의 거대 버전으로 보였다. "몇 개의 톱니바퀴를 병렬해 얻은 이 단순한 결과에서 눈을 돌리면, 광대하고 훨씬 더 복잡한 자연현상에 이와 비슷한 추론을 적용할 수 있음을 알 수밖에 없다."[8] 각 원자는 일단 흔들리면 그 운동을 다른 원자들에게 전달해야 하고, 결국 공기의 파동에 영향을 미치며, 어떤 충격도 영원히 완전하게 소실되지 않는다. 모든 카누의 흔적은 바다 어딘가에 남는다. 두루마리 종이에 기차의 이동 내력을 펜으로 그리는 기록 장치를 만들었던 배비지는 이전에는 사라져버렸던 정보를, 존재했거나 보존될 수 있는 일련의 물리적 흔적으로 봤다. 소리를 박foil이나 밀랍에 새기는 축음기는 아직 발명되지 않았지만 배비지는 대기를 의미를 가진 운동기관으로 보았다. 배비지는 이렇게 썼다. "모든 원자는 철학자와 현자들이 전해주고, 또 무가치하고 천한 모든 것과 수천 가지 방식으로 섞이고 합쳐진 말로부터 좋고 나쁜 영향을 받는다." 지금까지 발화된 모든 말은 100명의 청중들이 들었든 아무도 듣지 않았든 간에, 절대 공기 속으로 사라지지 않고 지울 수 없는 흔적을 남긴다. 아울러 인간의 말은 운동 법칙에 따라 암호화되어 완전히 기록되는데, 이론상 (충분한 연산력이 있다면) 복원될 수 있다.

지나치게 낙관적인 생각이었다. 그럼에도 배비지가 논문을 발표한 바로 그해 파리의 화가이자 화학자인 루이 다게르Louis Daguerre는 은박판에 시각적 이미지를 완벽하게 담아낸다. 경쟁자였던 영국의 윌리엄 폭스 탤벗William Fox Talbot은 이를 "발광 그림 기법 혹은 햇빛을 이용하여 자연물의 그림이나 이미지를 형성하는 기법"[9]이라고 불렀다. 탤벗은 밈과 같은 것을 보았다. "화가가 그림을 만드는 것이 아니라 기계 장치를 통해 그림이 '그 자신'을 만든다." 이제 우리의 눈앞을 스쳐 지나가는 이미지들을 고정하고, 물질에 새기며, 보존할 수 있게 된 것이다.

기술이 있고 훈련을 받은 화가는 눈으로 본 것을 오랜 시간 작업을 통해 채색이나 그림으로 재구성한다. 반면 은판사진은 어떤 의미에서 사물 그 자체이다. 다시 말해 사물 자체를 순간적으로 저장한 정보이다. 상상도 할 수 없는 일이었지만 현실이 된 것이다. 이런 가능성은 혼란을 일으켰다. 일단 저장이 시작되면 어디서 멈출 것인가? 미국의 수필가인 너새니얼 파커 윌리스Nathaniel Parker Willis는 곧바로 사진술을 배비지가 말한 대기 중의 소리 도서관과 관련지었다. 배비지는 모든 말이 공기 중 어딘가에 기록된다고 말했다. 따라서 어쩌면 모든 이미지 역시 영원한 흔적을 남길지도 몰랐다. 어딘가에 말이다.

> 사실상 바벨의 거대한 앨범이 존재한다. 하지만 또한 태양의 중요 업무가 기록원과 같은 것이어서 우리가 지닌 모습의 인상, 우리가 하는 행동의 그림을 남기는 것이라면 어떨까? 그래서 … 우리 모두가 아는 것과 달리 다른 세상은 어쩌면 사람들의 이미지가 살고 행동하며, 이런 이미지에서 그리고 서로에게서 떨어져 나온 거래로 이뤄지는 것인지도 모른다. 전체의 보편적인 본질은 그저 소리와 이미지의 구조에 불과할지도 모른다.[10]

다른 사람들이 도서관 혹은 앨범이라고 부르는 우주는, 따라서 컴퓨터를 닮게 된다. 여기에 가장 처음 주목한 사람이 앨런 튜링일 것이다. 튜링은 컴퓨터를 우주처럼 상태의 집합으로 보는 것이 최선이고, 모든 순간의 기계의 상태는 다음 순간의 상태로 이어지며, 따라서 기계의 모든 미래는 최초의 상태와 입력 신호로부터 예측 가능해야 한다고 보았다.

우주는 자신의 운명을 연산하고 있는 것이다.

튜링은 완벽함에 대한 라플라스의 꿈이 우주가 아니라 기계에서 실현될 수 있다고 보았다. 이유는 한 세대 후에 카오스 이론가들에게 발견되고 나비효과로 불리게 될 현상 때문이었다. 1950년 튜링은 이렇게 썼다.

> '전체로서의 우주' 계에서는 초기조건의 아주 작은 실수가 나중에 엄청난 결과를 일으킬 수 있다. 어느 순간에 하나의 전자를 수십억분의 1센티미터만 이동시켜도 1년 후 어떤 사람이 눈사태로 죽거나 아니면 탈출하는 그런 차이를 만들 수 있다.[11]

우주를 컴퓨터라고 했을 때 우리는 여전히 그 메모리에 접근하려고 애쓰는 것일 수도 있다. 우주가 도서관이라면 그 도서관에는 선반이 없다. 모든 세상의 소리들이 대기를 통해 퍼질 때, 어느 특정한 원자 덩어리에 붙어서 남는 말은 하나도 없다. 말은 어디에나 있고 모든 곳에 있다. 이런 이유로 배비지는 이 정보 저장고를 "카오스"라고 불렀다. 다시 한 번 시대를 앞서갔던 것이다.

◎　◉　◎

세계 7대 불가사의를 꼽던 고대인들은 선원들을 돕기 위해 지어진 122미터 높이의 석탑인 알렉산드리아의 등대를 포함시켰지만 근처에 있는 도서관은 제외했다. 수십만 권의 파피루스 두루마리를 모은 이 도서관은 당시 그리고 향후 수 세기 동안 지구상에서 가장 큰 지식의 보고였다. 프톨레마이오스 왕조는 인간이 알고 있는 세상의 모든 글을 구입하고, 훔치고, 베껴 소장하려는 야망으로 도서관을 기원전 3세기 초 건립한다. 이 도서관으로 인해 알렉산드리아는 아테네를 제치고 지적 중심지가 되었다. 도서관의 선반과 회랑에는 소포클레스와 아이스 킬로스 그리고 에우리피데스의 희곡, 유클리드와 아르키메데스 그리고 에라토스테네스의 수학서, 시, 의학서, 별자리표, 신비서가 비치되었다. H. G. 웰스는 이 도서관이 "16세기가 될 때까지 우리가 다시는 보지 못했던 지식과 발견의 찬란한 빛이었으며 … 근대사의 진정한 시작"[12]이라고 말했다. 등대는 거대했지만 도서관이야말로 진정한 경이였다. 그러고는 불타버렸다.

언제 어떻게 도서관이 불탔는지 정확하게 아는 사람은 아무도 없다. 어쩌면 몇 차례 불에 탔을 수도 있다. 복수심에 불타는 정복자들은 마치 적의 영혼이 깃들어 있기라도 한 것처럼 책을 불태웠다. 아이작 디즈레일리Isaac D'Israeli는 19세기에 이렇게 썼다. "로마인들은 유대인, 기독교인, 철학자들의 책을 불태웠고, 유대인들은 기독교인과 이교도들의 책을 불태웠으며, 기독교인들은 이교도와 유대인들의 책을 불태웠다."[13] 청淸 왕조는 과거의 역사를 지우려고 중국의 책들을 불태웠다. 글은 취약한 것이어서 분서焚書는 효과적이었다. 현재 남은 소포클레스의 희곡은 전체의 10분의 1도 되지 않는다. 현재 남은 아리스토텔레스의 글은 대개 두세 번 다른 사람의 손을 거친 것이다. 과거를 들여다보는 역사학자들에게 대도서관의 파괴는 사건의 지평선, 어떤 정보도 지날 수 없는 경계이다. 심지어 목록 일부조차 불길에서 살아남지 못했다.

톰 스토파드의 희곡 〈아르카디아〉에 나오는 토마시나(에이다 바이런을 닮은 어린 수학자)는 교사인 셉티무스Septimus에게 이렇게 토로했다. "잃어버린 아테네인들의 모든 희곡들! 수천 편의 시들, 아리스토텔레스 자신의 장서들 … 슬퍼서 어떻게 잠을 잘 수 있나요?"[14]

셉티무스는 이렇게 대답했다.

> 우리가 가진 것을 헤아리면 첫 신발에서 떨어진 장식이나 나이가 들면 잃어버릴 교과서보다 나머지 것들에 대해 더 슬퍼해서는 안 돼. 우리는 모든 것을 손에 들고 다녀야 하는 여행자들처럼 다른 것을 집으면서 손에 든 것을 버리지. 그리고 우리가 떨어뜨린 것들은 뒤에 있는 사람들이 주울 거야. 이 행렬은 아주 길고 인생은 아주 짧아. 우리는 길을 가는 도중에 죽지. 그러나 행렬의 바깥에는 아무것도 없기 때문에 잃어버릴 것도 없어. 소포클레스의 잃어버린 희곡들은 조금씩 나타나거나 다른 언어로 쓰일 거야.

보르헤스에 따르면 어쨌든 잃어버린 희곡들은 바벨의 도서관에서 찾을 수 있다.

위키피디아는 사라진 도서관을 기념하기 위해 8주년이 되던 해 여름, 수백 명의 편집자들을 알렉산드리아로 불러 모았다. 대개 온라인에서만 만나던 십마스터Shipmaster, 브라스랫걸Brassratgirl, 낫어피쉬Notafish, 짐보Jimbo 등으로 불리는 사람들이었다. 당시 이런 사용자명은 700만 개가 넘게 등록되어 있었다. 45개국에서 자비를 들여서 온 순례자들은 노트북을 들고 자신들의 열정을 말해주는 티셔츠를 입은 채 지식을 교환했다. 당시, 그러니까 2008년 7월 무렵 위키피디아는 세상의 모든 종이 백과사전을 합친 것보다 많은 250만 개의 영어 항목과 월로프어Wolof, 트위어Twi, 남부 색슨 네델란드어Dutch Low Saxon를 포함해 264개 언어로 작성된 총 1,100만 개의 항목이 들어 있었다. 여기에 겨우 15개의 항목이 만들어진 후 사용자 투표에 의해 폐쇄된 촉토어Choctaw와, 가상의 언어 내지 '만들어진' 언어로 알려진 클링온어Klingon는 포함되지 않았다. 위키피디아 사용자들은 자신들을 대도서관의 상속자로, 모든 기록된 지식을 모으는 것을 자신들의 사명으로 여긴다. 하지만 이들은 기존 텍스트들을 수집하고 보존하지 않는다. 위키피디아 사용자들은 지식이 자신의 것이라고 생각할지도 모르는 사람들과는 별개로 공유된 지식을 정리하려 한다.

보르헤스가 말한 상상 속 도서관처럼 위키피디아는 경계가 없는 것처럼 보인다. 수십 개의 비영어 위키피디아는 제각각 하나의 포케몬 항목과 트레이딩 카드 게임, 만화 시리즈, 미디어 프랜차이즈 항목이 있다. 영어 위키피디아에서 포케몬은 하나의 항목으로 시작했는데 이어 하나의 정글이 자라났다. '포케몬'(중의성해소) 페이지도 있다. 이 페이지는 닌텐도의 상표권 변호사들이 고소하겠다고 위협하기 전까지 포케몬으로 불린(POK erythroid myeloid ontogenic factor : POK 적혈구 골수종양 인자) Zbtb7 종양 유전자를 찾는 사람들을 위해 필요했다. 또한 대중문화 포케몬에 대하여 최소한 다섯 개의 주요 항목들이 있으며, 이 항목들은 포케몬 종교, 아이템, 텔레비전 에피소드, 게임 전술, 493종의 괴물들, 영웅들, 주인공들, 라이벌들, 동료들, 불바사우르Bulbasaur부터 아르세우스Arceus에 이르는 클론들에 대한 2차 항목 및 부차 항목을 거느리고 있다. 모든 항목은 사실 어떤 의미에서는 존재하지 않는 포케몬 우주에 대해 충실하고 믿을 수 있는 내용을 담기 위해 세심한 조사와 정확한 편집이 진행된다. 현실 세계로 돌아오면 위키피디아는 미국의 모든 번호가 붙은 고속도로와 일반도로의 경로와 교차로 그리고 역사를 설명하는 상세한 항목들이 있거나 항목들이 채워지길 기다리고 있다. ("루트 273[뉴욕 주, 1980년에 사용 중지됨]은 화이트홀 Whitehall에 있는 루트 4와의 교차로에서 시작됐다. 교차로 다음에 천사들의 모후 묘지Our Lady of Angels Cemetery를 지나 남동쪽으로 방향을 틀었다. 루트 273은 화이트홀 외곽에 있는 오어 레드 힐Ore Red Hill 기슭을 따라 간다. 이 고속도로는 오어 레드 힐 근처에서 4번 도로로 연결되는 지방 도로와 교차했다.") 우리가 알고 있는 모든 효소와 인간 유전자에 대한 페이지들도 있다. 『브리태니커 대백과사전』에는 이렇게 폭넓은 내용을 결코 담을 수 없다. 종이로 만들어지는 데 어떻게 그럴 수 있겠는가?

위키피디아는 초창기 인터넷 거대 기업들 중에서 유일하게 사업을 하지 않았다. 돈을 벌기는커녕 쓰기만 했다. 위키피디아는 비영리 자선단체인 위키미디어 재단의 지원을 받았다. 일일 사용자 수가 5,000만 명에 이르렀을 무렵 재단은 독일에 한 명, 네덜란드에 한 명, 호주에 한 명 그리고 변호사 한 명을 포함하여 18명의 유급 직원을 두었다. 수백만 명의 기고자들과 1,000명 이상의 지정 '관리자들', 그리고 언제나 존재감을 드러내는 설립자이자 자칭 '영적 리더'인 지미 웨일스Jimmy Wales를 비롯한 나머지는 모두 자원봉사자들이었다. 웨일스는 처음에 위키피디아를 잡다하고 혼란스럽고 딜레탕트적dilettantish이고 아마추어적이며 누구나 참여할 수 있는 업스타트upstart로 계획하지 않았지만, 금세 그렇게 되어버렸다. 이 자칭 백과사전은 일군의 전문가들, 학위, 검증, 동료 평가로 시작됐다. 그러나저러나 위키의 아이디어는 힘을 얻게 된다. '빠른'을 뜻하는 하와이어인 '위키'는 누구나 볼 수 있을 뿐만 아니라 편집할 수 있는 웹사이트였다. 따라서 위키는 자신을 창조했고, 적어도 자신을 유지했다.

위키피디아는 먼저 간단한 자기소개와 함께 인터넷 사용자들 앞에 등장했다.

홈페이지

이 페이지를 지금 바로 편집할 수 있습니다! 이 사이트는 무료로 제공되는 공동 프로젝트입니다.

위키피디아에 오신 것을 환영합니다! 우리는 협업을 통해 처음부터 완전한 백과사전을 쓰고 있습니다. 2001년 1월에 작업을 시작했으며, 벌써 3,000페이지를 넘겼습니다. 우리는 10만 페이지를 넘기고자 합니다. 그러니 일을 시작합시다! 당신이 아는 것에 대해 조금(혹은 많이) 쓰세요! 여기서 우리의 환영 메시지를 읽으세요. 신참 여러분, 환영합니다!

출범 첫해 항목들이 얼마나 듬성듬성했는지는 요청 항목의 목록으로 가늠할 수 있었다. 종교 표제 아래에는 "천주교?", "사탄?", "조로아스터교?", "신화?"가, 기술 표제 아래에는 "내연소기관?", "비행선?", "액정 표시 장치?", "대역폭?"이, 민속학 표제 아래에는 "(민속학에 대해 쓰고 싶다면 실제로 민속학에서 분명하고, 중요한 것으로 여겨지는 주제들, 이 방면으로 한 일이라고는 〈던전 앤 드래곤〉 게임을 한 것뿐이라면 당신이 많이 알 것 같지 않은 주제들의 목록을 제시하세요. 참조.)"[15]라는 내용들이 있었다. 〈던전 앤 드래곤〉은 이미 잘 다뤄져 있었다. 위키피디아는 잡동사니를 찾지 않았지만 무시하지도 않았다. 몇 년 후 알렉산드리아에서 지미 웨일스는 이렇게 말했다. "브리트니 스피어스나 심프슨

가족 혹은 포케몬에 대해 집요하게 쓰는 모든 사람들이 물리학의 모호한 개념들에 대해 쓰도록 유도해야 한다는 말은 옳지 않습니다. 위키는 종이가 아니며 우리가 이들의 시간을 소유한 것도 아닙니다. 우리는 '왜 이렇게 쓸데없는 일을 하는 직원들을 두고 있지?'라고 말할 수 없습니다. 이 사람들이 폐를 끼치는 것은 아무것도 없습니다. 마음껏 쓰도록 놔둡시다."

"위키는 종이가 아닙니다"라는 말은 비공식적인 모토였다. 이 모토 자체를 다룬 별도의 백과사전 항목("Wiki ist kein Papier"와 "Wikipédia n'est sur papier" 참조)도 있다. 이 말은 항목의 수나 길이에 물리적, 경제적 한계가 없음을 뜻한다. 비트는 무료이다. 웨일스는 말한다. "종이나 공간을 둘러싼 모든 비유는 죽었다."

위키피디아가 예상치 못한 속도로 문화의 중심이 된 데는 어느 정도 구글과의 의도치 않은 시너지 관계 덕분이었다. 위키피디아는 집단 지성 개념의 시금석이 되었다. 사용자들은 학위도 없고, 신원 확인도 안 되며, 어떤 편견이 있는지도 모르는 사람들이 권위적인 투로 작성한 항목들의 이론적, 실제적 신뢰성을 놓고 끊임없이 논쟁을 벌였다. 위키피디아는 반달리즘으로 악명이 높았다. 또한 분쟁이 일어나고 혼란스러운 현실에서 중립성과 의견 일치에 이르는 것이 어렵다는 것을 (혹은 불가능하다는 것을) 보여주었다. 이런 과정은 기고자들이 쉴 새 없이 서로가 바꾼 내용을 되돌리면서 벌어지는 소위 편집 전쟁으로 몸살을 앓는다. 2006년 말 '고양이' 항목을 놓고 사람들은 고양이를 키우는 사람이 '주인'인지, '돌보미'인지, '인간 동료'인지 합의하지 못했다. 3주에 걸친 논쟁은 작은 책 분량만큼 커졌다. 또한 구두점을 놓고, 신들을 놓고 편집 전쟁을 벌였으며, 철자와 발음 그리고 지정학적 갈등을 놓고 공허한 편집 전쟁을 벌였다. 다른 편집 전쟁들에서는 말의 유연성이 드러났다. 콘치 공화국Conch Republic(플로리다 주 키웨스트)은 '소국'이었나? 어린 북극곰의 특정한 사진이 '귀여운가'? 전문가들은 다른 의견을 가졌고, 모두가 전문가였다.

이따금 소동이 벌어지고 나면 항목들은 안정적으로 자리 잡는 경향을 보인다. 하지만 프로젝트가 일종의 평형상태에 접근하는 것처럼 보여도 여전히 역동적이고 불안정하다. 위키피디아 우주에서 현실은 변경 불가능한 최종적 상태가 없다. 최종적이라는 관념은 가죽과 종이로 만들어진 백과사전의 고체성 때문에 생겨난 환상이다. 드니 디드로Denis Diderot는 1751년부터 파리에서 출판된 『백과사전Encyclopédie』에서 "현재 지구상에 흩어진 모든 지식을 수집하고, 이 지식의 일반적인 구조를 우리와 함께 사는 사람들에게 알리며, 우리 후손들에게 전달하는 것"을 목표로 삼았다. 1768년 에든버러에서 처음 제작되어 100주에 걸쳐 발행되면서 회당 6펜스에 팔린 『브리태니커』도 똑같은 권위를 가지게 된다. 『브리태니커』는 모든 판본이 완결된 것처럼 보였다. 이런 말 외에는 딱히 다른 말로 표현할 방법이 없다. 뉴턴의 『프린키피아』가 나온 지 한 세기가 다 지났음에도, 3판("18권 분량, 대폭 개선됨")의 책임 편집자들은 중력이론 혹은 중력 작용에 대한 뉴턴의 어떤 이론도 승인할 수 없었다. 『브리태니커』는 이렇게 쓰고 있다.

> 큰 논쟁이 있었다. 많은 저명한 철학자들 특히 그중에서도 아이작 뉴턴 경은 중력을 모든 제2원인 중 첫 번째로 여긴다. 중력의 효과가 아닌 다른 방식으로는 절대 인지할 수 없는 무형의 혹은 영적인 실체 그리고 물질의 보편적 속성으로 생각했다. 다른 철학자들은 중력 현상을 대단히 미묘하고 희박한 유체의 작용으로 설명하려고 시도했으며, 아이작 경은 말년에 이 설명을 싫어하지 않았던 것

으로 보인다. 심지어 뉴턴은 이 유체가 중력 현상을 야기하게 만드는 물질과 관련된 추측을 내놓기도 했다. 하지만 현재 논쟁 상황에 대한 전체 내용은 뉴턴 철학, 천문학, 대기, 지구, 전기, 불, 빛, 인력, 척력, 플리넘Plenum, 진공 등의 항목을 참고할 것.

『브리태니커』가 권위를 지녔기 때문에 뉴턴의 중력이론은 아직 지식이 아니었다.

위키피디아는 이런 종류의 권위를 거부한다. 연구기관들은 공식적으로 위키피디아를 불신한다. 저널리스트들은 위키피디아에 의존하지 말라는 지시를 받는다. 그래도 권위는 생긴다. 미국에서 몽고메리라는 이름의 카운티county가 있는 주가 몇 개나 되는지 알고 싶은데 위키피디아에 나온 18개라는 집계를 누가 불신할 것인가? 이토록 잘 알려지지 않은 통계를 어디서 찾을 수 있단 말인가? 특정한 몽고메리 카운티 하나만 알지도 모르는 수십만 명의 지식을 종합하여 만든 이런 통계를 말이다. 위키피디아에는 "위키피디아에서 정정된『브리태니커 대백과 사전』의 오류들"이라는 인기 있는 항목이 있다. 물론 이 항목은 날마다 바뀐다. 위키피디아 전체가 그렇다. 매 순간 독자는 끊임없이 변화하는 진실 중 하나의 형태를 볼 뿐이다.

위키피디아 '노화' 항목은 이렇게 쓰여 있었다.

거의 완벽에 가까운 재생이 이루어지는 시기(인간의 경우 20세에서 35세 사이[인용처 요망])가 지나면 유기체는 스트레스에 대한 대응력 약화, 항상성 불균형의 심화, 질병에 걸릴 위험의 증가와 같은 노화의 특징이 나타난다. 이 비가역적인 일련의 변화는 불가피하게 사망으로 끝난다.

독자는 이 내용을 신뢰할 수 있다. 그러나 2007년 12월 20일 이른 아침, 전체 항목이 "노화는 아주 늙고, 늙고, 늙으면 겪는 일이다"[16]라는 단 한 문장으로 바뀌었다. 이런 분명한 반달리즘은 오래가지 않는다. 자동화된 반달봇vandalbot, 그리고 반달리즘에 맞서 싸우는 사람들(대다수가 반反반달리즘 부대 및 태스크포스 팀의 자랑스러운 일원이다)이 이를 찾아내 원래대로 되돌리는 것이다. 짜증이 난 어느 반달이 했다는 유명한 말이 있다. "위키피디아에는 현실과 항목을 일치시키려는 거대한 음모가 있다." 이 말은 맞다. 모든 위키피디아인들은 이런 음모를 원하며, 때로 이것으로 충분하다고 생각한다.

19세기 말 루이스 캐럴은 한 소설에서 1마일 대 1마일, 일대일의 비율로 세계를 나타내는 궁극의 지도를 묘사한 바 있다. "이 지도는 아직 한 번도 펼쳐지지 않았다. 농부들이 반대했다. 농부들은 이 지도가 온 나라를 덮어서 햇빛을 가릴 것이라고 말했다."[17] 위키피디아인들은 이 말의 핵심을 놓치지 않는다. 독일 지부에서 울리히 푹스Ulrich Fuchs의 자전거에 달린 왼쪽 뒷브레이크 패드의 나사를 놓고 벌어진 논쟁을 잘 아는 사람도 있을 것이다. 위키피디아의 편집자인 푹스는 이런 질문을 던졌다. "물건의 우주에서 이 물품이 위키피디아에 따로 게재될 만한 가치가 있을까?" 위키피디아인들은 이 나사가 사소하지만 엄연히 실재하며 구체적으로 명시할 수 있다고 합의했다. "나사는 공간 속에 있는 물체이며, 저도 봤습니다."[18] 지미 웨일스의 말이었다. 실제로 독일어판 메타 위키(즉, 위키피디아에 대한 위키피디아)에 "울리히 푹스의 자전거에 달린 왼쪽 뒷브레이크 패드의 나사Die Schraube an der hinteren linken Bremsbacke am Fahrrad von Ulrich Fuchs"[19]라는 제목의 항목이 등장했다. 웨일스가 말한 대로 이 항목의 존재 자체가 "메타아이러니"였다. 이 항목을 작성한 사람은 게재하기에 부적합하다고 주장한 당사자였다. 하지만 이 항목은 사실 나사에 대한 것이 아니었다. 위키피디아가 이론적으로나 실제적으로 모든 세세한 것들로 세계 전체를 기술하려고 노력할 것인지를 놓고 벌어진 논쟁에 대한 것이었다.

이에 반대하는 부류가 '삭제주의deletionism'와 '포괄주의inclusionism'라는 깃발 아래로 모여들었다. 포괄주의자들은 위키피디아에 넣는 항목에 대해 가장 너그러운 시각을 취한다. 삭제주의자들은 사소한 것들은 빼버리자고 주장하거나 때로 빼버린다. 너무 짧거나 부실하게 작성된 항목, 확실하지 않거나 주목할 만한 가치가 없는 항목들은 빼버리자는 것이다. 이런 모든 기준들은 쉽게 변하고 주관적이다. 삭제주의자들은 품질의 수준을 높이고 싶어 한다. 이들은 2008년 주목할 만한 가치가 없다는 이유로 호주의 뉴사우스웨일스에 있는 포트 매쿼리Port Macquarie 장로교회에 대한 항목을 제거하는 데 성공했다. 지미 웨일스 자신은 포괄주의 쪽으로 기울었다. 웨일스는 2007년 늦여름 남아프리카의 케이프타운을 방문하여 음졸리스Mzoli's라는 식당에서 점심을 먹은 후 "음졸리스 미트Mzoli's Meats는 남아프리카 케이프타운 근처의 구굴레투Guguletu 흑인 주거 지역에 있는 정육식당이다"라는 단문의 '토막글stub'을 게재했다. 이 항목은 ^demon이라는 18세의 관리자가 중요하지 않다는 이유로 삭제할 때까지 22분 동안 게재되어 있었다. 한 시간 후 다른 사용자가 이 항목을 다시 만들어서 지역 케이프타운 블로그와 온라인에 올라온 라디오 인터뷰에서 얻은 정보를 토대로 내용을 확장했다. 2분이 지나자 또 다른 사용자가 "이 항목 혹은 섹션은 광고처럼 작성됐다"라는 이유로 반대하고 나섰다. 이렇게 계속 일이 진행됐다. "유명한"이라는 단어가 여러 차례 삽입되고 삭제됐다. 사용자 ^demon이 "우리는 전화번호부가 아니며 여행안내서도 아니다"라고 말하며 다시 끼어들었다. 이에 사용자 EVula는 "이 항목을 몇 시간만 더 놔두면 가치 있는 내용을 얻을지도 모른다"라고 반박했다. 곧 이 논쟁은 호주와 영국의 신문에 소개됐다. 이듬해 이 항목은 살아남았을 뿐만 아니라 사진, 정확한 위도와 경도, 14개의 참고 목록, 그리고 역사, 비즈니스, 관광을 위한 별도 섹션이 있을 정도로 커졌다. 하지만 2008년 3월, 이에 대해 응어리를 갖고 있던 한 익명 사용자는 전체 항목을 "음졸리스는 오직 지미 웨일스가 갈팡질팡하는 자기중심주의자이기 때문에 그 항목이 존재하는 하찮은 작은 식당이다"라는 한 문장으로 교체했다. 이 내용은 채 1분을 버티지 못했다.

위키피디아는 여러 방향으로 새로운 가지를 뻗으면서 나뭇가지 모양으로 진화한다. (이 점에서 우주를 닮았다.) 그래서 삭제주의와 포괄주의는 통합주의mergism와 점증주의incrementalism를 낳았다. 그리고 이것들은 파벌주의로 이어지고, 파벌들은 '삭제주의자 위키피디아인 연합'과 '일반 범주에 속하는 항목의 가치성에 대한 폭넓은 판정을 싫어하며, 일부 매우 부실한 항목들의 삭제를 지지하지만 삭제주의자는 아닌 위키피디아인 연합Association of Wikipedians Who Dislike Making Broad Judgments About the Worthiness of a General Category of Articles and Who Are in Favor of the Deletion of Some Particularly Bad Articles, but That Doesn't Mean They Are Deletionists과 협력하는 포괄주의자 위키피디아인 연합'으로 분열한다. 웨일스는 현존하는 인물들의 전기傳記 부문을 특히 우려했다. 웨일스는 위키피디아를 유지해야 하고, 또 신뢰성도 가져야 하는 현실적 부담에서 벗어난 이상적 세계에서 지구에 사는 모든 사람들의 전기를 보면 행복할 것이라는 말을 했다. 이는 보르헤스를 능가하는 것이다.

불가능하겠지만 극단적으로 모든 사람과 모든 자전거 나사를 다루는 컬렉션이라 해도 모든 지식에는 미치지 못할 것이다. 백과사전들은 정보를 주제와 범주의 형태로 전하는 경향이 있다. 1790년 『브리태니커』는 그 체제의 틀을 "완전히 새로운 기획"[20]이라 잡는다. 그리고 "다양한 학문과 예술"을 "개별적인 논문 혹은 체계"로 정리했다고 하면서 이렇게 광고했다.

> 그리고 자연물과 인공물 혹은 종교적, 세속적, 군사적, 상업적 문제 등과 관련된 지식의 다양한 부문 파트에 대해 '완전한 설명을 제공함'

위키피디아에서 지식의 부문 파트들은 계속 가지를 쳐나가는 경향이 있다. 편집자들은 마치 아리스토텔레스나 불이 했던 것처럼 논리적 역학을 분석했다.

> 많은 주제는 '변수 X'와 '변수 Y' 사이의 관계에 기초하여 하나 이상의 완전한 항목이 된다. 이것은 예를 들어 '장소 Y'에서의 '상황 X'나 '아이템 Y'의 '버전 X'를 나타낸다. 합쳐진 두 변수가 문화적으로 중요한 어떤 현상이나 다른 주목할 만한 관심사를 나타낼 때는 완벽하게 유효하다. 종종 국경을 지날 때 생기는 커다란 차이 때문에 한 주제에 대해 나라마다 독립된 항목들이 필요하다. 웨일스의 점판암 산업과 아일랜드 여우 같은 주제를 다루는 항목들이 적절한 예이다. 그러나 노스캐롤라이나의 오크 나무나 파란 트럭에 대해 쓰는 것은 새로운 관점, 독창적인 연구가 될 가능성도 있고, 아니면 완전히 멍청한 짓이 될 가능성도 있다.[21]

일찍이 찰스 디킨스는 바로 이 문제에 대해 생각했다. 『피크위크 페이퍼스The Pickwick Papers』에는 『브리태니커』에서 중국 형이상학에 대해 읽었다고 말하는 한 남자가 나온다. 하지만 사전에는 그런 항목이 없었다. "남자는 M자 부분에서 형이상학에 대한 내용을, C자 부분에서 중국에 대한 내용을 읽었으며, 이 정보들을 합쳤다."[22]

2008년 소설가인 니컬슨 베이커Nicholson Baker는(자신을 웨이지리스Wageless로 불렀다) 다른 많은 사람들처럼 처음에는 정보를 찾다가 이후 몇몇 항목들을 시험 삼아 쓰면서 위키피디아에 빠져들었다. 어느 금요일 저녁 소의 성장 호르몬 항목에서 시작해 이튿날은 〈시애틀의 잠 못 이루는 밤〉과 시대 구분 그리고 유압유에 대해 썼다. 일요일에는 〈포르노찬차다Pornochanchada〉(브라질 섹스 영화), 얼 블레어Earl Blair라는 이름의 1950년대 축구선수, 그리고 다시 유압유였다. 화요일에는 삭제 위기에 처한 항목을 찾아서 내용을 보완함으로써 구조하는 일에 전념하는 항목 구조대Article Rescue Squadron를 발견했다. 베어커는 "저도 일원이 되고 싶습니다"라는 글을 쓰고는 그 자리에서 가입했다. 이렇게 위키피디아에 집착적으로 빠져들게 된 일은 위키피디아에서 일어나는 다른 모든 일들처럼 아카이브에 기록되었다. 베이커는 몇 달 후 자신의 사연을 인쇄출판물 《뉴욕 북 리뷰》에 썼다.

> 저는 주방 카운터 위에 열어놓은 컴퓨터 앞에 서서 늘어나는 주시 목록watchlist을 보고, 확인하고, 들여다봤습니다. … 가족들이 하는 말을 듣지 않았습니다. 약 2주 동안 컴퓨터 화면에 빠져 살다시피 하면서 구조 업무를 하려 노력했습니다. 때로 지나치게 홍보성이 강하지만 그럼에도 가치 있는 전기를 중립적 언어로 고쳐 쓰고, 이들의 주목지수를 높여줄 수 있는 참고문헌을 위해 서둘러 신문 데이터베이스와 구글 북스를 검색했습니다. 저는 '포괄주의자'가 되었습니다.[23]

베이커는 '은밀한 희망'과 함께 글을 끝맺었다. 바로 위키피디아가 안 되면 "위키모그Wikimorgue, 깨진 꿈들의 쓰레기통"에서라도 모든 잡동사니들이 구제되길 바란다는 것이었다. 그는 딜리토피디아Deletopedia라는 이름을 제안하면서 이렇게 썼다. "이것은 시간이 지나면 우리에게 많은 것들을 말해줄 것입니다." 얼마 후 온라인에서는 어느 것도 소멸되지 않는다는 원칙을 가진 딜리션피디아Deletionpedia라는 사이트가 만들어졌으며 점차 커졌다. 비록 엄밀하게 말해 백과사전에 들어 있지는 않았지만 포트 매쿼리 장로교회도 그 사이트에 들어 있었다. 누군가는 그곳을 우주라고 부른다.

이름은 특별한 문제가 되었다. 말하자면 똑같은 이름을 가졌으나 뜻이 다르고, 이름의 복잡성 그리고 이름들 간의 충돌로 인해 특별히 중요해진 것이다. 거의 무한하게 정보가 흘러가면서 세상의 모든 항목들이 단 하나의 경기장에 내던져지고 말았다. 마치 정신이 하나도 없는 범퍼카 게임장처럼 보였다. 더 단순하던 시대에는 명칭이 더 단순했다. "창세기"를 보자. "주 하느님은 들판의 모든 들짐승과 하늘의 모든 날짐승을 만드시고 아담에게 데려가 어떻게 부르는지 보셨으며, 아담이 모든 피조물을 어떻게 부르든 간에 그것으로 이름을 삼으셨다." 피조물마다 이름이 하나씩 있었고, 각각의 이름은 하나의 피조물이었다. 하지만 곧 아담은 도움을 받게 된다.

존 반빌John Banville은 소설 『무한들The Infinities』에서 헤르메스 신이 이렇게 말하는 것을 상상한다. "하마드리아드hamadryad는 나무 요정이지만 동시에 인도의 독사이자 아비시니안 비비이기도 하다. 이런 것을 알려면 신이 필요하다."²⁴ 그러나 위키피디아에 따르면 '하마드리아드'는 또한 나비, 인도의 자연사 저널, 캐나다의 프로그레시브 록밴드의 이름이기도 하다. 이제 우리 모두가 신처럼 된 것일까? 록밴드와 나무 요정은 마찰 없이 공존할 수 있지만 좀 더 일반적으로 봤을 때 정보 장벽의 파괴는 명칭과 명명권을 둘러싼 갈등으로 이어진다. 일어나지 않을 것처럼 보이지만 현대 세계에서는 이름이 바닥나고 있다. 가능한 이름의 목록은 무한해 보이지만, 수요는 훨씬 더 크다.

1919년 주요 전신회사들이 주소등록 중앙사무국을 만든 것은 메시지가 엉뚱하게 전달되는 문제가 자꾸 생겼기 때문이었다. 뉴욕 금융가에 있던 중앙사무소는 브로드 스트리트Broad Street의 한 다락방을 철제 파일 캐비닛으로 채웠다. 고객들은 이곳에서 자신들의 주소를 코드명으로 등록했다. 코드명은 다섯 자에서 열 자 사이의 한 단어로서 "발음이 가능해야" 했다. 다시 말해 "여덟 가지 유럽 언어중 하나로 표기되는 음절로 구성돼야"²⁵ 했다. 많은 고객이 연간 요금(코드명당 2달러 50센트)에 대해 불평했지만 1934년까지 사무국은 ILLUMINATE(뉴욕 에디슨 회사), TOOTSWEETS(스위트 컴퍼니 오브 아메리카), CHERRYTREE(조지 워싱턴 호텔)을 포함하여 2만 8,000개의 목록을 관리했다.²⁶ 금융인 버나드 바루크Bernard M. Baruch는 BARUCH를 차지하는 데 성공했다. 등록은 선착순으로 이뤄졌으며, 이는 앞으로 등장할 사이버공간을 조심스럽게 보여주는 전조였다.

사이버공간은 물론 모든 것을 바꾼다. 사우스캐롤라이나에 있는 폭스 앤 하운드 리얼티Fox & Hound Realty라는 회사의 소유주이자 중개사인 빌리 벤튼Billy Benton은 BARUCH.COM이라는 도메인명을 등록했다. JRRTOLKIEN.COM을 등록한 앨버타의 하이 프레이리High Prairie에 사는 한 캐나다인은 제네바에 있는 세계 지적재산권 기구의 심사단이 박탈하기까지 10년 동안 보유했다. 이 도메인명은 가치가 있었다. 등록되었거나 등록되지 않은 브랜드나 상표로서 명칭에 대한 권리를 주장한 다른 사람들 중에는 같은 성을 가진 전 세계 수천 명은 말할 것도 없고 작고한 작가의 후손들, 출판사, 영화제작사가 있었다. 하이 프레이리에 사는 캐나다인은 셀린 디옹Céline Dion, 알베르트 아인슈타인, 마이클 크라이튼Michael Crichton, 피어스 브로스넌Pierce Brosnan을 비롯하여 약 1,500명이 넘는 유명 인사의 이름을 소유하는 것을 업으로 삼았다. 이들 중 일부는 이 캐나다인과 맞서서 싸우기도 했다. 몇몇 특정한 이름들에는 엄청난 경제적 가치가 있었다. 경제학자들의 추정에 따르면 '나이키'라는 단어는 70억 달러의 가치를 지닌다. '코카콜라'라는 단어의 가치는 그보다 10배나 많다.

작명학 연구에서는 사회 구성단위가 증가하면서 명칭 체계도 더불어 증가하는 것이 자명하다고 본다. 부족과 부락 안에서 살면 앨빈Albin이나 아바Ava 같은 이름만으로 충분하다. 하지만 부족이 씨족, 도시, 국가로 이어지면서 사람들은 성과 아버지의 이름에 덧붙인 이름, 지역과 직업에서 따온 이름처럼 더 많은 것들을 만들어내야 했다. 사회가 복잡해지면 더 복잡한 이름들이 필요하다. 인터넷의 등장은 이름을 둘러싼 싸움에서 새로운 기회를 열었을 뿐만 아니라 새로운 국면을 낳은 엄청난 규모의 도약을 이루었다.

빌 와이먼Bill Wyman으로 알려진 애틀랜타의 한 작곡가는 역시 빌 와이먼으로 알려진 롤링 스톤스의 전 베이스 주자를 대변하는 변호사로부터 이름 사용을 '중지'해달라는 요구서를 받았다. 작곡가 빌 와이먼은 베이스 주자 빌 와이먼의 본명이 윌리엄 조지 퍽스William George Perks라고 지적하며 응수했다. 또한 포르쉐Dr. Ing. h.c. F. Porsche AG로 알려진 독일의 자동차 회사는 카레라라는 이름을 지키려고 일련의 다툼을 벌였다.

다툼의 당사자는 우편번호가 7122인 스위스의 한 마을이었다. 스위스의 크리스토프 로이스Christoph Reuss는 포르쉐의 변호사들에게 보낸 편지에서 이렇게 썼다. "카레라 마을은 포르쉐 등록상표 이전부터 존재했습니다. 포르쉐가 그 명칭을 사용하는 것은 카레라 주민들이 발전시킨 선의와 명성을 악용하는 것입니다." 또한 이렇게 덧붙였다. "이 마을은 포르쉐 카레라보다 훨씬 적은 소음과 오염물질을 배출합니다." 로이스는 오페라 가수인 호세 카레라스Jóse Carreras도 이름을 둘러싼 분쟁에 휘말렸다는 사실을 언급하지 않았다. 한편 포르쉐 사는 911이라는 수에 대한 상표 소유권도 주장했다.

컴퓨터공학에서는 모든 명칭이 뚜렷이 구별될 뿐만 아니라 유일무이하게 존재하는 '네임스페이스namespace'(이름 공간)라는 전문 용어가 유용하게 쓰였다. 세상에는 지리에 기초한 이름 공간과 경제적 틈새에 기초한 다른 이름 공간들이 오랫동안 있었다. 뉴욕 밖에 살고 있다면 백화점 이름인 블루밍데일스Bloomingdale's를 쓸 수 있었다. 또한 자동차를 만들지 않는다면 포드가 될 수 있었다. 세상에 있는 록밴드들은 하나의 이름 공간을 구성한다. 거기서는 프리티 보이 플로이드Pretty Boy Floyd와 핑크 플로이드 그리고 핑크Pink가 공존하고, 서틴스 플로어 엘리베이터스13th Floor Elevators가 나인티나인스 플로어 엘리베이터스99th Floor Elevators 그리고 하마드리아드와 함께 공존한다. 이 공간에서 새 이름을 찾는 일은 쉽지 않다. 오랫동안 '프린스Prince'로 불린 가수 겸 작곡가는 태어날 때부터 이 이름이었다. 이 이름이 지겨워지자 프린스는 자신에게 "이전에 프린스로 불렸던 아티스트"라는 메타 이름을 붙였다. 영화배우협회는 나름의 정식 이름 공간을 유지한다. 그래서 오직 한 명의 줄리아 로버츠만 허용된다. 전통적인 이름 공간들은 서로 겹쳐지고 융합되고 있다. 그리고 많은 공간들이 혼잡해지고 있다.

의약품 명칭은 좀 특별하다. 의약품 이름을 짓고, 연구하고 조사하는 부수적인 산업이 등장할 정도이다. 미국에서는 제출된 약품명들의 충돌 여부를 식약청이 심사하는데, 그 과정이 복잡하고 불확실하다. 실수는 곧 죽음으로 이어지기 때문이다. 아편 의존증 치료제인 메타돈Methadone이 주의력 결핍장애를 위한 메타데이트Metadate 대신 처방되고, 항암제인 택솔Taxol이 다른 항암제인 탁소텔Taxotere 대신 처방되어 목숨을 잃었던 것이다. 의사들은 잔탁Zantac과 자낙스Xanax, 베렐란Verelan과 비릴론Virilon처럼 철자와 발음이 비슷한 데서 오는 실수를 두려워한다. 언어학자들은 명칭들 사이의 '거리'를 재는 과학적 척도를 만들어냈다. 그러나 라미탈Lamictal과 라미실Lamisil, 루디오밀Ludiomil과 로모틸Lomotil은 모두 승인된 약품명이다.

기업 이름 공간에서는 쉽게 부를 수 있고 뜻도 담고 있는 이름들이 쇠퇴하는 것에서 과밀화의 징후를 볼 수 있다. 제너럴 일렉트릭이나 퍼스트 내셔널 뱅크First National Bank 혹은 인터내셔널 비즈니스 머신International Business Machines과 같은 이름으로 불리는 신생 기업은 없다. 마찬가지로 A. 1. 스테이크 소스라는 이름은 오랜 역사를 가진 식품 하나에만 쓰인다. 수백만 개의 회사명이 존재하며, 상당한 돈이 더 많은 회사명을 지어내는 전문 컨설턴트들에게 간다. 사이버공간에서 이뤄진 회사명 짓기의 멋진 성공 사례들이 야후!, 구글, 트위터처럼 거의 무의미한 말에 가까운 것은 우연이 아니다.

인터넷은 이름 공간을 만들어낼 뿐만 아니라 고유한 이름 공간이기도 하다. 전 세계의 컴퓨터 네트워크를 탐색하는 일은 COCA-COLA.COM 같은 특수한 도메인명의 체계에 의존한다. 이 이름들은 "정보가 저장되는 목록이나 장소 혹은 기기"로서 사실상 현대적 의미의 주소이다. 그 텍스트는 수를 인코딩하고, 수는 네트워크와 하부 네트워크 그리고 기기로 갈라져 내려가는 사이버공간의 위치들을 가리킨다. 이 짧은 텍스트 파편들은 코드이지만 또한 가장 넓은 이름 공간에서 상당한 의미의 무게를 전달한다. 도메인명은 상표, 과시용 자동차 번호판, 우편번호, 무선국 호출 부호, 그래피티의 특징들을 모두 혼합한다. 전신 코드명처럼 누구나 소액으로 도메인명을 등록할 수 있게 된 것은 1993년부터였다. 등록은 선착순으로 이뤄졌고, 수요는 공급을 초과했다.

짧은 단어로서는 감당하기 힘든 일들이 벌어졌다. 많은 업체들이 '애플' 상표를 소유하고 있지만 APPLE.COM은 하나뿐이다. 음악과 컴퓨팅의 도메인이 충돌했을 때 비틀스의 애플Apple Corps과 컴퓨터 회사 애플Apple Inc.도 충돌했다. 오직 하나뿐인 MCDONALDS.COM은 저널리스트 조슈아 퀴트너Joshua Quittner가 먼저 등록했다. 패션 제국인 조지오 아르마니는 ARMANI.COM을 원했지만, 밴쿠버에 사는 아난드 람나스 마니Anand Ramnath Mani도 마찬가지였고 그가 도메인을 먼저 차지하게 된다. 자연스럽게 도메인명을 거래하는 2차 시장이 등장했다. 2006년 한 기업가는 다른 기업가에게 SEX.COM을 사는 데 1,400만 달러를 지불했다. 그때는 이미 익히 알려진 모든 언어에서 거의 모든 단어들이 등록된 때였다. 또한 1억 개가 넘는 무수한 단어의 조합과 변형들도 등록되었다. 도메인명은 기업 변호사들에게 새로운 일감이다. 독일 슈투트가르트에 있는 다임러크라이슬러의 법무팀은 MERCEDESSHOP. COM, DRIVEAMERCEDES.COM, DODGEVIPER.COM, CRYSLER. COM, CHRISLER.COM, CHRYSTLER.COM, CHRISTLER.COM을 되찾는 데 성공했다.

지적재산권의 법적 체계도 흔들렸다. 마치 상표들 안에서의 영토 침해가 일어난 것 같은 일종의 공황 상태가 나타났다. 1980년만 해도 미국에서 연간 약 1만 건이 등록됐다. 그 수는 해마다 급증하여 30

년 후에는 30만 건에 달했다. 과거에는 대다수 상표 신청이 반려되었다. 하지만 지금은 그 반대이다. 가능한 모든 조합으로 구성된 모든 단어가 정부의 보호를 받을 자격이 있는 것으로 보인다. 21세기 초 미국 상표의 전형적인 사례로는 GREEN CIRCLE, DESERT ISLAND, MY STUDENT BODY, ENJOY A PARTY IN EVERY BOWL!, TECHNOLIFT, MEETINGS IDEAS, TAMPER PROOF KEY RINGS, THE BEST FROM THE WEST, AWESOME ACTIVITIES 등이 있다.

　명칭의 충돌과 고갈은 이전에도 발생했지만 이 정도 규모로 발생한 적은 한 번도 없었다. 고대 박물학자들은 대략 500종의 식물을 알고 있었고, 당연히 개별적으로 명칭을 부여했다. 15세기까지 무려 누구나 아는 것이었다. 그러다 유럽에서 목록과 그림을 담은 책들이 퍼지기 시작하면서 지식들을 모으고 체계화하기 시작했다. 아울러 이와 함께 역사학자 브라이언 오길비Brian Ogilvie가 말했듯 자연사라 불리는 학문이 형성됐다.[27] 최초의 식물학자들은 이름을 남발했다. 1550년대에 비텐베르크Wittenberg대학의 학생이었던 카스파르 라첸베르거Caspar Ratzenberger는 식물 표본집을 모으고 이를 기록하려 애썼다. 라첸베르거는 미나릿과의 한 종에 라틴어와 독일어 이름 11개를 붙였다. ‘Scandix’, ‘Pecten veneris’, ‘Herba scanaria’, ‘Cerefolium aculeatum’, ‘Nadelkrautt’, ‘Hechelkam’, ‘NadelKoerffel’, ‘Venusstrahl’, ‘Nadel Moehren’, ‘Schnabel Moehren’, ‘Schnabelkoerffel’.[28] 영국에서는 ‘shepherd's needle’ 혹은 ‘shepherd's comb’으로 불렀다. 곧 종의 수가 명칭의 수를 앞질렀다. 박물학자들은 학자사회를 만들어 서신을 교환했고, 여행을 다녔다. 세기가 끝날 무렵 스위스의 한 식물학자는 6,000종의 식물 목록을 발행했다.[29] 새로운 종을 발견한 박물학자에게는 모두 이 종을 명명할 책임과 권리가 있었다. 중복과 잉여성의 경우처럼 형용사와 합성어를 마구 만들어내는 게 불가피했다. 영어 명칭만 해도 'shepherd's needle'과 'shepherd's comb'에 'shepherd's bag', 'shepherd's purse', 'shepherd's beard', 'shepherd's bedstraw', 'shepherd's bodkin', 'shepherd's cress', 'shepherd's hour-glass', 'shepherd's rod', 'shepherd's gourd', 'shepherd's joy', 'shepherd's knot', 'shepherd's myrtle', 'shepherd's peddler', 'shepherd's pouche', 'shepherd's staff', 'shepherd's teasel', 'shepherd's scrip', 'shepherd's delight'가 추가됐다.

아직 칼 린네Carl Linnaeus가 분류법을 발명하기 전이었다. 18세기가 되어 린네가 분류법을 발명했을 때는 7,700종의 식물과 4,400종의 동물에 이름을 붙여야 했다. 지금은 수백만 종의 곤충을 제외하고도 약 30만 종이 있다. 과학자들은 여전히 그들 모두를 명명하려고 애쓴다. 그래서 딱정벌레 중에는 버락 오바마, 다스 베이더, 로이 오비슨Roy Orbison의 이름을 딴 종들이 있다. 프랭크 자파Frank Zappa는 거미, 물고기, 해파리에게 이름을 빌려줬다.

빈의 작명학자인 에른스트 풀그람Ernst Pulgram은 1954년 이렇게 말했다. "사람의 이름은 그림자와 같다. 이름이 사람의 실체도 아니고 영혼도 아니지만, 사람 때문에 살며 사람과 함께 산다. 이름의 존재가 생명 유지에 필수적인 것도 아니며, 이름의 부재가 치명적인 것도 아니다."[30] 그때는 지금보다 단순한 시대였다.

◎   ◎   ◎

1949년 클로드 섀넌이 종이 한 장에 정보의 척도를 대략 그렸을 때 단위는 수십 비트에서, 수십만 비트, 수백만 비트, 수십억 비트, 수조 비트로 올라갔다. 트랜지스터는 발명된 지 1년밖에 되지 않았고, 무어의 법칙은 아직 나오지 않은 때였다. 피라미드의 꼭대기에는 섀넌이 100조 비트, 즉 10^{14}비트로 추정한 의회도서관이 있었다. 대체로 섀넌의 추정치가 옳았지만 피라미드는 커지고 있었다.

당연하게도 비트에 뒤이어 킬로비트가 나왔다. 엔지니어들이 만든 단어는 '킬로벅kilobuck'이었다. 1951년 《뉴욕 타임스》는 친절하게도 킬로벅이 "과학자들이 '1,000달러'를 줄여 부르는 방법으로 내놓은 아이디어"[31]라고 설명했다. 1960년대에 정보와 관련된 모든 것이 기하급수적으로 성장한다는 인식이 생기면서, 정보의 척도는 기하급수적인 규모로 커졌다. 이런 생각은 고든 무어Gordon Moore가 우연찮게 내놓은 것이었다. 섀넌이 노트에 메모를 하고 전기공학과 집적회로 개발에 매진하고 있을 때 무어는 화학을 배우는 대학생이었다. 인텔을 설립하기 3년 전인 1965년 무어는 10년 후인 1975년까지 최대 6만 5,000개의 트랜지스터를 하나의 실리콘 웨이퍼에 통합할 수 있을 것이라고 조심스럽게 제안했을 뿐이다. 칩에 올릴 수 있는 부품의 수가 1, 2년마다 두 배로 늘어날 것이라고 예측했지만, 메모리 용량과 처리 속도 모두 두 배가 되고 크기와 비용이 2분의 1로 줄어드는 것이 끝이 없는 것처럼 보였다.

킬로비트는 저장량뿐만 아니라 전송 속도를 나타내는 데 쓸 수 있었다. 1972년 무렵 기업들은 초당 최대 240킬로비트로 데이터를 전달하는 고속 회선을 임대할 수 있었다. 하드웨어에서 보통 8비트씩 덩어리로 정보를 처리했던 IBM의 선례를 따라 엔지니어들은 곧 현대적이고 다소 기발한 단위인 바이트byte를 쓰게 된다. 8비트는 1바이트였다. 따라서 킬로바이트는 8,000비트를, 곧이어 나온 메가바이트는 800만 비트를 나타냈다. 국제표준위원회에서 정한 단위에 따르면 '메가'는 그리스어에서 따온 '기가', '테라tera', '페타peta', '엑사exa'로 이어졌다. 비록 뒤로 갈수록 언어적 정확성은 떨어지긴 했다. 이 단위들은 제타바이트 (1,000,000,000,000,000,000,000)와 언뜻 우습게 들리는 요타바이트(1,0 00,000,000,000,000,000,000,000)가 필요했던 시기인 1991년까지 측정된 모든 것을 나타내기에 충분했다. 정보가 기하급수적인 사다리를 타고 올라가면서 다른 치수들을 뒤로 처졌다. 이를테면 돈은 정보에 비해 부족했다. 킬로벅스 뒤에는 메가벅스와 기가벅스가 있었고 테라벅스까지 가는 인플레이션에 대해 농담할 수 있었지만, 세상의 모든 돈, 인류 전 세대가 축적한 모든 부는 페타벅도 되지 않았다.

1970년대는 메가바이트의 시대였다. 1970년 여름 IBM은 사상 최대의 메모리 용량을 가진 신형 컴퓨터 모델 두 대를 출시했다. 바로 76만 8,000바이트의 메모리를 가진 모델 155와 대형 캐비닛에 든 1메가바이트의 메모리를 가진 더 큰 모델 165였다. 방 하나를 채우는 이 메인프레임 한 대의 가격은 467만 4,160달러였다. 1982년 무렵 프라임 컴퓨터Prime Computer는 단일 회로 기판에 1메가바이트의 메모리를 탑재한 컴퓨터를 3만 6,000달러에 판매했다. 1987년 IBM 메인프레임과 120명의 타자수를 동원해 콘텐츠의 디지털화를 시작한 『옥스퍼드 영어사전』 편집진은 사전의 용량을 1기가바이트로 추정했다. 인간의 전체 게놈 역시 1기가바이트 정도 되었다. 기가바이트 1,000개가 모이면 1테라바이트가 된다. 1테라바이트는 래리 페이지Larry Page와 세르게이 브린Sergey Brin이 1998년 여러 장의 신용카드를 동원해 마련한 1만 5,000달러로 어렵게 확보한 디스크 저장용량이었다. 스탠퍼드 대학원생이던 이들은 처음에는 백럽BackRub이라고 불렀다가 이후 구글로 이름을 바꾼 검색엔진 프로토타입을 만들고 있었다. 1테라바이트는 보통 아날로그 텔레비전 방송국이 매일 방송하는 데이터의 양이자, 1998년 온라인에 오른 미국 정부의 특허 및 상표 기록 데이터베이스의 크기였다. 2010년 무렵에는 100달러에 1테라바이트 디스크 드라이브를 사서 한 손에 들 수 있게 되었다. 의회도서관에 있는 책들은 섀년이 추정한 대로 약 10테라바이트를 차지하며, 이미지와 녹음 음악을 포함하면 그 수치가 몇 배로 늘어난다. 의회도서관은 이제 웹사이트를 아카이브로 만들고 있으며, 2010년 2월까지 160테라바이트에 달하는 데이터를 모았다.

기차가 앞으로 질주하면서 승객들은 때로 기차의 빠른 속도로 인해 자기들이 역사에 대한 감각이 무뎌진다고 느꼈다. 무어의 법칙은 이론적으로 단순하게 보였다. 하지만 사람들은 자기들이 겪은 것들을 이해하기 위한 비유를 찾는 데 어려움을 겪었다. 컴퓨터공학자인 재런 러니어Jaron Lanier는 그 느낌을 이렇게 표현했다. "무릎을 꿇고 나무의 씨앗을 심었더니 너무나 빨리 자라나서 일어서기도 전에 온 동네를 덮어버렸다."[32]

좀 더 친숙한 비유는 구름(클라우드)이다. 모든 정보(모든 정보 용량)는 우리 위에 어렴풋이 존재하며, 잘 보이지 않고 만질 수 없지만 매우 실재적이고, 확실한 형태가 없으며, 유령과 같고, 근처에 떠다니지만 어느 한곳에 자리 잡지 않는다. 독실한 신자들에게 천국이 이렇게 느껴졌을 것이다. 사람들은 삶을, 적어도 정보와 관련된 삶을 클라우드로 옮기는 일에 대해 이야기한다. 여러분은 사진들을 클라우드에 저장할 수 있다. 구글은 클라우드에서 당신의 비즈니스를 관리할 것이다. 구글은 세상의 모든 책을 클라우드에 넣고 있다. 이메일은 클라우드를 오가며 사실상 절대 클라우드를 떠나지 않는다. 문과 열쇠, 물리적 고립과 눈에 띄지 않음 같은 특징에 기반을 둔 전통적 프라이버시 관념은 클라우드에서 뒤집힌다.

돈은 클라우드에서 살아간다. 과거에 돈은 누가 무엇을 가졌는지,

누가 무엇을 빚졌는지를 알려주는 표시였다. 21세기에는 이런 것들이 시대에 뒤떨어지고 심지어는 불합리한 고릿적 얘기로 들릴 것이다. 허술하기 짝이 없는 배로 해적과 포세이돈 신에게 관세를 뜯겨가며 바다를 통해 옮기는 금괴, 고속도로 요금소에서 운전자들이 바구니로 던져 넣으면 이후 트럭으로 옮겨지는(이제 당신 차의 역사는 클라우드에 있다) 동전, 수표책에서 찢어서 잉크로 서명하는 수표, 워터마크나 홀로그램 혹은 형광 섬유가 든 무겁고 구멍이 뚫린 종이에 인쇄된 기차표, 공연이나 항공 여행 혹은 다른 모든 것들을 위한 표, 그리고 얼마 후면 모든 형태의 현금 같은 것들 말이다. 이제 세계 경제는 클라우드 안에서 움직인다.

물리적으로 보면 클라우드는 전혀 구름과 닮지 않았다. 서버팜Server farms은 아무런 표시가 없는 벽돌 건물과 철제 빌딩에서 빠르게 확산된다.[33] 건물은 짙은 유리 창문들이 있거나 창문이 아예 없고, 몇 킬로미터에 이르는 텅 빈 복도, 디젤 발전기와 냉각탑, 2.1미터의 흡기팬 그리고 알루미늄 굴뚝이 있다. 이 숨겨진 인프라는 갈수록 닮아가는 전기 인프라와 공생관계를 이루며 성장한다. 전기처럼 정보에도 전환기switcher와 통제소, 지국이 있다. 이들은 덩어리를 이루면서 띄엄띄엄 분산되어 있다. 이런 것들이 톱니바퀴 장치들이며, 클라우드는 이들의 아바타이다.

한때 인류가 생산하고 소비한 정보는 소멸해버렸다. 이게 정상이고 기본이었다. 눈에 보이는 광경과 소리, 노래, 발화된 말들은 그냥 사라졌다. 돌과 양피지 그리고 종이에 새겨진 표시는 특별한 경우였다. 소포클레스의 연극을 보는 관객들은 그의 희곡들을 잃어버리는 것이 슬프다는 생각을 하지 않았다. 연극을 즐겼던 것이다. 이제 이런 기대는 뒤집어졌다. 모든 것들이 기록되고 보존될 수 있는 것이다. 적어도 그게 가능한 세상이다. 모든 음악 공연, 매장이나 엘리베이터 혹은 도시의 거리에서 일어나는 모든 범죄, 외딴 해안의 화산폭발과 쓰나미, 온라인 게임에서 하는 모든 카드게임과 말의 이동, 럭비의 스크럼과 크리켓 시합을 비롯한 모든 것들은 기록되고 보존될 수 있다. 손에 카메라를 들고 다니는 것은 이례적인 일이 아니라 예삿일이 되었다. 2010년 약 5,000억 장의 사진이 찍혔다. 유튜브는 하루에 10억 개 이상의 동영상을 스트리밍 한다. 그중 대부분은 즉흥적이고 체계가 없지만 극단적인 사례들도 있다. 70대의 나이에도 마이크로소프트 연구소에서 일했던 컴퓨터의 선구자 고든 벨Gordon Bell은 '센스캠SenseCam'을 목에 걸고 '라이프로그LifeLog'라는 것을 만들기 위해 시간당 1메가바이트, 한 달에 1기가바이트에 해당하는 모든 대화, 메시지, 문서를 비롯해 하루의 모든 순간을 기록하기 시작했다. 라이프로그는 어디서 끝날까? 의회도서관에서 끝나진 않을 것이다.

결국 우주에 얼마나 많은 정보가 있는지 묻지 않을 수 없게 된다. 이는 "어떤 생각도 소멸하지 않는다"라고 말한 찰스 배비지와 에드거 앨런 포에 대한 귀결이다. 세스 로이드가 이런 계산을 하고 있다. 둥근 얼굴에 안경을 낀 MIT의 양자공학자로서 양자컴퓨터의 이론가이자 설계자인 로이드는 우주가 존재함으로써 정보를 기록한다고 말한다. 우주는 시간 속에서 진화함으로써 정보를 처리한다. 그 양은 얼마나 될까? 로이드는 그 수치를 파악하기 위하여 이 우주라는 '컴퓨터'가 얼마나 빨리 작동하고 얼마나 오래 작동했는지를 고려한다. 속도의 근본적인 한계인 초당 $2E/\pi\hbar$ 연산("E는 바닥상태를 넘는 시스템의 평균 에너지이고 $\hbar=1.0545\times10^{-34}$J·s는 축약 플랑크 상수이다")과 엔트로피에 의해 $S/k_B\ln 2$("S는 시스템의 열역학적 엔트로피이고 $k_B=1.38\times10^{-23}$joules/K는 볼츠만의 상수이다")로 제한된 메모리 용량의 근본적인 한계, 그리고 빛의 속도와 빅뱅 이후 우주의 나이를 고려하여 우주가 전체 역사에서 10^{120} 회 정도의 규모로 "연산"을 실행한 것으로 계산한다.[34] "우주에서 모든 입자가 갖는 모든 수준의 자유"를 감안할 때 우주는 현재 10^{90}비트 정도를 담을 수 있다. 지금도 계속 증가하고 있다.

제15장 매일 새로운 뉴스

—

그리고 비슷한 뉴스

최근 웹사이트가 기복이 심한 점 사과드립니다.
제가 이해하기로는 유별나게 쌓인 얼음이
인터넷의 길들을 짓누르고
정보의 패킷을 나르는 트럭들이
사방에서 미끄러지고 있습니다.[1]

—

앤드루 토비아스Andrew Tobias(2007)

인쇄, 전신, 타자기, 전화, 라디오, 컴퓨터, 인터넷이 차례로 번성할 때마다 사람들은 마치 이런 일이 처음이라는 듯 인간의 의사소통에 부담이 더해졌다고 말했다. 전에 없이 복잡해지고, 거리감이 생기고, 두렵도록 과도해졌다는 얘기였다. 1962년 미국역사학회 회장인 칼 브라이든보Carl Bridenbaugh는 동료 학자들에게 인간 존재가 "대변화"를 겪고 있으며, 이 변화가 너무나 급작스럽고 급진적이어서 "우리는 지금 일종의 역사적 기억상실증을 앓고 있다"라고 경고했다.[2] 브라이든보는 독서의 감소를, 본질로부터 멀어짐을(그는 "추하고 노란 코닥 박스"와 "사방에 있는 트랜지스터라디오" 탓도 있다고 보았다), 그리고 문화적 공유의 상실을 한탄했다. 무엇보다도 과거를 보존하고 기록하는 학자들이 이용하는 새로운 도구와 기술들에 대해 우려를 표했다. "세속적 성공을 거둔 수량화"와 "데이터 처리 기계", 그리고 "우리에게 문서와 책을 읽어줄 것이라 이야기하는 꺼림칙한 영사식 스캔 기기"들에 말이다. 브라이든보는 '더 많은 것'이 '더 나은 것'은 아니라고 주장했다.

> 우리가 매일 접하는 통신수단에 대해 끊임없이 이야기함에도 불구하고 의사소통은 개선되지 않았습니다. 사실 소통은 더 어려워졌습니다.[3]

이 말은 여러 번 반복되면서 널리 알려졌다. 첫 번째는 1962년의 마지막 토요일 저녁 시카고 콘래드 힐튼 호텔 연회장에서 약 1,000명이 들었던 연설이었다.[4] 이듬해인 1963년에는 학회 저널에 논문으로 실렸고, 이후 한 세대가 지난 후에는 파급력도 훨씬 크고 지속성도 더 큰 온라인에 실렸다.

워싱턴에 있는 아메리칸대학에서 외래 시간강사(하버드 박사학위를 가진 여성으로서 얻을 수 있었던 최고의 직업)로 역사를 가르치던 엘리자베스 아이젠슈타인Elizabeth Eisenstein은 1963년 저널에 실린 논문을 접했다. 나중에 아이젠슈타인은 논문을 접한 그 순간이 15년 동안 진행된 연구의 출발점이었다고 말했다. 이 연구는 그녀가 이룩한 학문의 이정표인 두 권짜리 『변화의 매개체로서의 인쇄기The Printing Press as an Agent of Change』에서 절정을 이룬다. 1979년 아이젠슈타인의 저서가 출간되기 전까지 인쇄가 중세에서 근대로의 전환에 필수적인 통신 혁명이었음을 포괄적으로 연구한 사람은 없었다. 아이젠슈타인이 지적하듯 인쇄의 발명은 교과서에서 흑사병과 미 대륙 발견 사이 어딘가에 끼어 있었다.[5] 하지만 그녀는 구텐베르크의 발명품을 중앙 무대로 옮겨놓는다. 필사에서 인쇄로의 전환이 일어나고 15세기 유럽 도시들에서 인쇄소가 늘어났으며, "데이터 수집과 저장 그리고 검색 시스템과 통신 네트워크"[6]의 변환이 일어났다는 것이다. 아이젠슈타인은 인쇄를 변화의 매개체 중 '하나'로만 취급할 것이라고 조심스럽게 강조했지만, 독자들에게 르네상스와 종교개혁 그리고 과학의 탄생이라는 근대 초기 유럽의 변화에서 인쇄가 필수적인 역할을 했음을 각인시켰다. 인쇄의 발명은 "인류 역사의 결정적인 전환점"이었다.[7] 인쇄는 근대적 정신을 형성했다.

인쇄는 역사가의 정신에도 영향을 미쳤다. 아이젠슈타인은 역사학자들의 무의식적인 정신적 습관들에 주목했다. 연구에 착수할 무렵 그녀는 학자들이 자신들이 헤엄치고 있는 매체 자체의 효과를 곧잘 보지 못한다고 믿었다. 아이젠슈타인은 1962년 『구텐베르크 은하Gutenberg Galaxy』를 쓴 마셜 매클루언 덕분에 학자들이 자신들의 시각에 다시 초점을 맞출 수 있게 되었다고 지적했다. 필사의 시대에 문화는 오직 연대기의 원시적 계산밖에 없었다. 뒤죽박죽인 연대표는 아담으로부터 혹은 노아로부터 혹은 레무스Remus와 로물루스Romulus로부터 내려온 세대들을 계산했다. "역사적 변화에 어떤 태도를 취했는지는 표면적으로 '역사'를 다룬 기록에서만 가끔 발견될 것이며, 보통 이런 기록들에서 해석되어야 한다. 아울러 무용담과 서사시, 경전, 조문, 상형문자와 암호, 거대한 기념비, 문서고의 상자에 봉인된 문서, 그리고 원고에 달린 주에서 해석되어야 한다."[8] 인쇄가 발명되면서 '역사의 어느 지점에' 있느냐 하는 감각(자기 앞에 펼쳐진 과거를 보는 능력, 정신적 대조연표의 내면화, 시대착오에 대한 이해)이 생겼다.

인쇄기는 복제기계로서 텍스트를 더 저렴하고 더 접근하기 쉽게 만들기만 한 것이 아니었다. 인쇄기의 진정한 힘은 텍스트를 안정되게 만드는 것이었다. 아이젠슈타인은 "필사 문화는 부식과 부패 그리고 망실로 인해 끊임없이 약화되었다"[9]라고 썼다. 인쇄는 믿을 수 있고, 확실하며, 항구적이었다.[10] 항성표와 천문표 작성에 매진하면서 무수한 시간들을 보내던 튀코 브라헤Tycho Brahe는 똑같은 표를 지금 그리고 앞으로 다른 사람들이 확인한다고 확신할 수 있었다. 케플러는 훨씬 더 정확한 자신의 항성표를 계산할 때 네이피어가 발간한 로그표를 활용했다. 한편 인쇄소들은 마르틴 루터의 논문뿐만 아니라 더 중요하게는 성경 자체도 퍼트렸다. 종교개혁은 어떤 핵심 교리보다 성경 읽기에 달려 있었다. 필사를 압도하는 인쇄에, 두루마리를 대신하는 책에, 고대 언어를 대체하는 토착어에 달려 있었던 것이다. 인쇄 이전에 경전은 진정으로 확정된 것이 아니었다. 종이가 파피루스보다 내구성이 좋기 때문이 아니라 순전히 많은 사본이 있었기 때문에 모든 지식 형태가 안정성과 영구성을 획득했던 것이다.

1963년 미국역사협회 회장의 경고를 읽으면서 아이젠슈타인은 역사학이 일종의 위기에 직면했다는 데 동의했다. 하지만 그녀가 보기에 브라이든보는 문제를 정확히 반대로 이해하고 있었다.

망각이 문제라고 생각한 브라이든보는 과장 섞인 말로 이렇게 말했다. "내가 보기에 인류는 기억상실에 다름없는 상황에 직면했는데, 여기서 기억이라 함은 역사이다."[11] 아이젠슈타인은 선배 역사학자들을 매우 곤란하게 만든 똑같은 새로운 정보기술을 보면서 상반된 교훈을 이끌어냈다. 과거는 시야에서 멀어지는 것이 아니라 반대로 '더' 잘 접근할 수 있고, '더' 잘 볼 수 있게 변하고 있었다. 아이젠슈타인의 말을 들어보자. "미케네 그리스어를 해독하고 사해문서를 발견한 시대에 '인류의 기억상실'을 걱정할 이유는 없어 보인다. 오히려 이 기억 회로의 과부하를 걱정해야 할 지경이다." 또한 브라이든보와 수많은 그의 동료들이 한탄한 기억상실증에 대해서는 이렇게 썼다.

이는 오늘날 역사학자들이 처한 곤경에 대한 오독誤讀이다. 현재의 어려움은 기억상실증의 엄습이 아니라 이전의 어떤 세대들이 경험한 것보다 더 완벽해진 기억 능력에서 기인한다. 망각이 아닌 안정적인 기억 회복, 기억상실이 아닌 기억의 축적이 현재의 난국을 초래했다.[12]

아이젠슈타인이 보기에는 500년 동안 지속된 의사소통 혁명은 아직도 탄력이 붙고 있었다. 어떻게 역사학자들은 이 점을 보지 못했을까?

"회로의 과부하"는 '너무 많은 정보'를 접하면서 새롭게 느낀 감각을 표현하는 꽤나 새로운 비유였다. 넘치는 정보는 항상 새롭게 느껴졌다. 책에 목마른 사람은 소중하게 간직한 몇 권 되지 않는 책을 읽고 또 읽으며, 더 많은 책을 구하거나 빌리고, 도서관 문에서 기다린다. 그러다 아마도 눈 깜박할 사이에 과잉의 상태, 즉 '읽을 것이 너무 많은' 상태에 처한다. 백과사전을 제외하고 1,700권에 달하는 세계 최대의 개인 장서를 모았던 옥스퍼드의 학자 로버트 버튼Robert Burton은 1621년 그 느낌을 이렇게 표현했다.

> 나는 매일 새로운 뉴스와 전쟁, 전염병, 화재, 홍수, 절도, 살인, 학살, 유성, 혜성, 빛띠, 신동, 유령, 프랑스, 독일, 터키, 페르시아, 폴란드 등지에서 점령된 동네와 포위된 도시들, 일일 소집과 준비에 대한 흔한 소문들 그리고 이 격렬한 시대가 가져다주는 그와 비슷한 소문들, 치러진 전투, 죽어간 너무나 많은 사람들, 결투, 난파, 해적, 해전, 평화, 동맹, 전략, 새로운 경고에 대해 듣는다. 맹세, 소원, 행동, 포고, 청원, 소송, 탄원, 법률, 선언, 불평, 불만의 거대한 혼란이 매일 우리 귀에 들려온다. 매일 새로운 책과 팸플릿, 시, 소설, 온갖 종류의 카탈로그, 새로운 역설, 의견, 분파, 이단, 철학 논쟁, 종교 등이 나온다. 이제는 결혼, 가면극, 무언극, 연회, 기념제, 사절, 마상 창 시합, 전리품, 전승 행사, 잔치, 스포츠, 연극에 대한 소식이 들리고, 새로 장면이 바뀐 것처럼 또다시 반역, 속임수, 강도, 온갖 종류의 엄청난 패악질, 장례, 매장, 군주들의 죽음, 새로운 발견, 탐험의 소식이, 이제는 희극적이지만 그때는 비극적이었던 문제들에 대한 소식이 들린다. 오늘 우리는 새로운 군주와 관료들에 대해 듣고, 내일은 물러난 유명인들과 또다시 새로운 명예에 대해, 풀려난 사람과 갇힌 사람, 얻는 사람과 잃는 사람, 즉 성공하는 사람과 망한 그의 이웃에 대해, 한때의 풍요로

움과 이후의 기근과 기아에 대해, 달리는 사람과 말을 탄 사람, 말다툼하고, 웃고, 우는 다른 사람 등에 대해 듣는다. 나는 매일 이런 것들을 듣는다.[13]

당시 버튼은 정보 과잉을 새로운 것으로 생각했다. 즉, 불평이 아니라 그저 경이로워했던 것이다. 하지만 곧 반발이 뒤따랐다. 라이프니츠는 "계속 늘어나는 끔찍한 양의 책이 초래할지도 모르는"[14] 야만으로의 회귀를 우려했다. "결국 무질서는 거의 극복할 수 없는 지경에 이르기 때문"이다. 알렉산더 포프Alexander Pope는 "그때, (신의 섭리가 식자들의 죄에 대한 천벌로 인쇄의 발명을 허락한 이후) 종이는 너무나 싸지고 인쇄업자들은 너무나 많아져서 저자들의 홍수가 땅을 뒤덮었다"[15]라고 비꼬았다.

'홍수deluge'는 정보 과잉을 묘사하는 사람들의 흔한 비유가 됐다. 점점 불어나면서 밀려오는 정보의 홍수는 익사할 듯한 느낌을 준다. 혹은 정보 과잉은 너무나 빨리 사방에서 연달아 공습을 가하는 폭격을 상기시킨다. 소리들의 불협화음에 대한 두려움은 종교적 자극, 즉 진실을 압도하는 세속적 소음에 대한 걱정으로 이어졌다. T. S. 엘리엇이 1934년에 쓴 시에는 이런 우려가 드러나 있다.

> 말에 대한 지식은 주지만, 침묵에 대한 지식은 주지 않으며,
> 글에 대한 지식은 주어도, 말씀에 대해서는 무지하게 만드네.
> 우리의 모든 지식은 우리를 더 무지하게 만들고,
> 우리의 모든 무지는 우리를 죽음으로 이끌어가지만,
> 죽음에 가까워진다고 해서 하느님께 더 가까워지는 것은 아니네.[16]

혹은 낯설고, 두렵고, 무서운 것 앞에 서 있는 벽들이 부서지는 것을 걱정할 수도 있다. 아니면 감각의 카오스에 질서를 부여하는 능력을 잃을 수도 있다. 수많은 그럴듯한 이야기들 속에서 진실을 찾기란 더 어려워 보인다.

'정보이론'이 등장한 이후 '정보 과부하', '정보 과잉', '정보 불안', '정보 피로'가 등장했다. 2009년 『옥스퍼드 영어사전』은 이 시대에 알맞은 증후군으로 '정보 피로'를 등재한다. "너무 많은 정보에 노출됨으로써 나타나는 무감각이나 무관심 혹은 정신적 소진, 특히 (최근 용례에서) 미디어나 인터넷 혹은 일에서 접하는 과도한 양의 정보를 소화하려는 시도가 초래하는 스트레스." 때로 정보 불안은 지루함과 공존하면서 특히 혼란스러운 조합을 이룬다. 데이비드 포스터 월러스David Foster Wallace는 이러한 근대적 상황에 "완전한 소음Total Noise"이라는 더 불길한 이름을 붙였다. 2007년 월러스는 "우리가 다룰 수 있는 사실과 맥락 그리고 관점의 쓰나미"[7]가 완전한 소음을 구성한다고 썼다. 월러스는 정보의 홍수에 따른 익사와 자율의 상실 그리고 '정보를 얻는' 데 따른 개인적 책임감에 대해 이야기한 것이다. 모든 정보를 따라잡으려면 대리인과 하청인이 필요하다.

불안을 표현하는 다른 방식은 정보와 지식 사이의 격차에 관해 말하는 것이다. 데이터의 세례 속에서 우리는 너무 자주 우리가 알아야 할 것을 놓치게 된다. 마찬가지로 지식은 계몽이나 지혜를 보장하지 않는다. (엘리엇 역시 이렇게 썼다. "지식 속에서 잃어버린 우리의 지혜는 어디에 있는가?/ 정보 속에서 잃어버린 우리의 지식은 어디에 있는가?") 이는 오래된 깨달음이었지만 정보가 풍부해지면서, 특히 모든 비트가 동일하게 생성되고 정보가 의미와 결별한 세상에서 다시 언급되면서 등장한다. 가령 인문주의자이자 기술철학자인 루이스 멈포드Lewis Mumford는 1970

년 이렇게 다시 언급했다. "안타깝게도 '정보 검색'이 제아무리 빠르다 해도 직접 개인적으로 조사해서 이전까지는 결코 알지 못했던 지식을 발견하고, 이렇게 자신의 속도에 맞게 관련 문헌을 더 세밀하게 찾아가는 것을 대신할 수 없다."[18] 멈포드는 "도덕적 자기 훈련"으로 돌아갈 것을 당부한다. 이런 식의 경고에서 부정할 수 없는 진실과 함께 과거에 대한 향수를 느낄 수 있다. 곰팡내 나는 복잡한 서가를 탐험하는 일은 나름의 보상을 준다. 오래된 책을 읽는 것 혹은 심지어 훑어보는 것은 데이터베이스 검색이 줄 수 없는 자양분을 준다. 인내는 미덕이요, 탐식은 죄악이다.

하지만 심지어 1970년에도 멈포드는 데이터베이스나 다가오는 어떤 전자 기술들을 생각하지 않았다. 멈포드는 "마이크로필름의 증가"를 불평했다. 또한 책이 지나치게 많다고 불평했다. "자진해서 규제를 가하지 않으면 책의 과잉 제조는 엄청나게 심각한 무지와 구분할 수 없는 지적 무기력과 소모를 초래할 것이다." 그러나 규제는 없었다. 책은 계속해서 크게 증가한다. 정보 과잉에 대한 책들도 넘쳐난다. 온라인 서점인 아마존이 "킨들에서 '1분이 채 안 되는 시간에' '데이터 스모그Data Smog'를 다운받아서 읽으세요"나 "깜짝 놀라실 겁니다! 무작위로 나오는 이 책의 페이지를 살펴보세요"라는 메시지를 보낼 때 반어법을 구사한 것은 아니다.

전자 통신기술은 거의 예고도 없이 급습하다시피 했다. '이메일'이라는 단어가 인쇄 매체에 등장한 것은 (『옥스퍼드 영어사전』이 파악하기로는) 1982년이었는데, 거의 듣도 보도 못한 잡지인 《컴퓨터월드》에서였다. 내용을 보자. "들리는 소문에 따르면 ADR/이메일은 사용하기 쉽고 간단한 영어 동사와 명령 프롬프트 화면이 특징이라고 한다." 이듬해 《인포시스템즈Infosystems》는 이렇게 썼다. "이메일은 공간을 통한 정보의 이동을 촉진한다." 그 이듬해(여전히 대부분의 사람들이 이메일이라는 단어를 듣기 10년 전이었다) 스웨덴의 컴퓨터공학자 야콥 팔메Jacob Palme는 스톡홀름에 있는 QZ 컴퓨터 센터에서 선견지명이 있는 경고를 내놓았다. 이 경고는 향후 10년간 나온 것들만큼 간결하고 정확했다. 팔메의 말을 들어보자.

> 전자메일 시스템은 많은 사람이 사용할 경우 심각한 정보 과부하 문제를 일으킬 수 있습니다. 이런 문제가 생기는 이유는 다수의 사람들에게 메시지를 보내는 것이 매우 쉬우며, 이 시스템이 대개 설계상 발신자에게 의사소통 과정의 통제권을 너무 많이 주고, 수신자에게는 너무 적게 주기 때문입니다. …
> 사람들은 읽을 시간이 없는 메시지들을 너무 많이 받게 될 겁니다. 이는 또한 별로 중요하지 않은 메시지들의 거대한 흐름 안에서 중요한 메시지를 찾기 어렵다는 것을 뜻합니다.
> 미래에 우리가 갈수록 커지는 메시지 시스템을 가지고, 이 시스템들이 점점 더 서로 연결되면 거의 모든 사용자들에게 문제가 될 것입니다.[19]

팔메는 자신의 로컬 네트워크에서 통계를 구했다. 평균적으로 메시지를 쓰는 데 2분 36초, 읽는 데 단 28초가 걸렸다. 문제는 수많은 동일 메시지를 너무나 쉽게 보낼 수 있다는 것이었다.

심리학자나 사회학자들이 자기들만의 학문적 방법론으로 정보 과부하를 연구하면 엇갈리는 결과가 나온다. 일찍이 1963년 두 명의 심리학자는 임상적 진단과정에서 추가 정보가 미치는 영향을 정량화하려 시도했다.[20] 이들은 예상대로 "너무 많은 정보"(그들은 이를 한정하기가 어려움을 인정했다)가 종종 판단에 악영향을 미친다는 것을 발견했다. 심리학자들은 논문에 "때로 아는 것이 지나칠 수도 있는가?"라는 제목을 붙이고 다소 유쾌하게 다른 제목들을 덤으로 나열했다. "절대 너무 많은 것이 너무 적게 일하게 하지 마라", "지금 더 얻지만 덜 예측하고 있나요?", "너무 많은 정보는 위험하다". 다른 연구자들은 정보 부하가 혈압, 심박, 호흡수에 미치는 영향을 측정했다.

1960년대에 정보 부하와 정보처리의 관계는 대개 "뒤집힌 U자 모양"을 보인다는 일련의 논문을 발표한 지그프리트 스트로이퍼트Siegfried Streufert도 이 부문의 연구자였다. 초기에는 많은 정보가 도움이 되지만 이후에는 그다지 도움이 되지 않으며 나중에는 사실상 악영향을 미친다는 내용이었다. 스트로이퍼트는 한 연구에서 185명의 대학생(모두 남자였다)에게 전술 게임에서 결정을 내리는 지휘관이 되었다고 생각하라고 했다. 피험자들에게는 다음과 같은 문제가 제시됐다.

당신이 받는 정보는 정보장교단이 실제 지휘관들을 위해 준비하는 것과 같은 방식으로 준비됩니다. … 당신은 정보장교들에게 제시하는 정보를 늘리거나 줄이라고 지시할 수 있습니다. … 당신이 선호하는 내용에 체크해주세요.

훨씬 더 많은 정보를 받는 것
약간 더 많은 정보를 받는 것
같은 양의 정보를 받는 것
약간 더 적은 정보를 받는 것
훨씬 더 적은 정보를 받는 것[21]

피험자들이 무슨 선택을 하든 간에 이들의 선호는 무시되었다. 피험자들이 아니라 실험자들이 정보량을 미리 정했던 것이다. 스트로이퍼트는 데이터를 토대로 "최적을 넘어선superoptimal" 정보 부하는 좋지 못한 성과를 낸다고 결론지었다. "그럼에도 정보 부하가 큰 상태에서도 (이를테면 30분 주기당 25개의 메시지) 피험자들이 여전히 더 많은 정보를 요구했다는 점을 지적할 필요가 있다." 이후 스트로이퍼트는 비슷한 방법론을 활용하여 커피 과음의 영향을 연구했다.

1980년대가 되자 연구자들은 "정보 부하 패러다임"[22]에 대해 대담하게 이야기했다. 이 패러다임은 사람들이 제한된 정보량만을 '흡수'하거나 '처리'할 수 있다는 자명한 이치에 바탕을 둔 것이었다. 다양한 연구자들이 정보 과잉은 혼란과 좌절뿐만 아니라 관점을 흐리게 하고 부정직함을 야기한다는 것을 발견했다. 기억 범위의 측정, 섀넌에게서 끌어온 채널 용량 개념, 신호 대 잡음비라는 주제의 변형 등 처리하는 정보에 대해 폭넓은 내용으로 실험을 진행했다. 다소 모호하지만 흔히 사용된 접근법은 직접적인 내성법introspection이었다. 1998년 실시된 어느 소규모 프로젝트는 일리노이대학 문헌정보학과 대학원생들을 '공동체 혹은 지역 집단'으로 삼았다. "이메일, 회의, 리스트서브listserv, 서류함의 종이 파일"[23] 때문에 정보 부하에 시달리는지 물었을 때 이들은 모두 그렇다고 대답했다. 대부분은 정보 과잉으로 인해 일하는 시간뿐만 아니라 쉬는 시간에도 지장을 받는다고 느꼈다. 일부는 두통에 시달린다고 말했다. 연구의 잠정적 결론은 이렇다. 정보 과부하는 실재한다. 또한 '코드 프레이즈code phrase'인 동시에 미신이다. 연구는 계속 진행될 뿐이다.

찰스 베넷이 "우리는 신문을 받아보기 위해 돈을 지불하는 것이지, 신문을 가져가라고 돈을 지불하는 것은 아니다"[24]라고 말한 것처럼, 정보를 부담으로 생각해야 하는 상황이 혼란스럽다. 그러나 연산의 열역학은 맥스웰의 도깨비가 오늘 일하기 위해 필요한 공간을 어제의 신문이 차지한다는 사실을 보여준다. 우리의 현재 경험도 똑같은 사실을 가르친다. 망각은 결점, 낭비, 노쇠의 징조였다. 하지만 이제 망각에는 노력이 필요하다. 망각은 기억만큼 중요할지도 모른다.

◎　　◉　　◎

사실들은 한때 값이 비쌌으나 지금은 싸다. 군주와 대통령의 이름과 생몰년, 휴일표와 만조표, 먼 나라들의 크기와 인구, 해군의 전함과 함장들의 이름을 찾기 위해 영국에서 매년 발행되던 《휘태커 연감Whitaker's Almanack》이나 미국의 《세계 연감World Almanac》을 뒤지던 시절이 있었다. 연감이 없거나 좀 더 알쏭달쏭한 사실을 찾을 때는 공공도서관의 책상 뒤에 앉은 경험 많은 남자나 여자를 찾을 수도 있었다. 조지 버나드 쇼George Bernard Shaw는 아내의 죽음을 앞두고 가장 가까운 화장터를 찾아야 했을 때 연감을 들춰보고는 분통을 터뜨렸다. 편집자에게 편지를 보냈다. "방금 휘태커에서 믿기 힘든 누락을 발견했습니다. 당신들의 매우 귀중한 연감을 찾는 이유는 바로 원하는 정보를 얻기 위함입니다. 현재 우리나라에서 운영되는 58개 화장터의 목록과 이용방법을 추가로 넣는 것이 매우 바람직할 것이라 제안하는 바입니다."[25] 편지는 신랄했다. 쇼는 아내를 언급하지 않고 단지 "중병 환자"라고만 말했고, 자신을 "사별死別한 문의자"로 지칭했다. 쇼는 전신 주소와 전화를 갖고 있었지만 사실들은 책에서 찾는 것이 당연하다고 생각했다.

많은 경우 전화는 이미 꼬치꼬치 캐묻는 사람들의 오지랖을 넓히기 시작했다. 20세기 사람들은 자신들이 보지 못한 스포츠 경기의 점수를 곧바로 알 수 있다는 사실을 깨달았다. 신문사에 전화를 걸면 된다고 생각하는 사람들이 늘어나면서, 급기야 《뉴욕 타임스》는 1929년 독자들에게 전화 문의를 중단해달라는 공지를 1면에 실어야 했다. "월드시리즈 점수를 전화로 문의하지 마세요."[26] 이제 정보를 "실시간"으로 접하는 것은 태어날 때 갖고 태어나는 권리로 여겨졌다.

마침내 모든 정보를 가졌을 때 무엇을 할 것인가? 대니얼 데닛은 인터넷이 이 꿈을 가능하게 만들기 직전인 1990년 전자 네트워크가 시집 출판의 경제학을 뒤엎을 수 있다고 생각했다. 애호가들에게 팔리는 고상한 특수 상품인 얇은 책 대신 시인들이 온라인으로 시를 출판해 몇십 달러가 아니라 몇 페니로, 수백 명이 아니라 수백만 명에게 즉시 도달하게 하면 어떨까? 같은 해에 출판업자 찰스 채드윅 힐리Charles Chadwyck Healey 경은 어느 날 대영도서관을 걸어가다가 영시 전문 데이터베이스English Poetry Full-Text Database를 떠올리고는 4년 후 이를 실행에 옮겼다. 이 데이터베이스는 시의 현재나 미래가 아니라 과거였으며, 처음에는 온라인에 올린 것이 아니라 13세기에 걸쳐 1,250명의 시인들이 쓴 16만 5,000편의 시를 네 개의 CD에 담아서 5만 1,000달러에 팔았다. 독자와 비평가들은 CD를 어떻게 이용할지 궁리해야 했다. 분명히 책을 읽듯이 '읽는' 것은 아니었다. 어쩌면 읽어 '들이는' 것일지도 몰랐다. 단어나 명구 혹은 절반쯤 기억하는 부분은 검색을 했다.

《뉴요커》에 이 데이터베이스에 대한 논평을 쓰던 앤서니 레인Anthony Lane은 기쁨과 실망을 왔다 갔다 한다. "당신은 건반 위에 엎드린 피아니스트처럼 웅크린다. 당신을 기다리고 있는 것이 무엇인지 알고, 생각한다. 아, 영국 문학이 이렇게나 풍부하다니! 나는 인간이 지닌 상상력의 가장 깊은 광산에서 어떤 숨겨진 보석들을 캐낼 것인가!"[27] 그러고는 뒤죽박죽 엉터리 시와 실패작, 과장된 시와 범작이 홍수처럼 쏟아진다. 더없이 무질서한 무리들이 쏟아져 당신을 지치게 만든다. 하지만 레인은 조금도 지친 것 같지 않다. "얼마나 쓸데없는 '무더기'인가." 이렇게 외치고는 야단을 떤다. "인간이 지닌 무능력의 힘에 대해, 또 인간의 건망증이라는 축복에 대해 이토록 훌륭한 헌정을 결코 본적이 없다." 다른 어디에서 완전히 잊힌 토머스 프리먼Thomas Freeman(위키피디아 미등재)과 이 사랑스러운 자기참조적인 2행 연구聯句를 찾을 수 있을까?

    야, 야, 독자가 소리치는 것이 들리는 듯하네,
    여기 각운 졸시가 있네: 나는 고백한다, 나는

CD롬은 이미 폐기되었다. 이제(혹은 곧) 모든 영시는(혹은 거의 모든 영시가) 네트워크 안에 있다(혹은 들어갈 것이다).

과거는 아코디언처럼 현재로 접힌다. 다른 미디어는 다른 사건의 지평선(문자언어는 3,000년, 녹음된 소리는 한 세기 반)을 가지며, 그 시간의 프레임 안에서 오래된 것은 새것만큼의 접근성을 지닌다. 노랗게 바랜 신문들이 소생한다. 베테랑 출판물들은 '50년 전'과 '100년 전' 같은 표제하에 요리법, 카드놀이 기법, 과학, 가십처럼 한때 절판됐다가 이제 이용 가치가 있는 아카이브들을 재활용한다. 음반사들은 다락방을 뒤져서 모든 음악의 찌꺼기, 희귀 음반, B면들, 해적판들을 재출시하고, 재재출시한다. 한때 수집가나 학자 혹은 팬들은 책과 음반을 '보유'했다. 이들이 가진 것과 가지지 않은 것 사이에는 선이 있었다. 어떤 사람들에게는 이들이 보유한 음악(혹은 책이나 비디오)은 정체성의 일부가 됐다. 이 선은 희미해진다. 소포클레스의 희곡은 대부분 사라졌지만 살아남은 것은 클릭만 하면 볼 수 있다. 베토벤은 바흐의 음악을 대부분 몰랐지만 우리는 조곡과 성악곡과 벨소리를 모두 갖고 있다. 이런 것들은 우리에게 즉시 혹은 빛의 속도로 온다. 전지全知의 증상이다. 이 것을 무한한 플레이리스트라고 부른 비평가 알렉스 로스Alex Ross는 이것이 얼마나 양면적인 축복인지 안다. "충만의 자리에 불안이 들어서고 갈망과 불쾌의 중독적인 주기가 형성된다. 한 경험이 시작되자마자 다른 것에 대한 생각이 끼어든다." 풍요로움의 낭패. 정보는 지식이 아니며, 지식은 지혜가 아니라는 것을 또다시 떠오르게 한다.

여기서 대응 전략들이 등장한다. 많은 전략들이 있지만 모두 근본적으로 필터와 검색이라는 두 가지로 압축된다. 정보에 잔뜩 지친 소비자는 필터를 이용해 쭉정이와 알맹이를 분리한다. 필터에는 블로그와 어그리게이터aggregators(여러 회사의 상품이나 서비스에 대한 정보를 모아 하나의 웹사이트에서 제공하는 인터넷 회사나 사이트_옮긴이)가 포함된다. 선택은 신뢰와 취향의 문제를 제기한다. 풍부한 정보의 경이로움을 다룬 모든 사고실험에는 필터의 필요성이 개입한다. 데닛은 자신의 완전한 시詩 네트워크를 상상하면서 이 문제를 깨달았다. "집단 밈 연구에서 명백한 역가설이 등장한다. 이런 네트워크가 구축된다면 좋은 시를 찾는다고 엉터리 시로 가득한 수천 개의 전자 파일을 힘겹게 읽을 시 애호가는 아무도 없을 것이다."[28] 필터, 즉 편집자와 평론가가 필요한 이유이다. "이들은 지성 사이의 전달 매체가 무엇이든 간에 공급이 달리고 지성의 용량에 한계가 있기 때문에 번창한다." 정보가 저렴해지면, (특정 정보에) 주목(하도록 만드는 것)이 비싸진다.

같은 이유로 검색 메커니즘(사이버공간의 '엔진들')은 짚더미에서 바늘을 찾는다. 이제 우리는 정보가 '존재'하는 것으로는 충분하지 않다는 사실을 안다. "파일"은 원래 16세기 영국에서 보관하고 참고하기 위해 전표나 청구서, 메모, 편지를 매다는 선이었다. 그러고는 파일 폴더, 파일 서랍, 파일 캐비닛이 등장했고, 이후 전자시대에도 이 모든 것들과 똑같은 이름을 쓴다. 불가피하게 모순이 생겼다. 정보의 어떤 단편이 '파일'에 들어가면 통계적으로 다시 눈에 띌 가능성이 아주 낮다. 심지어 1847년 배비지의 친구인 어거스터스 드 모르간도 이 사실을 알았다. 드 모르간은 모든 책에게 도서관은 폐지 창고보다 나을 것이 없다고 말했다. "가령 대영박물관 도서관을 예로 들어보자. 도서관에 있는 책은 가치 있고 유용하며 접근하기 쉽지만, 단지 도서관에 있다는 이유로 그 작품이 알려질 확률이 얼마나 될까? 원할 경우 신청할 수 있지만 그 전에 거기 있다는 것을 알아야 한다. 도서관을 샅샅이 뒤질 수 있는 사람은 없다."[29]

정보가 너무 많고, 또 너무나 많은 정보가 분실된다. 색인이 없는 인터넷 사이트는 도서관의 잘못된 서가에 꽂힌 책과 마찬가지로 연옥이다. 정보 경제에서 성공하고 영향력 있는 기업들이 필터링과 검색을 기반으로 한 이유이기도 하다. 심지어 위키피디아도 검색과 필터링이 결합된 것이다. 다시 말해 대부분 구글에 의해 진행되는 검색과, 올바른 사실을 모으고 잘못된 사실을 차단하려는 방대하고 협력적인 필터의 결합이다. 검색과 필터링은 이 세계와 바벨의 도서관 사이를 가르는 모든 것이다.

컴퓨터로 구현된 검색과 필터링 전략은 새로워 보인다. 하지만 그렇지 않다. 사실 지금은 낡은 벽지만큼 눈에 띄지도 않고 당연하게 여겨지는 인쇄매체의 도구와 장비 상당수는 정보 과잉에 직접적으로 대응하면서 진화한 것이다. 알파벳순 색인, 서평, 도서 분류법과 도서목록

카드, 백과사전, 선집과 요약집, 인용집과 용어 색인과 지명 사전 같은 선택과 분류의 메커니즘이 바로 그것이다. 로버트 버튼이 "매일 새로운 뉴스"와 "새로운 역설, 의견, 분파, 이단, 철학 논쟁, 종교 등"에 대해 이야기한 것은 일생일대의 거대 프로젝트로 모든 기존 지식을 그러모아 두서없이 장황하게 쓴 『우울의 해부The Anatomy of Melancholy』를 정당화하기 위한 것이었다. 4세기 전 도미니크회 수도사인 뱅상 드 보베Vincent de Beauvais도 세상의 모든 지식을 기록하기 위하여 중세의 초기 백과사전 중 하나인 『거대한 거울Speculum Maius』을 집필했다. 원고는 9,885장章으로 구성된 80권의 책으로 묶였다. 뱅상 드 보베는 이렇게 해명했다. "책은 많고, 시간은 짧으며, 기억력은 약하기 때문에 기록된 모든 것을 우리 머릿속에 똑같이 유지하지 못한다."[30] 근대 초기 유럽을 연구하는 하버드대학의 역사학자 앤 블레어Ann Blair는 이렇게 간단하게 정리했다. "책이 너무 많다는 인식은 더 많은 책의 제작을 부채질했다."[31] 나름의 방식으로 식물학 같은 자연과학도 정보 과부하에 대한 대응으로 생겨났다. 16세기 들어 종(그리고 명칭)이 폭발적으로 알려짐에 따라 새롭고 표준화된 기술 방법이 필요했다. 그에 따라 용어집과 색인을 갖춘 식물 백과사전이 등장했다. 브라이언 오길비는 르네상스시대 식물학자들의 이야기를 이렇게 본다. "자기도 모르는 사이에 만들어낸 정보 과부하를 극복하기 위해 나온 방법이다."[32] 오길비는 식물학자들이 "'말의 혼란confusio verborum'과 함께 '사물의 혼란confusio rerum'"을 창조했다고 말한다. 혼란스럽게 쌓인 산더미 같은 새로운 사물들 그리고 말의 혼란을 만든 것이다. 자연사는 정보를 전달하기 위해 태어났다.

새로운 정보기술이 기존 환경을 바꿀 때 단절이 일어난다. 관개와 수송의 흐름을 재설정하는 새로운 물길과 댐이 생기는 것이다. 창조자와 소비자, 즉 저자와 독자, 화자와 청자 사이의 균형이 흔들리고, 시장의 힘은 혼란에 빠진다. 정보는 너무 싸 보이면서도 너무 비싸게 보일 수 있다. 지식을 정리하는 옛날 방식들은 더 이상 통하지 않는다. 누가 검색할 것인가? 누가 여과할 것인가? 단절은 두려움과 뒤섞인 희망을 낳는다. 라디오가 막 등장했던 시절, 희망과 두려움이 뒤섞인 채 라디오에 깊이 빠져들었던 베르톨트 브레히트Bertolt Brecht는 이런 감정을 금언처럼 표현했다. "할 말이 있지만 들어줄 사람이 없는 화자는 서글프다. 자신에게 해줄 말을 가진 사람을 찾을 수 없는 청자는 더 서글프다."[33] 셈법은 언제나 바뀐다. 블로거와 트위터러들에게 물어보라. 너무 많은 입과 너무 많은 귀 중에 어느 쪽이 더 나쁜가?

에필로그

—

의미의 귀환

의미를 다시 돌아오게 하는 것이 불가피했다.[1]

—

장 피에르 뒤피(2000)

정보 피로, 정보 과잉, 정보 압력은 이전에도 모두 있었던 것들이다. 이런 통찰은 1962년 마셜 매클루언이 쓴 글 덕분이다(그의 가장 근본적 통찰이다).

> 오늘날 우리는 인쇄시대와 기계시대로 들어갔던 엘리자베스시대 사람들만큼이나 전기시대에 깊이 들어와 있다. 또한 우리는 동시에 두 가지 상반된 형태의 사회와 경험 속에서 살아가면서 그들이 느꼈을 법한 혼란과 망설임을 경험하고 있다.[2]

지금은 당시와 비슷한 면이 있긴 하지만, 또 그만큼이나 다른 상황이다. 반세기가 더 흐른 지금 우리는 연결의 규모가 얼마나 방대한지 또 그 영향이 얼마나 강한지 목도하기 시작했다.

전신이 막 나왔던 때처럼 우리는 다시 한 번 공간과 시간의 소멸을 이야기한다. 매클루언에게 이는 지구적 의식, '지구적 앎'이 생겨나는 데 필요한 전제 조건이었다. "오늘날 우리는 세계를 아우를 정도로 우리의 중추신경계를 확장하고 있으며, 우리가 사는 행성에 관한 한 공간과 시간을 폐기했다. 우리는 인간 확장의 마지막 단계, 즉 의식의 기술적 모사로 빠르게 접근하고 있다. 여기서 앎의 창조적 과정은 집합적으로 그리고 공동으로 전체 인간 사회로 확장될 것이다."[3] 100년 전 월트 휘트먼Walt Whitman이 했던 말은 더 잘 와 닿는다.

> 아, 대지여, 네 앞을 달려 바다 밑을 지나는 이 속삭임은 무엇인가?
> 모든 나라가 교감하는 것인가? 지구에는 오직 하나의 마음만 있는 것인가?[4]

무선통신의 확산으로 인해 곧 세계가 연결되자 새로운 지구적 유기체의 탄생이라는 낭만적인 상상이 생겨났다. 심지어 19세기의 신비주의자와 신학자들조차도, 서로 교감하고 있는 수백만 명이 공동으로 만들어내는 공유된 정신 혹은 집합적 의식을 이야기하기 시작했다.[5]

이 새로운 창조물을 지속적인 진화의 자연적인 산물로 보는 사람들도 있었다. 이들은 다원주의로 자존심에 상처를 입은 인간이 특별한 운명을 실현하기 위한 길이라고 보았다. 프랑스 철학자 에두아르 르루아Edouard Le Roy는 1928년 이렇게 썼다. "[인간을] 더 낮은 수준에 있는 자연 위에, 자연을 지배할 수 있게 만드는 자리에 두는 것이 절대적으로 필요하다."[6] 어떻게? 바로 진화사에서 절정을 이루는 "돌연변이"인 "인지권noosphere", 즉 정신의 권역을 창조하는 것이다. 르루아의 친구이자 예수회 철학자인 피에르 테야르 드 샤르댕Pierre Teilhard de Chardin은 지구의 "새로운 피부"라고 말한 인지권을 널리 알리기 위해 훨씬 더 많은 노력을 기울였다.

> 마치 사지와 신경계, 지각 중추, 기억을 가진 거대한 몸이 태어나는 과정에 있는 것처럼 보이지 않는가? 바로 그 위대한 존재의 신체가 성찰하는 존재 안에서 생겨난 열망을 실현하기에 이르는 것처럼 보이지 않는가? 진화하고 있는 전체에 대한 사명감과 함께 상호의존성이라는 새롭게 얻은 의식에 의해 열망을 실현하는 것처럼 보이지 않는가?[7]

심지어 프랑스어로도 장황했던 이 말을 신비주의와는 거리가 있는 사람들은 허튼 소리로 치부했지만(피터 메더워Peter Medawar는 "온갖 장황한 형이상학적 공상으로 꾸며진 난센스"[8]라고 판정했다), 특히 과학소설 작가들을 비롯한 많은 사람들이 같은 생각을 시험하고 있었다.[9] 반세기 후에는 인터넷 선구자들도 이런 생각을 좋아했다.

H. G. 웰스는 과학소설로 유명하지만 말년인 1938년에 쓴 짧은 책 『세계 두뇌World Brain』는 작정하고 쓴 사회 비판적인 책이다. 책이 말하고자 한 것에는 공상적인 내용이 전혀 없었다. 인류의 전체 "몸" 구석구석에 있는 교육체계의 개선이었다. 구석에 있는 지배세력의 찌꺼기, 즉 "우리의 조율되지 않은 다수의 신경절, 대학, 연구기관, 목적소설 등 쓸모없는 찌꺼기"[10]는 솎아내고, "재조정되고 더 강력한 공론公論"이 필요하다. 세계 두뇌는 지구를 다스릴 것이다. "우리는 독재자를 원하지 않는다. 과두 정당이나 계급의 지배를 원하지 않는다. 우리는 자신을 인식하는 광범위한 세계 지성을 원한다." 웰스는 신기술이 정보의 생산과 유통을 혁신할 것이라고 믿었다. 신기술은 바로 마이크로필름이었다. 인쇄물의 작은 사진들을 페이지당 1페니가 안 되는 비용으로 제작할 수 있었던 터라, 유럽과 미국의 사서들은 1937년 파리에서 열린 보편적 문서화 세계학회World Congress of Universal Documentation에서 만나 그 가능성을 논의했다. 참석자들은 문헌의 색인을 만드는 새로운 방법들이 필요하다고 느꼈다. 대영박물관은 오래된 4,000권의 소장 도서들을 마이크로필름으로 만드는 프로그램을 시작했다. 웰스는 "지금은 한 명이지만 수십 년 안에 지식을 정리하고 편집하는 일을 하는 수천 명의 노동자들이 생길 것"[11]이라고 예측했다. 웰스는 일부러 논쟁적이고 도발적인 태도를 취했다. 영국을 대표하여 직접 학회에 참석한 그는 "인류를 위한 일종의 뇌, 전체 인류를 위해 현실을 인식하고 기억하는 대뇌 피질"[12]을 예견했다. 하지만 웰스는 유토피아적인 것만큼이나 현실적인 것을 상상하고 있었다. 바로 백과사전이었다. 이 백과사전은 "보편적 지성"을 확립하고 준비한 위대한 백과사전, 즉 디드로Diderot의

프랑스어 백과사전, 『브리태니커』, 독일의 『대화 사전Konversations-Lexikon』 (그는 중국의 『송사대서宋四大書』는 언급하지 않았다)의 후계자가 될 것이다.

웰스는 이 신세계의 백과사전이 인쇄되어 만들어지는 책이라는 고정된 형식을 탈피할 것이라고 말했다. 똑똑한 전문 스태프("신세계에서 매우 중요하고 탁월한 사람들")의 인도 아래 이 백과사전은 끊임없는 변화의 상태에 있을 것이다. "지성을 위한 일종의 정신적 중개소, 지식과 관념이 접수·분류·요약·편집·명료화·비교되는 저장고"가 될 것이다. 웰스가 위키피디아에서 자신의 비전을 보게 될지 누가 알았겠는가? 거기에 (위키피디아처럼) 생각들이 서로 상충해 야단법석이 벌어지는 일은 없었다. 세계 두뇌는 권위가 있지만 중앙 집권화되어서는 안 된다.

> 인간의 머리나 심장처럼 쉽게 상처받아서는 안 된다. 세계 두뇌는 페루, 중국, 아이슬란드, 중앙아프리카에서 정확하고 완전하게 재생될 수 있다. … 그것은 유두동물(두개골을 가진 동물)의 집중력과 아메바의 분산된 생명력을 동시에 가질 수 있다.

이 점에 대해서 웰스는 이렇게 말한다. "세계 두뇌는 네트워크의 형태일지도 모른다."

두뇌를 만드는 것은 지식의 양이 아니다. 심지어 지식의 분배도 아니다. 바로 상호연결성이 두뇌를 만든다. 웰스가 여기서 말한 '네트워크'라는(그가 아주 좋아했던 말이다) 단어는 당대의 다른 모든 사람들에게 그랬던 것처럼 원래의 물리적 의미를 담고 있었다. 서로 엮이는 줄이나 선을 마음속에 그리고 있었던 것이다. "작은 잎과 꽃들을 달고 있으며 멋있게 얽히고설킨 줄기의 네트워크"[13], "전선과 케이블의 복잡한 네트워크"를 말이다. 지금 우리에게는 이런 의미가 거의 사라졌다. 말하자면 우리에게 네트워크는 추상적인 존재이며, 네트워크의 영역은 정보이다.

◎　　◎　　◎

정보이론은 정보에서 의미를 가차 없이 제거함으로써 탄생했다. 정보에 가치와 목적을 부여하는 의미를 빼버림으로써 정보이론이 탄생할 수 있었던 것이다. 『통신의 수학적 이론』을 소개하면서 섀넌은 노골적으로 말해야 했다. 섀넌은 그냥 의미가 "공학 문제와 무관하다"라고 밝혔다. 인간의 심리는 잊어버리고, 주관성은 버려버리는 것이다.

반발이 있을 것이라는 점은 알고 있었다. 섀넌은 메시지가 의미를 지닐 수 있음을, "즉 분명한 물리적 혹은 개념적 실체를 가진 일부 체계를 가리키거나 그것과 상관관계가 있음"을 부정하지는 않았다. (아마 "분명한 물리적 혹은 개념적 실체를 가진 체계"는 세상과 그 주민들, 그 왕국과 권세와 영광일 것이다. 아멘.) 몇몇은 이런 시각이 너무 냉정하다고 보았다. 초창기 인공두뇌학 학회에서 하인츠 폰 푀르스터는 오직 인간의 두뇌에서 이해가 시작될 때, "'그때' 정보가 탄생하는 것이지 신호음 속에 있는 것이 아닙니다"[14]라고 말하면서 정보이론이 단지 "신호음"에 대한 것일 뿐이라고 불평했다. 의미론적 보완물과 함께 정보이론의 확장을 꿈꾸는 사람들도 있었다. 어쨌든 의미는 파악하기 어려웠다. "나는 기묘한 곳을 알고 있다."[15] 보르헤스가 바벨의 도서관에 대해 이렇게 말한다. "그 도서관 사서들은 책에서 의미를 찾는 헛되고 미신 같은 습관을 거부한다. 책에서 의미를 찾는 것은 꿈이나 혼란스러운 손금에서 의미를 찾는 것이나 다름없다고 생각한다."

인식론자들은 신호음과 신호가 아니라 지식에 관심을 두었다. 점과 선 혹은 연기 혹은 전기 임펄스에 대한 철학을 하느라 애쓰는 사람은 아무도 없을 것이다. 신호를 받아 정보로 바꾸려면 인간 혹은 "인지적 중개자"가 필요하다. 프레드 드레츠키는 "아름다움은 보는 사람의 눈 속에 있고, 정보는 받는 사람의 머릿속에 있다"[16]라고 말한다. 어쨌든 "우리는 자극에 의미를 '부여'하며, 의미 부여가 없으면 자극은 정보로 는 쓸모가 없다"라는 것이 인식론의 일반적인 시각이다. 하지만 드레 츠키는 정보와 의미를 구별함으로써 철학자는 자유로워진다고 주장한 다. 공학자들이 제시한 것은 기회와 과제였다. 말하자면 의미가 어떻 게 진화하는지, 생명이 정보를 처리하고 코딩하면서 어떻게 해석과 믿 음 그리고 지식으로 나아가는지 이해하는 일을 제시한 것이다.

하지만 잘못된 진술에도 올바른 진술만큼 (적어도 정보량 측면에서) 가 치를 부여하는 이론을 누가 사랑할 수가 있겠는가? 기계적이고 무미 건조한 이론이었다. 비관론자는 과거를 돌아보면서 이를 최악이라 할 만한 영혼 없는 인터넷의 전조라고 불렀을지도 모른다. 프랑스 철학자 이자 인공두뇌학의 역사학자이기도 한 장 피에르 뒤피는 이렇게 썼다. "우리가 하는 방식으로 '의사소통'을 하면 할수록 더 '지옥 같은' 세상 이 된다."

> 여기서 말하는 "지옥"은 신학적 의미, 즉 '은총'이 없는 곳이다. 가 치가 없고, 불필요하며, 놀랍고, 예측할 수 없는 곳이다. 여기서 역 설이 작용한다. 우리는 점점 더 많은 '정보'를 가진 척하지만 갈수 록 의미가 사라져가는 것처럼 보이는 세계에 살고 있다.[17]

은총이 없는 지옥 같은 세상이 온 것일까? 정보 과잉과 탐식, 왜곡 된 거울과 위조된 텍스트, 상스러운 블로그, 익명의 증오, 진부한 메시징의 세계가 온 것일까? 끊임없는 수다. 진실을 몰아내는 거짓.

내가 보는 세상은 그렇지 않다.

한때 완벽한 언어는 단어와 의미 사이에 정확한 일대일 대응이 이뤄져야 한다고 여겨졌다. 모호성, 애매성, 혼란이 있어서는 안 된다. 속세의 바벨탑은 에덴의 잃어버린 말로부터의 퇴락, 즉 재난이자 징벌이다. 소설가인 덱스터 파머Dexter Palmer는 이렇게 쓴다. "나는 신의 서재에 있는 책상에 놓인 사전의 항목들은 단어와 정의가 일대일 대응하여 신이 천사들에게 명령을 할 때 전혀 모호하지 않을 것이라고 상상한다. 신이 말하거나 쓰는 모든 문장은 완벽해야 하며, 따라서 기적이어야 한다."[18] 이제 우리는 잘 알고 있다. 신과 함께하든 그렇지 않든 완벽한 언어는 없다는 것을.

라이프니츠는 자연어가 완벽할 수 없다면 적어도 계산, 즉 엄밀하게 지정된 기호들의 언어인 계산은 완벽할 수 있다고 생각했다. "모든 인간의 생각은 원형으로 간주할 수 있는 소수의 생각들로 완전히 분해될 수 있을지 모른다."[19] 그렇다면 이 생각들은 말하자면 기계적으로 조합하고 분해할 수 있다. "일단 이렇게 되면 누가 그 글자들을 사용하든 간에 절대 오류를 범하지 않을 것이며, 적어도 가장 단순한 검증을 통해 실수를 즉시 깨달을 수 있을 것이다." 라이프니츠의 꿈을 박살낸 것은 괴델이었다.

오히려 완벽함은 언어의 본질과는 반대된다. 우리가 이런 사실을 깨달은 것은 정보이론 덕분이었다. 혹은 비관적으로 본다면 정보이론이 이런 사실을 깨닫도록 강요했던 것이다. 파머의 말을 더 들어보자.

우리는 글이 생각 그 자체가 아니라, 그저 한 줄 잉크 자국일 뿐이고, 소리는 음파에 불과하다는 사실을 봐야만 한다. 하늘에서 우리를 내려다보는 창조주가 없는 현대에 언어는 분명한 확실성이 아니라 무한한 가능성을 가진다. 의미 있는 질서라는 안도감을 주는 환상이 없기에 우리는 무의미한 무질서의 얼굴을 직시하는 수밖에 없다. 의미가 확실하다는 느낌이 없기 때문에 우리는 글이 '의미할지도 모르는' 모든 것들에 압도당하게 된다.

무한한 가능성은 나쁜 것이 아니라 좋은 것이다. 무의미한 무질서는 두려워할 것이 아니라 도전해야 할 것이다. 언어는 사물과 감각과 조합의 무한한 세계를 유한한 공간에 나타낸다. 세상은 언제나 고정된 것을 덧없는 것과 섞으면서 변화하며, 우리는 언어가 『옥스퍼드 영어 사전』의 판마다 다를 뿐만 아니라 순간마다 그리고 사람마다 다르다는 사실을 안다. 모든 사람의 언어는 다르다. 우리는 압도당할 수도 있고, 아니면 대담해질 수도 있다.

이제 갈수록 어휘는 네트워크 안에 들어간다. 어휘는 변화하면서도 네트워크에 보존되며, 접근과 검색이 가능해졌다. 마찬가지로 인간의 지식은 네트워크 속으로, 클라우드 속으로 스며든다. 웹사이트들, 블로그들, 검색엔진과 백과사전들, 도시 전설의 분석가들과 분석가들의 폭로자들. 모든 곳에서 진실은 거짓과 어깨를 맞대고 있다. 트위터라는 서비스보다 더 많은 놀림을 받은 디지털 통신의 형태는 없다. 시시한 말들을 압축 포장해 올리는 트위터는 모든 메시지를 140자 이내로 제한함으로써 사소함을 강요한다. 만화가인 게리 트루도Garry Trudeau는 트위터를 하느라 취재할 생각을 하지 않는 가상의 기자를 통해 트위터를 풍자했다. 그러나 2008년 뭄바이에서 테러가 발생했을 때 목격자의 트위터 메시지들은 긴급 정보와 위로를 전파했으며, 2009년 이란의 시위 상황을 세상에 알린 것도 테헤란에서 전해진 트윗들이었다. 아포리즘이라는 형식은 영광스러운 역사를 가지고 있다. 개인적으로 트위터를 거의 하지 않지만 이 이상한 매체, 매우 유별나고 제한적인 마이크로블로깅microblogging은 나름의 쓸모와 매력이 있다. 2010년 좀 더 긴 형식의 아포리즘적 글쓰기의 달인인 마거릿 애트우드는 "토끼 굴에 빠진 앨리스처럼 트위터 세상에 빠져들었다"라고 말했다.

> 트위터는 전신 같은 신호 보내기일까? 선시禪詩일까? 화장실 벽에 휘갈겨진 농담일까? 나무에 새겨진 사랑 고백일까? 그저 트위터는 의사소통이며, 의사소통은 인간이 좋아하는 것이라고 해두자.[20]

얼마 지나지 않아 모든 책을 소장하기 위해 세워진 의회도서관은 트윗 모두를 역시 보존하기로 결정했다. 트윗은 품위 없는 것일 수도 있고 잉여적일 수도 있지만 반드시 그런 것만은 아니다. 트윗은 인간의 의사소통이다.

아울러 네트워크는 지금껏 어떤 개인도 알 수 없었던 몇 가지를 알게 되었다.

네트워크는 개별 트랙의 길이를 보고 수년 동안 수백만 명에 이르는 익명의 사용자들이 공동의 기여로 축적한 방대한 데이터베이스를 대조함으로써 녹음된 음악이 담긴 CD들을 식별한다. 2007년 이 데이터베이스는 유명 평론가와 청취자들이 속아왔던 어떤 사실을 폭로했다. 바로 작고한 영국의 피아니스트인 조이스 하토Joyce Hatto가 쇼팽, 베토벤, 모차르트, 리스트 외 다른 작곡가들의 곡을 연주해 내놓은 100장이 넘는 음반들이 사실은 다른 피아니스트들의 연주를 훔친 것이라는 사실이었다.

MIT는 집단적 지혜를 찾아내고, 이를 '활용'하는 방법을 연구하는 집단지성센터Center for Collective Intelligence를 설립했다. 언제, 얼마만큼 '대중의 지혜'를 신뢰할 수 있는지 알기란 어렵다. 2004년 제임스 서로위키James Surowiecki가 쓴 책 제목인 "대중의 지혜"는 1841년 찰스 맥케이Charles Mackay가 연대기적으로 쓴 『대중의 광기』와 차별화하기 위한 제목이었다. 맥케이는 이렇게 말한 바 있다. 사람들은 "집단적으로 미치지만, 정신을 차릴 때는 한 명씩 천천히 차린다".[21] 대중은 우리가 익히 오랫동안 알고 있던 징후들과 함께 너무나 급작스럽게 군중으로 돌변한다. 열광, 끓어오름, 폭도, 돌발성 집단행동, 십자군, 집단 히스테리, 군중심리, 무조건적 복종, 순종, 집단적 사고 같은 징후 말이다. 이들 징후는 모두 네트워크 효과로 증폭될 가능성이 있으며, 정보 폭포라는 주제하에 연구되고 있다.

집단적인 판단은 매력적인 가능성이 있다. 동시에 집단적인 자기기만과 집단적인 악은 이미 대재앙을 가져온 전력이 있다. 하지만 네트워크 속의 지식은 복제와 흉내 내기에 토대를 둔 집단적인 의사 결정과 다르다. 이 지식은 덧붙여짐으로써 발전하고, 기발함과 예외도 수용할 수 있는 것으로 보인다. 문제는 이를 인식하고 접근하는 길을 찾는 것이다. 2008년 구글은 '독감'이라는 단어의 인터넷 검색 데이터를 토대로 지역별 독감 추세를 알리는 조기 경보 시스템을 만들었다. 이 시스템은 질병통제예방센터보다 일주일 빠르게 독감 발생 사실을 파악했다고 한다. 이것이 구글의 방식이다. 구글은 기계 번역과 음성 인식이라는 인공지능 부문의 대표적인 난제를 해결하는 데 인간 전문가나 사전이나 언어학자들을 끌어들이지 않고 300개가 넘는 언어의 수조 개 단어를 데이터 마이닝data mining 함으로써 접근했다. 이런 점에서는 초창기 인터넷 검색법도 집단적인 지식을 활용하는 것이었다.

1994년에는 인터넷 검색이 어땠는지 보자. 10여 년 후 위키피디아에 빠져들게 되지만 당시에는 도서목록 카드와 옛 신문 그리고 다른 한물간 종이문서 보존을 누구보다도 옹호한 사람이었던 니컬슨 베이커는 캘리포니아대학 도서관의 한 단말기 앞에 앉아서 BROWSE SU[BJECT] CENSORSHIP이라고 쳤다.[22] 그러자 에러 메시지가 떴다.

긴 검색: 800개가 넘는 항목을 검색하여 완성하는 데 오랜 시간이 걸리는 하나 혹은 그 이상의 매우 흔한 단어가 검색어에 포함되어 있습니다.

그러고는 주의를 주었다.

긴 검색은 카탈로그에 있는 모든 사람의 시스템을 느리게 만들고 종종 유용한 결과를 생성하지 않습니다. HELP를 입력하거나 사서의 도움을 받으세요.

너무 흔한 일이었다. 베이커는 AND와 OR 그리고 NOT을 복합하는 불 검색 문법에 통달했지만 아무 소용이 없었다. 스크린 피로와 검색 실패 그리고 정보 과부하에 대한 연구를 인용하면서, 베이커는 전자 카탈로그가 온라인 검색에 맞서 "사실상, '회피적인 조작적 조건 형성aversive operant conditioning' 프로그램을 실행"한다는 이론을 칭찬했다.

2년 후인 1996년에는 검색이 어땠을까. 인터넷 트래픽의 규모는 해마다 10배씩 증가하여 월간 글로벌 트래픽이 1994년에는 20테라바이트, 1995년에는 200테라바이트, 1996년에는 2페타바이트가 됐다. 캘리포니아 팔로알토에 있는 디지털 이큅먼트 코퍼레이션Digital Equipment Corporation 연구소의 소프트웨어 엔지니어들이 알타비스타라는 새로운 검색엔진을 대중에게 막 공개한 때였다. 이 검색엔진은 인터넷에서 검색되는 모든 페이지(당시 수천만 개에 달했다)에 대해 끊임없이 색인을 만들고 수정했다. 'truth universally acknowledged'(널리 알려진 진실)라는 문구와 'Darcy'(다르시)라는 이름을 검색하면 4,000개의 결과가 생성됐다. 다음은 그중 일부이다.

- 신뢰할 수는 없으나 완벽한 여러 버전의 『오만과 편견』 텍스트. 일본과 스웨덴 등지의 컴퓨터에 저장되어 있으며, 무료로 혹은 2.25 달러 정도에 다운로드할 수 있음.
- "닭은 왜 길을 건너갔을까?"라는 질문에 대해 "제인 오스틴: 온도 좋고 앞날이 창창한 독신 닭이 길을 건넌다는 것은 널리 알려진 진실이기 때문에"를 포함한 100개 이상의 대답.
- 《프린스턴 퍼시픽 아시아 리뷰Princeton Pacific Asia Review》의 제안문: "아시아 태평양 지역의 전략적 중요성은 널리 알려진 진실이다. …"
- 영국 채식주의자협회가 내놓은 바비큐 관련 글: "…는 육식주의자들 사이에서 널리 알려진 진실이다."
- 아일랜드에 사는 케빈 다르시Kevin Darcy의 홈페이지. 위스콘신에 사는 다르시 크레머Darcy Cremer의 홈페이지. 다르시 모스Darcy Morse의 홈페이지와 배 타는 사진. 호주 축구선수인 팀 다르시Tim Darcy의 주요 기록, 브리티시컬럼비아에 사는 14세 정원 일꾼이자 베이비시터인 다르시 휴즈Darcy Hughes의 이력서.

이처럼 계속 진화하는 색인을 편집하는 사람들은 잡다한 정보에도 주눅 들지 않았다. 이들은 도서목록 작성(그 목표가 정해지고 알려져 있으며 유한한 작업)과 무한한 정보 세계를 검색하는 것 사이의 차이를 잘 알고 있었다. 편집자들은 뭔가 원대한 일을 하고 있다고 생각했다. 프로젝트 매니저인 앨런 제닝스Allan Jennings는 이렇게 말했다. "우리는 현재 이 세상에 있는 언어의 사전을 가지고 있습니다."[23]

뒤이어 구글이 등장했다. 1998년 브린과 페이지는 갓 만든 회사를 스탠퍼드 기숙사에서 사무실로 옮겼다. 이들은 사이버공간은 일종의 자기 지식을 갖고 있다고 생각했다. 이 자기 지식은 한 페이지에서 다른 페이지로 이어지는 링크에 내재해 있으며, 검색엔진이 이 지식을 활용할 수 있다고 보았다. 브린과 페이지는 다른 과학자들이 전에 했던 것처럼 인터넷을 노드node와 링크를 가진 그래프로 시각화했다. 1998년 초 무렵 거의 20억 개의 링크로 연결된 1억 5,000만 개의 노드가 있었다. 각 링크는 가치(즉, 추천도)를 표현했다. 아울러 모든 링크가 동등하지 않다는 것을 깨달았다. 이들은 가치를 추산하는 재귀적 방법을 발명한다. 여기서 페이지의 순위는 유입되는 링크의 가치에 좌우되고, 다시 링크의 가치는 함유한 페이지의 순위에 좌우된다. 이들은 재귀적 방법을 발명했을 뿐만 아니라 발행했다. 인터넷이 구글의 작동 방식을 알아도 구글이 인터넷의 지식을 활용하는 능력은 떨어지지 않았다.

더불어 이 모든 네트워크를 포괄하는 네트워크의 부상은 거대 시스템 안에서 이뤄지는 상호연결성에 대한 위상기하학의 이론적 연구로 이어진다. 네트워크 과학은 순수 수학에서 사회학에 이르기까지 그 기원과 발전 경로가 다양했지만 1998년 여름 《네이처》에 던컨 와츠Duncan Watts와 스티븐 스트로가츠Steven Strogatz의 논문이 게재되면서 명확해졌다. 강렬한 문구와 깔끔한 결과 그리고 놀랍도록 다양한 응용 범위, 이 세 가지가 결합된 논문은 화제를 일으켰다. 세상 모든 사람에게 적용된다는 점도 한몫했다. 강렬한 문구는 '좁은 세상'이었다. 서로 모르는 두 사람이 예상치 못한 연결고리로 같은 친구를 뒀음을 알게 될 때 사람들은 "세상 참 좁네요"라고 말한다. 와츠와 스트로가츠가 이야기한 좁은 세상 네트워크는 이런 의미였다.

존 궤어John Guare는 1990년 발표한 희곡 〈여섯 단계의 분리Six Degrees of Separation〉에서 좁은 세상 네트워크의 결정적 특성을 인상적으로 포착해낸다. 고전이 된 이 희곡에서는 이렇게 설명하고 있다.

> 이 세상의 모든 사람들은 다른 여섯 사람으로만 분리되어 있다는 내용을 어디선가 읽었어. 여섯 단계의 분리지. 우리와 이 지구상의 다른 모든 사람들 사이가 말이야. 미국 대통령. 베니스의 곤돌라 사공. 그 사이에 이름만 채우면 돼.[24]

이 개념은 하버드대학교의 심리학자 스탠리 밀그램Stanley Milgram이 1967년 실시한 사회적 관계망 실험, 더 멀게는 헝가리 작가 프리제시 카린티Frigyes Karinthy가 1929년 발표한 단편소설 「고리들Láncszemek」로 거슬러 올라간다.[25] 와츠와 스트로가츠는 이 개념을 진지하게 받아들였다. 좁은 세상 네트워크는 진실인 것처럼 보였으나, 직관에 어긋났다. 이들이 연구한 네트워크에서 노드들은 무리를 짓는 경향이 높았기 때문이다. 노드는 파벌적이다. 당신은 많은 사람을 알 수도 있다. 하지만 이 사람들은 여러분의 이웃, 즉 말 그대로의 의미가 아니더라도 같은 사회적 공간에 있는 사람일 가능성이 높으며, 이 사람들은 대개 같은 사람을 알고 있는 경향이 크다. 현실세계에서도 두뇌의 뉴런들, 전염병의 유행, 전력망, 기름 함유 암반의 균열과 채널처럼 복잡한 네트워크에서 무리 짓기는 보편적이다. 홀로 무리를 짓는다는 것은 파편화를 뜻한다. 거기서 기름은 흐르지 않고 전염병은 소멸한다. 멀리 떨어져 있는 이방인은 소원한 상태로 있는 것이다.

하지만 일부 노드들은 연결고리가 멀리까지 이어지거나 예외적인 수준의 연결성을 가질 수 있다. 와츠와 스트로가츠가 수학적 모형에서 발견한 것은 놀라울 만큼 적은 예외들이(설사 높은 밀도로 무리를 짓고 있는 네트워크라도 소수의 먼 연결고리들만으로) 평균적인 분리도를 거의 제로로 만들고 좁은 세상을 만들 수 있다는 것이다.[26] 이들이 실험한 사례 중 하나는 세계적 유행병이었다. "전염병은 좁은 세상에서 훨씬 더 쉽고 빠르게 퍼지는 것으로 예측된다. 아주 적은 수의 지름길만 있어도 세상을 좁게 만들 수 있다는 점에서 이 결과는 두렵고도 너무 뻔하지 않다."[27] 섹시한 승무원 몇 명만 있어도 병을 옮기는 데 충분하다는 말이다.

사이버공간에서 거의 모든 것은 어둠 속에 존재한다. 또한 거의 모든 것은 연결되어 있는데, 이런 연결은 특히 연결이 잘되어 있는 사람이나 신뢰도가 높은 사람들 등 비교적 소수의 노드들로부터 나온다. 하지만 모든 노드가 다른 모든 노드와 가깝다는 것을 증명하는 것은 별개의 일이다. 이런 증명이 이들 사이의 경로를 찾는 방법을 알려주지는 않는 것이다. 베니스의 곤돌라 사공이 미국 대통령에게 연결될 방법을 찾을 수 없더라도, 수학적으로 연결이 될 수 있다는 점은 작은 위안거리가 될 수 있다. 존 궤어 역시 이 점을 이해했다. 인용 빈도가 낮지만 〈여섯 단계의 분리〉에 나오는 다음 부분은 이렇다.

우리가 너무나 가깝다는 것이 A) 엄청나게 위안이 되는 동시에 B) 중국식 물고문 같기도 해. 연결이 될 수 있는 적합한 여섯 명을 찾아야 하기 때문이지.

이 여섯 명을 찾는 알고리즘이 꼭 있는 것은 아니다.

네트워크는 구조를 가지며, 그 구조는 역설 위에 세워진다. 모든 것은 가깝고, 동시에 모든 것은 멀다. 사이버공간이 사람들로 들끓는 것처럼 느껴질 뿐만 아니라 외롭게도 느껴지는 이유이다. 우물에 돌을 떨어뜨려도 돌이 물에 빠지는 소리를 결코 듣지 못할 수 있다.

◎   ◉   ◎

무대 옆에 숨어서 기다리는 데우스 엑스 마키나deus ex machina는 없으며, 커튼 뒤에 있는 사람도 없다. 필터링해주고 검색을 도와줄 맥스웰의 도깨비는 없다. 스타니스와프 렘Stanislaw Lem은 이렇게 썼다. "알다시피 우리는 그 도깨비가 원자들의 춤에서 수학적 정리, 패션 잡지, 청사진, 역사적 연대기, 이온 크럼핏ion crumpet 제조법, 방화복을 씻고 다리는 법, 시, 과학적 조언, 연감, 달력, 비밀문서, 지금까지 우주의 모든 신문에 등장한 모든 것, 미래의 전화번호부 같은 진짜 정보만을 추출하기를 원한다."[28] 여느 때와 마찬가지로 우리에게 '알려주는'(이 말의 원래 의미에서) 것은 선택이다. 진짜를 고르는 데는 일이 필요하고, 또 망각에는 더 많은 일이 필요하다. 바로 전지전능함의 저주이다. 손가락만 까딱하면 구글, 위키피디아, IMDb, 유튜브, 에피큐리어스Epicurious, 전국 DNA 데이터베이스, 혹은 이들 자연스러운 후계자나 계승자에게서 모든 질문에 대한 답을 찾을 수 있지만, 여전히 우리는 우리가 무엇을 아는지 궁금하다.

이제 우리는 모두 바벨의 도서관의 이용자이면서 사서이기도 하다. 우리는 기쁨과 실망 사이를 오간다. 보르헤스가 우리에게 말한다. "바벨의 도서관이 모든 책을 소장했다는 말을 들었을 때의 첫 느낌은 주체할 수 없는 행복이었다. 모든 사람들은 손상되지 않은 비밀스러운 보물의 주인이 된 것 같은 기분을 느꼈다. 모든 개인적이거나 세계적인 문제의 명확한 해결책은 도서관에 있는 육각형 진열실들 중 어딘가에 있었다. 우주는 해명되었다."²⁹ 그러고는 비탄이 찾아왔다. 찾을 수 없는 귀중한 책들이 무슨 소용인가? 박제된 완벽함 안에서의 완전한 지식이 무슨 소용인가? 보르헤스는 이렇게 걱정한다. "모든 것이 쓰였다는 확신은 우리를 부정하거나 유령으로 만든다." 이에 대해 존 던 John Donne은 오래전에 이렇게 대답했다. "책을 찍기를 원하는 이는 책이 되기를 더 많이 원해야 한다."³⁰

도서관은 오래 지속될 것이다. 도서관은 우주이다. 우리로 말하자면 모든 것은 아직 쓰이지 않았다. 우리는 유령이 되지 않을 것이다. 우리는 복도를 걸으면서 서가를 뒤지거나 재배치하고, 불협화음과 허튼소리가 모인 곳 한가운데서 의미 있는 행들을 찾고, 과거와 미래의 역사를 읽고, 우리의 생각과 다른 사람들의 생각을 수집하며, 종종 거울을 힐끗 보면서, 우리는 정보의 피조물을 알아볼 것이다.

감사의 글

찰스 베넷, 그레고리 체이틴, 닐 슬론, 수재나 커일러Susanna Cuyler, 베티 섀넌Betty Shannon, 노마 바즈먼Norma Barzman, 존 심슨John Simpson, 피터 길리버Peter Gilliver, 지미 웨일스Jimmy Wales, 조셉 스트라우스Joseph Straus, 크레이그 타운센드Craig Townsend, 재나 레빈Janna Levin, 캐서린 보턴Katherine Bouton, 댄 미내커Dan Menaker, 에스더 쇼어Esther Schor, 쇼반 로버츠Siobhan Roberts, 더글러스 호프스태터, 마틴 셀리그먼Martin Seligman, 크리스토퍼 푹스, 고故 존 아치볼드 휠러, 캐럴 허친스Carol Hutchins, 베티 알렉산드라 툴Betty Alexandra Toole, 또한 에이전트인 마이클 칼라일Michael Carlisle, 그리고 여느 때처럼 명민함과 인내심을 발휘한 편집자 댄 프랭크Dan Frank에게 신세를 졌고 감사드린다.

프롤로그

1. Robert Price, "A Conversation with Claude Shannon: One Man's Approach to Problem Solving(클로드 섀넌과의 대화: 문제 해결에 대한 한 사람의 접근법)", *IEEE Communications Magazine* 22 (1984): 126.

2. 위원회는 존 피어스로부터 트랜지스터라는 명칭을 얻고, 섀넌은 존 투키John Tukey로부터 비트라는 명칭을 얻었다.

3. 인터뷰, Mary Elizabeth Shannon, 2006. 7. 25.

4. *Statistical Abstract of the United States 1950.* 좀 더 구체적으로는 라디오 및 텔레비전 방송국이 3,186개, 신문 및 정기 간행물이 1만 5,000종, 책과 팸플릿이 5억 부, 우편물이 400억 건이었다.

5. George A. Campbell, "On Loaded Lines in Telephonic Transmission(전화 전달의 장하 선로에 대하여)", *Philosophical Magazine* 5(1903): 313

6. Hermann Weyl, "The Current Epistemological Situation in Mathematics(수학의 인식론적 현재 상황)"(1925), 출처: John Bell, "Hermann Weyl on Intuition and the Continuum(직관과 연속체에 대한 헤르만 바일의 생각)", *Philosophia Mathematica* 8, no. 3(2000): 261.

7. Andrew Hodges, *Alan Turing: The Enigma*(London: Vintage, 1992), 251.

8. 섀넌이 버니바 부시에게 보낸 편지, 1939. 2. 16., 출처: Claude Elwood Shannon, *Collected Papers*, 편집, N. J. Sloane, Aaron D. Wyner(New York: IEEE Press, 1993), 455.

9. Thomas Elyot, *The Boke Named The Governour*(1531), Ⅲ: x x iv.

10. Marshall McLuhan, *Understanding Media: The Extensions of Man*(New York: McGraw-Hill, 1965), 302.

11. Richard Dawkins, *The Blind Watchmaker*(New York: Norton, 1986), 112.

12. Werner R. Loewenstein, *The Touchstone of Life: Molecular Information, Cell Communication, and the Foundations of Life*(New York: Oxford University Press, 1999), x vi.

13. John Archibald Wheeler, "It from Bit", 출처: *At Home in the Universe*(New York: American Institute of Physics, 1994), 296.

14. John Archibald Wheeler, "The Search for Links(연결고리를 찾아서)", 출처: Anthony J. G. Hey 편집, *Feynman and Computation*(Boulder, Colo.: Westview Press, 2002), 321.

15. Seth Lloyd, "Computational Capacity of Universe(우주의 연산 용량)", *Physical Review Letters* 88, no. 23(2002).

16. John Archibald Wheeler, "It from Bit", 298.

17. John R. Pierce, "The Early Days of Information Theory(정보이론의 초기 시대)", *IEEE Transactions on Information Theory* 19, no. 1(1973): 4.

18. Aeschylus, *Prometheus Bound*, 번역: H. Smyth, 460-61.

19. Thomas Hobbes, *Leviathan*(London: Andrew Crooke, 1660), ch. 4.

제1장

1. Irma Wassall, "Black Drums(검은 북들)", *Phylon Quarterly* 4(1943): 38.

2. Walter J. Ong, *Interfaces of the Word*(Ithaca, N.Y.: Cornell University Press, 1977), 105.

3. Francis Moore, *Travels into the Inland Parts of Africa*(London: J. Knox, 1767).

4. William Allen, Thomas R. H. Thompson, *A Narrative of the Expedition to the River Niger in 1841*, vol. 2(London: Richard Bentley, 1848), 393.

5. Roger T. Clarke, "The Drum Language of the Tumba People(톰바족의 북 언어)", *American Journal of Sociology* 40, no. 1(1934): 34-48.

6. G. Suetonius Tranquillus, *The Lives of the Caesars*, 번역: John C. Rolfe(Cambridge, Mass.: Harvard University Press, 1998), 87.

7. Aeschylus, *Agamemnon*, 번역: Charles W. Eliot, 335.

8. Gerard J. Holzman, Björn Pehrson, *The Early History of Data Networks*(Washington, D.C.: IEEE Computer Society, 1995), 17.

9. Thomas Browne, *Pseudoxia Epidemica: Or, Enquiries Into Very Many Received Tenets, and Commonly Presumed Truths*, 3rd ed.(London: Nath. Ekins, 1658), 59.

10. Galileo Galilei, *Dialogue Concerning the Two Chief World Systems: Ptolemaic and Copernican*, 번역: Stillman Drake(Berkeley, Calif.: University of California Press, 1967), 95.

11. *Samuel F. B. Morse: His Letters and Journals*, vol. 2, 편집, Edward Lind Morse(Boston: Houghton Mifflin, 1914), 12.

12. U. S. Patent 1647, 1840. 6. 20., 6.

13. Samuel F. B. Morse, letter to Leonard D. Gale, 출처: *Samuel F. B. Morse: His Letters and Journals*, vol. 2, 65.

14. 상동, 64.

15. "The Atlantic Telegraph(대서양 전신)", *The New York Times*, 1858. 8. 7.

16. 모스는 자신이 그 일을 했다고 주장했으며, 이 사실에 대한 의견들이 갈린다. 참조: *Samuel F. B. Morse: His Letters and Journals*, vol. 2, 68; George P. Oslin, *The Story of Telecommunications*(Macon, Ga.: Mercer University Press, 1992), 24; Franklin Leonard Pope, "The American Inventors of the Telegraph(미국의 전신 발명가들)", *Century Illustrated Magazine*(1888. 4.): 934; Kenneth Silverman, *Lighting Man: The Accursed Life of Samuel F. B. Morse*(New York: Knopf, 2003).

17. John R. Pierce, *An Introduction to Information Theory: Symbols, Signals, and Noise*, 2nd ed.(New York: Dover, 1980), 25.

18. Robert Sutherland Rattray, "The Drum Language of West Africa: Part II (서아프리카의 북 언어: 2부)", *Journal of the Royal African Society* 22, no. 88(1923): 302.

19. John F. Carrington, *La Voix des tambours: comment comprendre le langage tambouriné d'Afrique*(Kinshasa: Protestant d'Édition et de Diffusion, 1974), 66, 인용: Walter J. Ong,

Interfaces of the Word, 95.

20. John F. Carrington, *The Talking Drums of Africa*(London: Carey Kingsgate, 1949), 19.

21. 상동, 33.

22. Robert Sutherland Rattray, "The Drum Languages of West Africa: Part Ⅰ(서아프리카의 북 언어: 1부)", *Journal of the Royal African Society* 22, no. 87(1923): 235.

23. Theodore Stern, "Drum and Whistle 'Languages': An Analysis of Speech Surrogates(북과 호각 언어들: 말의 대용물에 대한 분석)", *American Anthropologist* 59(1957): 489.

24. James Merrill, "Eight Bits(8비트)", 출처: *The Inner Room*(New York: Knopf, 1988), 48.

25. Ralph V. L. Hartley, "Transmission of Information(정보의 전송)", *Bell System Technical Journal* 7(1928): 535–63.

26. John F. Carrington, *The Talking Drums of Africa*, 83.

27. Israel Shenker, "Boomlay(붐레이)", *Time*, 1954. 11. 22.

제2장

1. Ward Just, *An Unfinished Season*(New York: Houghton Mifflin, 2004), 153.

2. Walter J. Ong, *Orality and Literacy: The Technologizing of the Word*(London: Methuen, 1982), 31.

3. Jack Goody, Ian Watt, "The Consequences of Literacy(문해력의 영향)", *Comparative Studies in Society and History* 5, no. 3(1963): 304–45.

4. Frank Kermode, "Free Fall(자유낙하)", *New York Review of Books* 10, no. 5(1968. 3. 14.).

5. Walter J. Ong, *Orality and Literacy*, 12.

6. Jonathan Miller, *Marshall McLuhan*(New York: Viking, 1971), 100.

7. Plato, *Phaedrus*, 번역: Benjamin Jowett(Fairfield, Iowa: First World Library, 2008), 275a.

8. Marshall McLuhan, "Culture Without Literacy(문자 없는 문화)", 출처: Eric McLuhan, Frank Zingrone 편집, *Essential McLuhan*(New York: Basic Books, 1996), 305.

9. Pliny the Elder, *The Historie of the World*, vol. 2, 번역: Philemon Holland(London: 1601), 581.

10. Samuel Butler, *Essays on Life, Art, and Science*(Port Washington, N.Y.: Kennikat Press, 1970), 198.

11. David Diringer, Reinhold Regensburger, *The Alphabet: A Key to the History of Mankind*, 3rd ed., vol. 1(New York: Funk & Wagnalls, 1968), 166.

12. "The Alphabetization of Homer(호머의 알파벳화)", 출처: Eric Alfred Havelock, Jackson P. Hershbell, *Communication Arts in the Ancient World*(New York: Hastings House, 1978), 3.

13. Aristotle, *Poetics*, 번역: William Hamilton Fyfe(Cambridge, Mass.: Harvard University Press, 1953), 1447b.

14. Eric A. Havelock, *Preface to Plato*(Cambridge, Mass.: Harvard University Press, 1963), 300–301.

15. Aristotle, *Poetics*, 1450b.

16. *Republic*, 6.493e. 참조, 출처: Eric A. Havelock, *Preface to Plato*, 282.

17. *Republic*, 6.484b.

18. Eric A. Havelock, *Preface to Plato*, 282.

19. 모두가 여기에 동의하는 것은 아니다. 반론은, John Halverson, "Goody and the Implosion of the Literacy Thesis(구디와 기록성 명제의 내파)", *Man* 27, no. 2(1992): 301–17.

20. Aristotle, *Prior Analytics*, 번역: A. J. Jenkinson, 1:3.

21. Walter J. Ong, *Orality and Literacy*, 49.

22. A. R. Luria, *Cognitive Development, Its Cultural and Social Foundations*(Cambridge, Mass.: Harvard University Press, 1976), 86.

23. Walter J. Ong, *Orality and Literacy*, 53.

24. Benjamin Jowett, introduction to Plato's *Theaetetus*(Teddington, U.K.: Echo Library, 2006), 7.

25. "When a White Horse Is Not a Horse", 번역: A. C. Graham, 출처: P. J. Ivanhoe et al., *Readings in Classical Chinese Philosophy*, 2nd ed.(Indianapolis, Ind.: Hackett Publishing, 2005), 363–66. A. C. Graham, *Studies in Chinese Philosophy and Philosophical Literature*, SUNY Series in Chinese Philosophy and Culture(Albany: State University of New York Press, 1990), 178.

26. Julian Jaynes, *The Origin of Consciousness in the Breakdown of the Bicameral Mind*(Boston: Houghton Mifflin, 1977), 177.

27. Thomas Sprat, *The History of the Royal Society of London, for the Improving of Natural Knowledge*, 3rd ed.(London: 1722), 5.

28. Julian Jaynes, *The Origin of Consciousness in the Breakdown of the Bicameral Mind*, 198.

29. Donald E. Knuth, "Ancient Babylonian Algorithms(고대 바빌로니아의 알고리즘)", *Communications of the Association for Computing Machinery* 15, no. 7(1972): 671–77.

30. Asger Aaboe, *Episodes from the Early History of Mathematics*(New York: L. W. Singer, 1963), 5.

31. Otto Neugebauer, *The Exact Sciences in Antiquity*, 2nd ed.(Providence, R.I.: Brown University Press, 1957), 30, 40–46.

32. Donald E. Knuth, "Ancient Babylonian Algorithms(고대 바빌로니아의 알고리즘)", 672.

33. John of Salisbury, *Metalogicon*, I:13, 인용 및 번역: M. T. Clanchy, *From Memory to Written Record, England, 1066-1307*(Cambridge, Mass.: Harvard University Press, 1979), 202.

34. 상동.

35. *Phaedrus*, 번역: Benjamin Jowett, 275d.

36. Marshall McLuhan, "Media and Cultural Change(미디어와 문화적 변화)", 출처: *Essential McLuhan*, 92.

37. Jonathan Miller, *Marshall McLuhan*, 3.

38. *Playboy* 인터뷰, 1969. 3. 출처: *Essential McLuhan*, 240.

39. Thomas Hobbes, *Leviathan, or The Matter, Forme and Power of a Commonwealth, Ecclesiasticall, and Civill*(1651; repr., London: George Routledge and Sons, 1886), 299.

40. Walter J. Ong, "This Side of Oral Culture and of Print(구술문화와 인쇄)", *Lincoln Lecture*(1973), 2.

41. Walter J. Ong, *Orality and Literacy*, 14.

제3장

1. Thomas Sprat, *The History of the Royal Society of London, for the Improving of Natural Knowledge*, 3rd ed.(London: 1722), 42.

2. Robert Cawdrey, *A Table Alphabeticall*(London: Edmund Weaver, 1604)은 보들리안 도서관에서 팩스본으로 구할 수 있음. Robert A. Peters 편집(Scholars' Fascimiles & Reprints, 1966); 혹은 토론토대 도서관에서 온라인으로 볼 수 있음. 가장 만족스런 판본은, John Simpson 편집, *The First English Dictionary, 1604: Robert Cawdrey's A Table Alphabeticall*(Oxford: Bodleian Library, 2007).

3. Robert Greene, *A Notable Discovery of Coosnage*(1591; repr., Gloucester, U.K.: Dodo Press, 2008); Albert C. Baugh, *A History of the English Language*, 2nd ed.(New York: Appleton-Century-Crofts, 1957), 252.

4. Richard Mulcaster, *The First Part of the Elementarie Which Entreath Chefelie of the Right Writing of Our English Tung*(London: Thomas Vautroullier, 1582).

5. John Simpson 편집, *The First English Dictionary*, 41.

6. John Strype, *Historical Collections of the Life and Acts of the Right Reverend Father in God, John Aylmer*(London: 1701), 129. 인용: John Simpson 편집, *The First English Dictionary*, 10.

7. Gertrude E. Noyes, "The First English Dictionary, Cawdrey's *Table Alphabeticall*(최초의 영어 사전, 코드리의 『알파벳순 표』", *Modern Language Notes* 58, no. 8(1943): 600.

8. Edmund Coote, *The English Schoole-maister*(London: Ralph Jackson & Robert Dexter, 1596), 2.

9. Lloyd W. Daly, *Contributions to a History of Alphabeticization in Antiquity and the Middle Ages*(Brussels: Latomus, 1967), 73.

10. William Dunn Macray, *Annals of the Bodleian Library, Oxford, 1598-1867*(London: Rivingtons, 1868), 39.

11. Gottfried Leibniz, *Unvorgreifliche Gedanken*. 인용 및 번역: Werner Hüllen, *English Dictionaries 800-1700: The Topical Tradition*(Oxford: Clarendon Press, 1999), 16n.

12. Ralph Lever, *The Art of Reason*(London: H. Bynneman, 1573).

13. John Locke, *An Essay Concerning Human Understanding*, ch. 3, sect. 10.

14. 갈릴레오가 마크 웰저Mark Welser에게 보낸 편지, 1612. 5. 4., 번역: Stillman Drake, 출처: *Discoveries and Opinions of Galileo*, 92.

15. Isaac Newton, *Philosophiae Naturalis Principia Mathematica*, 번역: Andrew

Motte(Scholium), 6.

16. Jonathan Green, *Chasing the Sun: Dictionary Makers and the Dictionaries They Made*(New York: Holt, 1996), 181.

17. 심프슨과의 인터뷰, 2006. 9. 13.

18. Ambrose Bierce, *The Devil's Dictionary*(New York: Dover, 1993), 25.

19. Ludwig Wittgenstein, *Philosophical Investigations*, 번역: G. E. M. Anscombe(New York: Macmillan, 1953), 47.

20. James A. H. Murray, "The Evolution of English Lexicography(영어사전 편찬의 진화)", Romanes Lecture(1900).

21. Peter Gilliver et al., *The Ring of Words: Tolkien and the Oxford English Dictionary*(Oxford: Oxford University Press, 2006), 82.

22. Anthony Burgess, "OED+(옥스퍼드 영어사전+)", 출처: *But Do Blondes Prefer Gentlemen? Homage to Qwert Yuiop and Other Writings*(New York: McGraw-Hill, 1986), 139. 그는 어느 것도 포기할 수 없었다. 그래서 후에 쓴 에세이 "Ameringlish"에서 재차 불평했다.

23. "Writing the OED: Spellings(옥스퍼드 영어사전의 저술: 철자)", Oxford English Dictionary, http://www.oed.com/about/writing/spellings.html(2007. 4. 6. 접속).

24. Samuel Johnson, *A Dictionary of the English Language*(1755), 머리말.

25. John Simpson 편집, *The First English Dictionary*, 24.

26. "The Death of Lady Mondegreen(몬드그린 부인의 죽음)", *Harper's Magazine*, 1954. 11, 48.

27. Steven Pinker, *The Language Instinct: How the Mind Creates Langauge*(New York: William Morrow, 1994), 183.

제4장

찰스 배비지가 쓴 글과 그보다는 덜하지만 에이다 러브레이스가 쓴 글을 접하는 일이 점점 쉬워지고 있다. 마틴 캠벨-켈리Martin Campbell-Kelly가 편집한 11권으로 구성된 1,000달러짜리 포괄적 모음집인 『찰스 배비지의 글들The Works of Charles Babbage』이 1989년에 발간되었다. 온라인으로는 배비지의 『한 연구자의 삶의 이력Passages from the Life of a Philosopher』(1864), 『기계와 제작자의 경제학에 대하여On the Economy of Machinery and Manufactures』(1832), 『아홉 번째 브리지워터 논문집The Ninth Bridgewater Treatise』(1838)의 전문을 구글의 도서 프로그램에 따라 도서관에서 스캔된 판본으로 볼 수 있다. 아직 거기에는 없지만(2010년 기준) 그의 아들이 펴낸 『배비지의 계산기관: 관련 글들의 모음Babbage's Calculating Engines: Being a Collection of Papers Relating to Them』(1889)도 유용하다. 컴퓨터 시대에 관심이 고조되면서 이 책에 인용된 유용한 자료들의 다수가 편집본으로 재출간되었다. 그중 가장 가치 있는 것은 필립 모리슨Philip Morrison과 에밀리 모리슨Emily Morrison이 편집한 『찰스 배비지와 그의 연산기관Charles Babbage and His Calculating Engines』(1961), 앤서니 하이먼Anthony Hyman의 『과학과 개혁: 찰스 배비지 선집Science and Reform: Selected Works of Charles Babbage』(1989)이다. 다른 원고들은 J. M. 더비Dubbey의 『찰스 배비지의 수학 저작The

Mathematical Work of Charles Babbage』(1978)에 실렸다. 앞으로 나올 주들은 독자들에게 무엇이 가장 유용할지를 기준으로 이 출처들을 하나 이상 제시할 것이다. 에이다 어거스타, 러브레이스 백작부인이 쓴 L. F. 메나브레아Menabrea의 『해석기관의 개요Sketch of the Analytical Engine』에 대한 번역과 뛰어난 '주'는 존 워커John Walker 덕분에 http://www.fourmilab.ch/babbage/sketch.html에서 볼 수 있으며, 모리슨 부부의 책에도 실렸다. 러브레이스의 편지와 글은 영국 도서관과 보들리안 도서관 및 다른 곳에 있지만 다수가 베티 알렉산드라 툴Betty Alexandra Toole의 『에이다: 수의 마녀Ada: The Enchatress of Numbers』(1992, 1998)에 실렸으며, 가능한 부분에서 출판본을 인용하려고 노력했다.

1. Charles Babbage, *On the Economy of Machinery and Manufacturers*(1832), 300, 출처: *Science and Reform: Selected Works of Charles Babbage*, 편집, Anthony Hyman(Cambridge: Cambridge University Press, 1989), 200.

2. "The Late Mr. Charles Babbage, F. R. S.(고 찰스 배비지 왕립 협회 회원)", *The Times*(London), 1871. 10. 23. 거리의 악사들에 맞선 그의 박멸 운동은 헛되지 않았다. 1864년에 배비지 법으로 알려진 거리연주금지법이 새로 제정되었다. 참조: Stephanie Pain, "Mr. Babbage and the Buskers(배비지 씨와 거리의 악사들)", *New Scientist* 179, no. 2408(2003): 42.

3. N. S. Dodge, "Charles Babbage(찰스 배비지)", *Smithsonian Annual Report of 1873*, 162–97, 재출간: *Annals of the History of Computing* 22, no. 4(2000. 10–12), 20.

4. Charles Babbage, *Passages from the Life of a Philosopher*(London: Longman, Green, Longman, Roberts, & Green, 1864), 37.

5. 상동, 385–86.

6. Charles Babbage, *On the Economy of Machinery and Manufacturers*, 4th ed.(London: Charles Knight, 1835), v.

7. 상동, 146.

8. Henry Prevost Babbage 편집, *Babbage's Calculating Engines: Being a Collection of Papers Relating to Them; Their History and Construction*(London: E. & F. N. Spon, 1889), 52.

9. Charles Babbage, *Passages from the Life of a Philosopher*, 67.

10. *Charles Babbage and His Calculating Engines: Selected Writings*, 편집, Philip Morrison, Emily Morrison(New York: Dover Publications, 1961), xxiii.

11. Élie de Joncourt, *De Natura Et Praeclaro Usu Simplicissimae Speciei Numerorum Trigonalium*(Hagae Comitum: Husson, 1762), 인용: Charles Babbage, *Passages from the Life of a Philosopher*, 54.

12. 인용: Elizabeth L. Eisenstein, *The Printing Press as an Agent of Change: Communications and Cultural Transformations in Early-Modern Europe*(Cambridge: Cambridge University Press, 1979), 468.

13. Mary Croarken, "Mary Edwards: Computing for a Living in 18th-Century(메리 에드워즈: 18세기 영국에서 연산으로 생계를 유지하다)", *IEEE Annals of the History of Computing* 25, no. 4(2003): 9–15; 그리고 놀라운 탐사 작업을 한, Mary Croarken, "Tabulating the Heavens: Computing the Nautical Almanac in 18th-Century England(하늘을 표로 만들다: 18세기 영국에서의 항해력 연산)", *IEEE Annals of the History of Computing* 25, no. 3(2003):

48-61.

14. Henry Briggs, *Logarithmicall Arithmetike: Or Tables of Logarithmes for Absolute Numbers from an Unite to 100000*(London: George Miller, 1631), 1.

15. John Napier, "Dedicatorie(헌정사)", 출처: *A Description of the Admirable Table of Logarithmes*, 번역: Edward Wright(London: Nicholas Okes, 1616), 3.

16. 브리그스가 제임스 어셔James Ussher에게 보낸 편지, 1615. 3. 10., 인용: Graham Jagger in Martin Campbell-Kelly et al. 편집, *The History of Mathematical Tables: From Sumer to Spreadsheets*(Oxford: Oxford University Press, 2003), 56.

17. William Lilly, *Mr. William Lilly's History of His Life and Times, from the Year 1602 to 1681*(London: Charles Baldwyn, 1715), 236.

18. Henry Briggs, *Logarithmicall Arithmetike*, 52.

19. 상동, 11.

20. Ole I. Franksen, "Introducing 'Mr. Babbage's Secret'('배비지 씨의 비밀' 소개)", *APL Quote Quad* 15, no. 1(1984): 14.

21. Michael Williams, *A History of Computing Technology*(Washington, D.C.: IEEE Computer Society, 1997), 105.

22. Michael Mästlin, 인용: Ole I. Franksen, "Introducing 'Mr. Babbage's Secret'", 14.

23. Charles Babbage, *Passages from the Life of a Philosopher*, 17.

24. Simon Schaffer, "Babbage's Dancer(배비지의 무용수)", 출처: Francis Spufford, Jenny Uglow 편집, *Cultural Babbage: Technology, Time and Invention*(London: Faber and Faber, 1996), 58.

25. Charles Babbage, *Passages from the Life of a Philosopher*, 26-27.

26. W. W. Rouse Ball, *A History of the Study of Mathematics at Cambridge*(Cambridge: Cambridge University Press, 1889), 117.

27. *Charles Babbage and His Calculating Engines*, 23.

28. 상동, 31.

29. C. Gerhardt 편집, *Die Philosophischen Schriften von Gottfried Wilhelm Leibniz*, vol. 7(Berlin: Olms, 1890), 12, 인용: Kurt Gödel in "Russell's Mathematical Logic"(1944), 출처: *Kurt Gödel: Collected Works*, vol. 2, 편집, Solomon Feferman(New York: Oxford University Press, 1986), 140.

30. Charles Babbage, *Passages from the Life of a Philosopher*, 25.

31. *Charles Babbage and His Calculating Engines*, 25.

32. Charles Babbage, *Memoirs of the Analytical Society*, preface(1813), 출처: Anthony Hyman 편집, *Science and Reform: Selected Works of Charles Babbage*(Cambridge: Cambridge University Press, 1989), 15-16.

33. Agnes M. Clerke, *The Herschels and Modern Astronomy*(New York: Macmillan, 1895), 144.

34. Charles Babbage, *Passages from the Life of a Philosopher*, 34.

35. 상동, 42.

36. 상동, 41.

37. "Machina arithmetica in qua non additio tantum et subtractico sed et multipicatio nullo, divisio vero paene nullo animi labore peragantur", 번역: M. Kormes, 1685, 출처: D. E. Smith, *A Source Book in Mathematics*(New YorK: McGraw-Hill, 1929), 173.

38. Charles Babbage, *A Letter to Sir Humphry Davy on the Application of Machinery to the Purpose of Calculating and Printing Mathematical Tables*(London: J. Booth & Baldwain, Cradock & Joy, 1822), 1.

39. 배비지가 데이비드 브루스터David Brewster에게 보낸 편지, 1822. 11. 6., 출처: Martin Campbell-Kelly 편집, *The Works of Charles Babbage*(New York: New York University Press, 1989) 2:43.

40. Dionysius Lardner, "Babbage's Calculating Engines(배비지의 계산기관)", *Edinburgh Review* 59, no. 120(1834), 282; Edward Everett, "The Uses of Astronomy(천문학의 효용)", 출처: *Orations and Speeches on Various Occasions*(Boston: Little, Brown, 1870), 447.

41. Martin Campbell-Kelly, "Charles Babbage's Table of Logarithms(찰스 배비지의 로그표)"(1827), *Annals of the History of Computing* 10(1988): 159–69.

42. Dionysius Lardner, "Babbage's Calculating Engines(배비지의 계산기관)", 282.

43. Charles Babbage. *Passages from the Life of a Philosopher*, 52.

44. 상동, 60–62.

45. 배비지가 허셜에게 보낸 편지, 1814. 8. 10., 인용: Anthony Hyman, *Charles Babbage: Pioneer of the Computer*(Princeton, N.J.: Princeton University Press, 1982), 31.

46. 브루스터가 배비지에게 보낸 편지, 1821. 7. 3., 인용: J. M. Dubbey, *The Mathematical Work of Charles Babbage*(Cambridge: Cambridge University Press, 1978), 94.

47. 배비지가 허셜에게 보낸 편지, 18223. 6. 27., 인용: Anthony Hyman, *Charles Babbage*, 53.

48. Dionysius Lardner, "Babbage's Calculating Engines(배비지의 계산기관)", 264.

49. "Address of Presenting the Gold Medal of the Astronomical Society to Charles Babbage(찰스 배비지에 대한 천문학회 금메달 시상 연설)", 출처: *Charles Babbage and His Calculating Engines*, 219.

50. Dionysius Lardner, "Babbage's Calculating Engines", 288–300.

51. Charles Babbage, "On a Method of Expressing by Signs the Action of Machinery(기계의 동작을 기호로 표현하는 수단에 대해)", *Philosophical Transactions of the Royal Society of London* 116, no. 3(1826): 250–65.

52. 인용: *Charles Babbage and His Calculating Engines*, x x iii. 모리슨 부부는 테니슨이 1850년 이후 판본에서 "분"을 "순간"으로 확실히 바꿨다는 사실을 지적한다.

53. Harriet Martineau, *Autobiography*(1877), 인용: Anthony Hyman, *Charles Babbage*, 129.

54. 인용: Doron Swade, *The Difference Engine: Charles Babbage and the Quest to Build the First Computer*(New York: Viking, 2001), 132.

55. 인용: 상동, 38.

56. 《건설자The Builder》에 실린 광고, 1842. 12. 31., http://www.victorianlondon.org/photography/adverts.htm(2006. 3. 7. 접속).

57. 바이런 경, "Childe Harold's Pilgrimage(차일드 해럴드의 편력)", 3편, 118.

58. 바이런이 어거스타 레이Augusta Leigh에게 보낸 편지, 1823. 10. 12., 출처: Leslie A. Marchand, 편집, *Byron's Letters and Journals*, vol. 9(London: John Murray, 1973-94), 47.

59. 에이다가 바이런 부인에게 보낸 편지, 1828. 2. 3., 출처: Betty Alexandra Toole, *Ada, the Enchantress of Numbers: Prophet of the Computer Age*(Mill Valley, Calif.: Strawberry Press, 1998), 25.

60. 에이다가 바이런 부인에게 보낸 편지, 1828. 4. 2., 상동, 27.

61. 에이다가 메리 서머빌Mary Somerville에게 보낸 편지, 1835. 2. 20., 상동, 55.

62. 상동, 33.

63. Sophia Elizabeth De Morgan, *Memoir of Augustus De Morgan*(London: Longmans, Green, 1882), 89.

64. 에이다가 윌리엄 킹William King 박사에게 보낸 편지, 1834. 3. 24., 출처: Betty Alexandra Toole, *Ada, the Enchantress of Numbers*, 45.

65. 에이다가 메리 서머빌에게 보낸 편지, 1834. 7. 8., 상동, 46.

66. "Of the Analytical Engine(해석기관에 대하여)", 출처: *Charles Babbage and His Calculating Engines*, 55.

67. 상동, 65.

68. 에이다가 메리 서머빌에게 보낸 편지, 1837. 6. 22., 출처: Betty Alexandra Toole, *Ada, the Enchantress of Numbers*, 70.

69. 에이다가 바이런 부인에게 보낸 편지, 1838. 6. 26., 상동, 78.

70. 에이다가 배비지에게 보낸 편지, 1839. 11., 상동, 82.

71. 에이다가 배비지에게 보낸 편지, 1840. 2. 16., 상동, 83.

72. 모르간이 바이런 부인에게 한 말, 인용: Betty Alexandra Toole, "Ada Byron, Lady Lovelace, and Analyst and Metaphysician(에이다 바이런, 러브레이스 부인, 그리고 분석가이자 형이상학자)", *IEEE Annals of the History of Computing* 18, no. 3(1996), 7.

73. 에이다가 배비지에게 보낸 편지, 1840. 2. 16., 출처: Betty Alexandra Toole, *Ada, the Enchantress of Numbers*, 83.

74. 에이다가 어거스터스 드 모르간에게 보낸 편지, 1841. 2. 3., 상동, 99.

75. 에세이(무제), 1841. 1. 5., 상동, 94.

76. 에이다가 보론조프 그리그에게 보낸 편지, 1841. 1. 15., 상동, 98.

77. 에이다가 바이런 부인에게 보낸 편지, 1841. 2. 6., 상동, 101.

78. *Charles Babbage and His Calculating Engines*, 113.

79. 인용: Anthony Hyman, *Charles Babbage*, 185.

80. *Bibliothèque Universelle de Genève*, no. 82(1842. 10.).

81. 에이다가 배비지에게 보낸 편지, 1843. 7. 4., 출처: Betty Alexandra Toole, *Ada, the Enchantress of Numbers*, 145.

82. 메나브레아의 논문, "Sketch of the Analytical Engine Invented by Charles Babbage(찰스 배비지가 발명한 해석기관의 개요)"에 대한 에이다의 주 A, 출처: *Charles Babbage and His Calculating Engines*, 247.

83. 상동, 252.

84. H. Babbage, "The Analytical Engine(해석기관)", 배스Bath에서 읽은 논문, 1888년 12. 12., 출처: *Charles Babbage and His Calculating Engines*(찰스 배비지와 그의 계산기계), 331.

85. 메나브레아의 논문, "Sketch of the Analytical Engine Invented by Charles Babbage(찰스 배비지가 발명한 해석기관의 개요)"에 대한 에이다의 주 D.

86. 에이다가 배비지에게 보낸 편지, 1843. 7. 5., 출처: Betty Alexandra Toole, *Ada, the Enchantress of Numbers*, 147.

87. 메나브레아의 논문, "Sketch of the Analytical Engine Invented by Charles Babbage"에 대한 에이다의 주 D.

88. 에이다가 배비지에게 보낸 편지, 1843. 7. 13., 출처: Betty Alexandra Toole, *Ada, the Enchantress of Numbers*, 149.

89. 에이다가 배비지에게 보낸 편지, 1843. 7. 22., 상동, 150.

90. 에이다가 배비지에게 보낸 편지, 1843. 7. 30., 상동, 157.

91. H. P. Babbage, "The Ananlytical Engine(해석기관)", 333.

92. "Maelzel's Chess-Player(맬젤의 체스 기계)", 출처: *The Prose Tales of Edgar Allan Poe: Third Series*(New York: A. C. Armstrong & Son, 1889), 230.

93. Ralph Waldo Emerson, *Society and Solitude*(Boston: Fields, Osgood, 1870), 143.

94. Oliver Wendell Holmes, *The Autocrat of the Breakfast-Table*(New York: Houghton Mifflin, 1893), 11.

95. Charles Babbage, *Passages from the Life of a Philosopher*, 235.

96. "On the Age of Strata, as Inferred from the Rings of Trees Embedded in Them(나이테를 통해 추론하는 층의 시기에 대하여)", Charles Babbage, *The Ninth Bridgewater Treatise: A Fragment(London: John Murray, 1837),* 출처: *Charles Babbage and His Calculating Engines*, 368.

97. Charles Babbage, *On the Economy of Machinery*, 10.

98. Charles Babbage, *Passages from the Life of a Philosopher*, 447.

99. Charles Babbage, *On the Economy of Machinery*, 273.

100. Charles Babbage, *Passages from the Life of a Philosopher*, 460.

101. 상동, 301.

102. Jenny Uglow, "Possibility(가능성)", 출처: Francis Spufford, Jenny Uglow, *Cultural Babbage*, 20.

103. Charles Babbage, *Passages from the Life of a Philosopher*, 450.

104. 에이다가 바이런 부인에게 보낸 편지, 1851. 8. 10., 출처: Betty Alexandra Toole, *Ada, the Enchantress of Numbers*, 287.

105. 에이다가 바이런 부인에게 보낸 편지, 1851. 10. 29., 상동, 291.

제5장

1. Nathaniel Hawthone, *The House of the Seven Gables*(Boston: Ticknor, Reed, & Fields, 1851), 283.

2. 그들은 "계속 일하지 않으면서도 쉽게" 물량을 처리했다. "Central Telegraph Stations(중앙전신국)", *Journal of the Society of Telegraph Engineers* 4(1875): 106.

3. Andrew Wynter, "The Electric Telegraph(전기전신)", *Quarterly Review* 95(1854): 118-64.

4. Iwan Rhys Morus, "'The Nervous System of Britain': Space, Time and the Electric Telegraph in the Victorian Age('영국의 신경계': 빅토리아 시대의 공간과 시간 그리고 전기 전신)", *British Journal of the History of Science* 33(2000): 455-75.

5. 인용: Iwan Rhys Morus, "'The Nervous System of Britain'('영국의 신경계')", 471.

6. "Edison's Baby(에디슨의 아이)", *The New York Times*, 1878. 10. 27., 5.

7. "The Future of the Telephone(전화의 미래)", *Scientific American*, 1880. 1. 10.

8. Alexandra Jones, *Historical Sketch of the Electric Telegraph: Including Its Rise and Progress in the United States*(New York: Putnam, 1852).

9. William Robert Grove, 인용: Iwan Rhys Morus, "'The Nervous System of Britain'", 463.

10. Dionysus Lardner, *The Electric Telegraph*, 개정 및 개작: Edward B. Bright(London: James Walton, 1867), 6.

11. "The Telegraph(전신)", *Harper's New Monthly Magazine*, 47(1873. 8), 337.

12. "The Electric Telegraph(전기전신)", *The New York Times*, 1852. 11. 11.

13. 욥기 38장 35절; Dionysus Lardner, *The Electric Telegraph*.

14. *Memoirs of Count Miot de Melito*, vol. 1, 번역: Cashel Hoey, John Lille(London: Sampson Low, 1881), 44n.

15. Gerard J. Holzmann, Björn Pehrson, *The Early History of Data Networks*(Washington, D.C.: IEEE Computer Society, 1995), 52 ff.

16. "Lettre sur une nouveau tÉlÉgraphe(새로운 전신에 대한 편지)", 인용: Jacques Attali, Yves Stourdze, "The Birth of the Telephone and the Economic Crisis: The Slow Death of Monologue in French Society(전화의 탄생과 경제위기: 프랑스 사회에서의 독백의 느린 죽음)", 출처: Ithiel de Sola Poolin 편집, *The Social Impact of the Telephone*(Cambridge, Mass.: MIT Press, 1977), 97.

17. Gerard J. Holzmann, Björn Pehrson, *The Early History of Data Networks*, 59.

18. Bertrand Barère de Vieuzac, 1794. 8. 17., 인용: 상동, 64.

19. Taliaferro P. Shaffner, *The Telegraph Manual: A Complete History and Description of the Semaphoric, Electric and Magnetic Telegraphs of Europe, Asia, Africa, and America, Ancient and Modern*(New York: Pudney & Russell, 1859), 42.

20. Gerard J. Holzmann, Björn Pehrson, *The Early History of Data Networks*, 81.

21. Charles Dibdin, "The Telegraph(전신)", 출처: *The Songs of Charles Dibdin, Chronologically Arranged*, vol. 2(London: G. H. Davidson, 1863), 69.

22. Taliaferro P. Shaffner, *The Telegraph Manual*, 31.

23. Gerard J. Holzmann, Björn Pehrson, *The Early History of Data Networks*, 56.

24. 상동, 91.

25. 상동, 93.

26. J. J. Fahie, *A History of Electric Telegraphy to the Year 1837*(London: E. & F. N. Spon,

1884), 90.

27. E. A. Marland, *Early Electrical Communication*(London: Abelard-Schuman, 1964), 37.

28. "일반적 사용을 위해 자신의 전신기를 소개하려던 다이어의 시도는 극심한 편견에 부딪혔고, 이런 감정의 징후에 놀란 그는 나라를 떠났다." Chauncey M. Depew, *One Hundred Years of American Commerce*(New York: D. O. Haynes, 1895), 126.

29. John Pickering, *Lecture on Telegraphic Language*(Boston: Hilliard, Gray, 1833), 11.

30. 인용: Daniel R. Headrick, *When Information Came of Age: Techonologies of Knowledge in the Age of Reason and Revolution, 1700-1850*(Oxford: Oxford University Press, 2000), 200.

31. John Pickering, *Lecture on Telegraphic Language*, 26.

32. 데이비의 원고, 인용: J. J. Fahie, *A History of Electric Telegraphy to the Year 1837*, 351.

33. William Fothergill Cooke, *The Electric Telegraph: Was it Invented By Professor Wheatstone?*(London: W. H. Smith & Son, 1857), 27.

34. Alfred Vail, *The American Electro Magnetic Telegraph: With the Reports of Congress, and a Description of All Telegraphs Known, Employing Electricity or Galvanism*(Philadelphia: Lea & Blanchard, 1847), 178.

35. *Samuel F. B. Morse: His Letters and Journals*, vol. 2(Boston: Houghton Mifflin, 1914), 21.

36. R. W. 하버샴Habersham의 회고, *Samuel F. B. Morse: His Letters and Journals*.

37. Alfred Vail, *The American Electro Magnetic Telegraph*, 70.

38. Andrew Wynter, "The Electric Telegraph(전기전신)", 128.

39. Laurence Turnbull, *The Electro-Magnetic Telegraph, With an Historical Account of Its Rise, Progress, and Present Condition*(Philadelphia: A. Hart, 1853), 87.

40. "1845년 3월 12일에 에일즈베리 봄 순회법원에서 바론 팍스 판사 주재로 열린 존 타웰의 사라 하트 독살 사건에 대한 재판", 출처: William Otter Woodall, *A Collection of Reports of Celebrated Trials*(London: Shaw & Sons, 1873).

41. John Timbs, *Stories of Inventors and Discoverers in Science and the Useful Arts*(London: Kent, 1860), 335.

42. 인용: Tom Standage, *The Victorian Internet: The Remarkable Story of the Telegraph and the Nineteenth Century's On-Line Pioneers*(New York: Berkley, 1998), 55.

43. Alexander Jones, *Historical Sketch of the Electric Telegraph*, 121.

44. Charles Maybury Archer 편집, *The London Anecdotes: The Electric Telegraph*, vol. 1(London: David Bogue, 1848), 85.

45. *Littell's Living Age* 6, no. 63(1845. 7. 26.): 194.

46. Andrew Wynter, "The Electric Telegraph", 138.

47. Alexander Jones, *Historical Sketch of the Electric Telegraph*, 6.

48. "The Atlantic Telegraph(대서양 전신)", *The New York Times*, 1858. 8. 6., 1.

49. Charles Maybury Archer, *The London Anecdotes*, 51.

50. 상동, 73.

51. George B. Prescott, *History, Theory, and Practice of the Electric Telegraph*(Boston: Ticknor

and Fields, 1860), 5.

52. *The New York Times*, 1858. 8. 7., 1.

53. 인용: Iwan Rhys Morus, "'The Nervous System of Britain'", 463.

54. 윌크스가 모스에게 보낸 편지, 1844. 6. 13., 출처: Alfred Vail, *The American Electro Magnetic Telegraph*, 60.

55. 인용: Adam Frank, "Valdemar's Tongue, Poe's Telegraphy(발데마의 혀, 포의 전신)", *ELH* 72 (2005): 637.

56. Andrew Wynter, "The Electric Telegraph", 133.

57. Alfred Vail, *The American Electro Magnetic Telegraph*, v iii.

58. William Fothergill Cooke, *The Electric Telegraph*, 46.

59. "The Telegraph", *Harper's New Monthly Magazine*, 336.

60. Andrew Wynter, *Subtle Brains and Lissom Fingers: Being Some of the Chisel-Marks of Our Industrial and Scientific Progress*(London: Robert Hardwicke, 1863), 363.

61. Robert Frost, "The Line-Gang(전선 가설조)", 1920.

62. *Littell's Living Age* 6, no. 63(1845. 7. 26.): 194.

63. "The Telegraph", *Harper's New Monthly Mangazine*, 333.

64. Andrew Wynter, *Subtle Brains and Lissom Fingers*, 371.

65. Andrew Wynter, "The Electric Telegraph", 132.

66. Alexander Jones, *Historical Sketch of the Electric Telegraph*, 123.

67. Alfred Vail, *The American Electro Magnetic Telegraph*, 46.

68. Francis O. J. Smith, *The Secret Corresponding Vocabulary; Adapted for Use to Morse's Electro-Magnetic Telegraph: And Also in Conducting Written Correspondence, Transmitted by the Mails, or Otherwise*(Portland, Maine: Thurston, Ilsley, 1845).

69. 윌리엄 클로슨-투에가 제시한 예, *The ABC Universal Commercial Electric Telegraph Code*, 4th ed.(London: Eden Fisher, 1880).

70. 상동, iv.

71. 프림로즈 대 웨스턴 유니언 전신 회사, 154 U.S. 1(1894); "'Not Liable for Errors in Ciphers(암호 오류에 대한 책임 없음)", *The New York Times*, 1894. 5. 27., 1.

72. 재간: John Wilkins, *Mercury: Or the Secret and Swift Messenger. Shewing, How a Man May With Privacy and Speed Communicate His Thoughts to a Friend At Any Distance*, 3rd ed.(London: John Nicholson, 1708).

73. John Aubrey, *Brief Lives*, 편집: Richard Barber(Woodbridge, Suffolk: Boydell Press, 1982), 324.

74. John Wilkins, *Mercury: Or the Secret and Swift Messenger*, 62.

75. 상동, 69.

76. David Kahn, *The Codebreakers: The Story of Secret Writing*(London: Weidenfeld & Nicolson, 1968), 189.

77. "A Few Words on Secret Writing(비밀 기록에 대한 소고)", *Graham's Magazine*, 1841. 7.; Edgar Allan Poe, *Essays and Reviews*(New York: Library of America, 1984), 1277.

78. *The Literati of New York*(1846). 출처: Edgar Allan Poe, *Essays and Reviews*, 1172.

79. 참조: William F. Friedman, "Edgar Allan Poe, Cryptographer(에드거 앨런 포, 암호 제작자)", *American Literature* 8, no. 3(1936): 266-80; Joseph Wood Krutch, *Edgar Allan Poe: A Study in Genius*(New York: Knopf, 1926).

80. Lewis Carroll, "The Telegraph-Cipher(전신 암호)", 인쇄 카드 8×12cm., Berol Collection, New York University Library.

81. Charles Babbage, *Passages from the Life of a Philosopher*(London: Longman, Green, Longman, Roberts, & Green, 1864), 235.

82. Simon Singh, *The Code Book: The Secret History of Codes and Code-breaking*(London: Fourth Estate, 1999), 63 ff.

83. Dionysius Lardner, "Babbage's Calculating Engines(배비지의 계산기관)", *Edinburgh Review* 59, no. 120(1834): 315-17.

84. 모르간이 불에게 보낸 편지, 1847. 11. 28., 출처: G. C. Smith 편집, *The Boole-De Morgan Correspondence 1842-1864*(Oxford: Clarendon Press, 1982), 25.

85. 모르간이 불에게 쓴 편지, 미발송, 상동, 27.

86. 인용: Samuel Neil, "The Late George Boole, LL.D., D.C.L.(만년의 조지 불, 법학 박사, 민법학 박사)"(1865), 출처: James Gasser 편집, *A Boole Anthology: Recent and Classical Studies in the Logic of George Boole*(Dordrecht, Netherlands: Kluwer Academic, 2000), 16.

87. George Boole, *An Investigation of the Laws of Thought, on Which Are Founded the Mathematical Theories of Logic and Probabilities*(London: Walton & Maberly, 1854), 34.

88. 상동, 24-25.

89. 상동, 69.

90. "The Telegraph", *Harper's New Monthly Magazine*, 359.

91. Lewis Carroll, *Symbolic Logic: Part I, Elementary*(London: Macmillan, 1896), 112, 131. 참조: Steve Martin, *Born Standing Up: A Comic's Life*(New York: Simon & Schuster, 2007), 74.

92. Bertrand Russell, *Mysticism and Logic*(1918; 재간, Mineola, N.Y.: Dover, 2004), 57.

제6장

1. James Clerk Maxwell, "The Telephone(전화)", 케임브리지 리드 강연Rede Lecture, 1878. "가워 씨의 전화 하프를 실례로 듦", 출처: W. D. Niven 편집, *The Scientific Papers of James Clerk Maxwell*, vol. 2(Cambridge: Cambridge University Press, 1890; 재간, New York: Dover, 1965), 750.

2. "몇 구역만 걸어가면 전원 지대가 나올 정도로 작았습니다." 섀넌이 앤서니 리버시즈Anthony Liversidge와 가진 인터뷰, *Omni*(1987. 8.), 출처: Claude Elwood Shannon, *Collected Papers*, 편집: N. J. A. Sloane, Aaron D. Wyner(New York: IEEE Press, 1993), x x.

3. "In the World of Electricity(전기의 세상에서)", *The New York Times*, 1895. 7. 14., 28.

4. David B. Sicilia, "How the West Was Wired(서부는 어떻게 연결되었는가)", *Inc.*, 1997. 6.

15.

5. 1843: *Complete Stories and Poems of Edgar Allan Poe*(New York: Doubleday, 1966), 71.

6. 상동, 90.

7. *The New York Times*, 1927. 10. 21.

8. Vannevar Bush, "As We May Think(우리가 생각하는 것처럼)", *The Atlantic*(1945. 7.).

9. 섀넌이 루돌프 E. 칼만Rudolf E. Kalman에게 보낸 편지, 1987. 6. 12., 의회 도서관 원고부.

10. Claude Shannon, "A Symbolic Analysis of Relay and Switching Circuits(릴레이와 스위칭 회로에 대한 기호적 분석)", *Transactions of the American Institute of Electrical Engineers* 57(1938): 38–50.

11. 부시가 바바라 벅스Barbara Burks에게 보낸 편지, 1938. 1. 5., 의회 도서관 원고부.

12. Claude Shannon, *Collected Papers*, 892.

13. 상동, 921.

14. 섀넌이 부시에게 보낸 편지, 1939. 2. 16., 출처: Claude Shannon, *Collected Papers*, 455.

15. 라이프니츠가 장 갈로이스Jean Galloys에게 보낸 편지, 1678. 12., 출처: Martin Davis, *The Universal Computer: The Road from Leibniz to Turing*(New York: Norton, 2000), 16.

16. Alfred North Whitehead, Bertrand Russell, *Principia Mathematica*, vol. 1(Cambridge: Cambridge University Press, 1910), 2.

17. Bertrand Russell, "Mathematical Logic Based on the Theory of Types(유형이론에 기초한 수학적 논리학)", *American Journal of Mathematics* 30, no. 3(1908. 7.): 222.

18. Douglas R. Hofstadter, *I Am a Strange Loop*(New York: Basic Books, 2007), 109.

19. Alfred North Whitehead, Bertrand Russell, *Principia Mathematica*, vol. 1, 61.

20. "The Philosophy of Logical Atomism(논리적 원자론의 철학)"(1910), 출처: Bertrand Russell, *Logic and Knowledge: Essays, 1901-1950*(London: Routledge, 1956), 261.

21. Kurt Gödel, "On Formally Undecidable Propositions of Principia Mathematica and Related Systems I(형식적으로 결정할 수 없는 수학 원리와 관련 체계의 명제에 대하여 I)"(1931), 출처: *Kurt Gödel: Collected Works*, vol. 1, 편집: Solomon Feferman(New York: Oxford University Press, 1986), 146.

22. Kurt Gödel, "Russell's Mathematical Logic(러셀의 수리논리학)"(1944), 출처: *Kurt Gödel: Collected Works*, vol. 2, 119.

23. Kurt Gödel, "On Formally Undecidable Propositions of Principia Mathematica and Related Systems I(형식적으로 결정할 수 없는 수학 원리와 관련 체계의 명제에 대하여 I)"(1931), 145.

24. 상동, 151 n15.

25. Kurt Gödel, "Russell's Mathematical Logic(러셀의 수리논리학)"(1944), 124.

26. Douglas R. Hofstadter, *I Am a Strange Loop*, 166.

27. John von Neumann, "Tribute to Dr. Gödel(괴델 박사에 대한 헌사)"(1951), 인용: Steve J. Heims, *Joh von Neumann and Norbert Weiner*(Cambridge, Mass.: MIT Press, 1980), 133.

28. 러셀이 리온 헨킨Leon Henkin에게 보낸 편지, 1963. 4. 1.

29. Ludwig Wittgenstein, *Remarks on the Foundations of Mathematics*(Cambridge, Mass.: MIT

Press, 1967), 158.

30. 괴델이 에이브러햄 로빈슨Abraham Robinson에게 보낸 편지, 1973. 7. 2., 출처: *Kurt Gödel: Collected Works*, vol. 5, 201.

31. Rebecca Goldstein, Incompleteness: *The Proof and Paradox of Kurt Gödel*(New York: Atlas, 2005).

32. 헤르만 바일이 클로드 섀넌에게 보낸 편지, 1940. 4. 11., 의회 도서관 원고부.

33. David A. Mindell, *Between Human and Machine: Feedback, Control, and Computing Before Cybernetics*(Baltimore: Johns Hopkins University Press, 2002), 289.

34. Vannevar Bush, "Report of the National Defense Research Committee for the First Year of Operation, June 27, 1940, to June 28, 1941(1940년 6월 27일부터 1941년 6월 28일까지 운영 1년차에 대한 국방연구위원회 보고서)", 프랭클린 D. 루즈벨트 대통령 도서관 및 박물관, 19.

35. R. B. Blackman, H. W. Bode, Claude E. Shannon, "Data Smoothing and Prediction in Fire-Control Systems(발사 제어 시스템에서의 데이터 평활과 예측)", Summary Technical Report of Division 7, National Defense Research Committee, vol. 1, *Gunfire Control*(Washington D.C.: 1946), 71-159, 16-67; David A. Mindell, "Automation's Finest Hour: Bell Labs and Automatic Control in World War Ⅱ(자동화의 황금기: 벨연구소와 제2차 세계대전 시기의 자동 제어)", *IEEE Control Systems* 15(1995. 12.): 72-80.

36. 엘리샤 그레이가 A. L. 헤이즈Hayes에게 보낸 편지, 1875. 10., 인용: Michael E. Gorman, *Transforming Nature: Ethics, Invention and Discovery*(Boston: Kluwer Academic, 1998), 165.

37. Albert Bigelow Paine, *In One Man's Life: Being Chapters from the Personal &Business Career of Theodore N. Vail*(New York: Harper & Brothers, 1921), 114.

38. Marion May Dilts, *The Telephone in a Changing World*(New York: Longmans, Green, 1941), 11.

39. "The Telephone Unmasked(전화의 실체)", *The New York Times*, 1877. 10. 13., 4.

40. *The Scientific Papers of James Clerk Maxwell*, 편집: W. D. Niven, vol. 2(Cambridge: Cambridge University Press, 1890; 재간, New York: Dover, 1965), 744.

41. *Scientific American*, 1880. 1. 10.

42. *Telephones: 1907*, 통계청 특별 보고서, 74.

43. 인용: Ithiel de Sola Pool 편집, *The Social Impact of the Telephone*(Cambridge, Mass.: MIT Press, 1977), 140.

44. J. Clerk Maxwell, "A Dynamical Theory of the Electromagnetic Field(전자기장에 대한 역학 이론)", *Philosophical Transactions of the Royal Society* 155(1865): 459.

45. Michèle Martin, *"Hello, Central?: Gender, Technology, and Culture in the Formation of Telephone Systems"*(Montreal: McGill-Queen's University Press, 1991), 55.

46. 전국 전화 교환 협회National Telephone Exchange Association 회보, 1881, 출처: Frederick Leland Rhodes, *Beginnings of Telephony*(New York: Harper & Brothers, 1929), 154.

47. 인용: Peter Young, *Person to Person: The International Impact of the Telephone*(Cambridge: Granta, 1991), 65.

48. Herbert N. Casson, *The History of the Telephone*(Chicago: A. C. McClurg, 1910), 296.

49. John Vaughn, "The Thirtieth Anniversary of a Great Invention(위대한 발명의 30주년)", *Scribner's* 40(1906): 371.

50. G. E. Schindler, Jr., 편집, *A History of Engineering and Science in the Bell System: Switching Technology 1925-1975*(Bell Telephone Laboratories, 1982).

51. T. C. Fry, "Industrial Mathematics(공업수학)", *Bell System Technical Journal* 20(1941. 7): 255.

52. Bell Canada Archives, 인용: Michèle Martin, *"Hello, Central?"* 23.

53. H. Nyquist, "Certain Factors Affecting Telegraph Speed(전신 속도에 영향을 미치는 특정 요소들)", *Bell System Technical Journal* 3(1924. 4.): 332.

54. R. V. L. Hartley, "Transmission of Information(정보의 전달)", *Bell System Technical Journal* 7(1928. 7.): 536.

55. 상동.

56. H. Nyquist, "Certain Factors Affecting Telegraph Speed", 333.

57. R. V. L. Hartley, "Transmission of Information", 537.

제7장

1. John Barwise, "Information and Circumstance(정보와 환경)", *Notre Dame Journal of Formal Logic* 27, no. 3(1986): 324.

2. 로버트 프라이스와 가진 섀넌의 인터뷰, "A Conversation with Claude Shannon: One Man's Approach to Problem Solving(클로드 섀넌과의 인터뷰: 문제 해결에 대한 한 사람의 접근법)", *IEEE Communications Magazine* 22(1984): 125; 참조: 클로드 섀넌에게 앨런 튜링이 보낸 편지, 1953. 6. 3., 의회 도서관 원고부.

3. Andrew Hodges, *Alan Turing: The Enigma*(London: Vintage, 1992), 251.

4. 맥스 뉴먼Max H. A. Newman이 알론조 처치Alonzo Church에게 보낸 편지, 1936. 5. 31., 인용 출처: Andrew Hodges, *Alan Turing*, 113.

5. Alan M. Turing, "On Computable Numbers, with an Application to the 'Entscheidungsproblem'(결정 문제에 응용한 연산 가능한 수에 대하여)", *Proceedings of the London Mathematical Society* 42(1936): 230-65.

6. 쿠르트 괴델이 에르네스트 나겔에게 보낸 편지, 1957. 출처: *Kurt Gödel: Collected Works*, vol. 5. 편집, Solomon Feferman(New York: Oxford University Press, 1986), 147.

7. 앨런 튜링이 부모에게 보낸 편지, 1923. 여름, AMT/K/1/3, Turing Digital Archive, http://www.turingarchive.org.

8. Alan M. Turing, "On Computable Numbers(연산 가능한 수에 대하여)", 230-65.

9. "On the Seeming Paradox of Mechanizing Creativity(창의성을 기계화하는 명백한 역설에 대하여)", 출처: Douglas R. Hofstadter, *Metamagical Themas: Questing for the Essence of Mind and Pattern*(New York: Basic Books, 1985), 535.

10. "The Nature of Spirit(정신의 본질)", 미출간 논문, 1932. 출처: Andrew Hodges, *Alan Tur-*

ing, 63.

11. Herbert B. Enderton, "Elements of Recursion Theory", 출처: John Barwise, *Handbook of Mathematical Logic*(Amsterdam: North Holland, 1977), 529.

12. 앨런 튜링이 사라 튜링Sara Turing에게 보낸 편지, 1936. 10. 14., 인용 출처: Andrew Hodges, *Alan Turing*, 120.

13. "Communication Theory of Secrecy Systems(암호체계의 통신이론)"(1948), 출처: Claude Elwood Shannon, *Collected Papers*, 편집: N. J. A. Sloane, Aaron D. Wyner(New York: IEEE Press, 1939), 90.

14. 상동, 113.

15. Edward Sapir, *Language: An Introduction to the Study of Speech*(New York: Harcourt, Brace, 1921), 21.

16. "Communication Theory of Secrecy Systems(암호체계의 통신이론)", 출처: Claude Shannon, *Collected Papers*, 85.

17. 상동, 97.

18. "Communication Theory—Exposition of Fundamentals(통신이론-근본 원칙의 설명)", *IRE Transactions on Information Theory*, no. 1(1950. 2.), 출처: Claude Shannon, *Collected Papers*, 173.

19. 워렌 위버가 클로드 섀넌에게 보낸 편지, 1949. 1. 27., 의회 도서관 원고부.

20. John R. Pierce, "The Early Days of Information Theory(정보이론의 초기)", *IEEE Transactions on Information Theory* 19, no. 1(1973): 4.

21. Claude Elwood Shannon, Warren Weaver, *The Mathematical Theory of Communication*(Urbana: University of Illinois Press, 1949), 31.

22. 상동, 11.

23. "Stochastic Problems in Physics and Astronomy(물리학과 천문학에서의 확률 문제)", *Reviews of Modern Physics* 15, no. 1(1943. 1.), 1.

24. M. G. Kendall, B. Babbington Smith, *Table of Random Sampling Numbers*(Cambridge: Cambridge University Press, 1939). 켄달과 스미스는 네온 조명에 의해 불규칙한 간격으로 0에서 9까지 새겨진 숫자가 비치는 회전판인 "무작위 기계randomizing machine"를 활용했다. L. H. C. 티핏Tippet은 일찍이 1927년에 인구 조사 보고서에서 모든 수의 마지막 자리를 기록하여 4만 1,000개의 수를 추출했다. 1944년에 《수학 가제트Mathematical Gazette》에 실린 다소 순진한 논문은 기계가 필요 없다고 주장했다. 그 내용은 다음과 같다. "현대 사회에서는 생활의 대단히 많은 속성들이 무작위성을 드러내기 때문에 무작위 기계를 만들 필요가 없다. … 따라서 거리를 지나는 차들의 번호판을 읽어서 모든 평범한 목적에 쓸 수 있는 일련의 난수를 구성할 수 있다. 차들은 연속적으로 일련번호가 매겨지지만 비연속적으로 거리를 돌아다니며, 매일 아침 역으로 가는 길에 49번지 앞에 항상 서 있는 스미스 씨의 차 번호판을 읽는 것 같은 명백한 오류를 피할 수 있기 때문이다." Frank Sandon, "Random Sampling Numbers(무작위적 수 샘플링)", *The Mathematical Gazette* 28(1944. 12.): 216.

25. Fletcher Pratt, *Secret and Urgent: The Story of Codes and Ciphers*(Garden City, N.Y.: Blue Ribbon, 1939).

26. Claude Elwood Shannon, Warren Weaver, *The Mathematical Theory of Communication*, 18.

27. "A word suggested by J. W. TukeyJ. W.(투키가 제안한 단어)", 그는 통계학자인 존 투키가 프린스턴에서 리처드 파인먼의 룸메이트였고, 전후 벨연구소에서 한동안 일했다고 덧붙였다.

28. Claude Shannon, "Prediction and Entropy of Printed English(인쇄된 영어에 대한 예측과 엔트로피)", *Bell System Technical Journal* 30(1951): 50, 출처: Claude Shannon, *Collected Papers*, 94.

29. 인용 출처: M. Mitchell Waldrop, "Reluctant Father of the Digital Age", *Technology Review*(2001. 7-8.): 64-71.

30. 섀넌이 앤서니 리버시즈와 가진 인터뷰, *Omni*(1987. 8.), 출처: Claude Shannon, *Collected Papers*, x x iii.

31. 수기 메모, 1949. 7. 12., 의회 도서관 원고부.

제8장

1. Heinz von Foerster, 편집, *Cybernetics: Circular Causal and Feedback Mechanisms in Biological and Social Systems: Transactions of the Seventh Conference, March 23-24, 1950*(New York: Josiah Macy, Jr. Foundation, 1951), 155.

2. J. J. Doob, 서평(무제), *Mathematical Reviews* 10(1949. 2.): 133.

3. A. Chapanis, 서평(무제), *Quarterly Review of Biology* 26, no. 3(1951. 9.): 321.

4. Arthur W. Burks, 서평(무제), *Philosophical Review* 60, no. 3(1951. 7.): 398.

5. *Proceedings of the Institute of Radio Engineers* 37(1949), 출처: Claude Elwood Shannon, *Collected Papers*, 편집: N. J. A. Sloane, Aaron D. Wyner(New York: IEEE Press, 1993), 872.

6. John R. Pierce, "The Early Days of Information Theory(정보이론의 초기)", *IEEE Transactions on Information Theory* 19, no. 1(1973): 5.

7. 앙드레-마리 앙페르André-Marie Ampère는 1834년에 cybernÉtics라는 단어를 썼다(*Essai sur la philosophie des sciences*).

8. "Boy of 14 College Graduate(14세 대학 졸업반 소년)", *The New York Times*, 1909. 5. 9., 1.

9. 버트런드 러셀이 루시 도널리Lucy Donnelly에게 보낸 편지, 1913. 10. 19., 인용 출처: Steve J. Heims, *John von Neumann and Norbet Wiener*(Cambridge, Mass.: MIT Press, 1980), 18.

10. 노버트 위너가 레오 위너Leo Wiener에게 보낸 편지, 1913. 10. 15., 인용 출처: Flo Conway, Jim Siegelman, *Dark Hero of the Information Age: In Search of Norbert Wiener, the Father of Cybernetics*(New York: Basic Books, 2005), 30.

11. Norbert Wiener, *I Am a Mathematician: The Later Life of a Prodigy*(Cambridge, Mass.: MIT Press, 1964), 324.

12. 상동, 375.

13. Arturo Rosenblueth 외, "Behavior, Purpose and Teleology(행동, 목적 그리고 목적론)", *Phi-*

losophy of Science 10(1943): 18.

14. 인용 출처: Warren S. MuCulloch, "Recollections of the Many Sources of Cybernetics", *ASC Forum* 6, no. 2(1974).

15. "In Man's Image(사람의 모습을 본따)", *Time*, 1948. 12. 27.

16. Norbert Wiener, *Cybernetics: Or Control and Communication in the Animal and the Machine*, 2판(Cambridge, Mass.: MIT Press, 1961), 118.

17. 상동, 132.

18. Warren S. McCulloch, "Through the Den of the Metaphysician(형이상학자의 굴을 지나)", *British Journal for the Philosophy of Science* 5, no. 17(1954): 18.

19. Warren S. McCulloch, "Recollections of the Many Sources of Cybernetics(인공두뇌학의 많은 근원에 대한 회고)", 11.

20. Steve. J. Heims, *The Cybernetics Group*(Cambridge, Mass.: MIT Press, 1991), 22.

21. Heinz von Foerster 편집, *Transactions of the Seventh Conference*, 11.

22. 상동, 12.

23. 상동, 18.

24. Jean-Pierre Dupuy, *The Mechanization of the Mind: On the Origins of Cognitive Science*, 번역, M. B. DeBevoise(Princeton, N.J.: Princeton University Press, 2000), 89.

25. Heinz von Foerest 편집, *Transactions of the Seventh Conference*, 13.

26. 상동, 20.

27. Warren S. McCulloch, John Pfeiffer, "Of Digital Computers Called Brains(두뇌로 불리는 디지털 컴퓨터에 대하여)", *Scientific Monthly* 69, no. 6(1949): 368.

28. J. C. R. Licklider, 윌리엄 애스프레이William Aspray, 아서 노버그Arthur Norberg와 가진 인터뷰, 1988. 10. 28., Charles Babbage Institute, University of Minnesota, http://special.lib.umn.edu/cbi/oh/pdf.phtml?id=180(2010. 6. 6. 접속).

29. Heinz von Foerster 편집, *Transactions of the Seventh Conference*, 66.

30. 상동, 92.

31. 상동, 100.

32. 상동, 123

33. 상동, 135.

34. 인용 출처: Flo Conway, Jim Siegelman, *Dark Hero of the Information Age*, 189.

35. Heinz von Foerster 편집, *Transactions of the Seventh Conference*, 143.

36. Heinz von Foerster 편집, *Cybernetics: Circular Causal and Feedback Mechanisms in Biological and Social Systems; Transactions of the Eighth Conference, March 15-16, 1951*(New York: Josiah Macy, Jr. Foundation, 1952), x iii.

37. Heinz von Foerster 편집, *Transactions of the Seventh Conference*, 151.

38. Heinz von Foerster 편집, *Transactions of the Eighth Conference*, 173.

39. "Computers and Automata(컴퓨터와 자동 장치)", 출처: Claude Shannon, *Collected Papers*, 706.

40. Heinz von Foerster 편집, *Transactions of the Eighth Conference*, 175.

41. 상동, 180.
42. 인용 출처: Roberto Cordeschi, *The Discovery of the Artificial: Behavior, Mind, and Machines Before and Beyond Cybernetics*(Dordrecht, Netherlands: Springer, 2002), 163.
43. Norbert Wiener, *Cybernetics*, 23.
44. 존 베이츠가 그레이 월터Grey Wlater에게 한 말. 인용 출처: Owen Holland, "The First Biologically Inspired Robots(생물학적 영감을 받은 최초의 로봇)", *Robotica* 21(2003): 354.
45. Philip Husbands, Owen Holland, "The Ratio Club: A Hub of British Cybernetics(레이쇼 클럽: 영국 인공두뇌학의 중심)", 출처: *The Mechanical Mind in History*(Cambridge, Mass.: MIT Press, 2008), 103.
46. 상동, 110.
47. "Brain and Behavior(뇌와 행동)", *Comparative Psychology Monograph*, 시리즈 103(1950), 출처: Warren S. McCulloch, *Embodiments of Mind*(Cambridge, Mass.: MIT Press, 1965), 307.
48. Alan M. Turing, "Computing Machinery and Intelligence(연산기계와 지성)", *Minds and Machines* 59 no. 236(1950): 433–60.
49. 상동, 436.
50. 상동, 439.
51. Alan M. Turing, "Intelligent Machinery, A Heretical Theory(지적 기계, 이단적 이론)", 미출간 강의, c. 1951, 출처: Stuart M. Shieber 편집, *The Turing Test: Verbal Behavior as the Hallmark of Intelligence*(Cambridge, Mass.: MIT Press, 2004), 105.
52. Alan M. Turing, "Computing Machinery and Intelligence(연산기계와 지성)", 442.
53. 클로드 섀넌이 C. 존스Jones에게 보낸 편지, 1952. 6. 16., 의회 도서관 원고부, 메리 섀넌의 허가하에 인용함.
54. 번역 출처: William Harvey, *Anatomical Exercises Concerning the Motion of the Heart and Blood*(London, 1653), 인용 출처: "psychology(심리학), *n*", 원고 개정 2009. 12., *OED Online*, Oxford University Press, http://dictionary.oed.com/cgi/entry/50191636.
55. *North British Review* 22(1854. 11.), 181.
56. 윌리엄 제임스가 헨리 홀트Henry Holt에게 보낸 편지, 1890. 5. 9., 인용 출처: Robert D. Richardson, *William James: In the Maelstrom of American Modernism*(New York: Houghton Mifflin, 2006), 298.
57. 조지 밀러가 조너선 밀러와 나눈 대화, 출처: Jonathan Miller, *States of Mind*(New York: Pantheon, 1983), 22.
58. Homer Jacobson, "The Informational Capacity of the Human Ear(귀의 정보 용량)", *Science* 112(1950. 8. 4.): 143–44; "The Informational Capacity of the Human Eye(눈의 정보 용량)", *Science* 113(1951. 3. 16.): 292–93.
59. G. A. Miller, G. A. Heise, W. Lichten, "The Intelligibility of Speech as a Function of the Context of the Test Materials(실험 재료의 맥락으로서의 기능을 하는 말의 인지성)", *Journal of Experimental Psychology* 41(1951): 329–35.
60. Donald E. Broadbent, *Perception and Communication*(Oxford: Pergamon Press, 1958),

31.

61. *Psychological Review* 63(1956): 81–97.

62. Frederick Adams, "The Informational Turn in Philosophy(철학에서의 정보로의 전환)", *Minds and Machines* 13(2003): 495.

63. Jonathan Miller, *States of Mind*, 26.

64. Claude Shannon, "The Transfer of Information(정보의 전달)", 펜실베이니아 인문 과학 대학원 75주년 기념 강연, 의회 도서관 원고부. 메리 섀넌의 허가하에 인용함.

65. "The Bandwagon(유행)", 출처: Claude Shannon, *Collected Papers*, 462.

66. 인용 출처: Steve J. Heims, *The Cybernetics Group*, 277.

67. 닐 슬론과 애런 와이너의 주석, 출처: Claude Shannon, *Collected Papers*, 882.

68. Claude E. Shannon, "Programming a Computer for Playing Chess(체스를 두는 컴퓨터의 프로그래밍)", 1949. 3. 9., 전국 IRE 총회에서 최초 발표, 출처: Claude Shannon, *Collected Papers*, 637; "A Chess-Playing Machine(체스 기계)", *Scientific American*(1950. 2.), 출처: Claude Shannon, *Collected Papers*, 657.

69. 에드워드 래스커가 클로드 섀넌에게 쓴 편지, 1949. 2. 7., 의회 도서관 원고부.

70. 클로드 섀넌이 C. J. S. 퍼디Purdy에게 보낸 편지, 1952. 8. 28., 의회 도서관 원고부, 메리 섀넌의 허가하에 인용함.

71. 미출간 논문, 출처: Claude Shannon, *Collected Papers*, 861. 커밍스의 시, "목소리 대 목소리, 입술 대 입술voices to voices, lip to lip"에 나오는 실제 구절은 "어떤 애꾸눈의 개자식이 봄을 측정하는 기구를 발명한다고 해서 누가 신경 쓰겠는가?"이다.

72. 클로드 섀넌이 아이린 앵거스Irene Angus에게 보낸 편지, 1952. 8. 8., 의회 도서관 원고부.

73. Robert McCraken, "The Sinister Machines(불길한 기계들)", *Wyoming Tribune*, 1954. 3.

74. Peter Elias, "Two Famous Papers(두 편의 유명 논문)", *IRE Transactions on Information Theory* 4, no. 3(1958): 99.

75. E. Colin Cherry, *On Human Communication*(Cambridge, Mass.: MIT Press, 1957), 214.

제9장

1. David L. Watson, "Entropy and Organization(엔트로피와 유기체)", *Science* 72(1930): 222.

2. Robert Price, "A Conversation with Claude Shannon: One Man's Approach to Problem Solving(클로드 섀넌과의 대화: 문제 해결에 대한 한 사람의 접근법)", *IEEE Communications Magazine* 22(1984): 124.

3. J. Johnstone, "Entropy and Evolution(엔트로피와 진화)", *Philosophy* 7(1932. 7.): 287.

4. James Clerk Maxwell, *Theory of Heat*, 2판(London: Longmans, Green, 1872), 186; 8판 (London: Longmans, Green, 1891), 189 n.

5. Peter Nicholls, David Langford 편집, *The Science in Science Fiction*(New York: Knopf, 1983), 86.

6. Lord Kelvin(William Thomson), "Physical Considerations Regarding the Possible Age of the Sun's Heat(태양열의 가능한 나이에 대한 물리적 고찰)", 1861년 9월에 맨체스터에서 열린

영국 학술 협회 강연, 출처: *Philosophical Magazine* 152(1862. 2.): 158.

7. Sigmund Freud, "From the History of an Infantile Neurosis(유아 신경증의 역사로부터)", 1918b, 116, 출처: *The Standard Edition of the Complete Psychological Works of Sigmund Freud*(London: Hogarth Press, 1955).

8. James Clerk Maxwell, "Diffusion(확산)", 『브리태니커 백과사전』 9판을 위해 작성됨, 출처: *The Scientific Papers of James Clerk Maxwell*, 편집: W. D. Niven, 2권(Cambridge: Cambridge University Press, 1890; 재출간, Dover, 1965), 646.

9. LÉon Brillouin, "Life, Thermodynamics, and Cybernetics(삶과 열역학 그리고 인공두뇌학)"(1949), 출처: Harvey S. Leff, Andrew F. Rex 편집, *Maxwell's Demon 2: Entropy, Classical and Quantum Information, Computing*(Bristol, U.K.: Institute of Physics, 2003), 77.

10. Richard Feynman, *The Character of Physical Law*(New York: Modern Library, 1994), 106.

11. 제임스 클러크 맥스웰이 존 윌리엄 스트럿John William Strutt에게 보낸 편지, 1870. 12. 6., 출처: Elizabeth Garber, Stephen G. Brush, C. W. F. Everitt 편집, *Maxwell on Heat and Statistical Mechanics: On "Avoiding All Personal Enquiries" of Molecules*(London: Associated University Presses, 1995), 205.

12. 인용 출처: Andrew Hodges, "What Did Alan Turing Mean by 'Machine'(앨런 튜링이 말한 '기계'의 의미)", 출처: Philip Husbands 외, *The Mechanical Mind in History*(Cambridge, Mass.: MIT Press, 2008), 81.

13. 제임스 클러크 맥스웰이 피터 거스리 테이트Peter Guthrie Tait에게 보낸 편지, 1867. 12. 11., 출처: *The Scientific Letters and Papers of James Clerk Maxwell*, 편집: P. M. Harman, 3권(Cambridge: Cambridge University Press, 2002), 332.

14. 왕립연구소 강연, 1897. 2. 28., *Proceedings of the Royal Institution* 9(1880): 113, 출처: William Thomson, *Mathematical and Physical Papers*, 5권, (Cambridge: Cambridge University Press, 1911), 21.

15. "Editor's Table(편집자의 테이블)", *Popular Science Monthly* 15(1879): 412.

16. 헨리 애덤스가 브룩스 애덤스에게 보낸 편지, 1903. 5. 2., 출처: *Henry Adams and His Friend: A Collection of His Unpublished Letters*, 편집: Harold Cater(Boston: Houghton Mifflin, 1947), 545.

17. Henri PoincarÉ, *The Foundations of Science*, 번역: George Bruce Halsted(New York: Science Press, 1913), 152.

18. James Johnstone, *The Philosophy of Biology*(Cambridge: Cambridge University Press, 1914), 118.

19. Leó Szilárd, "On the Decrease of Entropy in a Thermodynamic System by the Intervention of Intelligent Beings(지적 존재의 개입에 따른 열역학계에서의 엔트로피 감소에 대하여)", 번역: Anatol Rapoport, Mechthilde Knoller, 원문: Leó Szilárd "über Die Entropieverminderung in Einem Thermodynamischen System Bei Eingriffen Intelligenter Wesen", *Zeitschrift für Physik* 53(1929): 840–56, 출처: Harvey S. Leff, Andrew F. Rex 편집, *Maxwell's Demon 2*, 111.

20. 인용: William Lanouette, *Genius in the Shadows*(New York: Scribner's, 1992), 64.

21. 섀넌이 프리드리히-빌헬름 하게메이어Friedrich-Wilhelm Hagemeyer와 가진 인터뷰, 1977, 인용 출처: Erico Mariu Guizzo, "The Essential Message: Claude Shannon and the Making of Information Theory(근본적 메시지: 클로드 섀넌과 정보이론의 수립)"(석사 논문, MIT, 2004).

22. 클로드 섀넌이 노버트 위너에게 보낸 편지, 1948. 10. 13., MIT 기록 보관소.

23. Erwin Schrödinger, *What Is Life?*, 재출간본(Cambridge: Cambridge University Press, 1967), 1.

24. Gunther S. Stent, "That Was the Molecular Biology That Was(그것이 분자생물학이었다)", *Science* 160, no. 3826(1968): 392.

25. Erwin Schrödinger, *What Is Life?*, 69.

26. Norbert Wiener, *Cybernetics: Or Control and Communication in the Animal and the Machine*, 2판(Cambridge, Mass.: MIT Press, 1961), 58.

27. Erwin Schrödinger, *What Is Life?*, 71.

28. 상동, 23.

29. 상동, 28.

30. 상동, 61.

31. 상동, 5(저자 강조 표시).

32. Léon Brillouin, "Life, Thermodynamics, and Cybernetics(생명과 열역학 그리고 인공두뇌학)", 84.

33. Léon Brillouin, "Maxwell's Demon Cannot Operate: Information and Entropy(맥스웰의 도깨비는 움직일 수 없다: 정보와 엔트로피)", 출처: Harvey S. Leff, Andrew F. Rex 편집, *Maxwell's Demon 2*, 123.

34. Peter T. Landsberg, *The Enigma of Time*(Bristol: Adam Hilger, 1982), 15.

제10장

1. Richard Dawkins, *The Blind Watchmaker*(New York: Norton, 1986), 112.

2. W. D. Gunning, ""Progression and Retrogression(진보와 퇴보)", *The Popular Science Monthly* 8(1875. 12.): 189, n1.

3. Wilhelm Johannsen, "The Genotype Conception of Heredity(유전의 유전자형 관념)", *American Naturalist* 45, no. 531(1911): 130.

4. ""유전자' 사이의 불연속과 지속적인 차이는 멘델 법칙의 일상적인 양식이다", *American Naturalist* 45, no. 531(1911): 130.

5. Erwin Schrödinger, *What Is Life?*, 재출간본(Cambridge: Cambridge University Press, 1967), 62.

6. Henry Quastler 편집, *Essays on the Use of Information Theory in Biology*(Urbana: University of Illinois Press, 1953).

7. 시드니 댄코프가 헨리 콰슬러에게 보낸 편지, 1950. 7. 31., 인용 출처: Lily E. Kay, *Who Wrote the Book of Life: A History of the Genetic Code*(Stanford, Calif.: Stanford University

Press, 2000), 119.

8. Henry Linschitz, "The Information Content of a Bacterial Cell(박테리아 세포의 정보량)", 출처: Henry Quastler 편집, *Essays on the Use of Information Theory in Biology*, 252.

9. Sidney Dancoff, Henry Quastler, "The Information Content and Error Rate of Living Things(생물의 정보량과 오류율)", 출처: Henry Quastler 편집, *Essays on the Use of Information Theory in Biology*, 264.

10. 상동, 270.

11. Boris Ephrussi, Urs Leopold, J. D. Watson, J. J. Weigle, "Terminology in Bacterial Genetics(박테리아 유전학의 용어들)", *Nature* 171(1953. 4. 18.): 701.

12. 참조: Sahorta Sarkar, *Molecular Models of Life*(Cambridge, Mass.: MIT Press, 2005); Lily E. Kay, *Who Wrote the Book of Life?*, 58; 해리엇 에프뤼시-테일러Harriett Ephrussi-Taylor 가 조수아 레더버그Joshua Lederberg에게 보낸 편지(1953. 9. 3.)와 레더버그의 주석, 출처: 레더버그의 논문들, http://profiles.nlm.nih.gov/BB/A/J/R/R/(2009. 1. 22. 접속); James D. Watson, *Genes, Girls and Gamow: After the Double Helix*(New York: Knopf, 2002), 12.

13. 돌이켜보면 이 사실이 1944년에 록펠러대학의 오스왈드 에이버리Oswald Avery에 의해 증명됐다는 것을 모두가 이해한다. 그러나 당시에는 확신을 가진 연구자들이 많지 않았다.

14. Gunther S. Stent, "DNA", *Daedalus* 99(1970): 924.

15. James D. Watson, Francis Crick, "A Structure for Deoxyribose Nucleric Acid(데옥시리보핵산을 위한 구조)", *Nature* 171(1953): 737.

16. James D. Watson, Francis Crick, "Genetical Implications of the Structure of Deoxyribonucleic Acid(데옥시리보핵산의 구조가 지니는 유전적 의미)", *Nature* 171(1953): 965.

17. 조지 가모프가 왓슨, 크릭에게 보낸 편지, 1953. 7. 8., 인용 출처: Lily E. Kay, *Who Wrote the Book of Life?*, 131. 이고르 가모프Igor Gamow의 허가하에 인용함.

18. 조지 가모프가 E. 샤가프Chargaff에게 보낸 편지, 1954. 5. 6., 상동, 141.

19. Gunther S. Stent, "DNA", 924.

20. 프랜시스 크릭이 호레이스 프리랜드 저드슨Horace Freeland Judson과 가진 인터뷰, 1975. 11. 20., 출처: Horace Freeland Judson, *The Eighth Day of Creation: Makers of the Revolution in Biology*(New York: Simon&Schuster, 1979), 233.

21. George Gamow, "Possible Relation Between Deoxyribonucleic Acid and Protein Structures(데옥시리보핵산과 단백질 구조 사이의 가능한 관계)", *Nature* 173(1954): 318.

22. Douglas R. Hofstadter, "The Genetic Code: Arbitary?(유전 코드: 자의적인가?)"(1982. 3.), 출처: *Metamagical Themas: Questing for the Essence of Mind and Pattern*(New York: Basic Books, 1985), 671.

23. George Gamow, "Information Transfer in the Living Cell(살아 있는 세포에서의 정보 전달)", *Scientific American* 193, no. 10(1955. 10.): 70.

24. Francis Crick, "General Nature of the Genetic Code for Proteins(단백질을 위한 유전 코드의 일반적 속성)", *Nature* 192(1961. 12. 30.): 1227.

25. Solomon W. Golomb, Basil Gordon, Lloyd R. Welch, "Comma-Free Codes(구두점 없는 코

드들)", *Canadian Journal of Mathematics* 10(1958): 202–209, 인용 출처: Lily E. Kay, *Who Wrote the Book of Life?*, 171.

26. Francis Crick, "On Protein Synthesis(단백질 합성에 대하여)", *Symposium of the Society for Experimental Biology* 12(1958): 152; 참조: Francis Crick, "Central Dogma of Molecular Biology(분자생물학의 중심원리)", *Nature* 227(1970): 561–63; Hubert P. Yockey, *Information Theory, Evolution, and the Origin of Life*(Cambridge: Cambridge University Press, 2005), 20–21.

27. Horace Freeland Judson, *The Eighth Day of Creation*, 219–21.

28. Gunther S. Stent, "You Can Take the Ethics Out of Altruism But You Can't Take the Altruism Out Of Ethics(이타주의에서 윤리를 제거할 수는 있지만 윤리에서 이타주의를 제거할 수는 없다)", *Hastings Center Report* 7, no. 6(1977): 34; Gunther S. Stent, "DNA", 925.

29. Seymour Benzer, "The Elementary Units of Heredity(유전의 기본 단위들)", 출처: W. D. McElroy, B. Glass 편집, *The Chemical Basis of Heredity*(Baltimore: Johns Hopkins University Press, 1957), 70.

30. Richard Dawkins, *The Selfish Gene*, 30주년 기념판(Oxford: Oxford University Press, 2006), 237.

31. 상동, x x i .

32. 상동, 19.

33. Stephen Jay Gould, "Caring Groups and Selfish Genes(보살피는 집단과 이기적 유전자)", 출처: *The Panda's Thumb*(New York: Norton, 1980), 86.

34. Gunther S. Stent, "You Can Take the Ethics Out of Altruism But You Can't Take the Altruism Out Of Ethics", 33.

35. Samuel Butler, *Life and Habit*(London: Trübner & Co, 1878), 134.

36. Daniel C. Dennett, *Darwin's Dangerous Idea: Evolution and the Meanings of Life*(New York: Simon&Schuster, 1995), 346.

37. Edward O. Wilson, "Biology and the Social Sciences(생물학과 사회과학)", *Daedalus* 106, no. 4(1977 가을), 131.

38. Richard Dawkins, *The Selfish Gene*, 265.

39. 상동, 36.

40. 상동, 25.

41. Werner R. Loewenstein, *The Touchstone of Life: Molecular Information, Cell Communication, and the Foundation of Life*(New York: Oxford University Press, 1999), 93–94.

42. Richard Dawkins, *The Extended Phenotype*, 개정판(Oxford: Oxford University Press, 1999), 117.

43. 상동, 196–97.

44. Richard Dawkins, *The Selfish Gene*, 37.

45. Richard Dawkins, *The Extended Phenotype*, 21.

46. 상동, 23.

47. Richard Dawkins, *The Selfish Gene*, 60.

48. 상동, 34.

49. Max Delbrück, "A Physicist Looks At Biology(한 물리학자가 바라본 생물학)", *Transactions of the Connecticut Academy of Arts and Sciences* 38(1949): 194.

제11장

1. Douglas R. Hofstadter, "On Viral Sentences and Self-Replicating Structures(바이럴 문장과 자기 복제 구조에 대하여)", 출처: *Metamagical Themas: Questing for the Essence of Mind and Pattern*(New York: Basic Books, 1985), 52.

2. Jacques Monod, *Chance and Necessity: An Essay on the Natural Philosophy of Modern Biology*, 번역, Austryn Wainhouse(New York: Knopf, 1971), 145.

3. 상동, 165.

4. Roger Sperry, "Mind, Brain, and Humanist Values(정신과 두뇌 그리고 인도주의 가치)", 출처: *New Views of the Nature of Man*, 편집, John R. Platt(Chicago: University of Chicago Press, 1983), 82.

5. Richard Dawkins, *The Selfish Gene*, 30주년 기념판(Oxford: Oxford University Press, 2006), 192.

6. Daniel C. Dennett, *Darwin's Dangerous Idea: Evolution and the Meanings of Life*(New York: Simon&Schuster, 1995), 347.

7. Daniel C. Dennett, *Consciousness Explained*(Boston: Little, Brown, 1991), 204.

8. Mary Midgley, "Gene-Juggling(유전자 저글링)", *Philosophy* 54(1979. 10.).

9. Daniel C. Dennett, "Memes: Myths, Misunderstandings, and Misgivings(밈: 미신과 오해 그리고 불안)", 채플 힐Chapel Hill 강연 원고, 1998. 10., http://ase.tufts.edu/cogstud/papers/MEMEMTYH.FIN.htm(2010. 6. 7. 접속).

10. George Jean Nathan, H. L. Mencken, "Clinical Notes(임상 노트)", *American Mercury* 3, no. 9(1924. 9.), 55.

11. Edmund Spenser, 인용 출처: Thomas Fuller, *The History of the Worthies of England*(London: 1662).

12. Richard Dawkins, *The Selfish Gene*, 322.

13. Dawkins, 상동, 192.

14. W. D. Hamilton, "The Play by Nature(자연의 각본)", *Science* 196(1977. 5. 13.): 759.

15. Juan D. Delius, "Of Mind Memes and Brain Bugs, A Natural History of Culture(마음의 밈과 두뇌의 버그에 대해, 문화의 자연사)", 출처: *The Nature of Culture*, 편집, Walter A. Koch(Bochum, Germany: Bochum, 1989), 40.

16. James Thomson, "Autumn(가을)"(1730).

17. John Milton, *Paradise Lost*, IX: 1036.

18. Douglas R. Hofstadter, "On Viral Sentences and Self-Replicating Structures(바이럴 문장과 자기 복제 구조에 대하여)", 52.

19. Daniel C. Dennett, *Darwin's Dangerous Idea*, 346.

20. Richard Dawkins, *The Selfish Gene*, 197.

21. 상동, 329.

22. Daniel W. VanArsdale, "Chain Letter Evolution(행운의 편지의 진화)", http://www.silcom.com/~barnowl/chain-letter/evolution.html.(2010. 6. 8. 접속).

23. Harry Middleton Hyatt, *Folk-Lore from Adams County, Illinois*, 2판 및 개정판, 편집(Hannibal, Mo.: Alma Egan Hyatt Foundation, 1965), 581.

24. Charles H. Bennett, Ming Li, Bin Ma, "Chain Letters and Evolutionary Histories(행운의 편지와 진화사)", *Scientific American* 288, no. 6(2003. 6.): 77.

25. Daniel C. Dennett, *Darwin's Dangerous Idea*, 344.

26. Richard Dawkins, 머리말, Susan Blackmore, *The Meme Machine*(Oxford: Oxford University Press, 1999), xii.

27. David Mitchell, *Ghostwritten*(New York: Random House, 1999), 378.

28. Margaret Atwood, *The Year of the Flood*(New York: Doubleday, 2009), 170.

29. John Updike, "The Author Observes His Birthday, 2005(작가는 2005년에 생일을 축하한다)", *Endpoint and Other Poems*(New York: Knopf, 2009), 8.

30. Fred I. Dretske, *Knowledge and the Flow of Information*(Cambridge, Mass.: MIT Press, 1981), xii.

제12장

1. Michael Cunningham, *Specimen Days*(New York: Farrar Straus Giroux, 2005), 154.

2. 그레고리 체이틴의 인터뷰, 2007. 10 27., 2009. 9. 14.; Gregory J. Chaitin, "The Limits of Reason(이성의 한계)", *Scientific American* 294, no. 3(2006. 3.): 74.

3. Ernest Nagel, James R. Newman, *Gödel's Proof*(New York: New York University Press, 1958), 6.

4. 인용 출처: Gregory J. Chaitin, *Information, Randomness & Incompleteness: Papers on Algorithmic Information Theory*(Singapore: World Scientific, 1987), 61.

5. "Algorithmic Information Theroy(알고리즘적 정보이론)", 출처: Gregory J. Chaitin, *Conversations with a Mathematician*(London: Springer, 2002), 80.

6. John Archibald Wheeler, *At Home in the Universe, Masters of Modern Physics*, vol. 9(New York: American Institute of Physics, 1994), 304.

7. 참조: John Maynard Keynes, *A Treatise on Probability*(London: Macmillan, 1921), 291.

8. 상동, 281.

9. Henri PoincarÉ, "Chance(우연)", 출처: *Science and Method*, 번역, Francis Maitland(Mineola, N.Y.: Dover, 2003), 65.

10. *A Million Random Digits with 100,000 Normal Deviates*(Glencoe, Ill.: Free Press, 1955).

11. 상동, ix-x.

12. 인용 출처: Peter Galison, *Image and Logic: A Material Culture of Microphysics*(Chicago: University of Chicago Press, 1997), 703.

13. "A Universal Turing Machine with Two Internal States(두 개의 내부적 상태를 가진 범용
튜링 기계)", 출처: Claude Shannon, *Collected Papers*, 편집, N. J. A. Sloane, Aaron D.
Wyner(New York: IEEE Press, 1993), 733–41.

14. Gregory J. Chaitin, "On the Length of Programs for Computing Finite Binary Sequences(유
한한 이진 수열을 연산하는 프로그램의 길이에 대하여)", *Journal of the Association for Com-
puting Machinery* 13(1966): 567.

15. Isaac Newton, "Rules of Reasoning in Philosophy; Rule Ⅰ(철학에서의 추론 규칙; 규칙 Ⅰ)",
Philosophiae Naturalis Principia Mathematica.

16. 부고, *Bulletin of the London Mathematical Society* 22(1990): 31; A. N. Shiryaev,
"Kolmogorov: Life and Creative Activities(콜모고로프: 생애와 창조적 활동)", *Annals of
Probability* 17, no. 3(1989): 867.

17. David A. Mindell 외, "Cybernetics and Information Theory in the United States, France
and the Soviet Union(미국, 프랑스, 소련에서의 인공두뇌학과 정보이론)", 출처: *Science and
Ideology: A Comparative History*, 편집, Mark Walker(London: Routledge, 2003), 66, 81.

18. 참조: "Amount of Information and Entropy for Continuous Distributions(연속분포를 위한
정보량과 엔트로피)", 주 1, 출처: *Selected Works of A. N. Kolmogorov*, 3권, *Information The-
ory and the Theory of Algorithms*, 번역, A. B. Sossinksky(Dordrecht, Netherlands: Kluwer
Academic Publishers, 1993), 33.

19. A. N. Kolmogorov, A. N. Shiryaev, *Kolmogorov in Perspective*, 번역, Harold H. McFaden,
History of Mathematics 20권(미출간: American Mathematical Society, London Mathematical
Society, 2000), 54.

20. 인용 출처: Slava Gerovitch, *From Newspeak to Cyberspeak: A History of Soviet Cybernetics*(
Cambridge, Mass.: MIT Press, 2002), 58.

21. "Intervention at the Session(회의에서의 개입)", 출처: *Selected Works of A. N. Kolmogorov*,
31.

22. 콜모고로프의 일기, 1943. 9. 14., 출처: A. N. Kolmogorov, A. N. Shiryaev, *Kolmogorov in
Perspective*, 50.

23. "Three Approaches to the Definition of the Concept 'Quantity of Information'('정보량' 개념
의 정의에 대한 세 가지 접근법)", 출처: *Selected Works of A. N. Kolmogorov*, 188.

24. A. N. Kolmogorov, "Combinatorial Foundations of Information Theory and the Calculus
of Probabilities(정보이론과 확률 계산의 조합론적 토대)", *Russian Mathematical Surveys* 38,
no. 4(1983): 29–43.

25. "Three Approaches to the Definition of the Concept 'Quantity of Information'", *Selected
Works of A. N. Kolmogorov*, 221.

26. "On the Logical Foundations of Information Theory and Probability Theory(정보이론과 확
률론의 논리적 토대에 대하여)", *Problems of Information Transmission* 5, no. 3(1969): 1–4.

27. V. I. Arnold, "On A. N. Kolmogorov(콜모고로프에 대하여)", 출처: A. N. Kolmogorov, A.
N. Shiryaev, *Kolmogorov in Perspective*, 94.

28. Gregory J. Chaitin, *Thinking About Gödel and Turing: Essays on Complexity*,

1970-2007(Singapore: World Scientific, 2007), 176.

29. Gregory J. Chaitin, "The Berry Paradox(베리 역설)", *Complexity* 1, no. 1(1995): 26; "Paradoxes of Randomness(무작위성의 역설)", *Complexity* 7, no. 5(2002): 14–21.

30. 인터뷰, Gregory J. Chaitin, 2009. 9. 14.

31. 머리말, Cristian S. Calude, *Information and Randomness: An Algorithmic Perspective*(Berlin: Springer, 2002), viii.

32. Joseph Ford, "Directions in Classical Chaos(고전적 카오스 이론의 방향들)", 출처: *Directions in Chaos*, 편집, Hao Bai−lin(Singapore: World Scientific, 1987).

33. Ray J. Solomonoff, "The Discovery of Algorithmic Probability(알고리즘적 확률의 발견)", *Journal of Computer and System Sciences* 55, no. 1(1997): 73–88.

34. Noam Chomsky, "Three Models for the Description of Language", *IRE Transactions on Information Theory* 2, no. 3(1956): 113–24.

35. Ray J. Solomonoff, "A Formal Theory of Inductive Inference(귀납적 추론에 대한 형식 이론)", *Information and Control* 7, no. 1(1964): 1–22.

36. 머리말, Cristian S. Calude, *Information and Randomness*, vii.

37. Gregory J. Chaitin, "Randomness and Mathematical Proof(무작위성과 수학적 증명)", 출처: *Information, Randomness & Incompleteness*, 4.

38. Charles H. Bennett, "Logical Depth and Physical Complexity(논리적 깊이와 물리적 복잡성)", 출처: *The Universal Turing Machine: A Half-Century Survey*, 편집, Rolf Herken(Oxford: Oxford University Press, 1988), 209–10.

제13장

1. Seth Lloyd, *Programming the Universe*(New York: Knopf, 2006), 44.

2. Christopher A. Fuchs, "Quantum Mechanics as Quantum Information(and Only a Little More)(양자 정보(그리고 오직 약간 더)로서의 양자역학)", *arXiv:quant-ph/0205039v1*, 2002. 5. 8., 1.

3. 상동, 4.

4. John Archibald Wheeler, Kenneth Ford, *Geons, Black Holes, and Quantum Foam: A Life in Physics*(New York: Norton, 1998), 298.

5. "It from Bit", 출처: John Archibald Wheeler, *At Home in the Universe, Masters of Modern Physics*, 9권(New York: American Institute of Physics, 1994), 296.

6. Stephen Hawking, "Black Hole Explosion?(블랙홀 폭발?)", *Nature* 248(1974. 3. 1.), DOI:10.1038/248030a0, 30–31.

7. Stephen Hawking, "The Breakdown of Predictability in Gravitational Collapse(중력 붕괴에서의 예측 가능성의 와해)", *Physical Review D* 14(1976): 2460–73; Gordon Belot 외, "The Hawking Information Loss Paradox: The Anatomy of a Controversy(호킹 정보 손실의 역설: 논쟁의 해부)", *British Journal for the Philosophy of Science* 50(1999): 189–229.

8. John Preskill, "Black Holes and Information: A Crisis in Quantum Physics(블랙홀과 정

보: 양자역학의 위기)", 캘태크 이론 세미나, 1994. 10. 21., http://www.theory.caltech. edu/~preskill/talks/blackholes.pdf(2010. 3. 20. 접속).

9. John Preskill, "Black Holes and the Information Paradox(블랙홀과 정보 역설)", *Scientific American*(1997. 4.): 54.

10. 인용 출처: Tom Siegfried, *The Bit and the Pendulum: From Quantum Computing to M Theory- The New Physics of Information*(New York: Wiley and Sons, 2000), 203.

11. Stephen Hawking, "Information Loss in Black Holes(블랙홀에서의 정보 손실)", *Physical Review D* 72(2005): 4.

12. Charles H. Bennett, "Notes on the History of Reversible Computation(가역적 연산의 역사에 대한 소고)", *IBM Journal of Research and Development* 44(2000): 270.

13. Charles H. Bennett, "The Thermodynamics of Computation—a Review(계산의 열역학—재고)", *International Journal of Theoretical Physics* 21, no. 12(1982): 906.

14. 상동.

15. "Information Is Physical(정보는 물리적이다)", *Physics Today* 23(1991. 5.); "Information Is Inevitably Physical", 출처: Anthony H. G. Hey, 편집, *Feynman and Computation*(Boulder, Colo.: Westview Press, 2002), 77.

16. Charles Bennett, 인용, George Johnson, 출처: "Rolf Landauer, Pioneer in Computer Theory, Dies at 72(컴퓨터 이론의 선구자 롤프 란다우어, 72세로 사망)", *The New York Times*, 1999. 4. 30.

17. 인터뷰, Charles Bennett, 2009. 10. 27.

18. J. A. Smolin, "The Early Days of Experimental Quantum Cryptography(실험적 양자암호학의 초기 시절)", *IBM Journal of Research and Development* 48(2004): 47-52.

19. Barbara M. Terhal, "Is Entanglement Monogamous?(얽힘은 일부일처제를 따르는가?)", *IBM Journal of Research and Development* 48, no. 1(2004): 71-78.

20. 자세한 설명은 다음을 참조할 것. Simon Singh, *The Code Book: The Secret History of Codes and Codebreaking*(London: Fourth Estate, 1999); 이 설명은 339쪽에서 시작하여 10쪽에 걸친 매우 훌륭한 글을 구성한다.

21. IBM의 광고, *Scientific American*(1996. 2.), 0-1; Anthony H. G. Hey 편집, *Feynman and Computation*, x ⅲ; Tom Siegfried, *The Bit and the Pendulum*, 13.

22. N. David Mermin, *Quantum Computer Science: An Introduction*(Cambridge: Cambridge University Press, 2007), 4.

23. *Physical Review* 47(1935): 777-80.

24. 볼프강 파울리가 베르너 하이젠베르크에게 보낸 편지, 1935. 6. 15., 인용 출처: Louisa Gilder, *The Age of Entanglement: When Quantum Physics Was Reborn*(New York: Knopf, 2008), 162.

25. 아인슈타인이 막스 보른Max Born에게 보낸 편지, 1948. 3., 출처: *The Born-Einstein Letters*, 번역, Irene Born(New York: Walker, 1971), 164.

26. Asher Peres, "Einstein, Podolsky, Rosen, and Shannon(아인슈타인, 포돌스키, 로젠 그리고 섀넌)", *arXiv:quant-ph/0310010 v1*, 2003.

27. Christopher A. Fuchs, "Quantum Mechanics as Quantum Information(and Only a Little More)(양자 정보(그리고 오직 약간 더)로서의 양자역학)", *arXiv;quant-ph/1003.5209 v1*, 2010. 3. 26.: 3.

28. Charles H. Bennett 외, "Teleporting an Unknown Quantum State Via Dual Classical and Einstein−Podolsky−Rosen Channels(이중 고전적 채널과 아인슈타인−포돌스키−로젠 채널을 통한 알려지지 않은 양자 상태의 순간이동)", *Physical Review Letters* 70(1993): 1895.

29. Richard Feynman, "Simulating Physics with Computers(컴퓨터를 이용한 물리학의 모사)", 출처: Anthony H. G. Hey 편집, *Feynman and Computation*, 136.

30. 인터뷰, Charles H. Bennett, 2009. 10. 27.

31. N. David Mermin, *Quantum Computer Science*, 17.

32. 발명자인 론 리베스트Ron Rivest, 아디 샤미르Adi Shamir, 렌 애들먼Len Adleman의 이름을 따서 명명됨.

33. T. Kleinjung, K. Aoki, J. Franke 외, "Factorization of a 768−bit RSA modulus(768비트 RSA 계수의 인수분해)", Eprint archive no. 2010/006, 2010.

34. Dorit Aharonov, 패널 토론 "Harnessing Quantum Physics(양자물리학의 활용)", 2009. 10. 18., Perimeter Institute, Waterloo, Ontario; 이메일, 2010. 2. 10.

35. Charles H. Bennett, "Publicity, Privacy, and Permanance of Information(홍보와 프라이버시 그리고 정보의 영속)", 출처: *Quantum Computing: Back Action*, AIP Conference Proceeding 864(2006), 편집, Debabrata Goswami(Melville, N.Y.: American Institute of Physics), 175−79.

36. Charles H. Bennett, 인터뷰, 2009. 10. 27.

37. 섀넌이 앤서니 리버시즈와 가진 인터뷰, *Omni*(1987. 8.), 출처: Claude Elwood Shannon, *Collected Papers*, 편집: N. J. A. Sloane, Aaron D. Wyner(New York: IEEE Press, 1993), x x x ii.

38. "Information, Physics, Quantum: The Search for Links(정보, 물리학, 양자: 연결고리의 탐색)", *Proceedings of the Third International Symposium on the Foundation of Quantum Mechanics*(1989), 368.

제14장

1. Hilary Mantel, *Wolf Hall*(New York: Henry Holt, 2009), 394.

2. Jorge Luis Borges, "The Library of Babel", 출처: *Labyrinths: Selected Stories and Other Writings*(New York: New Directions, 1962), 54.

3. Jorge Luis Borges, "Tlön, Uqbar, Orbis Tertius(틀뢴, 우크바르, 오르비스 테르티우스)", 출처: *Labyrinths*, 8.

4. William Gibson, "An Invitation(초대장)", 머리말, *Labyrinths*, xii.

5. Charles Babbage, *The Ninth Bridgewater Treatise: A Fragment*, 2판(London: John Murray, 1838), 111.

6. Edgar Allan Poe, "The Power of Words"(1845), 출처: *Poetry and Tales*(New York: Library

of America, 1984), 823-24.

7. Pierre-Simon Laplace, *A Philosophical Essay on Probabilities*, 번역, Frederick Wilson Truscott, Frederick Lincoln Emory(New York: Dover, 1951).

8. Charles Babbage, *The Ninth Bridgewater Treatise*, 44.

9. Nathaniel Parker Willis, "The Pencil of Nature: A New Discovery(자연의 연필: 새로운 발견)", *The Corsair* 1, no. 5(1839. 4.): 72.

10. 상동, 71.

11. Alan M. Turing, "Computing Machinery and Intelligence(연산기계와 지성)", *Minds and Machines* 59, no. 236(1950): 440.

12. H. G. Wells, *A Short History of the World*(San Diego: Book Tree, 2000), 97.

13. Isaac Disraeli, *Curiosities of Literature*(London: Routledge & Sons, 1893), 17.

14. Tom Stoppard, *Arcadia*(London: Samuel French, 1993), 38.

15. "Wikipedia: Requested Articles(위키피디아: 요청 항목)",, http://web.archive.org/web/20010406104800/www.wikipedia.com/wiki/Requested_articles(2001. 4. 4. 접속).

16. 인용 출처: Nicholson Baker, 출처: "The Charms of Wikipedia(위키피디아의 매력들)", *New York Review of Books* 55, no. 4(2008. 3. 20.). 동일한 익명의 사용자는 나중에 혈관 형성과 지그문트 프로이트에 대한 항목에 다시 해코지를 했다.

17. Lewis Carroll, *Sylvie and Bruno Concluded*(London: Macmillan, 1893), 169.

18. 인터뷰, Jimmy Wales, 2008. 7. 24.

19. http://meta.wikimedia.org/wiki/Die_Schraube_an_der_hintern_linken_Bremsbacke_am_Fahrrad_von_Ulrich_Fuchs(2008. 7. 25. 접속).

20. *Encyclopedia Britannica*, 3판, 표제 페이지; 참조: Richard Yeo, *Encyclopedic Visions: Scientific Dictionaries and Enlightenment Culture*(Cambridge: Cambridge University Press, 2001), 181.

21. "Wikipedia: What Wikipedia Is Not(위키피디아: 위키피디아가 아닌 것)", http://en.wikipedia.org/wiki/Wikipedia:What_Wikipedia_is_not(2008. 8. 3. 접속).

22. Charles Dickens, *The Pickwick Papers*, 51장.

23. Nicholson Baker, "The Charms of Wikipedia(위키피디아의 매력)".

24. John Banville, *The Infinities*(London: Picador, 2009), 178.

25. Deming Seymour, "A New Yorker at Large(일반적인 뉴요커)", *Sarasota Herald*, 1929. 8. 25.

26. "Regbureau(등록국)", *The New Yorker*(1934. 5. 26.), 16.

27. Brian W. Ogilvie, *The Science of Describing: Natural History in Renaissance Europe*(Chicago: University of Chicago Press, 2006).

28. 상동, 173.

29. 상동, 208.

30. Ernst Pulgram, *Theory of Names*(Berkeley, Calif.: American Name Society, 1954), 3.

31. Michael Amrine, "'Megabucks' for What's 'Hot'(인기 있는 것을 위한 '메가벅스')", *The New York Times Magazine*, 1951. 4. 22.

32. Jaron Lanier, *You Are Not a Gadget*(New York: Knopf, 2010), 8.

33. 참조: Tom Vanderbilt, "Data Center Overload(데이터 센터 과부하)", *The New York Times Magazine*, 2009. 6. 14.

34. "Computational Capacity of the Universe(우주의 연산 용량)", *Physical Review Letters* 88, no. 23(2002).

제15장

1. http://www.andrewtobias.com/bkoldcolumns/070118.html(2007. 1. 18. 접속).

2. Carl Bridenbaugh, "The Great Mutation(대변화)", *American Historical Review* 68, no. 2(1963): 315-31.

3. 상동, 322.

4. "Historical News(역사 뉴스)", *American Historical Review* 63, no. 3(1963. 4.): 880.

5. Elizabeth L. Eisenstein, *The Printing Press as an Agent of Change: Communications and Cultural Transformations in Early-Modern Europe*(Cambridge: Cambridge University Press, 1979), 25.

6. 상동, x vi.

7. Elizabeth L Eisenstein, "Clio and Chronos: An Essay on the Making and Breaking of History-Book Time(클레이오와 크로노스: 역사책 시간의 구성과 해체에 대한 논문)", *History and Theory* 6, 부록 6: History and the Concept of Time(1966), 64.

8. 상동, 42.

9. 상동, 61.

10. Elizabeth L. Eisenstein, *The Printing Press as an Agent of Change*, 624 ff.

11. Carl Bridenbaugh, "The Great Mutation", 326.

12. Elizabeth L. Eisenstein, "Clio and Chronos(클레이오와 크로노스)", 39.

13. Robert Burton, *The Anatomy of Melancholy*, 편집, Floyd Dell, Paul Jordan-Smith(New York: Tudor, 1927), 14.

14. Gottfried Wilhelm Leibniz, *Leibniz Selections*, 편집, Philip P. Wiener(New York: Scribner's, 1951), 29; 참조: Marshall McLuhan, *The Gutenberg Galaxy*(Toronto: University of Toronto Press, 1962), 254.

15. Alexander Pope, *The Dunciad*(1729)(London: Methuen, 1943), 41.

16. T. S. Eliot, "The Rock(바위)", 출처: *Collected Poems: 1909-1962*(New York: Harcourt Brace, 1963), 147.

17. David Foster Wallace, 머리말, *The Best American Essays 2007*(New York: Mariner, 2007).

18. Lewis Mumford, *The Myth of the Machine*, 2권, *The Pentagon of Power*(New York: Harcourt, Brace, 1970), 182.

19. Jacob Palme, "You Have 134 Unread Mail! Do You Want to Read Them Now?(134개의 읽지 않은 메일이 있습니다. 지금 읽겠습니까?)", 출처: *Computer-Based Message Services*, 편집, Hugh T. Smith(North Holland: Elsevier, 1984), 175-76.

20. C. J. Bartlett, Calvin G. Green, "Clinical Prediction: Does One Sometimes Know Too Much(임상적 예측: 때로 아는 것이 지나칠 수도 있는가)", *Journal of Consumer Research* 8(1982. 3.): 419.

21. Siegried Streufert 외, "Conceptual Structure, Information Search, and Information Utilization(개념적 구조와 정보 검색 그리고 정보 활용)", *Journal of Personality and Social Psychology* 2, no. 5(1965): 736–40.

22. 가령, Naresh K. Malhotra, "Information Load and Consumer Decision Making(정보 부하와 소비자 의사결정)", *Journal of Consumer Research* 8(1982. 3.): 419.

23. Tonyia J. Tidline, "The Mythology of Information Overload(정보 과부하의 신화)", *Library Trends* 47, no. 3(1982. 겨울): 502.

24. Charles H. Bennett, "Demons, Engines, and the Second Law(도깨비들과 기관들 그리고 제2 법칙)", *Scientific American* 257, no. 5(1987): 116.

25. 조지 버나드 쇼가 《휘태커 연감》 편집자에게 보낸 편지, 1943. 5. 31.

26. *The New York Times*, 1929. 10. 8., 1.

27. Anthony Lane, "Byte Verse(바이트 시)", *The New Yorker*, 1995. 2. 20., 108.

28. Daniel C. Dennett, "Memes and the Exploitation of Imagination", *Journal of Aesthetics and Art Criticism* 48(1990): 132.

29. Augustus De Morgan, *Arithmetical Books: From the Invention of Printing to the Present Time*(London: Taylor & Walton, 1847), ix.

30. Vincent of Beauvais, 프롤로그, *Speculum Maius*, 인용 출처: Ann Blair, "Reading Strategies for Coping with Information Overload ca. 1550–1700(약 1550에서 1700년 사이의 정보 과부하를 극복하기 위한 독서 전략)", *Journal of the History of Ideas* 64, no. 1(2003): 12.

31. 상동.

32. Brian W. Ogilvie, "The Many Books of Nature: Renaissance Naturalists and Information Overload(자연의 많은 책들: 르네상스 박물학자들과 정보 과부하)", *Journal of the History of Ideas* 64, no. 1(2003): 40.

33. Bertolt Brecht, *Radio Theory*(1927), 인용 출처: Kathleen Woodward, *The Myths of Information: Technology and Postindustrial Culture*(Madison, Wisc.: Coda Press, 1980).

에필로그

1. Jean-Pierre Dupuy, *The Mechanization of the Mind: On the Origins of Congnitive Science*, 번역, M. B. DeBevoise(Princeton, N.J.: Princeton University Press, 2000), 119.

2. Marshall McLuhan, *The Gutenberg Galaxy*(Toronto: University of Toronto Press, 1962), 1.

3. Marshall McLuhan, *Understanding Media: The Extensions of Man*(New York: McGraw-Hill, 1965), 3.

4. Walt Whitman, "Years of the Modern(현대)", *Leaves of Grass*(Garden City, N.Y.: Doubleday, 1919), 272.

5. 가령, "2명 혹은 200만 명, 몇 명이든 교감하는 사람들은 모두 하나의 마음을 갖는다", Parley

Parker Pratt, *Key to the Science of Theology*(1855), 인용 출처: John Durham Peters, *Speaking Into the Air: A History of the Idea of Communication*(Chicago: University of Chicago Press, 1999), 275.

6. "… 이는 동물의 생물권을 넘고 그것을 이어가면서 인간권, 숙고의 권역, 의식과 자유로운 창안의 권역, 생각의 권역, 엄밀하게 말해서, 한마디로 정신의 권역 혹은 인지권을 상상하는 일에 해당한다." Édouard Le Roy, *Les Origines humaines et l'Évolution de l'intelligence*(Paris: Boivin et Cie, 1928), 인용 및 번역: M. J. Aronson, *Journal of Philosophy* 27, no. 18(1930. 8. 28.): 499.

7. Pierre Teilhard de Chardin, *The Human Phenomenon*, 번역, Sarah Appleton-Weber(Brighton, U.K.: Sussex Academic Press, 1999), 174.

8. *Mind* 70, no. 277(1961): 99. 메더워는 테야르의 글도 그다지 좋아하지 않았다. "프랑스 정신의 더 지루한 현시 중 하나인 그 혼미하고 도취적인 산문—시."

9. 아마도 가장 중요한 사례는, Olaf Stapledon, *Last and First Men*(London: Methuen, 1930)일 것이다.

10. H. G. Wells, *World Brain*(London: Methuen, 1938), xiv.

11. 상동, 56.

12. 상동, 63.

13. H. G. Wells, *The Passionate Friends*(London: Harper, 1913), 332; H. G. Wells, *The War in the Air*(New York: Macmillan, 1922), 14.

14. 인용 출처: Flo Conway, Jim Siegelman, *Dark Hero of the Information Age; In Search of Norbert Wiener, the Father of Cybernetics*(New York: Basic Books, 2005), 189.

15. Jorge Luis Borges, "The Library of Babel(바벨의 도서관)", *Labyrinths: Selected Stories and Other Writings*(New York: New Directions, 1962), 54.

16. Fred I. Dretske, *Knowledge and the Flow of Information*(Cambridge, Mass.: MIT Press, 1981), vii.

17. Jean-Pierre Dupuy, "Myths of the Informational Society(정보사회의 신화들)", 출처: Kathleen Woodward, *The Myths of Information: Technology and Postindustrial Culture*(Madison, Wisc.: Coda Press, 1980), 3.

18. Dexter Palmer, *The Dream of Perpetual Motion*(New York: St. Martin's Press, 2010), 220.

19. Gottfried Wilhelm Leibniz, *De scientia universali seu calculo philosophico*, 1875; 참조: Umberto Eco, *The Search for the Perfect Language*, 번역, James Fentress(Malden, Mass.: Blackwell, 1995), 281.

20. Margaret Atwood, "Atwood in the Twittersphere(트위터 세상의 애트우드)", *The New York Review of Books* blog, http://www.nybooks.com/blogs/nyrblog/2010/mar/29/atwood-in-the-twittersphere/, 2010. 3. 29.

21. Charles Mackay, *Memoirs of Extraordinary Popular Delusions*(Philadelphia: Lindsay & Blakiston, 1850), 14.

22. Nicholson Baker, "Discards(포기)"(1994), 출처: *The Size of Thoughts: Essays and Other Lumber*(New York: Random House, 1996), 168.

23. 인터뷰, Allan Jennings, 1996. 2; James Gleick, "Here Comes the Spider(여기 거미가 온다)", 출처: *What Just Happened: A Chronicle from the Information Frontier*(New York: Pantheon, 2002), 128-32.

24. John Guare, *Six Degrees of Separation*(New York: Dramatists Play Service, 1990), 45.

25. Albert-László Barabási, *Linked*(New York: Plume, 2003), 26 ff.

26. Duncan J. Watts, Steven H. Strogatz, "Collective Dynamics of 'Small-World' Networks('좁은 세상' 네트워크의 집단적 역학)", *Nature* 393(1998): 440-42; Duncan J. Watts, *Six Degree: The Science of a Connected Age*(New York: Norton, 2003); Albert-László Barabási, *Linked*.

27. Duncan J. Watts, Steven H. Strogatz, "Collective Dynamics of 'Small-World' Networks", 442.

28. Stanislaw Lem, *The Cyberiad*, 번역, Michael Kandel(London: Secker&Warburg, 1975), 155.

29. Jorge Luis Borges, "The Library of Babel(바벨의 도서관)", *Labyrinths*, 54.

30. John Donne, "From a Sermon Preached before King Charles I (찰스 1세 앞에서 한 설교 중에서)"(1627. 4.).

Aaboe, Asger. *Episodes from the Early History of Mathematics.* New York: L. W. Singer, 1963.

Adams, Frederick. "The Informational Turn in Philosophy." *Minds and Machines* 13 (2003): 471.501.

Allen, William, and Thomas R. H. Thompson. *A Narrative of the Expedition to the River Niger in 1841.* London: Richard Bentley, 1848.

Archer, Charles Maybury, ed. *The London Anecdotes: The Electric Telegraph,* vol. 1. London: David Bogue, 1848.

Archibald, Raymond Clare. "Seventeenth Century Calculating Machines." *Mathematical Tables and Other Aids to Computation* 1:1 (1943): 27–28.

Aspray, William. "From Mathematical Constructivity to Computer Science: Alan Turing, John Von Neumann, and the Origins of Computer Science in Mathematical Logic." PhD thesis, University of Wisconsin–Madison, 1980.

———. "The Scientific Conceptualization of Information: A Survey." *Annals of the History of Computing* 7, no. 2 (1985): 117–40.

Aunger, Robert, ed. *Darwinizing Culture: The Status of Memetics as a Science.* Oxford: Oxford University Press, 2000.

Avery, John. *Information Theory and Evolution.* Singapore: World Scientifi c, 2003.

Baars, Bernard J. *The Cognitive Revolution in Psychology.* New York: Guilford Press, 1986.

Babbage, Charles. "On a Method of Expressing by Signs the Action of Machinery." *Philosophical Transactions of the Royal Society of London* 116, no. 3 (1826): 250–65.

———. *Reflections on the Decline of Science in England and on Some of Its Causes.* London: B. Fellowes, 1830.

———. *Table of the Logarithms of the Natural Numbers, From 1 to 108,000.* London: B. Fellowes, 1831.

———. *On the Economy of Machinery and Manufactures.* 4th ed. London: Charles Knight, 1835.

———. *The Ninth Bridgewater Treatise. A Fragment.* 2nd ed. London: John Murray, 1838.

———. *Passages from the Life of a Philosopher.* London: Longman, Green, Longman, Roberts, & Green, 1864.

———. *Charles Babbage and His Calculating Engines: Selected Writings.* Edited by Philip Morrison and Emily Morrison. New York: Dover Publications, 1961.

———. *The Analytical Engine and Mechanical Notation.* New York: New York University Press, 1989.

———. *The Difference Engine and Table Making.* New York: New York University Press, 1989.

————. *The Works of Charles Babbage*. Edited by Martin Campbell-Kelly. New York: New York University Press, 1989.

Babbage, Henry Prevost, ed. *Babbage's Calculating Engines: a Collection of Papers Relating to Them; Their History and Construction*. London: E. & F. N. Spon, 1889.

Bairstow, Jeff. "The Father of the Information Age." *Laser Focus World* (2002): 114.

Baker, Nicholson. *The Size of Thoughts: Essays and Other Lumber*. New York: Random House, 1996.

Ball, W. W. Rouse. *A History of the Study of Mathematics at Cambridge*. Cambridge: Cambridge University Press, 1889.

Bar-Hillel, Yehoshua. "An Examination Information Theory." *Philosophy of Science* 22, no. 2 (1955): 86.105.

Barabási, Albert-László. *Linked: How Everything Is Connected to Everything Else and What It Means for Business, Science, and Everyday Life*. New York: Plume, 2003.

Barnard, G. A. "The Theory of Information." *Journal of the Royal Statistical Society, Series B* 13, no. 1 (1951): 46-64.

Baron, Sabrina Alcorn, Eric N. Lindquist, and Eleanor F. Shevlin. *Agent of Change: Print Culture Studies After Elizabeth L. Eisenstein*. Amherst: University of Massachusetts Press, 2007.

Bartlett, C. J., and Calvin G. Green. "Clinical Prediction: Does One Sometimes Know Too Much." *Journal of Counseling Psychology* 13, no. 3 (1966): 267.70.

Barwise, Jon. "Information and Circumstance." *Notre Dame Journal of Formal Logic* 27, no. 3 (1986): 324-38.

Battelle, John. *The Search: How Google and Its Rivals Rewrote the Rules of Business and Transformed Our Culture*. New York: Portfolio, 2005.

Baugh, Albert C. *A History of the English Language*. 2nd ed. New York: Appleton-Century-Crofts, 1957.

Baum, Joan. *The Calculating Passion of Ada Byron*. Hamden, Conn.: Shoe String Press, 1986.

Belot, Gordon, John Earman, and Laura Ruetsche. "The Hawking Information Loss Paradox: The Anatomy of a Controversy." *British Journal for the Philosophy of Science* 50 (1999): 189-229.

Benjamin, Park. *A History of Electricity (the Intellectual Rise in Electricity) from Antiquity to the Days of Benjamin Franklin*. New York: Wiley and Sons, 1898.

Bennett, Charles H. "On Random and Hard-to-Describe Numbers." IBM Watson Research Center Report RC 7483 (1979).

————. "The Thermodynamics of Computation—A Review." *International Journal of Theoretical Physics* 21, no. 12 (1982): 906-40.

————. "Dissipation, Information, Computational Complexity and the Definition of Organization." In *Emerging Syntheses in Science*, edited by D. Pines, 297-313. Santa Fe: Santa Fe Institute, 1985.

————. "Demons, Engines, and the Second Law." *Scientific American* 257, no. 5 (1987): 108–16.

————. "Logical Depth and Physical Complexity." In *The Universal Turing Machine: A Half-Century Survey*, edited by Rolf Herken. Oxford: Oxford University Press, 1988.

————. "How to Define Complexity in Physics, and Why." *Complexity, Entropy, and the Physics of Information*, edited by W. H. Zurek. Reading, Mass.: Addison–Wesley, 1990.

————. "Notes on the History of Reversible Computation." *IBM JJournal of Research and Development* 44 (2000): 270–77.

————. "Notes on Landauer's Principle, Reversible Computation, and Maxwell's Demon." *arXiv:physics* 0210005 v2 (2003)

————. "Publicity, Privacy, and Permanence Information." In *Quantum Computing: Back Action* 2006, AIP *Conference Proceedings* 864, edited by Debabrata Goswami. Melville, N.Y.: Institute of Physics, 2006.

Bennett, Charles H., and Gilles Brassard. "Quantum Cryptography: Public Key Distribution and Coin Tossing." In *Proceedings of IEEE International Conference on Computers, Systems and Signal Processing*, 175–79. Bangalore, India: 1984.

Bennett, Charles H., Gilles Brassard, Claude Crépeau, Richard Jozsa, Asher Peres, and William K. Wootters. "Teleporting an Unknown Quantum State Via Dual Classical and Einstein–Podolsky–Rosen Channels." *Physical Review Letters* 70 (1993): 1895

Bennett, Charles H., and Rolf Landauer. "Fundamental Physical Limits of Computation." *Scientific American* 253, no. 1 (1985): 48–56.

Bennett, Charles H., Ming Li, and Bin Ma. "Chain Letters and Evolutionary Histories." *Scientific American* 288, no. 6 (June 2003): 76–81.

Benzer, Seymour. "The Elementary Units of Heredity." In *The Chemical Basis of Heredity*, edited by W. D. McElroy and B. Glass, 70–93. Baltimore: Johns Hopkins University Press, 1957.

Berlinski, David. *The Advent of the Algorithm: The Idea That Rules the World*. New York: Harcourt, 2000.

Bernstein, Jeremy. *The Analytical Engine: Computers-Past, Present and Future*. New York: Random House, 1963.

Bikhchandani, Sushil, David Hirshleifer, and Ivo Welch. "A Theory of Fads, Fashion, Custom, and Cultural Change as Informational Cascades." *Journal of Political Economy* 100, no. 5 (1992): 992–1026.

Blackmore, Susan. *The Meme Machine*. Oxford: Oxford University Press, 1999.

Blair, Ann. "Reading Strategies for Coping with Information Overload ca. 1550–1700." *Journal of the History of Ideas* 64, no. 1 (2003): 11–28.

Blohm, Hans, Stafford Beer, and David Suzuki. *Pebbles to Computers: The Thread*. Toronto: Oxford University Press, 1986.

Boden, Margaret A. *Mind as Machine: A History of Cognitive Science*. Oxford: Oxford University Press, 2006.

Bollobás, Béla, and Oliver Riordan. *Percolation*. Cambridge: Cambridge University Press, 2006.

Bolter, J. David. *Turing's Man: Western Culture in the Computer Age*. Chapel Hill: University of North Carolina Press, 1984.

Boole, George. "The Calculus of Logic." *Cambridge and Dublin Mathematical Journal* 3 (1848): 183–98.

———. *An Investigation of the Laws of Thought, on Which Founded the Mathematical Theories of Logic and Probabilities*. London: Walton & Maberly, 1854.

———. *Studies in Logic and Probability*, vol. 1. La Salle, Ill.: Open Court, 1952.

Borges, Jorge Luis. *Labyrinths: Selected Stories and Other Writings*. New York: New Directions, 1962.

Bouwmeester, Dik, Jian–Wei Pan, Klaus Mattle, Manfred Eibl, Harald Weinfurter, and Anton Zeilinger. "Experimental Quantum Teleportation." *Nature* 390 (11 December 1997): 575–79.

Bowden, B. V., ed. *Faster Than Thought: A Symposium on Digital Computing Machines*. New York: Pitman, 1953.

Braitenberg, Valentino. *Vehicles: Experiments in Synthetic Psychology*. Cambridge, Mass.: MIT Press, 1984.

Brewer, Charlotte. "Authority and Personality in the *Oxford English Dictionary*." *Transactions of the Philological Society* 103, no. 3 (2005): 261–301.

Brewster, David. *Letters on Natural Magic*. New York: Harper & Brothers, 1843.

Brewster, Edwin Tenney. *A Guide to Living Things*. Garden City, N.Y.: Doubleday, 1913.

Bridenbaugh, Carl. "The Great Mutation." *American Historical Review* 68, no. 2 (1963): 315–31.

Briggs, Henry. *Logarithmicall Arithmetike: Or Tables of Logarithmes for Absolute Numbers from an Unite to 100000*. London: George Miller, 1631.

Brillouin, Léon. *Science and Information Theory*. New York: Academic Press, 1956.

Broadbent, Donald E. *Perception and Communication*. Oxford: Pergamon Press, 1958.

Bromley, Allan G. "The Evolution of Babbage's Computers." *Annals of the History of Computing* 9 (1987): 113–36.

Brown, John Seely, and Paul Duguid. *The Social Life of Information*. Boston: Harvard Business School Press, 2002.

Browne, Thomas. *Pseudoxia Epidemica: Or, Enquiries into Very Many Received Tenents, and Commonly Presumed Truths*. 3rd ed. London: Nath. Ekins, 1658.

Bruce, Robert V. *Bell: Alexander Graham Bell and the Conquest of Solitude*. Boston: Little, Brown, 1973.

Buckland, Michael K. "Information as Thing." *Journal of the American Society for Information Science* 42 (1991): 351–60.

Burchfi eld, R. W., and Hans Aarsleff. *Oxford English Dictionary and the State of the Language.* Washington, D.C.: Library of Congress, 1988.

Burgess, Anthony. *But Do Blondes Prefer Gentlemen? Homage to Qwert Yuiop and Other Writings.* New York: McGraw−Hill, 1986.

Bush, Vannevar. "As We May Think." *The Atlantic,* July1945.

Butler, Samuel. *Life and Habit.* London: Trubner & Co, 1878.

———. *Essays on Life, Art, and Science.* Edited by R. A Streatfeild. Port Washington, N.Y.: Kennikat Press, 1970.

Buxton, H. W., and Anthony Hyman. *Memoir of the Life and Labours of the Late Charles Babbage Esq., F.R.S.* Vol. 13 of the Charles Babbage Institute Reprint Series for the History of Computing. Cambridge, Mass.: MIT Press, 1988.

Calude, Cristian S. *Information and Randomness: An Algorithmic Perspective.* Berlin: Springer, 2002.

Calude, Cristian S., and Gregory J. Chaitin. *Randomness and Complexity: From Leibniz to Chaitin.* Singapore, Hackensack, N.J.: World Scientifi c, 2007.

Campbell−Kelly, Martin. "Charles Babbage's Table of Logarithms (1827)." *Annals of the History of Computing* 10 (1988):159−69.

Campbell−Kelly, Martin, and William Aspray. *Computer: A History of the Information Machine.* New York: Basic Books, 1996

Campbell−Kelly, Martin, Mary Croarken, Raymond Flood, and Eleanor Robson, eds. *The History of Mathematical Tables: From Sumer to Spreadsheets.* Oxford: Oxford University Press, 2003.

Campbell, Jeremy. *Grammatical Man: Information, Entropy, Language, and Life.* New York: Simon &Schuster, 1982.

Campbell, Robert V. D. "Evolution of Automatic Computation." In *Proceedings of the 1952 ACM National Meeting (Pittsburgh)*, 29−32. New York: ACM, 1952.

Carr, Nicholas. *The Big Switch: Rewiring the World, from Edison to Google.* New York: Norton, 2008.

———. *The Shallows: What the Internet Is Doing to Our Brains.* New York: Norton, 2010.

Carrington, John F. *A Comparative Study of Some Central African Gong-Languages.* Brussels: Falk, G. van Campenhout, 1949.

———. *The Talking Drums of Africa.* London: Carey Kingsgate, 1949.

———. *La Voix des tambours: comment comprendre le langage tambourine d'Afrique.* Kinshasa: Centre Protestant d'Editions et de Diffusion, 1974.

Casson, Herbert N. *The History of the Telephone.* Chicago: A. C. McClurg, 1910.

Cawdrey, Robert. *A Table Alphabeticall of Hard Usual English Words (1604); the First English Dictionary.* Gainesville, Fla.: Scholars' Facsimiles & Reprints, 1966.

Ceruzzi, Paul. *A History of Modern Computing.* Cambridge, Mass.: MIT Press, 2003.

Chaitin, Gregory J. "On the Length of Programs for Computing Finite Binary Sequences." *Jour-*

nal of the Association for Computing Machinery 13 (1966): 547–69.

———. "Information–Theoretic Computational Complexity." *IEEE Transactions on Information Theory* 20 (1974): 10–15.

———. *Information, Randomness & Incompleteness: Papers on Algorithmic Information Theory.* Singapore: World Scientific, 1987.

———. *Algorithmic Information Theory.* Cambridge: Cambridge University Press, 1990.

———. *At Home in the Universe.* Woodbury, N.Y.: American Institute of Physics, 1994.

———. *Conversations with a Mathematician.* London: Springer, 2002.

———. *Meta Math: The Quest for Omega.* New York: Pantheon, 2005.

———. "The Limits of Reason." *Scientific American* 294, no. 3 (March 2006): 74.

———. *Thinking About Gödel and Turing: Essays on Complexity,* 1970–2007. Singapore: World Scientific, 2007.

Chandler, Alfred D., and Cortada, James W., eds. "A Transformed By Information: How Information Has Shaped the United States from Colonial Times to the Present." (2000).

Chentsov, Nicolai N. "The Unfathomable Influence of Kolmogorov." *The Annals of Statistics* 18, no. 3 (1990): 987–98.

Cherry, E. Colin. "A History of the Theory Information." *Transactions of the IRE Professional Group on Information Theory* 1, no. 1 (1953): 22–43.

———. *On Human Communication.* Cambridge, Mass.: MIT Press, 1957.

Chomsky, Noam. "Three Models for the Description of Language." *IRE Transactions on Information Theory* 2, no. 3 (1956) 113–24.

———. *Reflections on Language.* New York: Pantheon, 1975.

Chrisley, Ronald, ed. *Artificial Intelligence: Critical Concepts.* London: Routledge, 2000.

Church, Alonzo. "On the Concept of a Random Sequence." *Bulletin of the American Mathematical Society* 46, no. 2 (1940): 130–35.

Churchland, Patricia S., and Terrence J. Sejnowski. *The Computational Brain.* Cambridge, Mass.: MIT Press, 1992.

Cilibrasi, Rudi, and Paul Vitanyi. "Automatic Meaning Discovery Using Google." *arXiv:-CI/0412098 v2,* 2005.

Clanchy, M. T. *From Memory to Written Record, England, 1066-1307.* Cambridge, Mass.: Harvard University Press, 1979.

Clarke, Roger T. "The Drum Language of the Tumba People." *American Journal of Sociology* 40, no. 1 (1934): 34–48.

Clayton, Jay. *Charles Dickens in Cyberspace: The Afterlife of the Nineteenth Century in Postmodern Culture.* Oxford: Oxford University Press, 2003.

Clerke, Agnes M. *The Herschels and Modern Astronomy.* New York: Macmillan, 1895.

Coe, Lewis. *The Telegraph: A History of Morse's Invention and Its Predecessors in the United States.* Jefferson, N.C.: McFarland, 1993.

Colton, F. Barrows. "The Miracle of Talking by Telephone." *National Geographic* 72 (1937):

395–433.

Conway, Flo, and Jim Siegelman. *Dark Hero of the Information Age: In Search of Norbert Wiener, the Father of Cybernetics.* New York: Basic Books, 2005.

Cooke, William Fothergill. *The Electric Telegraph: Was It Invented by Professor Wheatstone?* London: W. H. Smith & Son, 1857.

Coote, Edmund. *The English Schoole-maister.* London: Ralph Jackson & Robert Dexter, 1596.

Cordeschi, Roberto. *The Discovery of the Artificial: Behavior, Mind, and Machines Before and Beyond Cybernetics.* Dordrecht, Netherlands: Springer, 2002.

Cortada, James W. *Before the Computer.* Princeton, N.J.: Princeton University Press, 1993.

Cover, Thomas M., Peter Gacs, and Robert M. Gray. "Kolmogorov's Contributions to Information Theory and Algorithmic Complexity." *The Annals of Probability* 17, no. 3 (1989): 840–65.

Craven, Kenneth. *Jonathan Swift and the Millennium of Madness: The Information Age in Swift's Tale of a Tub.* Leiden, Netherlands: E. J. Brill, 1992.

Crick, Francis. "On Protein Synthesis." *Symposium of the Society for Experimental Biology* 12 (1958): 138–63.

———. "Central Dogma of Molecular Biology." *Nature* 227 (1970): 561–63.

———. *What Mad Pursuit.* New York: Basic Books, 1988.

Croarken, Mary. "Tabulating the Heavens: Computing the Nautical Almanac in 18th–Century England." *IEEE Annals of the History of Computing* 25, no. 3 (2003): 48–61.

———. "Mary Edwards: Computing for a Living in 18th–Century England." *IEEE Annals of the History of Computing* 25, no 4 (2003): 9–15.

Crowley, David, and Paul Heyer, eds. *Communication in History: Technology, Culture, Society.* Boston: Allyn and Bacon, 2003.

Crowley, David, and David Mitchell, eds. *Communication Theory Today.* Stanford, Calif.: Stanford University Press, 1994.

Daly, Lloyd W. *Contributions to a History of Alphabeticization in Antiquity and the Middle Ages.* Brussels: Latomus, 1967.

Danielsson, Ulf H., and Marcelo Schiffer. "Quantum Mechanics, Common Sense, and Black Hole Information Paradox." *Physical Review D* 48, no. 10 (1993): 4779–84.

Darrow, Karl K. "Entropy." *Proceedings of the American Philosophical Society* 87, no. 5 (1944): 365–67.

Davis, Martin. *The Universal Computer: The Road from Leibniz to Turing.* New York: Norton, 2000.

Dawkins, Richard. "In Defence of Selfish Genes." *Philosophy* 56, no. 218 (1981): 556–73.

———. *The Blind Watchmaker.* New York: Norton, 1986.

———. *The Extended Phenotype.* Rev. ed. Oxford: Oxford University Press, 1999.

———. *The Selfish Gene.* 30th anniversary edition. Oxford: Oxford University Press, 2006.

De Chadarevian, Soraya. "The Selfi sh Gene at 30: The Origin and Career of a Book and Its

Title." *Notes and Records of the Royal Society* 61 (2007): 31–38.

De Morgan, Augustus. *Arithmetical Books: From the Invention of Printing to the Present Time.* London: Taylor & Walton, 1847.

De Morgan, Sophia Elizabeth. *Memoir of Augustus De Morgan.* London: Longmans, Green, 1882.

Delbrück, Max. "A Physicist Looks at Biology." *Transactions of the Connecticut Academy of Arts and Sciences* 38 (1949): 173–90.

Delius, Juan D. "Of Mind Memes and Brain Bugs, a Natural History of Culture." In *The Nature of Culture*, edited by Walter A. Koch. Bochum, Germany: Bochum, 1989.

Denbigh, K. G., and J. S. Denbigh. *Entropy in Relation to Incomplete Knowledge.* Cambridge: Cambridge University Press, 1984.

Dennett, Daniel C. "Memes and the Exploitation of Imagination." *Journal of Aesthetics and Art Criticism* 48 (1990): 127–35.

———. *Consciousness Explained.* Boston: Little, Brown, 1991.

———. *Darwin's Dangerous Idea: Evolution and the Meanings of Life.* New York: Simon & Schuster, 1995.

———. *Brainchildren: Essays on Designing Minds.* Cambridge, Mass.: MIT Press, 1998.

Desmond, Adrian, and James Moore. *Darwin.* London: Michael Joseph, 1991.

Díaz Vera, Javier E. *A Changing World of Words: Studies in English Historical Lexicography, Lexicology and Semantics.* Amsterdam: Rodopi, 2002.

Dilts, Marion May. *The Telephone in Changing World.* New York: Longmans, Green, 1941.

Diringer, David, and Reinhold Regensburger. *The Alphabet: A Key to the History of Mankind.* 3d ed. New York: Funk & Wagnalls, 1968.

Dretske, Fred I. *Knowledge and the Flow of Information.* Cambridge, Mass.: MIT Press, 1981

Duane, Alexander. "Sight and Signalling in the Navy." *Proceedings of the American Philosophical Society* 55, no. 5 (1916): 400–14.

Dubbey, J. M. *The Mathematical Work of Charles Babbage.* Cambridge: Cambridge University Press, 1978.

Dupuy, Jean-Pierre. *The Mechanization of the Mind: On the Origins of Cognitive Science.* Translated by M. B. DeBevoise. Princeton, N.J.: Princeton University Press, 2000.

Dyson, George B. *Darwin Among the Machines: The Evolution of Global Intelligence.* Cambridge, Mass.: Perseus, 1997.

Eco, Umberto. *The Search for the Perfect Language.* Translated by James Fentress. Malden, Mass.: Blackwell, 1995.

Edwards, P. N. *The Closed World: Computers and the Politics of Discourse in Cold War America.* Cambridge, Mass.: MIT Press, 1996.

Eisenstein, Elizabeth L. "Clio and Chronos: An Essay on the Making and Breaking of History–Book Times." In *History and Theory* suppl. 6: History and the Concept of Time (1966): 36–64.

———. *The Printing Press as an Agent of Change: Communications and Cultural Transformations in Early-Modern Europe.* Cambridge: Cambridge University Press, 1979.

Ekert, Artur. "Shannon's Theorem Revisited." *Nature* 367 (1994): 513–14.

———. "From Quantum Code–Making to Quantum Code–Breaking." *arXiv:quant-ph/9703035 v1*, 1997.

Elias, Peter. "Two Famous Papers." *IRE Transactions on Information Theory* 4, no. 3 (1958): 99.

Emerson, Ralph Waldo. *Society and Solitude.* Boston: Fields, Osgood, 1870.

Everett, Edward. "The Uses of Astronomy." In *Orations and Speeches on Various Occasions,* 422–65. Boston: Little, Brown, 1870.

Fahie, J. J. *A History of Electric Telegraphy to the Year 1837.* E. & F. N. Spon, 1884.

Fauvel, John, and Jeremy Gray. *The History of A Mathematics: A Reader.* Mathematical Association of America, 1997.

Feferman, Solomon, ed. *Kurt Gödel: Collected Works.* New York: Oxford University Press, 1986.

Feynman, Richard P. *The Character of Physical Law.* New York: Modern Library, 1994.

———. *Feynman Lectures on Computation.* Edited by Anthony J. G. Hey and Robin W. Allen. Boulder, Colo.: Westview Press, 1996.

Finnegan, Ruth. *Oral Literature in Africa.* Oxford: Oxford University Press, 1970.

Fischer, Claude S. *America Calling: A Social History of the Telephone to 1940.* Berkeley: University of California Press, 1992.

Ford, Joseph. "Directions in Classical Chaos." In *Directions in Chaos,* edited by Hao Bai–lin. Singapore: World Scientific, 1987.

Franksen, Ole I. "Introducing 'Mr. Babbage's Secret.'" *APL Quote Quad 15,* no. 1 (1984): 14–17.

Friedman, William F. "Edgar Allan Poe, Cryptographer." *American Literature* 8, no. 3 (1936) 266–80.

Fuchs, Christopher A. "Notes on a Paulian Idea: Foundational, Historical, Anecdotal and Forward–Looking Thoughts on the Quantum." *arXiv:quant-ph/0105039,* 2001.

———. "Quantum Mechanics as Quantum Information (and Only a Little More)," 2002. *arXiv:quant-ph/0205039 v1,* 8 May 2001.

———. "QBism, the Perimeter of Quantum Bayesianism," *arXiv:quant-ph/1003.5209 vi,* 2010.

———. *Coming of Age with Quantum Information: Notes on a Paulian Idea.* Cambridge, Mass.: Cambridge University Press, 2010.

Galison, Peter. *Image and Logic: A Material Culture of Microphysics.* Chicago: University of Chicago Press, 1997.

Gallager, Robert G. "Claude E. Shannon: A Retrospective on His Life, Work, and Impact." *IEEE Transactions on Information* 47, no. 7 (2001): 2681–95.

Gamow, George. "Possible Relation Between Deoxyribonucleic Acid and Protein Structures."

Nature 173 (1954): 318.

————. "Information Transfer in the Living Cell." *Scientific American* 193, no. 10 (October 1955): 70.

Gardner, Martin. *Hexaflexagons and Other Mathematical Diversions.* Chicago: University of Chicago Press, 1959.

————. *Martin Gardner's Sixth Book of Mathematical Games from Scientific American.* San Francisco: W. H. Freeman, 1963.

Gasser, James, ed. *A Boole Anthology: Recent and Classical Studies in the Logic of George Boole.* Dordrecht, Netherlands: Kluwer, 2000.

Gell—Mann, Murray, and Seth Lloyd. "Information Measures, Effective Complexity, and Total Information." *Complexity* 2, no. 1 (1996): 44–52

Genosko, Gary. *Marshall McLuhan: Critical Evaluations in Cultural Theory.* Abingdon, U.K.: Routledge, 2005.

Geoghegan, Bernard Dionysius. "The Historiographic Conceptualization of Information: A Critical Survey." *Annals of the History of Computing* (2008): 66–81.

Gerovitch, Slava. *From Newspeak to Cyberspeak: A History of Soviet Cybernetics.* Cambridge, Mass.: MIT Press, 2002.

Gilbert, E. N. "Information Theory After 18 Years." *Science* 152, no. 3720 (1966): 320–26.

Gilder, Louisa. *The Age of Entanglement When Quantum Physics Was Reborn.* New York: Knopf, 2008.

Gilliver, Peter, Jeremy Marshall, and Edmund Weiner. *The Ring of Words: Tolkien and the Oxford English Dictionary.* Oxford: Oxford University Press, 2006.

Gitelman, Lisa, and Geoffrey B. Pingree, eds. *New Media 1740-1915.* Cambridge, Mass.: 2003.

Glassner, Jean—Jacques. *The Invention of Cuneiform.* Translated and edited by Zainab Bahrani and Marc Van De Mieroop. Baltimore: Johns Hopkins University Press, 2003

Gleick, James. *Chaos: Making a New Science.* New York: Viking, 1987.

————. "The Lives They Lived: Claude Shannon, B. 1916; Bit Player." *New York Times Magazine,* 30 December 2001, 48.

————. *What Just Happened: A Chronicle from the Information Frontier.* New York: Pantheon, 2002.

Gödel, Kurt. "Russell's Mathematical Logic" (1944). In *Kurt Gödel: Collected Works,* edited by Solomon Feferman, vol. 2, 119. New York: Oxford University Press, 1986.

Goldsmid, Frederic John. *Telegraph and Travel: A Narrative of the Formation and Development of Telegraphic Communication Between England and India, Under the Orders of Her Majesty's Government, With Incidental Notices of the Countries Traversed By the Lines.* London: Macmillan, 1874.

Goldstein, Rebecca. *Incompleteness: The Proof and Paradox of Kurt Gödel.* New York: Atlas, 2005.

Goldstine, Herman H. "Information Theory." *Science* 133, no. 3462 (1961): 1395–99.

———. *The Computer: From Pascal to Von Neumann*. Princeton, N.J.: Princeton University Press, 1973.

Goodwin, Astley J. H. *Communication Has Been Established*. London: Methuen, 1937.

Goody, Jack. *The Domestication of the Savage Mind*. Cambridge: Cambridge University Press, 1977.

———. *The Interface Between the Written and the Oral*. Cambridge: Cambridge University Press, 1987.

Goody, Jack, and Ian Watt. "The Consequences of Literacy." *Comparative Studies in Society and History* 5, no. 3 (1963): 304–45.

Goonatilake, Susantha. *The Evolution of Information: Lineages in Gene, Culture and Artefact*. London: Pinter, 1991.

Gorman, Michael E. *Transforming Nature: Ethics, Invention Discovery*. Boston: Kluwer Academic, 1998.

Gould, Stephen Jay. *The Panda's Thumb*. New 1980.

———. "Humbled by the Genome's Mysteries." *The New York Times*, 19 February 2001.

Grafen, Alan, and Mark Ridley, eds. *Richard Dawkins: How a Scientist Changed the Way We Think*. Oxford: Oxford Press, 2006.

Graham, A. C. *Studies in Chinese Philosophy and Philosophical Literature*. Vol. SUNY Series in Chinese Philosophy and Culture. Albany: State University of New York Press, 1990.

Green, Jonathon. *Chasing the Sun: Dictionary Makers and the Dictionaries They Made*. New York: Holt, 1996.

Gregersen, Niels Henrik, ed. *From Complexity to Life: On the Emergence of Life and Meaning*. Oxford: Oxford University Press, 2003.

Griffiths, Robert B. "Nature and Location of Quantum Information." *Physical Review A* 66 012311-1.

Grünwald, Peter, and Paul Vitányi. "Shannon Information and Kolmogorov Complexity." *arXiv:cs.IT/0410002 v1*, 8 August 2005.

Guizzo, Erico Mariu. "The Essential Message: Claude Shannon and the Making of Information Theory." Master's thesis, Massachusetts Institute of Technology, September 2003.

Gutfreund, H., and G. Toulouse. *Biology and Computation: A Physicist's Choice*. Singapore: World Scientific, 1994.

Hailperin, Theodore. "Boole's Algebra Isn't Boolean Algebra." *Mathematics Magazine* 54, no. 4 (1981): 172–84.

Halstead, Frank G. "The Genesis and Speed of the Telegraph Codes." *Proceedings of the American Philosophical Society* 93, no. 5 (1949): 448–58.

Halverson, John. "Goody and the Implosion of the Literacy Thesis." *Man* 27, no. 2 (1992): 301–17.

Harlow, Alvin F. *Old Wires and New Waves*. New York: D. Appleton-Century, 1936.

Harms, William F. "The Use of Information Theory in Epistemology." *Philosophy of Science* 65, no. 3 (1998): 472–501.

Harris, Roy. *Rethinking Writing*. Bloomington: Indiana University Press, 2000.

Hartley, Ralph V. L. "Transmission of Information." *Bell System Technical Journal* 7 (1928): 535–63.

Havelock, Eric A. *Preface to Plato*. Cambridge, Mass.: Harvard University Press, 1963.

———. *The Muse Learns to Write: Reflections on Orality and Literacy from Antiquity to the Present*. New Haven, Conn.: Yale University Press, 1986.

Havelock, Eric Alfred, and Jackson P. Hershbell. *Communication Arts in the Ancient World*. New York: Hastings House, 1978.

Hawking, Stephen. *God Created the Integers: The Mathematical Breakthroughs That Changed History*. Philadelphia: Running Press, 2005.

———. "Information Loss in Black Holes." *Physical Review D 72, arXiv:hep-th/0507171v2*, 2005.

Hayles, N. Katherine. *How We Became Posthuman: Virtual Bodies Cybernetics, Literature, and Informatics*. Chicago: University of Chicago Press, 1999.

Headrick, Daniel R. *When Information Came of Age: Technologies of Knowledge in the Age of Reason and Revolution, 1700-1850*. Oxford: Oxford University Press, 2000.

Heims, Steve J. *John Von Neumann and Norbert Wiener*. Cambridge, Mass.: MIT Press, 1980.

———. *The Cybernetics Group*. Cambridge, Mass.: MIT Press, 1991.

Herken, Rolf, ed. *The Universal Turing Machine: A Half-Century Survey*. Vienna: Springer–Verlag, 1995

Hey, Anthony J. G., ed. *Feynman and Computation*. Boulder, Colo.: Westview Press, 2002.

Hobbes, Thomas. *Leviathan, or, the Matter, Forme, and Power of a Commonwealth, Eclesiasticall and Civill*. London: Andrew Crooke, 1660.

Hodges, Adnrew. *Alan Turing: The Enigma*. London: Vintage, 1992.

Hofstadter, Douglas R. *Gödel, Escher, Bach: An Eternal Golden Braid*. New York: Basic Books, 1979.

———. *Metamagical Themas: Questing for the Essence of Mind and Pattern*. New York: Basic Books, 1985.

———. *I Am a Strange Loop*. New York: Basic Books, 2007.

Holland, Owen. "The First Biologically Inspired Robots." *Robotica* 21 (2003): 351–63.

Holmes, Oliver Wendell. *The Autocrat of the Breakfast-Table*. New York: Houghton Mifflin, 1893.

Holzmann, Gerard J., and Björn Pehrson. *The Early History of Data Networks*. Washington D.C.: IEEE Computer Society, 1995.

Hopper, Robert. *Telephone Conversation*. Bloomington: Indiana University Press, 1992.

Horgan, John. "Claude E. Shannon." *IEEE Spectrum* (April 1992): 72–75.

Horsley, Victor. "Description of the Brain of Mr. Charles Babbage, F.R.S." *Philosophical*

Transactions of the Royal Society of London, Series B 200 (1909): 117–31.

Huberman, Bernardo A. *The Laws of the Web: Patterns in the Ecology of Information.* Cambridge, Mass.: MIT Press, 2001.

Hughes, Geoffrey. *A History of English Words.* Oxford: Blackwell, 2000.

Hüllen, Werner. *English Dictionaries 800-1700: The Topical Tradition.* Oxford: Clarendon Press, 1999.

Hume, Alexander. *Of the Orthographie and Congruitie of the Britan Tongue* (1620). Edited from the original ms. in the British Museum by Henry B. Wheatley. London: Early English Text Society, 1865.

Husbands, Philip, and Owen Holland. "The Ratio Club: A Hub of British Cybernetics." In *The Mechanical Mind in History*, 91–148. Cambridge, Mass.: MIT Press, 2008.

Husbands, Philip, Owen Holland, and Michael Wheeler, eds. *The Mechanical Mind in History.* Cambridge, Mass.: MIT Press, 2008.

Huskey, Harry D., and Velma R. Huskey. "Lady Lovelace and Charles Babbage." *Annals of the History of Computing* 2, no. 4 (1980): 299–329.

Hyatt, Harry Middleton. *Folk-Lore from Adams County, Illinois.* 2nd and rev. ed. Hannibal, Mo.: Alma Egan Hyatt Foundation, 1965.

Hyman, Anthony. *Charles Babbage: Pioneer of the Computer.* Princeton, N.J.: Princeton University Press, 1982.

Hyman, Anthony, ed. *Science and Reform: Selected Works of Charles Babbage.* Cambridge: Cambridge University 1989.

Ifrah, Georges. *The Universal History of Computing: From the Abacus to the Quantum Computer.* New York: Wiley and Sons, 2001.

Ivanhoe, P. J., and Bryan W. Van Norden. *Readings in Classical Chinese Philosophy.* 2nd ed. Indianapolis: Hackett Publishing, 2005.

Jackson, Willis, ed. *Communication Theory.* New York: Academic Press, 1953.

James, William. *Principles of Psychology.* Chicago: Encyclopædia Britannica, 1952.

Jaynes, Edwin T. "Information Theory and Statistical Mechanics." *Physical Review* 106, no. 4 (1957): 620–30.

———. "Where Do We Stand on Maximum Entropy." In *The Maximum Entropy Formalism*, edited by R. D. Levine and Myron Tribus. Cambridge, Mass.: MIT Press, 1979.

Jaynes, Edwin T., Walter T. Grandy, and Peter W. Milonni. *Physics and Probability: Essays in Honor of Edwin T. Jaynes.* Cambridge: Cambridge University Press, 1993.

Jaynes, Julian. *The Origin of Consciousness in the Breakdown of the Bicameral Mind.* Boston: Houghton Mifflin, 1977.

Jennings, Humphrey. *Pandaemonium: The Coming of the Machine as Seen by Contemporary Observers, 1660-1886.* Edited by Mary-Lou Jennings and Charles Madge. New York: Free Press, 1985.

Johannsen, Wilhelm. "The Genotype Conception of Heredity." *American Naturalist* 45, no.

531 (1911): 129–59.

Johns, Adrian. *The Nature of the Book: Print and Knowledge in the Making*. Chicago: University of Chicago Press, 1998.

Johnson, George. *Fire in the Mind: Science, Faith, and the Search for Order*. New York: Knopf, 1995.

———. "Claude Shannon, Mathematician, Dies at 84." *The New York Times*, 27 February 2001, B7.

Johnson, Horton A. "Thermal Noise and Biological Information." *Quarterly Review of Biology* 62, no. 2 (1987): 141–52.

Joncourt, élie de. *De Natura et Praeclaro Usu Simplicissimae Speciei Numerorum Trigonalium*. Edited by é. de Joncourt Auctore. Hagae Comitum: Husson, 1762.

Jones, Alexander. *Historical Sketch of the Electric Telegraph: Including Its Rise and Progress in the United States*. New York: Putnam, 1852.

Jones, Jonathan. "Quantum Computers Get Real." *Physics World* 15, no. 4 (2002): 21–22.

———. "Quantum Computing: Putting It into Practice." (2003): 28–29.

Judson, Horace Freeland. *The Eighth Day of Creation: Makers of the Revolution in Biology*. New York: Simon & Schuster, 1979.

Kahn, David. *The Codebreakers: The Story of Secret Writing*. London: Weidenfeld & Nicolson, 1968.

———. *Seizing the Enigma: The Race to Break the German U-Boat Codes, 1939–1943*. New York: Barnes & Noble, 1998

Kahn, Robert E. "A Tribute to Claude E. Shannon." *IEEE Communications Magazine* (2001): 18–22.

Kalin, Theodore A. "Formal Switching Circuits." In *Proceedings of the 1952 ACM National Meeting (Pittsburgh)*, 251–57. New York: ACM, 1952.

Kauffman, Stuart. *Investigations*. Oxford: Oxford University Press, 2002.

Kay, Lily E. *Who Wrote the Book of Life: A History of the Genetic Code*. Stanford, Calif.: Stanford University Press, 2000.

Kelly, Kevin. *Out of Control: The Rise of Neo-Biological Civilization*. Reading, Mass.: Addison–Wesley, 1994.

Kendall, David G. "Andrei Nikolaevich Kolmogorov. 25 April 1903–20 October 1987." *Biographical Memoirs of Fellows of the Royal Society* 37 (1991): 301–19.

Keynes, John Maynard. *A Treatise on Probability*. London: Macmillan, 1921.

Kneale, William. "Boole and the Revival of Logic." *Mind* 57, no. 226 (1948): 149–75.

Knuth, Donald E. "Ancient Babylonian Algorithms." *Communications of the Association for Computing Machinery* 15, no. 7 (1972): 671–77.

Kolmogorov, A. N. "Combinatorial Foundations of Information Theory and the Calculus of Probabilities." *Russian Mathematical Surveys* 38, no. 4 (1983): 29–43.

———. *Selected Works of A. N. Kolmogorov. Vol. 3, Information Theory and the Theory of Algo-*

rithms. Translated by A. B. Sossinksky. Dordrecht, Netherlands: Kluwer Academic Publishers, 1993.

Kolmogorov, A. N., I. M. Gelfand, and A. M. Yaglom. "On the General Definition of the Quantity of Information" (1956). In *Selected Works of A. N. Kolmogorov, vol. 3, Information Theory and the Theory of Algorithms*, 2–5. Dordrecht, Netherlands: Kluwer Academic Publishers, 1993.

Kolmogorov, A. N., and A. N. Shiryaev. *Kolmogorov in Perspective. History of Mathematics*, vol. 20. Translated by Harold H. McFaden. N.p.: American Mathematical Society, London Mathematical Society, 2000.

Krutch, Joseph Wood. *Edgar Allan Poe: A Study in Genius*. New York: Knopf, 1926.

Kubát, Libor, and Jiří Zeman. *Entropy and Information in Science and Philosophy*. Amsterdam: Elsevier, 1975.

Langville, Amy N., and Carl D. Meyer. *Google's Page Rank and Beyond: The Science of Search Engine Rankings*. Princeton, N.J.: Princeton University Press, 2006.

Lanier, Jaron. *You Are Not a Gadget*. New York: Knopf, 2010.

Lanouette, William. *Genius in the Shadows*. New York: Scribner's, 1992.

Lardner, Dionysius. "Babbage's Calculating Engines." *Edinburgh Review* 59, no. 120 (1834): 263–327.

———. *The Electric Telegraph*. Revised and rewritten by Edward B. Bright. London: James Walton, 1867.

Lasker, Edward. *The Adventure of Chess*. 2nd ed. New York: Dover, 1959.

Leavitt, Harold J., and Thomas L. Whisler. "Management in the 1980s." *Harvard Business Review* (1958): 41–48.

Leff, Harvey S., and Andrew F. Rex, eds. *Maxwell's Demon: Entropy, Information, Computing*. Princeton, N.J.: Princeton, University Press, 1990.

———. *Maxwell's Demon 2: Entropy, Classical and Quantum Information, Computing*. Bristol U.K.: Institute of Physics, 2003.

Lenoir, Timothy, ed. *Inscribing Science: Scientific Texts and the Materiality of Communication*. Stanford, Calif.: Stanford University Press, 1998.

Licklider, J. C. R. "Interview Conducted by William Aspray and Arthur Norberg." (1988).

Lieberman, Phillip. "Voice in the Wilderness: How Humans Acquired the Power of Sciences." *Sciences* (1988): 23–29.

Lloyd, Seth. "Computational Capacity of the Universe." *Physical Review Letters* 88, no. 23 (2002). *arXiv:quant-ph/0110141v1*.

———. *Programming the Universe*. New York: Knopf, 2006.

Loewenstein, Werner R. *The Touchstone of Life: Molecular Information, Cell Communication, and the Foundations of Life*. New York: Oxford University Press, 1999.

Lucky, Robert W. *Silicon Dreams: Information, Man, and Machine*. New York: St. Martin's Press, 1989.

Lundheim, Lars. "On Shannon and 'Shannon's Formula.'" *Telektronikk* 98, no. 1 (2002): 20–29.

Luria, A. R. *Cognitive Development: Its Cultural and Social Foundations.* Cambridge, Mass.: Harvard University Press, 1976.

Lynch, Aaron. *Thought Contagion: How Belief Spreads Through Society.* New York: Basic Books, 1996.

Mabee, Carleton. *The American Leonardo: A Life of Samuel F. B. Morse.* New York: Knopf, 1943.

MacFarlane, Alistair G. J. "Information, Knowledge, and the Future of Machines." *Philosophical Transactions: Mathematical, Physical and Engineering Sciences* 361, no. 1809 (2003): 1581–616.

Machlup, Fritz, and Una Mansfield, eds. *The Study of Information: Interdisciplinary Messages.* New York: Wiley and Sons, 1983.

Machta, J. "Entropy, Information, and Computation." *American Journal of Physics* 67, no. 12 (1999): 1074–77.

Mackay, Charles. *Memoirs of Extraordinary Popular Delusions.* Philadelphia: Lindsay & Blakiston, 1850.

MacKay, David J. C. *Information Theory, Inference, and Algorithms.* Cambridge: Cambridge University Press, 2002.

MacKay, Donald M. *Information, Mechanism, and Meaning.* Cambridge, Mass.: MIT Press, 1969.

Macrae, Norman. *John Von Neumann: The Scientific Genius Who Pioneered the Modern Computer, Game Theory, Nuclear Deterrence, and Much More.* New York: Pantheon, 1992.

Macray, William Dunn. *Annals of the Bodleian Library, Oxford, 1598-1867.* London: Rivingtons, 1868.

Mancosu, Paolo. *From Brouwer to Hilbert: The Debate on the Foundations of Mathematics in the 1920s.* New York: Oxford University Press, 1998.

Marland, E. A. *Early Electrical Communication.* London: Abelard–Schuman, 1964.

Martin, Michèle. *"Hello, Central?": Gender, Technology, and Culture in the Formation of Telephone Systems.* Montreal: McGill–Queen's University Press, 1991.

Marvin, Carolyn. *When Old Technologies Were New: Thinking About Electric Communication in the Late Nineteenth Century.* New York: Oxford University Press, 1988.

Maxwell, James Clerk. *Theory of Heat.* 8th ed. London: Longmans, Green, 1885.

Mayr, Otto. "Maxwell and the Origins of Cybernetics." *Isis* 62, no. 4 (1971): 424–44.

McCulloch, Warren S. "Brain and Behavior." *Comparative Psychology Monograph 20* 1, Series 103 (1950).

———. "Through the Den of the Metaphysician." *British Journal for the Philosophy of Science* 5, no. 17 (1954): 18–31.

———. *Embodiments of Mind.* Cambridge, Mass.: MIT Press, 1965.

———. "Recollections of the Many Sources of Cybernetics." *ASC Forum* 6, no. 2 (1974): 5–16.

McCulloch, Warren S., and John Pfeiffer. "Of Digital Computers Called Brains." *Scientific Monthly* 69, no. 6 (1949): 368–76.

McLuhan, Marshall. *The Mechanical Bride: Folklore of Industrial Man*. New York: Vanguard Press, 1951.

———. *The Gutenberg Galaxy*. Toronto: University of Toronto Press, 1962.

———. *Understanding Media: The Extensions of Man*. New York: McGraw–Hill, 1965.

———. *Essential McLuhan*. Edited by Eric McLuhan and Frank Zingrone. New York: Basic Books, 1996.

McLuhan, Marshall, and Quentin Fiore. *The Medium Is the Massage*. New York: Random House, 1967.

McNeely, Ian F., with Lisa Wolverton. *Reinventing Knowledge: From Alexandria to the Internet*. New York: Norton, 2008.

Menabrea, L. F. "Sketch of the Analytical Engine Invented by Charles Babbage. With notes upon the Memoir by the Translator, Ada Augusta, Countess of Lovelace." *Bibliothèque Universelle de Genève* 82 (October 1842). Also available online at http://www.fourmilab.ch/babbage/sketch.html.

Menninger, Karl, and Paul Broneer. *Number Words and Number Symbols: A Cultural History of Numbers*. Dover Publications, 1992.

Mermin, N. David. "Copenhagen Computation: How I Learned Stop Worrying and Love Bohr." *IBM Journal of Research and Development* 48 (2004): 53–61.

———. *Quantum Computer Science: An Introduction*. Cambridge: Cambridge University Press, 2007.

Miller, George A. "The Magical Number Seven, Plus or Minus Two: Some Limits on Our Capacity for Processing Information." *Psychological Review* 63 (1956): 81–97.

Miller, Jonathan. *Marshall McLuhan*. New York: Viking, 1971.

———. *States of Mind*. New York: Pantheon, 1983.

Millman, S., ed. *A History of Engineering and Science in the Bell System: Communications Sciences* (1925–1980). Bell Telephone Laboratories, 1984.

Mindell, David A. *Between HUman and Machine: Feedback, Control, and Computing Before Cybernetics*. Baltimore: Johns Hopkins University Press, 2002.

Mindell, David A., Jérôme Segal, and Slava Gerovitch. "Cybernetics and Information Theory in the United States, France, and the Soviet Union." In *Science and Ideology: A Comparative History*, edited by Mark Walker, 66–95. London: Routledge, 2003.

Monod, Jacques. *Chance and Necessity: An Essay on the Natural Philosophy of Modern Biology*. Translated by Austryn Wainhouse. New York: Knopf, 1971.

Moore, Francis. *Travels Into the Inland Parts of Africa*. London: J. Knox, 1767.

Moore, Gordon E. "Cramming More Components onto Integrated Circuits." *Electronics* 38, no. 8 (1965): 114–17.

Morowitz, Harold J. *The Emergence of Everything: How the World Became Complex.* New York: Oxford University Press, 2002.

Morse, Samuel F. B. *Samuel F. B. Morse: His Letters and Journals.* Edited by Edward Lind Morse. Boston: Houghton Miffl in, 1914.

Morus, Iwan Rhys. "'The Nervous System of Britain': Space, Time and the Electric Telegraph in the Victorian Age." *British Journal of the History of Science* 33 (2000): 455–75.

Moseley, Maboth. *Irascible Genius: A Life of Charles Babbage, Inventor.* London: Hutchinson, 1964.

Mugglestone, Lynda. "Labels Reconsidered: Objectivity and the *OED.*" *Dictionaries* 21 (2000): 22–37.

———. *Lost for Words: The Hidden History of the Oxford English Dictionary.* New Haven, Conn.: Yale University Press, 2005.

Mulcaster, Richard. *The First Part of the Elementarie Which Entreateth Chefelie of the Right Writing of Our English Tung.* London: Thomas Vautroullier, 1582.

Mullett, Charles F. "Charles Babbage: A Scientifi c Gadfly." *Scientific Monthly* 67, no. 5 (1948): 361–71.

Mumford, Lewis. *The Myth of the Machine.* Vol. 2, *The Pentagon of Power.* New York: Harcourt, Brace, 1970.

Murray, K. M. E. *Caught in the Web of Words.* New Haven, Conn.: Yale University Press, 1978.

Mushengyezi, Aaron. "Rethinking Indigenous Media: Rituals, 'Talking' Drums and Orality as Forms of Public Communication in Uganda." *Journal of African Cultural Studies* 16, no. 1 (2003): 107–17.

Nagel, Ernest, and James R. Newman. *Gödel's Proof.* New York: New York University Press, 1958.

Napier, John. *A Description of the Admirable Table of Logarithmes.* Translated by Edward Wright. London: Nicholas Okes, 1616.

Nemes, Tihamér. *Cybernetic Machines.* Translated by I. Földes. New York: Gordon & Breach, 1970.

Neugebauer, Otto. *The Exact Scineces in Antiquity.* 2nd ed. Providence, R.I.: Brown University Press, 1957.

———. *A History of Ancient Mathematical Astronomy.* Studies in the History of Mathematics and Physical Sciences, vol. 1. New York: Springer–Verlag, 1975.

Neugebauer, Otto, Abraham Joseph Sachs, and Albrecht Götze. *Mathematical Cuneiform Texts.* American Oriental Series, vol. 29. New Haven, Conn.: American Oriental Society and the American Schools of Oriental Research, 1945.

Newman, M. E. J. "The Structure and Function of Complex Networks." *SIAM Review* 45, no. 2 (2003): 167–256.

Niven, W. D., ed. *The Scientific Papers of James Clerk Maxwell.* Cambridge: Cambridge University Press, 1890; repr. New York: Dover, 1965.

Norman, Donald A. *Things That Make Us Smart: Defending Human Attributes in the Age of the Machine*. Reading, Mass.: Addison—Wesley, 1993.

Nørretranders, Tor. *The User Illusion: Cutting Consciousness Down to Size*. Translated by Jonathan Sydenham. New York: Penguin, 1998.

Noyes, Gertrude E. "The First English Dictionary, Cawdrey's *Table Alphabeticall*." *Modern Language Notes* 58, no. 8 (1943): 600–605.

Ogilvie, Brian W. "The Many Books of Nature: Renaissance Naturalists and Information Overload." *Journal of the History of Ideas* 64, no. 1 (2003): 29–40.

———. *The Science of Describing: Natural History in Renaissance Europe*. Chicago: University of Chicago Press, 2006.

Olson, David R. "From Utterance to Text: The Bias of Language in Speech and Writing." *Harvard Educational Review* 47 (1977): 257–81.

———. "The Cognitive Consequences of Literacy." *Canadian Psychology* 27, no. 2 (1986): 109–21.

Ong, Walter J. "This Side of Oral Culture and of Print." *Lincoln Lecture* (1973).

———. "African Talking Drums and Oral Noetics." *New Literary History* 8, no. 3 (1977): 411–29.

———. *Interfaces of the Word*. Ithaca, N.Y.: Cornell University Press, 1977.

———. *Orality and Literacy: The Technologizing of the Word*. London: Methuen, 1982.

Oslin, George P. *The Story of Telecommunications*. Macon, Ga.: Mercer University Press, 1992.

Page, Lawrence, Sergey Brin, Rajeev Motwani, and Terry Winograd. "The Pagerank Citation Ranking: Bringing Order to the Web." Technical Report SIDLWP—1999—0120. Stanford University InfoLab (1998). Available online at http://ilpubs.stanford.edu:8090/422/1/1999—66.pdf.

Pain, Stephanie. "Mr. Babbage and the Buskers." *New Scientist* 179, no. 2408 (2003): 42.

Paine, Albert Bigelow. *In One Man's Life: Being Chapters from the Personal & Business Career of Theodore N. Vail*. New York: Harper & Brothers, 1921.

Palme, Jacob. "You Have 134 Unread Mail! Do You Want to Read Them Now?" In *Computer-Based Message Services*, edited by Hugh T. Smith. North Holland: Elsevier, 1984.

Peckhaus, Volker. "19th Century Logic Between Philosophy and Mathematics." *Bulletin of Symbolic Logic* 5, no. 4 (1999): 433–50.

Peres, Asher. "Einstein, Podolsky, Rosen, and Shannon." *arXiv:quant-ph/0310010 v1*, 2003.

———. "What Is Actually Teleported?" *IBM Journal of Research and Development* 48, no. 1 (2004): 63.69.

Pérez—Montoro, Mario. *The Phenomenon of Information: A Conceptual Approach to Information Flow*. Translated by Dick Edelstein. Lanham, Md.: Scarecrow, 2007.

Peters, John Durham. *Speaking Into the Air: A History of the Idea of Communication*. Chicago:

University of Chicago Press, 1999.

Philological Society. *Proposal for a Publication of a New English Dictionary by the Philological Society*. London: Trübner & Co., 1859.

Pickering, John. *A Lecture on Telegraphic Language*. Boston: Hilliard, Gray, 1833.

Pierce, John R. *Symbols, Signals and Noise: The Nature and Process of Communication*. New York: Harper & Brothers, 1961.

———. "The Early Days of Information Theory." *IEEE Transactions on Information Theory* 19, no. 1 (1973): 3–8.

———. *An Introduction to Information Theory: Symbols, Signals and Noise*. 2nd ed. New York: Dover, 1980.

———. "Looking Back: Claude Elwood Shannon." *IEEE Potentials* 12, no. 4 (December 1993): 38–40.

Pinker, Steven. *The Language Instinct: How the Mind Creates Language*. New York: William Morrow, 1994.

———. *The Stuff of Thought: Language as a Window into Human Nature*. New York: Viking, 2007.

Platt, John R., ed. *New Views of the Nature of Man*. Chicago: University of Chicago Press, 1983.

Plenio, Martin B., and Vincenzo Vitelli. "The Physics of Forgetting: Landauer's Erasure Principle and Information Theory." *Contemporary Physics* 42, no. 1 (2001): 25–60.

Poe, Edgar Allan. *Essays and Reviews*. New York: Library of America, 1984.

———. *Poetry and Tales*. New York: Library of America, 1984.

Pool, Ithiel de Sola, ed. *The Social Impact of the Telephone*. Cambridge, Mass.: MIT Press, 1977.

Poundstone, William. *The Recursive Universe: Cosmic Complexity and the Limits of Scientific Knowledge*. Chicago: Contemporary Books, 1985.

Prager, John. *On Turing*. Belmont, Calif.: Wadsworth, 2001.

Price, Robert. "A Conversation with Claude Shannon: One Man's Approach to Problem Solving." *IEEE Communications Magazine* 22 (1984): 123–26.

Pulgram, Ernst. *Theory of Names*. Berkeley, Calif.: American Name Society, 1954.

Purbrick, Louise. "The Dream Machine: Charles Babbage and His Imaginary Computers." *Journal of Design History* 6:1 (1993): 9–23.

Quastler, Henry, ed. *Essays on the Use of Information Theory in Biology*. Urbana: University of Illinois Press, 1953.

———. *Information Theory in Psychology: Problems and Methods*. Glencoe, Ill.: Free Press, 1955.

Radford, Gary P. "Overcoming Dewey's 'False Psychology': Reclaiming Communication for Communication Studies." Paper presented at the 80th Annual Meeting of Speech Communication Association, New Orleans, November 1994. Available online at http://www.

theprofessors.net/dewey.html.

Rattray, Robert Sutherland. "The Drum Language of West Africa: Part I." *Journal of the Royal African Society* 22, no. 87 (1923): 226–36.

———. "The Drum Language of West Africa: Part II." *Journal of the Royal African Society* 22, no. 88 (1923): 302–16.

Redfield, Robert. *The Primitive World and Its Transformations.* Ithaca, N.Y.: Cornell University Press, 1953.

Rényi, Alfréd. *A Diary on Information Theory.* Chichester, N.Y.: Wiley and Sons, 1984.

Rheingold, Howard. *Tools for Thought: The History and Future of Mind-Expanding Technology.* Cambridge, Mass.: MIT Press, 2000.

Rhodes, Frederick Leland. *Beginnings of Telephony.* New York: Harper & Brothers, 1929.

Rhodes, Neil, and Jonathan Sawday, eds. *The Renaissance Computer: Knowledge Technology in the First Age of Print.* London: Routledge, 2000.

Richardson, Robert D. *William James: In the Maelstrom of American Modernism.* New York: Houghton Mifflin, 2006.

Robertson, Douglas S. *The New Renaissance: Computers and the Next Level of Civilization.* Oxford: Oxford University Press, 1998.

———. *Phase Change: The Computer Revolution in Science and Mathematics.* Oxford: Oxford University Press, 2003.

Rochberg, Francesca. *The Heavenly Writing: Divination, Horoscopy, and Astronomy in Mesopotamian Culture.* Cambridge: Cambridge University Press, 2004.

Roederer, Juan G. *Information and Its Role in Nature.* Berlin: Springer, 2005.

Rogers, Everett M. "Claude Shannon's Cryptography Research during World War II and the Mathematical Theory of Communication." In *Proceedings, IEEE 28th International Carnaham Conference on Security Technology,* October 1994: 1–5.

Romans, James. *ABC of the Telephone.* New York: Audel & Co., 1901.

Ronell, Avital. *The Telephone Book: Technology, Schizophrenia, Electric Speech.* Lincoln: University of Nebraska Press, 1991.

Rosenblueth, Arturo, Norbert Wiener, and Julian Bigelow. "Behavior, Purpose and Teleology." *Philosophy of Science* 10 (1943): 18–24.

Rosenheim, Shawn James. *The Cryptographic Imagination: Secret Writing from Edgar Poe to the Internet.* Baltimore: Johns Hopkins University Press, 1997.

Russell, Bertrand. *Logic and Knowledge: Essays, 1901-1950.* London: Routledge, 1956.

Sagan, Carl. *Murmurs of Earth: The Voyager Interstellar Record.* New York: Random House, 1978.

Sapir, Edward. *Language: An Introduction to the Study of Speech.* New York: Harcourt, Brace, 1921.

Sarkar, Sahotra. *Molecular Models of Life.* Cambridge, Mass.: MIT Press, 2005.

Schaffer, Simon. "Babbage's Intelligence: Calculating Engines and the Factory System." *Criti-*

cal Inquiry 21, no. 1 (1994): 203-27.

―――. "Paper and Brass: The Lucasian Professorship 1820-39." In *From Newton to Hawking: A History of Cambridge University's Lucasian Professors of Mathematics*, edited by Kevin C. Knox and Richard Noakes, 241-94. Cambridge: Cambridge University Press, 2003.

Schindler, G. E., Jr., ed. *A History of Engineering and Science in the Bell System: Switching Technology (1925-1975)*. Bell Telephone Laboratories, 1982.

Schrödinger, Erwin. *What Is Life?* Reprint ed. Cambridge: Cambridge University Press, 1967.

Seife, Charles. *Decoding the Universe*. New York: Viking, 2006.

Shaffner, Taliaferro P. *The Telegraph Manual: A Complete History and Description of the Semaphoric, Electric and Magnetic Telegraphs of Europe, Asia, Africa, and America, Ancient and Modern*. New York: Pudney & Russell, 1859.

Shannon, Claude Elwood. *Collected Papers*. Edited by N. J. A. Sloane and Aaron D. Wyner. New York: IEEE Press, 1993.

―――. *Miscellaneous Writings*. Edited by N. J. A. Sloane and Aaron D. Wyner. Murray Hill, N.J.: Mathematical Sciences Research Center, AT&T Bell Laboratories, 1993.

Shannon, Claude Elwood, and Warren Weaver. *The Mathematical Theory of Communication*. Urbana: University of Illinois Press, 1949.

Shenk, David. *Data Smog: Surviving the Information Glut*. New York: HarperCollins, 1997.

Shieber, Stuart M., ed. *The Turing Test: Verbal Behavior as the Hallmark of Intelligence*. Cambridge, Mass.: MIT Press, 2004.

Shiryaev, A. N. "Kolmogorov: Life and Creative Activities." *Annals of Probability* 17, no. 3 (1989): 866-944.

Siegfried, Tom. *The Bit and the Pendulum: From Quantum Computing to M Theory-The New Physics of Information*. New York: Wiley and Sons, 2000.

Silverman, Kenneth. *Lightning Man: The Accursed Life of Samuel F. B. Morse*. New York: Knopf, 2003.

Simpson, John. "Preface to the Third Edition of the *Oxford English Dictionary*." Oxford University Press, http://about/oed3-preface/#general (accessed 13 June 2010).

Simpson, John, ed. *The First English Dictionary, 1604: Robert Cawdrey's A Table Alphabeticall*. Oxford: Bodleian Library, 2007.

Singh, Jagjit. *Great Ideas in Information Theory, Language and Cybernetics*. New York: Dover, 1966.

Singh, Simon. *The Code Book: The Secret History of Codes and Codebreaking*. London: Fourth Estate, 1999.

Slater, Robert. *Portraits in Silicon*. Cambridge, Mass.: MIT Press, 1987.

Slepian, David. "Information Theory in the Fifties." *IEEE Transactions on Information Theory* 19 no. 2 (1973): 145-48.

Sloman, Aaron. *The Computer Revolution in Philosophy*. Hassocks, Sussex: Harrester Press, 1978.

Smith, D. E. *A Source Book in Mathematics*. New York: McGraw—Hill, 1929.

Smith, Francis O. J. *The Secret Corresponding Vocabulary; Adapted for Use to Morse's Electro-Magnetic Telegraph: And Also in Conducting Written Correspondence, Transmitted by the Mails, or Otherwise*. Portland, Maine: Thurston, Ilsley, 1845.

Smith, G. C. *The Boole-De Morgan Correspondence 1842-1864*. Oxford: Clarendon Press, 1982.

Smith, John Maynard. "The Concept of Information in Biology." *Philosophy of Science* 67 (2000): 177—94.

Smolin, J. A. "The Early Days of Experimental Quantum Cryptography." *IBM Journal of Research and Development* 48 (2004): 47—52.

Solana—Ortega, Alberto. "The Information Revolution Is Yet to Come: An Homage to Claude E. Shannon." In *Bayesian Inference and Maximum Entropy Methods in Science and Engineering*, AIP Conference Proceedings 617, edited by Robert L. Fry. Melville, N.Y.: American Institute of Physics, 2002.

Solomonoff, Ray J. "A Formal Theory of Inductive Inference." *Information and Control* 7, no. 1 (1964): 1—22.

―――. "The Discovery of Algorithmic Probability." *Journal of Computer and System Sciences* 55, no. 1 (1997): 73—88.

Solymar, Laszlo. *Getting the Message: A History of Communications*. Oxford: Oxford University Press, 1999.

Spellerberg, Ian F., and Peter J. Fedor. "A Tribute to Claude Shannon (1916—2001) and a Plea for More Rigorous Use of Species Richness, Species Diversity and the 'Shannon—Wiener' Index." *Global Ecology and Biogeography* 12 (2003): 177—79.

Sperry, Roger. "Mind, Brain, and Humanist Values." In *New Views of the Nature of Man*, edited by John R. Platt, 71—92. Chicago: Chicago Press, 1983.

Sprat, Thomas. *The History of the Royal Society of London, for the Improving of Natural Knowledge*. 3rd ed. London: 1722.

Spufford, Francis, and Jenny Uglow, eds. *Cultural Babbage: Technology, Time and Invention*. London: Faber and Faber, 1996.

Standage, Tom. *The Victorian Internet: The Remarkable Story of the Telegraph and the Nineteenth Century's On-Line Pioneers*. New York: Berkley, 1998.

Starnes, De Witt T., and Gertrude E. Noyes. *The English Dictionary from Cawdrey to Johnson 1604-1755*. Chapel Hill: University of North Carolina Press, 1946.

Steane, Andrew M., and Eleanor G. Rieffel. "Beyond Bits: The Future of Quantum Information Processing." *Computer* 33 (2000): 38—45.

Stein, Gabriele. *The English Dictionary Before Cawdrey*. Tübingen, Germany: Max Neimeyer, 1985.

Steiner, George. "On Reading Marshall McLuhan." In *Language and Silence: Essays on Language, Literature, and the Inhuman*, 251—68. New York: Atheneum, 1967.

Stent, Gunther S. "That Was the Molecular Biology That Was." *Science* 160, no. 3826 (1968): 390–95.

———. "DNA." *Daedalus* 99 (1970): 909–37.

———. "You Can Take the Ethics Out of Altruism But You Can't Take the Altruism Out of Ethics." *Hastings Center Report* 7, no. 6 (1977): 33–36.

Stephens, Mitchell. *The Rise of the Image, the Fall of the Word.* Oxford: Oxford University Press, 1998.

Stern, Theodore. "Drum and Whistle 'Languages': An Analysis of Speech Surrogates." *American Anthropologist* 59 (1957): 487–506.

Stix, Gary. "Riding the Back of Electrons." *Scientifi c American* (September 1998): 32–33.

Stonier, Tom. *Beyond Information: The Natural History of Intelligence.* London: Springer–Verlag, 1992.

———. *Information and Meaning: An Evolutionary Perspective.* Berlin: Springer–Verlag, 1997.

Streufert, Siegfried, Peter Suedfeld, and Michael J. Driver. "Conceptual Structure, Information Search, and Information Utilization." *Journal of Personality and Social Psychology* 2, no. 5 (1965): 736–40.

Sunstein, Cass R. *Infotopia: How Many Minds Produce Knowledge.* Oxford: Oxford University Press, 2006.

Surowiecki, James. *The Wisdom of Crowds.* New York: Doubleday, 2004.

Swade, Doron. "The World Reduced to Number." *Isis* 82, no. 3 (1991): 532–36.

———. *The Cogwheel Brain: Charles Babbage and the Quest to Build the First Computer.* London: Little, Brown, 2000.

———. *The Difference Engine: Charles Babbage and the Quest to Build the First Computer.* New York: Viking, 2001.

Swift, Jonathan. *A Tale of a Tub: Written for the Universal Improvement of Mankind.* 1692.

Szilárd, Leó. "On the Decrease of Entropy in a Thermodynamic System by the Intervention of Intelligent Beings." Translated by Anatol Rapoport and Mechtilde Knoller from "über Die Entropieverminderung in Einem Thermodynamischen System Bei Eingriffen Intelligenter Wesen," *Zeitschrift Fur Physik* 53 (1929). *Behavioral Science* 9, no. 4 (1964): 301–10.

Teilhard de Chardin, Pierre. *The Human Phenomenon.* Translated by Sarah Appleton–Weber. Brighton, U.K.: Sussex Academic Press, 1999.

Terhal, Barbara M. "Is Entanglement Monogamous?" *IBM Journal of Research and Development* 48, no. 1 (2004): 71–78.

Thompson, A. J., and Karl Pearson. "Henry Briggs and His Work on Logarithms." *American Mathematical Monthly* 32, no. 3 (1925): 129–31.

Thomsen, Samuel W. "Some Evidence Concerning the Genesis of Shannon's Information Theory." *Studies in History and Philosophy of Science* 40 (2009): 81–91.

Thorp, Edward O. "The Invention of the First Wearable Computer." In *Proceedings of the 2nd IEEE International Symposium on Wearable Computers.* Washington, D.C.: IEEE Computer Society, 1998.

Toole, Betty Alexandra. "Ada Byron, Lady Lovelace, an Analyst and Metaphysician." *IEEE Annals of the History of Computing* 18, no. 3 (1996): 4–12.

────. *Ada, the Enchantress of Numbers: Prophet of the Computer Age*. Mill Valley, Calif.: Strawberry Press, 1998.

Tufte, Edward R. "The Cognitive Style of PowerPoint." Cheshire, Conn.: Graphics Press, 2003.

Turing, Alan M. "On Computable Numbers, with an Application to the *Entscheidungsproblem.*"

Proceedings of the London Mathematical Society 42 (1936): 230–65.

────. "Computing Machinery and Intelligence." *Minds and Machines* 59, no. 236 (1950): 433–60.

────. "The Chemical Basis of Morphogenesis." *Philosophical Transactions of the Royal Society of London, Series B* 237, no. 641 (1952): 37–72.

Turnbull, Laurence. *The Electro-Magnetic Telegraph, With an Historical Account of Its Rise, Progress, and Present Condition*. Philadelphia: A. Hart, 1853.

Vail, Alfred. *The American Electro Magnetic Telegraph: With the Reports of Congress, and a Description of All Telegraphs Known, Employing Electricity Or Galvanism*. Philadelphia: Lea & Blanchard, 1847.

Verdú, Sergio. "Fifty Years of Shannon Theory." *IEEE Transactions on Information Theory* 44, no. 6 (1998): 2057–78.

Vincent, David. *Literacy and Popular Culture: England 1750-1914*. Cambridge: Cambridge University Press, 1989.

Virilio, Paul. *The Information Bomb*. Translated by Chris Turner. London: Verso, 2000. von Baeyer, Hans Christian. *Maxwell's Demon: Why Warmth Disperses and Time Passes*. New York: Random House, 1998.

────. *Information: The New Language of Science*. Cambridge, Mass.: Harvard University Press, 2004.

von Foerster, Heinz. *Cybernetics: Circular Causal and Feedback Mechanisms in Biological and Social Systems: Transactions of the Seventh Conference, March 23-24, 1950*. New York: Josiah Macy, Jr. Foundation, 1951.

────. *Cybernetics: Circular Causal and Feedback Mechanisms in Biological and Social Systems: Transactions of the Eighth Conference, March 15-16, 1951*. New York: Josiah Macy, Jr. Foundation, 1952.

────. "Interview with Stefano Franchi, Güven Güzeldere, and Eric Minch." *Stanford Humanities Review* 4, no. 2 (1995). Available online at http://www.stanford.edu/group/SHR/4-2/text/interviewvonf.html.

von Neumann, John. *The Computer and the Brain*. New Haven, Conn.: Yale University Press, 1958.

────. *Collected Works*. Vols. 1–6. Oxford: Pergamon Press, 1961.

Vulpiani, A., and Roberto Livi. *The Kolmogorov Legacy in Physics: A Century of Turbulence and Complexity.* Lecture Notes in Physics, no. 642. Berlin: Springer, 2003.

Waldrop, M. Mitchell. "Reluctant Father of the Digital Age." *Technology Review* (July–August 2001): 64–71.

Wang, Hao. "Some Facts About Kurt Gödel." *Journal of Symbolic Logic* 46 (1981): 653–59.

Watson, David L. "Biological Organization." *Quarterly Review of Biology* 6, no. 2 (1931): 143–66.

Watson, James D. *The Double Helix.* New York: Atheneum, 1968.

———. *Genes, Girls, and Gamow: After the Double Helix.* New York: Knopf, 2002.

———. *Molecular Models of Life.* Oxford: Oxford University Press, 2003.

Watson, James D., and Francis Crick. "A Structure for Deoxyribose Nucleic Acid." *Nature* 171 (1953): 737.

———. "Genetical Implications of the Structure of Deoxyribonucleic Acid." *Nature* 171 (1953): 964–66.

Watts, Duncan J. "Networks, Dynamics, and the Small–World Phenomenon." *American Journal of Sociology* 105, no. 2 (1999): 493–527.

———. *Small Worlds: The Dynamics of Networks Between Order and Randomness.* Princeton, N.J.: Princeton University Press, 1999.

———. *Six Degrees: The Science of a Connected Age.* New York: Norton, 2003.

Watts, Duncan J., and Steven H. Strogatz. "Collective Dynamics of 'Small–World' Networks." *Nature* 393 (1998): 440–42.

Weaver, Warren. "The Mathematics of Communication." *Scientific American* 181, no. 1 (1949): 11–15.

Wells, H. G. *World Brain.* London: Methuen, 1938.

———. *A Short History of the World.* San Diego: Book Tree, 2000.

Wheeler, John Archibald. "Information, Physics, Quantum: The Search for Links." *Proceedings of the Third International Symposium on the Foundations of Quantum Mechanics* (1989): 354–68.

———. *At Home in the Universe. Masters of Modern Physics*, vol. 9. New York: American Institute of Physics, 1994.

Wheeler, John Archibald, with Kenneth Ford. *Geons, Black Holes, and Quantum Foam: A Life in Physics.* New York: Norton, 1998.

Whitehead, Alfred North, and Bertrand Russell. *Principia Mathematica.* Cambridge: Cambridge University Press, 1910.

Wiener, Norbert. *Cybernetics: Or Control and Communication in the Animal and the Machine.* 2nd ed. Cambridge, Mass.: MIT Press, 1961.

———. *I Am a Mathematician: The Later Life of a Prodigy.* Cambridge, Mass.: MIT Press, 1964.

Wiener, Philip P., ed. *Leibniz Selections.* New York: Scribner's, 1951.

Wilkins, John. *Mercury: Or the Secret and Swift Messenger. Shewing, How a Man May With Privacy and Communicate His Thoughts to a Friend At Any Distance.* 3rd ed. London: John Nicholson, 1708.

Williams, Michael. *A History of Computing Technology.* Washington, D.C.: IEEE Computer Society, 1997.

Wilson, Geoffrey. *The Old Telegraphs.* London: Phillimore, 1976.

Winchester, Simon. *The Meaning of Everything: The Story of the Oxford English Dictionary.* Oxford: Oxford University Press, 2003.

Wisdom, J. O. "The Hypothesis of Cybernetics." *British Journal for the Philosophy of Science 2,* no. 5 (1951): 1–24.

Wittgenstein, Ludwig. *Philosophical Investigation.* Translated by G. E. M. Anscombe. New York: Macmillan, 1953.

————. *Remarks on the Foundations of Mathematics.* Cambridge, Mass.: MIT Press, 1967.

Woodward, Kathleen. *The Myths of Information: Technology and Postindustrial Culture.* Madison, Wisc.: Coda Press, 1980.

Woolley, Benjamin. *The Bride of Science: Romance, Reason, and Byron's Daughter.* New York: McGraw-Hill, 1999.

Wynter, Andrew. "The Electric Telegraph." *Quarterly Review* 95 (1854): 118–64.

————. *Subtle Brains and Lissom Fingers: Being Some of the Chisel-Marks of Our Industrial and Scientific Progress.* London: Robert Hardwicke, 1863.

Yeo, Richard. "Reading Encyclopedias: Science and the Organization of Knowledge in British Dictionaries of Arts and Sciences, 1730–1850." *Isis* 82:1 (1991): 24–49.

————. *Encyclopædic Visions: Scientifi c Dictionaries and Enlightenment Culture.* Cambridge: Cambridge University Press, 2001.

Yockey, Hubert P. *Information Theory, Evolution, and the Origin of Life.* Cambridge: Cambridge University Press, 2005.

Young, Peter. *Person to Person: The International Impact of the Telephone.* Cambridge: Granta, 1991.

Yourgrau, Palle. *A World Without Time: The Forgotten Legacy of Godel and Einstein.* New York: Basic Books, 2005.

Yovits, Marshall C., George T. Jacobi, and Gordon D. Goldstein, eds. *Self-Organizing Systems.* Washington D.C.: Spartan, 1962.

인포메이션

초판 1쇄 펴낸날 2016년 1월 26일
초판 9쇄 펴낸날 2023년 5월 8일
지은이 제임스 글릭
옮긴이 박래선·김태훈
펴낸이 한성봉
편집 안상준·이지경·조유나
디자인 유지연
마케팅 박신용·오주형·강은혜·박민지·이예지
경영지원 국지연·강지선
펴낸곳 도서출판 동아시아
등록 1998년 3월 5일 제1998-000243호
주소 서울시 중구 퇴계로30길 15-8 [필동1가 26]
페이스북 www.facebook.com/dongasiabooks
전자우편 dongasiabook@naver.com
블로그 blog.naver.com/dongasiabook
인스타그램 www.instagram.com/dongasiabook
전화 02) 757-9724, 5
팩스 02) 757-9726

ISBN 978-89-6262-169-3 93400

이 도서의 국립중앙도서관 출판예정도서목록(CIP)은
서지정보유통지원시스템 홈페이지(http://seoji.nl.go.kr)와
국가자료공동목록시스템(http://www.nl.go.kr/kolisnet)에서
이용하실 수 있습니다. (CIP제어번호: CIP2017000460)